强调理论与实践相结合，引入新案例

注重专业技术与职业素质培养

牢固掌握设计制图与透视的新教材

高等院校艺术设计专业精品系列教材

Environmental Art Design
Drawing & Perspective
（The 2nd edition）

环境艺术设计 制图与透视

（第2版）

张 葳 何靖泉 **主编**

中国轻工业出版社

图书在版编目（CIP）数据

环境艺术设计制图与透视 / 张葳，何靖泉主编.—2版.
—北京：中国轻工业出版社，2024.11
全国高等教育艺术设计专业规划教材
ISBN 978-7-5184-1551-9

Ⅰ.①环… Ⅱ.①张… ②何… Ⅲ.①环境设计—建
筑制图—高等学校—教材②环境设计—透视学—高等学校
—教材 Ⅳ.①TU204②TU-856

中国版本图书馆CIP数据核字(2017)第195196号

内 容 提 要

本书详细讲解环境艺术设计的制图方法和透视原理，全面贯彻国家制图标准，文字表述简明、通畅，提出严谨的制图思想和丰富的制图方法，深入浅出地分析绘制原理，列举大量实际案例作支撑。书中不间断穿插绘图提示，使读者将注意力放在制图要领上。主要内容包括环境艺术设计制图基础、制图种类与方法、透视制图原理、阴影制图原理、图面配景与版式设计、优秀图纸解析等六大章节，图纸涵盖面广，绘制精细。此外，本书还附二维码、图纸资料，为制图实践提供大量素材、图例。

本书内容注重国家制图标准与实践经验相结合，主要作为全日制高等院校环境艺术设计、建筑装饰设计等相关专业的专、本科教学用书，同时也适用于环境艺术设计师、施工员及其他专业技术人员辅助参考。

本书每章配有二维码PPT教案，图纸资料素材，由于不同型号手机打开PPT会有字体格式差异，请用电脑下载阅读。

责任编辑：王　淳　李　红　　责任终审：孟寿萱　　封面设计：锋尚设计
版式设计：汤彦萱　　责任校对：燕　杰　　责任监印：张　可

出版发行：中国轻工业出版社（北京鲁谷东街5号，邮编：100040）
印　　刷：三河市万龙印装有限公司
经　　销：各地新华书店
版　　次：2024年11月第2版第7次印刷
开　　本：889×1194　1/16　印张：18
字　　数：504千字
书　　号：ISBN 978-7-5184-1551-9　　定价：48.00元
邮购电话：010-85119873
发行电话：010-85119832　010-85119912
网　　址：http://www.chlip.com.cn
Email：club@chlip.com.cn

241948J1C207ZBW

使用说明

《环境艺术设计制图与透视》（第2版）内容全面，深入讲解各种绘图方法。为了提升本书的使用效率，特作以下说明。

1. 国家制图标准

本书主要根据2011年3月实施的5部国家制图标准来编写，图纸、图例均严格对照国家标准执行，尽量将插图中的线宽、比例、文字、数据及图文的疏密关系调整到位，如仍有不清楚的地方，请参考正式出版发行的国家制图标准，具体名称见书中正文部分和P282参考文献。

2. 章节引言

章节引言位于每章正文标题下，用于介绍本章主要内容，提出学习方法和学习目的，让读者带着思考去阅读全文，提高学习效率。

3. 正文

正文主要按章节顺序详细讲解制图方法与步骤，简单且常见的问题简写，复杂且少用的问题详写，真正做到全面覆盖知识点。对于表述绘图步骤的文字内容，本书没有再编写繁琐的细分标题，避免标题过于复杂，导致读者将更多精力放在理清文字层级关系上，而忽略了插图的重要性。取而代之的是“首先”“然后”“接着”“最后”等序列用语。因此，每种图例的绘制过程一般不超过4个步骤，更加方便阅读。

4. 绘图提示

绘图提示以段落文本框的形式穿插在正文中，提出与正文内容密切相关的知识点，提升读者对设计制图的认知度，扩展设计制图的知识面，但绘图提示中的内容不作本书重点。

5. 插图

本书插图均经过严格审核、修改，尽量保证图纸的精度和比例符合出版印刷要求，如仍有不清楚的地方，请查阅本书附的二维码PPT课件，里面包含相关插图的DWG格式文件，满足读者深入研究的需求。

6. 练习题

本书第一章至第五章后都附有练习题，其中所指出的问题和绘图训练均为本书重点，希望初学者勤学多练，努力提高制图水平。

7. 附带PPT课件与图纸资料

本书每章开端附二维码，手机扫二维码即可下载PPT课件与图纸资料，包括本书插图的DWG格式文件和大量设计图库资料，读者可以根据学习、工作具体情况复制使用，能满足环境艺术设计制图的大多数需求。如有不足之处，望广大读者指正，谢谢！

前 言

近年来，建筑装饰设计与室内外设计行业发展迅速，环境艺术设计成为一项热门学科，同时也出现了很多有关制图与透视的问题，如制图形式繁琐，制图尺寸不规范和透视方法掌握不到位等。很多高等院校的环境艺术设计专业仍然在使用建筑工程制图和机械工程制图的教材，造成本学科专业发展滞后，教学内容无法与社会需求相适应，不利于该行业的发展。

制图与透视是环境艺术设计专业的基础课程，一直以来，与之相关的建筑设计和机械设计作为两大支柱行业对国家的工业发展起着重要作用，在图纸表现上力求简洁、明了，一方面符合这个时代公众的普遍需求，满足时代大潮流的发展，经济、实用；另一方面方便设计人员和施工人员之间的沟通，也方便各施工工种之间的交流。在设计制图上，一般以三视图、轴测图、剖面图、大样图等图式来表现，能比较清晰的反映设计与施工情况。国家制图规范制定后，传统的表现形式逐渐被各个行业所认可，在一些高端设计作品中，不断创造出新的制图形式，按表现方式可以增加为装配图与透视图。如今室内设计、园林景观设计、展示设计都已经形成了独立的专业领域，环境艺术设计更加需要创造具有时代鲜明特色的制图形式，需要有自己的设计体系。这部教材着实指导设计师与客户交流，设计师与施工员交流，在现有的行业规范体系下，进一步开发出设计制图的多样性，并沿用中国传统图学原理，能将设计制图多样化、立体化、唯美化，提高行业水平，发挥设计的影响力、推动力，促进环境艺术设计健康发展。

科学的本质就是创新，创造性的制图形式更加有助于表达图纸本意。这部教材重点总结现代制图特点，结合传统图学精华，提出当今设计制图的创新方向，在现有制图模式的影响下，指导贯彻新的国家标准规范，开发全方位的制图软件，培养具备传统文化修养的设计师。

湖北工业大学艺术设计学院的张葳、汤留泉老师一直坚持对设计制图与透视作深入研究，经过多年办学经验积累，组织多名经验丰富的教师编写本书，希望能在该学科树立标杆，起到带头创新作用，引领行业稳健发展。本书内容丰富，实用性强，不仅适用于环境艺术设计专业专、本科日常教学，还可以作为硕士研究生入学考试参考书。

張葳

2017年10月于武汉南湖

目 录

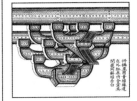

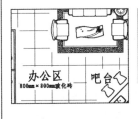

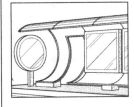

第一次在环境艺术设计教程中详细讲解阴影制图原理，包括二维平面阴影与三维透视阴影。结合前章节内容，全面提高绘图者的实践能力，引导绘图者将阴影与实体有机结合起来，理清两者之间的关系。

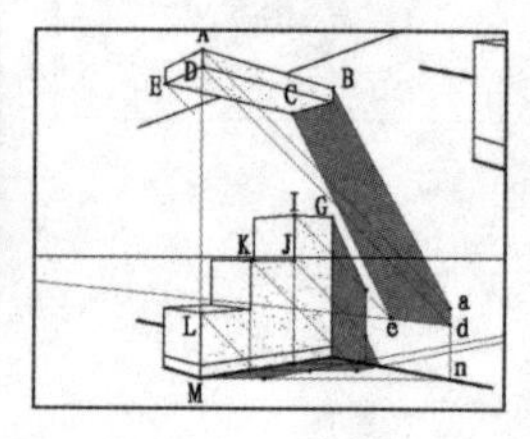

针对手绘制图与计算机制图的共性特点，融入配景表现技法，提高快速制图能力，更加规范、完整地提升图面效果。在设计后期，主张将设计图纸作平面排版，提出全彩制图的时代观念。

列举具有代表性的优秀设计图纸，逐个解析其绘制要点，倡导设计制图与时尚潮流接轨。坚持严谨的黑白线型图，推行商业化彩色渲染图，将图文混排的平面设计理念注入到现代环境艺术设计制图中来。

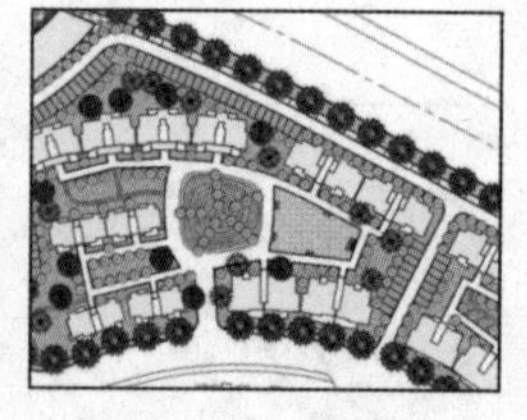

1

第一章　环境艺术设计制图基础

关键词：传统图学、国家标准、绘图工具

PPT课件，请在计算机里阅读

本章图纸资料，请用CAD查看

第一章　环境艺术设计制图基础

环境艺术设计制图一直沿用建筑制图标准（GB），几经易版，但基本内容无太大变化，主要针对土木工程建筑与机械设计制造行业，没有深入到环境艺术设计，尤其是装饰装修设计领域。很多同学在学习中所掌握的绘制标准和绘制技法虽然很严谨，但是进入到实际工作中就很容易忘记，尤其是不常用的图标和国家标准中的细节。这一章节详细讲述了我国传统设计制图的起源和发展，指出现行国家制图标准的重点细节，让初学者了解现行国家标准的制定缘由，以免在学习、工作中有所遗漏。

环境艺术设计制图最重要在于勤学苦练。一方面学习这门课程时要投入大量的时间和精力，不仅课上需要认真学习，课下更需反复理解教材，将细节和要点烂熟于心，最好能熟记本章第二、三节内容；另一方面要加大训练力度，熟能生巧，多临摹规范并且优秀的设计图纸，做到在符合标准的前提下有所创新，设计出有个人特色的专业图纸，图纸不仅要求标准，还要具备审美特征，注重版式设计。

第一节　中国设计制图的发展

在文字出现以前，我国古代劳动人民就已经开始使用图形了，从而派生出象形文字。图形一直是人们认识自然，交流思想的重要工具。“苍颉作书，史皇作图”是战国时期赵国史书《世本·作篇》中提出最早关于“图”的概念，汉代宋衷对于“史皇作图”中的“图”的解释用俗语说就是图画，具有一定的科学性。因此，制图是古代劳动人民的早期绘画活动。人类文明成熟以后，制图用于各种工程活动，中国古代有关制图的名词一般分为地图（见图1-1）、机械图、建筑图（见图1-2）、耕织图等四个方面，其中建筑制图的影响最广，对人类社会发展起到了举足轻重的作用。

建筑一词的翻译，引自日本现代，而后约定

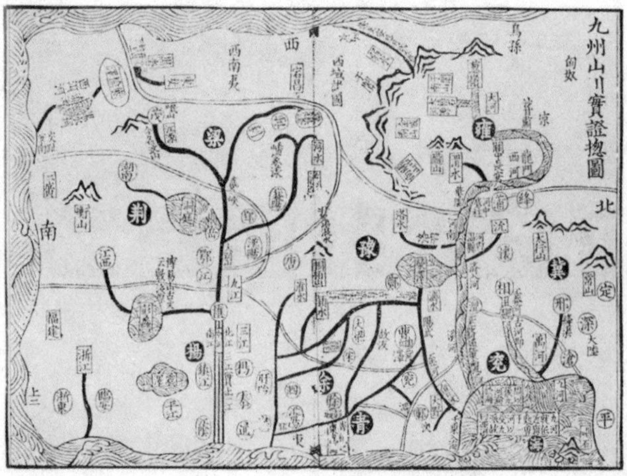

图1-1　九州界域图

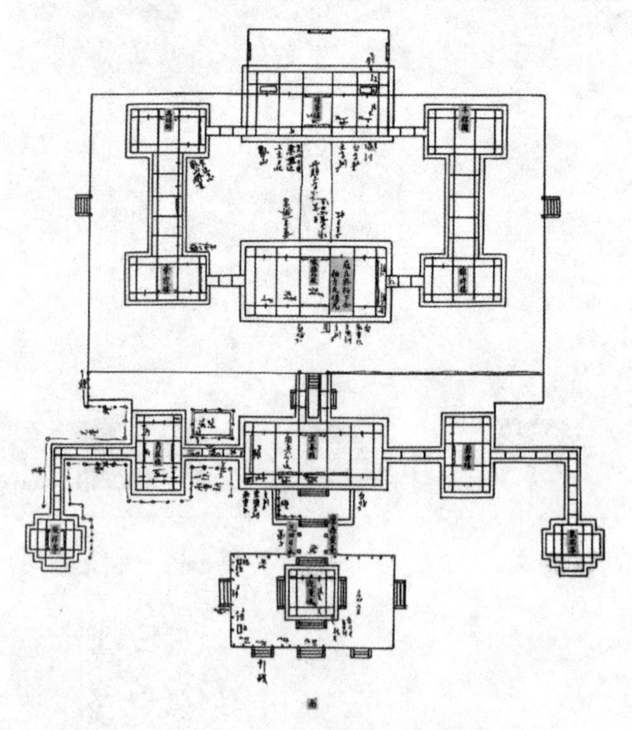

图1-2　圆明园方壶胜境平面图（样式雷）

俗成，在西方通称“Architecture”，拼法虽然有所差异，但都源于希腊。“Archi”意为“首领”，“tect”意为“匠人”；“Architecture”恰恰是中国的“大匠之学”“营造学”，或称为“匠学”“匠作学”。因此，“建筑图”一词是古来无有的。宋代李诫（?—1110年）奉敕编撰的《营造法式》，书中的图案不称建筑图而统称图样，并依不同制度称“壕寨制度图样”“石作制度图样”“大木作制度图样”“小木作制度图样”“雕木作制度图样”“彩画作制度图样”“刷饰制度图样”等，可见，古代建筑分工在图样绘制技术上的表现。而且，《营造法式》中有关建筑制图的专业术语有“正样”“图样”（见图1-3）“侧样”“杂样”等，其定义准确，实用性强，在建筑技术工程中一直沿用至今，可见，古代图样定名的科学性。

此外，在古代文献中，有记载“画地成图”的事实，如《汉书·张安世传》云：“安世长子千秋与霍光子禹俱为中郎将，将兵随度辽将军范明友击乌桓。还，谒大将军光。问千秋战斗方略，山川形势。大秋口对兵事，画地成图，无所忘失。光复问禹，禹不能记，曰：皆有文书。光由是贤千秋，以禹为不材，叹曰：霍氏世衰，张氏兴矣！”又有《晋书·张华传》中记载：“武帝尝问汉宫室制度及建章千门万户，华应对如流，听者忘倦，画地成图，左右属目。帝甚以为异。”

一、古代建筑图样的种类

我国古代一直都在使用图线来表现设计对象，尤其是在建筑工程上应用最广泛，作为现代设计制图的起源，主要有以下几种形式。

1. 明堂图

明堂图是古代礼制建筑的图样。《史记·孝武本纪》：“上欲治明堂奉高旁，未晓其制度，济南人公玉带上黄帝时明堂图。明堂图中有一殿，四望无壁，以茅盖，通水，圆宫垣为复道，

图1-3　《营造法式》石雕须弥座图样

上有楼，从西南入，命曰昆仑，天子从之入，以拜祠上帝焉。于是令奉高作明堂汶上，如带图。”《旧唐书·礼仪志》中也有记载。

2. 兆域图

兆域图为古代墓地设计图样。战国时期中山王墓出土的“兆域图”是至今世界上罕见的早期建筑图样，其线分粗细，规整划一，开制图使用线型的先河。有关建筑图的名词术语甚多，且分类详实。该兆域图还记有王命的一段铭文。《周礼·春官·冢人》中有“掌公墓之地，辨其兆域而为之图”之句，郑注“图，谓画其地形及丘垄所处而藏之”。“兆”意为葬地。兆域图画的是中山陵的建筑图样，亦是整个陵园的设计规划。

3. 宫苑图

宫苑图是古代宫殿园林的设计图样。宋郑樵（1104—1162年）《通志略》“艺文四”所载“都城宫苑”有“唐太极大明兴庆三宫图一卷”“洛阳京城图一卷”“长安京城图一卷”“东京宫禁图一卷”“昭陵建陵一卷”等。《元史·外夷传》也曾有记载，安南（今越南北部）使臣邓汝霖因窃取宫苑图而被遣送回国，由此可见当时政府对于宫苑图的重视。

4. 小样图

小样图为古代建筑图。宋人刘道醇《圣朝名画评》中就有所记载：“刘文通，京师人，善画楼台屋木，真宗时入图画院为艺学，大中祥符

绘图提示

我国古代制图媒介

我国古代制图以绘制媒介可分为壁画、版雕、绢帛画、纸张画等。以壁画留存下来的真迹较多，唐代敦煌壁画中反映古代建筑群落的建筑图（见图1-4）是盛唐时期壁画的代表作品。唐代柳宗元（773—819年）在《梓人传》中写道：“梓人，画宫于堵，盈尺而曲尽其制。计其毫厘而构大厦，无进退焉。”堵即为墙壁面积单位，将建筑图绘制在墙壁上便于保存，有相当的体量，以供观摩。印刷术推广以后，以版雕印刷形式出现的建筑图可以批量印制，版雕图一般用于表现专著。清代雍正12年（1743年）颁布工部王允礼所撰的《工程做法则例》，该书通过印刷出版，作为全国通用建筑施工书籍，因此，绢帛、纸张成为比较普及的制图媒介。

初，上将营玉清昭应宫，勅文通先立小样图，然后成葺。”

5. 学堂图

学堂图为古代学校建筑图样。《旧唐书·经籍志·杂传类》有“益州文翁学堂图一卷”此图已佚，内容不详。但文翁办学，确有其事。据《汉书·循使传》：“文翁，景帝未，为蜀郡守。仁爱好教化……又修起学宫于成都市中，招下其子弟以为学官弟子……”

6. 图本

图本为古代图样的名称。《迷楼记》载，炀帝顾诏近侍曰：“今宫殿虽壮丽显敞，苦无曲房小室，幽轩短槛，若得此，则吾期老于其中也。”近侍高昌奏曰：“臣有友项升，浙人也，自言能构宫室。”翌日诏而问之，升曰：“臣乞先进图本，后数日进图，帝览大悦。”又唐王建（847-918年）宫词：“教觅勋臣写画本，长将殿里作屏风。”

7. 界画

界画又称为界图，很多山水画家都很擅长画界画，是中国绘画很有特色的一个门类。在作画时使用界尺引线来描绘建筑，画风以精确细腻而得名。界画起源很早，晋代顾恺之（344-405年）有“台榭一足器耳，难成易好，不待迁想妙得也”的话，由此可见顾恺之也是很擅长画界画的。到了隋唐时期，界画已经画得相当好。而宋代可谓是全民皆画，张择端的《清明上河图》流

图1-4 敦煌壁画局部

芳百世，除了使用严谨的尺度来约束建筑形态以外，对人物表情和心态的表现也是惟妙惟肖（见图1-5）。界画的主要绘制工具是界尺也就是平行尺，是一种平行运动的机构，在界画和建筑图绘制时用以作出直线和平行线。传统界尺由相等的上下二尺与等长的两条木杆或铜片杆铰接而成。现保存有明代的界尺为铜制，按住下尺移动上尺或改变铜杆与直尺的夹角度即可得出上尺平行于下尺的许多直线，这对于绘制有大量平行直线的设计图来说十分方便（见图1-7）。

二、古代制图规范与影响

设计制图所传达的信息应该能被制图者和阅图者接受，保证信息传达无误，这样就需要统一

(a)

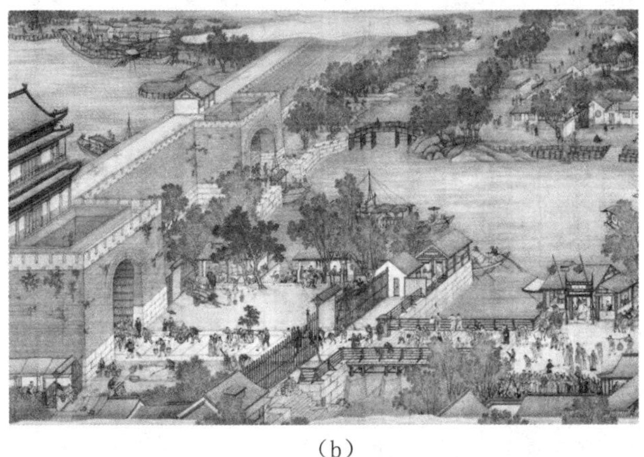

(b)

图1-5　《清明上河图》局部（张择端）

图1-6　《仙山楼阁图》（袁江）

绘图提示

界画

界画在我国历史上起到了举足轻重的作用，一直影响了传统绘画的表现形式，尤其是在绘画中加入界尺等操作工具的应用，具有较高的技术含量，较少数画家掌握（见图1-6）。目前在国内业界里仅有少数学者从事界画的研究和学习，绘制技法已经鲜为人知。界画作为国画技法的一种，目前在国内高校很少开设，即使是讲授、宣传也仅仅作为辅助训练，扩展学生的视野。

现代建筑设计图纸以界画为表现形式的应用不多，清代“样式雷”对界画作了终结，在建筑制图中逐渐以轴测图着色，取代界画的应用，轴测图的绘制需要使用工具，然而仅仅只表现设计对象，尤其是建筑本身，没有界画表现中的配景和材质区分。界画的优势之处就在于既使用了绘图工具“界尺”，保持了规整严谨的绘图之风，又加入了人文景观和环境氛围，不论是从整体还是局部来看都极大地提高了设计对象的审美情调，虽然这与西方设计制图当中所追求的现实主义和超现实主义极为相似，但是却大大领先于西方文化。

现代计算机三维效果图能全面表达设计对象的结构、材质、色彩等要素，但是画面效果比较生硬，配置过多的环境物件，又会造成喧宾夺主，相对于传统界画而言，还是有一定的差距，不能够反映人文情性。界画需要扩大推广，尤其是在设计制图领域，可以重新给它定义，让这种制图表现形式融入到现代设计范畴当中，使它不仅能够在一定程度上取代现代效果图，而且还能作为独立的画种，重现于世。

的规范。2000多年来，中国制图学的进步就在于将图形不断精确化，线型不断丰富化，标准不断规范化。

1. 文字体例

中国文字的书写体例，一般是自上而下、自右而左的竖写格式。近代以来，始采用自上而下、自左而右的横写格式。中国书法的创作格式，一直保留了直书这个传统，而此传统，可一直追溯到殷商时期甲骨文的书写格式。

在殷商的铜器、玉器、石器等铭刻中，或在甲骨的记事刻辞里，都是自上而下、自右而左，也就是“下行而左”书。这种形式影响到中国古代制图注字的书写。先秦以篆书为主，包括甲骨文、金文、石鼓文、六国古文、小篆等。先秦工程制图的注字的行文、文献与出土实物不多，很难进行比较。中山王“兆域图”的特点是以“哀后堂”“王堂”“王后堂”为正面位置，左右对称，而且注字字数也几乎对称，此外，将幅面各部注字逆时针旋转90°，就可看到各边的文字说明，中山王命的文字位于图面的中央，与“王堂”平面成90°的位置，下行而左。只有正中“门”的注字打破了这一注法，与“王堂”的写法一致。秦统一六国后，秦篆成为全国的标准字体。魏晋以后，隶书逐渐演变为楷书。三国时魏国张揖（227—232年）所著《广雅·释诂》中有：“楷，法也。”意为楷书的本义就是遵循法则，楷书即是模范的标准，一直延续到隋唐。宋代盛行版雕印刷，刻书时所选用的字体方正匀称，后人称其为宋体。明代末期演变为横细竖粗、字形方正的印刷体，后又出现了笔画粗细一致，讲究顿笔，挺拔秀丽，适合手写体的仿宋体，方便刻版书写。《营造法式》中所附的图样基本上有文字标题，均位于图样右侧，自上而下，自右而左（见图1-8）。

现代建筑图的文字体例有国家定制的标准参照，GB/T 50001—2010《房屋建筑制图统一标准》中对字体的定制提出“图样及说明中的汉字，宜采用长仿宋体”，并对不同大小文字的长宽比例提出不同标准。使用计算机制图时所用的仿宋体（GB—2312—1980）却是固定标准，因此在全球使用频率最高的建筑制图软件AutoCAD上可以更改标注字体的长宽比例。设计师在追求制图效率的同时也应该关注这一繁琐的操作细节。

图1-7 清代铜质界尺

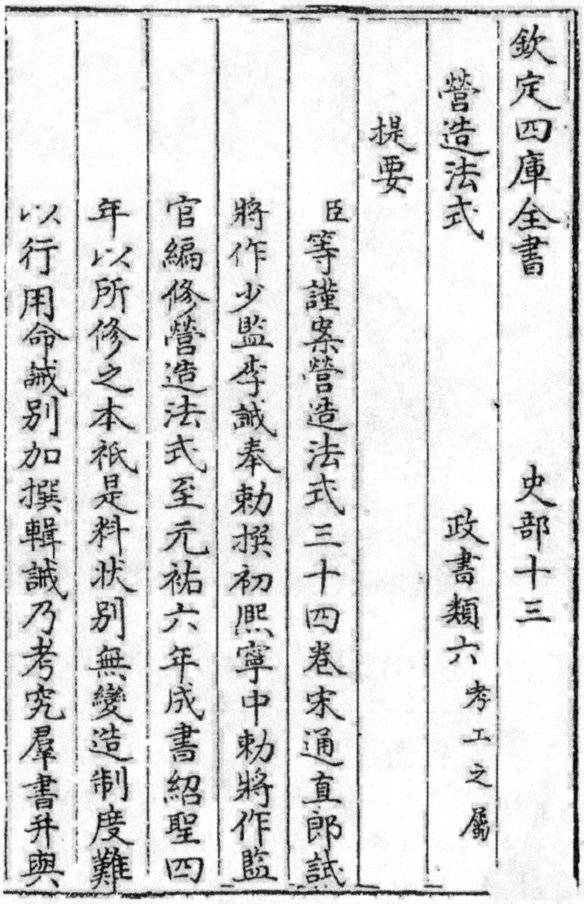

欽定四庫全書　史部十三
營造法式　政書類六　考工之屬
提要
臣等謹案營造法式三十四卷宋通直郎試
將作少監李誡奉勅撰初熙寧中勅將作監
官編修營造法式至元祐六年成書紹聖四
年以所修之本祇是料狀别無變造制度難
以行用命誡别加撰輯誡乃考究羣書并與

图1-8 《营造法式》文字体例

2. 线型应用

线条是构成工程图最基本的几何要素，图形主要依靠线条来组织。图线按其用途，有不同的宽度和线型。中国古代工程制图所采用的线型一般为细实线和粗实线两种。先秦时期的工程制图中可见到两种线型并用的实例，两宋时，制图中多用一种线型，即细实线。这种图绘线形的传统，一直延续到清代末期。中国古代制图线形特点是在同一张图样中，图线的宽度基本相同；粗实线和细实线并用时，线型各自一致，重点突出；为了突出构件的作用，采用涂黑处理。

中国古代工程图样中所采用的线型在同一图样中，图线的宽度一致，无论粗实线与细实线都是用来描述建筑、设计器物的轮廓，其他线型不复多见，但也有一些特殊的例子。如后期翻刻的《营造法式》中，大木作制度图样采用了点画线与虚线，这些线型的应用几乎与现代图线的应用如出一辙，尤其是表示檐柱中轴线及对称中心线用点画线，表示梁架不可见部分轮廓用虚线，且点画线与虚线的线段长度和间隔各自大致相等。除此之外，还有涂黑处理的方法，突出构件之间的关系，这类画法也是中国古代工程制图所具特色之一。梁思成（1901—1972年）对《营造法式》的图样进行分析，指出绘图所用线条不分粗细、轻重、虚实，图样都是用同样的线型绘制。限于制图工具的单一，古人难以使用同一类型的毛笔均衡地分出不同粗细的线型。

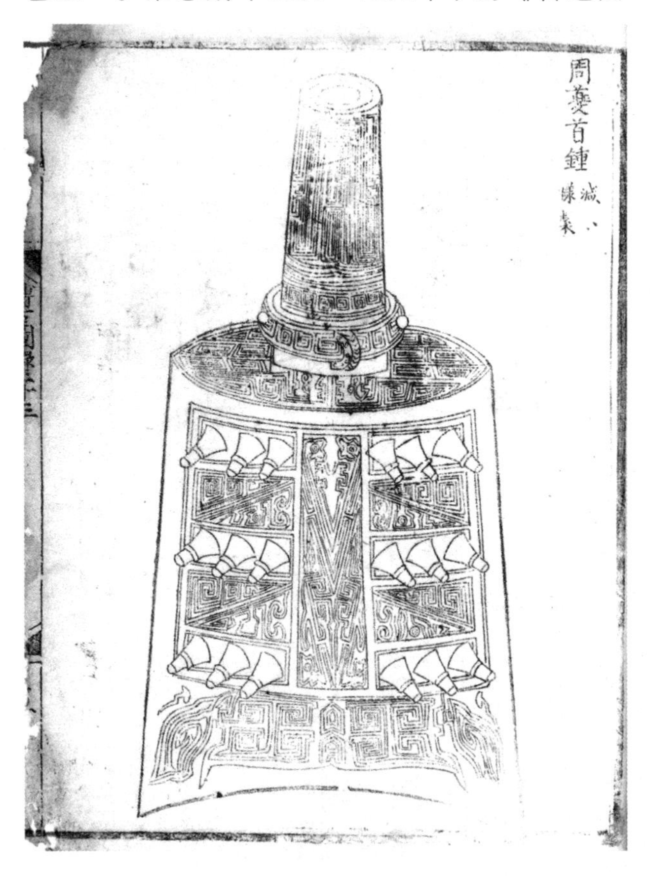

图1-9 《宣和博古图》幅面形式（1528）年

GB／T 50104—2010《建筑制图标准》中对建筑专业、室内设计专业制图采用的各种图线作了明确规定，均以一个粗实线常量B来定制宽度，其余线型按0.5B、0.25B等来定制宽度。图线B的宽度可以根据图纸大小和图面复杂程度来定制，但没有具体指出线型B的宽度定制以及线型B与图纸大小之间的关系。

3. 幅面安排

图样的幅面安排，要根据图样本的大小规格来把握。中国古代工程图在长期实践中，形成了普遍通行的幅面形式，图样的幅面和图框的尺寸符合书籍的装帧要求。早期的工程图样尚有横式幅面，如中山王墓的“兆域图”，而后随着书籍装订的规范化，基本采用立式幅面。图样上所供绘图的范围边线，即图框线多用细实线加粗实线表示。宋代的《考古图》《宣和博古图》（见图1-9），以至清代的《西清古鉴》等中的幅面形式都是立式幅面。图样的名称，如同今日所称的标题栏，都位于幅面右上方。关于幅面的安排在古代画论中多有论述，南朝齐谢赫（生卒年不详）在《古画品录》中所指出的“六法”对古代工程制图具有重大的影响。《四库全书总目》称：“所言六法，画家宗之，至今千载不易也。”“六法”中的“经营位置”就与图样绘制的幅面安排有很大关系，主要部分与随从部分的分明，画面的布置应粗细匀称，轻重分明，即所谓“体法雅媚，制置才巧”，“画体周赡，无适弗该”。唯有如此，才能保证结构有机统一。

古代工程图样的尺寸注法。图形只能表达物体的形状，而物体的大小还必须通过标注尺寸才能确定，制造加工时，物体的真实大小应以图样上所注的尺寸数值为依据，与图形的大小及绘图的准确度无关。中国古代工程制图尺寸的标注方法，多在图样之外，另作说明。除尺寸之外，包括技术要求和其他说明，都在所附文字说明中注明，如宋代《新仪象法要》和元代王祯《农书》中的尺寸，都是在文字说明部分注明的。

4. 尺度比例

比例尺亦称缩尺，是指图样中图形与物体相应要素的线性尺寸之比。比例是工程制图的基本要素，是制图过程中必须严格遵守的数学规则。应用统一的作图比例绘制图样，是设计制图数学化和精确化的重要标志，也是衡量工程制图这门学科是否达到成熟阶段和衡量其发展水平的重要标尺。

中国古代制图采用比例作图，最早可以上溯到春秋战国时代。战国的“兆域图”为我国古代工程制图应用比例提供了可靠的实物例证，图长940mm，宽约480mm，平均厚10mm。根据中山王的诏令和墓地享堂的建筑遗迹，对照兆域图，发现墓地享堂的位置和大小都是根据兆域图所绘的内容按图施工的。图上二堂每边长约4寸，堂间距2寸，而“兆域图”铜板上为实际长度的原注“堂方二百尺”，按出土的建筑遗迹与兆域图上图形校核，可知这是按比例绘制的。唐代虞世南（558—638年）编撰的《北堂书钞》里“方丈图”中记载有“以一分为十里，一寸为百里”。《营造法式》中虽然指出“造作工匠，详悉讲究规矩，比较诸作利害，随物之大小，有增减之法”，但是在该书的附图中没有标注尺寸比例，以至于后世的重刊中表述到“图样的准确性已大受影响”。直到清代《工程做法则例》和年希尧（?—1738年）编撰的《视学》中才明确比例的重

中山王墓的“兆域图”

中山王墓出土的“兆域图”铜板，一面有一对铺首，另一面有用金银镶嵌的“兆域”，即中山王墓的建筑平面示意图。“兆域图”的中心部分有三个大小均等的大“堂”和两个大小相等的小“堂”，大“堂”方二百尺，间距百尺;小“堂”方百五十尺，距大“堂”八十尺。据实测，在图上注明“方二百尺”的三个大“堂”（哀后堂、王堂、王后堂）的东西长度分别是8.670cm、8.686cm和8.86cm，而战国时的两百尺相当于4500cm，可见当时该图的比例尺大致是1:500。中山王“兆域图”上，线条准确地表达了设计者的设计概念和设计思想。幅面上的线型可分为粗实线和细实线，以区分建筑各个不同的部位，粗实线和细实线的应用使“兆域图”幅面重点突出，图面整洁，且线型均匀，交接清楚，实为工程制图使用线型的先导（见图1-10）。

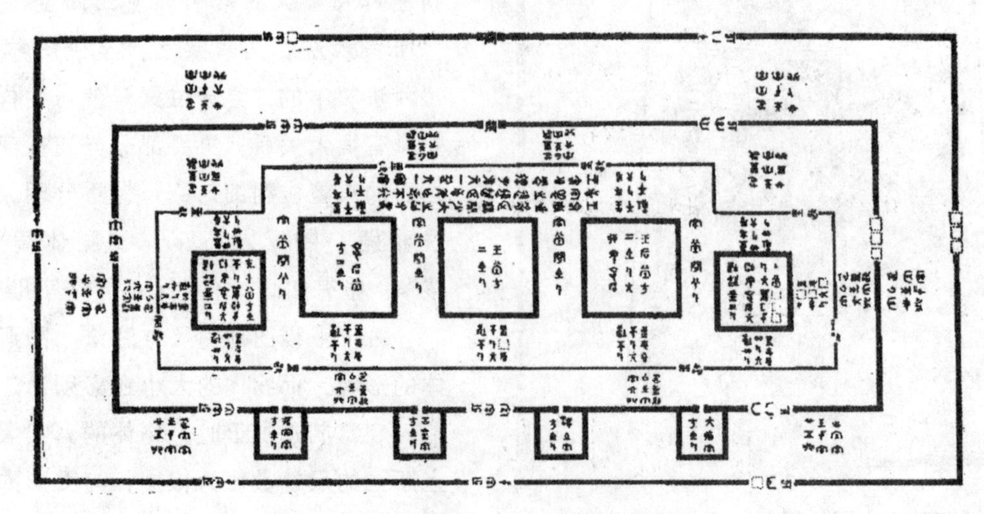

图1-10 《兆域图》（约公元前310年）

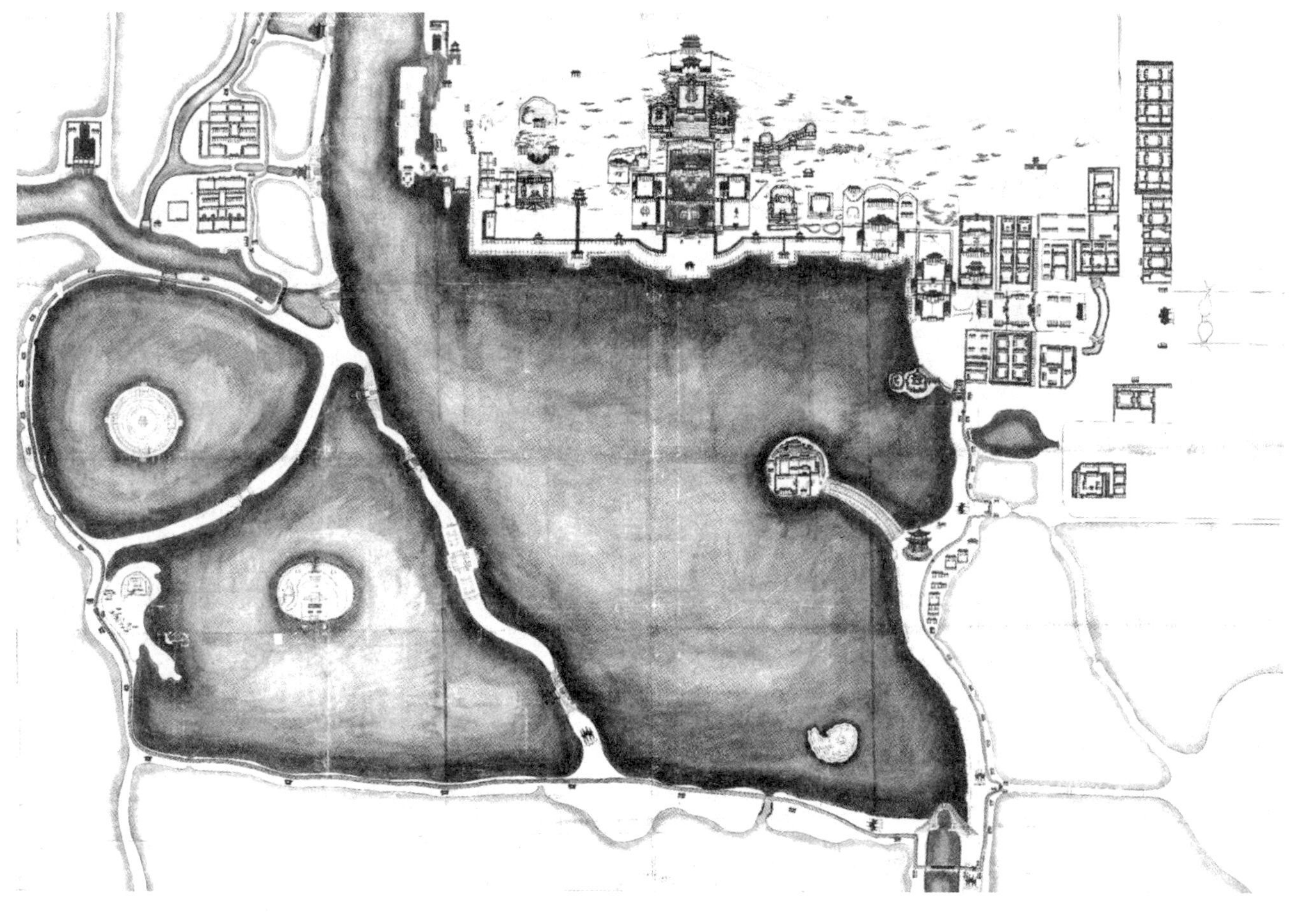

图1-11 清漪园行宫全图（样式雷）

要性。今天，GB/T 50104—2010《建筑制图标准》中指出建筑专业、室内设计专业制图选用的比例要求。环境艺术设计制图的门类复杂，涉及的图样很广，现在，在AutoCAD中不需要计算比例的问题，按照实际尺寸绘制即可，但是要根据不同的图面来设置不同比例尺度，力求打印出图后达到统一的效果。

5. 标准图样

样与式是中国古代工程学的表达方式之一，也是现代设计制图的重要组成部分。式样是指格式、样子、形状。样和式是中国古代科学技术与产品制造的重要表述形式，具有形象性和综合性的特点。古代科学技术中，样式能以三维空间的表现力表现工程技术和产品设计，使人们能从各个不同角度看到设计制作的形体空间乃至其周围环境，因而样式能在一定程度上弥补工程图纸的局限性。在工程实践中，许多产品与设计仅仅用图纸是难以充分表达的，不仅设计者在设计过程中要借助样与式来酝酿、推敲和完善自己的设计，同时在施工生产中，样与式也能起到产品规范和生产标准的作用。在古代的文献中有大量样与式的记载，如阁样、台样、宫样、殿样、内样、小样、木样、宅样、式样……形式、格式、方式、殿式、样式、法式、新式、旧式……俯拾即是，其中法式指必须遵循的标准图样体现出古建筑严格的等级制度和质量管理制度。

清代宫廷雷氏家族（样式雷）的设计样式独树一帜。样式雷图档包括的内容，门类丰富，最大量的是各个阶段的设计图纸（见图1-11），再就是烫样（模型），还有相当于施工设计说明、随工日记等史料。无论是界画还是烫样，都体现出设计方案的科学性和艺术性。从中可知，运用样与式这两种表达工程技术的形式，已是中国古代科学技术的历史传统。

图1-12　《营造法式》彩画图样

在中国古代工程技术中，法式亦指在工程技术中必须遵循的工艺程序与图样资料。如《营造法式》三十四卷，不仅是李诫考究群书，与工匠讲说，分列类例，其文自来工作相传，经久可用，而且附有图样六卷，体现古代工程技术的传统由来已久（见图1-12）。《营造法式》中的图样界画，工细致密，非良工易措手，表现了法式中图的重要地位。样和式在古代科学技术中有很重要的作用。无论是机械工程中，如天文仪器、农业机械的制造，还是建筑工程中的设计与施工，都采用样和式作为设计与生产施工的依据。

现今国家针对建筑设计的细部构造出版了一系列相应的标准设计图集，对建筑的局部重点构造设计进行了严格控制，同时也大大减轻了设计师的工作负荷。大量图纸只需标明标准图样的来源即可，再由施工和监理人员去查阅。例如，针对装饰设计制图的《国家建筑标准设计图集J502-1～3〈内装修〉》，但是环境艺术设计行业有其特殊性，在设计中追求极强的创意性，不少样式的制图无据可依，造成该行业设计制图的混乱，针对这一点，也有地方性行业法规出台。例如，2004年上海市出台了《上海市建筑装饰室内设计制图统一标准》，这一标准对该地区装饰行业进行了整合，保证了设计质量和施工质量，数全国首例。

6. 制图规范的表现形式

中国传统制图所受到的限制很多，从设计者的个人素质到所处社会的人文环境，都直接影响到制图规范的宣传和普及。从历史记载文献上来理论，在宋代以前，还没有一个朝代通过官方机构来统一制图规范。一直以来，制图作为一种技能存在于社会中，尤其是在我国古代工匠的社会地位很低，世代相传的绘图技法不被人重视，工匠的绘图形式、绘图技法都只为突出设计对象的构造，在逻辑上清晰地表达层次结构，例如：设定应用字体，加入图线粗细规范等。终归一点，就是为了将问题说明清楚。

古代制图不同于绘画创作，仅仅属于少数人掌握的专项技能，绘图的工序很复杂，需要运用界尺等工具，并且绘图的时间也很长，主要设计构造使用图纸来表现，辅助设计构造就配置文字来说明，图文结合。以文字说明来取代的内容在一定程度上会出现理解错误，尤其是表现方位和数量的术语，容易出差错，那么图纸在交流中不仅要让人达成共识，共同来读懂制图，同时也要学习这些专业术语，并且世代相传，以免发生混淆。针对大型施工项目，古代制图规范中还设定法式、冠定名称，如正样图、侧样图、分样图等。这些名称在一定程度上方便了工匠之间的沟通，通过名称来理解图纸的表达对象，使人一目了然。

三、环境艺术设计制图的现况

新中国成立后，我国的建筑制图和机械制图都在学习前苏联的规范模式，引进的制图规范不完整，缺少很多细节，这些细节全凭我国设计师与绘图员自主定制，影响面窄，并没有发挥本土特色。现在，我国正处于经济腾勃发展的上升时期，环境艺术设计已经成为国内一项重要的经济产业，而设计制图的状况就很不乐观了。很多设计师、绘图员长期从事单一性设计、制图工作，往往将一时疏忽而造成的绘图错误长期“熟记”在心，擅自“创造”出不同版本的绘制细节，造成习惯性错误，既不便修改，也不便传阅，由此长期影响本行业其他人员，如施工员、客户和新参加工作的设计师等。此外，环境艺术设计制图相对于建筑工程设计制图而言，内容较简单，图纸幅面较小，也会造成从业人员大意，产生习惯性错误。

1. 常见制图问题

（1）制图尺寸与实地测量不符　有些图纸虽然大致尺寸与实地测量一致，但是细究到每一个房间，每一个角落，总会有些地方与实地测量不符，对于这种情况，有些设计师会根据自己的习惯和经验对整体尺寸有所修改。虽然大致尺寸没有什么变化,但对于业务素质不足的施工员而言，依据图纸进行正确的施工就有很大的困难。

（2）图纸结构复杂　每张图纸虽然包括1~2个施工立面,但是构造节点图、大样图等需另附图纸，查阅时要考虑图纸的逻辑顺序，不利于深入理解设计创意。对于业务素质参差不齐的项目经理和施工员而言，极易发生理解上的错误。

（3）制图形式单一　现有的装饰设计图纸基本上是白纸黑线图，少数制图软件虽然提供色彩与纹理配置，但操作复杂，绘图效率低，没有形成广泛的经济效益。除了设计师、项目经理、施工员，现在有更多的受众对象，如使用者、投资者及广大群众，希望能读懂图纸，从而发表自己的意见（见图1-13）。

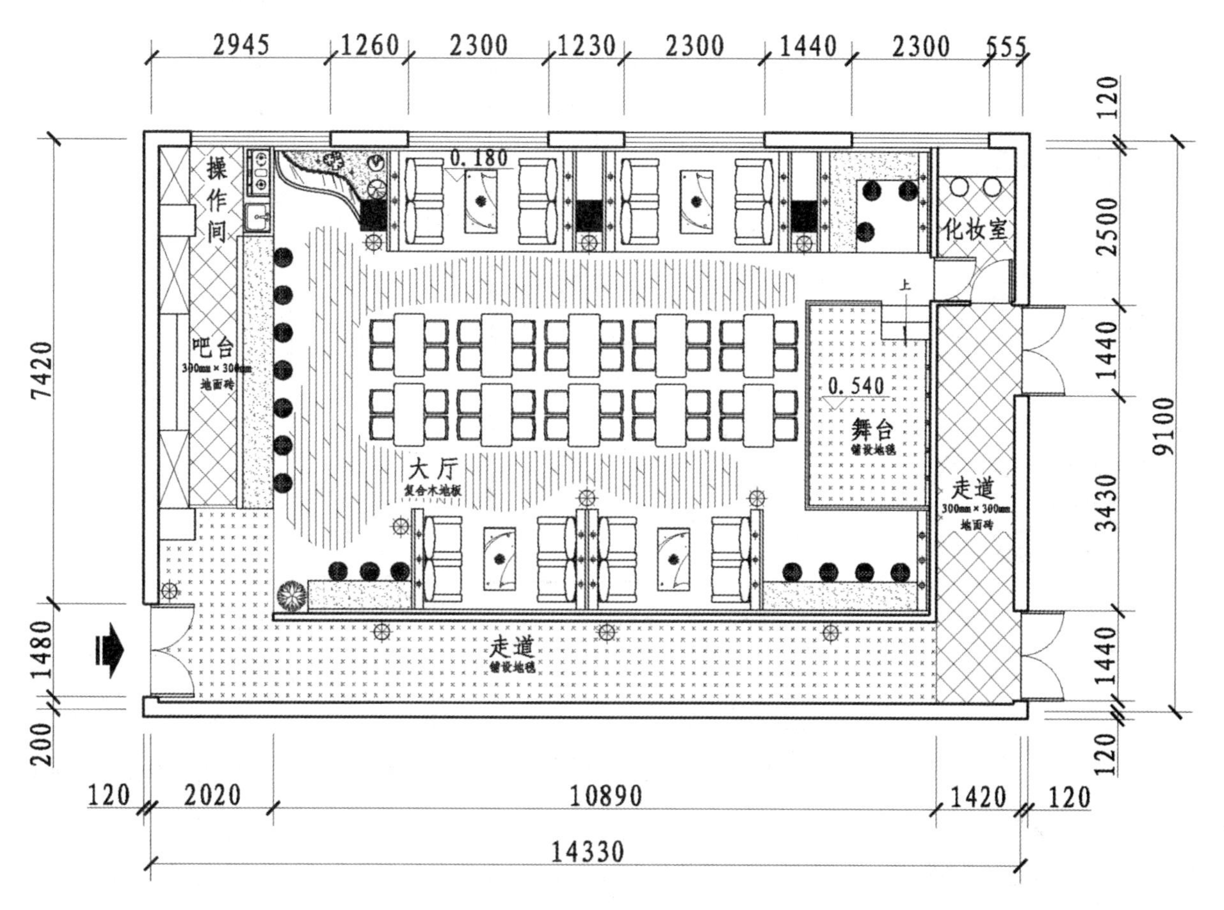

图1-13　咖啡厅设计方案图

（4）图面内容繁琐　图纸上的尺寸标注、文字标注十分机械，标注引线和文字在图面中相互穿插，容易影响正确识图，审核者和阅读者需要消耗大量的时间和精力来读懂图纸，这对设计消费者的耐心是一种严峻的考验。

（5）甲乙双方沟通困难　专业性很强的设计制图只限定在少数设计师与施工员之间沟通，有设计需求的消费者很难读懂，往往需要提高设计成本，另附多张彩色效果图。严谨、专业的图纸反而成为设计、施工交流的障碍。

2. 环境艺术设计制图的研究

既要丰富表现效果，还要绘出设计构造的具体形态，这是现代环境艺术设计制图的主要要求。清代《视学》出版后，不仅对透视提出了规范要求，还阐述了多种不同的作图方法，多种例图。能适应各种场合和各种对象的描绘，其作图方法沿用到今。这也反映了现代环境艺术设计制图需要有所创新。

环境艺术设计制图的特征应该是清晰表达设计构造，采用简洁的图示图标，渲染设计对象的色彩和质感，图面美观多样，通俗易懂，绘制成本低廉，操作方便快捷，容易修改，能为大多数人群所接受。由于当今的环境艺术设计制图源于建筑制图，是社会进步后行业分工的产物。目前，环境艺术设计制图按应用方面总体分为方案图、施工图和竣工图三种。

（1）方案图　用于初步表达设计理念及风格样式的图纸，表现较为简洁，视觉效果明确。方案图在环境艺术设计领域属于前期图纸，图纸所表达的设计内容需要得到主管部门或客户的认可，要求图面美观、新颖，能遵循大众的审美特点，这一类图纸一般包括三视图和透视效果图。

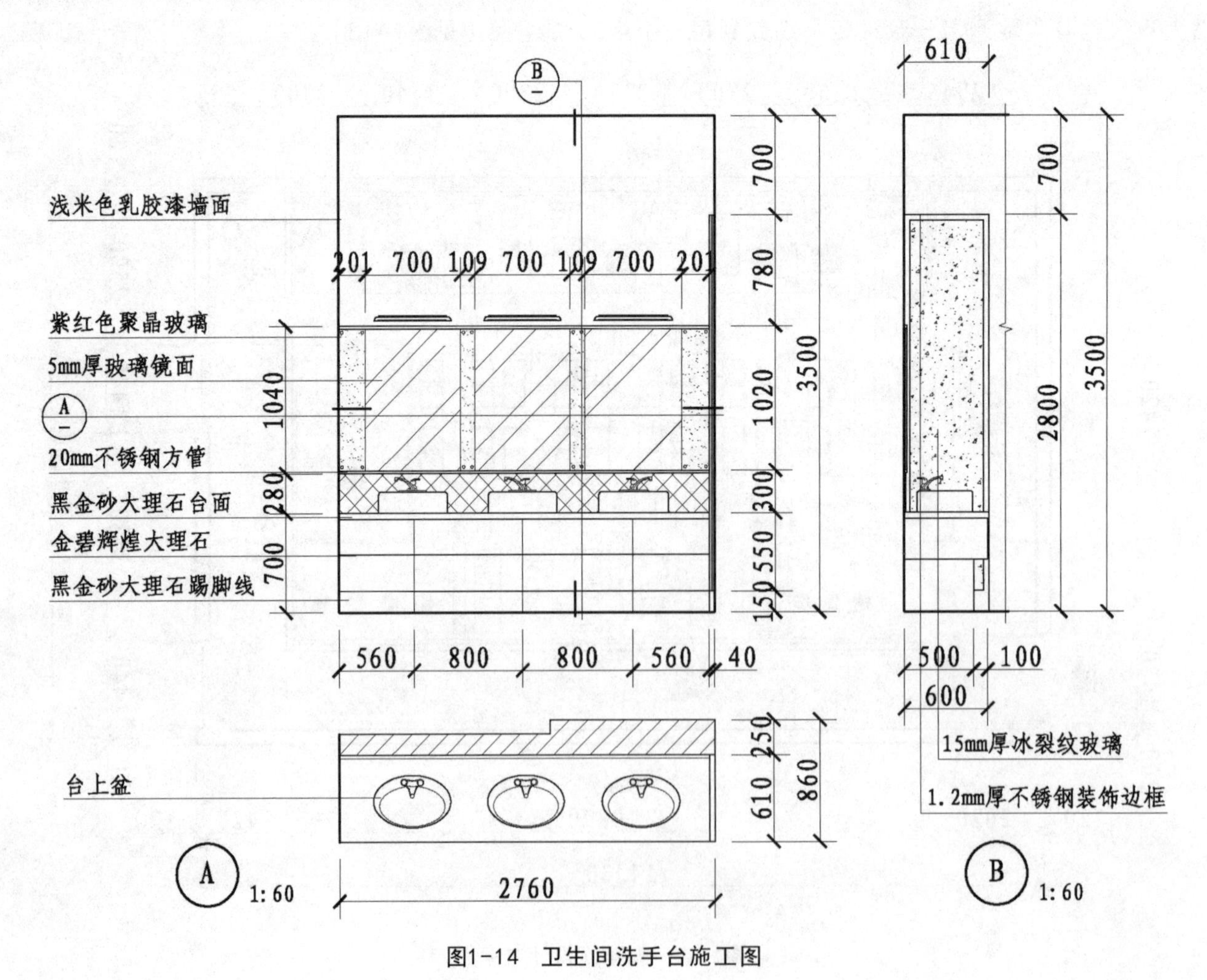

图1-14　卫生间洗手台施工图

目前在国内发达城市提出设计方案不再局限于二维图纸，通过计算机软件制作出与二维图纸相对应的三维模型、动画，配置语音介绍和动态文字说明，设计方案的效果立竿见影，在商业招投标中，屡屡胜出，甚至不少从事专业设计的企业、个人都纷纷转行，投身于方案图表现。

（2）施工图 它可以认定是方案图的扩展，用于指导工程施工实施的图纸，绘制详细，全面表达了局部的构造设计。施工图的绘制很典型，很传统，白纸黑线所表达的构造非常清晰，图量大，配套全面，能很好的应用于工程施工，也可以认为施工图是工程实施的说明书。目前，国内绘制施工图主要采用AutoCAD制图软件，设计师或绘图员在绘制这类图纸时需要消耗大量时间来将线条与尺度完美结合，施工图的识图也需要经过专业培训，设计师与施工员需要有很好的默契（见图1-14）。

（3）竣工图 工程完成后根据实际完工的形态绘制的图纸，用于存档和工程的后期维护使用。竣工图是环境艺术设计的保障书，在工程完工后，需要对最终形态和使用方法作出详细规定，一方面可以指导工程的受众者正确使用设计成果，另一方面也是工程双方的责权申明。

环境艺术设计制图有自身的特点，一贯延续土木建筑制图，难以发挥自身的特色。制图的研究要能够填补国内空白，着实指导设计师与客户交流，设计师与施工员交流。在现有的行业规范体系下，开发出更多形式的制图，并沿用中国传统的图学原理，能将现代制图多样化、立体化、唯美化，提高行业水平，发挥设计的影响力和推动力，促进环境艺术设计的健康发展。

在本课程教学中，依靠对设计市场的深入调查，将调查信息反馈至设计师和绘图员，经过研究和尝试，推出全新的制图形式。广泛收集设计师、客户、施工员三方对设计图的态度和意见，列举抽样调查表格，针对每种人群的建议特点，作出相关形式的设计图，并与我国传统制图形式相比较，总结优点，纠正缺点。经过缜密分析后，希望能推出几种新的设计制图形式，尤其是推出具有模式化的系列图纸来满足该行业发展的需求。

第二节 国家制图标准

环境艺术设计制图一直延续用建筑工程制图标准，为了使制图基本统一，确保图纸质量，提高绘图效率，做到图面清晰简明，并符合设计、施工和存档的要求，建设部会同有关部门对原有的6项制图标准进行了修订，这些标准于2011年3月1日开始实施，分别是：GB／T50001—2010《房屋建筑制图统一标准》、GB／T50103—2010《总图制图标准》、GB／T50104—2010《建筑制图标准》、GB／T50105—2010《建筑结构制图标准》、GB／T50106—2010《给水排水制图标准》、GB／T50114—2010《暖通空调制图标准》，它们兼顾手工制图与计算机制图二者的需要和新的要求。

环境艺术设计制图主要包括规划图、平面图、顶面图、给排水图、电气图、暖通图、立面图、剖面图、构造节点图、大样图、轴测图、装配图等常用图纸。通常，这些图纸又称为装饰装修工程设计图，它们是利用简洁明晰的图形、线条、数字和符号等形式在纸面上表达特定的语言，用来表述设计构思、艺术观点、空间排布、装修构造，通过造型、饰面、尺度、选材、细部处理等方面准确体现工程方案，要求内容全面而详尽。它是实施设计与施工所涉及的甲、乙、丙各方所必须共识的专业技术交往文件，一旦认定即须按图施工，不受时间变迁的影响并且不再容许口头更改。同时，它也是确定设计工程造价的重要依据，施工单位必须按图纸计算工程量，作为竣工验收后办理结算的依据。

环境艺术设计制图，应以国家标准为依据，以保证图纸与土建制图相衔接，便于识读、审核和管理。由于环境艺术设计工程所涉及的专业范围较广，所以在施工图中常出现建筑制图、家具制图、机械制图和装饰性图案等多种画法并存的现象。因此，设计师和绘图员不仅要具备良好的绘图功底，更要能很精准的识别这些图，以达到确切地将设计思想、设计理念完美的融合到设计图纸中，与实际操作能有一个完美的契合。

构成建筑结构及环境艺术等工程图纸的基本要素，主要有图纸幅面规格、图线、字体、比例、符号、定位轴线、图例和尺寸标注等，应符合GB／T50001—2010《房屋建筑制图统一标准》的有关规定，该标准可适用于三大类工程制图：新建、改建、扩建工程的各阶段设计图及竣工图；原有建筑物、构筑物和总平面的实测图；通用设计图和标准设计图。

一、图纸的幅面规格

一般选用图纸的原则是保证设计创意能清晰地被表达，此外，还要考虑全部图纸的内容，注重绘图成本。图纸的幅面规格应符合表1-1的规定，表中B与L分别代表图纸幅面的短边和长边的尺寸，在制图中须特别注意。

需要微缩复制的图纸，其一个边上应附有一段准确米制尺度，四个边上均应附有对中标志，米制尺度的总长应为100mm，分格应为10mm。对中标志应画在图纸各边长的中点处，线宽应为0.35mm，伸入框内应为5mm。图纸的短边一般不应加长，长边可以加长，但应符合表1-2的规定。

图纸以短边作为垂直边称为横式，以短边作为水平边称为立式，一般A0～A3图纸宜横式使用，必要时可立式使用（见图1-15、图1-16），A4幅面也可用立式图框（见图1-17、图1-18）。在同一项设计中，每个专业所使用的图纸，一般不宜多于两种幅面。

图纸标题栏与会签栏是图纸的重要信息传达部位，标题栏通常被简称为“图标”，它与会签栏及装订边的位置一般要符合横式图纸与立式图纸两种使用需求，标题栏应根据工程需要选择确

表1-1 幅面及图框尺寸 单位：mm

尺寸代号	幅面代号				
	A0	A1	A2	A3	A4
B×L	841×1189	594×841	420×594	297×420	210×297
C	10			5	
A	25				

表1-2 图纸长边加长尺寸 单位：mm

幅面尺寸	长边尺寸	长边加长后尺寸						
A0	1189	1486	1635	1783	1932	2080	2230	2378
A1	841	1051	1261	1471	1682	1892	2102	
A2	594	743	891	1041	1189	1338	1486	1635
A2	594	1783	1932	2080				
A3	420	630	841	1051	1261	1471	1682	1892

注：有特殊需要的图纸，可采用B×L为841mm×891mm与1189mm×1261mm的幅面

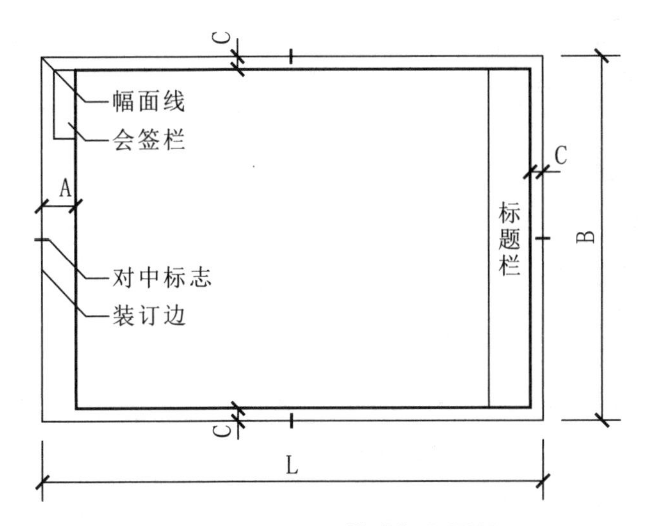

图1-15　A0～A3横式幅面图纸

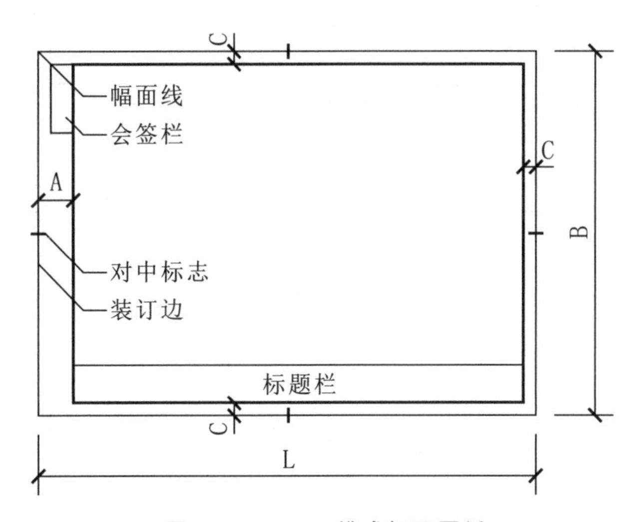

图1-16　A0～A3横式幅面图纸

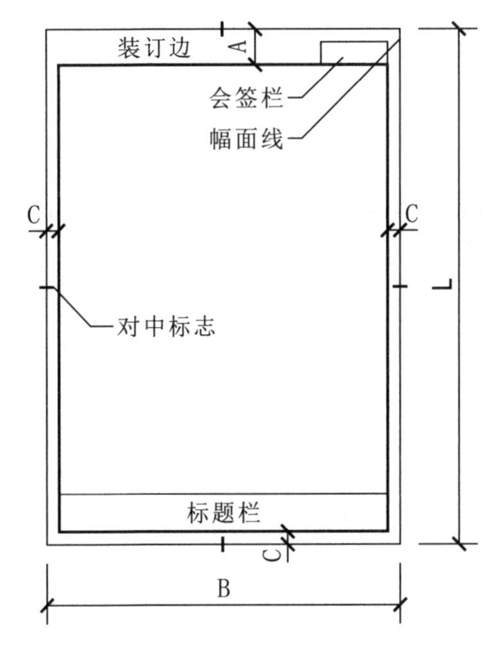

图1-17　A0～A4立式幅面图纸

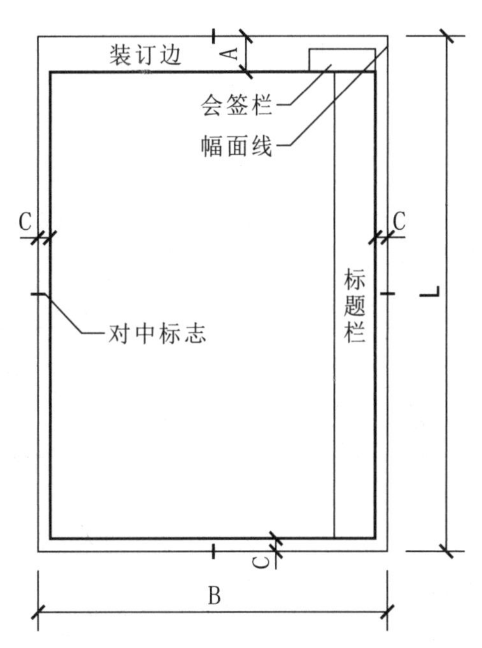

图1-18　A0～A4立式幅面图纸

定其尺寸、格式及分区（见图1-19、图1-20）。鉴于当前各设计单位标题栏的内容有所增加，需要加入外文，提供了两种标题栏尺寸，分别是200×（30~50）和240×（30~40），涉外工程的标题栏内，各项主要内容的中文下方应附有译文，设计单位的上方或左方，应加“中华人民共和国”字样。会签栏的尺寸应为100mm×20mm，栏内应填写会签人员所代表的专业、姓名、日期（年、月、日）。一个会签栏不够，可以另加，两个会签栏应并列，不需会签栏的图纸可不设会签栏。

二、图线

图线，是一种连接几何图形的方式。设计图即通过形式和宽度不同的图线，让使用者能够更加清晰、直观的感受到设计师的设计意图。所有线型的图线，其宽度（称为线宽）应按图样的类型和尺寸大小相互形成一定的比例。一幅图纸中最大的线宽（粗线）宽度代号为B，其取值范围要根据图形的复杂程度及比例大小而酌情确定。选

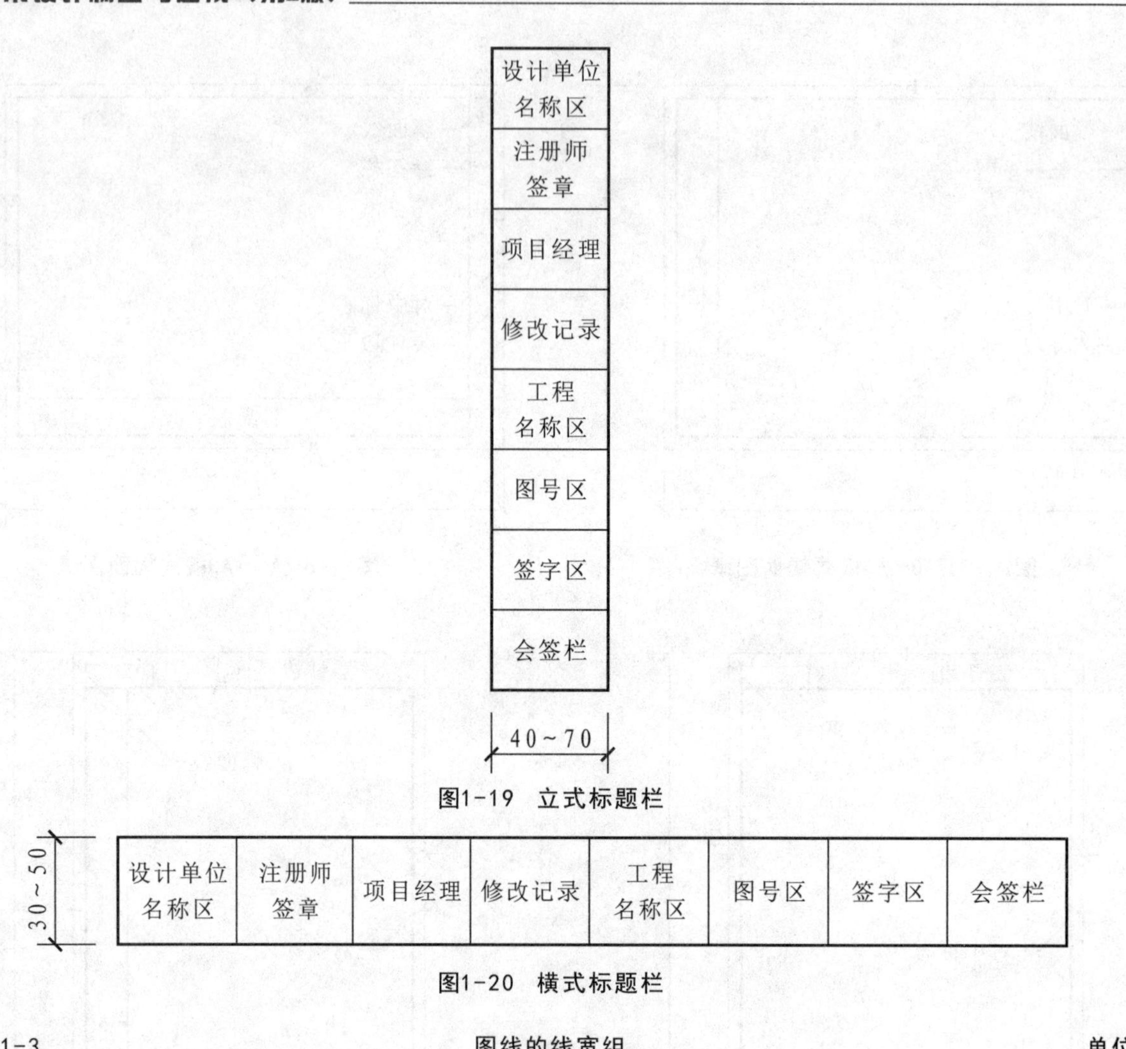

图1-19　立式标题栏

图1-20　横式标题栏

表1-3　　图线的线宽组　　单位：mm

线宽比	线宽组					
B	2.0	1.4	1.0	0.7	0.5	0.35
0.5B	1.0	0.7	0.5	0.35	0.25	0.18
0.25B	0.5	0.35	0.25	0.18	-	-

注：1.需要微缩的图纸，不宜采用0.18mm及更细的线宽
2.同一张图纸内，相同比例的各图样，应选用相同的线宽组
3.同一张图纸内，各不同线宽中的细线，可统一采用较细的线宽组的细线

定了线宽系列中的粗线宽度为B，中线为0.5B、细线为0.25B。图线的宽度B，宜从0.35mm、0.5mm、0,7mm、1.0mm、1.4mm、2.0mm的线宽系列中选取。对于每个图样，应根据其复杂程度、比例大小和图纸幅面来确定，先选定基本线宽B，再选用表1-3中相应的线宽组。

一般制图，应选用表1-4所示的图线。图纸的图框、标题栏和会签栏，可采用表1-5的线宽。相互平行的图线，其间隙不宜小于其中的粗线宽度，且不宜小于0.7mm。

虚线与虚线相交、虚线与点画线相交时应以线段相交；虚线与粗实线相交时，不留空隙。虚线、点画线如果是粗实线的延长线，两线相交时应留有空隙（见表1-6）。同一图样中同类图线的宽度应基本一致，虚线、点画线及双点画线的线段长度和间距应各自大致相等。点画线、双点画

表1-4　图线　单位：mm

名称		线型	线宽	一般用途
实线	粗		B	主要可见轮廓线
	中粗		0.7B	可见轮廓线
	中		0.5B	可见轮廓线、尺寸线、变更云线
	细		0.25B	图例填充线、家具线
虚线	粗		B	见各有关专业制图标准
	中粗		0.7B	不可见轮廓线
	中		0.5B	不可见轮廓线、图例线
	细		0.25B	图例填充线、家具线
单点长画线	粗		B	见各有关专业制图标准
	中		0.5B	见各有关专业制图标准
	细		0.25B	中心线、对称线、轴线等
双点长画线	粗		B	见各有关专业制图标准
	中		0.5B	见各有关专业制图标准
	细		0.25B	假想轮廓线、成型前原始轮廓线
折断线	细		0.25B	断开界线
波浪线	细		0.25B	断开界线

表1-5　图框线、标题栏和会签线的宽度　单位：mm

幅面代号	图框线	标题栏外框线	标题栏分格线、会签栏线
A0，A1	1.4	0.7	0.35
A2，A3，A4	1.0	0.7	0.35

表1-6　图线相交的画法

序号	图线相交情况	正确	不正确
1	两粗实线或两虚线相交		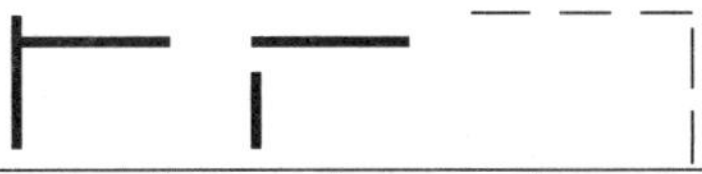
2	虚线与虚线或其他图线相交	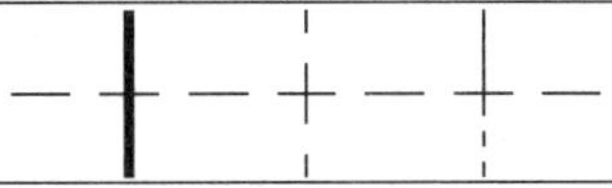	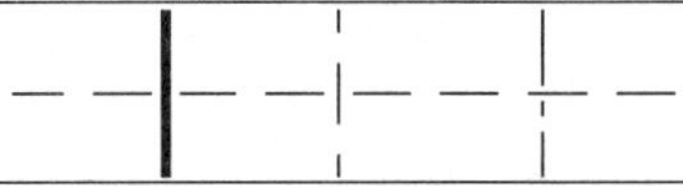
3	虚线是实线的延长线	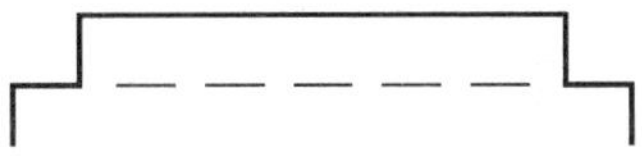	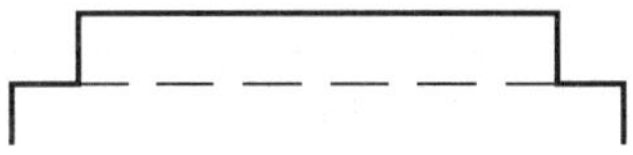
4	两单点长画线相交	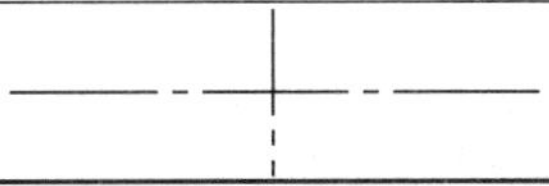	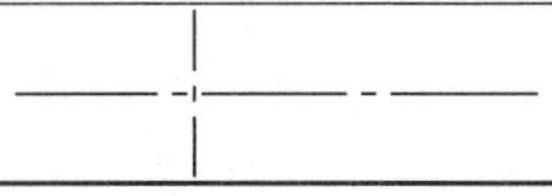

线的首末两端应是线段，而不是短画，点画线、双点画线的点不是点，而是一个约1mm的短画。在较小图形上绘制点画线或双点画线有困难时，可以用细实线代替。此外，图线的颜色深浅程度要

一致。图线不得与文字、数字或符号重叠、混淆，不可避免时，应首先保证文字等的清晰。

三、字体

图纸上所需书写的文字、数字或符号等，均应笔画清晰、字体端正、排列整齐。字宽为字高的2／3*H*（见图1-21），标点符号应清楚正确。图纸上书写的文字的字高，应从3.5mm、5mm、7mm、10mm、14mm、20mm的六级中选用（见表1-7）。如需书写更大的字，其高度应按2的比值递增。

1. 汉字

图样及说明中的汉字，宜采用长仿宋体。大标题、图册封面、地形图等所用汉字，也可书写成其他字体，但应易于辨认。汉字的简化字书写，必须符合国务院公布的《汉字简化方案》和有关规定。

2. 字母和数字

拉丁字母、阿拉伯数字与罗马数字的书写与排列，应符合表1-8的规定。拉丁字母、阿拉伯数字与罗马数字如果需要写成斜体字，其斜度应是从字的底线逆时针向上倾斜75°。斜体字的高度和宽度应与相应的直体字相等。拉丁字母、阿拉伯数字与罗马数字的字高，应不小于2.5mm。

数量的数值注写，应采用正体阿拉伯数字。各种计量单位凡前面有量值的，均应采用国家颁布的单位符号注写。单位符号应采用正体字母。分数、百分数和比例数的注写，应采用阿拉伯数字和数学符号，例如：四分之三、百分之二十五和一比二十应分别写成3／4、25%、1∶20。当注写的数字小于1时，必须写出个位的“0”，小数点应采用圆点，齐基准线书写。

四、比例

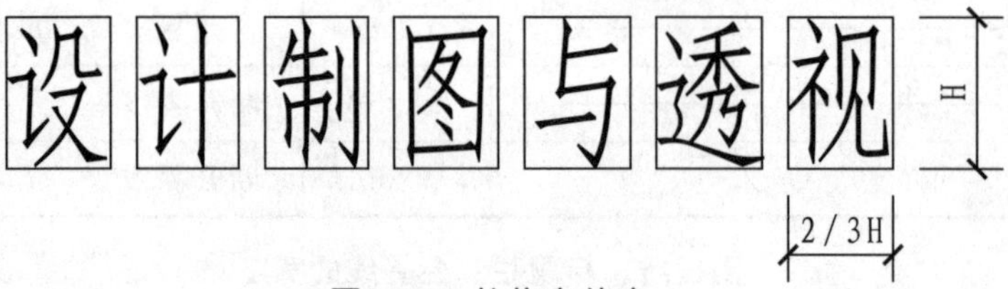

设计制图与透视

H

2/3H

图1-21　长仿宋体字

表1-7　长仿宋体字的高宽关系　单位：mm

字　体	尺　寸					
字　高	20	14	10	7	5	3.5
字　宽	14	10	7	5	3.5	2.5

表1-8　拉丁字母、阿拉伯数字与罗马数字的书写规则

书写格式	一般字体	窄字体
大写字母高度	H	H
小写字母高度（上下均无延伸）	7/10H	10/14H
小写字母伸出的头部或尾部	3/10H	4/14H
笔画宽度	1/10H	1/14H
字母间距	2/10H	2/14H
上下行基准线最小间距	15/10H	21/14H
词间距	6/10H	6/14H

平面图 1:100 

1:20

图1-22 比例的注写

表1-9 绘图所用的比例

常用比例	1:1，1:2，1:5，1:10，1:20，1:50，1:100，1:150，1:200，1:500，1:1000，1:2000
可用比例	1:3，1:4，1:6，1:15，1:25，1:30，1:40，1:60，1:80，1:250，1:300，1:400，1:600，1:5000，1:10000，1:20000，1:50000，1:100000，1:200000

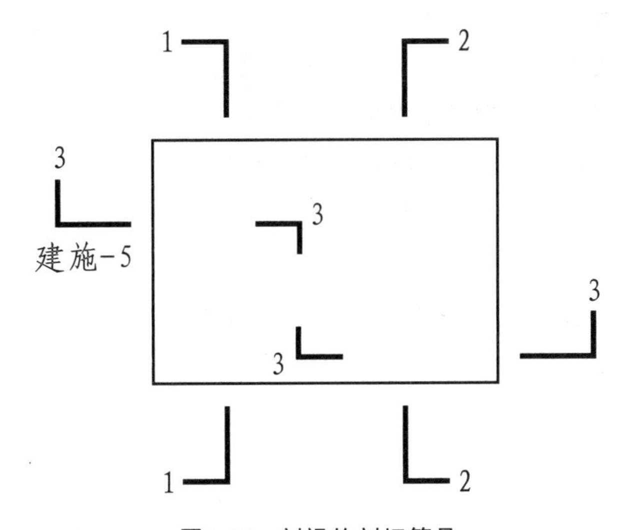

图1-23 剖视的剖切符号

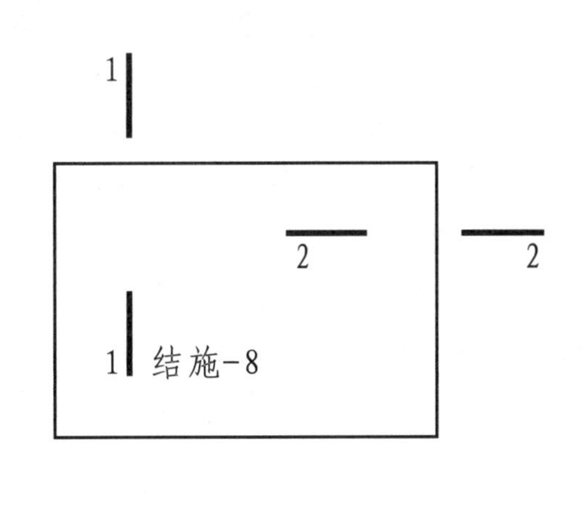

图1-24 断面的剖切符号

图样的比例，应为图形与实物相对应的线性尺寸之比。比例的大小，是指其比值的大小，如1∶50、1∶100。比例宜注写在图名的右侧，字的基准线应取平；比例的字高宜比图名的字高小一号或二号（见图1-22）。绘图所用的比例，应根据图样的用途与被绘对象的复杂程度，并优先采用常用比例（见表1-9）。一般情况下，一个图样应选用一种比例，根据专业制图需要，同一图样可选用两种比例，特殊情况下也可自选比例，这时除应注出绘图比例外，还必须在适当位置绘制出相应的比例尺。

五、符号

1. 剖切符号

在剖视图中，剖切符号用于表示剖切面剖切位置的图线，由剖切位置线及剖视方向线组成，均应以粗实线绘制。剖切位置线宜为6~10mm；剖视方向线应垂直于剖切位置线，长度应短于剖切位置线，宜为4~6mm（图1-23）即长边的方向表示切的方向,短边的方向表示看的方向。绘制时，剖视的剖切符号不应与其他图线相接触。剖视剖切符号的编号宜采用阿拉伯数字，按顺序由左至右、由下至上连续编排，并应注写在剖视方向的端部。需要转折的剖切位置线，应在转角的外侧加注与该符号相同的编号。建（构）筑物剖面图的剖切符号，宜注在±0.00标高的平面图上。

断面的剖切符号应只用剖切位置线表示，并应以粗实线绘制，长度宜为6~10mm。断面剖切符号的编号按顺序连续编排，并应注写在剖切位置线的一侧，编号所在的一侧应为该断面剖视方向（见图1-24）。剖面图或断面图如与被剖切图样不在同一张图内，可在剖切位置线的另一侧注明所在图纸的编号，也可在图上集中说明。

2. 索引符号和详图符号

图样中的某一局部或构件，如需另见详图，应以索引符号索引。索引符号由直径为10mm的圆和水平直径组成，圆及水平直径均应以细实线绘制［见图1-25（a）］。索引出的详图，如果与被索引的图样同在一张图纸内，应在索引符号的上半圆中用阿拉伯数字注明该详图的编号，并在下半圆中间画一段水平细实线［见图1-25（b）］；如果与被索引的图样不在同一张图纸内，应在索引符号的上半圆中用阿拉伯数字注明该详图的编号，在索引符号的下半圆中用阿拉伯数字注明该详图所在图纸的编号［见图1-25（c）］，数字较多时，可加文字标注；如果采用标准图，应在索引符号水平直径的延长线上加注该标准图册的编号［见图1-25（d）］。

索引符号如用于索引剖视详图，应在被剖切的部位绘制剖切位置线，并以引出线引出索引符号，引出线所在的一侧应为投射方向（见图1-26）。零件、钢筋、杆件、设备等的编号，以直径为4~6mm（同一图样应保持一致）的细实线圆表示，其编号应用阿拉伯数字按顺序编写（见图1-27）。

详图的位置和编号，应以详图符号表示。详图符号的圆，应以直径为14mm的粗实线绘制。详图与被索引的图样同在一张图纸内时，应在详图符号内用阿拉伯数字注明详图的编号（见图1-28）。详图与被索引的图样不在同一张图纸内，应用细实线在详图符号内画一水平直径，在上半圆中注明详图编号，在下半圆中注明被索引图纸的编号（见图1-29）。

3. 引出线

直线，或经上述角度再折为水平线。文字说

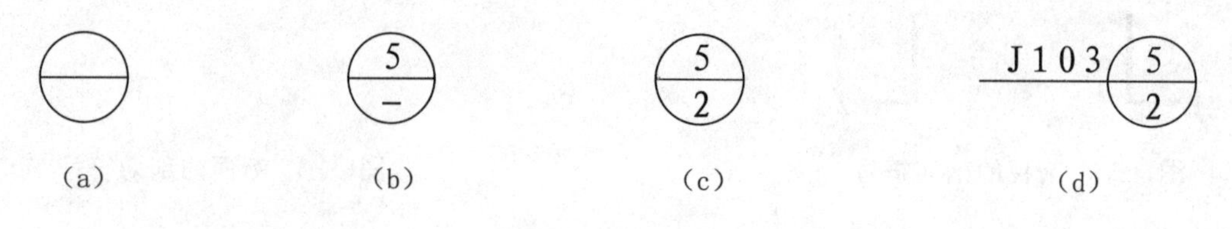

图1-25　索引符号

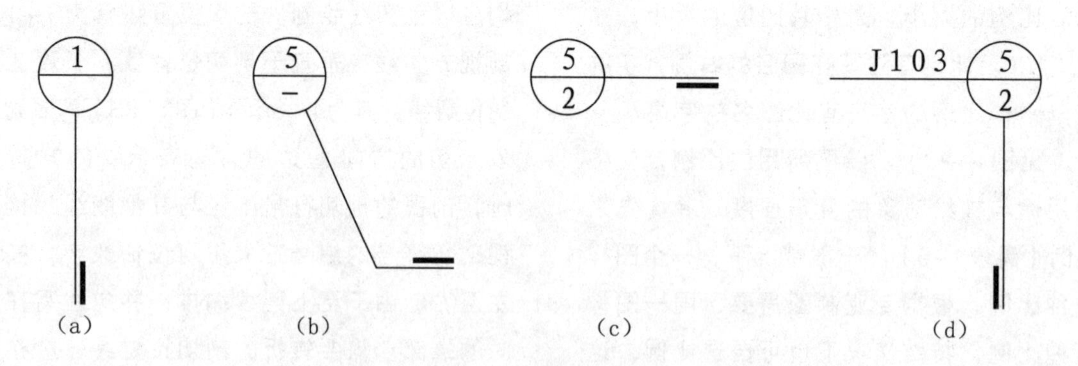

图1-26　用于索引剖面详图的索引符号

图1-27　零件、钢筋等的编号

图1-28　与被索引图样同在一张图纸内的详图符号

图1-29　与被索引图样不在同一张图纸内的详图符号

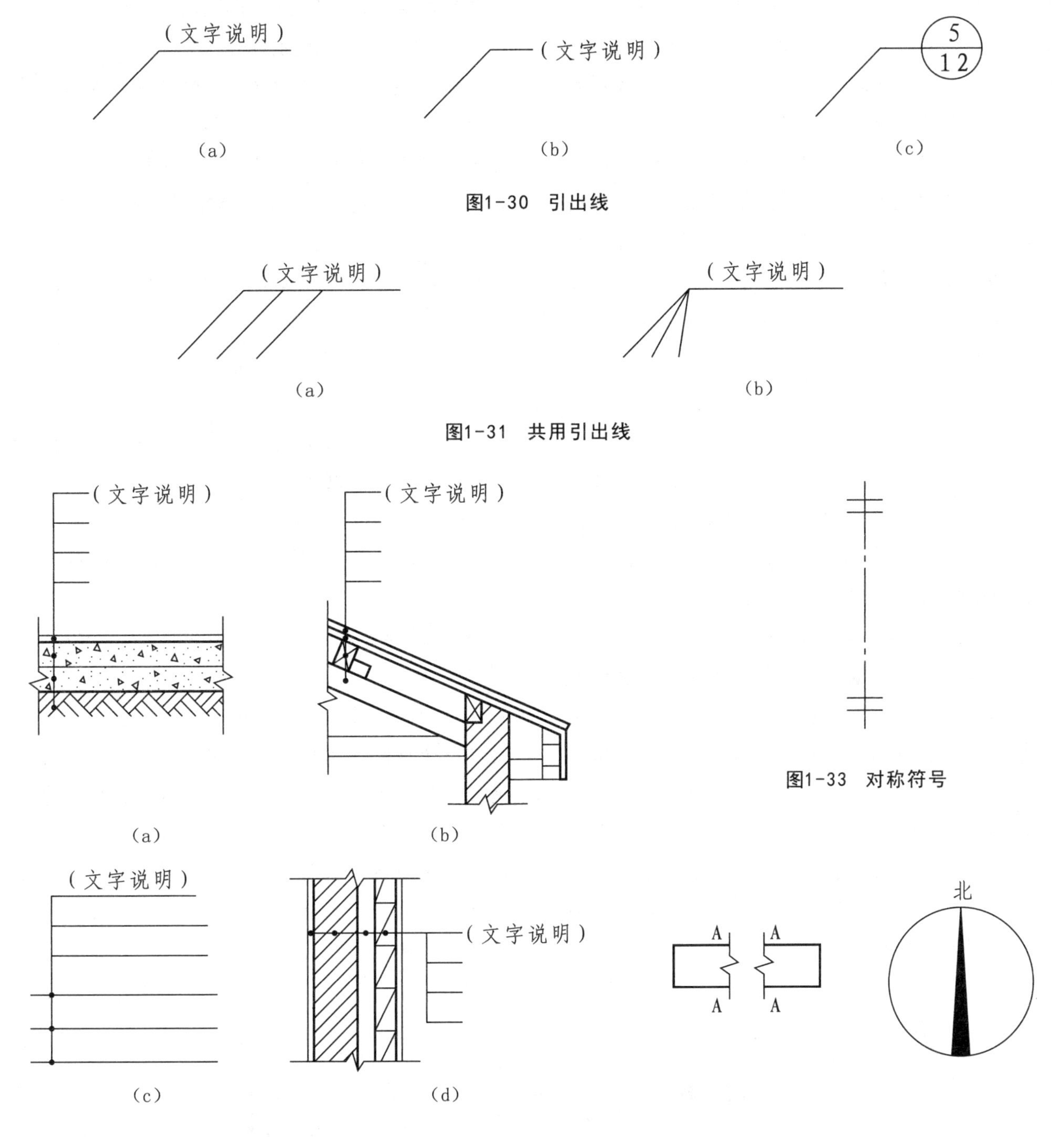

图1-30 引出线

图1-31 共用引出线

图1-32 多层构造引出线

图1-33 对称符号

图1-34 连接符号

图1-35 指北针

明宜注写在水平线的上方，或注写在水平线的端部。索引详图的引出线，应与水平直径相连接（见图1-30）。同时引出几个相同部分的引出线，宜相互平行，也可画成集中于一点的放射线（见图1-31）。多层构造或多层管道共用引出线，应通过被引出的各层。文字说明宜注写在水平线的上方，或注写在水平线的端部；说明的顺序应由上至下，并应与被说明的层次相互一致；如层次为横向排序，则由上至下的说明顺序应与自左至右的层次相互一致（见图1-32）。

4. 其他符号

这里主要包括对称符号、连接符号和指北针。对称符号（见图1-33）由对称线和两端的两对平行线组成，对称线用细点画线绘制，平行线用细实线绘制，其长度宜为6～10mm，每对的间距宜为2～3mm，对称线垂直平分于两对平行线，两端超出平行线宜为2～3mm。连接符号应以折断线表示需连接的部位（见图1-34），两部位相距过远时，折断线两端靠图样一侧应标注大写拉丁字母表示连接编号，两个被连接的图样必须用相同的字母编号。指北针其圆的直径宜为24mm，用细实线绘制，指针尾部的宽度宜为3mm，指针头部应注“北”或“N”字（见图1-35）。需绘制较大指北针时，指针尾部宽度宜为直径的1／8。

六、定位轴线

定位轴线应用细点画线绘制，一般应编号，编号注写在轴线端部的圆内，圆应用细实线绘制，直径为8～10mm。定位轴线圆的圆心，应在定位轴线的延长线上或延长线的折线上。

1. 定位轴线的编号

平面图上定位轴线的编号，宜标注在图样的下方与左侧。横向编号应用阿拉伯数字，从左至右顺序编写，竖向编号应用大写拉丁字母，从下至上顺序编写（见图1-36）。拉丁字母的I、O、Z不得用做轴线编号，如字母数量不够使用，可增用双字母或单字母加数字注脚，如A_A、B_A……Y_A或A_1、B_1……Y_1。组合较复杂的平面图中定位轴线也可采用分区编号（见图1-37），编号的注写形式应为“分区号－该分区编号”，分区号采用阿拉伯数字或大写拉丁字母表示。

2. 附加定位轴线的编号

附加定位轴线的编号应以分数形式表示，并应按下列规定编写。两根轴线间的附加轴线，应以分母表示前一轴线的编号，分子表示附加轴线的编号，编号宜用阿拉伯数字顺序编写。例如：

表示2号轴线之后附加的第一根轴线；

表示C号轴线之后附加的第三根轴线。

1号轴线或A号轴线之前的附加轴线的分母应以0A或01表示。例如：

表示1号轴线之前附加的第一根轴线；

表示A号轴线之前附加的第三根轴线。

3. 其他图样轴线的编号

一个详图适用于几根轴线时，应同时注明各有关轴线的编号（见图1-38）。通用详图中的定位轴线，应只画图，不注写轴线编号。圆形平面图中定位轴线的编号，其径向轴线宜用阿拉伯数字表示，从左下角开始，按逆时针顺序编写；其圆周轴线宜用大写拉丁字母表示，从外向内顺序编写（见图1-39）。折线形平面图中定位轴线的

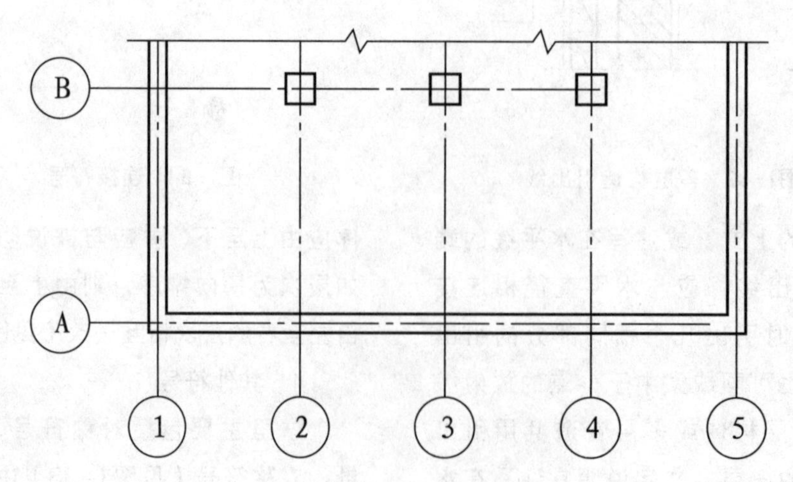

图1-36 定位轴线的编号顺序

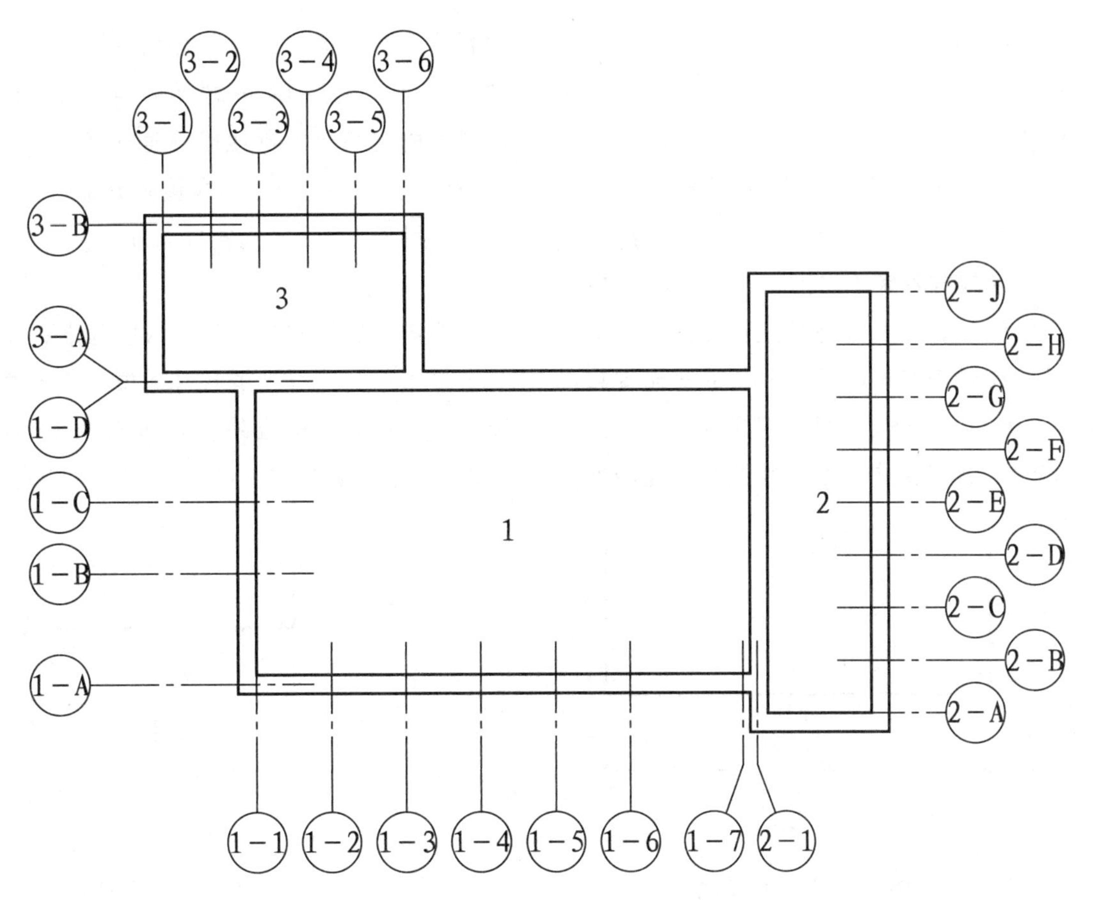

图1-37 定位轴线的分区编号

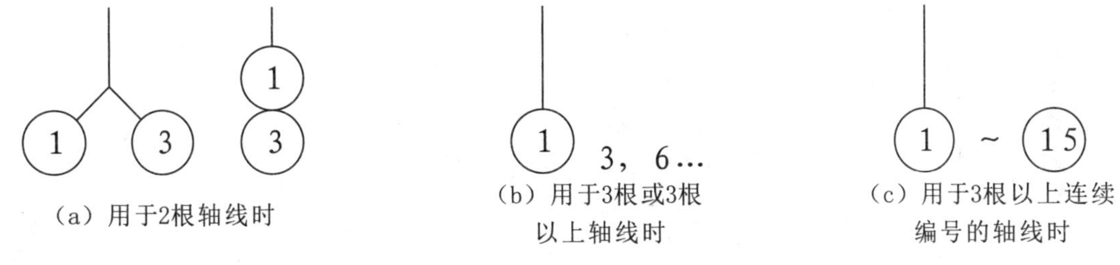

（a）用于2根轴线时

（b）用于3根或3根以上轴线时

（c）用于3根以上连续编号的轴线时

图1-38 详图轴线编号

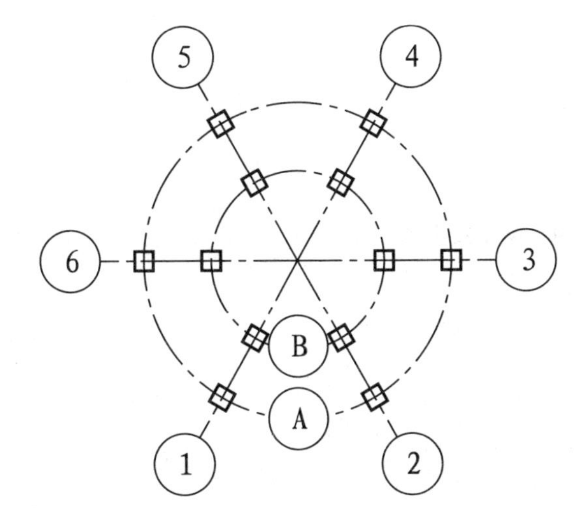

图1-39 圆形平面定位轴线的编号

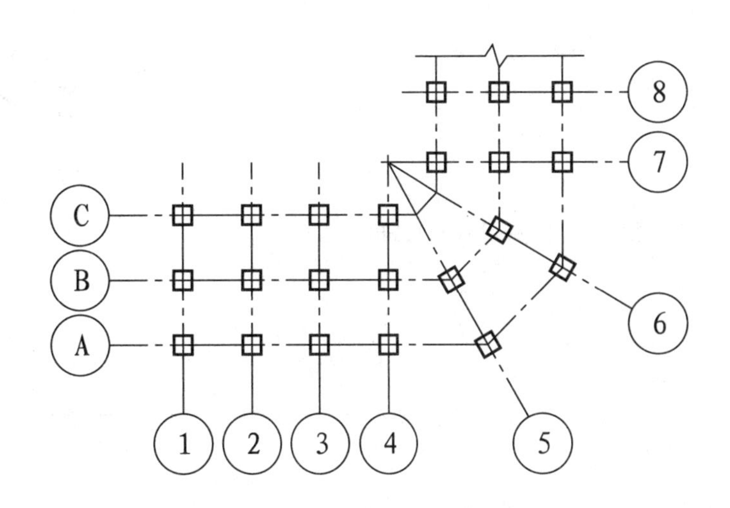

图1-40 折线形平面定位轴线的编号

编号，按图1-40的形式编写。

七、尺寸标注

1. 尺寸界线、尺寸线及尺寸起止符号

图样上的尺寸组成包括尺寸界线、尺寸线、尺寸起止符号和尺寸数字（见图1-41）。尺寸界线应用细实线绘制，一般应与被注长度垂直，其一端应离开图样轮廓线不小于2mm，另一端宜超出尺寸线2~3mm。图样轮廓线亦可用作尺寸界线（见图1-42）。尺寸线应用细实线绘制，应与被注长度平行。图样本身的任何图线均不得用作尺寸线。尺寸起止符号一般用中粗斜短线绘制，其倾斜方向应与尺寸界线成顺时针45°，长度宜为2~3mm。半径、直径、角度和弧长的尺寸起止符号，宜用箭头表示（见图1-43）。

2. 尺寸数字

图样上的尺寸应以尺寸数字为准，不得从图上直接量取。图样上的尺寸单位，除标高及总平面以米（m）为单位外，均以毫米（mm）为单位。尺寸数字的方向，按图1-44（a）规定注写。

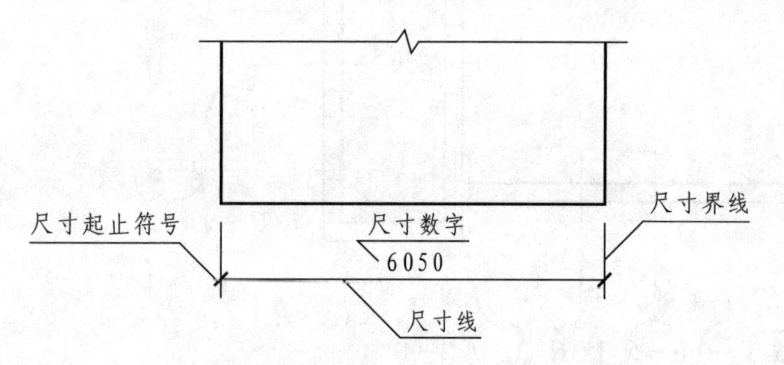

图1-41 尺寸的组成

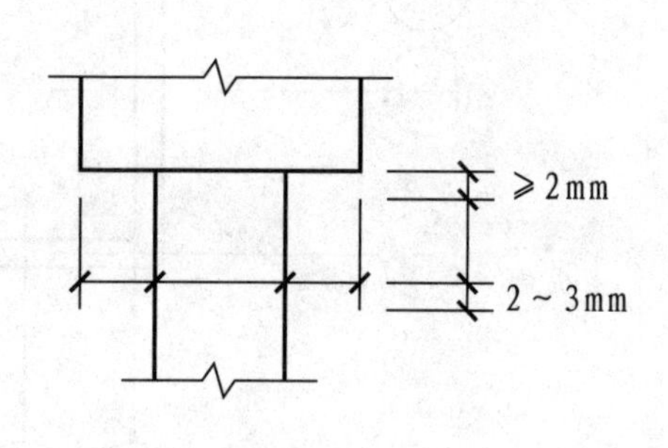

图1-42 尺寸界线

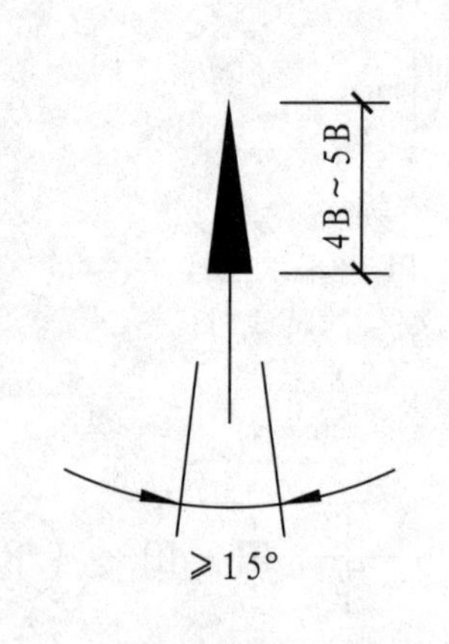

图1-43 箭头尺寸起止符号

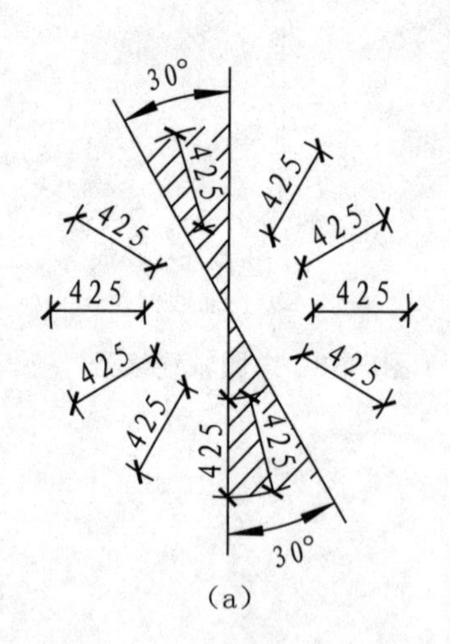

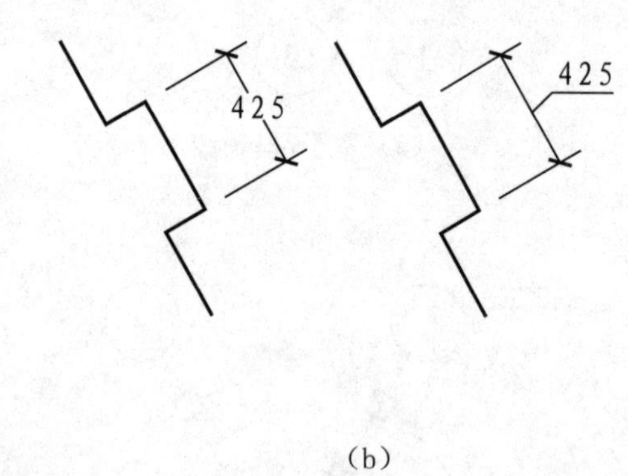

图1-44 尺寸数字的注写方向

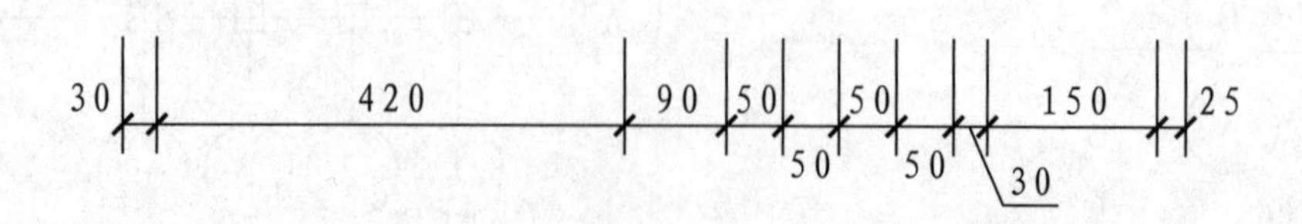

图1-45 尺寸数字的注写位置

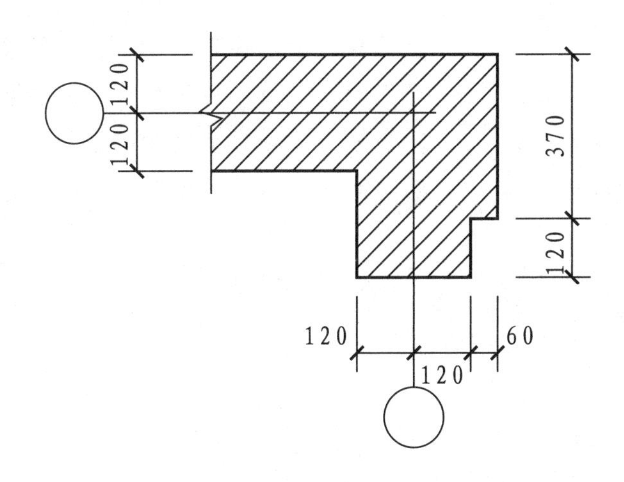

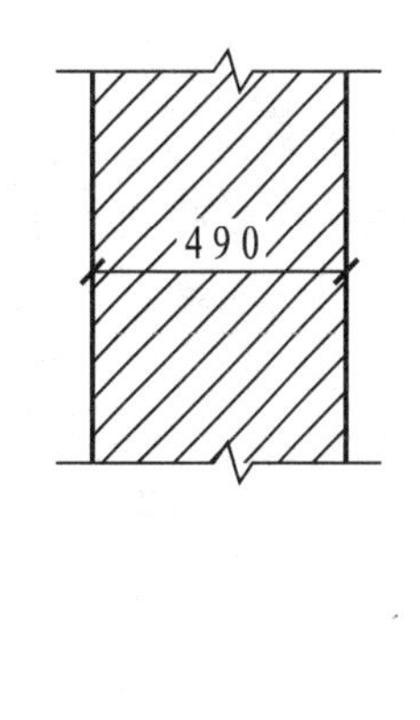

图1-46 尺寸数字的注写

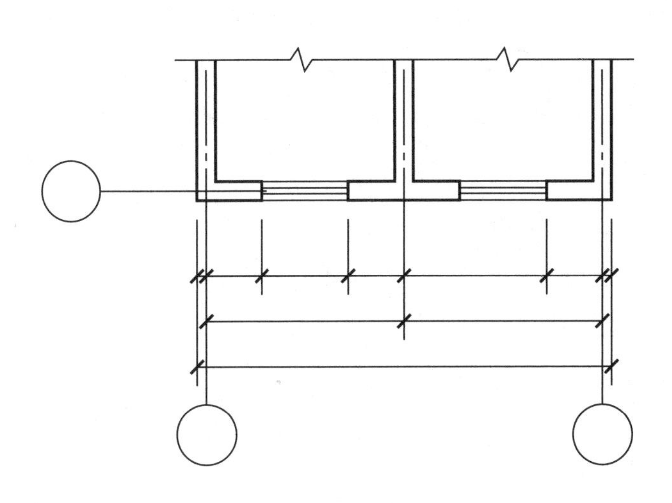

图1-47 尺寸的排列

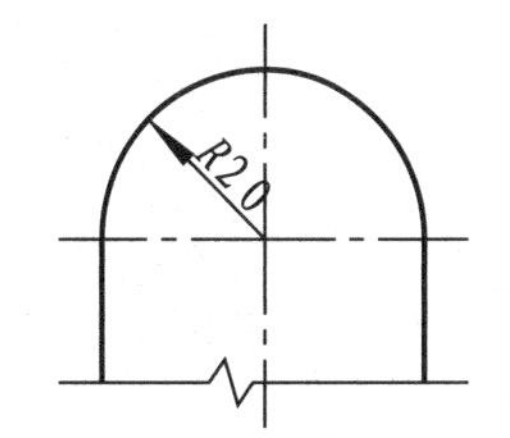

图1-48 半径标注方法

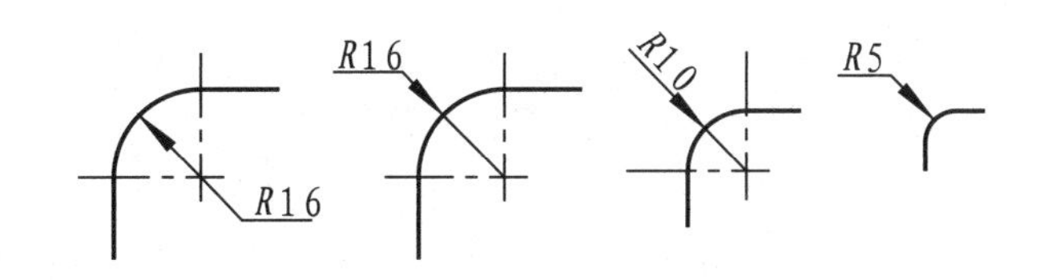

图1-49 小圆弧半径的标注方法

若尺寸数字在30° 斜线区内，宜按图1-44（b）的形式注写。尺寸数字一般应依据其方向注写在靠近尺寸线的上方中部。若没有足够的注写位置，最外边的尺寸数字可注写在尺寸界线的外侧，中间相邻的尺寸数字可错开注写（见图1-45）。

3. 尺寸的排列与布置

尺寸宜标注在图样轮廓以外，不宜与图线、文字及符号等相交（见图1-46）。互相平行的尺寸线，应从被注写的图样轮廓线由近向远整齐排列，较小的尺寸应离轮廓线较近，较大的尺寸应离轮廓线较远（见图1-47）。图样轮廓线以外的尺寸界线，距图样最外轮廓之间的距离，不宜小于10mm。平行排列的尺寸线的间距，宜为7~10mm，并保持一致（见图1-47）。总尺寸的尺寸界线应靠近所指部位，中间的分尺寸的尺寸界线可稍短，但其长度应相等（见图1-47）。

4. 半径、直径、球的尺寸标注

半径尺寸线应一端从圆心开始，另一端画箭头指向圆弧。半径数字前应加注半径符号“*R*”（见图1-48）。较小圆弧的半径，可按图1-49的形式标注。较大圆弧的半径，可按图1-50的形式标注。标注圆的直径尺寸时，直径数字前应加直径符号“*Φ*”。在圆内标注的尺寸线应通过圆心，两端画箭头指至圆弧（见图1-51）。较小圆的直径尺寸，可标注在圆外（见图1-52）。标注球的半径尺寸时，应在尺寸数字前加注符号“S*R*”。标注球的直径尺寸时，应在尺寸数字前加注符号“S*Φ*”。注写方法与圆弧半径和圆直径的尺寸标注方法相同。

5. 角度、弧度和弧长的标注

角度的尺寸线，应以圆弧表示，该圆弧的圆心应是该角的顶点，角的两条边为尺寸界线。起止符号应以箭头表示，若没有足够位置画箭头，可用圆点代替，角度数字应按水平方向注写（见图1-53）。标注圆弧的弧长时，尺寸线应以与该圆弧同心的圆弧线表示，尺寸界线应垂直于该圆

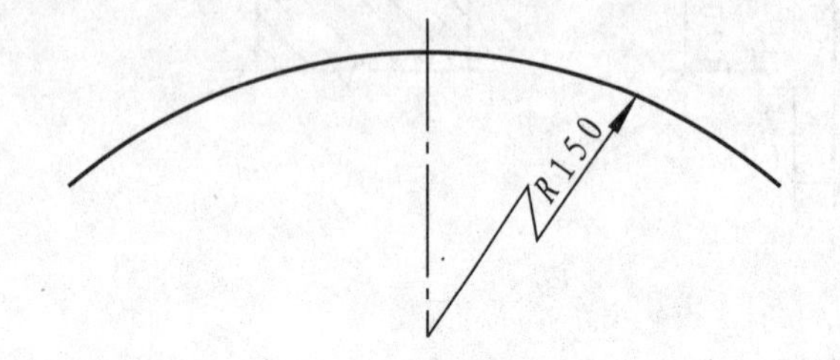

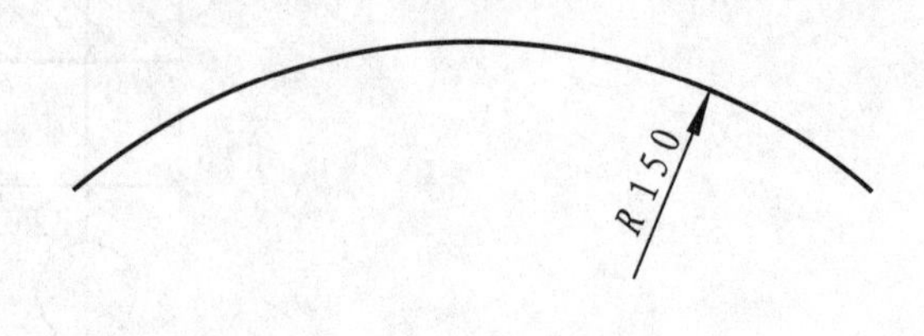

图1-50 大圆弧半径的标注方法

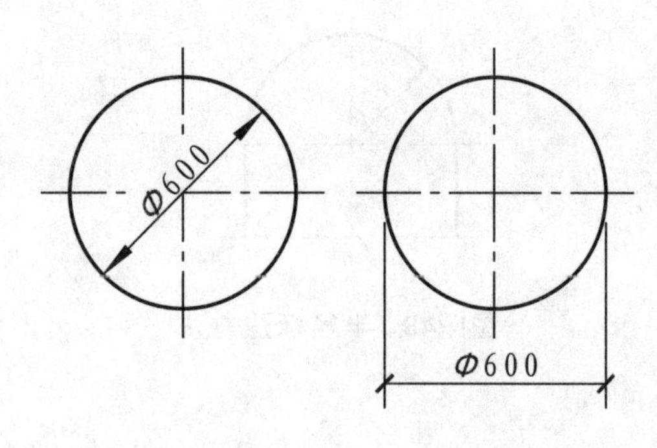

图1-51 圆直径的标注方法

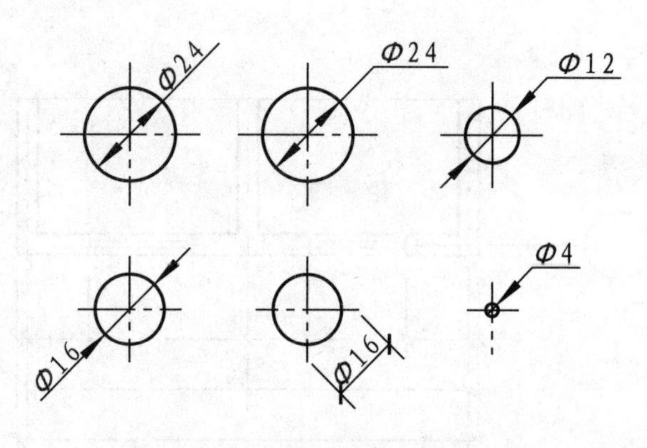

图1-52 小圆直径的标注方法

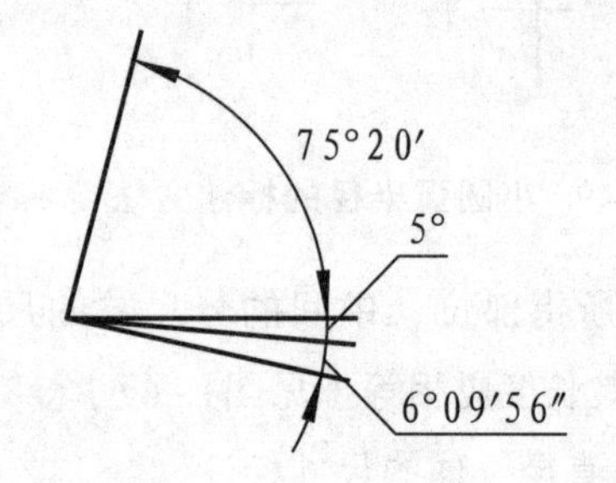

图1-53 角度标注方法

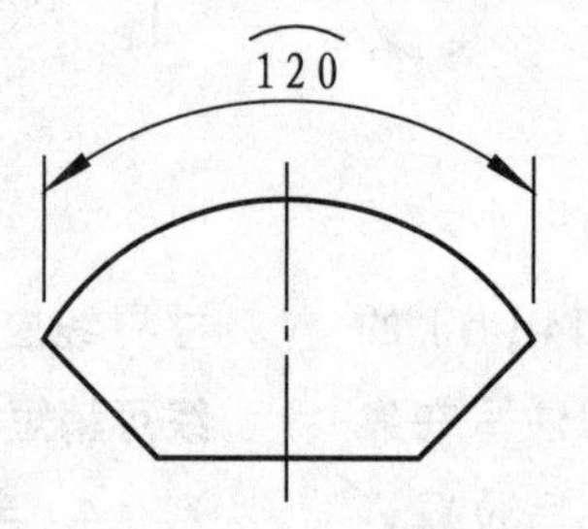

图1-54 弧长标注方法

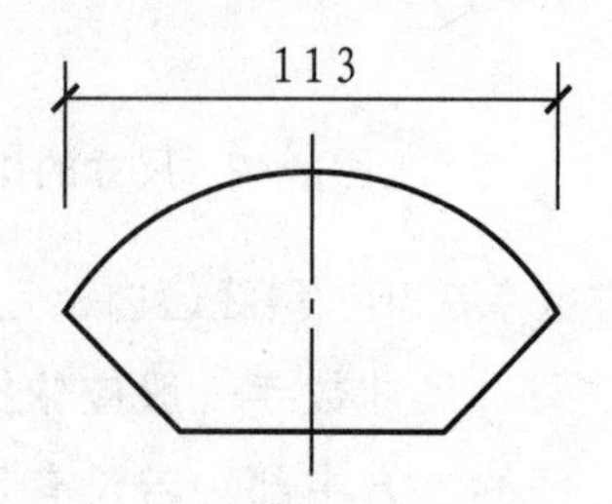

图1-55 弦长标注方法

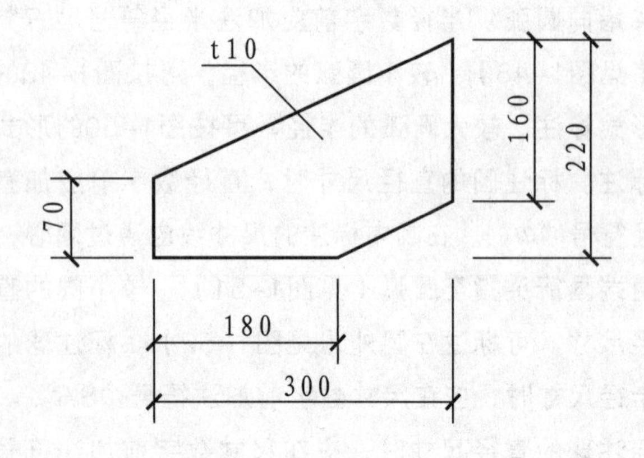

图1-56 薄板厚度标注方法

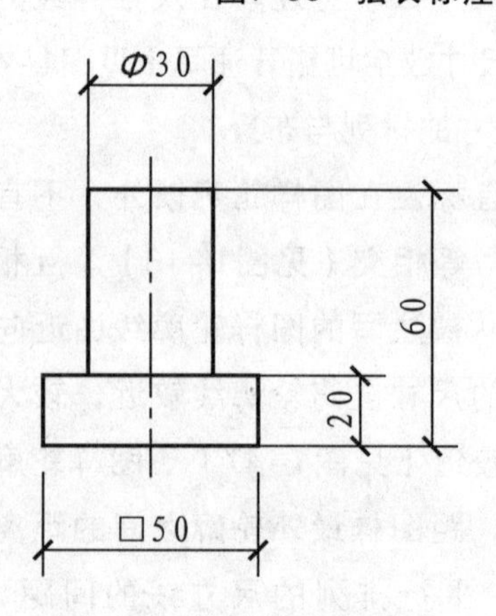

图1-57 标注正方形尺寸

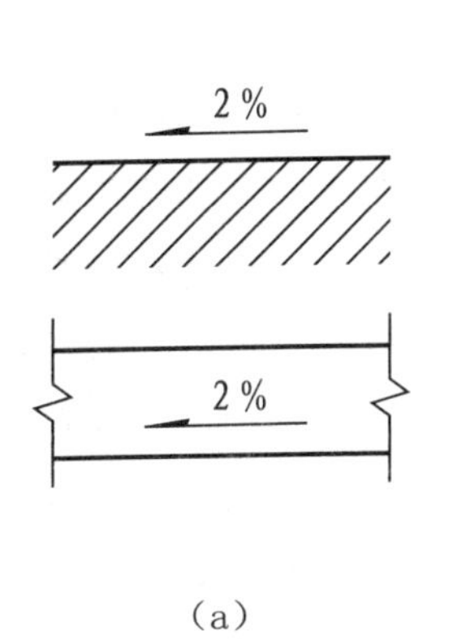

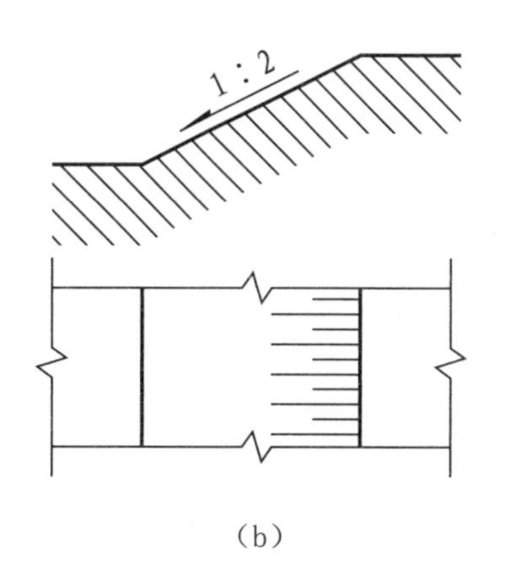

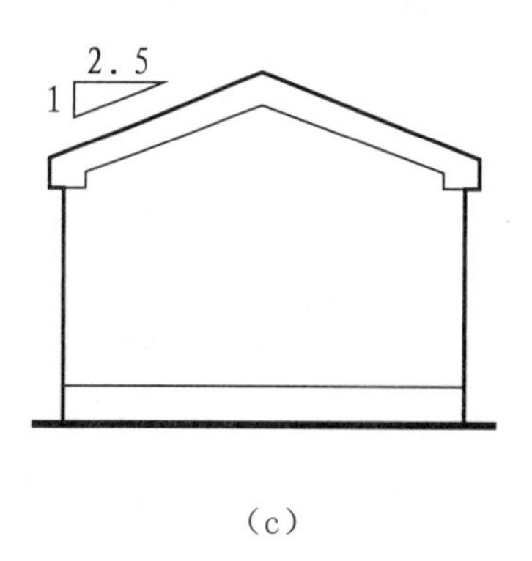

图1-58 坡度标注方法

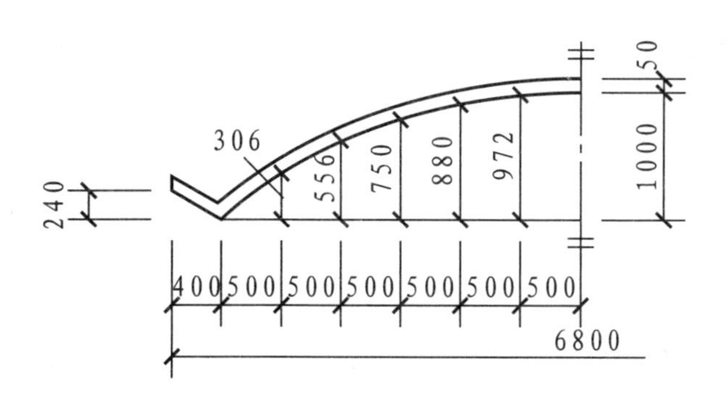

图1-59 坐标法标注曲线尺寸

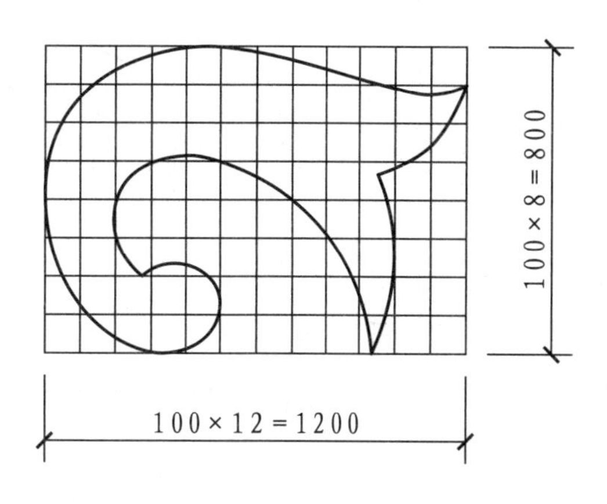

图1-60 网格法标注曲线尺寸

弧的弦，起止符号用箭头表示，弧长数字上方应加注圆弧符号“︵”（见图1-54）。标注圆弧的弦长时，尺寸线应以平行于该弦的直线表示，尺寸界线应垂直于该弦，起止符号用中粗斜短线表示（见图1-55）。

6. 薄板厚度、正方形、坡度、曲线等标注

在薄板板面标注板厚尺寸时，应在厚度数字前加注厚度符号“t”（见图1-56）。正方形的尺寸标注，可用“边长×边长”的形式；也可在边长数字前加正方形符号“□”（见图1-57）。坡度标注时加注坡度符号“→”［见图1-58（a）、（b）］，该符号为单面箭头，箭头应指向下坡方向。坡度也可用直角三角形的形式标注［见图1-58（c）］所示。外形为非圆曲线的构件，可用坐标形式标注尺寸（见图1-59）。复杂的图形，还可以采用网格形式标注尺寸，网格的大小根据实

绘图提示

正确运用国家制图标准

目前，我国正在使用的制图标准很多，如GB/T50001—2010《房屋建筑制图统一标准》、GB/T50103—2010《总图制图标准》、GB/T50104—2010《建筑制图标准》，这三套标准为环境艺术设计制图常用标准，它们的内容基本相同，但是也有很多细节存在矛盾。我们在日常学习、工作中一般应该以GB/T50001—2010《房屋建筑制图统一标准》为基本标准，认真分析所绘图纸的特点，在国家标准没有定制的方面进行灵活、合理地自由发挥，不能被标准所限制，影响设计师表述思想。

为了方便学习和工作，应该将上述三套国家标准时常带在身边，遇到不解或遗忘时可以随时查阅，保证制图的规范性和正确性。

际情况来划分，一般以正方形为单元（见图1-60）。

7. 尺寸的简化标注

杆件或管线的长度，在单线图（桁架简图、钢筋简明图、管线简图等）上，可直接将尺寸数字沿杆件或管线的一侧注写（见图1-61）。连续排列的等长尺寸，可用“个数×等长尺寸=总长”的形式标注（见图1-62）。构配件内的构造因素（例如孔、槽等）如相同，可仅标注其中一个因素的尺寸（见图1-63）。对称构配件采用对称省略画法时，该对称构配件的尺寸线应超过对称符号，仅在尺寸线一端画尺寸起止符号，尺寸数字按整体全尺寸注写，其注写位置与对称符号对齐（见图1-64）。两个形体相似的构配件只有个别尺寸数字不同时，可在同一图样中将其中一个构配件的不同尺寸数字注写在括号内，该构配

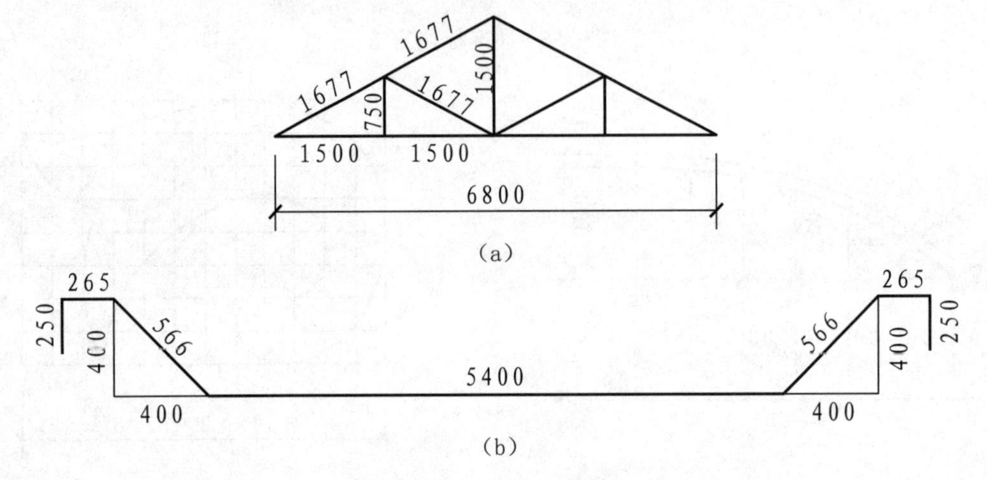

图1-61 单线图尺寸标注方法

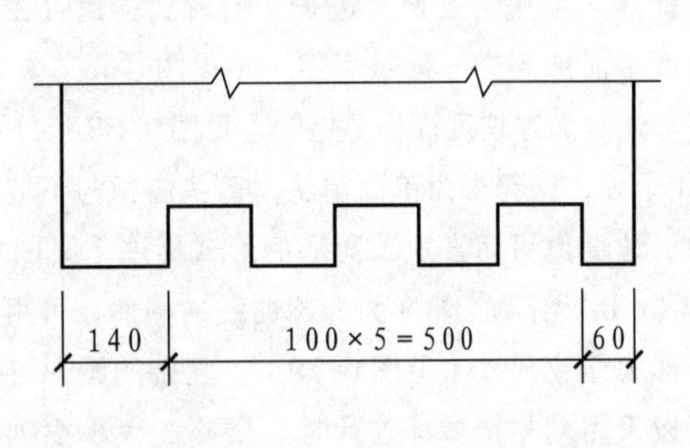

图1-62 等长尺寸简化标注方法

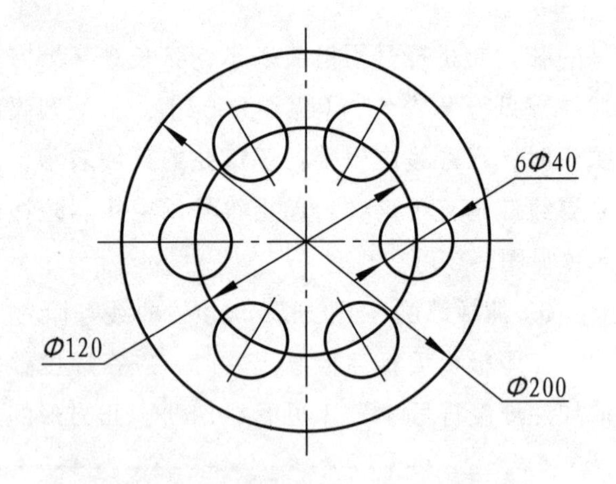

图1-63 相同要素尺寸标注方法

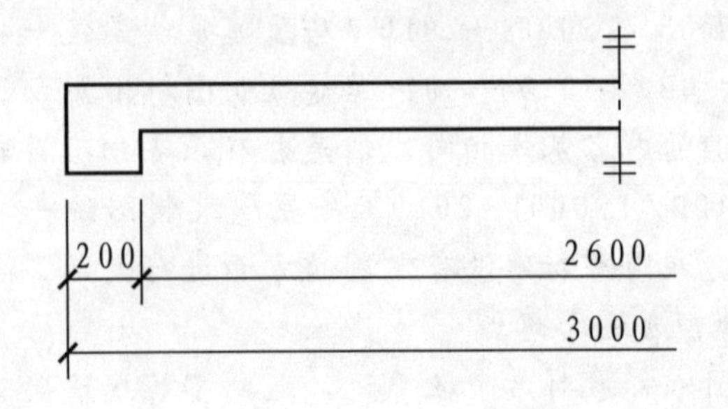

图1-64 对称构件尺寸标注方法

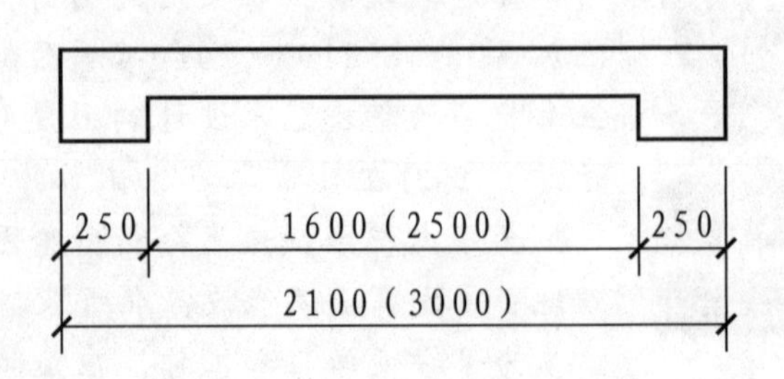

图1-65 相似构件尺寸标注方法

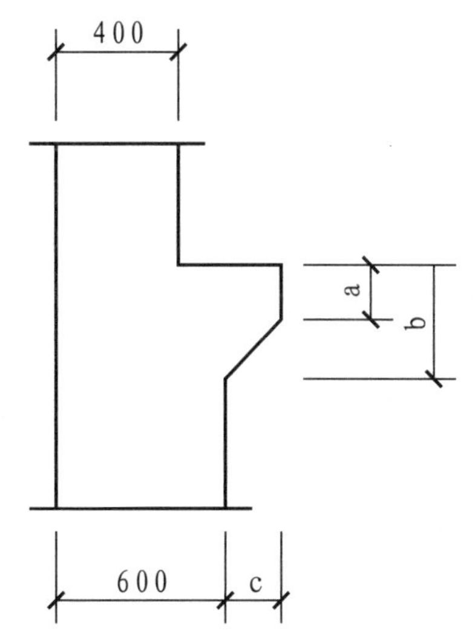

构件编号	a	b	c
Z-1	200	200	200
Z-2	250	450	200
Z-3	200	450	250

图1-66 相似构配件尺寸表格式标注方法

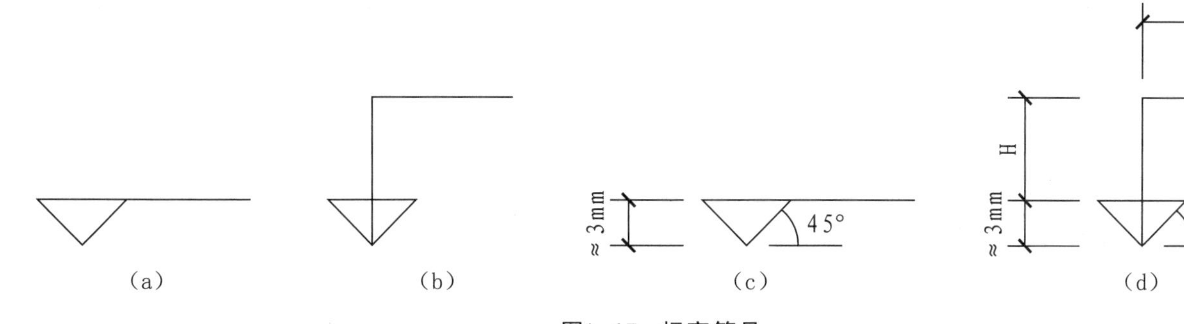

图1-67 标高符号

L—取适当长度注写标高数字 H—根据需要取适当高度

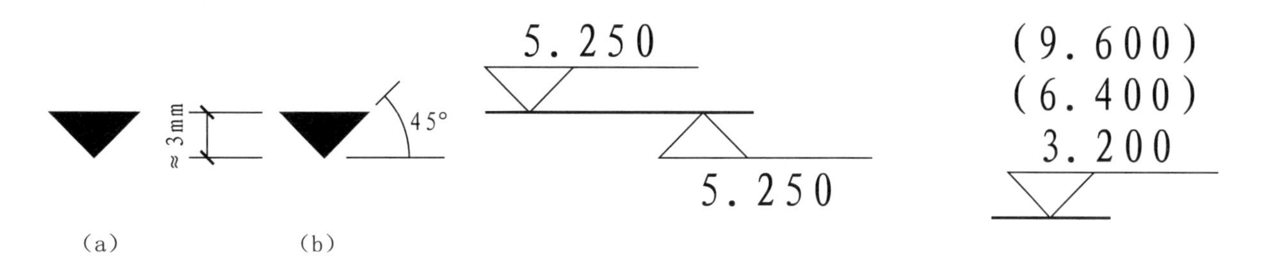

图1-68 总平面图室外地坪标高符号

图1-69 标高的指向

图1-70 同一位置注写多个标高数字

件的名称也应写在相应的括号内（见图1-65）。数个构配件，如仅某些尺寸不同，这些变化的尺寸数字可用拉丁字母注写在同一图样中，另列表写明其具体尺寸（见图1-66）。

8. 标高

标高符号应以直角等腰三角形表示，应当按图1-67（a）所示形式用细实线绘制；如标注位置不够，也可按图1-67（b）所示形式绘制。标高符号的具体画法如图1-67（c）、（d）所示。总平面图室外地坪标高符号，宜用涂黑的三角形表示［见图1-68（a）］，具体画法见图1-68（b）。标高符号的尖端应指至被注高度的位置，尖端一般向下，也可向上。标高数字应注写在标高符号的左侧或右侧（见图1-69）。标高数字应以米为单位，注写到小数点以后第三位，在总平面图中，可注写到小数点以后第二位。

零点标高应当注写成±0.000，正数标高无须注“+”，负数标高应当注“-”，例如：3.000、-0.600。在图样的同一位置需表示几个不同标高时，标高数字可按图1-70的形式注写。

第三节　图例识别与应用

为了方便识别，任何设计制图都有相应的图例，在环境艺术设计制图中也需要用到建筑制图中的部分图例，这些图例来自国家制图标准，本节节选了GB/T 50001—2010《房屋建筑制图统一标准》和GB/T 50104—2010《建筑制图标准》中的部分图例，它们的适用性很广，能满足环境艺术设计制图的大多数需要。关于其他种类的制图，如总平面图、给排水图、电气图、暖通图中的图例，见后面相关章节。

GB/T 50001—2010《房屋建筑制图统一标准》中只规定常用建筑材料的图例画法，对其尺度比例不作具体规定。使用时，应根据图样大小而定。图例线应间隔均匀，疏密适度，做到图例正确，表示清楚。不同品种的同类材料使用同一图例时，如某些特定部位的石膏板必须注明是防水石膏板时，应在图上附加必要的说明。两个相同的图例相接时，图例线宜错开或使倾斜方向相反（见图1-71）。两个相邻的涂黑图例之间，如混凝土构件、金属件，应留有空隙，其宽度不得小于0.7mm（见图1-72）。

一张图纸内的图样只用一种图例时，或图形较小无法画出建筑材料图例时，可不加图例，但应加文字说明。需画出的建筑材料图例面积过大时，可在断面轮廓线内，沿轮廓线作局部表示（见图1-73）。当选用国家标准中未包括的建筑材料时，可自编图例，但不得与国家标准所列的图例重复。绘制时，应在适当位置画出该材料图例，并加以说明。

常用建筑材料应按表1-10所示图例画法绘制。GB/T 50104—2010《建筑制图标准》中规定了构造及配件图例（见表1-11）。

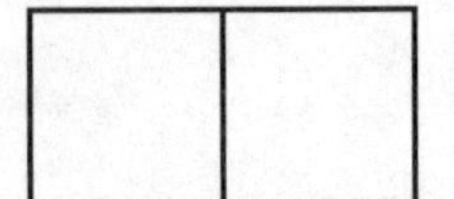
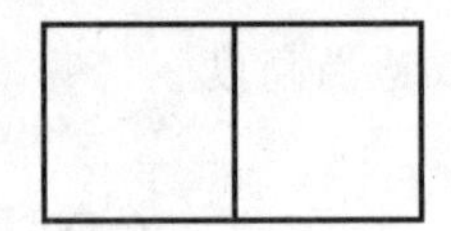

图1-71　相同图例相接时的画法

图1-72　相邻涂黑图例的画法

图1-73　局部表现图例

表1-10　常用建筑材料图例

序　号	名　称	图　例	备　注
1	自然土壤		包括各种自然土壤
2	夯实土壤		一般指有密实度的回填土,用于较大型建筑图样中
3	砂、灰土		靠近轮廓线部位画较密的点
4	砂砾石、碎砖三合土		内部填充小三角，依据实际情况调节比例
5	石材		包括大理石、花岗岩、水磨石和合成石
6	毛石		一般指不成形的石料，主要用于砌筑基础、勒脚、墙身、堤坝

续表

序　号	名　　称	图　　例	备　　注
7	普通砖	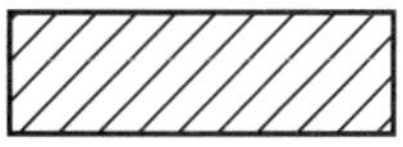	包括实心砖、多孔砖、砌块、等砌体；断面较窄不易绘出图例线时，可涂红
8	耐火砖	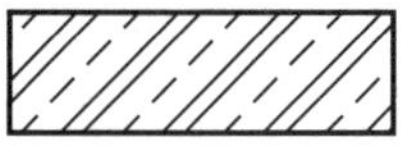	包括耐酸砖等砌体
9	空心砖		指非承重砖砌体
10	饰面砖	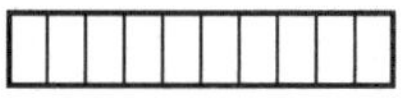	包括铺地砖、马赛克、陶瓷锦砖、人造大理石等
11	焦渣、矿渣	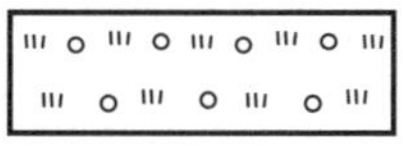	包括与水泥、石灰等混合而制成的材料
12	混凝土	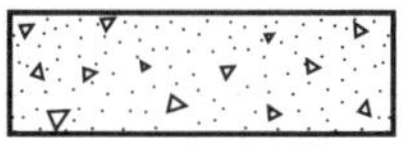	1.本图例指能承重的混凝土及钢筋混凝土； 2.包括各种强度等级、骨料、添加剂的混凝土； 3.断面图形小，不易画出图例线时，可涂黑
13	钢筋混凝土	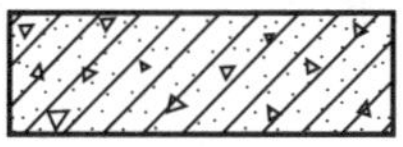	
14	多孔材料	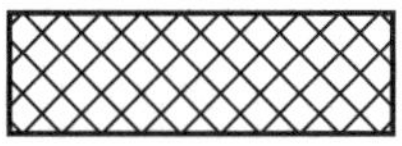	包括水泥珍珠岩、沥青珍珠岩、泡沫混凝土、非承重加气混凝土、软木、蛭石制品等
15	纤维材料	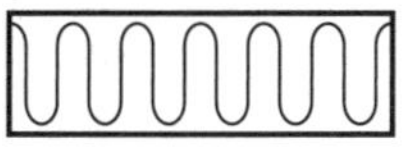	包括矿棉、岩棉、玻璃棉、麻丝、木丝板、纤维板等
16	泡沫塑料材料	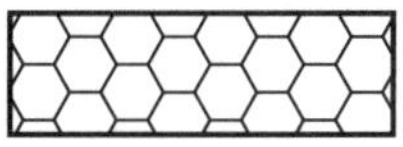	包括聚苯乙烯、聚乙烯、聚氨酯等多孔聚合物类材料
17	木材	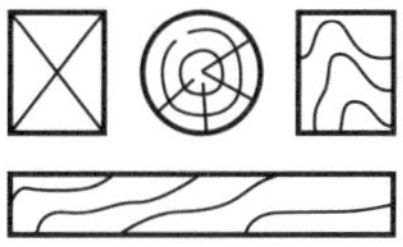	1.上图为横断面，上左图为垫木、木砖或木龙骨材料图例； 2.下图为纵断面
18	胶合板	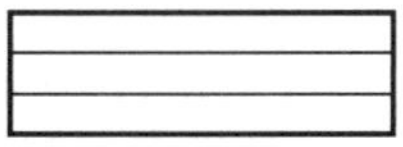	应注明为×层胶合板及特种胶合板名称
19	石膏板	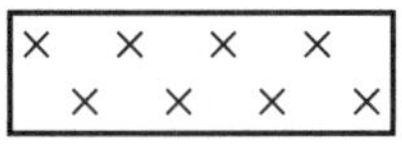	包括圆孔、方孔石膏板及防水石膏板等
20	金属	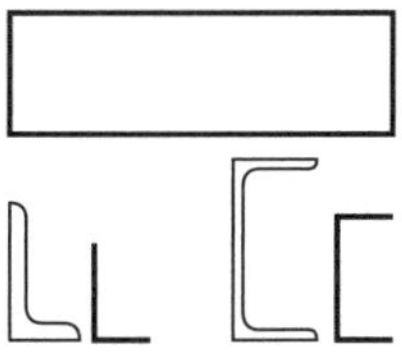	1.包括各种金属； 2.图形小时，可涂黑
21	网状材料		1.包括金属、塑料网状材料； 2.应注明具体材料名称
22	液体	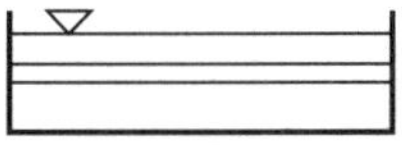	应注明具体液体名称

续表

序号	名称	图例	备注
23	玻璃		包括平板玻璃、磨砂玻璃、夹丝玻璃、钢化玻璃、中空玻璃、加层玻璃、镀膜玻璃等
24	橡胶		应注明其种类和具体特性
25	塑料		包括各种软、硬塑料及有机玻璃等
26	防水材料		构造层次多或比例大时，采用上面图例
27	粉刷		本图例采用较稀疏的点
注：序号1、2、5、7、8、13、14、18、19、20、24、25图例中的斜线、短斜线、交叉斜线等，一律为45°			

表1-11　构造及配件图例

序号	名称	图例	备注
1	墙体		应加注文字或填充图例表示墙体材料，在项目设计图纸说明中列材料图例给予说明
2	隔断		1.包括板条抹灰、木制、石膏板、金属材料等隔断； 2.适用于到顶与不到顶隔断
3	栏杆		
4	楼梯	上 下 上 下	1.上图为底层楼梯平面，中图为中间层楼梯平面，下图为顶层楼梯平面； 2.楼梯及栏杆扶手的形式和梯段步数应按实际情况绘制
5	自动扶梯	上 上 下	1.自动扶梯和自动人行道、自动人行坡道可正逆向运行，箭头方向为设计运行方向； 2.自动人行坡道应在箭头线段尾部加注“上”或“下”
6	自动人行道及自动人行坡道	上	

续表

序 号	名 称	图 例	备 注
7	电梯	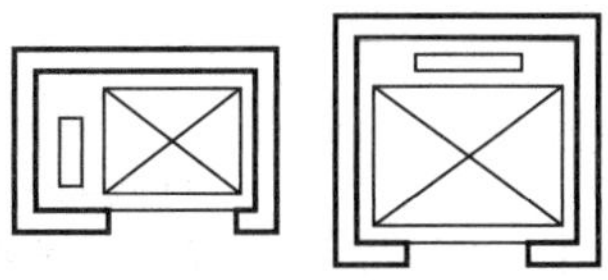	1.电梯应注明类型，并画出门和平衡锤的实际位置； 2.观景电梯等特殊类型电梯应参照本图例实际情况绘制
8	坡道	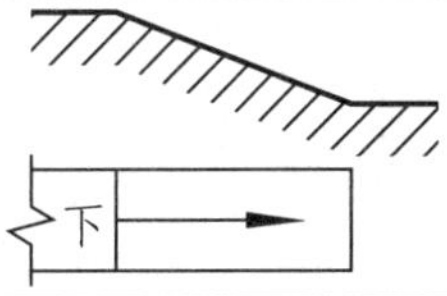 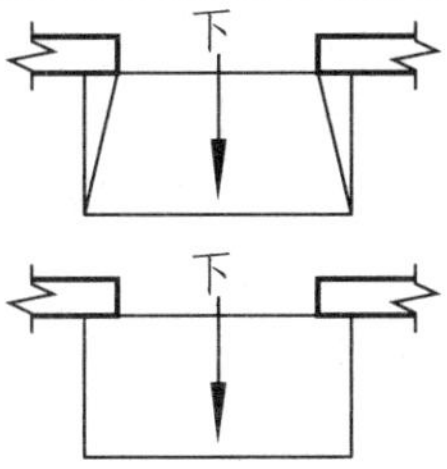 下 下 下	上图为长坡道，下图为门口坡道
9	平面高差	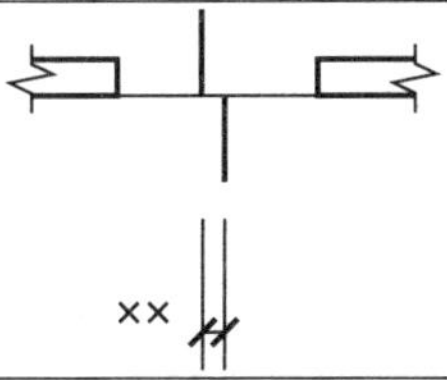 ××	适用于高差小于100的两个地面或楼面相接处
10	检查孔		左图为可见检查孔；右图为不可见检查孔
11	孔洞		阴影部分可以涂色代替
12	坑槽		
13	墙预留洞	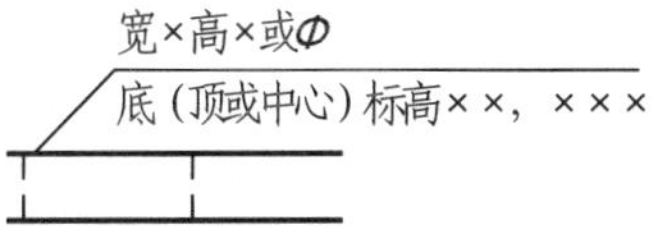 宽×高×或Φ 底（顶或中心）标高××，×××	1.以洞中心或洞边定位； 2.宜以涂色区别墙体和留洞位置
14	墙预留槽	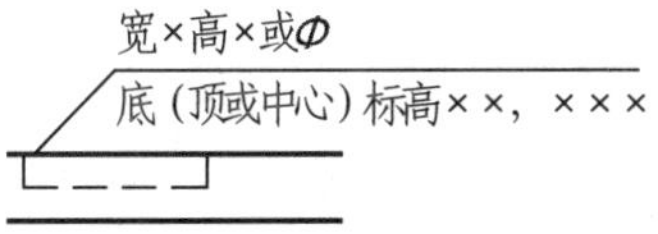 宽×高×或Φ 底（顶或中心）标高××，×××	
15	烟道	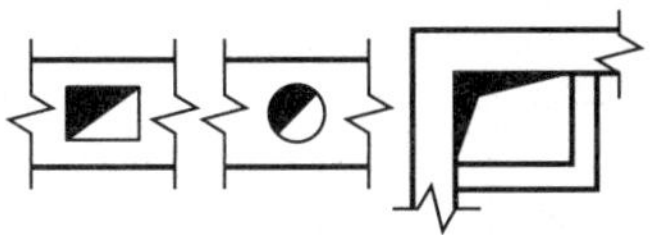	1.阴影部分可以涂色代替； 2.烟道与墙体为同一材料，其相接处墙身线应断开
16	通风道	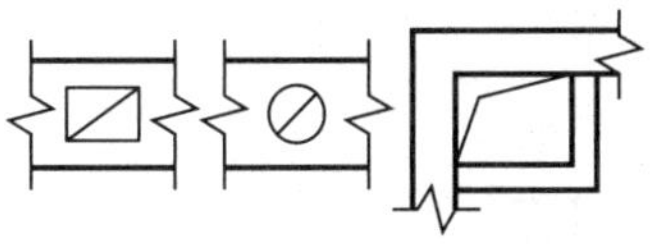	

续表

序号	名称	图例	备注
17	新建的墙和窗	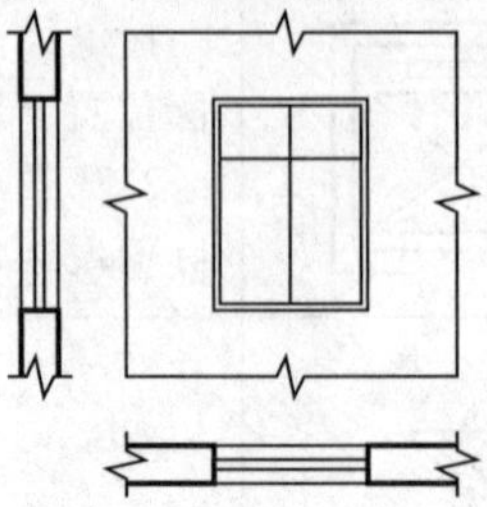	1.本图以小型砌块为图例，绘图时应按所用材料的图例绘制；不易以图例绘制的，可在墙面上以文字或代号注明； 2.小比例绘图时，平、剖面窗线可用单粗实线表示
18	改建时保留的原有墙和窗	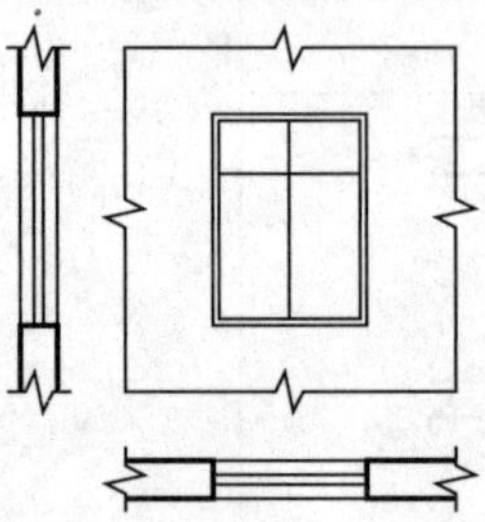	在AutoCAD中绘制墙体和窗时，线宽需不同，线型颜色也需要有所区分
19	应拆除的墙	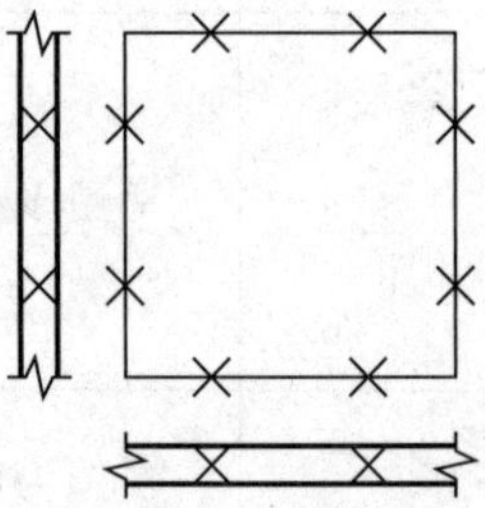	
20	在原有墙或楼板上新开的窗	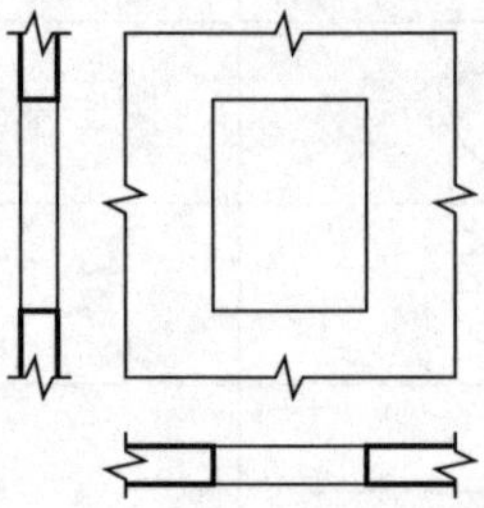	
21	在原有洞旁扩大的洞	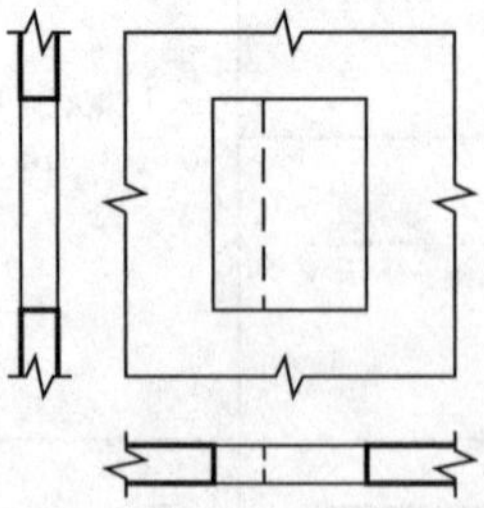	
22	在原有墙或楼板上全部填塞的洞	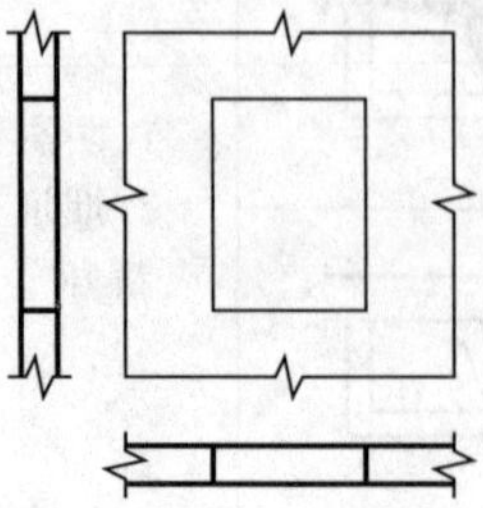	

续表

序　号	名　　称	图　　例	备　　　　注
23	在原有墙或楼板上局部填塞的洞	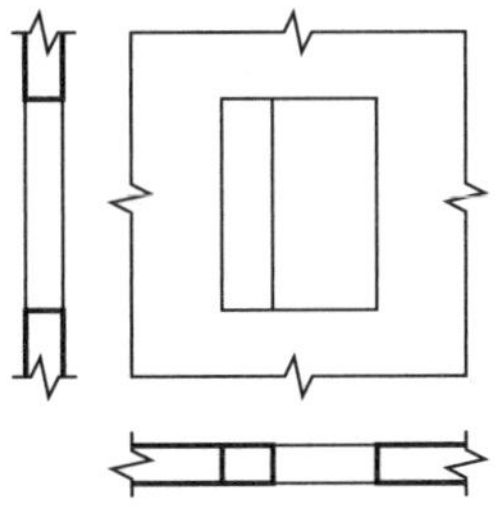	
24	空门洞	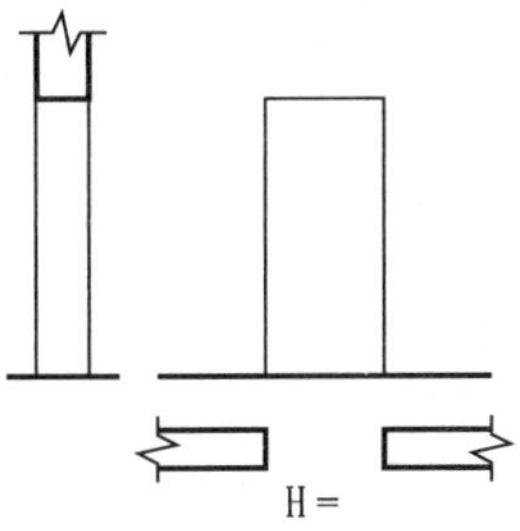 H=	H为门洞高度
25	单扇门 （包括平开或单面弹簧门）	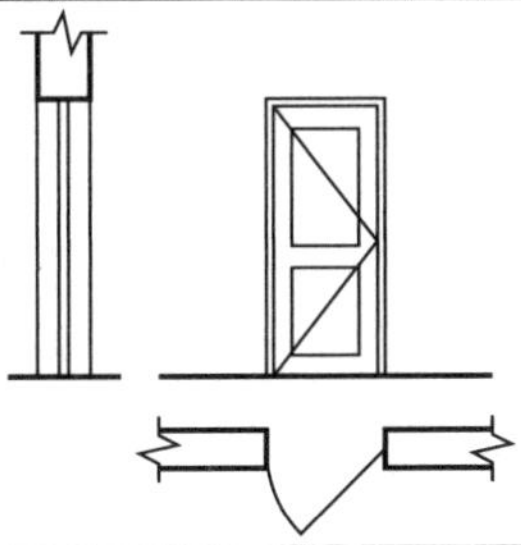	1.门的名称代号用M; 2.图例中剖面图左为外、右为内，平面图下为外、上为内； 3.立面图上开启方向线交角的一侧为安装合页的一侧，实线为外开、虚线为内开； 4.平面图上门线应90°或45°开启，开启弧线宜绘出； 5.立面图上的开启线在一般设计图中可不表示，在详图及室内设计图上应表示； 6.立面形式应按实际情况绘制
26	双扇门 （包括平开或单面弹簧门）	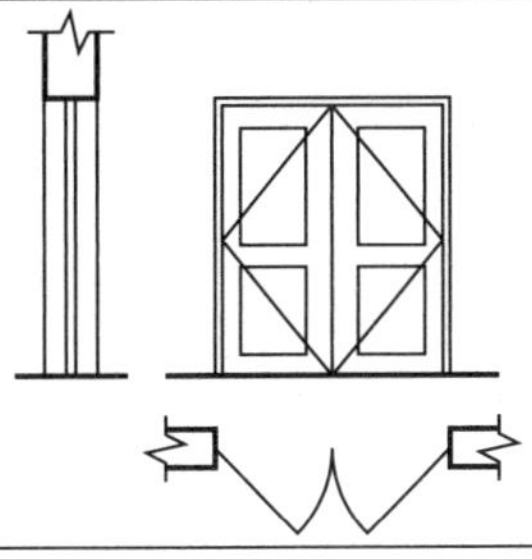	
27	对开折叠门	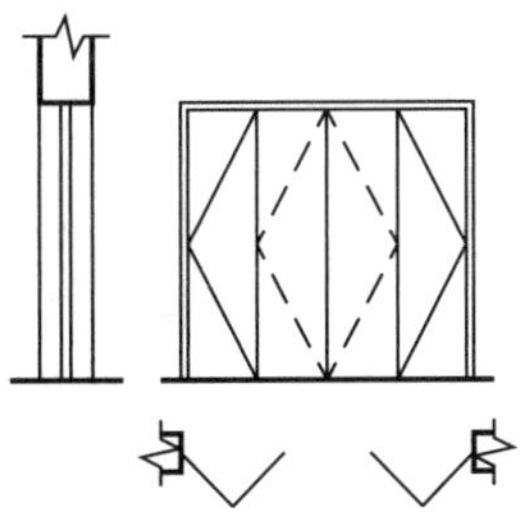	
28	推拉门	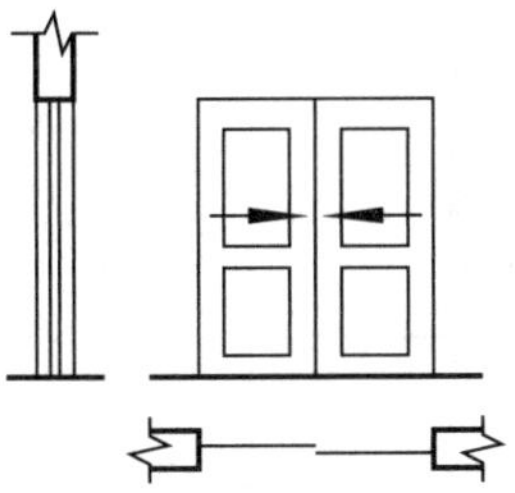	1.门的名称代号用M; 2.图例中剖面图左为外、右为内，平面图下为外、上为内； 3.立面形式应按实际情况绘制 （注：本表序号28～32均同此说明）

续表

序号	名称	图例	备注
29	墙外单扇推拉门	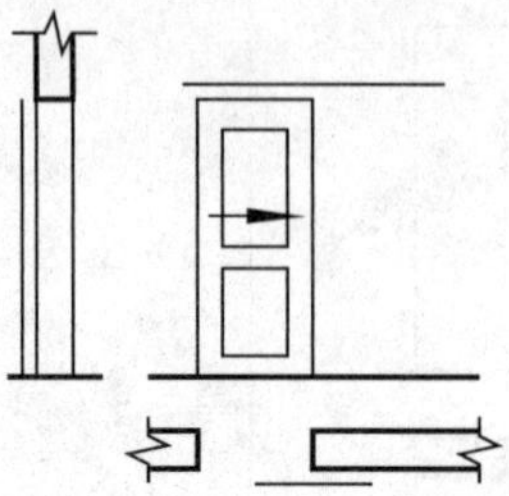	绘制时需用箭头标出门的推拉方向
30	墙外双扇推拉门	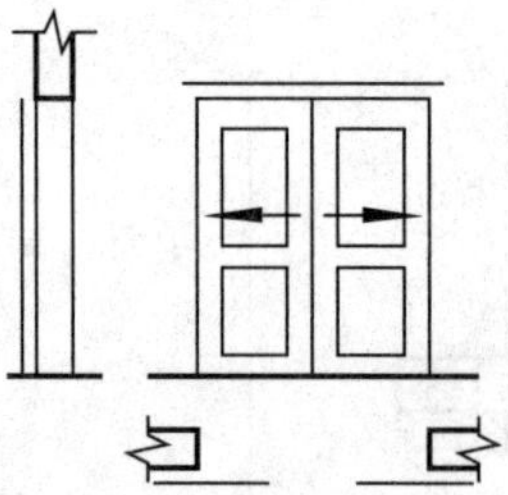	
31	墙中单扇推拉门	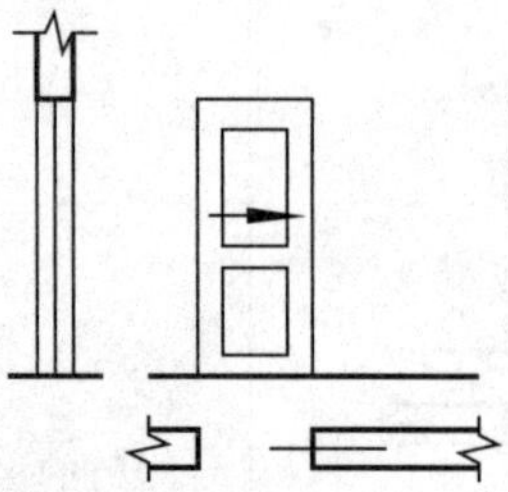	
32	墙中双扇推拉门	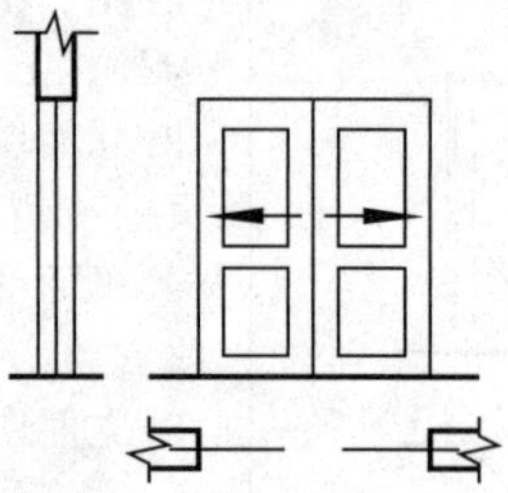	
33	单扇双面弹簧门	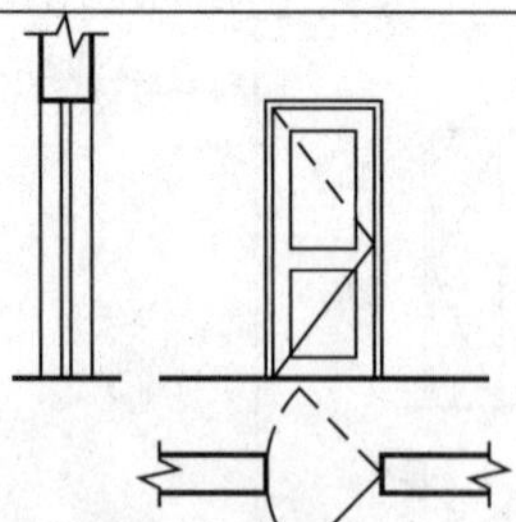	1.门的名称代号用M; 2.图例中剖面图左为外、右为内，平面图下为外、上为内； 3.立面图上开启方向线交角的一侧为安装合页的一侧，实线为外开、虚线为内开； 4.平面图上门线应90°或45°开启，开启弧线宜绘出； 5.立面图上的开启线在一般设计图中可不表示，在详图及室内设计图上应表示； 6.立面形式应按实际情况绘制 （注：本表序号33～36均同此说明）
34	双扇双面弹簧门	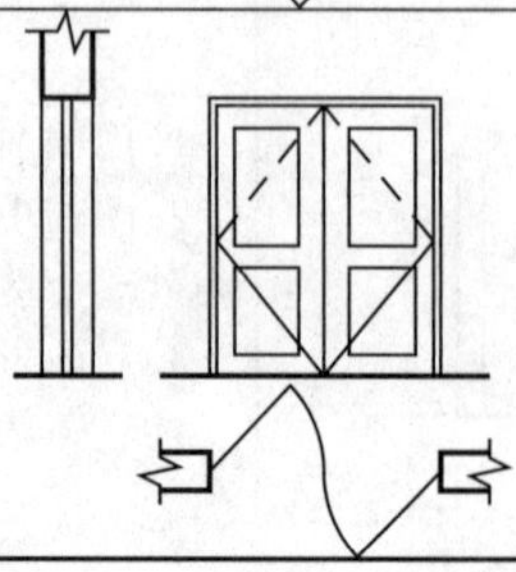	

续表

序号	名称	图例	备注
35	单扇内外开双层门（包括平开或单面弹簧门）	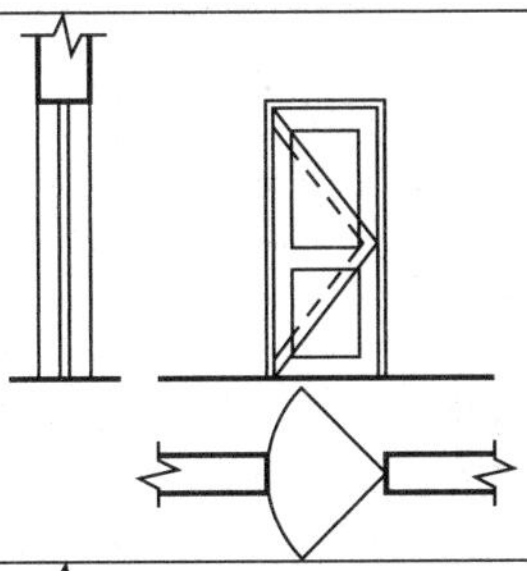	绘制时用弧线表示开关门的行走路径,用以确定门外走道空间是否充足,确保行走流畅
36	双扇内外开双层门（包括平开或单面弹簧门）	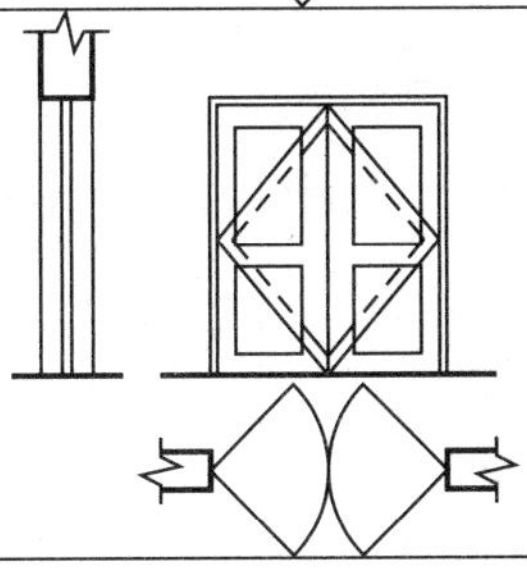	
37	转门	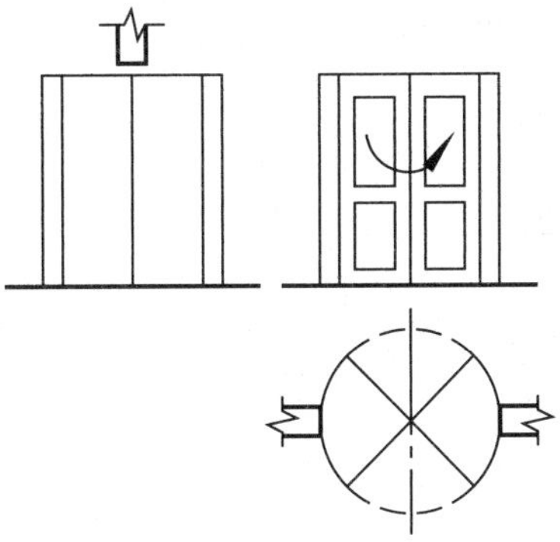	1.门的名称代号用M; 2.图例中剖面图左为外、右为内，平面图下为外、上为内； 3.平面图上门线应90°或45°开启，开启弧线宜绘出； 4.立面图上的开启线在一般设计图中可不表示，在详图及室内设计图上应表示； 5.立面形式应按实际情况绘制
38	自动门	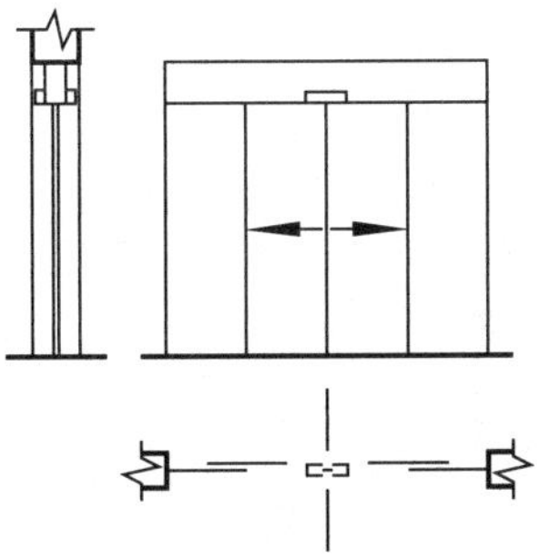	1.门的名称代号用M; 2.图例中剖面图左为外、右为内，平面图下为外、上为内； 3.立面形式应按实际情况绘制
39	折叠上翻门	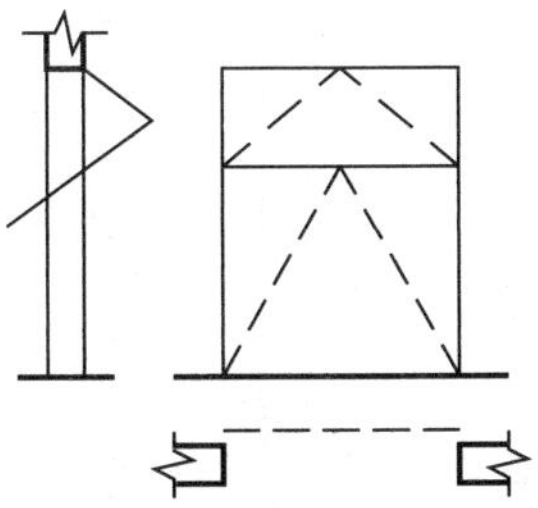	1.门的名称代号用M; 2.图例中剖面图左为外、右为内，平面图下为外、上为内； 3.立面图上的开启线在一般设计图中可不表示，在详图及室内设计图上应表示； 4.立面图形式应按实际情况绘制； 5.立面图上的开启线设计图中应表示

续表

序号	名称	图例	备注
40	竖向卷帘门	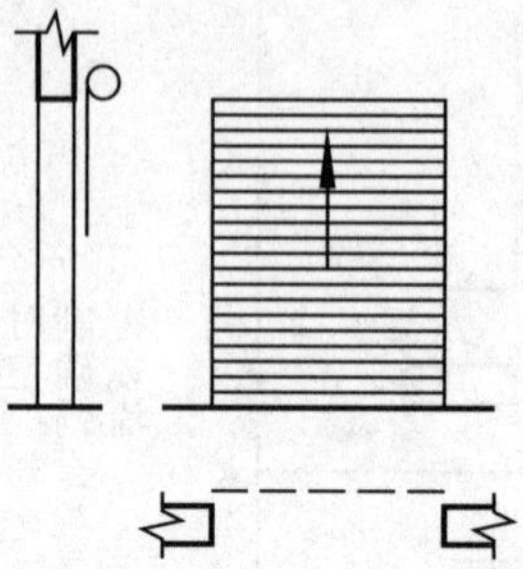	1.门的名称代号用M； 2.图例中剖面图左为外、右为内，平面图下为外、上为内； 3.立面形式应按实际情况绘制
41	横向卷帘门	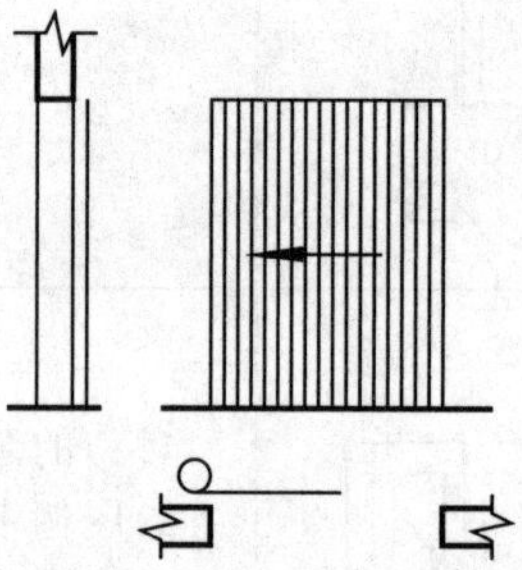	
42	提升门	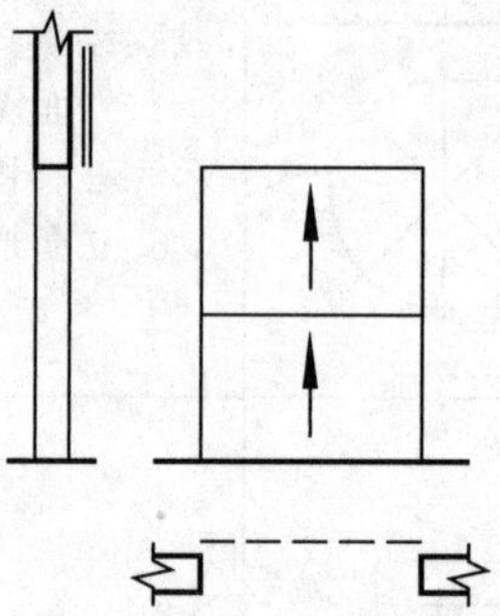	
43	单层固定窗	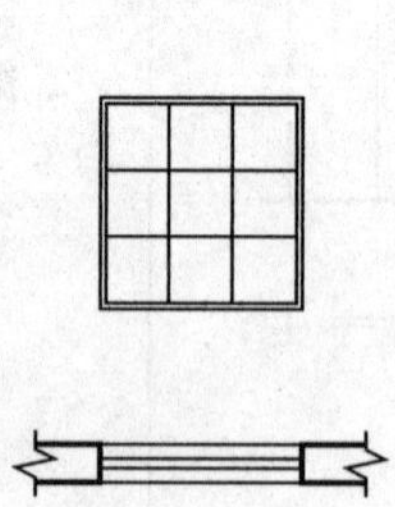	
44	单层外开上悬窗	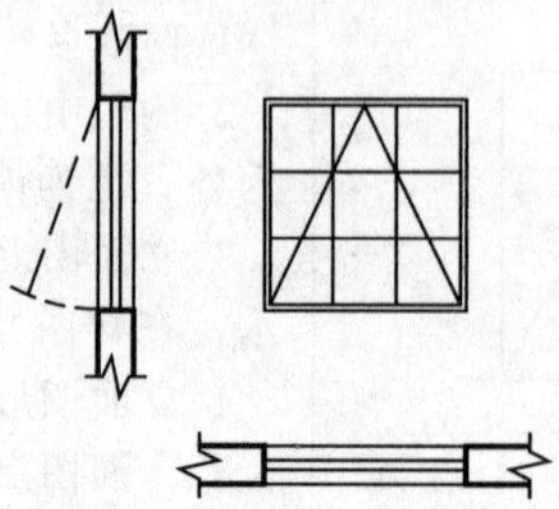	

续表

序　号	名　　称	图　　例	备　　　注
45	单层中悬窗	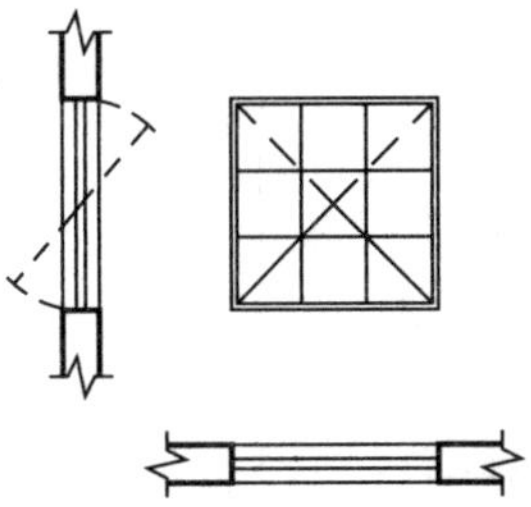	1.窗的名称代号用C表示； 2.立面图中的斜线表示窗的开启方向，实线为外开、虚线为内开；开启方向线交角的一侧为安装合页的一侧，一般设计图中可不表示； 3.图例中，剖面图所示左为外、右为内，平面图下为外、上为内； 4.平面图和剖面图上的虚线仅说明开关方式，在设计图中不需表示； 5.窗的立面形式应按实际绘制； 6.小比例绘图时平、剖面的窗线可用单粗实线表示 （注：本表序号43～50均同此说明）
46	单层内开下悬窗	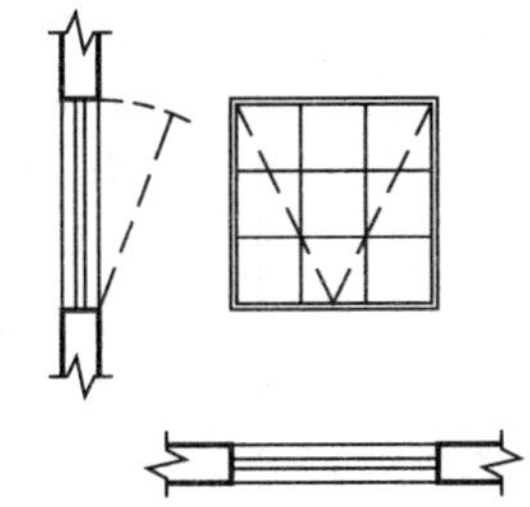	
47	立转窗	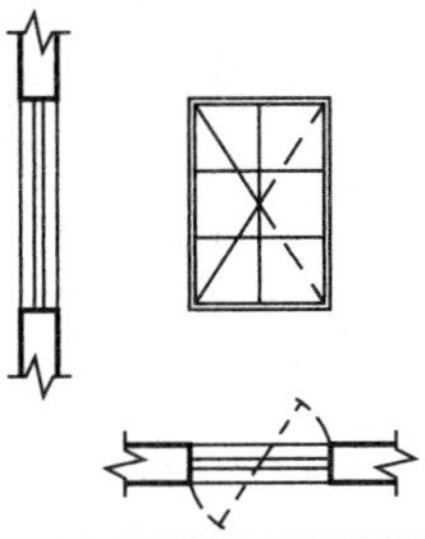	
48	单层外开平开窗	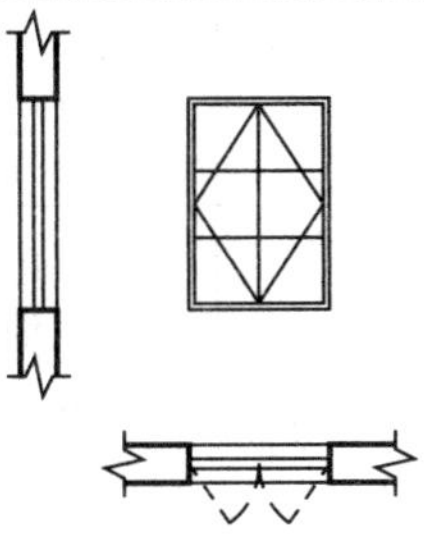	
49	单层内开平开窗	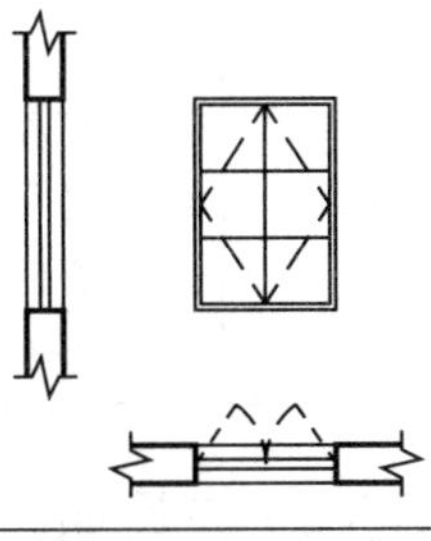	
50	双层内外开平开窗	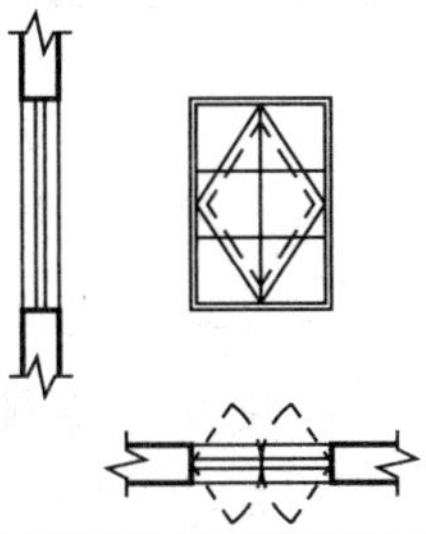	

续表

序　号	名　称	图　例	备　注
51	推拉窗		1.窗的名称代号用C表示； 2.图例中，剖面图所示左为外、右为内，平面图下为外、上为内； 3.窗的立面形式应按实际绘制； 4.小比例绘图时平、剖面的窗线可用单粗实线表示
52	上推窗		
53	百页窗 （百叶窗）		1.窗的名称代号用C表示； 2.立面图中的斜线表示窗的开启方向，实线为外开、虚线为内开；开启方向线交角的一侧为安装合页的一侧，一般设计图中可不表示； 3.图例中，剖面图所示左为外、右为内，平面图下为外、上为内； 4.平面图和剖面图上的虚线仅说明开关方式，在设计图中不需表示； 5.窗的立面形式应按实际绘制
54	高窗	H＝	1.窗的名称代号用C表示； 2.立面图中的斜线表示窗的开启方向，实线为外开、虚线为内开；开启方向线交角的一侧为安装合页的一侧，一般设计图中可不表示； 3.图例中，剖面图所示左为外、右为内，平面图下为外、上为内； 4.平面图和剖面图上的虚线仅说明开关方式，在设计图中不需表示； 5.窗的立面形式应按实际绘制 6.H为窗底距本层楼地面的高度

第四节　制图工具与设备

制图是一项传统的行业，所需的工具和设备非常复杂，但是随着商品经济的发展，现代制图工具的品种更多样，使用起来更方便。这里主要分为测量工具、绘图工具和计算机设备等三大类，涵盖现代设计制图的全部工具。

一、测量工具

环境艺术设计制图的前奏是测量，只有经过详细测量得到精准的数据，才能为制图奠定完美的基础。要在设计、施工现场进行实地测量首先

(a)

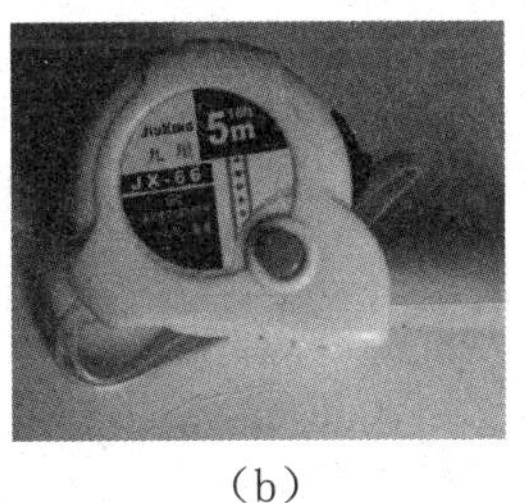

(b)

图1-74　钢卷尺

图1-75　塑料卷尺

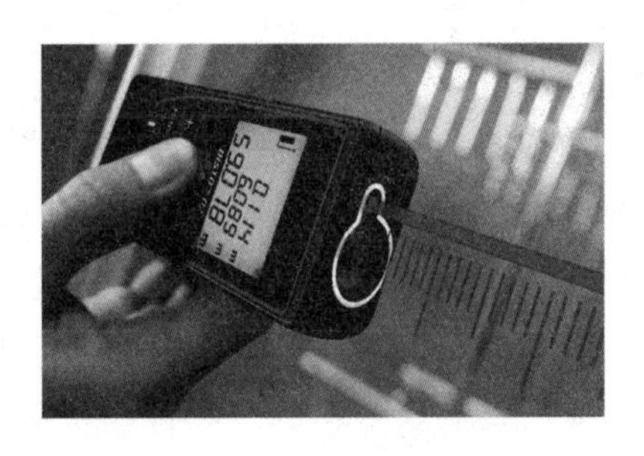

图1-76　手持式激光测距仪

要配置必要的工具。

1. 钢卷尺

一般在普通文具店和杂货店都能买到，价格便宜，长度有3m、5m、8m等几种规格，可以随身携带，主要用于测量建筑室内空间的尺度［见图1-74（a）］。这种钢卷尺表面有一个凸出的点［见图1-74（b）］，按住凸点卷尺便不会向前拉伸，使用时注意戴上手套，以免手被划伤。

2. 塑料卷尺

塑料卷尺的长度规格很大，一般有15m、30m、50m等几种规格。使用时需要手动收展，一般用于测量大面积室内空间和室外空间，包括各种圆形构件的弧长等（见图1-75）。使用时需要两人协同操作。优质塑料卷尺的制作材料高档，不会受环境温度影响而发生收缩或膨胀，保证了测量精度。

3. 测距仪

测距仪是一种新型测量设备（见图1-76），有激光、超声波和红外线等多种类别。它是通过电子射线反射的原理来测量室内空间尺寸，尤其是针对内空很高、面积很大的住宅，测量起来很方便，但是操作要平稳，对于某些地面不平的区域进行测量时更需谨慎，建议找到水平线后再测量。但是低端产品的质量难免会造成一定的误差，影响后期的设计、施工。

4. 测量方法

现场测量是绘图的基础，只有通过测量得到了准确的数据才能精确绘图。测量是一项很严格的技术活，需要很专业的技术动作来完成，在房

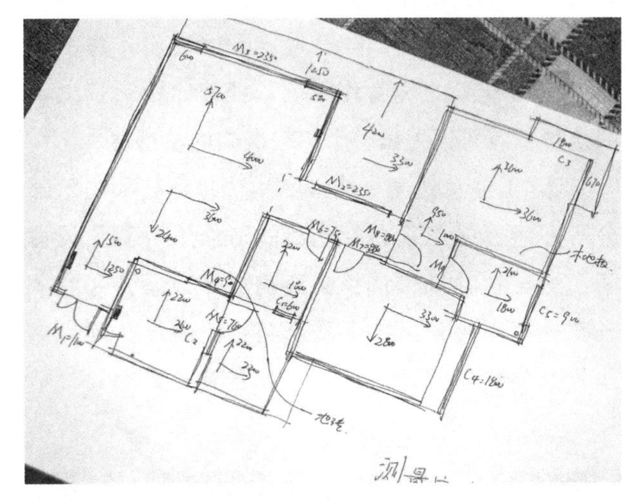

图1-77　绘制草图

绘图提示

绘制草图

经过测量而得到的数据，核对后就可以绘制草图了，绘制草图的目的在于提供一份完整的正式制图依据。测量完毕后可以在设计现场绘制，使用铅笔画在白纸上即可，线条不必挺直，但是空间的位置关系要准确，边绘草图边标注测量得到的数据，并增加一些遗漏的部位，做到万无一失（见图1-77）。

绘制草图时需标注出测量的空高，卫生间的下沉，水管的具体位置，梁宽、梁高，地漏的具体位置，厨房阀门的具体位置以及强弱电箱的具体位置等。另外，在绘制草图时也要注意到空调孔的位置以及空调外箱的位置，方便后期具体绘制设计图和施工图。

屋实地测量时要注意以下要点。

（1）对齐尺端　单人测量时，不能过于心急求快求全，要脚踏实地，一个数据一个数据地来测量，先测量后记录，临时记在头脑中的数据不要超过两个，否则容易造成前功尽弃。前后、左右要平整，对齐尺的首端和末端。两人测量比较方便，一人握着卷尺，到墙体末端，读出数据；另一人做书面记录（见图1-78）。无论哪种测量方式，都要将卷尺对齐精确，保持水平或者垂直状态。

（2）分段拼接　对于过高过宽的墙壁，不能一次测量到位，就需要使用硬铅笔分段标记，最后再将分段尺寸相加，记录下来。分段拼接而成的尺寸要审核一遍，分段测量时卷尺两端也应对齐平整，否则测量就不到位。

（3）目测估量　对于横梁等复杂的顶部构造就不好测量了，除非临时借来架梯等辅助工具，这些结构可以通过眼睛来估测，例如，先测量一下自己的手机长度，一般为100mm左右，将手机的长度与横梁的长度作比较，仔细比较它们之间的倍数，就可以得出一个比较准确的估量值。

（4）注意边角　墙体或构造转角处和内凹部分一般容易被忽视，在测量的时候千万不要漏掉了，这些边角部位最终会影响到细节设计。除了长宽数据以外，还要测量至横梁的高度，因为这些复杂的转角部位一般上方都会有横梁交错，情况很特殊。

（5）设备位置　对水电路管线的外露部分进行实地测量，此外门窗的边角也需要精确地测量，尤其是将来会包裹门窗套的部位，将这些数据在图纸上反映出来将对后期设计很有帮助。

二、绘图工具

传统手工绘图工具门类复杂，熟练操作需要花费大量的时间来掌握，现代手工绘图一般只为后期计算机制图打基础，用于绘制草图或较完整的创意稿，其中圆形和弧线都为徒手绘制，这就大大简化了工具的选用。

1. 铅笔

铅笔是绘图的必备工具，传统木质绘图铅笔使用范围很广［见图1-79（a）］。笔芯的质地从硬到软依次为10H、9H、8H、7H、6H、5H、4H、3H、2H、H、F、HB、B、2B、3B、4B、5B、6B等18个硬度等级，其中2H和H型比较适合绘制底稿。太硬的铅笔不方便削切，太软的铅笔浓度较大，不方便擦除。削切2H和H型绘图铅笔最好选用长转头的卷笔刀，保持笔尖锐利，能长久使用。为了提高工作效率，也可以使用自动铅笔替代传统木质铅笔，一般应选用规格为0.35mm的产品和配套的H笔芯［见图1-79（b）］。

无论是哪种铅笔，作图时要将笔向运笔方向稍倾，并在运笔过程中轻微地转动铅笔，使铅芯

图1-78　实地测量

（a）绘图铅笔

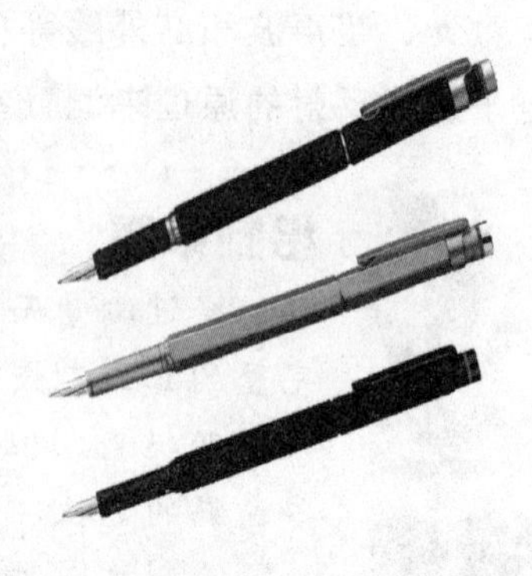

（b）自动铅笔

图1-79　铅笔

能相对均匀地磨损，避免铅芯的不均匀磨损，保证所绘线条的质量。铅笔的运笔方向要求，画水平线为从左到右，画垂直线为从下到上。作图过程中，运笔应均衡，保持稳定的运笔速度和用力程度，使同一线条深浅一致。同时要避免划伤纸面，导致难以被绘图笔遮盖或被橡皮擦除。

2. 绘图笔

传统绘图笔又称为针管笔，基本工作原理和普通钢笔一样，需要注入墨水，但是笔尖是空心的金属管，中间穿插引水通针，通针上下活动可以让墨水均匀地呈现在纸上，线条挺直有力。为了保证绘图质量和效率，一般应选用专用墨水，使绘出的线条细腻、均衡且能快速干燥。但是传统绘图笔操作要求很严谨，另外配件和耗材也很难购买。现在一般都选用一次性水性绘图笔，这类产品的规格为0.01～2.0mm，每0.1mm为一种规格，制作工艺精致，使用流畅（见图1-80）。

在设计制图中至少应备有粗、中、细三种不同粗细的绘图笔，如0.1mm、0.3mm、0.7mm。绘制线条时，绘图笔身应尽量保持与纸面形成80°～90°，以保证画出粗细均匀一致的线条。作图顺序应依照先上后下、先左后右、先曲后直、先细后粗的原则，运笔速度及用力应均匀、平稳。用较粗的绘图笔作图时，落笔及收笔均不应有停顿。绘图笔除了用来作直线段外，还可以借助圆规的附件和圆规连接起来作圆周线或圆弧线。平时宜正确使用和保养绘图笔，以保证其有良好的工作状态及较长的使用寿命。绘图笔要保持运笔流畅，特别注意在不使用时应随时套上笔帽，以免针尖墨水干结、挥发。

另外，还有一种绘图笔称为直线笔或鸭嘴笔，也是用来绘制墨线线条图的绘图工具（见图1-81）。直线笔笔头上的调节螺丝可以根据所绘线条的宽度来进行调节。用直线笔绘制的线条比用绘图笔绘制的挺括，但直线笔不具有绘图笔携带和使用方便的特点。给直线笔增添墨水时，应用蘸水笔把墨水加入直线笔笔叶内，不能将直线笔直接插入墨水瓶蘸墨水。作图时笔尖应正对所画线条，位于行笔方向的铅垂面内，保证两笔叶片同时接触纸面，并将笔向运笔方向稍作倾斜，保持均匀一致的运笔速度。直线笔叶片外表面沾有墨水时，应及时清洁，以免绘图时污染图纸。使用完毕后应将余墨擦干净，并将调节螺丝放松，避免出现笔叶变形的现象。

3. 尺规

丁字尺、三角尺、直尺、比例尺、曲线尺、模板和圆规是传统绘图的标准工具，配合使用方法要正确，且操作熟练，才能绘出各种曲直结合的图样。

（1）丁字尺、三角尺、直尺（见图1-82）丁字尺要配合专用绘图板来使用，专用绘图板用于固定图纸，作为绘图垫板，最好购买成品专用

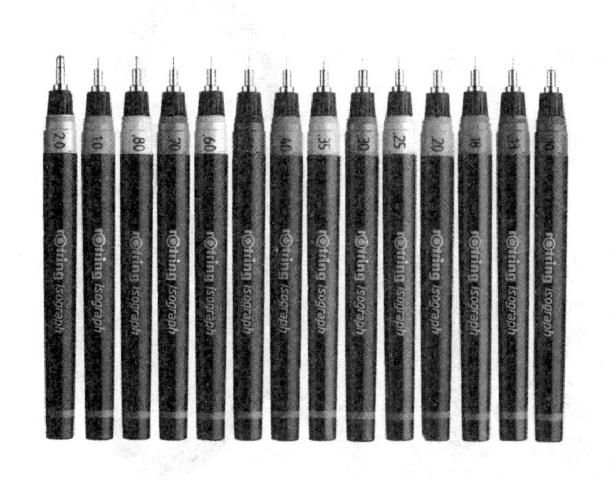

图1-80　绘图笔

图1-81　直线笔

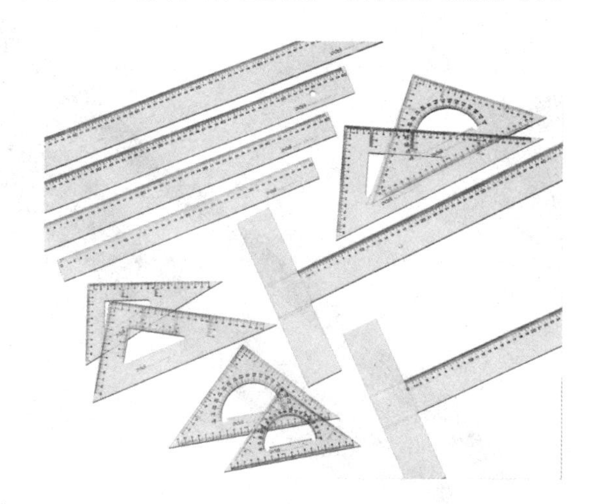

图1-82　丁字尺、三角尺、直尺

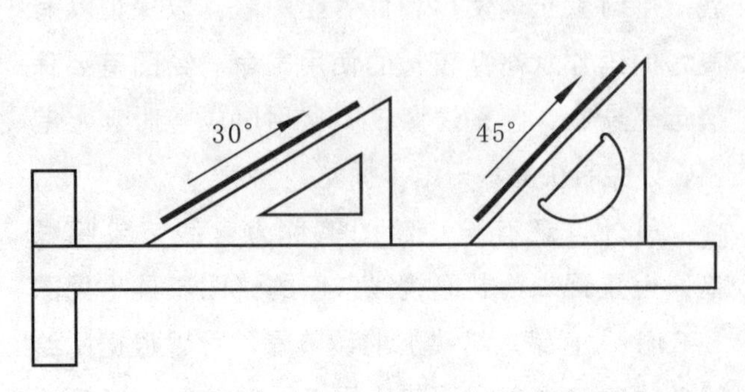

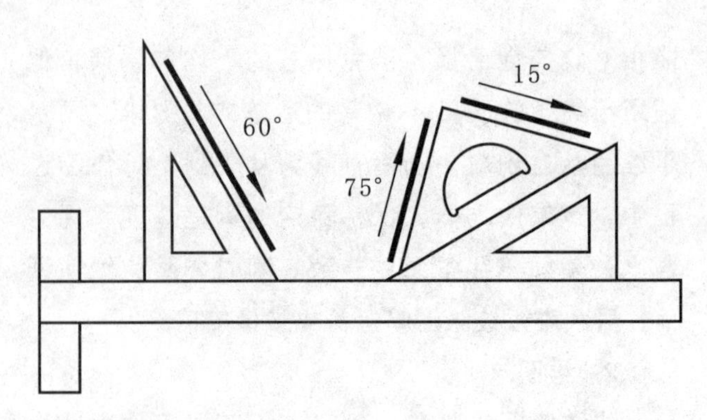

图1-83　丁字尺与三角尺的使用方法

绘图板，不宜使用其他板材代替，制图时板面的平整度和边缘的平直度要求很高。使用时，丁字尺要紧靠绘图板的左边缘，上下移动到需要画线的位置，自左向右画水平线。三角板可以配合丁字尺自下而上绘出垂线，此外，丁字尺和三角板还能绘制出与水平线成15°、30°、45°、60°和75°的斜线，这些斜线都是自左向右的方向绘制（见图1-83）。当然，绘制其他角度的斜线也可以使用三角尺中量角器。直尺的功能界于丁字尺与三角尺之间，一般在图纸上只作长距离测量、校对或辅助之用。

（2）比例尺　用于快速绘制按比例缩放的图样，常见的比例尺为三棱形，其6个边缘上分别刻有1：100、1：200、1：250、1：300、1：400、1：500等6种比例，能大幅提高我们的绘图速度（见图1-84）。如果长期使用某一种比例，也可以使用透明胶将写有尺度的纸片贴在直尺上，这样使用会更方便些。

（3）曲线尺　又称云形尺，是一种内外均为曲线边缘的薄板，曲线形态、大小不一，用来绘制曲率半径不同的非圆形自由曲线，尤其是绘制少且短的自由曲线（见图1-85）。在绘制曲线时，在曲线尺上选择某一段与所拟绘曲线相符的边缘，用笔沿该段边缘移动，即可绘出该段曲线。曲线尺的缺点在于没有标示刻度，不能用于曲线长度的测量。除曲线尺外，也可用由可塑性材料和柔性金属芯条制成的柔性曲线尺，通常称为蛇形尺，它能根据需要绘制连贯的自由曲线（见图1-86）。

使用曲线尺作图比较复杂，为保证线条流畅、准确，应先按相应的作图方法确定出拟绘曲线上足够数量的点，然后用曲线尺连接各点而成，并且要注意曲线段首尾作必要的重叠，这样绘制的曲线会比较光滑。

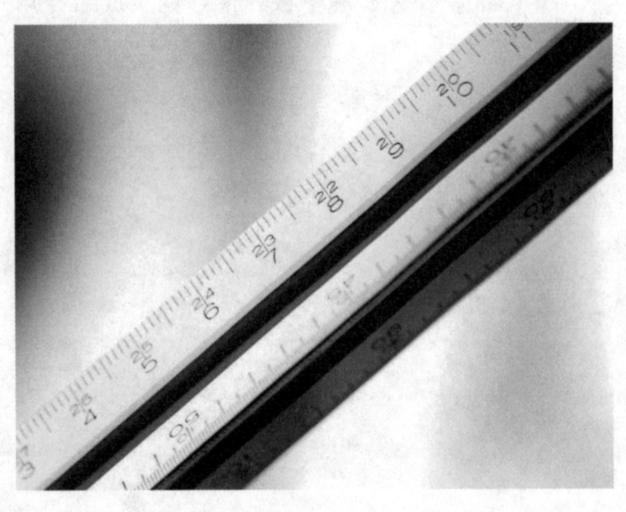

图1-84　三棱比例尺

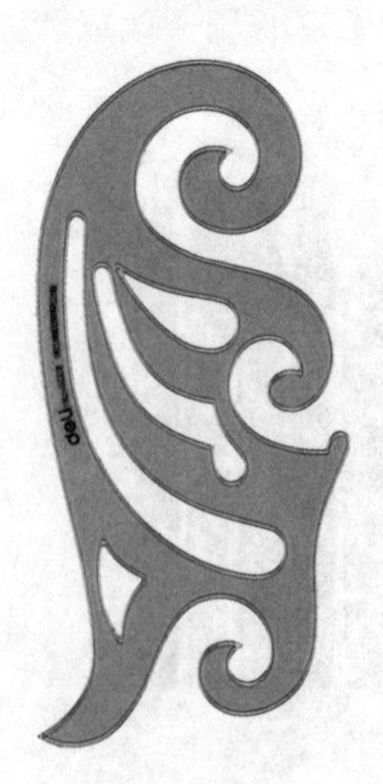

图1-85　曲线尺

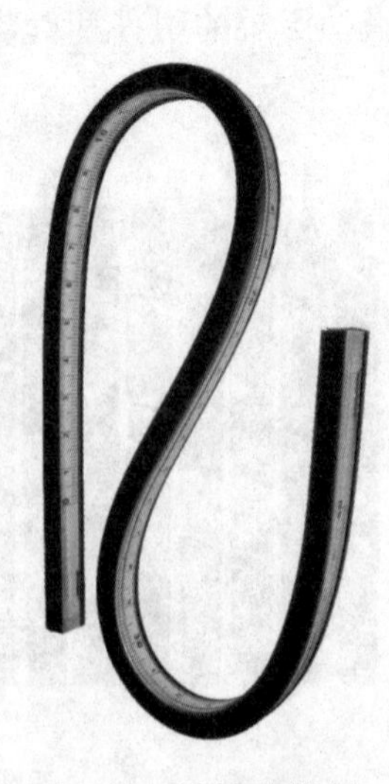

图1-86　柔性曲线尺

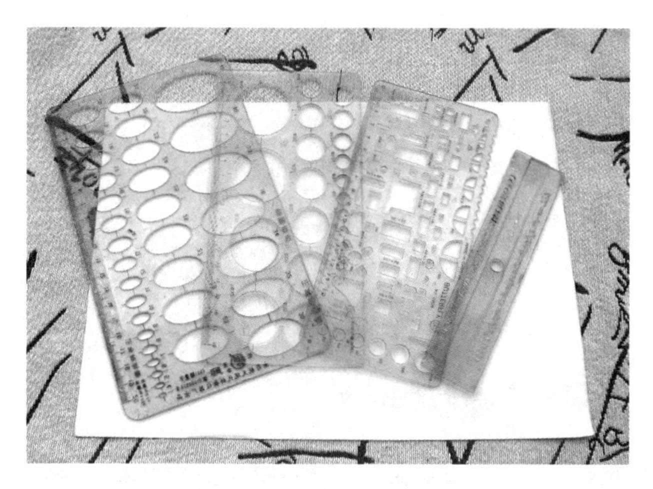

图1-87 模板

（4）模板 模板在制图中起到辅助作图、提高工作效率的作用（见图1-87）。模板的种类非常多，通常有专业型模板和通用型模板两大类。专业型模板主要包括家具制图模板、厨卫设备制图板等，这些专业型模板以一定的比例刻制了不同类型家具或厨卫设备的平面、立面、剖面形式及尺寸，通用型模板则有圆模板、椭圆模板、方模板、三角形模板等多种样式，上面刻制了不同尺寸、角度的图形。

绘图时要根据不同的需求选择合适的模板，用模板作直线时，笔可稍向运笔方向倾斜。作圆或椭圆时，笔应尽量与纸面垂直，且紧贴模板。用模板画墨线图时，应避免墨水渗到模板下而污损图纸。

（5）圆规 圆规为画圆及画圆周线的工具，其形状不一，通常有大、小两类（见图1-88）。圆规中一侧是固定针脚，另一侧是可以装铅笔及直线笔的活动脚。另外，有画较小半径圆的弹簧圆规及小圈圆规或称点圆规。弹簧圆规的规脚间有控制规脚宽度的调节螺丝，以便于量取半径，使其所能画圆的大小受到限制。小圈圆规是专门用来作半径很小的圆及圆弧的工具。此外，套装圆规中还附带分规，它是用来截取线段、量取尺寸和等分直线或圆弧线的工具。分规有普通分规和弹簧分规两种。分规的两侧规脚均为针脚，量取等分线时，应使两个针尖准确落在线条上，不

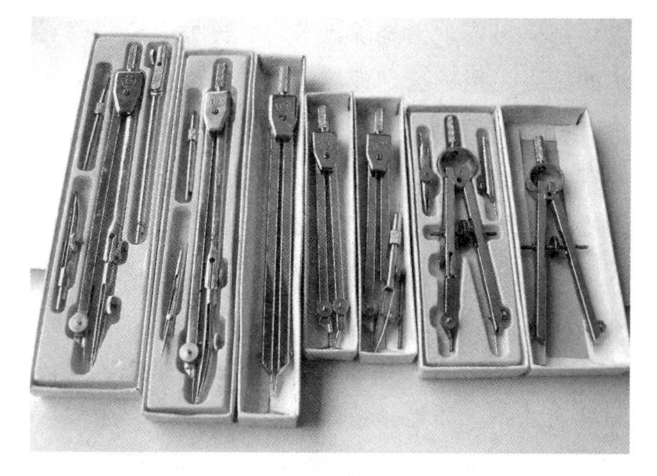

图1-88 圆规

得错开。普通的分规应调整到不紧不松、容易控制的工作状态。

在画圆时，圆规应使针尖固定在圆心上，尽量不使圆心扩大，否则会影响到作图的准确度，应依顺时针方向旋转，规身略可前倾。画大圆时，针尖与铅笔尖要垂直于纸面。画过大的圆时，需另加圆规套杆进行作图，以保证作图的准确性。画同心圆时应先画小圆再画大圆。如遇直线与圆弧相连时，应先画圆弧后画直线，圆及圆弧线应一次画完。

4. 纸张

现代绘图专用纸张很多，一般以复印纸、绘图纸、硫酸纸为主（见图1-89）。

（1）复印纸 打印店里经常使用的普通白纸，采用草浆和木浆纤维制作，超市、电脑耗材

图1-89 复印纸、绘图纸、硫酸纸

市场都有出售，它是现代学习、办公事业中最经济的纸张。用于绘制设计初稿和小型打印稿的规格有A3、A4两种，质地有70g和80g两种，大型图纸打印机也有采用A0、A1、A2卷轴式纸张，幅面大的纸张质地能达到100g或120g。复印纸的质地较薄，但白度较高，一般用来绘制草图或计算机制图打印输出。

（2）绘图纸　供绘制工程图、机械图、地形图等用的纸，质地紧密而强韧，无光泽，尘埃度小，具有优良的耐擦性、耐磨性、耐折性。它采用漂白化学木浆或加入部分漂白棉浆或草浆，经打浆、施胶、加填（料）后，在长网造纸机上抄造，再经压光而成，质地较厚，一般有120g、150g、180g等多种。绘图纸适用于铅笔、绘图笔绘制，使用时要保持尺规清洁，避免在绘图时与纸面产生摩擦从而污染图纸。

（3）硫酸纸　又称制版硫酸转印纸，是由细微的植物纤维通过互相交织，在潮湿状态下经过游离打浆、不施胶、不加填料、抄纸，72%的浓硫酸浸泡2～3s，清水洗涤后以甘油处理，干燥后形成的一种质地坚硬薄膜型物质。硫酸纸质地坚实、密致而稍微透明，具有对油脂和水的渗透抵抗力强，不透气，且湿强度大等特点，主要有65g、75g、85g等多种质地。硫酸纸用于印刷制版、手工描绘、计算机制图打印、静电复印等。使用硫酸纸绘图或打印，可以通过晒图机复制为多张，成本较低，是当今最普及的图纸复制原始媒介（见图1-90）。

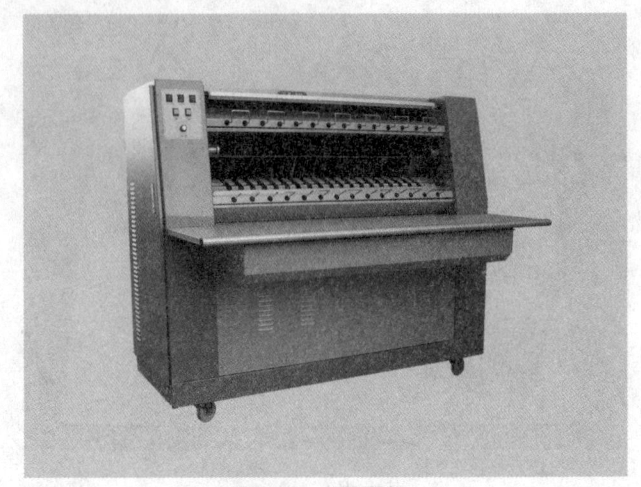

图1-90　晒图机

5. 其他绘图工具

要提高绘图效率和设计品质，就需要配置更齐全的工具，（见图1-90）除上述绘图工具外，还会用到擦线板、橡皮、墨水、蘸水小钢笔、美工刀、透明胶带及图钉等（见图1-91）。

（1）擦线板　又称擦图片，是擦去制图过程不需要的稿线的制图辅助工具。擦线板是由塑料或不锈钢制成的薄片。由不锈钢制成的擦线板因柔软性好，使用相对比较方便。使用擦线板时应用擦线板上适宜的缺口对准需擦除的部分，并将不需擦除的部分盖住，用橡皮擦去位于缺口中的线条。用擦线板擦去稿线时，应尽量用最少的次数将其擦净，以免将图纸表面擦伤，最终影响制图质量。

（2）橡皮　橡皮要求软硬适中，一般应选择

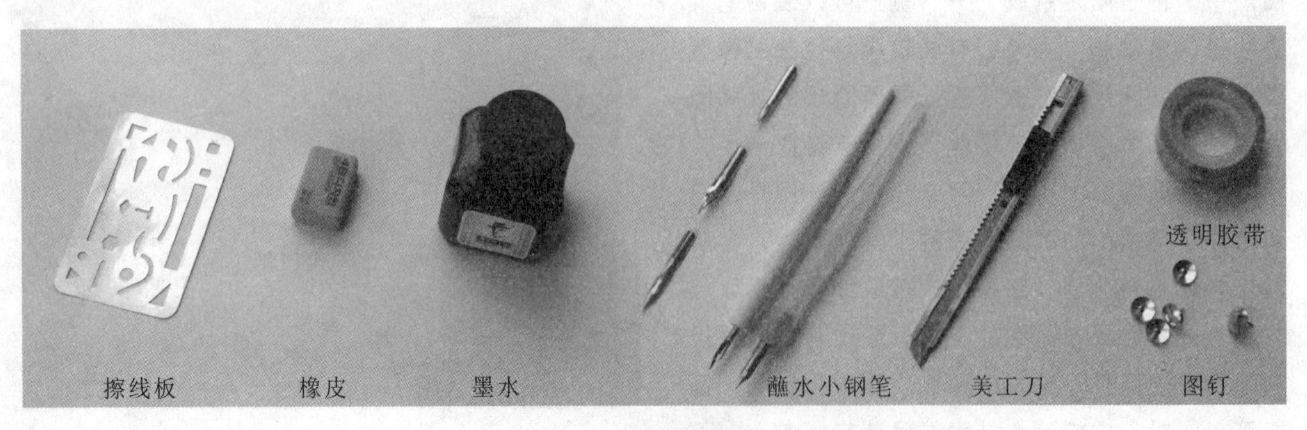

图1-91　其他绘图工具

绘图提示

位图与矢量图

在计算机中，图像大致可分为位图图像和矢量图像两种。位图又称为点阵图，是由许多点组成的，这些点称为像素。而许许多多不同色彩的像素组合在一起便构成了一幅图像。由于位图采取了点阵的方式，使每个像素都能够记录图像的色彩信息，因而可以精确地表现色彩丰富的图像，但图像的色彩越丰富，图像的像素就越多（即分辨率越高），文件也就越大，因此处理位图图像时，对计算机硬盘和内存的要求也较高。同时由于位图本身的特点，图像在缩放和旋转变形时会产生失真的现象。矢量图像是相对位图图像而言的，也称为向量图像，它是以数学的矢量方式来记录图像内容的。矢量图像中的图形元素称为对象，每个对象都是独立的，具有各自的属性，如颜色、形状、轮廓、大小和位置等。矢量图像在缩放时不会产生失真的现象，并且它的文件所占的容量较少。但这种图像的缺点是不易制作出色调丰富的图像，而且绘制出来的图形无法像位图那样精确地描绘各种绚丽的图像。

专用的4B绘图橡皮，以保证能将需擦去的线条擦净，并不伤及图纸表面和留下擦痕。使用时，应先将橡皮清洁干净，以免不洁橡皮擦图纸越擦越脏。用橡皮应选一顺手方向均匀用力推动橡皮，不宜在同一部位反复摩擦。

（3）墨水　制图常用的墨水分为碳素墨水和绘图墨水，碳素墨水较浓，而绘图墨水较淡，最好选用能快速干燥的高档产品。

（4）蘸水小钢笔　通常墨线图上的文字、数字及字母等均用蘸水小钢笔来书写，这样会使笔画转角部位顿挫有力。蘸水小钢笔一般有多种粗细笔尖可换用，满足不同幅面图纸的要求。

（5）美工刀　美工刀主要用来削铅笔及裁切图纸，对于绘制错误的线条也可以轻轻刮除，但是使用要格外小心。

（6）透明胶带及图钉　将图纸固定在图板上时，应采用透明胶带或图钉，对于绘制错误的线条也可以使用透明胶带粘贴清除，操作须格外谨慎，避免影响制图质量。

三、计算机制图设备

现代设计制图以运用计算机为主流，选购、配置一台能流畅运行各种制图软件的计算机非常重要。如今计算机硬件配置升级很快，去年定位为高档的产品，今年可能就面临淘汰。因此，不必盲目追求高端产品，一般价格在5000元左右的主流配置计算机都可以正常运行各种制图软件。如果经济条件允许且希望拥有卓越的性能，可以选购高档配件，如Intel酷睿CPU、ATI显卡和金士顿内存等。计算机制图质量和效率关键还在于制图软件和打印输出设备。

1. 制图软件

（1）AutoCAD　是由美国Autodesk公司于20世纪80年代初为微机上应用CAD技术而开发的绘图程序软件包，经过不断的更新，现已经成为国际上广为流行的绘图工具。它可以绘制任意二维和三维图形，并且同传统的手工绘图相比，用AutoCAD绘图速度更快、精度更高，而且便于个性，它已经在航空航天、造船、建筑、机械、电子、化工、美工、轻纺等很多领域得到了广泛应用，并取得了丰硕的成果和巨大的经济效益。AutoCAD具有良好的用户界面，通过交互菜单或命令行方式便可以进行各种操作。它的多文档设计环境，让非计算机专业人员也能很快地学会使用。在不断实践的过程中更好地掌握它的各种应用和开发技巧，从而不断提高工作效率。AutoCAD具有广泛的适应性，它可以在各种操作系统支持的微型计算机和工作站上运行，并支持各种分辨率图形显示设备达40多种，以及数字仪和鼠标器30多种，支持绘图仪和打印机数十种，这就为AutoCAD的普及创造了条件。AutoCAD的应用很广，对尺度的精确程度要求很高，但是绘图模式相对于传统手绘而言，并没有突破性的进展，绘制速度要因人而异。AutoCAD在模拟传统的立体轴测图上有很大的改观，但是绘制速度却不高，着色效果不佳，在环境艺术设计行业只用于表现基本方案图和施工图（见图1-92）。

（2）Coreldraw　在我国，Coreldraw的使用率也相当高，主要用于绘制彩色矢量图形，是目前最流行的矢量图形设计软件之一，它是由全球知名的专业化图形设计与桌面出版软件开发商加拿大Corel公司于1989年推出的一款设计绘图产品。Coreldraw绘图设计系统集合了图像编辑、图像抓取、位图转换、动画制作等一系列实用的应用程序，构成了一个高级图形设计和编辑出版软件包，并以其强大的功能、直观的界面、便捷的操作等优点，迅速占领市场，赢得众多专业设计人士和广大业余爱好者的青睐。使用Coreldraw绘制环境艺术设计图是最近几年逐渐兴起的一种潮流，Coreldraw绘制图纸的方法与AutoCAD不相上下，但绘制逻辑却完全不同。Coreldraw的最大特点是可以着色，在设计构造上可以区分色彩，体现质感，操作上也很简便，绘制的图面很精美。Coreldraw的通用性很广，同时也用于平面设计、广告设计、工业设计等多个领域，可以与建筑设计图纸相互借用。但是Coreldraw在三维制图上存在缺陷，很难表达出尽善尽美的透视效果图（见图1-93）。

（3）SketchUp　它是一个表面上极为简单，实际上却蕴含着令人惊讶且功能强大的构思表达工具，它可以以极快的速度很方便地对三维创意进行创建、观察和修改。传统铅笔草图的优雅自如，现代数字科技的速度与弹性，都能通过SketchUp得到完美结合。SketchUp是专门为配合设计过程而研发的，在设计过程中，设计师通常习惯从不十分精确的尺度、比例开始整体的思考，随着思路的进展不断添加细节。当然，如果需要，也可以方便、快速地进行精确绘制。SketchUp与CAD的不同的是，SketchUp能让设计师根据设计目标，快速完成整个设计过程中出现的各种修改。目前，很多设计专业的青年学生都在学习SketchUp，因为这套软件的界面比较有亲和性，操作时有赏心悦目的感觉，它绘制速度

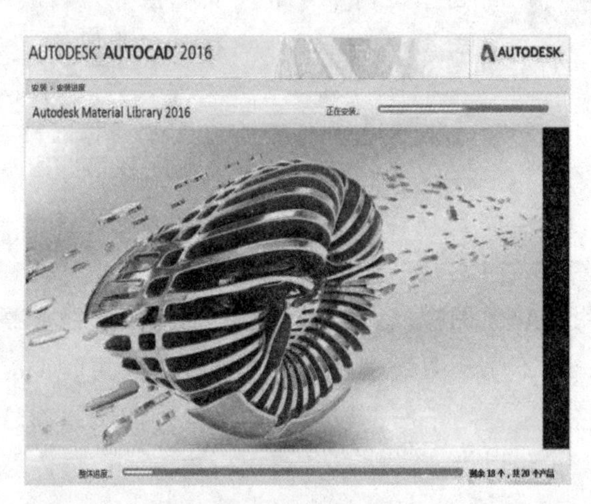

图1-92　AutoCAD界面

图1-93　Coreldraw界面

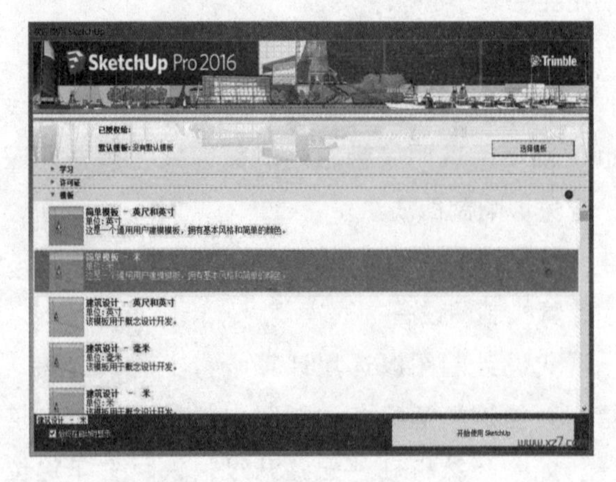

图1-94　SketchUp界面

绘图提示

圆方室内设计系统

圆方室内设计系统自1994年以来逐渐在建筑装饰业、家具业的电脑化上取得了不菲的成绩，成为国内设计软件界的一支重要力量。在1998年推出了圆方家具设计软件，当时在国内还没有企业从事相关的软件研发，圆方室内设计系统是一个傻瓜型的设计软件，圆方因此而走了在市场的前列，赢得了市场的先机。圆方软件是在AutoCAD的基础上扩展开发的，它将AutoCAD软件进行了模块化处理，并加入了三维灯光渲染功能，在很大程度上作了革命性的创举。圆方软件的最大特点就是制图速度快，运用大量模板提高制图速度，设计师在掌握AutoCAD的基础上可以迅速熟悉该软件。

快，对所有设计构造都以透视彩色立体化形态表现，是目前最流行的环境艺术设计软件。但是SketchUp的定位是初级阶段，并没有在中高级阶段加以延续，也不能渲染出高品质彩色透视效果图（见图1-94）。

2. 打印输出设备

（1）打印机　它是将计算机的运算结果或中间结果以人所能识别的数字、字母、符号和图形等，依照规定的格式印在纸上的设备。打印机正向轻、薄、短、小、低功耗、高速度和智能化方向发展。打印机的种类很多，用于计算机制图输出的主流产品为激光打印机。激光打印机分为黑白和彩色两种，其中低端黑白激光打印机的价格目前已经降到了几百元，达到了普通用户可以接受的水平。它的打印原理是利用光栅图像处理器产生要打印页面的位图，然后将其转换为电信号等一系列的脉冲送往激光发射器，在这一系列脉冲的控制下，激光被有规律的放出。与此同时，反射光束被接收的感光鼓所感光。激光发射时就产生一个点，激光不发射时就是空白，这样就在接收器上印出一行点来。然后接收器转动一小段固定的距离继续重复上述操作。当纸张经过感光鼓时，鼓上的着色剂就会转移到纸上，印成了页面的位图。最后当纸张经过一对加热辊后，着色剂被加热熔化，固定在了纸上，就完成打印的全过程，这整个过程准确而且高效。相对于喷墨打印机而言，激光打印机的使用成本要低很多，打印速度快，一般用于打印输出A3、A4等小幅面图纸（见图1-95）。

（2）绘图仪　它是一种优秀的输出设备，与打印机不同，打印机是用来打印文字和简单的图形的。如果需要精确地绘图，并且绘制大幅面图纸，如A0、A1、A2等幅面或各种加长图纸，就不能用普通激光打印机了，只能用这种专业的绘图输出设备了。在电脑辅助设计（CAD）与电脑辅助制造（CAM）中，绘图仪是必不可少的，它能将图形准确地绘制在图纸上输出，供设计师和施工员参考。如果在绘图仪中出色使用的绘图笔、换为刀具或激光束发射器等切割工具就能完美地加工机械零件了。从原理上分类，绘图仪分为笔式、喷墨式、热敏式、静电式等，而从结构上分，又可以分为平台式和滚筒式两种。平台式绘图仪的工作原理是，在计算机输出信号的控制下，笔或喷墨头的X、Y方向移动，而纸在平面上

图1-95　激光打印机

不动，从而绘出图来。滚筒式绘图仪的工作原理是，笔或喷墨头沿X方向移动，纸沿Y方向移动，这样，可以绘出较长的图样。绘图仪所绘图也有单色和彩色两种。目前，彩色喷墨绘图仪绘图线型多，速度快，分辨率高，价格也不贵，很有发展前途（见图1-96）。

图1-96　喷墨绘图仪

练习题

1. 详细描述古代建筑图样的种类。
2. 详细描述现场测量的方法以及注意事项。
3. 解释“界画”的意思。
4. 熟记常用建筑材料图例和构造及配件图例。
5. 熟记表1-4图线的一般用途。
6. 仔细比较施工图与竣工图的异同。
7. 熟读GB / T50001—2010《房屋建筑制图统一标准》和GB / T50104—2010《建筑制图标准》。
8. 默写、默画出国家标准中关于尺寸标注的章节内容。
9. 使用A4幅面图纸临摹本章中图1-14。
10. 使用A4幅面图纸临摹本章中图1-13。
11. 用相应的测量工具测量教室并画出草图。
12. 用CAD绘制测量出的教室草图并改成住宅。

第二章　制图种类与方法

关键词：平面图、剖面图、构造详图、轴测图

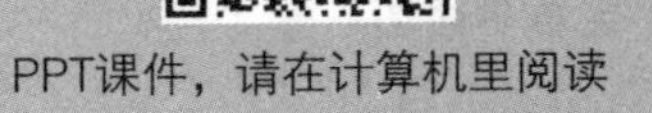

PPT课件，请在计算机里阅读

本章图纸资料，请用CAD查看

第二章　制图种类与方法

设计制图的目的是为了解决施工时所出现的具体问题，需要说明的部位就应该绘制图纸，当设计方、施工方与投资方等对某些问题达成一致和共识，就无须绘制图纸了。环境艺术设计要表明创意和实施细节，一般需要绘制多种图纸，针对具体设计构造的繁简程度，可能会强化某一种图纸，也可能会简化或省略某一种图纸，但是这都不影响全套图纸的完整性。

在初学制图过程中，要强化理论知识，搜集并查阅大量图纸，临摹一些具有代表性的图纸。当然，要准确且熟练地绘制各种图纸，还需要了解环境艺术设计中所存在的材料选用和施工构造，这些才是制图的根源。

第一节　总平面图

总平面图是表明一项设计项目总体布置情况的图纸。它是在施工现场的地形图上，将已有的、新建的和拟建的建筑物、构筑物以及道路、绿化等按与地形图同样比例绘制出来的平面图（见图2-1）。总平面图主要表明新建建筑物、构筑物的平面形状、层数、室内外地面标高，新建

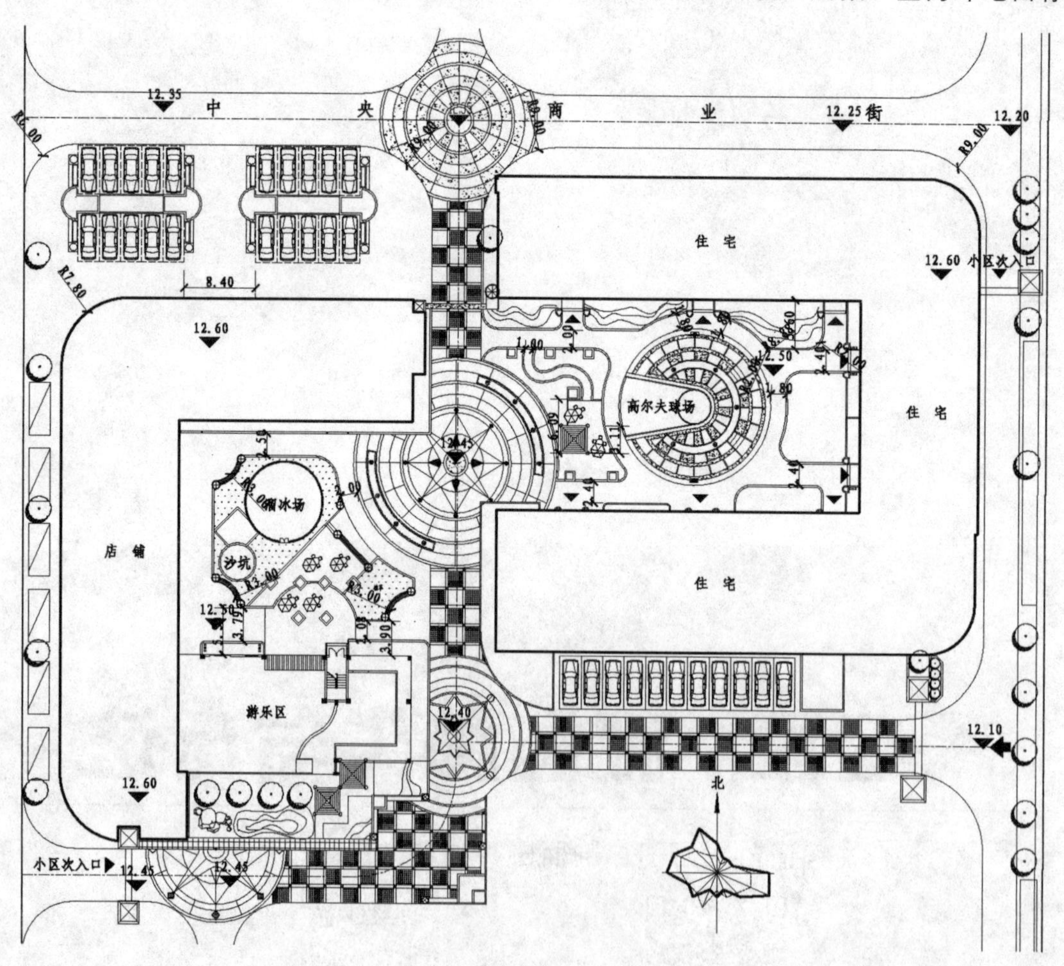

1：500

图2-1　住宅小区总平面图

道路、绿化、场地排水和管线的布置情况，并表明原有建筑、道路、绿化等和新建筑的相互关系以及环境保护方面的要求等。

总平面图是所有后续图纸的绘制依据，一般要经过全面实地勘测且作详细记录，或向投资方索取原始地形图或建筑总平面图。由于具体施工的性质、规模及所在基地的地形、地貌不同，总平面图所包括的内容有的较为简单，有的则比较复杂，对于复杂的设计项目，除了总平面图外，必要时还须分项绘出管线综合总平面图、绿化总平面图等。

一、国家标准规范

1. 图线

表2-1　图线

名称		线型	线宽	用途
实线	粗	━━━━━━━━	B	1.新建建筑物±0.00高度的可见轮廓线； 2.新建的铁路、管线
	中	————————	0.5B	1.新建构筑物、道路、桥涵、边坡、围墙、露天堆场、运输设施、挡土墙的可见轮廓线； 2.场地、区域分界线、用地红线、建筑红线、尺寸起止符号、河道蓝线； 3.新建建筑物±0.00高度以外的可见轮廓线
	细	────────	0.25B	1.新建道路路肩、人行道、排水沟、树丛、草地、花坛的可见轮廓线； 2.原有（包括保留和拟拆除的）建筑物、构筑物、铁路、道路、桥涵、围墙的可见轮廓线； 3.坐标网线、图例线、尺寸线、尺寸界线、引出线、索引符号等
虚线	粗	━ ━ ━ ━ ━ ━ ━	B	新建建筑物、构筑物的不可见轮廓线
	中	— — — — — — —	0.5B	1.计划扩建建筑物、构筑物、预留地、铁路、道路、桥涵、围墙、运输设施、管线的轮廓线； 2.洪水淹没线
	细	─ ─ ─ ─ ─ ─ ─	0.25B	原有建筑物、构筑物、铁路、道路、桥涵、围墙的不可见轮廓线
单点长画线	粗	━━━ · ━━━ · ━━━	B	露天矿开采边界线
	中	——— · ——— · ———	0.5B	上方填挖区的零点线
	细	─── · ─── · ───	0.25B	分水线、中心线、对称线、定位轴线
粗双点长画线		━━━ ·· ━━━ ·· ━━━	B	地下开采区塌落界线
折断线		───/\/───	0.5B	断开界线
波浪线		∽∽∽∽	0.5B	

注：应根据图样中所表示的不同重点，确定不同的粗细线型。例如：绘制总平面图时，新建建筑物采用粗实线，其他部分采用中线和细线；绘制管线综合图或铁路图时，管线、铁路采用粗实线

表2-2　　比例

图　名	比　例
地理、交通位置图	1∶25000～1∶200000
总体规划、总体布置、区域位置图	1∶2000，1∶5000，1∶10000，1∶25000，1∶50000
总平面图、塑向布置图、管线综合图、土方图、排水图、铁路、道路平面图、绿化平面图	1∶500，1∶1000，1∶2000
铁路、道路纵断面图	垂直：1∶100，1∶200，1∶500 水平：1∶1000，1∶2000，1∶5000
铁路、道路纵横面图	1∶50，1∶100，1∶200
场地断面图	1∶100，1∶200，1∶500，1∶1000
详图	1∶1，1∶2，1∶5，1∶10，1∶20，1∶50，1∶100，1∶200

GB／T50103—2010《总图制图标准》中对总平面图的绘制作了详细规定，总平面图的绘制还应符合GB／T 50001—2010《房屋建筑制图统一标准》以及国家现行的有关强制性标准的规定。根据图样的复杂程度、比例和图纸功能，总平面图中的图线宽度B，应该按表2-1规定的线型选用。这相对于GB／T50001—2010《房屋建筑制图统一标准》而言，做了进一步细化深入。

2. 比例

总平面图制图所采用的比例，宜符合表2-2的规定。一个图样宜选用一种比例，如遇到铁路、道路、土方等的纵断面图，可在水平方向和垂直方向选用不同比例。

3. 计量单位

总图中的坐标、标高、距离宜以米为单位，并应至少取至小数点后两位，不足时以“0”补齐。详图宜以毫米（mm）为单位，如不以毫米（mm）为单位，应另加说明。建筑物、构筑物、铁路、道路方位角（或方向角）和铁路、道路转向角的度数，宜注写到“秒”（″），特殊情况，应另加说明。铁路纵坡度宜以千分（‰）计，道路纵坡度、场地平整坡度、排水沟沟底纵坡度宜以百分（%）计，并应取至小数点后一位，不足时以“0”补齐。

4. 坐标注法

总平面图应按上北下南方向绘制。根据场地形状或布局，可向左或右偏转，但不宜超过45°。总平面图中应绘制指北针或风玫瑰图（见图2-2）。坐标网格应以细实线表示。测量坐标网应画成交叉十字线，坐标代号宜用“X、Y”表示；建筑坐标网应画成网格通线，坐标代号宜用“A、B”表示（见图2-3）。坐标值为负数时，应注“－”号，为正数时，“＋”号可省略。总平面图上有测量和建筑两种坐标系统时，应在附注中注明两种坐标系统的换算公式。表示建筑物、构筑物位置的坐标，宜注其三个角的坐标，如建筑物、构筑物与坐标轴线平行，可注其对角坐

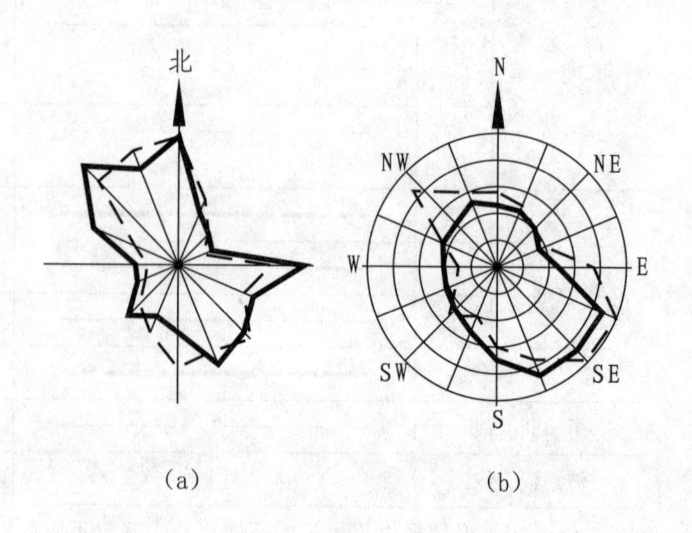

图2-2　风玫瑰图

绘图提示

风玫瑰图

风玫瑰图也称为风向频率玫瑰图，它是根据某一地区多年平均统计的各方风向和风速的百分数值，并按一定比例绘制，一般多用8个或16个罗盘方位表示，由于该图的形状形似玫瑰花朵，故名风玫瑰图。风玫瑰图上所表示风的吹向（即风的来向），是指从外面吹向该地区中心的方向。

风玫瑰图只适用于一个地区，特别是平原地区，由于地形、地貌不同，它对风气候起到直接的影响。图中线段最长者，即外面到中心的距离越大，表示风频越大，其为当地主导风向，外面到中心的距离越小，表示风频越小，其为当地最小风频。此外，布局时注意风向对工程位置的影响，如把清洁的建筑物布置在主导风向的上风向；污染建筑物布置在主导风向的下风向，最小风频的上方向。消防监督部门会根据国家有关消防技术规范在图纸审核时查看风玫瑰图，风玫瑰图与相关数据则一般由当地气象部门提供。

标。在一张图上，主要建筑物、构筑物用坐标定位时，较小的建筑物、构筑物也可以用相对尺寸定位。

建筑物、构筑物、铁路、道路、管线等应标注下列部位的坐标或定位尺寸：建筑物、构筑物的定位轴线（或外墙面）或其交点；圆形建筑物、构筑物的中心；皮带走廊的中线或其交点；铁路道岔的理论中心，铁路、道路的中线或转折点；管线(包括管沟、管架或管桥)的中线或其交点；挡土墙墙顶外边缘线或转折点。

坐标宜直接标注在图上，如果图面无足够位置，也可列表标注。在一张图上，如坐标数字的位数太多时，可将前面相同的位数省略，其省略位数应在附注中加以说明。

5. 标高注法

标高注法应以含有±0.00标高的平面作为总

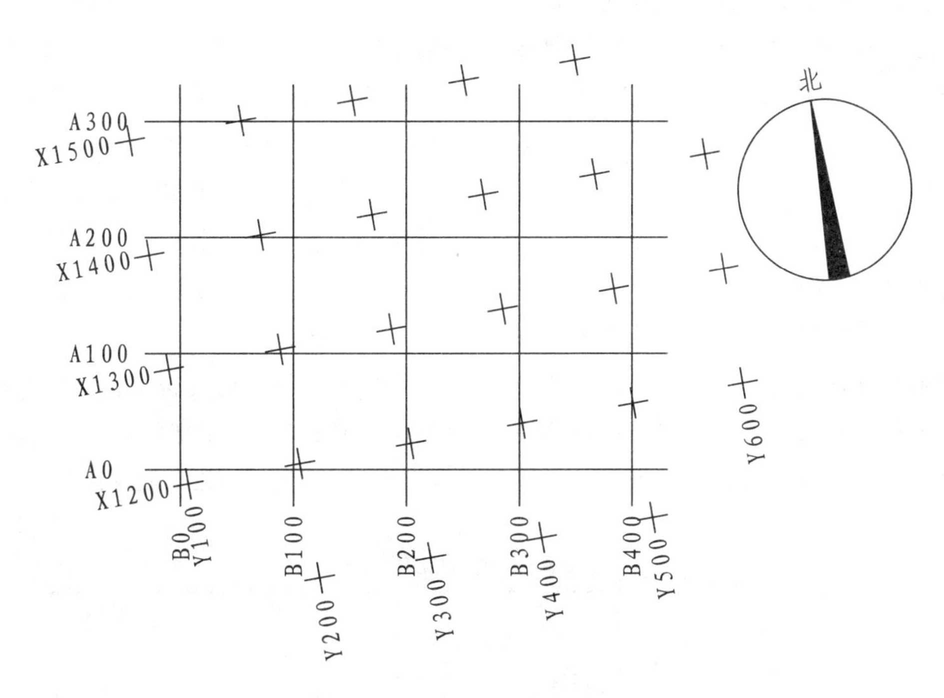

图2-3　坐标网格

注：图中X为南北方向轴线，X的增量在X轴线上；Y为南北方向轴线，Y的增量在Y轴线上。
A轴相当于测量坐标网中的X轴，B轴相当于测量坐标网中的Y轴。

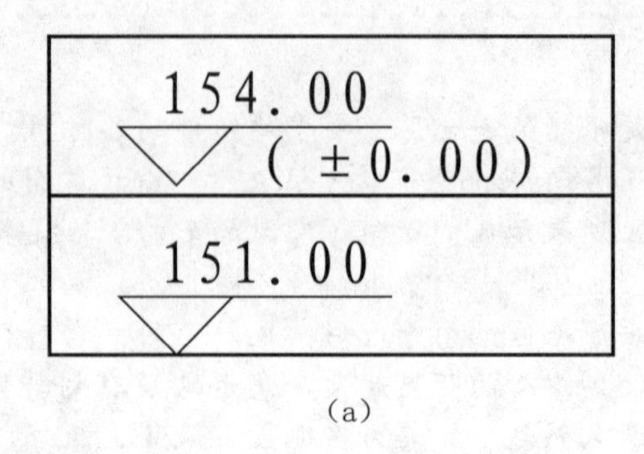

(a)

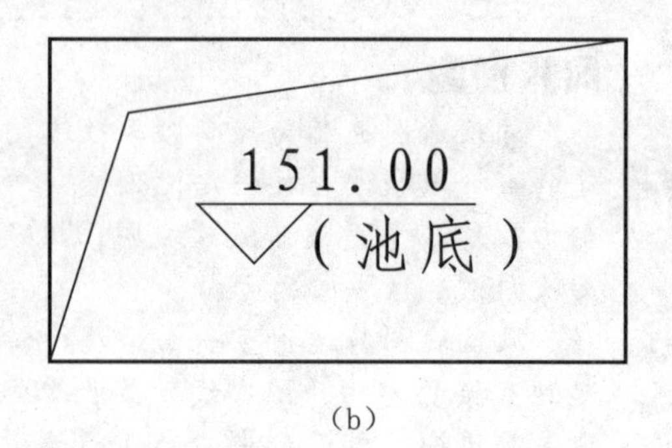

(b)

图2-4 标高注法

图平面。图中标注的标高应为绝对标高，如标注相对标高，则应注明相对标高与绝对标高的换算关系。

建筑物室内地坪，标注建筑图中±0.00处的标高，对不同高度的地坪，分别标注其标高［见图2-4（a）］。建筑物室外散水，标注建筑物四周转角或两对角的散水坡脚处的标高；构筑物标注其有代表性的标高，并用文字注明标高所指的位置［见图2-4（b）］。铁路要标注轨顶标高；道路要标注路面中心交点及变坡点的标高；挡土墙要标注墙顶和墙趾标高，路堤、边坡要标注坡顶和坡脚标高，排水沟要标注沟顶和沟底标高；场地平整要标注其控制位置标高，铺砌场地要标注其铺砌面标高。标高符号应按GB／T 50001-2010《房屋建筑制图统一标准》中“标高”一节的有关规定标注。

6. 名称和编号

总图上的建筑物、构筑物应注写名称，名称宜直接标注在图上。当图样比例小或图面无足够位置时，也可编号列表编注在图内。当图形过小时，可标注在图形外侧附近处。总图上的铁路线路、铁路道岔、铁路及道路曲线转折点等，均应进行编号。

（1）铁路编号　车站站线由站房向外顺序编号，正线用罗马字母表示，站线用阿拉伯数字表示；厂内铁路按图面布置有次序地排列，用阿拉伯数字编号；露天采矿场铁路按开采顺序编号，干线用罗马字母表示，支线用阿拉伯数字表示。铁路道岔用阿拉伯数字编号；车站道岔由站外向站内顺序编号，一端为奇数，另一端为偶数。当编里程时，里程来向端为奇数，里程去向端为偶数。不编里程时，左端为奇数，右端为偶数。

（2）道路编号　厂矿道路用阿拉伯数字，外加圆圈（如①、②……）顺序编号；引道用上述数字后加1、-2（如①-1、②-2……）编号。厂矿铁路、道路的曲线转折点，应用代号JD后加阿拉伯数字（如JD1、JD2……）顺序编号。

一个工程中，整套总图图纸所注写的场地、建筑物、构筑物、铁路、道路等的名称应统一，各设计阶段的上述名称和编号应一致。

7. 图例

总平面图例内容很多，这里列举部分常用图例（见表2-3），全部图例可查阅GB／T50103—2010《总图制图标准》相关章节。

表2-3　总平面图中的常用图例

序号	名 称	图 例	备 注
1	新建的道路	0.6 101.00 R9 150.00	“R9”表示道路转弯半径为9m，“150.00”为路面中心的控制点标高，“0.6”表示0.6%的纵向坡度，“101.00”表示变坡点间距离

续表

序号	名　称	图　　例	备　　注
2	原有道路	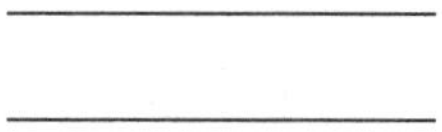	
3	计划扩建的道路		
4	拆除的道路	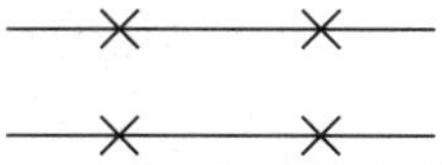	
5	人行道	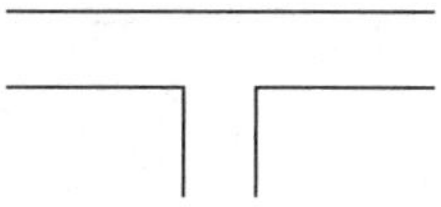	
6	道路曲线段	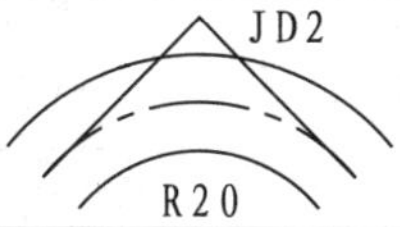 JD2 R20	“JD2”为曲线转折点编号； “R20”表示道路中心曲线半径为20m
7	道路隧道	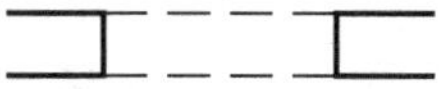	
8	涵洞、涵管	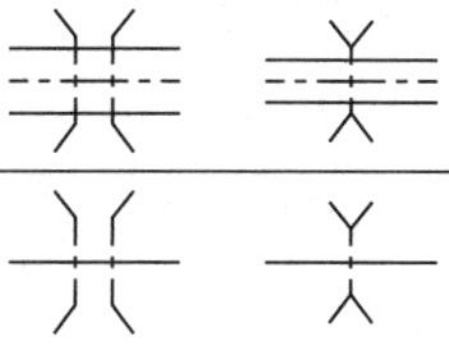	1.上图为道路涵洞、涵管，下图为铁路涵洞、涵管； 2.左图用于比例较大的图面，右图用于比例较小的图面
9	桥梁	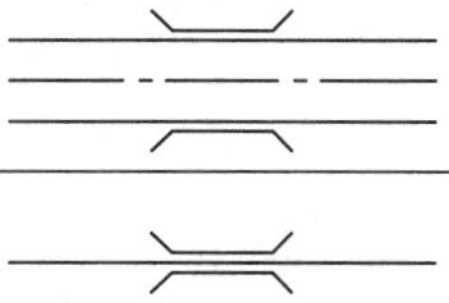	1.上图为公路桥，下图为铁路桥； 2.用于旱桥时应注明
10	新建建筑物	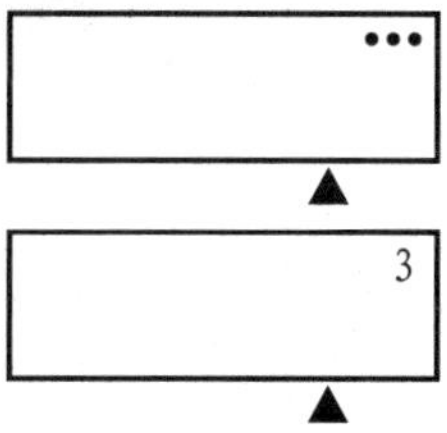 3	1.需要时，可用▲表示出入口，可在图形内右上角用点数或数字表示层数； 2.建筑物外形（一般以±0.00高度处的外墙定位轴线或外墙面为准）用粗实线表示。需要时，地面以上建筑用中粗实线表示，地面以下建筑用细虚线表示
11	原有建筑物	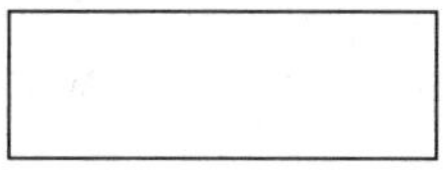	用细实线表示
12	计划扩建的预留地或建筑物		用中虚线表示
13	拆除的建筑物	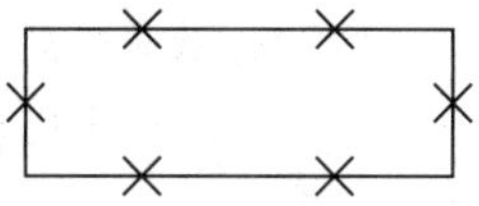	用细实线表示

续表

序号	名 称	图 例	备 注
14	铺砌场地		
15	敞棚或敞廊		
16	围墙及大门		上图为实体性质的围墙，下图为通透性质的围墙，若仅表示围墙时不画大门
17	坐标	X105.00 Y425.00 A105.00 B425.00	上图表示测量坐标，下图表示建筑坐标
18	填挖边坡		边坡较长时，可在一端或两端局部表示，下边线为虚线时，表示填方
19	护坡		
20	雨水口与消火栓井		上图表示雨水口，下图表示消火栓井
21	室内标高	151.00（±0.00）	
22	室外标高	•143.00　▼143.00	室外标高也可采用等高线表示
23	管线	——代号——	管线代号按国家现行有关标准的规定标注
24	地沟管线	——代号—— ├—代号—┤	1. 上图用于比例较大的图面，下图用于比例较小的图面； 2. 管线代号按国家现行有关标准的规定标注

续表

序号	名称	图例	备注
25	常绿针叶树		
26	常绿阔叶乔木		
27	常绿阔叶灌木		
28	落叶阔叶灌木		
29	草坪		
30	花坛		
31	绿篱		

二、总平面图绘制方法

在环境艺术设计制图中所需绘制的总平面图一般涉及绿化布置、景观布局等方面，或者作为室内平面图的延伸，一般不涉及建筑构造和地质勘测等细节。总平面图需要表述的是道路、绿化、小品、构件的形态和尺度，对于需要细化表现的设计对象，也可以增加后续平面图和大样图作为补充。设计师要绘制出完整、准确的总平面图，关键在于获取一手的地质勘测图或建筑总平面图，有了这些资料，再加上几次实地考察和优秀的创意，绘制高质量的总平面图就不难了。

这里列举了一份住宅小区设计的总平面图，具体绘制方法可以分为如下3个步骤。

1. 确定图纸框架

经过详细现场勘测后绘制出总平面图初稿，并携带初稿再次赴现场核对，最好能向投资方索要地质勘测图或建筑总平面图，这些资料越多越好。对于设计面积较大的现场，还可以参考Google地图来核实。总平面图初稿可以是手绘稿，也可以是计算机图稿，图纸主要能正确绘制出设计现场的设计红线、尺寸、坐标网格和地形等高线，准确标出建筑所在位置，加入风玫瑰图和方向定位。经过至少两次核实后，应该将这种详细的框架图纸单独描绘一遍，保存下来，方便日后随时查阅。总平面图的图纸框架可简可繁，对于大面积住宅小区和公园，由于地形地貌复杂，图纸框架必须很详细，而小面积户外广场或住宅庭院则就比较简单了，无论哪种情况，都要认真对待，它是后续设计的基础（见图2-5）。

2. 表现设计对象

总平面图的基础框架出来后可以复印或描绘一份，使用铅笔或彩色中性笔绘制创意草图，经过多次推敲、研究后再绘制正稿。总平面图的绘制内容比较多，没有一份较完整的草图会导致多次返工，影响工作效率。

具体设计对象主要包括需要设计的道路、花坛、小品、建筑构造、水池、河道、绿化、围墙、围栏、台阶、地面铺装等（见图2-6）。这些内容一般先绘制固定对象，再绘制活动对象；先绘制大型对象，再绘制小型对象；先绘制低海拔

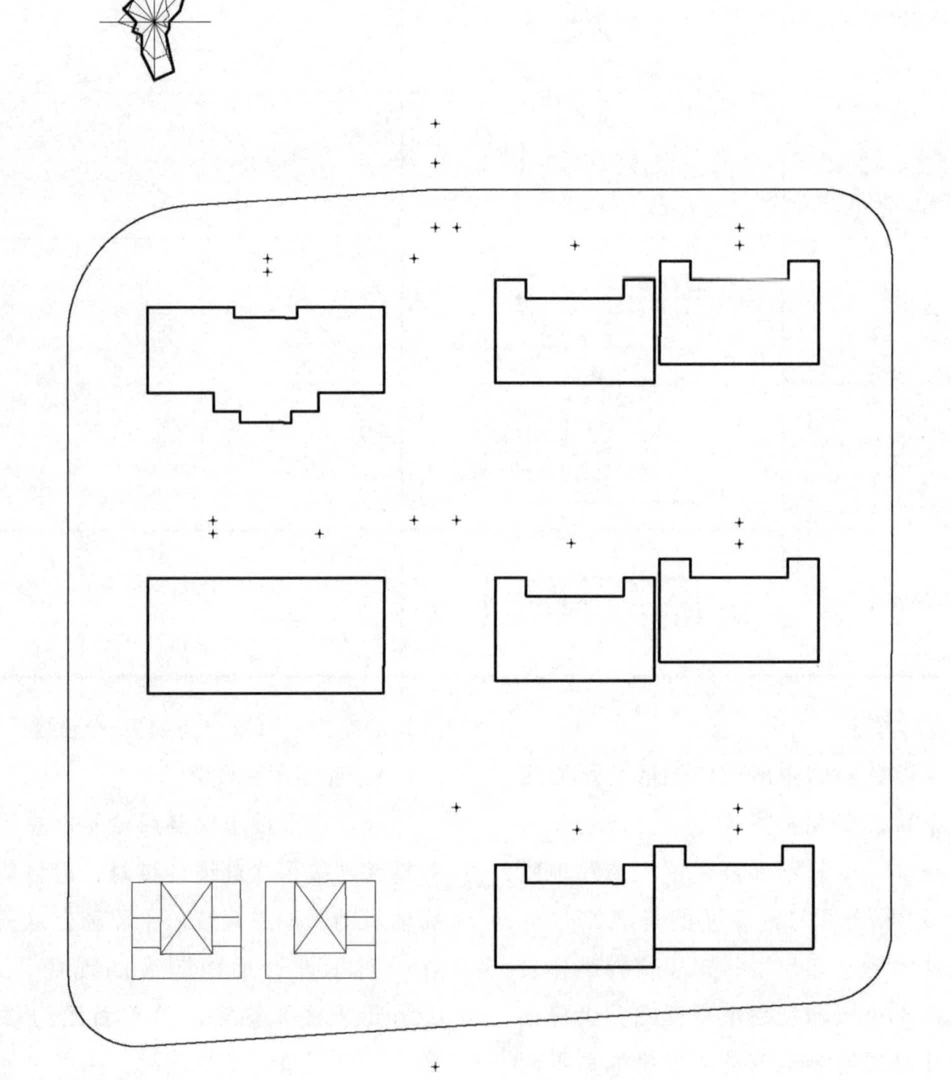

图2-5 总平面图绘制步骤一

绘图提示

建筑红线

建筑红线又称为建筑控制线，是指在城市规划管理中，控制城市道路两侧沿街建筑物或构筑物（如外墙、台阶等）靠临街面的界线。任何临街建筑物或构筑物不得超过建筑红线。

建筑红线由道路红线和建筑控制线组成。道路红线是城市道路（含居住区及道路）用地的规划控制线，而建筑控制线是建筑物基底位置的控制线。基底与道路邻近一侧，一般以道路红线为建筑控制线，如果因城市规划需要，主管部门可在道路线以外另订建筑控制线，任何建筑都不得超越给定的建筑红线。

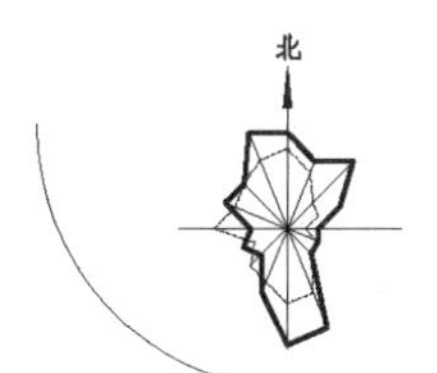

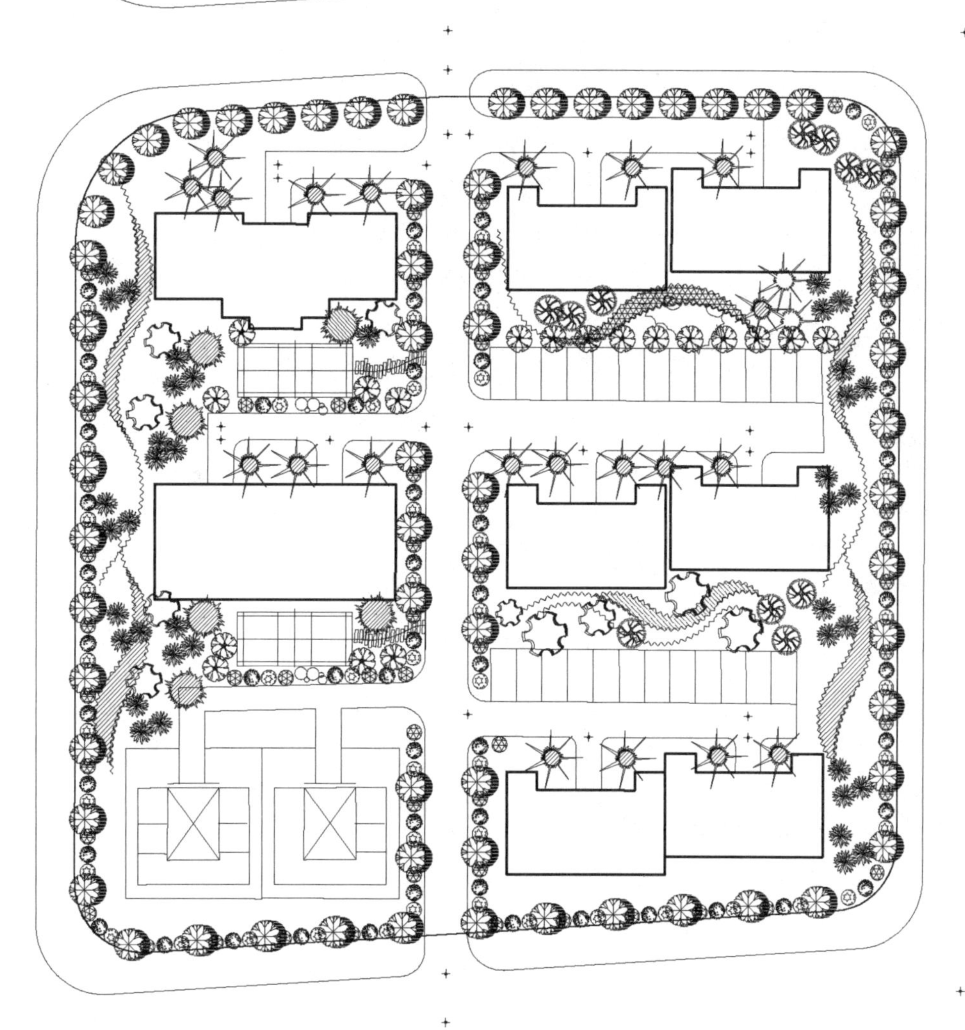

图2-6　总平面图绘制步骤二

对象，再绘制高海拔对象；先绘制规则形对象，再绘制自由形对象等。总之，要先易后难，使绘图者的思维不断精密后再绘制复杂对象，这样才能使图面更加丰富完整。

3. 加注文字与数据

当主要设计对象绘制完毕后，就加注文字和数据，这主要包括建筑构件名称、绿化植物名称、道路名称、整体和局部尺寸数据、标高数据、坐标数据、中轴对称线、入口符号等。小面积总平面图可以将文字通过引出线引出到图外加注，大面积总平面图要预留书写文字和数据的位置，对于相同构件可以只标注一次，但是两构件

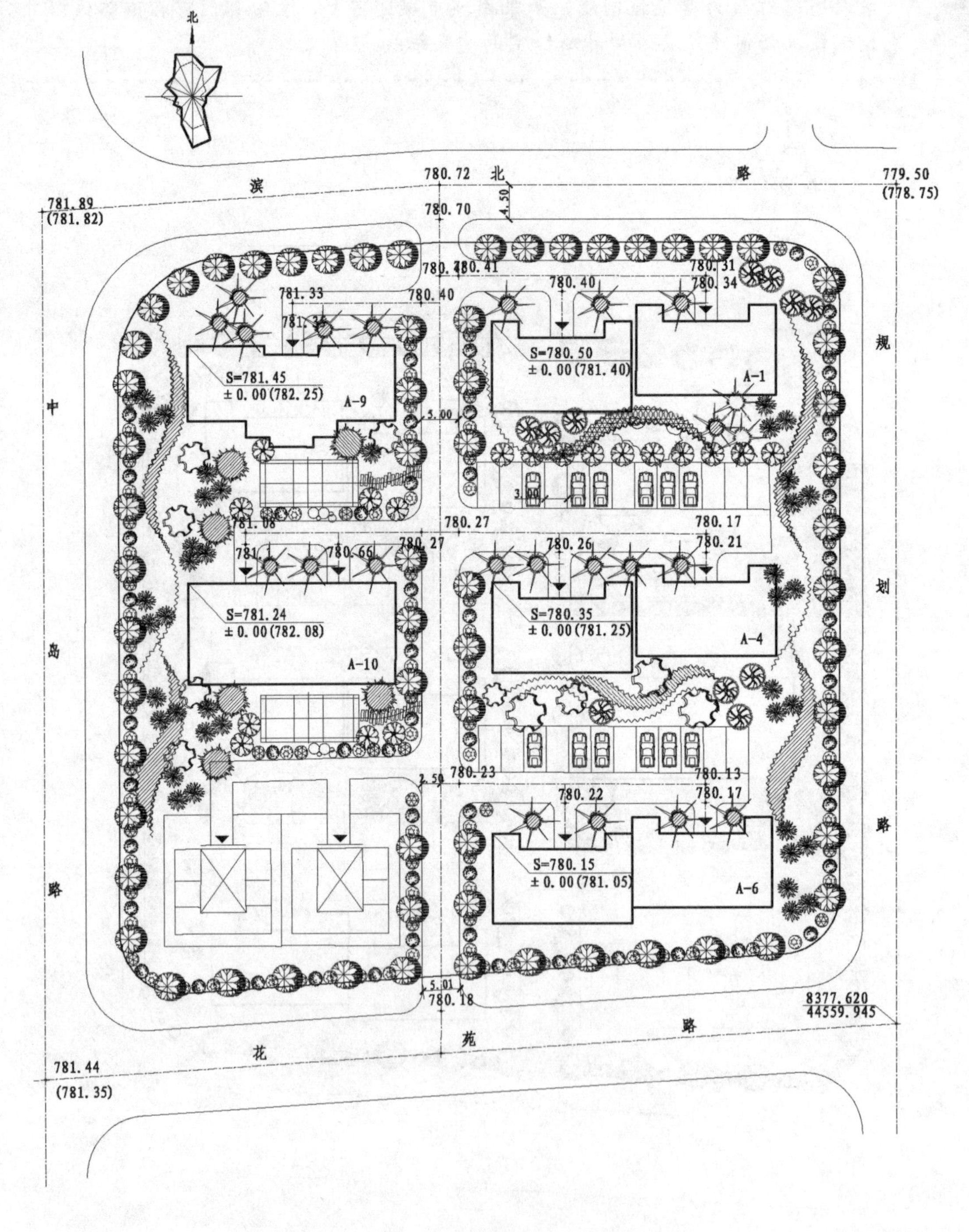

图2-7　总平面图绘制步骤三

相距太大时，也需要重复标明。此外，为了丰富图面效果，还可以加入一些配饰，如车辆、水波等（见图2-7）。

加注的文字与数据一定要详实可靠，不能凭空臆想，同时，这个步骤也是检查、核对图纸的关键，很多不妥的设计方式或细节错误都是在这个环节发现并加以更正的。当文字和数据量较大时，应该从上到下或自左向右逐个标注，避免有所遗漏，对于非常复杂的图面，还应该在图外编写设计说明，强化图纸的表述能力。只有图纸、文字、数据三者完美结合，才能真实、客观地反映出设计思想，体现制图品质。

第二节 平面图

平面图是建筑物、构筑物等在水平投影上所得到的图形，投影高度一般为普通建筑±0.00高度以上1.5m，在这个高度对建筑物或构筑物作水平剖切，然后分别向下和向上观看，所得到的图形就是底平面图和顶平面图。在常规设计中，绝大部分设计对象都布置在地面上，因此，也可以称底平面图为平面布置图，称顶平面图为顶棚平面图，其中底平面图的使用率最高，因此，通常我们所说的平面图普遍也被认为是底平面图（见图2-8）。

平面图运用图像、线条、数字、符号和图例等有关图示语言，遵循国家标准的规定，来表示

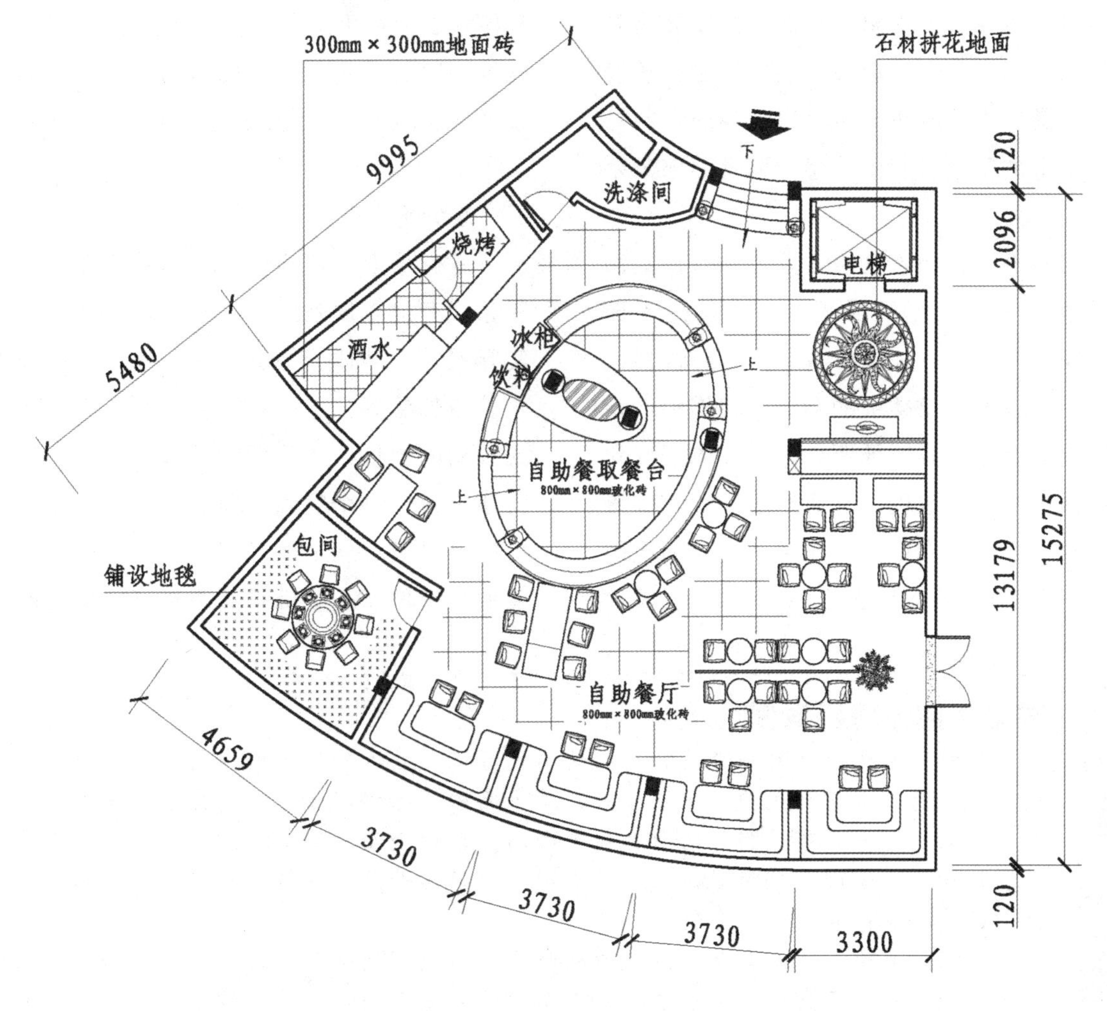

图2-8 自助餐厅平面布置图

表2-4 图线

名称		线型	线宽	用途
实线	粗		B	室内外建筑物、构筑物主要轮廓线、墙体线、剖切符号等
	中		0.5B	主要设计构造的轮廓线，门窗、家具轮廓线，一般轮廓线等
	细		0.25B	设计构造内部结构轮廓线，图案填充，文字、尺度标注线，引出线等
细虚线			0.25B	不可见的内部结构轮廓线
细单点长画线			0.25B	中心线、对称线等
折断线			0.25B	断开界线

设计施工的构造、饰面、施工做法及空间各部位的相互关系。为了全面表现设计方案和创意思维，在环境艺术设计制图中，平面图主要分为基础平面图、平面布置图、地面铺装平面图和顶棚平面图。这类图纸往往也会显示出自身的绘制特点，如造型上的复杂性和生动感，以及细部艺术处理的灵活表现等。

环境艺术设计作为独立的设计工作时，制图的根本依据仍然是土建工程图纸，尤其是平面图，其外围尺寸关系、外窗位置、阳台、入户大门、室内门扇以及贯穿楼层的烟道、楼梯和电梯等，均需依靠土建工程图纸所给出的具体部位和准确的平面尺寸，用以确定平面布置的设计位置和局部尺寸。因此，在设计制图实践中，图纸的绘制细节应密切结合实地勘查。

绘制平面图时，可以根据GB/T50001—2010《房屋建筑制图统一标准》和实际情况来定制图线的使用（见表2-4）。为了叙述方便，本节以同一设计项目的主要图纸为例，讲解环境艺术设计平面图的表现方式和绘制方法。

一、基础平面图

基础平面图又为称为原始平面图，是指设计对象现有的布局状态图，包括现有建筑与构造的实际尺寸，墙体分隔，门窗、烟道、楼梯、给排水管道位置等信息，并且要在图上标明能够拆除或改动的部位，为后期设计奠定基础。有的投资方还想得知各个空间的面积数据，以便后期计算材料的用量和施工的工程量，还须在上面标注相关的文字信息。基础平面图也可以是房产证上的

绘图提示

图纸绘制与装订顺序

环境艺术设计制图一般根据人们的阅读习惯和图纸的使用顺序来装订，从头到尾依次为图纸封面、设计说明、图纸目录、总平面图（根据具体情况增减）、平面图（包括基础平面图、平面布置图、地面铺装平面图、顶棚平面图等）、给排水图、电气图、暖通空调图、立面图、剖面图、构造节点图、大样图等，根据需要可能还会在后面增加轴测图、装配图和透视效果图等。

不同设计项目的侧重点不同，这也会影响图纸的数量和装订顺序。例如，追求图面效果的商业竞标方案可能会将透视效果图放在首端，而注重施工构造的家具设计方案可能全部以轴测图的形式出现，这样就没有其他类型的图纸了。总之，图纸绘制数量和装订方式要根据设计趋向来定，目的在于清晰、无误地表达设计者和投资方的意图。

结构图或地产商提供的原始设计图，这些资料都可以作为后期设计的基础。

绘制基础平面图之前要对设计现场作细致的测量，将测量信息记录在草图上。具体绘制就比较简单了，一般可以分为两个步骤。

1. 绘制墙体

根据土建施工图所标注的数据绘制出墙体中轴线，中轴线采用细点画线，如果设计对象面积较小，且位于建筑中某一局部相对独立，可以不用标注轴标。再根据中轴线定位绘制出墙体宽度，绘制墙体时注意保留门、窗等特殊构造的洞口。最后根据墙线标注尺寸。注意不同材料的墙体相接时，需要绘制边界线来区分，即需要断开区分。墙体线相交的部位不宜出头，对柱体和剪力墙应作相关填充。墙体绘制完成后要注意检查，及时更正出现的错误，尤其要认真复核尺寸，以免导致大批量返工（见图2-9）。

2. 标注基础信息

墙体确认无误后就可以添加门、窗等原始固定构造了，边绘制边标注门窗尺寸。绘制在设计中需要拆除或添加的墙体隔断，记录顶棚横梁，并标明尺寸和记号。此外，还须记录水电管线及特殊构造的位置，方便后期继续绘制给排水图和电路图。最后标注室内外细节尺寸，越详细越好，方便后期绘制各种施工图。当然，很多投资方还会有其他要求，这些都应该在基础平面图中

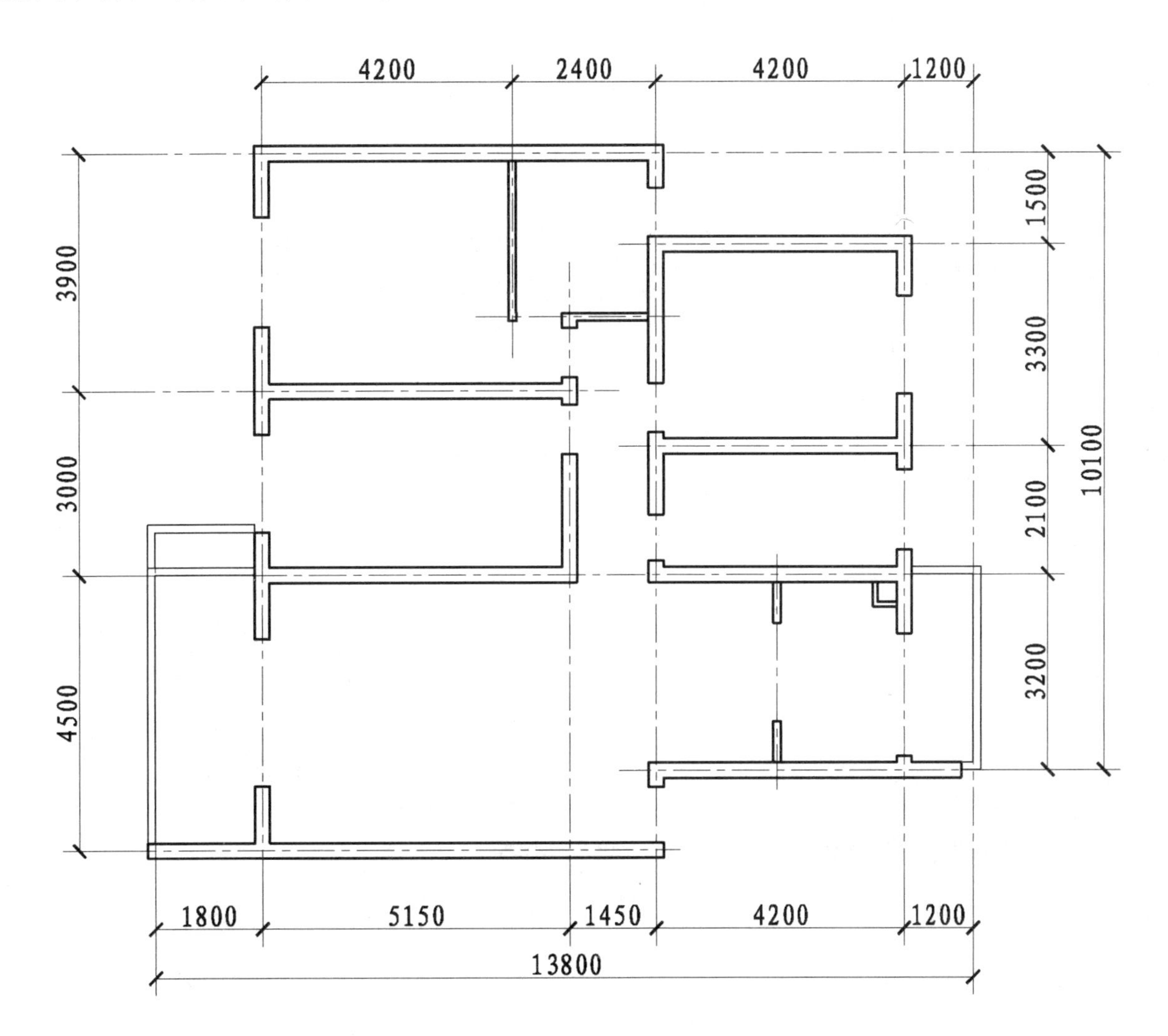

图2-9 基础平面图绘制步骤一

反映出来。

当设计者无法获得原始建筑平面图时，只能到设计现场去考察测量了，测量的尺寸一般是室内或室外的成型尺寸，而无法测量到轴线尺寸。为此，在绘制基础平面图时，也可以不绘制轴线，直接从墙线开始，并且只标注墙体和构造的净宽数据，具体尺寸精确到厘米（cm），另外测量时还可以多拍取梁、柱的空间位置以及水管和特殊构造的空间位置，便于后期电脑绘图。绘制基础平面图的目的是为后期设计提供原始记录，所绘制的图线应当准确无误，标注的文字和数据应当详实可靠（见图2-10）。

二、平面布置图

平面布置图需要表示设计对象的平面形式、大小尺寸、房间布置、建筑入口、门厅及楼梯布置的情况，表明墙、柱的位置、厚度和所用材料以及门窗的类型、位置等情况。对于多层设计项目，主要图纸有首层平面图、二层或标准层平面图、顶层平面图、屋顶平面图等。其中屋顶平面图是在房屋的上方，向下作屋顶外形的水平正投影而得到的平面图。平面图布置图在反映建筑基本结构的同时，主要说明在平面上的空间划分与布局，环境艺术设计在平面上与土建结构有对应的关系，如设施、设备的设置情况和相应的尺寸关系。因此，平面布置图基本上是设计对象的立

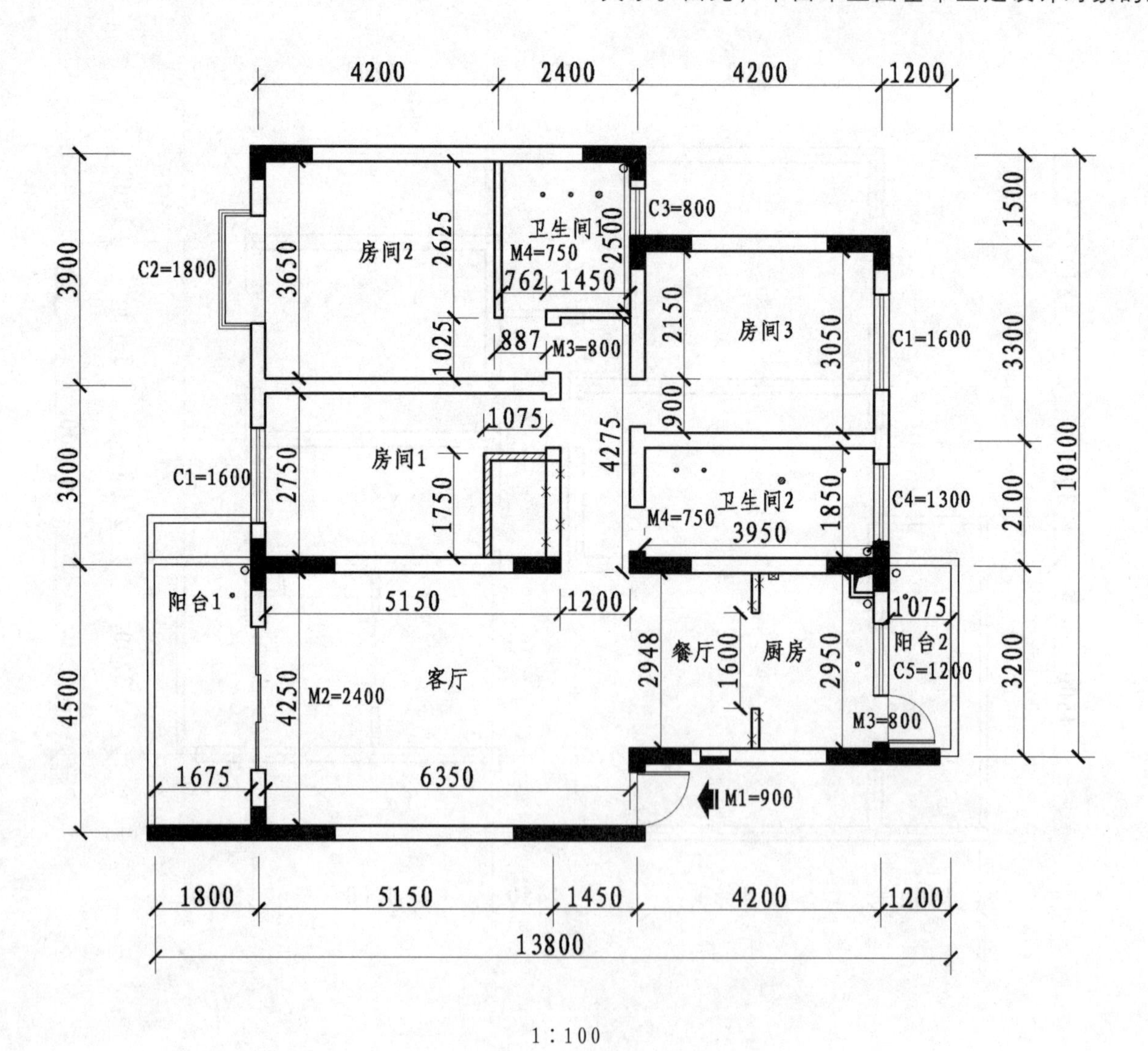

图2-10　基础平面图绘制步骤二

图库与图集

在环境艺术设计制图中，一般需要加入大量的家具、配饰、铺装图案等元素，以求得完美的图面效果。而临时绘制这类图样会消耗大量的时间和精力。为了提高图纸品质和绘图者的工作效率，可以在日常学习、工作中不断搜集相关图样，将时尚、精致的图样归纳起来，并加以修改，整理成为个人或企业的专用图库，方便随时调用，无论对于手绘制图还是计算机制图，这项工作都相当有意义。如果要绘制更高品质的商业图，追求唯美的图面效果，获得投资方青睐，可以通过专业书店或网络购买成品图库与图集，使用起来会更加得心应手（见图2-11）。

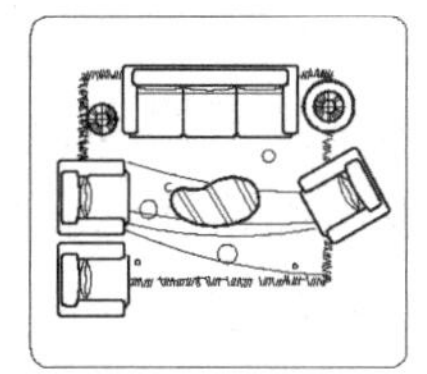
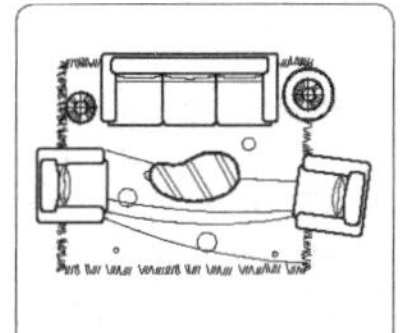
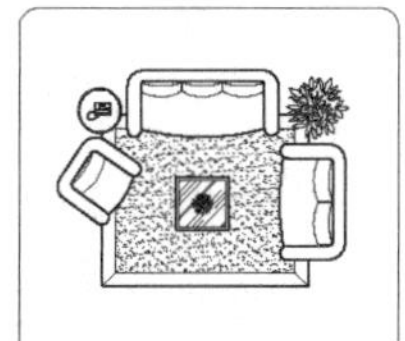
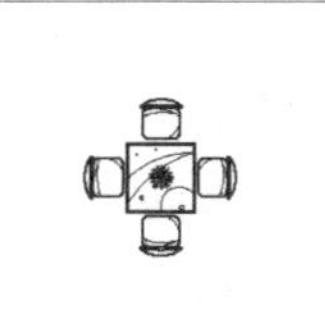
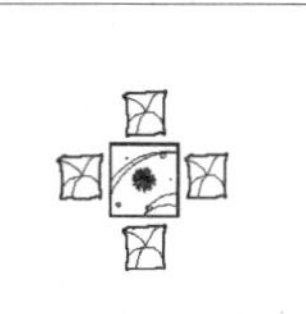
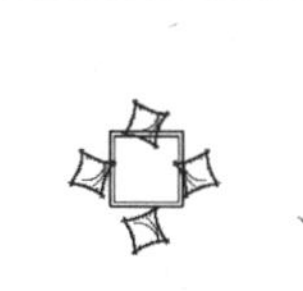
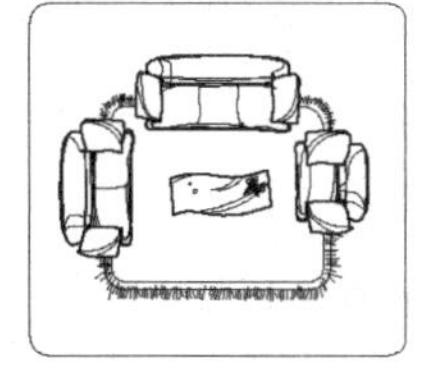
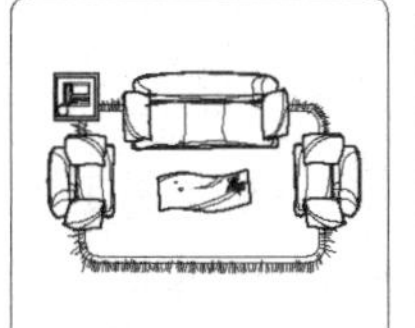
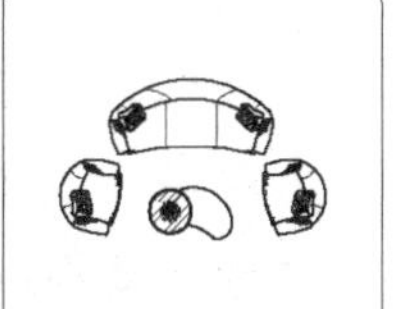
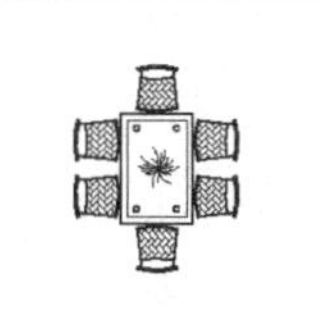
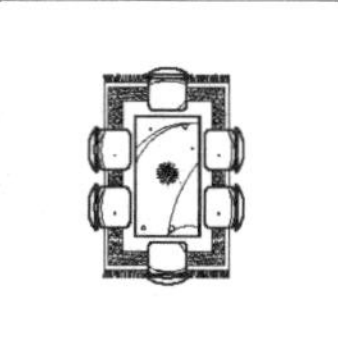
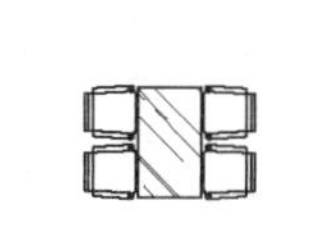
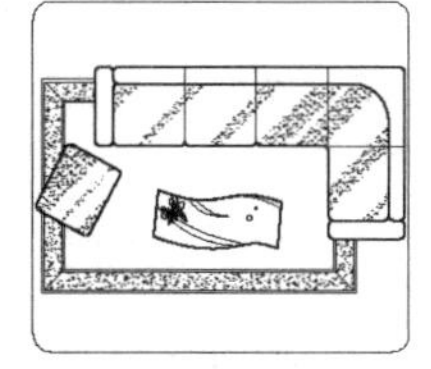
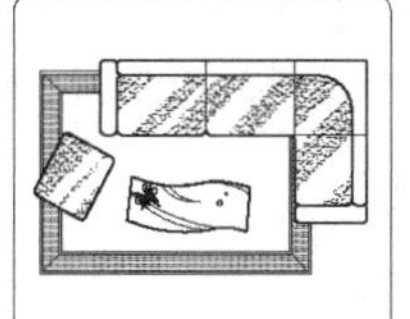
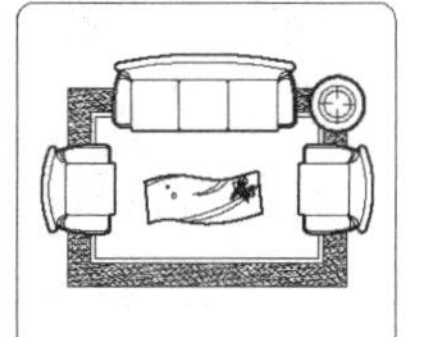
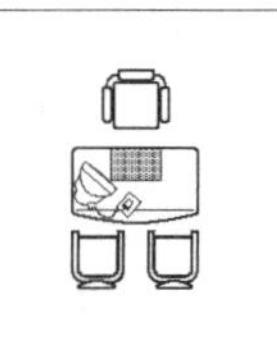
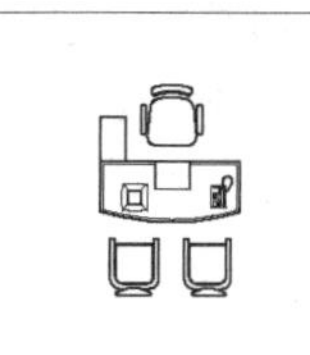

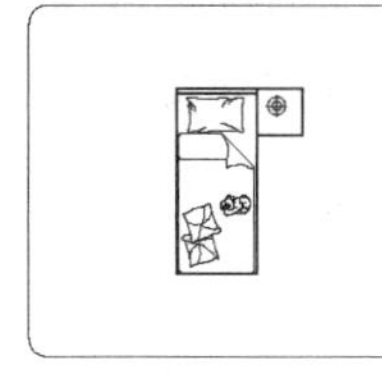
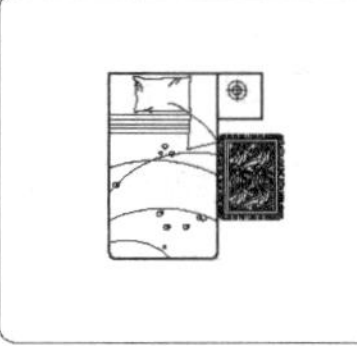
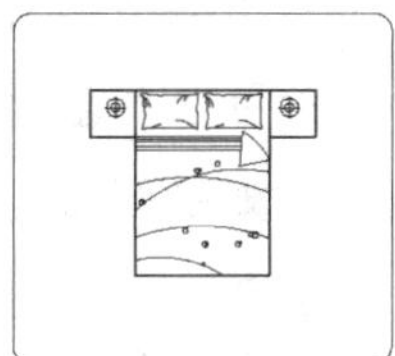
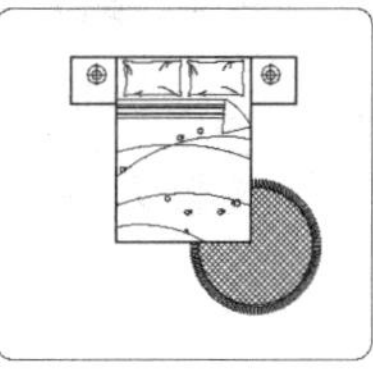

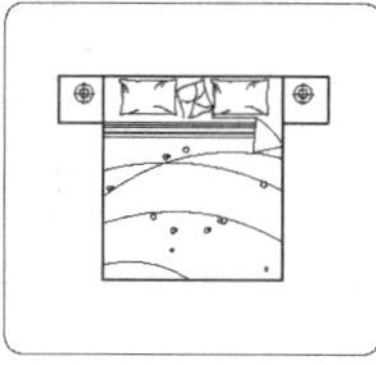

图2-11 商业平面图图库

面设计、地面装饰和空间分隔等施工的统领性依据，它代表了设计者与投资者已取得确认的基本设计方案，也是其他分项图纸的重要依据。

1. 识读要点

要绘制完整、精美的平面布置图，就需要大量阅读图纸，通过识读平面布置图来学习绘图方法。主要识读要点如下。

（1）阅读标题栏 认定其属于何种平面图，了解该图所确定的平面空间范围、主体结构位置、尺寸关系、平面空间的分隔情况等。了解建筑结构的承重情况，对于标有轴线的，应明确结构轴线的位置及其与设计对象的尺寸关系。

（2）熟悉各种图例 阅读图纸的文字说明，明确该平面图所涉及的其他工程项目类别。

（3）分析空间设计 通过对各分隔空间的种类、名称及其使用功能的了解，明确为满足设计功能而配置的设施种类、构造数量和配件规格等，从而与其他图纸相对照，作出必要研究并制定加工及购货计划。

（4）了解相关陈设知识 通过对各个平面空

间物品陈设的分析，了解如此陈设的理由，并思考除此种陈设方式之外的其他陈设方案，做到一图多变。

（5）尺寸与标注　通过该平面布置图上的文字标注，确认楼地面及其他可知部位饰面材料的种类、品牌和色彩要求，了解饰面材料间的区域关系、尺寸关系及衔接关系等。

对于平面图上纵横交错的尺寸数据，要注意区分建筑尺寸和设计尺寸。在设计尺寸中，要查清其中的定位尺寸、外形尺寸和构造尺寸，由此可确定各种应用材料的规格尺寸、材料之间以及与主体结构之间的连接方法。其中，定位尺寸是确定装饰面或装修造型在既定空间平面上的位置依据，定位尺寸的基准通常即是建筑结构面。外形尺寸即是装饰面或设计造型在既定空间平面上的外边缘或外轮廓形状尺寸。其位置尺寸取决于设计划分、造型的平面形态及其同建筑结构之间的位置关系。构造尺寸是指装饰面或设计造型的组成构件及其相互间的尺寸关系。

（6）符号　通过图纸上的投影符号，明确投影面编号和投影方向，进而顺利查出各投影部位的立面图（投影视图），了解该立面的设计内容。通过图纸上的剖切符号，明确剖切位置及其剖切后的投影方向，进而查阅相应的剖面图、构造节点图或大样图，了解该部位的施工方式。

2. 基本绘制内容

（1）形状与尺寸　平面布置图须表明设计空间的平面形状和尺寸，建筑物在图中的平面尺寸分为三个层次，即工程所涉及的主体结构或建筑空间的外包尺寸、各房间或各种分隔空间的设计平面尺寸、局部细节及工程增设装置的相应设计平面尺寸。对于较大规模的平面布置图，为了与主体结构明确对照以利于审图和识读，尚需标出建筑物的轴线编号及其尺寸关系，甚至标出建筑柱位编号。平面布置图还应该标明设计项目在建筑空间内的平面位置，及其与建筑结构的相互尺寸关系，表明设计项目的具体平面轮廓和尺寸。

（2）细节图示　平面布置图须表明楼地面装饰材料、拼花图案、装修做法和工艺要求；表明各种设施、设备、固定家具的安装位置；表明它们与建筑结构的相互关系尺寸，并说明其数量、材质和制造（或商用成品）。

为了进一步展示平面设计的合理性和适用性，大多设计者会在平面图上画出活动式家具、装饰陈设及绿化点缀等，这些就需要丰富的图库来支持。

（3）设计功能　平面布置图应该表明与该平面图密切相关各立面图的视图投影关系，尤其是视图的位置与编号。表明各剖面图的剖切位置、详图及通用配件等的位置和编号；表明各种房间或装饰分隔空间的平面形式、位置和使用功能；表明走道、楼梯、防火通道、安全门、防火门或其他流动空间的位置和尺寸；表明门、窗的位置尺寸和开启方向。表明台阶、水池、组景、踏步、雨篷、阳台及绿化等设施和装饰小品的平面轮廓与位置尺寸。

3. 绘制步骤

平面布置图的绘制基于基础平面图，手工制图可以将基础平面图的框架结构重新描绘一遍，计算机制图可以将基础平面图复制保存即可继续绘制。

（1）修整基础平面图　根据设计要求去除基础平面图上细节尺寸和标注，对于较简单的设计方案，也可以无须绘制基础平面图，直接从平面布置图开始绘制，具体方法与绘制基础平面图相同。此外，要将墙体构造和门、窗的开启方向根据设计要求重新调整，尽量简化图面内容，为后期绘制奠定基础，并且对图面作二次核对（见图2-12）。

（2）绘制构造与家具　在墙体轮廓上绘制需要设计的各种装饰形态，如各种凸出或内凹的装饰墙体、隔断。其后再绘制家具，家具绘制比较复杂，可以调用、参考各种图库或资料集中所提供的家具模块，尤其是各种时尚家具、电器、设

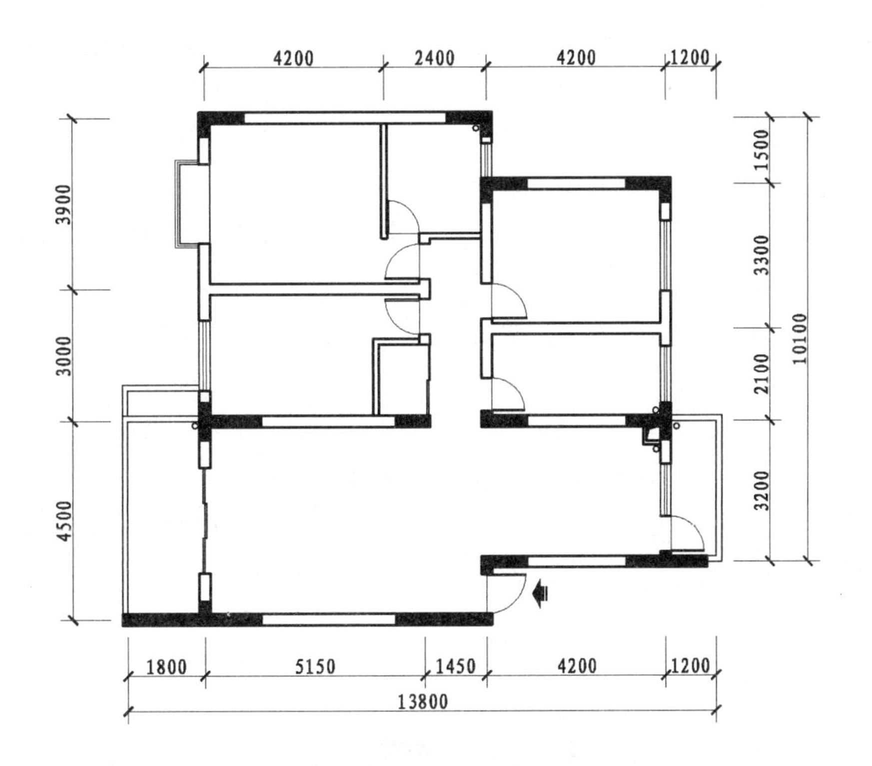

图2-12 平面布置图绘制步骤一

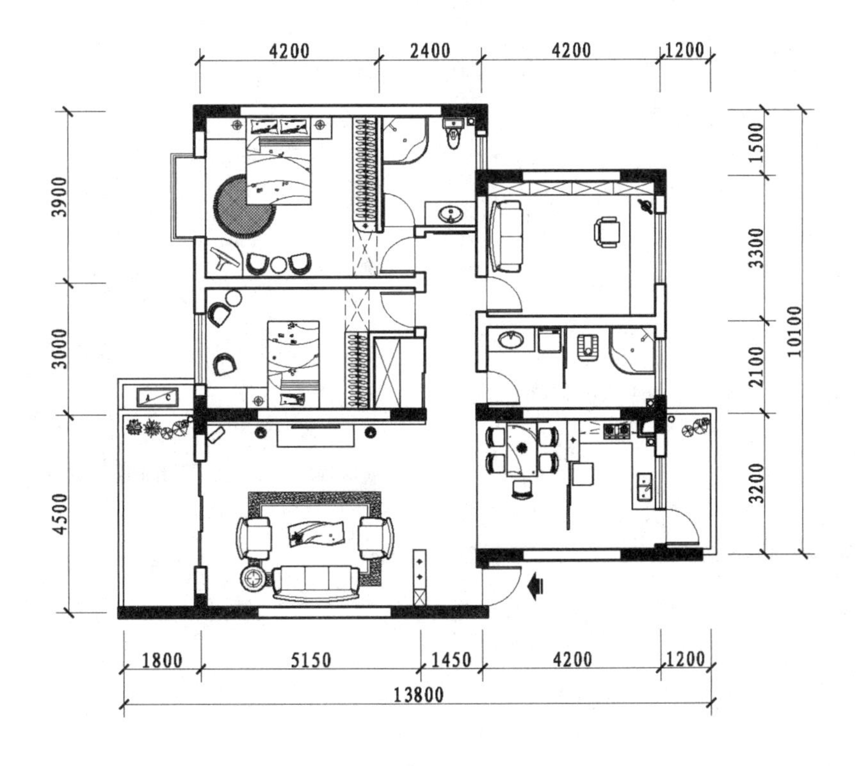

图2-13 平面布置图绘制步骤二

备等最好能直接调用（见图2-13）。如果图中有投资方即将购买的成品家具，可以只绘制外轮廓，并标上文字说明。现代商业制图要求能让更多人群读懂，同时受到设计市场的竞争，平面布置图的图面效果越来越复杂，越来越唯美，这些都是通过构造与家具图库来表现的。

（3）标注与填充　当主要设计内容都以图样的形式绘制完毕后，就需要在其间标注文字说明，如空间名称、构造名称、材料名称等（见图2-14）。空间名称可以标注在图中，其他文字如无法标注，可以通过引线标注在图外，但是要注意排列整齐。注意标注的文字不宜与图中的主要结构发生矛盾，避免混淆不清。平面布置图的填充主要针对图面面积较大的设计空间，一般是指地面铺装材料的填充，设计内容较简单的平面布置图可以在家具和构造的布局间隙全部填充，设计内容较复杂的可以局部填充，对于布局设计特别复杂的图纸，则不能填充，避免干扰主要图样，这就需要另外绘制地面铺装平面图。

三、地面铺装平面图

地面铺装平面图主要用于表现平面图中地面构造设计和材料铺设的细节，它一般作为平面布置图的补充，当设计对象的布局形式和地面铺装非常复杂时，就需要单独绘制该图。

地面铺装平面图的绘制以平面布置图为基

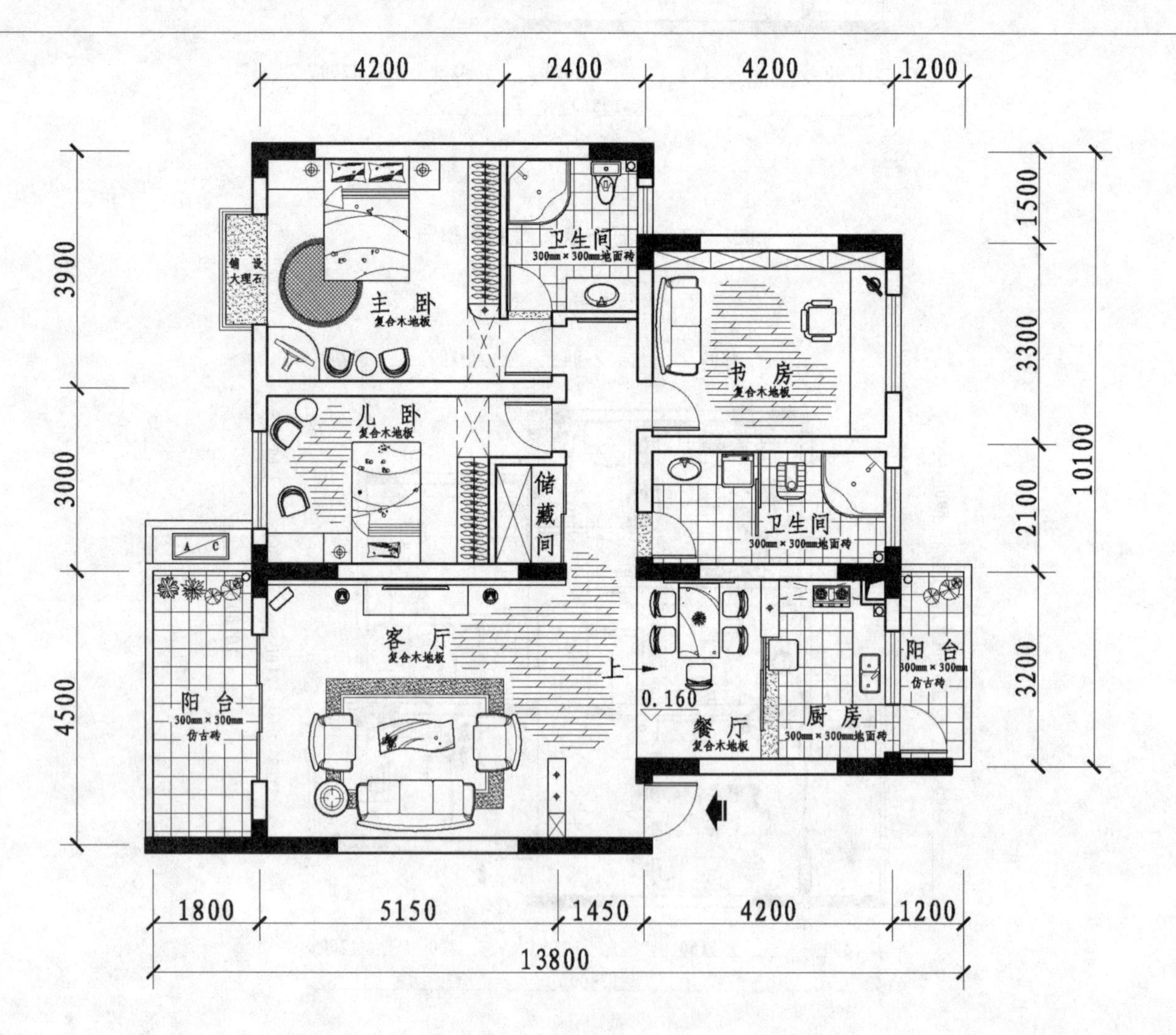

图2-14　平面布置图绘制步骤三

础，首先去除所有可以移动的设计构造与家具，如门扇、桌椅、沙发、茶几、电器、设备、饰品等。但是须保留固定件，如隔墙、入墙柜体等，因为这些设计构造表面不需要铺设地面材料。然后给每个空间标明文字说明，环绕着文字来绘制地面铺装图样（见图2-15）。对于不同种类的石材需要作具体文字说明，至于特别复杂的石材拼花图样需要绘制引出符号，在其后的图纸中增加绘制大样图。

地面铺装平面图的绘制相对简单，但是一般不可缺少，尤其是酒店、餐厅等公共空间设计需要深入表现。

四、顶棚平面图

顶棚平面图又称为天花平面图，按规范的定义应是以镜像投影法绘制的顶棚平面图，用来表现设计者对设计空间顶棚的平面布置状况和构造形态。顶棚平面图一般在平面布置图之后绘制，也属于常规图纸之一，它与平面布置图的功能一样，除了反映顶棚设计形式外，主要为绘制后期图纸奠定基础。

1. 识读要点

（1）尺寸构造　了解既定空间内顶棚的设置类型和尺寸关系，明确平顶处理及悬吊顶棚的分布区域和位置尺寸，了解顶棚设计项目与建筑主体结构的衔接关系。

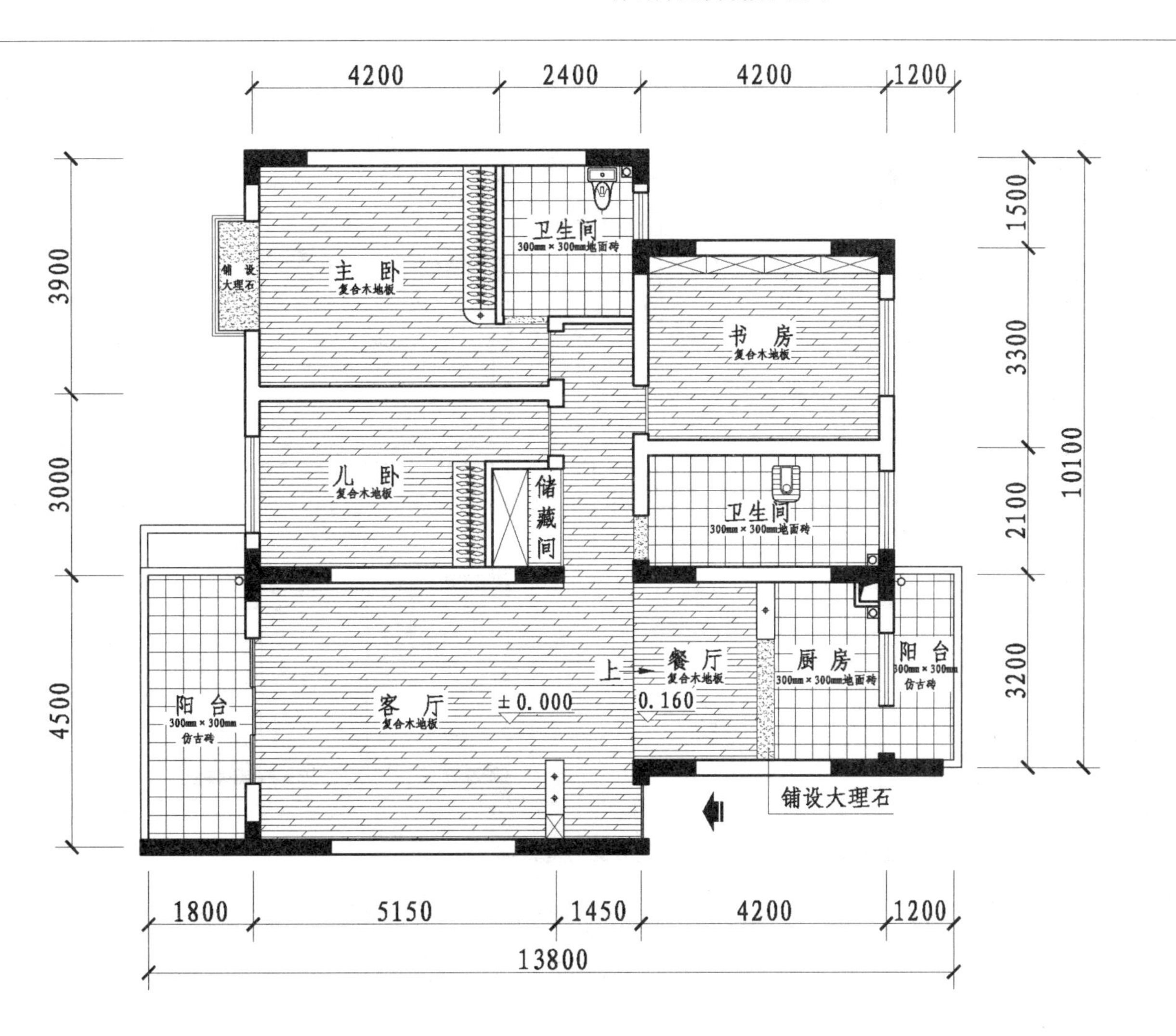

图2-15　地面铺装平面图

（2）材料与工艺　熟悉顶棚设计的构造特点、各部位吊顶的龙骨种类、罩面板材质、安装施工方法等。通过查阅相应的剖面图及节点详图，明确主、次龙骨的布置方向和悬吊构造，明确吊顶板的安装方式。如果有需要，还要标明所用龙骨主配件、罩面装饰板、填充材料、增强材料、饰面材料以及连接紧固材料的品种、规格、安装面积、设置数量，以确定加工及购货计划。

（3）设备　了解吊顶内的设备、管道和布线情况，明确吊顶标高、造型形式和收边封口处理。通过顶棚其他系统的配套图纸，确定吊顶空间构造层及吊顶面所设音响、空调送风、灯具、烟感器和喷淋头等设备的位置，明确隐蔽或明露要求以及各自的安装方法，明确工种分工、工序安排和施工步骤。

2. 基本绘制内容

顶棚平面图需要表明顶棚平面形态及其设计构造的布置形式和各部位的尺寸关系；表明顶棚施工所选用的材料种类与规格；表明灯具的种类、布置形式与安装位置；表明空调送风、消防自动报警、喷淋灭火系统以及与吊顶有关的音响等设施的布置形式和安装位置。对于需要另设剖面图或构造详图的顶棚平面图，应当表明剖切位置、剖切符号和剖切面编号。

3. 绘制步骤

顶面布置图是指将建筑空间距离地面1.5m的

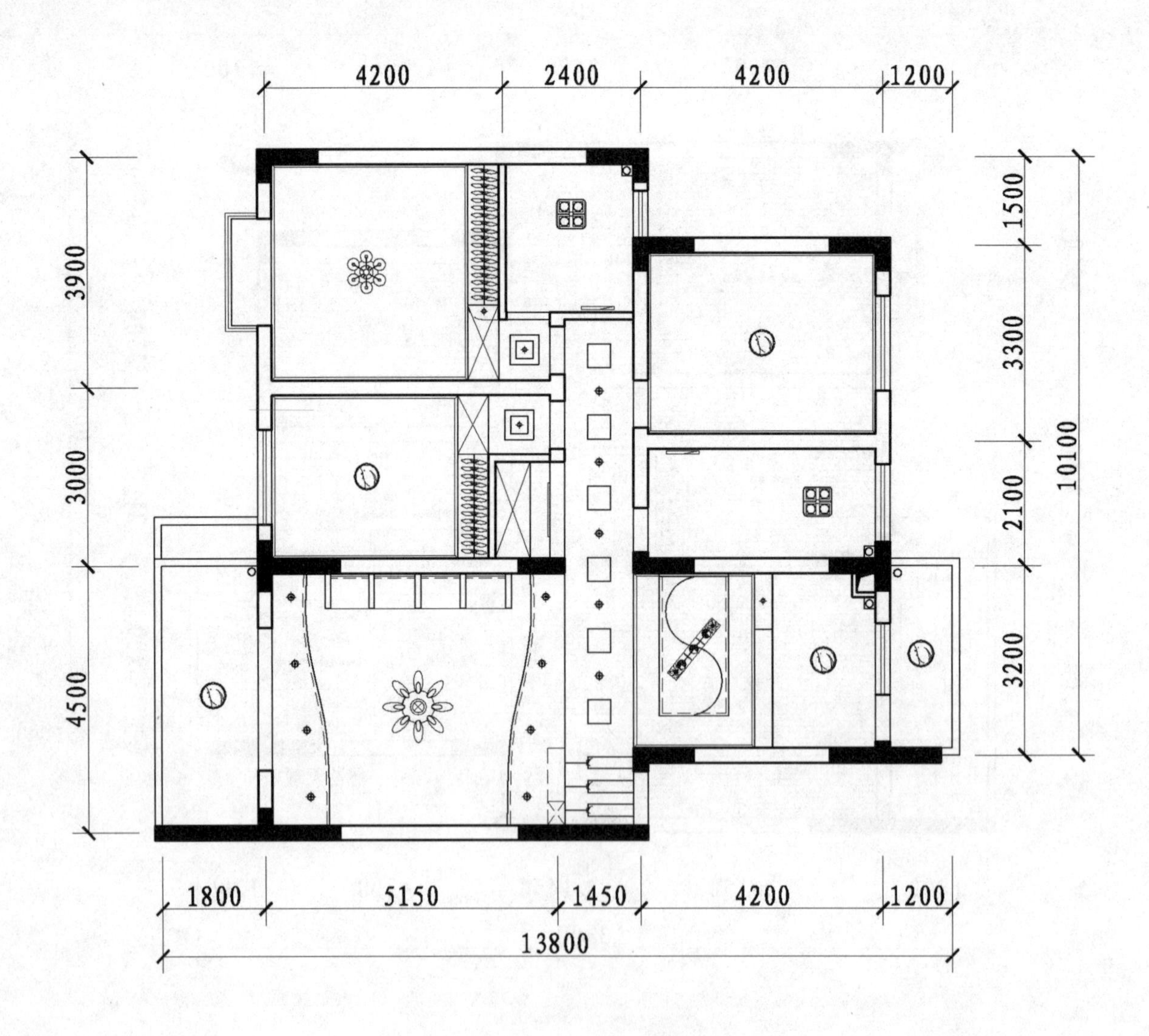

图2-16　顶棚平面图绘制步骤一

高度水平剖切后向上看到的顶棚布置状态。可以将平面布置图的基本结构描绘或复制一份，去除中间的家具、构造和地面铺装图形，保留墙体、门窗位置（去除门扇），即可以在上面继续绘制顶面布置图。

（1）绘制构造与设备　首先，根据设计要求绘制出吊顶造型的形态轮廓，区分不同高度上的吊顶层面。然后，绘制灯具和各种设备，注意具体位置应该以平面布置图中的功能分区相对应，灯具与设备的样式也可以从图库中调用，尽量具体细致（见图2-16）。

（2）标注与填充　当主要设计内容都以图样的形式绘制完毕后，也需要在其间标注文字说明，这主要包括标高和材料名称。注意标高三角符号的直角端点应放置在被标注的层面上，相距较远或被墙体分隔的相同层面需要重复标注。对于特殊电器、设备，可以采用引线引到图外标注，但是要注意排列整齐。其他要点同平面布置图（见图2-17）。

除了上述4种平面图外，在实际工作中，可能还需要细化并增加其他类型的平面图，如结构改造平面图、绿化配置平面图等，它们的绘制要点和表现方式都要以明确表达设计思想为目的，每一张图纸都要真正体现出自身作用。

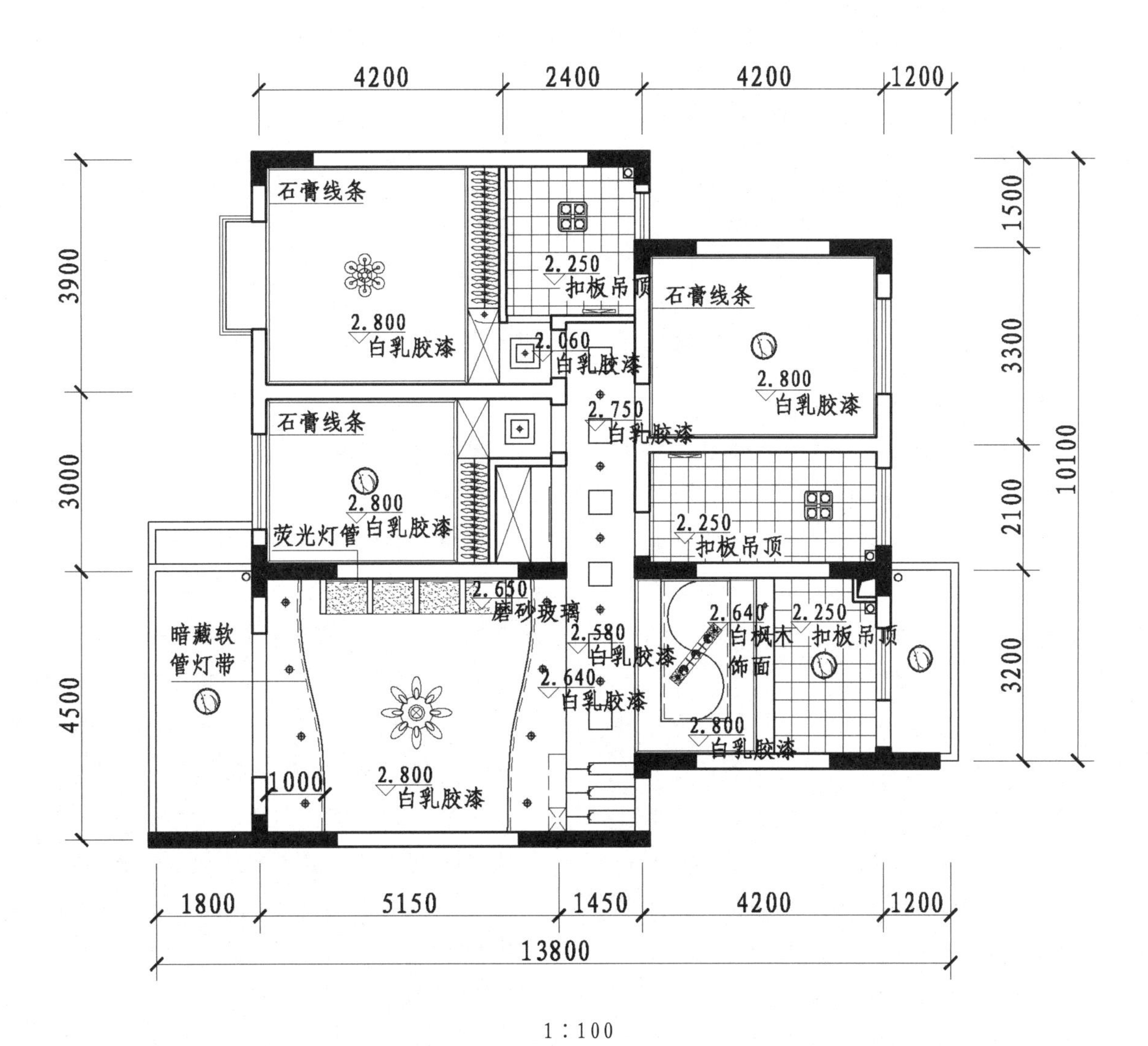

图2-17　顶棚平面图绘制步骤二

设计说明的编写方法

设计说明是图纸绘制的重要组成部分，它能表述图面上不便反映的内容，一份完整的设计说明主要包括以下几个方面。

1. 介绍设计方案：简要说明设计项目的基本情况，如所在地址、建筑面积、周边环境、投资金额、投资方要求、联系方式等。表述这些信息时，措辞不宜过于机械、僵硬。环境艺术设计已经深入到社会生活中了，需要让更多的人能读懂这类专业图纸。

2. 提出设计创意：设计创意是指布局形式、风格流派和设计者的思维模式。提出布局形式能很好地表述空间功能，需要逐个表述空间的形态、功能、装饰手法。风格流派需要阐述历史与潮流，提出风格的适用性。至于设计者的思维模式可以先提出投资方的要求，再逐个应答，并加入设计者自己的想法。此外，还需说明最终实施的效果和优势，这一点在大型设计项目的竞标中非常重要。

3. 材料配置：提出在该设计项目中运用到的特色材料，说明材料特性、规格、使用方法，尤其是要强调新型材料的使用优势，最好附带详细的材料购置清单，方便日后随时查阅。

4. 施工组织：阐述各主要构造的施工方法，重点表述近年来较流行的新工艺，提出质量保障措施和施工监理，最好附带施工项目表。此外，还须介绍一下施工员的基本情况，尤其是主要施工负责人的专业背景和资历等。

5. 设计者介绍：除了说明企业、设计师和绘图员等基本信息外，还需简要地表明工作态度和决心，获取投资方更大信任。

对于大多数投资方和施工员来说，他们对设计说明的质量要求甚至要超过对图纸的质量要求，因为文字阅读相对容易，传播面会更广。

第三节　给排水图

给排水图是环境艺术设计制图中特殊专业制图之一，它主要表现设计空间中的给排水管布置、管道型号、配套设施布局、安装方法等内容，使整体设计功能更加齐备，保证后期给排水施工能顺利进行。给排水图通常分为给排水平面图和管道轴测图两种形式，它们在环境艺术设计制图中是不可或缺的组成部分。

在实际工作中，由于绘制给排水图比较枯燥，对于多数小型项目而言，很多水路施工员能凭借自身经验，在施工现场边设计边安装，因此很多设计者不够重视，一旦需要严格的图纸交付使用，就很难应对。给排水图不仅要保持精密的思维，还要熟读国家标准，本节以GB／T50106—2010《给水排水制图标准》和GB／T 50001—2010《房屋建筑制图统一标准》为参考依据，列举两项典型案例详细讲述绘制方法。

一、国家标准规范

1. 图线

给排水制图的主要绘制对象是管线，因此图线的宽度B应根据图纸的类别、比例和复杂程度，按GB／T 50001—2010《房屋建筑制图统一标准》中所规定的线宽系列2.0mm、1.4mm、1.0mm、0.7mm、0.5mm、0.35mm中选用，宜为0.7mm或1.0mm。由于管线复杂，在实线和虚线的粗、中、细三档线型的线宽中再增加了一档中粗线，因而线宽组的线宽比也扩展为粗：中粗：中：细＝1：0.7：0.5：0.25。给排水专业制图常用的各种线型宜符合表2-5的规定。

2. 比例

给水排水专业制图中平面图常用的比例宜与相应建筑平面图一致。在给排水轴测图中，如果

表2-5 图线

名称	线型	线宽	用途
粗实线		B	新设计的各种排水和其他重力流管线
粗虚线		B	新设计的各种排水和其他重力流管线的不可见轮廓线
中粗实线		0.7B	新设计的各种给水和其他压力流管线；原有的各种排水和其他重力流管线
中粗虚线		0.7B	新设计的各种给水和其他压力流管线及原有的各种排水和其他重力流管线的不可见轮廓线
中实线		0.5B	给水排水设备、零（附）件的可见轮廓线；总图中新建的建筑物和构筑物的可见轮廓线；原有的各种给水和其他压力流管线
中虚线		0.5B	给水排水设备、零（附）件的不可见轮廓线；总图中新建的建筑物和构筑物的不可见轮廓线；原有的各种给水和其他压力流管线的不可见轮廓线
细实线		0.25B	建筑的可见轮廓线；总图中原有的建筑物和构筑物的可见轮廓线；制图中的各种标注线
细虚线		0.25B	建筑的不可见轮廓线；总图中原有的建筑物和构筑物的不可见轮廓线
单点长画线		0.25B	中心线、定位轴线
折断线		0.25B	断开界线
波浪线		0.25B	平面图中水面线；局部构造层次范围线；保温范围示意线

表达有困难，该处可不按比例绘制。

3. 标高

标高符号及一般标注方法应符合GB/T 50001—2010《房屋建筑制图统一标准》中的规定。室内工程应标注相对标高，室外工程宜标注绝对标高，当无绝对标高资料时，可标注相对标高，但应与GB/T 50103—2010《总图制图标准》一致（见图2-18、图2-19）。压力管道应标

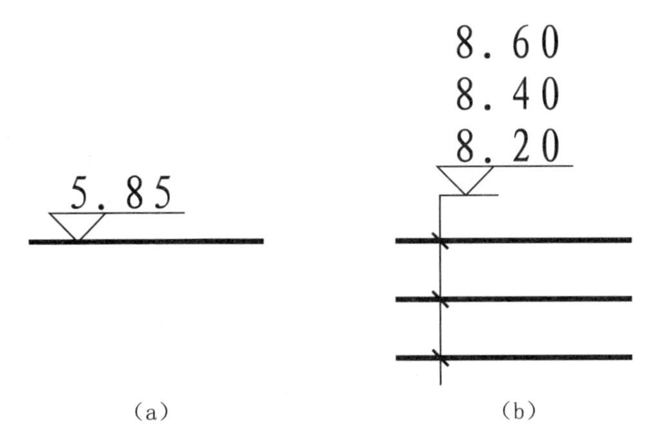

图2-18 平面图中标高方法

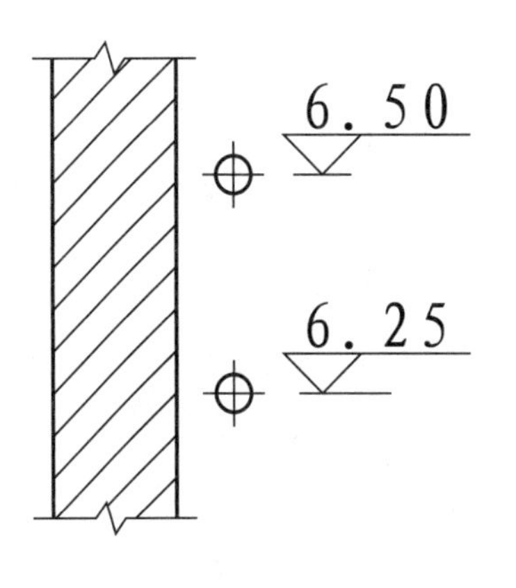

图2-19 剖面图中标高方法

注管中心标高；沟渠和重力流管道宜标注沟（管）内底标高。在实际工程中，管道也可以注相对本层地面的标高，标注方法为H+×，如H+0.025。在下列部位应标注标高：

（1）沟渠和重力流管道的起讫点、转角点、连接点、变坡点、变坡尺寸（管径）点、交叉点等；

（2）压力流管道中的标高控制点；

（3）管道穿外墙、剪力墙和构筑物的壁及底板等处；

（4）不同水位线处；

（5）构筑物和土建部分的相关标高。

4. 管径

管径应该以mm为单位。水煤气输送钢管（镀锌或非镀锌）、铸铁管等管材，管径宜以公称直径DN表示，如DN20、DN50等。无缝钢管、焊接钢管（直缝或螺旋缝）、铜管、不锈钢管等管材，管径宜以外径D×壁厚表示，如D108×4、D159×4.5等（见图2-20）。钢筋混凝土或（混凝土）管、陶土管、耐酸陶瓷管、缸瓦管等管材，管径宜以内径D表示，如D230、D380等。塑料管材，管径宜按产品标准的表示方法表示。当设计均用公称直径DN表示管径时，应有公称直径DN与相应产品规格对照表。

5. 编号

当建筑物的给水引入管或排水排出管的数量超过1根时，宜进行编号［见图2-21（a）］。建筑物内穿越楼层的立管，其数量超过一根时宜进行编号［见图2-21（b）］。

在总平面图中，当给排水附属构筑物的数量超过1个时，宜进行编号。编号方法为：构筑物代号—编号。给水构筑物的编号顺序宜为：从水源到干管，再从干管到到支管，最后到用户。排水构筑物的编号顺序宜为：从上游到下游，先干管

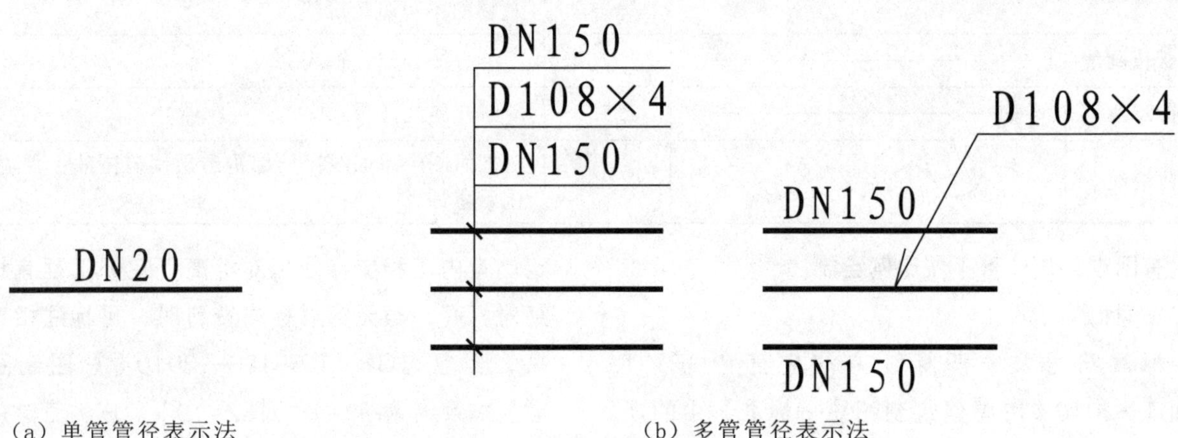

(a) 单管管径表示法　(b) 多管管径表示法

图2-20 管径的标注方法

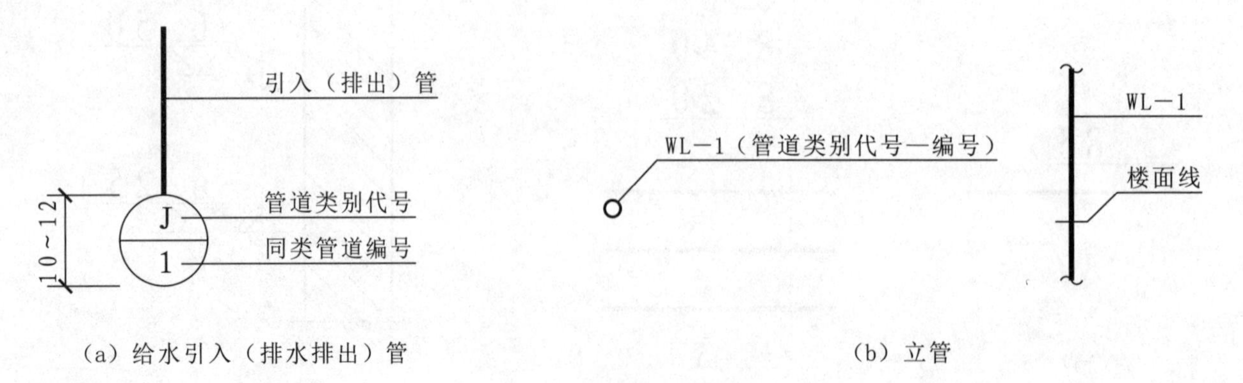

(a) 给水引入（排水排出）管　(b) 立管

图2-21 管道编号表示法

后支管。当给排水机电设备的数量超过一台时，宜进行编号，并且应当有设备编号与设备名称对照表。

6. 图例

由于管道是给排水工程图的主要表达对象，这些管道的截面形状变化小，一般细而长，分布范围广，纵横交叉，管道附件众多，因此有它特殊的图示特点。管道类别应以汉语拼音字母表示，并符合表2-6中的要求。

表2-6　给排水图常用图例

序号	名称	图例	备注	序号	名称	图例	备注
1	生活给水管	J		15	通气帽	成品　铅丝球	
2	热力给水管	RJ		16	排水漏斗	平面　系统	
3	循环给水管	XJ		17	圆形地漏	平面　系统	通用，如为无水封，地漏应加存水弯
4	废水管	F	可与中水源水管合用	18	方形地漏		
5	通气管	T		19	自动冲水箱		
6	污水管	W		20	法兰连接		
7	雨水管	Y		21	承插连接		
8	保温管			22	活接头		
9	多孔管			23	管堵		
10	防护管套			24	法兰堵盖		
11	管道立管	XL-1　XL-1 平面　系统	X：管道类别 L：立管 1：编号	25	弯折管		表示管道向下及向后弯转90°
12	立管检查口			26	三通连接		
13	清扫口	平面　系统		27	四通连接		
14	通气帽	成品　铅丝球					

续表

序号	名 称	图 例	备 注	序号	名 称	图 例	备 注
28	盲 管			43	截止阀	DN≥50 DN<50	
29	管道丁字上接			44	电动阀		
30	管道丁字下接			45	电磁阀	M	
31	管道交叉		在下方和后面的管道应断开	46	浮球阀	平面 系统	
32	短 管			47	延时自闭冲洗阀		
33	存水弯			48	放水龙头	平面 系统	
34	弯 头			49	脚踏开关		
35	正三通			50	消防栓给水管	XH	
36	斜三通			51	自动喷水灭火给水管	ZP	
37	正四通			52	室 外消火栓		
38	斜四通			53	室 内消火栓（单口）	平面 系统	白色为开启面
39	闸 阀			54	室 内消火栓（双口）	平面 系统	
40	角 阀			55	自 动喷洒头（开式）	平面 系统	
41	三通阀						
42	四通阀						

续表

序号	名　称	图　例	备　注	序号	名　称	图　例	备　注
56	自动喷洒头（闭式）	平面　系统	下喷	66	污水池		
		平面　系统	上喷	67	妇女卫生盆		
		平面　系统	上下喷	68	立式小便器		
57	雨淋灭火给水管	YL		69	壁挂式小便器		
58	水幕灭火给水管	SM		70	蹲式大便器		
59	立式洗脸盆			71	坐式大便器		
60	台式洗脸盆			72	小便槽		
61	挂式洗脸盆			73	淋浴喷头		
62	浴盆			74	水泵	平面　系统	
63	化验盆、洗涤盆			75	开水器		
64	带沥水板洗涤盆		不锈钢制品	76	水表		
65	盥洗槽						

二、识读要点

由于给排水图中的管道和设备非常复杂，在识读给排水图时要注意以下几点。

1. 正确认识图例

给水与排水工程图中的管道及附件、管道连接、阀门、卫生器具及水池、设备及仪表等，都要采用统一的图例表示。在识读图纸时最好能随身携带一份国家标准图例，应用时可以随时查阅该标准。凡在该标准中尚未列入的，可自设图例，但在图纸上应专门画出自设的图例，并加以说明，以免引起误解。

2. 辨清管线流程

给水与排水工程中管道很多，常分成给水系统和排水系统。它们都按一定方向通过干管、支管，最后与具体设备相连接。如室内给水系统的流程为：进户管（引入管）→水表→干管→支管→用水设备；室内排水系统的流程为：排水设备→支管→干管→户外排出管。常用J作为给水系统和给水管的代号，用F作为废水系统和废水管的代号，用W作为污水系统和污水管的代号，现代住宅、商业和办公空间的排水管道基本都以W作为统一标识。

3. 对照轴测图

由于给排水管道在平面图上较难表明它们的空间走向，所以在给水与排水工程图中，一般都用轴测图直观地画出管道系统，称为系统轴测图，简称轴测图或系统图。阅读图纸时，应将轴测图和平面图对照识读。轴测图能从空间上表述管线的走向，表现效果更直观。

4. 配合原始建筑图

由于给排水工程图中管道设备的安装，需与土建施工密切配合，所以给排水施工图也应与土建施工图（包括建筑施工图和结构施工图）相互密切配合。尤其在留洞、预埋件、管沟等方面对土建的要求，须在图纸上表明。

三、给排水平面图

在环境艺术设计方案中，给排水施工图是用来表示卫生设备、管道、附件的类型、大小及其在空间中的位置、安装方法等内容的图样。由于给排水平面图主要反映管道系统各组成部分的平面位置，因此，设计空间的轮廓线应与设计平面图或基础平面图一致。一般只要抄绘墙身、柱、门窗洞、楼梯等主要构配件，至于细部、门窗代号等均可略去。底层平面图（即±0.000标高层平面图）应在右上方绘出指北针。卫生设备和附件中有一部分是工业产品，如洗脸盆、大便器、小便器、地漏等，只表示出它们的类型和位置；另一部分是在后期施工中需要现场制作的，如厨房中的水池（洗涤盆）、卫生间中的大小便槽等，这部分图形先由建筑设计人员绘制，在给排水平面图中仅需抄绘其主要轮廓。

给排水管道应包括立管、干管、支管，要注出管径，底层给排水平面图中还有给水引入管和废水、污水排出管。为了便于读图，在底层给排水平面图中的各种管道要按系统编号，系统的划分视具体情况而异，一般给水管以每一引入管为一个系统，污水、废水管以每一个承接排水管的检查并为一个系统。此外，图中的图例应采用标准图例，自行增加的标准中未列的图例，应附上图例说明，但为了使施工员便于阅读图纸，无论是否采用标准图例，最好都能附上各种管道及卫生设备等的图例，并对施工要求和有关材料等内容用文字加以说明。通常将图例和施工说明都附在底层给排水平面图中。

绘制给排水平面图注重图纸的表意功能，需要精密的思维，具体绘制方法可以分为3个步骤。

1. 抄绘基础平面图

先抄绘基础平面图中的墙体与门窗位置等固定构造形态，再绘制现有的给排水立管和卫生设备的位置。选用比例宜根据图纸的复杂程度合理选择，一般采用与平面图相同的比例。由于平面布局不是该图的主要内容，所以墙、柱、门窗等都用细实线表示（见图2-22）。抄绘建筑平面图的数量，宜视卫生设备和给排水管道的具体状况来确定。

对于多层建筑，底层由于室内管道需与室外管道相连，必须单独画出一个完整的平面图。其他楼层的平面图只抄绘与卫生设备和管道布置有关的部分即可，但是还应分层抄绘，如果楼层的卫生设备和管道布置完全相同，也可以只画出相同楼层的一个平面图，但在图中必须注明各楼层的层次和标高。设有屋顶水箱的楼层可以单独画出屋顶给排水平面图，当管道布置不太复杂时，也可在最高楼层给排水平面图中用中虚线画出水箱的位置。

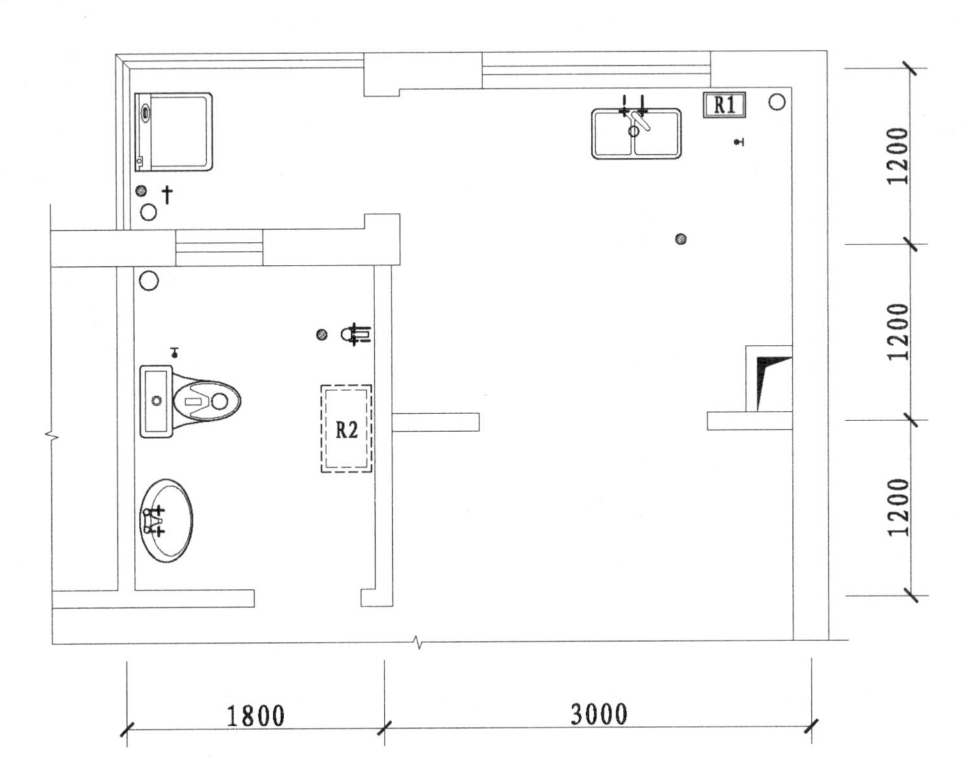

图2-22　给排水平面图绘制步骤一

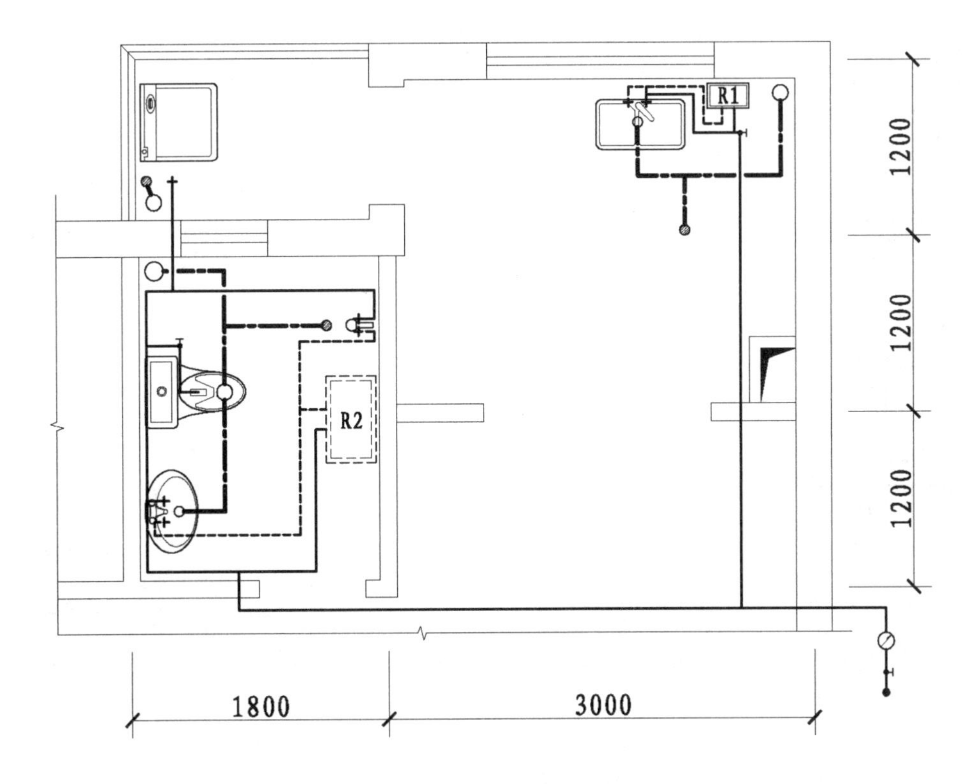

图2-23　给排水平面图绘制步骤二

各类卫生设备一般按国家标准图例绘制，用中实线画出其平面图形的外轮廓。现代环境艺术设计制图追求唯美的图面效果，也可以使用成品图库中的图样。对于非标准设计的设施和器具，则应在建筑施工图中另附详图，这里就不必详细画出其形状。如果在施工或安装时有所需要，可注出它们的定位尺寸。本例中的卫生设备，如洗脸盆、浴盆、坐式大便器等，都采用定型产品，按相关图集安装。

2. 连接管线

当所有卫生设备和给排水立管绘制完毕后就可以绘制连接管线，管线的绘制顺序是先连接给水管，再连接排水管，管线连接尽量简洁，避免交叉过多、转角过多，尽量降低管线连接长度。管线应采用汉语拼音字头代号来表示管道类别，此外，还可以使用不同线形来区分，这对较简单的给排水制图比较适用，如中粗实线表示冷给水管，中粗虚线表示热给水管，粗单点画线表示污水管等（见图2-23）。凡是连接某楼层卫生设备的管道，无论是安装在楼板上，还是楼板下，都可以画在该楼层平面图中。也无论管道投影是否可见，都按原线型表示。给排水平面图按投影关系表示了管道的平面布置和走向，对管道的空间位置表达得不够明显，所以还必须另外绘制管道的系统轴测图。管道的长度是在施工安装时，根据设备间的距离，直接测量截割的，所以在图中不必标注管长。

3. 标注与图例

连接管线后要注意检查、核对，发现错误与不合理的地方要及时更正。给排水管（包括低压流体输送用的镀锌焊接钢管、不涂锌焊接钢管、铸铁管等）的管径尺寸应以mm为单位，以公称直径DN表示，如DN15、DN50等，一般标注在该管段的旁边，如位置不够时，也可用引出线引出标

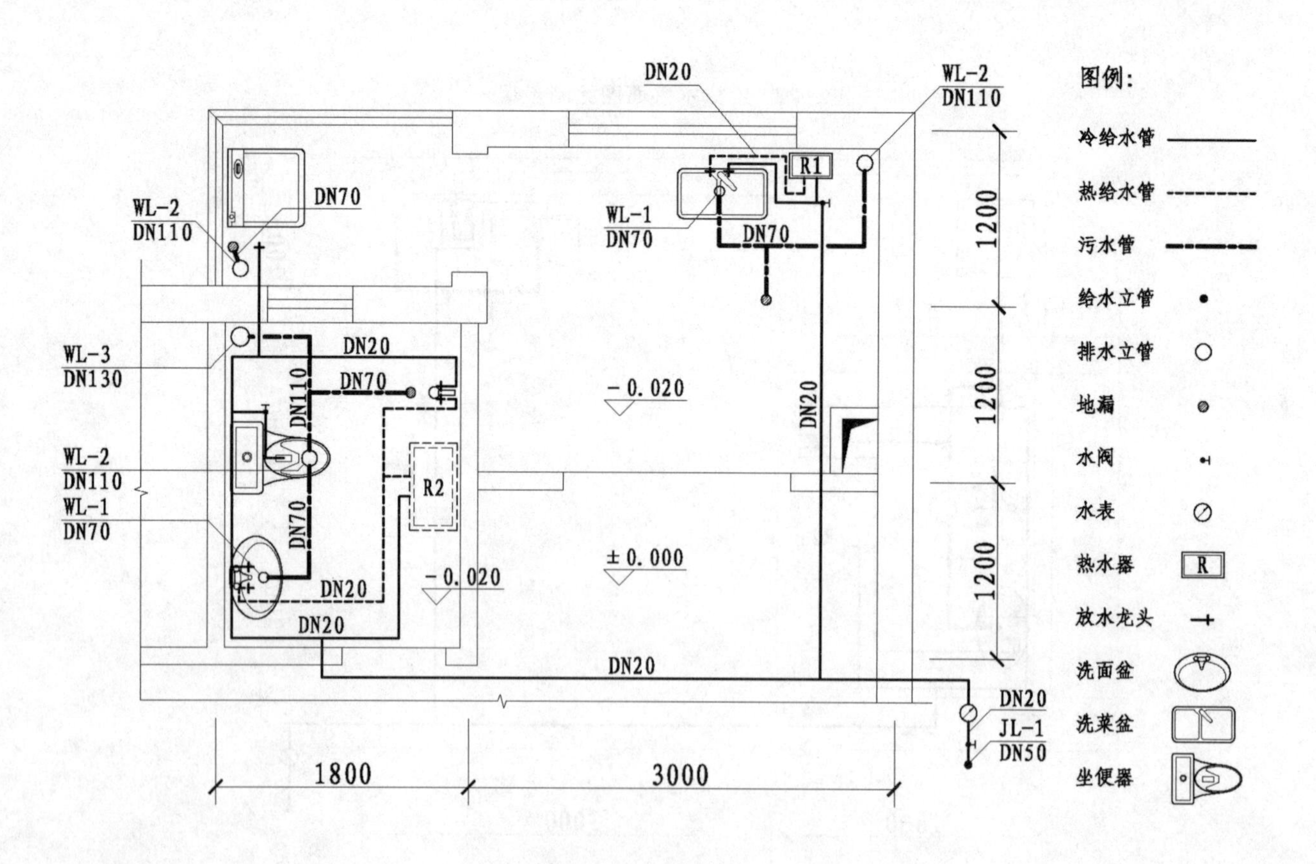

图2-24 给排水平面图绘制步骤三

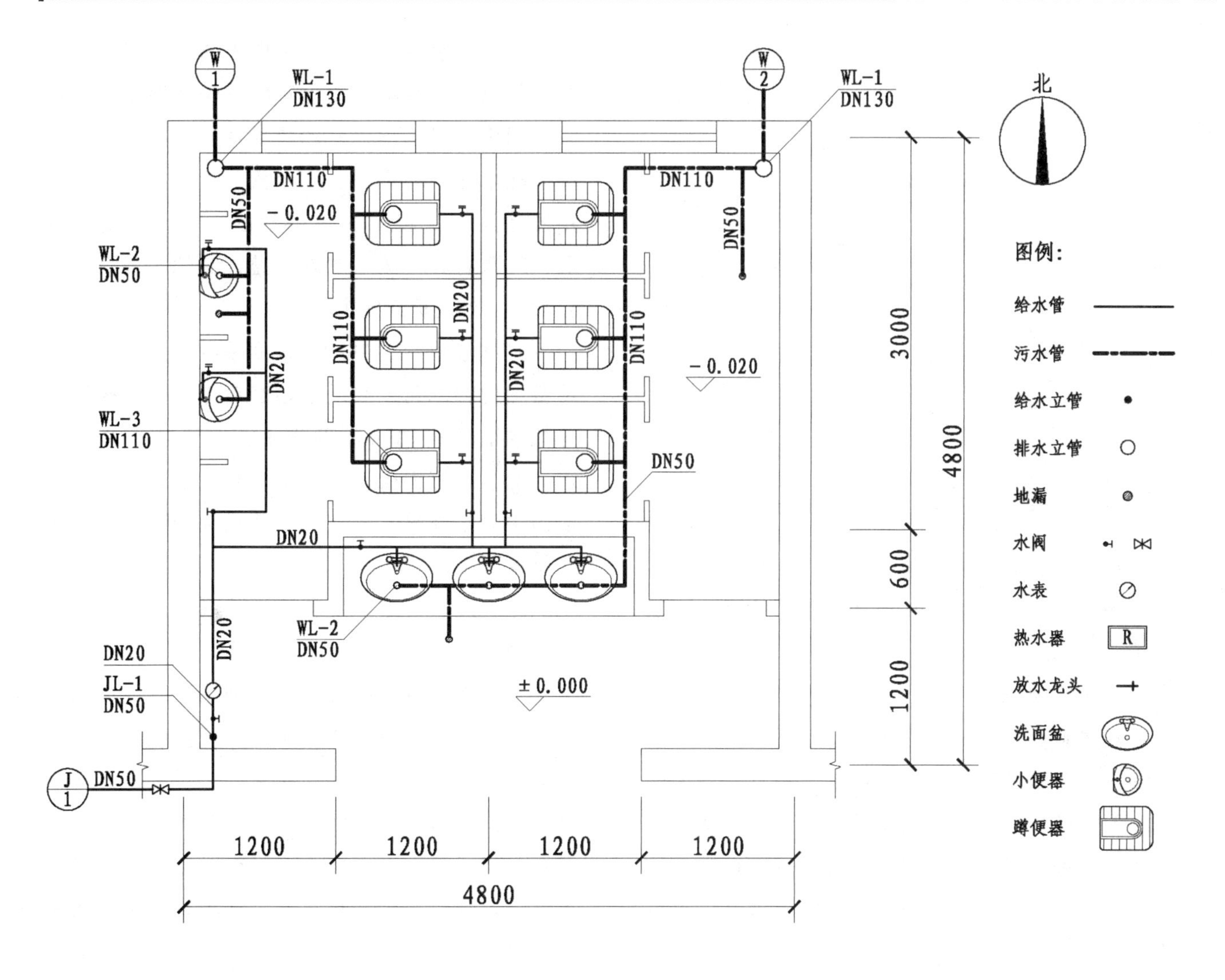

1:50

图2-25 给排水平面图

注。标注顺序一般为先标注立管，再标注横管，先标注数字和字母，再书写汉字标题。绘制图例要完整，图例大小一般应该与平面图一致，对于过大或过小的构件可以适当扩减。标注完成再重新检查一遍，纠正错误（见图2-24）。

四、管道轴测图

管道轴测图能在给排水平面图的基础上进一步深入表现管道的空间布置情况，需要先绘制给排水平面图（见图2-25），再根据管道布置形式绘制管道轴测图。管道轴测图上需要表示各管段的管径、坡度、标高及附件在管道上的位置，因此又称为给排水系统轴测图，一般采用与给排水平面图相同的比例。绘制给排水管道轴测图要注重图纸的空间关系，要求在二维图纸上表现三维效果。

1. 正面斜轴测图

在绘图时，按轴向量取长度较为方便。国家标准规定，给排水轴测图一般按45° 正面斜轴测投影法绘制，其轴间角和轴向的伸缩系数可见图2-26所示。

由于管道轴测图通常采用与给排水平面图相同的比例，沿坐标轴X、Y方向的管道，不仅与相应的轴测轴平行，而且可从给排水平面图中量取长度，平行于坐标轴Z方向的管道，则也应与轴测轴OZ相平行，且可按实际高度以相同的比例作

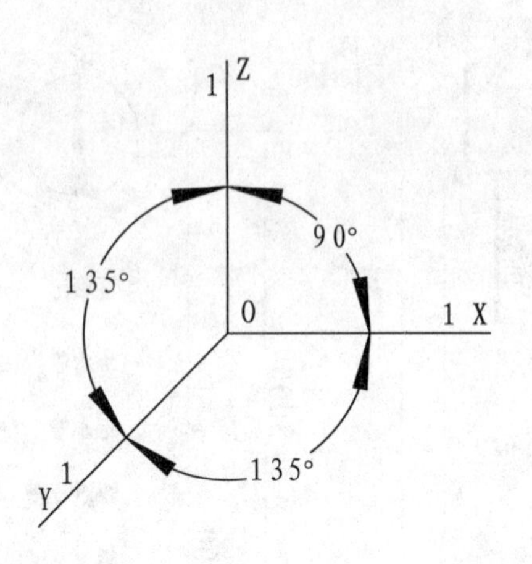

图2-26 给排水管道轴测图所用的正面斜等测

出。凡不平行坐标轴方向的管道，则可通过作平行于坐标轴的辅助线，从而确定管道的两端点而连成。

2. 管道绘制

管道系统的划分一般按给排水平面图中进出口编号已分成的系统，分别绘制出各管道系统的轴测图，这样，可避免过多的管道重叠和交叉。为了与平面图相呼应，每个管道轴测图都应该编号，且编号应与底层给排水平面图中管道进出口的编号相一致。

给水、废水、污水轴测图中的管道可以都用粗实线表示，其他的图例和线宽仍按原规定。在轴测图中不必画出管件的接头形式。在管道系统中的配水器，如水表、截止阀、放水龙头等，可用图例画出，但不必每层都画，相同布置的各层，可只将其中的一层画完整，其他各层只需在立管分支处用折断线表示。

在排水轴测图中，可以用相应图例画出卫生设备上的存水弯、地漏或检查口等。排水横管虽有坡度，但是由于比例较小，故可画成水平管道。由于所有卫生设备或配水器具已在给排水平面图中表达清楚，故在排水管道轴测图中就没有必要画出。

为了反映管道和建筑构造的联系，轴测图中还要画出被管道穿越的墙、地面、楼面、屋面的位置，一般用细实线画出地面和墙面，并加轴测图中的材料图例线，用一条水平细实线画出楼面和屋面。对于水箱等大型设备，为了便于与各种管道连接，可用细实线画出其主要外形轮廓的轴测图。当管道在系统图中交叉时，应在鉴别其可见性后，在交叉处将可见的管道画成延续，而将不可见的管道画成断开。当在同一系统中的管道

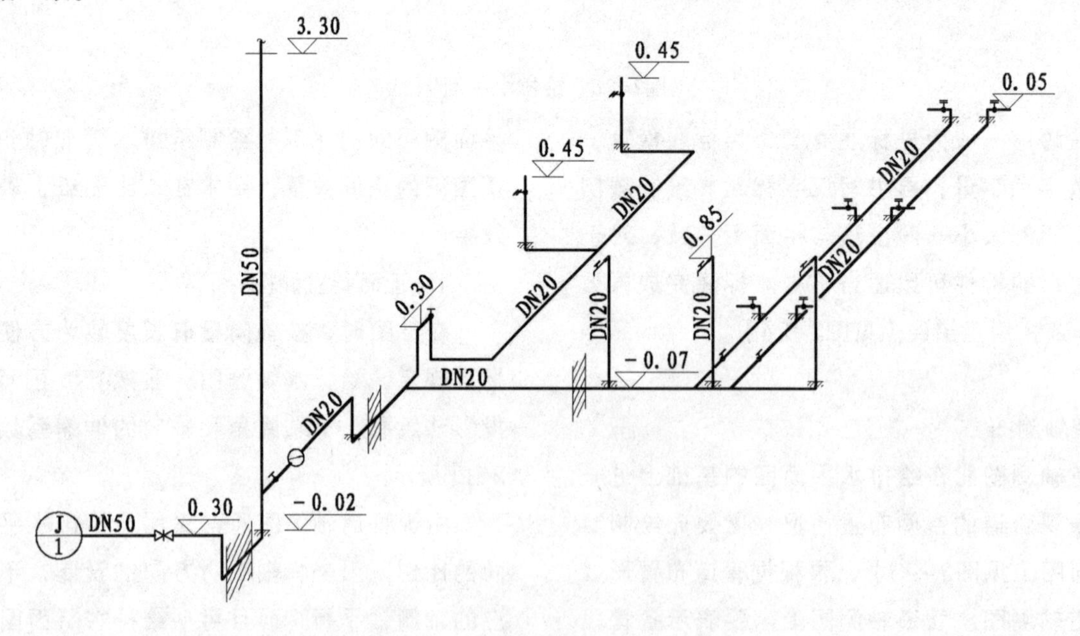

1:50

图2-27 给水轴测图

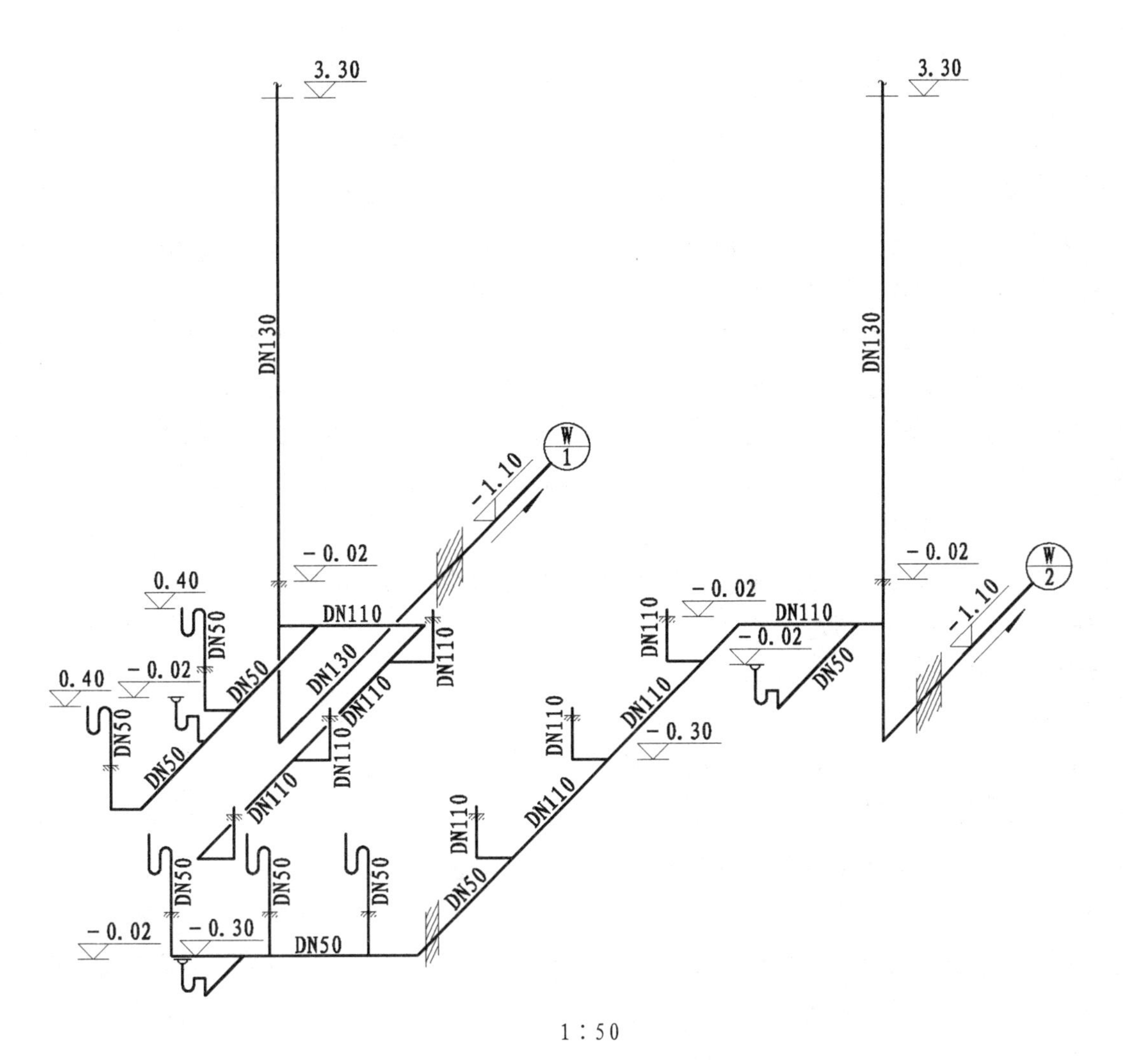

1：50

图2-28　管道标准坡度图

因互相重叠和交叉而影响轴测图的清晰性时，可将一部分管道平移至空白位置画出，称为移置画法（见图2-27）。

3. 管道标注

管道的管径一般标注在该管段旁边，标注空间不够时，可用指引线引出标注，室内给排水管道标注公称直径DN。管道各管段的管径要逐段标注，当不连续的几段管径都相同时，可以仅标注它的始段和末段，中间段可以省略不标注。凡有坡度的横管（主要是排水管），都要在管道旁边或引出线上标注坡度（见图2-28）。当排水横管采用标准坡度时，则在图中可省略不标注，而须在施工图的说明中写明。

室内管道轴测图中标注的标高是相对标高，即以底层室内主要地面为±0.000。在给水轴测图中，标高以管中心为准，一般要注出引入管、横管、阀门及放水龙头，卫生设备的连接支管，各层楼地面及屋面，与水箱连接的各管道，以及水箱的顶面和底面等构造的标高。在排水轴测图中，横管的标高以管内底为准，一般应标注立管上的通气帽、检查口、排出管的起点标高。其他排水横管的标高，一般根据卫生设备的安装高度和管件的尺寸，由施工员决定。此外，还要标注各层楼地面及屋面的标高。

总之，绘制水路图需要认真思考，制图时要多想少画，绘制完成后要反复检查，严格按照国家标准图例规范制图，遇到不清楚的图例及时查阅相关标准。

第四节　电气图

电气图是一种特殊的专业技术图，涉及专业、门类很多，能被各行各业广泛采用。环境艺术设计制图中的电气图集建筑装饰、室内设计、园林景观设计于一体，它既要表现设计构造，又要注重图面美观，还要让各类读图者看懂。因此，绘制电气图要特别严谨，相对给排水图而言，思维须更敏锐、更全面。

环境艺术设计电气图主要分为强电图和弱电图两大类。一般将交流电或电压较高的直流电称为强电，如220V。弱电一般指直流通信、广播线路上的直流电，电压通常低于36V。这些电气图一般都包括电气平面图、系统图、电路图、设备布置图、综合布线图、图例、设备材料明细表等几种。其中需要在环境艺术设计中明确表现的是电气平面图和配电系统图。

电气平面图需要表现各类照明灯具，配电设备（配电箱、开关），电气装置的种类、型号、安装位置和高度，以及相关线路的敷设方式、导线型号、截面、根数，线管的种类、管径等安装所应掌握的技术要求。为了突出电气设备和线路的安装位置、安装方式，电气设备和线路一般在简化的平面布置图上绘出，图上的墙体、门窗、楼梯、房间等平面轮廓都用细实线严格按比例绘制，但电气设备如灯具、开关、插座、配电箱和导线并不按比例画出它们的形状和外形尺寸，而是用中粗实线绘制的图形符号来表示。导线和设备的空间位置、垂直距离应按建筑不同标高的楼层地面分别画出，并标注安装标高、用文字符号和安装代号等信息，如BLV代表聚氯乙烯绝缘导线、BLX代表铝芯橡胶绝缘导线等。

配电系统图是表现设计空间中的室内外电力、照明与其他日用电器供电、配电的图样。它主要采用图形符号来表达电源的引进位置，表现配电箱、分配电箱、干线分布，各相线分配，电能表、熔断器的安装位置，及这些构造的相互关系和敷设方法等。

一、国家标准规范

电气图的应用较广泛，本节主要根据DL5350—2006《水电水利工程电气制图标准》和GB／T4728.11—2008《电气简图用图形符号》来讲述。

1. 常用表示方法

电气图中各组件常用的表示方法很多，有多

其他种类电气图

1. 电路图：也可以称为接线图或配线图，是用来表示电气设备、电器元件和线路的安装位置、接线方法、配线场所的一种图。一般电路图包括两种，一种是属于电气安装施工中的强电部分，主要表达和指导安装各种照明灯具、用电设施的线路敷设等安装图样。另一种电路图是属于电气安装施工中的弱电部分，是表示和指导安装各种电子装置与家用电器设备的安装线路和线路板等电子元器件规格的图样。

2. 设备布置图：是按照正投影图原理绘制的，用以表现各种电器设备和器件的设计空间中的位置、安装方式及其相互关系的图样。通常由水平投影图、侧立面图、剖面图及各种构件详图等组成。例如，灯位图是一种设备布置图。为了不使工程的结构施工与电气安装施工产生矛盾，灯位图使用较广泛。灯位图在表明灯具的种类、规格、安装位置和安装技术要求的同时，还详细地画出部分建筑结构。这种图无论是对于电气安装工，还是结构制作的施工人员，都有很大的作用。

3. 安装详图：是表现电气工程中设备某一部分的具体安装要求和做法的图样。国家已有专门的安装设备标准图集可供选用。

表2-7 图线

名 称	线 型	线 宽	用 途
中粗实线	————————	0.75B	基本线、轮廓线、导线、一次线路、主要线路的可见轮廓线
中粗虚线	— — — — — — —	0.75B	基本线、轮廓线、导线、一次线路、主要线路的不可见轮廓线
细实线	————————	0.25B	二次线路、一般线路、建筑物与构筑物的可见轮廓线
细虚线	— — — — — — —	0.25B	二次线路、一般线路、建筑物与构筑物的不可见轮廓线，屏蔽线、辅助线
单点长画线	——— - ——— - ———	0.25B	控制线、分界线、功能图框线、分组图框线等
双点长画线	——— - - ——— - - ———	0.25B	辅助图框线、36V以下线路等
折断线	———/\/———	0.25B	断开界线

线表示法、单线表示法、连接表示法、半连接表示法、不连接表示法和组合法等。根据图纸的用途、图面布置、表达内容、功能关系等，具体选用其中一种表示法，也可将几种表示法结合运用。具体线型使用方式见表2-7。

（1）多线表示法 元件之间的连线按照导线的实际走向逐根分别画出（见图2-29）。

（2）单线表示法 各元件之间走向一致的连接导线可用一条线表示，而在线条上画上若干短斜线表示根数，或者在一根短斜线旁标注数字表示导线根数（一般用于三根以上导线数），即图上的一根线实际代表一束线。某些导线走向不完全相同，但在某段上相同、平行的连接线也可以合并成一条线，在走向变化时，再逐条分出去，使图面保持清晰，单线法表示的线条可以编号（见图2-30）。

（3）组合线表示法 在同一图样中，必要时可以将多线表示法和单线表示法组合起来使用，在复杂连接的地方使用多线表示法，在比较简单的地方使用单线表示法。线路的去向可以用斜线表示，以方便识别导线的汇入与离开线束的方向（见图2-31）。

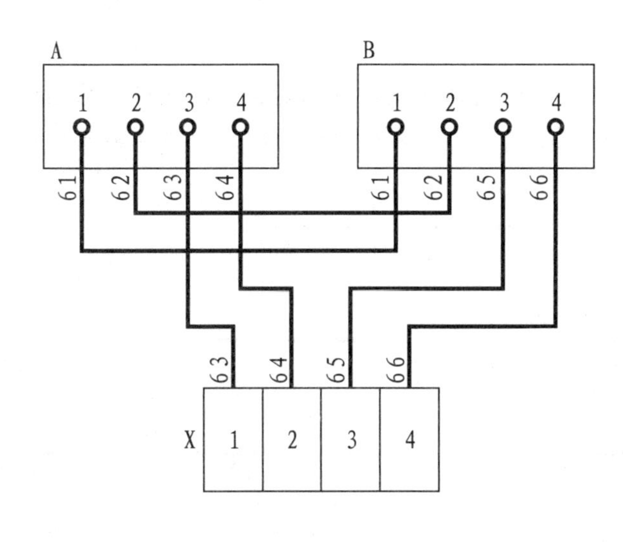

图2-29 多线表示法

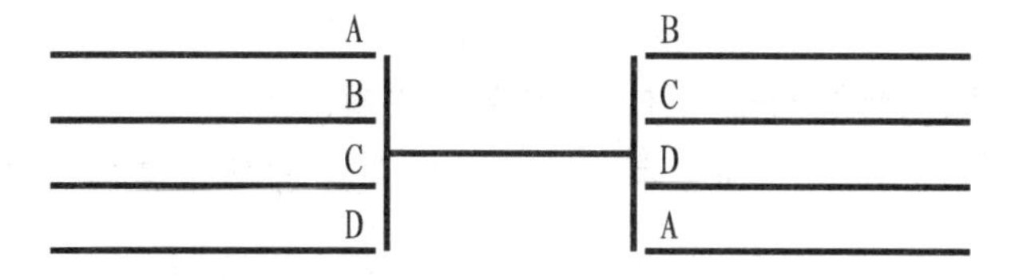

图2-30 单线表示法

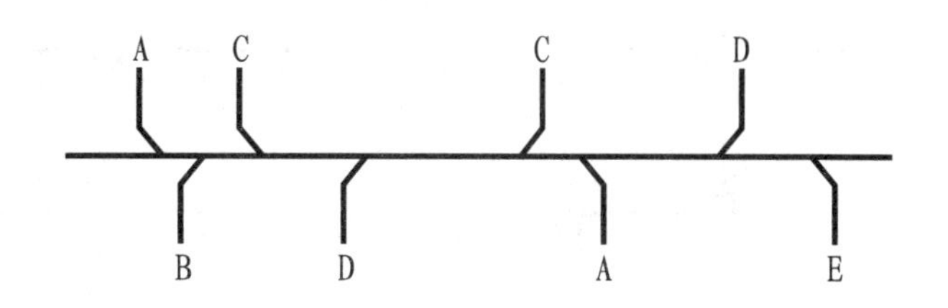

图2-31 组合线表示法

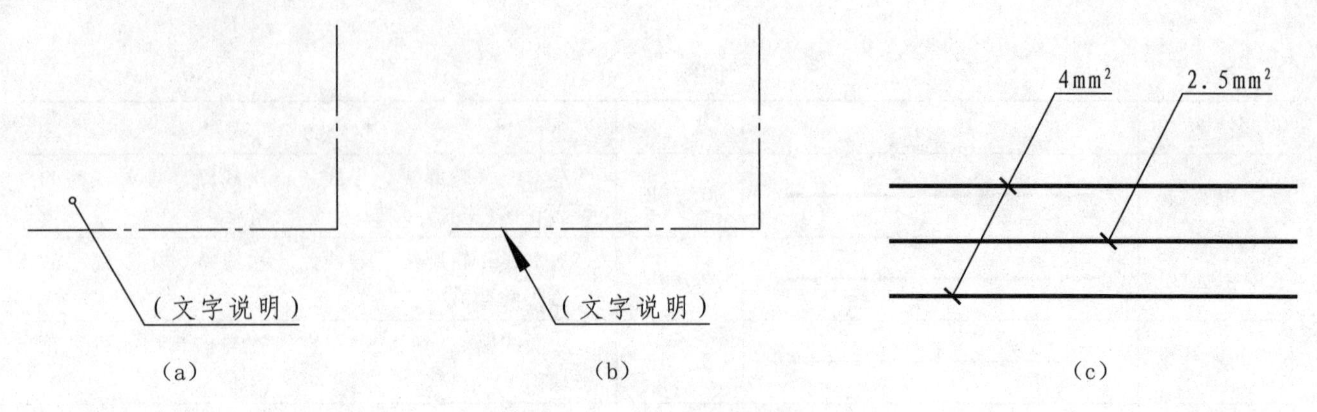

图2-32　指引线末端标注

（4）指引线标注　指引线一般为细实线。在电气施工图中，为了标记和注释图样中的某些内容，需要用指引线在旁边标注简短的文字说明，指向被注释的部位。指向轮廓线内，线端以圆点表示［见图2-32（a）］；指向轮廓线上，线端以箭头表示［见图2-32（b）］；指向电路线上，线端以短斜线表示［见图2-32（c）］。

2. 电气简图

电气图中，应尽量减少导线、信号通路、连接线等图线的交叉、转折。电路可水平布置或垂直布置。电路或元件宜按功能布置，尽可能按工作顺序从左到右、从上到下排列。连接线不应穿过其他连接的连接点。连接线之间不应在交叉处改变方向。图中可用点画线图框显示出图表示的功能单元、结构单元或项目组（如继电器装置），图框的形状可以是不规则的。当围框内含有不属于该单元的元件符号时，须对这些符号加双点画线围框，并加注代号或注解。

在同一张图中，连接线较长或连接线穿越其稠密区域时，可将连接线中断，并在中断处加注相应的标记，或加区号。去向相同的线组，可以中断，并在线组的中断处加注标记。线路须在图中中断转至其他图纸时，应在中断处注明图号、张次、图幅分区代号等标记。若在同一张图纸上有多处中断线，必须采用不同的标记加以区分。单线表示法规定一组导线的两端各自按顺序编号。两个或两个以上的相同电路，可只详细画出其中之一，其余电路用围框加说明表示。

此外，在简单电路绘制过程中，可以采用连接表示法，把功能相关的图形符号集中绘制在一起，驱动与被驱动部分用机械连接线连接起来［见图2-33（a）］。在较复杂电路中，为使图形符号和连接线布局清晰，可采用半连接表示法，把功能相关的图形符号在简图上分开布置，并用虚线连接符号表示它们之间的关系。此时，连接线允许弯折、交叉和分支［见图2-33（b）］。在非常复杂电路中也可将功能相关的图形符号彼此分开画出，也可不用连接线连接，但各符号旁应

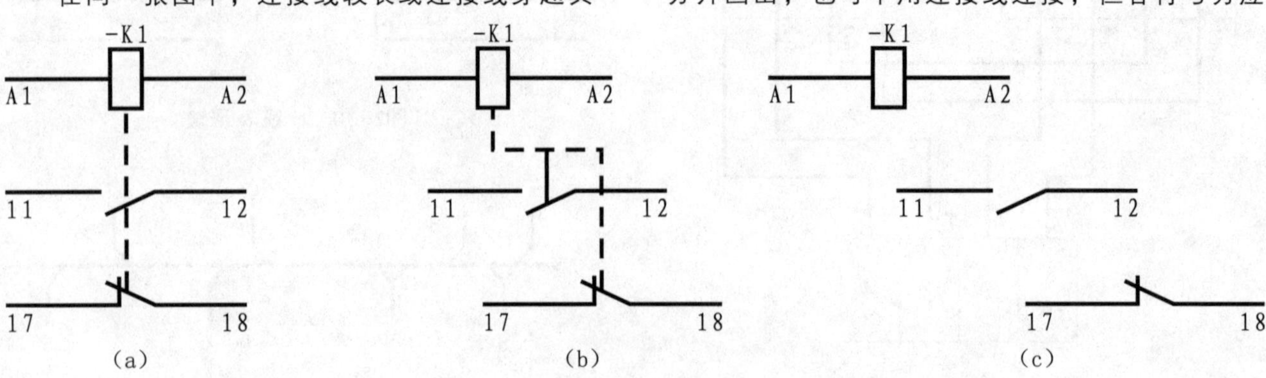

图2-33　简单线路连接表示法

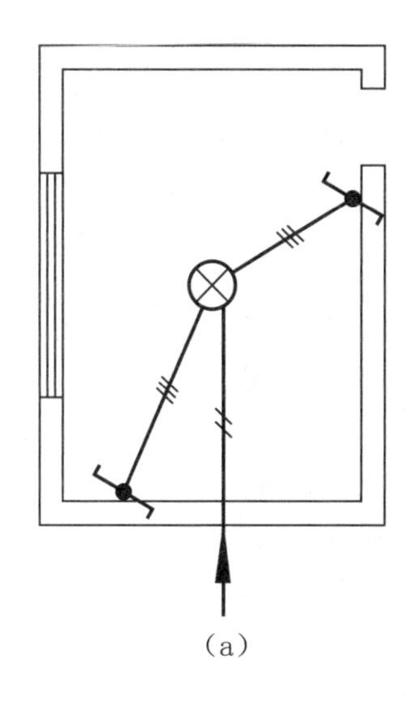

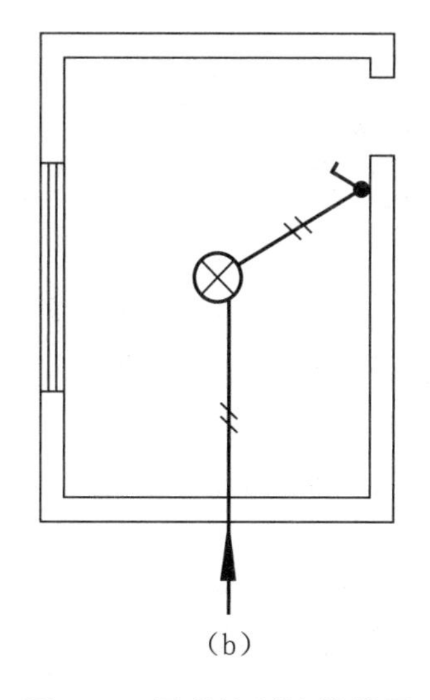

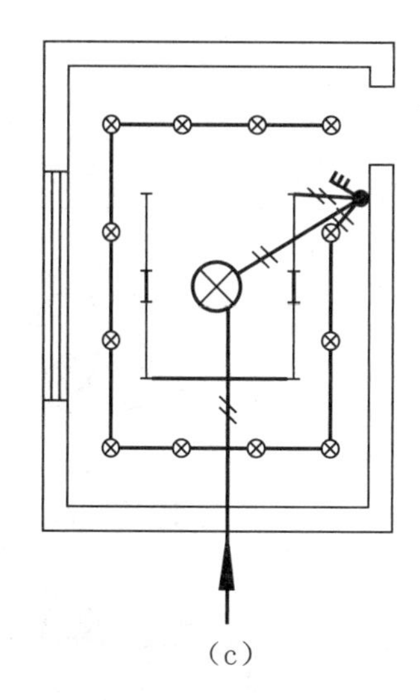

图2-34 开关控制连接简图

标出相同的项目代号［见图2-33（c）］。

照明灯具及其控制系统，如开关、灯具等是最常见的设备，绘制时需要理清连接顺序。

（1）一个开关控制一盏灯　通常最简单的照明布置，是在一个空间内设置一盏照明灯，由一只开关控制即可满足需要［见图2-34（a）］。

（2）两个开关控制一盏灯　为了使用方便，两只双控开关在两处控制一盏灯也比较常见。通常用于面积较大或楼梯等空间，便于从两处位置进行控制［见图2-34（b）］。

（3）多个开关控制多盏灯　很多复杂环境的照明需要不同的照度和照明类型，因此需要设置数量不同的灯具形式，用多个开关控制多盏不同类型和数量的灯［见图2-34（c）］。

3. 标注与标高

（1）标注　当符号用连接表示法和半连接表示法表示时，项目代号只在符号近旁标一次，并与设备连接对齐。当符号用不连接表示法表示时，项目代号在每一项目符号近旁标出。当电路水平布置时，项目代号一般标注在符号的上方；垂直布置时，一般标注在符号的左方。

（2）标高　在电气图中，线路和电气设备的安装高度需要标注标高，通常采用与建筑施工图相统一的相对标高，或者相对本楼层地面的相对标高。如某设计项目的电气施工图中标注的总电源进线安装高度为5.0m，是指相对建筑基准标高±0.000的高度，而内部某插座安装高度0.4m，则是指相对本楼层地面的高度，一般表示为nF+0.4m。

4. 图形符号

图形符号一般分为限定符号、一般符号、方框符号等标记或字符。限定符号不能单独使用，必须同其他符号组合使用，构成完整的图形符号。在不改变符号含义的前提下，符号可根据图面布置的需要旋转，但文字应水平书写。图形符号可根据需要缩放。当一个符号用以限定另一符号时，该符号一般缩小绘制。符号缩放时，各符号间及符号本身的比例应保持不变。有些图形符号具有几种图形形式，使用时应优先采用“优选形”。在同一设计项目中，只能选用同一种图形形式。图形符号的大小和线条的粗细均要求基本一致，图形符号中的文字符号、物理量符号等，应视为图形符号的组成部分。同一图形符号表示的器件，当其用途或材料不同时，应在图形符号的右下角用大写英文名称的字头表示其区别。

在设计制图过程中，可能会出现特殊情况，对于国家标准中没有的图形符号，可以根据需要自己设计并创建，但是要在图纸中标明图例以供查阅，并不得与国家标准相矛盾。表2-8中列举了电气图中常用的图形符号。

表2-8　　电气图常用图例

序号	名 称	图 例	备 注
1	屏、台、箱、柜		一般符号
2	照　明配电箱		必要时可涂红、需要时符号内可标示电流种类
3	多种电源配电箱		
4	电能表	Wh	测量单相传输能量
5	灯		一般符号
6	电铃		
7	电警笛报警器		
8	单相插座	明装　暗装　密闭防水　防爆	
9	带保护触点插座、带接地插孔的单相插座	明装　暗装　密闭防水　防爆	
10	带接地插孔的三相插座	明装　暗装　密闭防水　防爆	
11	插座箱		
12	带单极开关的插座		
13	单极开关	明装　暗装　密闭防水　防爆	
14	双极开关	明装　暗装　密闭防水　防爆	
15	三极开关	明装　暗装　密闭防水　防爆	
16	声控开关		
17	光控开关	TS	
18	单极限时开关	t	
19	双控开关		单极三线
20	具有指示灯的开关		用于不同照度
21	多拉开关		
22	投光灯		
23	聚光灯		
24	泛光灯		
25	荧光灯	单管　三管　5 五管　防爆	
26	应急灯		自带电源

续表

序号	名 称	图 例	备 注	序号	名 称	图 例	备 注
27	火灾报警控制器	B		37	摄像机	普通 球形 带防护罩	
28	烟感火灾探测器		点式				
29	温感火灾探测器	W	点式				
30	火灾报警按钮			38	电信插座		
31	气体火灾探测器			39	带滑动防护板插座		
32	火 焰探测器			40	多个插座	3	表示三个插座
33	火警电铃						
34	火警电话			41	配线	向上 向下 垂直	
35	火 灾警报器			42	导线数量	三根 N N根	
36	消 防喷淋器						

二、识读要点

1. 电气线路的组成

电气线路主要由下面几部分组成。

（1）进户线　进户线通常是由供电部门的架空线路引进建筑物中，如果是楼房，线路一般是进入楼房的二层配电箱前的一段导线。

（2）配电箱　进户线首先接入总配电箱，然后再根据需要分别接入各个分配电箱。配电箱是电气照明工程中的主要设备之一，现代城市多数用暗装（嵌入式）的方式进行安装，只须绘出电气系统图即可。

（3）照明电气线路　分为明敷设和暗敷设两种施工方式，暗敷设是指在墙体内和吊顶棚内采用线管配线的敷设方法进行线路安装。线管配线就是将绝缘导线穿在线管内的一种配线方式，常用的线管有薄壁钢管、硬塑料管、金属软管、塑料软管等。在有易燃材料的线路敷设部位必须标注焊接要求，以避免产生打火点。

（4）空气开关　为了保证用电安全，应根据负荷选定额定电压和额定电流的空气开关。

（5）灯具　在一般设计项目中常用的灯具有吊灯、吸顶灯、壁灯、荧光灯、射灯等。在图样上以图形符号或旁标文字表示，进一步说明灯具的名称、功能。

（6）电气元件与用电器　主要是各类开关、插座和电子装置。插座主要用来插接各种移动电器和家用电器设备的，应明确开关、插座是明装还是暗装，以及它们的型号。各种电子装置和元器件则要注意它们的耐压和极性。其他用电器主要有电风扇、空调器等。

2.电气图识读要点

电气图主要表达各种线路敷设安装、电气设备和电气元件的基本布局状况，因此要采用相关的各种专业图形符号、文字符号和项目代号来表示。电气系统和电气装置主要是由电气元件和电气连接线构成的，所以电气元件和电气连接线是电气图表达的主要内容。环境艺术设计中的电气设备和线路是在简化的建筑结构施工图上绘制的，因此阅读时应当掌握合理的看图方法，了解国家建筑相关标准、规范，掌握一些常用的电气工程技术，结合其他施工图，才能较快地读懂电气图。

（1）熟悉工程概况　电气图表达的对象是各种设备的供电线路。看电气照明工程图时，先要了解设计对象的结构，如楼板、墙面、材料结构、门窗位置、房间布置等。识读时要重点掌握配电箱的型号、数量、安装位置和标高以及配电箱的电气系统。了解各类线路的配线方式，敷设位置，线路的走向，导线的型号、规格及根数，导线的连接方法。确定灯具、开关、插座和其他电器的类型、功率、安装方式、位置、标高、控制方式等信息。在识读电气照明工程图时要熟悉相关的技术资料和施工验收规范。如果在平面图中，开关、插座等电气组件的安装高度在图上没有标出，施工者可以依据施工及验收规范进行安装。例如，开关组件一般安装在高度距地面1300mm、距门框150～200mm的位置。

（2）常用照明线路分析　在大多数工程实践中，灯具和插座一般都是并连接于电源进线的两端，相线必须经过开关后再进入灯座，零线直接进灯座，保护接地线与灯具的金属外壳相连接。通常在一个设计空间内，有很多灯具和插座，目前广泛使用的是线管配线、塑料护套线配线的安装方式，线管内不允许有接头，导线的分路接头只能在开关盒、灯头盒、接线盒中引出，这种接线法称为共头接线法。当灯具和开关的位置改变，进线方向改变，并头的位置改变，都会使导线根数变化。所以必须了解导线根数变化的规律，掌握照明灯具、开关、插座、线路敷设的具体位置、安装方式。

（3）结合多种图纸识读

识读电气图时要结合各种图样，并注意一定

绘图提示

常用弱电系统

目前，一个完善的设计空间除了要具备照明电气、空调、给排水等基础设施外，弱电项目在设计施工中的比例正逐渐上升。火灾自动报警、灭火系统、防盗安保报警系统、有线电视系统、电话通信系统等弱电工程，已经成为满足现代生产生活必备的保障系统。

1. 火灾消防自动报警系统：一般都采用24V左右的工作电压，故称为弱电工程，但自动灭火装置中一般仍为强电控制。消防自动报警系统自动监测火灾迹象，并自动发出火灾报警和执行某些消防措施。所涉及的消防报警系统主要由火灾探测器、报警控制按钮部分组成，联动控制、自动灭火装置等则作为住宅消防系统整体集中控制。

2. 有线电视系统：又称共用天线电视系统，是通过同轴电缆连接多台电视机，共用一套电视信号接收装置、前端装置和传输分配线路的有线电视网络。有线电视系统工程图是有线电视配管、预埋、穿线、设备安装的主要依据，图纸主要有系统图、有线电视设备平面图、设备安装详图等。

3. 防盗安保系统：是现代安全保障重要的监控设施之一，包括防盗报警器系统、电子门禁系统、对讲安全系统等内容。其设备主要有防盗报警器、电子门锁、摄像机等，图纸主要有防盗报警系统框图、防盗监视系统设备及线路平面图。

4. 电话通信系统：主要包括电话通信、电话传真、电传、电脑联网等设备的安装。图纸主要有电话配线系统框图、电话配线平面图、电话设备平面图等。

的顺序。一般来说，看图顺序是施工说明、图例、设备材料明细表、系统图、平面图、线路和电气原理图等。从施工说明了解工程概况，图样所用的图形符号，该工程所需的设备、材料的型号、规格和数量。由于电气施工需与土建、给排水、供暖通风等工程配合进行，如电气设备的安装位置与建筑物的墙体结构、梁、柱、门窗及楼板材料有关，尤其是暗敷线路的敷设还会与其他工程管道的规格、用途、走向产生制约关系。所以看图时还必须查看有关土建图和其他工程图，了解土建工程和其他工程对电气工程的影响。此外，读图时要将平面图和系统图相结合，一般而言，照明平面图能清楚地表现灯具、开关、插座和线路的具体位置及安装方法。但同一方向的导线只用一根线表示，这时要结合系统图来分析其连接关系，逐步掌握接线原理并找出接线位置，这样在施工中穿线、并头、接线就不容易搞错了。在实际施工中，重点是掌握原理接线图，不论灯具、开关位置的变动如何，原理接线图始终不变。所以一定要理解原理图，那么就能看懂任何复杂的平面图和系统图。

下面就列举一项办公间空间详细介绍强电图与弱电图的绘制方法。

三、强电图

绘制强电平面图首先要明确空间电路使用功能。主要根据前期绘制完成的平面布置图（见图2-35）和顶棚平面图来构思。

首先，描绘出平面布置图中的墙体、结构、门窗等图线。为了明确表现电气图，基础构造一般采用细实线绘制，可以简化或省略各种装饰细部，注意描绘安装各种插座、开关、设备、构造和家具，这些是定位绘制的基础。平面图描绘完成后需要作一遍检查，然后开始绘制各种电器、灯具、开关、插座等符号，图形符号要适中，尤其是在简单平面图中不宜过大，在复杂平面图中

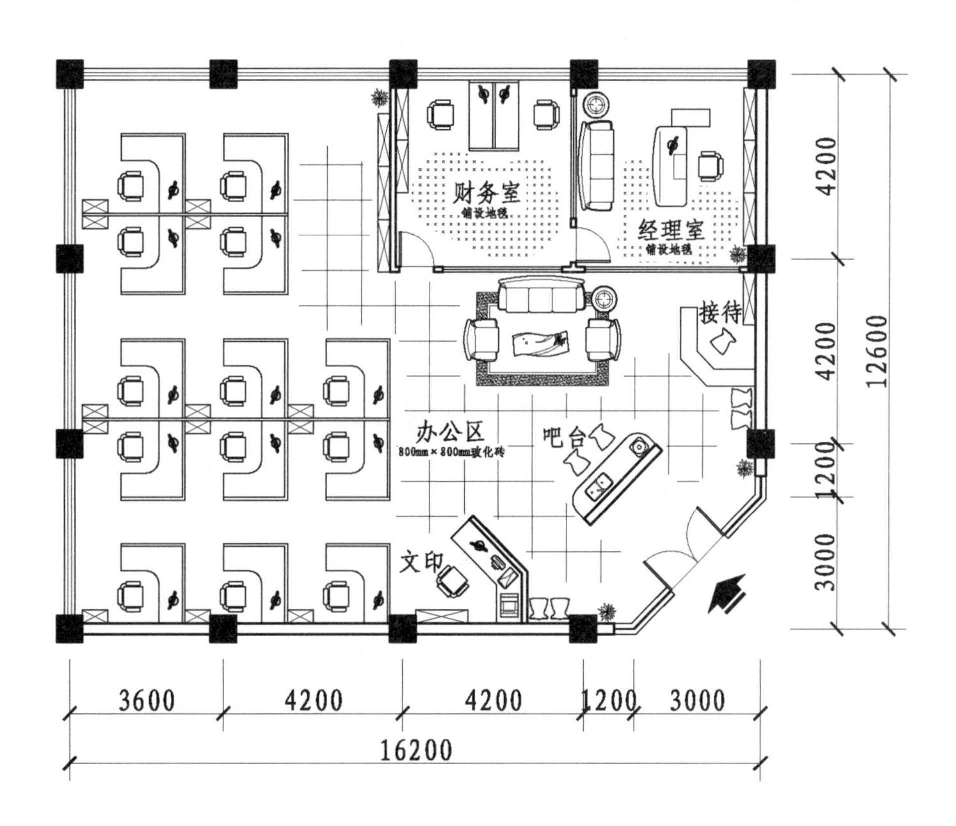

图2-35 办公空间平面布置图

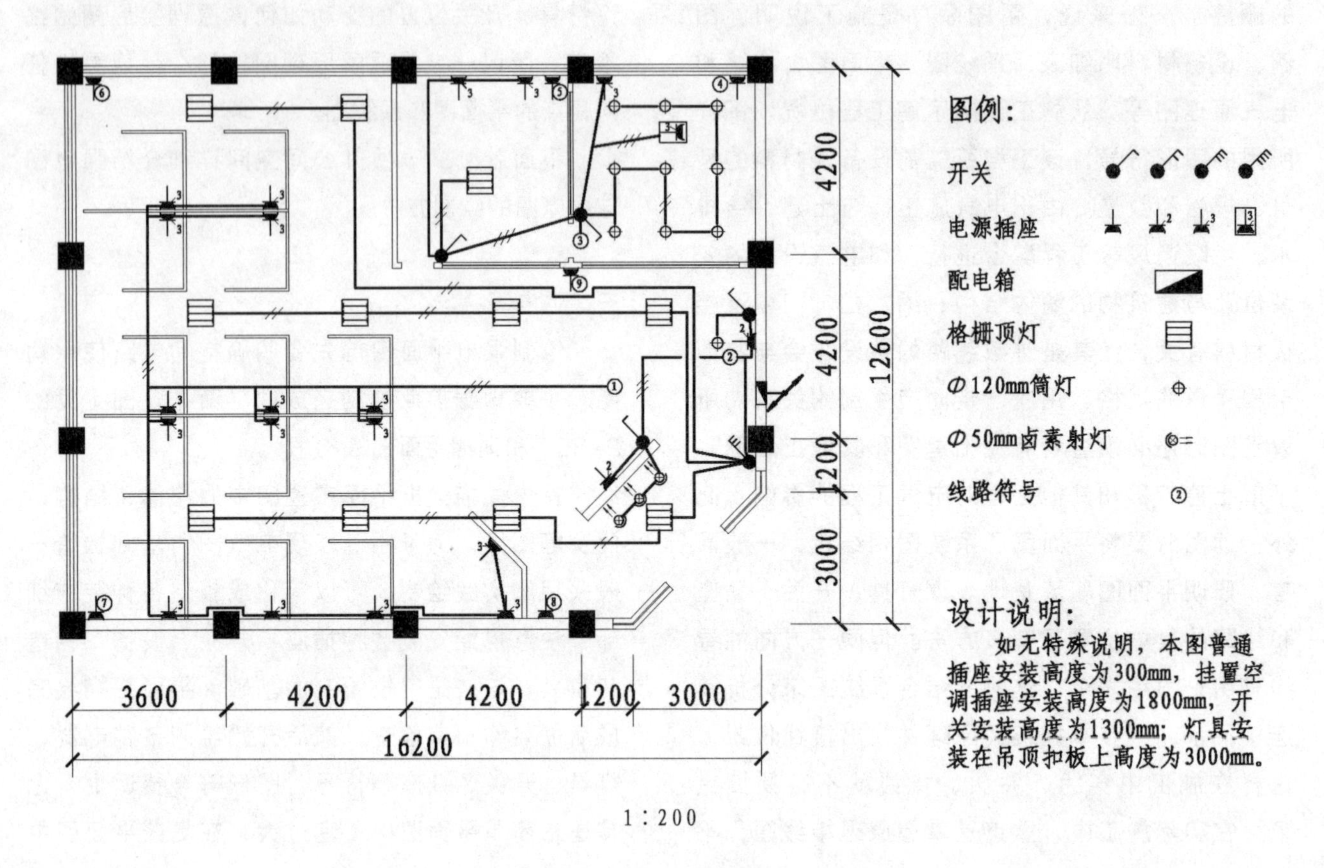

图2-36 强电平面图

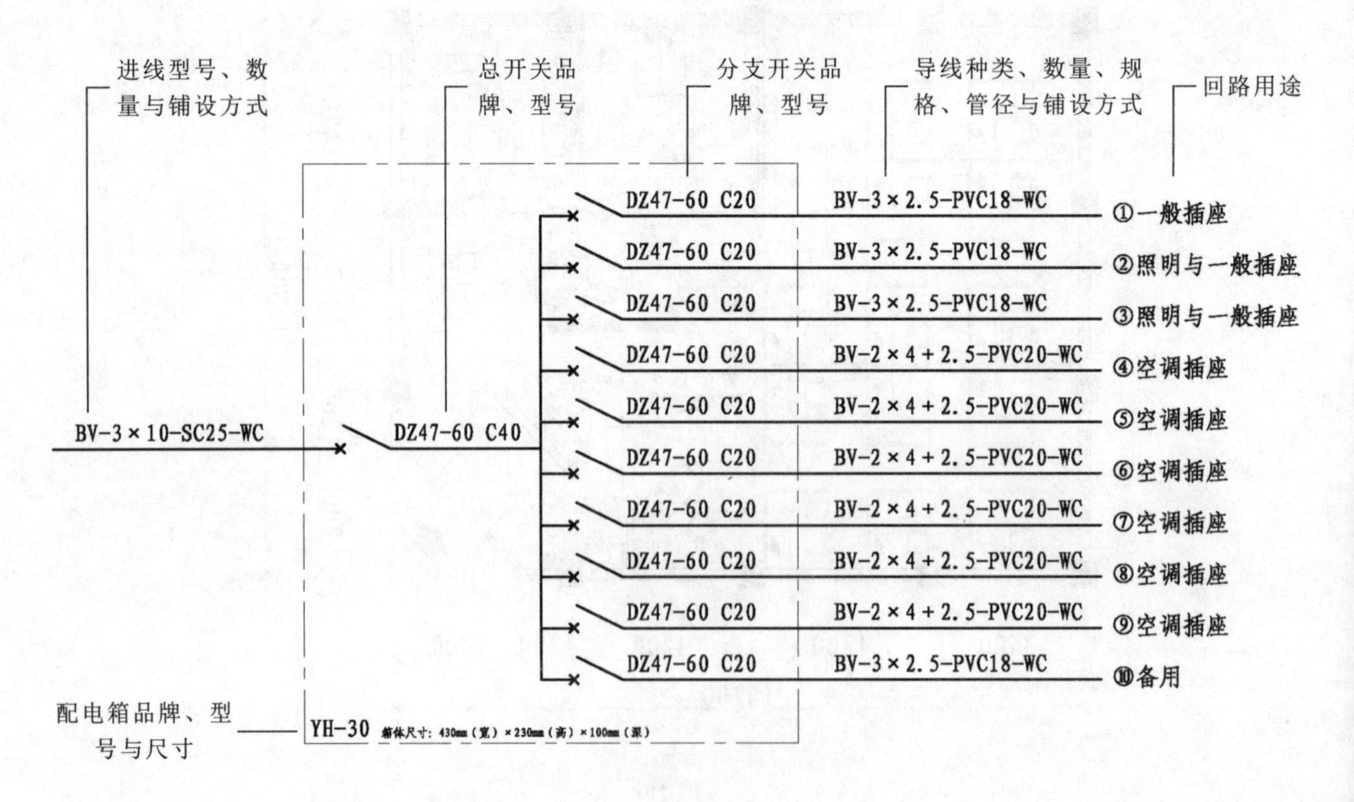

图2-37 配电系统图

不宜过小，复杂平面图可以按结构或区域分为多张图纸绘制。绘制图形符号要符合国家标准，尤其是符号图线的长短要与国家标准一致，不得擅自改变。一边绘制图形符号，一边绘制图例，避免图例中存在遗漏。最后，为各类符号连接导线，导线绘制要求尽量简洁，不宜转折过多或交叉过多。对于非常复杂的电气图，可以使用线路标号来替代连接线路，过凌乱的导线会干扰图面阅读效率，影响正确识读。连接导线后需要添加适当文字标注并编写设计说明，对于图纸无法表现的内容需要文字来辅助说明（见图2-36）。全部绘制完成后作第二遍检查，查找遗漏。

制强电平面图绘制完成后可以根据需要绘制相应的配电系统图（见图2-37）。

四、弱电图

强电（电力）和弱电（信息）两者之间既有联系又有区别，一般来说强电的处理对象是能源（电力），其特点是电压高、电流大、功率大、频率低，主要考虑的问题是减少损耗、提高效率。弱电的处理对象主要是信息，即信息的传送和控制，其特点是电压低、电流小、功率小、频率高，主要考虑的是信息传送的效果问题，如信息传送的保真度、速度、广度、可靠性。弱电系统工程虽然涉及火灾消防自动报警、有线电视、防盗安保、电话通信等多种系统，但工程图样的绘制除了图例符号有所区别以外，画法基本相同。主要有弱电平面图、弱电系统图和安装详图等几种。

弱电平面图与强电平面图相似，主要是用来表示各种装置、设备元器件和线路平面位置的图样。弱电系统图则是用来表示弱电系统中各种设备和元器件的组成、元器件之间相互连接关系的图样，对指导安装和系统调试有重要的作用。具体绘制方法与强电图一样（见图2-38），故省略了配电系统图。

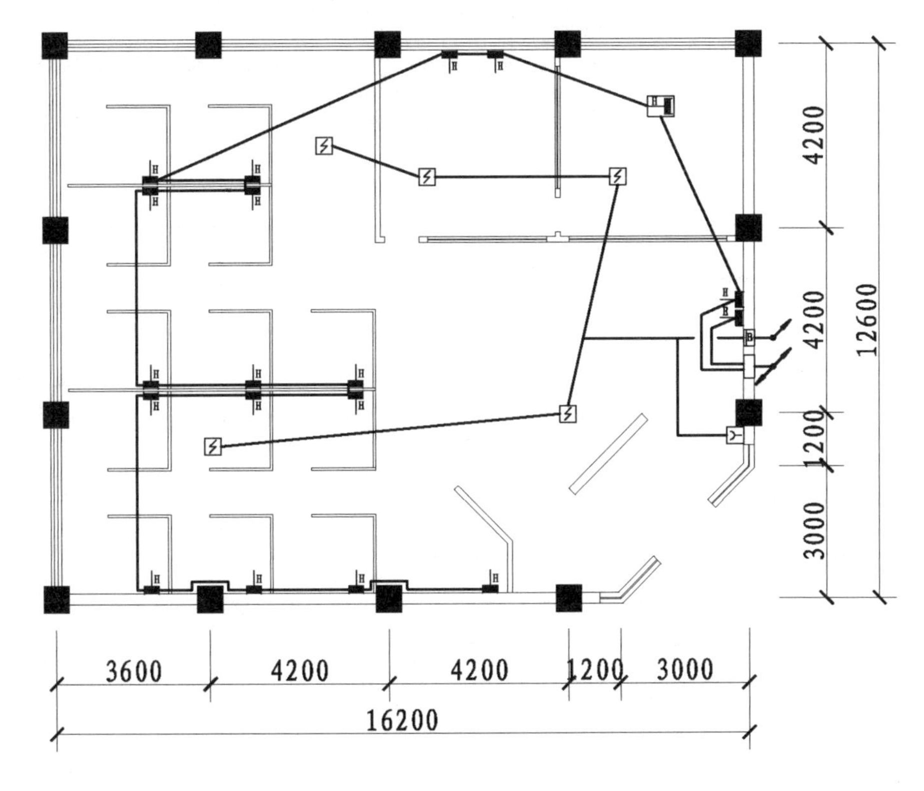

图2-38　弱电平面图

第五节　暖通空调图

暖通与空调系统是为了改善现代生产、生活条件而设置的，它主要包括采暖、通风、空气调节等内容。我国北方地区冬季温度较低，为了提高室内温度，通常采用供暖系统向室内供暖。此外，室内污浊的空气需要直接或经过净化后排出室外，同时向内补充新鲜的空气，更高要求的暖通与空调系统还能调节室内空气的温度、湿度、气流速度等指标。除了日常生活中使用的空调器、取暖器等单体家用电器，在大型住宅和公共空间设计中需要采用集中暖通、空调系统，这些设备、构造的方案实施就需要绘制相应的图纸。虽然暖通、空调系统的工作原理各不相同，但是绘制方法相似，在设计制图中仍需要根据设计要求分别绘制。

本节列举一项KTV娱乐空间设计方案分别讲述热水暖通图与空调图的绘制方法。

一、国家标准规范

绘制暖通空调专业图纸要求根据GB／T 50114—2010《暖通空调制图标准》定制的规则，保证图面清晰、简明，符合设计、施工、存档的要求。该标准主要适用于暖通空调设计中的新建、改建、扩建工程各阶段设计图、竣工图；适用于原有建筑物、构筑物等的实测图；适用于通用设计图、标准设计图。暖通空调专业制图还应符合GB／T 50001—2010《房屋建筑制图统一标准》以及国家现行有关强制性标准的规定。

1. 一般规定

图线的基本宽度B和线宽组，应根据图样的比例、类别及使用方式确定。基本宽度B宜选用0.18mm、0.35mm、0.5mm、0.7mm、1.0mm，图样中仅使用两种线宽的情况，线宽组宜为B和0.25B，三种线宽的线宽组宜为B、0.5B和0.25B。在同一张图纸内，各不同线宽组的细线，可统一采用最小线宽组的细线。暖通空调专业制图采用的线型及其含义有具体要求（见表2-9），图样中也可以使用自定义图线及含义，但应明确说明，且其含义不应与本标准相反。总平面图、平面图

表2-9　图线

名称	线型	线宽	用途
粗实线	━━━━━━	B	单线表示的管道
中实线	──────	0.5B	本专业设备轮廓、双线表示的管道轮廓
细实线	──────	0.25B	建筑物轮廓；尺寸、标高、角度等标注线及引出线；非本专业设备轮廓
粗虚线	━ ━ ━ ━ ━	B	回水管线
中虚线	─ ─ ─ ─ ─	0.5B	本专业设备及管道被遮挡的轮廓
细虚线	─ ─ ─ ─ ─	0.25B	地下管沟，改造前风管的轮廓线；示意性连接
单点长画线	──·──·──	0.25B	轴线、中心线
双点长画线	──··──··──	0.25B	假想或工艺设备轮廓线
中波浪线	∿∿∿∿	0.5B	单线表示的软管
细波浪线	∿∿∿∿	0.25B	断开界限
折断线	───∧/───	0.25B	断开界线

表2-10 水、气管道代号

序号	代号	管道名称	备注
1	R	（供暖、生活、工艺用）热水管	1.用粗实线、粗虚线区分供水、回水时，可省略代号； 2.可附加阿拉伯数字1、2区分供水、回水； 3.可附加阿拉伯数字1、2、3……表示一个代号、不同参数的多种管道
2	Z	蒸汽管	需要区分饱和、过热、自用蒸汽时，可在代号前分别附加B、G、Z
3	N	凝结水管	
4	P	膨胀水管、排污管、排气管、旁通管	需要区分时，可在代号后附加一位小写拼音字母，即Pz、Pw、Pq、Pt
5	G	补给水管	
6	X	泄水管	
7	XH	循环管、信号管	循环管为粗实线，信号管为细虚线。不致引起误解时，循环管也可为X
8	Y	溢排管	
9	L	空调冷水管	
10	LR	空调冷／热水管	
11	LQ	空调冷却水管	
12	n	空调冷凝水管	
13	RH	软化水管	
14	CY	除氧水管	
15	YS	盐液管	
16	FQ	氟汽管	
17	FY	氟液管	

的比例，宜与工程项目设计的主导专业一致。

2. 常用图例

水、气管道代号宜按表2-10选用，自定义水、气管道代号应避免与其相矛盾，并应在相应图面中说明。自定义可取管道内介质汉语名称的拼音首个字母，如与表内已有代号重复，应继续选取第2、3个字母，最多不超过3个。如果采用非汉语名称标注管道代号，须明确表明对应的汉语名称。风道代号宜按表2-11采用，暖通空调图常用图例宜按表2-12采用。

表2-11 风道代号

序号	代号	风道名称	序号	代号	风道名称
1	K	空调风管	4	H	回风管（一、二次回风可附加1、2区别）
2	S	送风管	5	P	排风管
3	X	新风管	6	PY	排烟管或排风、排烟共用管道

表2-12　　暖通空调图常用图例

序号	名称	图例	备注	序号	名称	图例	备注
1	阀门（通用）、截止阀		1.没有说明时，表示螺纹连接 法兰连接时 焊接时 2.轴测图画法 阀杆为垂直 阀杆为水平	10	丝堵		也可表示为：
				11	金属软管		也可表示为： 
				12	绝热管		
				13	保护套管	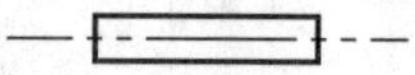	
				14	固定支架	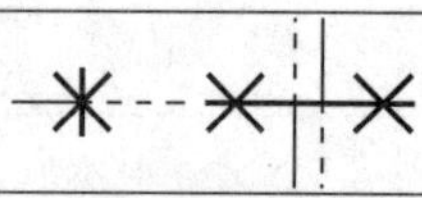	
				15	介质流向	 或	在管道断开处时，流向符号宜标注在管道中心线上，其余可同管径标注位置
				16	砌筑风、烟道	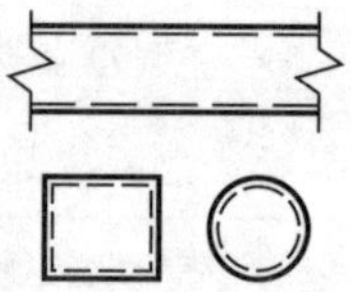	其余均为： 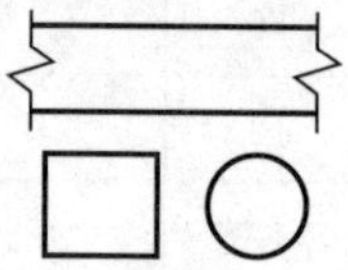
2	闸阀			17	带导流片弯头		
3	手动调节阀			18	天圆地方	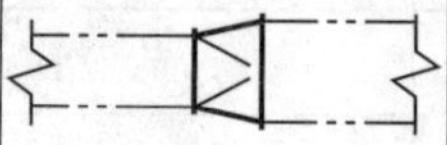	左接矩形风管，右接圆形风管
4	角阀			19	蝶阀	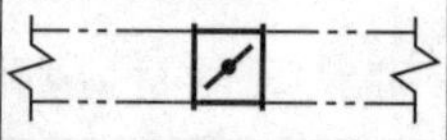	
5	集气罐、排气装置		上为平面图	20	风管止回阀		
6	自动排气阀			21	三通调节阀		
7	除污器（过滤器）		上为立式除污器；中为卧式除污器；下为Y型过滤器	22	防火阀	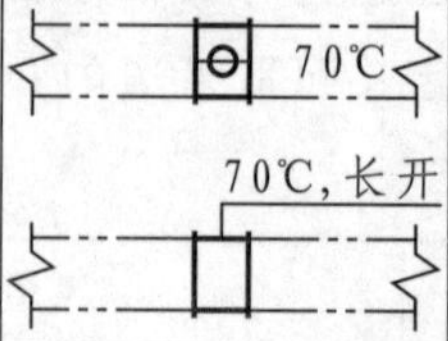 70℃ 70℃，长开	表示70℃动作的长开阀，若因图面小，可表示为下图
8	变径管异径管		上为同心异径管；下为偏心异径管	23	排烟阀	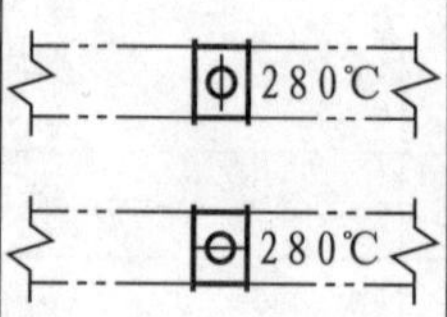 280℃ 280℃	上图为280℃的长闭阀，下图为长开阀，若因图面小，表示方法同上
9	法兰盖						

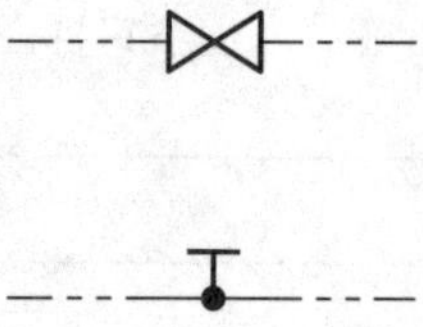

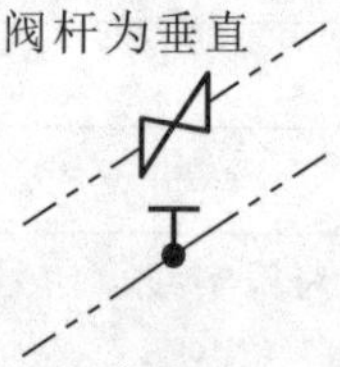

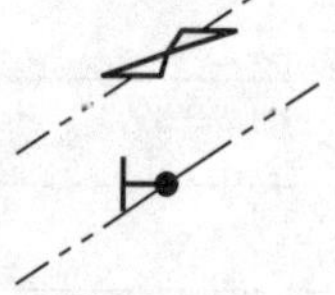

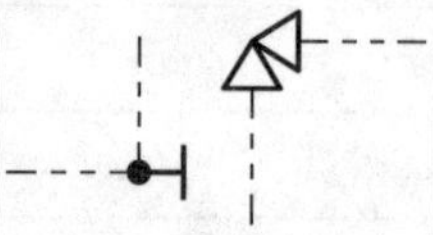

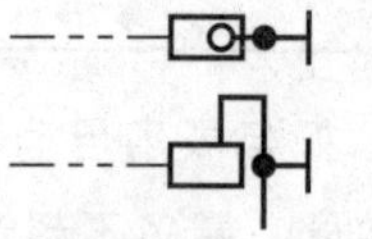

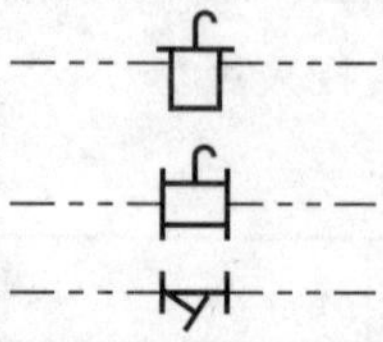

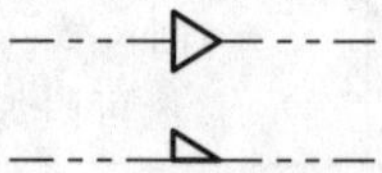

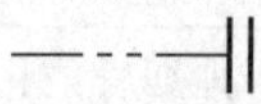

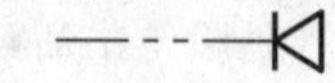

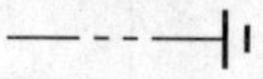

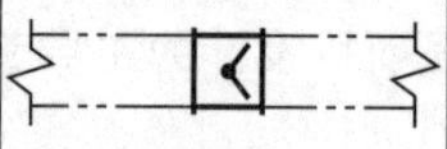

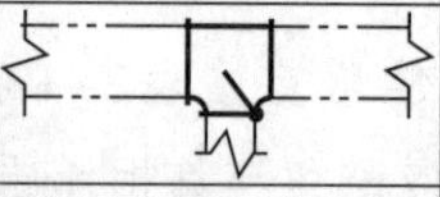

续表

序号	名称	图例	备注	序号	名称	图例	备注
24	软接头			33	水泵		左侧为进水，右侧为出水
25	软管		也可表示为光滑曲线（中粗）	34	空气加热、冷却器		左、中分别为单加热，单冷却，右为双功能换热装置
26	风口（通用）	或		35	板式换热器		
27	气流方向		上为通用表示法，中表示送风，下表示回风	36	空气过滤器		左为粗效，中为中效，右为高效
				37	电加热器		
28	散流器		上为矩形散流器，下为圆形散流器。散流器为可见时，虚线改为实线	38	加湿器		
				39	挡水板		
				40	窗式空调器		
				41	分体空调器		
29	检查孔 测量孔	检　检　测　测		42	温度传感器	T　温度	
				43	湿度传感器	H　湿度	
30	散热器及控制阀	15　15　15　15	左为平面图画法，右为剖面图画法	44	压力传感器	P　压力	
31	轴流风机			45	记录仪		
32	离心风机		左为左式风机，右为右式风机	46	温度计	T　或	左为圆盘式温度计，右为管式温度计

续表

序号	名称	图例	备注	序号	名称	图例	备注
47	压力表	或		49	能量计	E.M. 或 T1 T2	
48	流量计	F.M. 或	也可表示为光滑曲线（中粗）	50	水流开关	F	

3. 图样画法

（1）一般规定　各工程、各阶段的设计图纸应满足相应的设计深度要求。在同一套设计图纸中，图样的线宽组、图例、符号等应一致。在设计中，宜依次表示图纸目录、选用图集（纸）目录、设计施工说明、图例、设备、主要材料表、总图、工艺图、系统图、平面图、剖面图、详图等。如单独成图时，其图纸编号应按所述顺序排列。图样需用的文字说明，宜以“注：”、“附注：”或“说明：”的形式在图纸右下方、标题栏的上方书写，并用“1、2、3……”进行编号。

当一张图幅内绘制有平、剖面等多种图样时，宜按平面图、剖面图、安装详图，从上至下、从左至右的顺序排列。当一张图幅绘有多层平面图时，宜按建筑层次由低至高，由下至上顺序排列。图纸中的设备或部件不便用文字标注时，可进行编号。图样中只注明编号，如还需表明其型号（规格）、性能等内容时，宜用“明细栏”表示。初步设计和施工图设计的设备表至少应包括序号（编号）、设备名称、技术要求、数量、备注栏，材料表至少应包括序号（编号）、材料名称、规格、物理性能、数量、单位、备注栏。

（2）管道设备平面图、剖面图及详图　一般应以直接正投影法绘制，用于暖通空调系统设计的建筑平面图、剖面图，应用细实线绘出建筑轮廓线和与暖通空调系统有关的门、窗、梁、柱、平台等建筑构配件，并标明相应定位轴线编号、房间名称、平面标高。管道和设备布置平面图应按假想除去上层板后俯视规则绘制，否则应在相应垂直剖面图中表示剖切符号。平面图上应注出设备、管道定位（中心、外轮廓、地脚螺栓孔中心）线与建筑定位（墙边、柱边、柱中）线间的关系。剖面图上应注出设备、管道（中、底或顶）标高，必要时，还应注出距该层楼（地）板面的距离。剖面图应在平面图上选择能反映系统全貌的部位作垂直剖切后绘制。当剖切的投射方向为向下和向右，且不致引起误解时可省略剖切方向线（见图2-39）。

建筑平面图采用分区绘制时，暖通空调专业平面图也可分区绘制，但分区部位应与建筑平面图一致，并应绘制分区组合示意图。平面图、剖面图中的水、汽管道可用单线绘制，风管不宜用单线绘制（方案设计和初步设计除外）。平面图、剖面图中的局部需另绘详图时，应在平、剖面图上标注索引符号。

（3）管道系统图　一般应能确认管径、标高及末端设备，可按系统编号分别绘制。管道系统图如果采用轴测投影法绘制，宜采用与相应平面图一致的比例，按正面等轴测或正面斜二轴测的投影规则绘制，在不致引起误解时，管道系统图可不按轴测投影法绘制。管道系统图的基本要素应与平、剖面图相对应。水、汽管道及通风、空调管道系统图均可用单线绘制。系统图中的管线重叠、密集处，可采用断开画法，断开处宜以相同的小写拉丁字母表示，也可用细虚线连接。

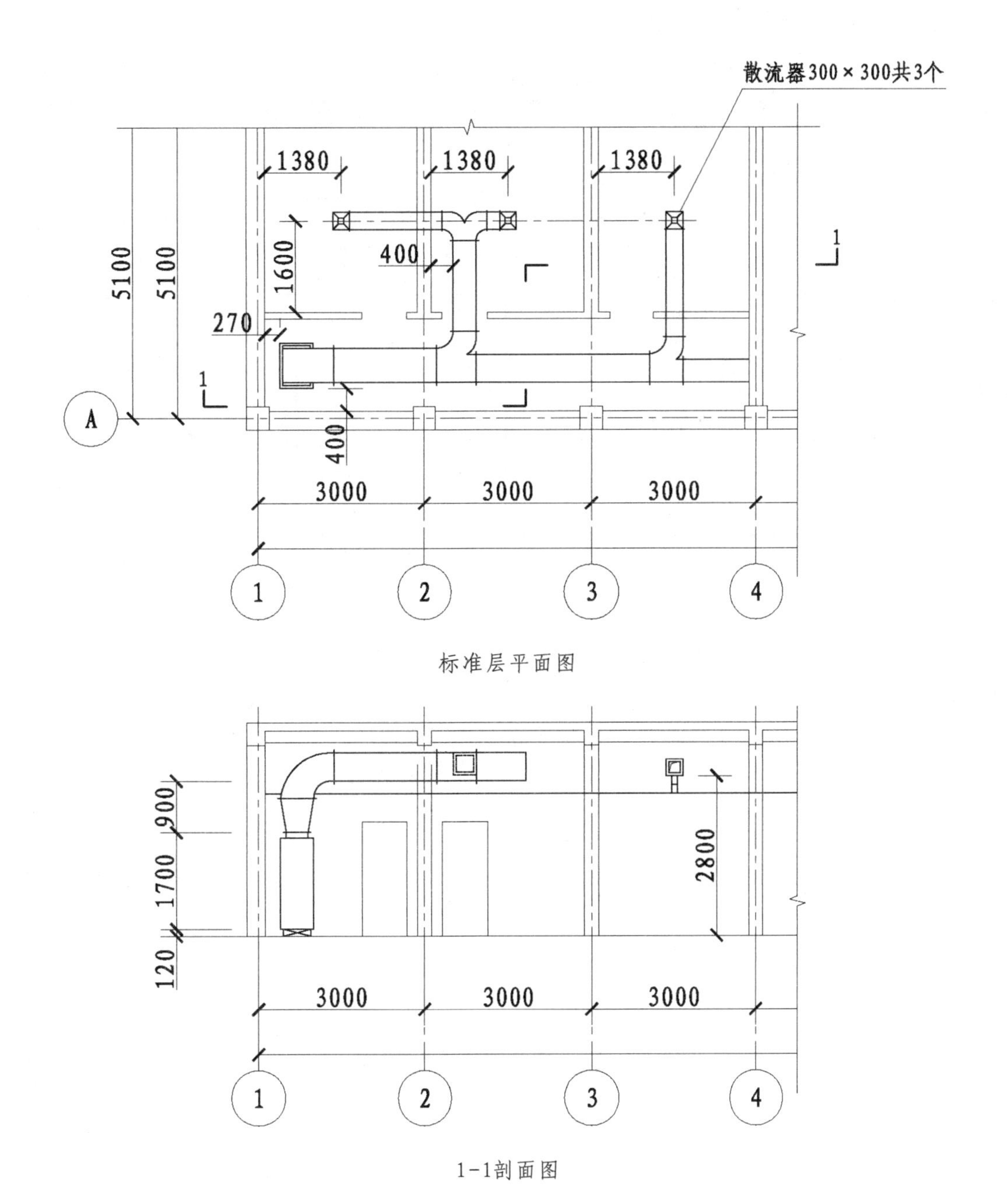

图2-39　平、剖面图示例

（4）系统编号　一项工程设计中同时有供暖、通风、空调等两个及两个以上的不同系统时，应进行系统编号。暖通空调系统编号、入口编号，应由系统代号和顺序号组成。系统代号由大写拉丁字母表示（见表2-13），顺序号由阿拉伯数字表示（见图2-40）。系统编号宜标注在系统总管处。竖向布置的垂直管道系统，应标注立管号（见图2-41）。在不致引起误解时，可只标注序号，但应与建筑轴线编号有明显区别。

（5）管道标高、管径、尺寸标注　在不宜标注垂直尺寸的图样中，应标注标高。标高以米为单位，精确到厘米或毫米。当标准层较多时，可只标注与本层楼（地）板面的相对标高（见图2-42）。水、气管道所注标高未予说明时，表示管中心标高。水、气管道标注管外底或顶标高时，应在数字前加“底”或“顶”字样。矩形风管所注标高未予说明时，表示管底标高。圆形风管所注标高未予说明时，表示管中心标高。低压流体输

表2-13 系统代号

序号	代号	系统名称	序号	代号	系统名称
1	N	（室内）供暖系统	9	X	新风系统
2	L	制冷系统	10	H	回风系统
3	R	热力系统	11	P	排风系统
4	K	空调系统	12	JS	加压送风系统
5	T	通风系统	13	PY	排烟系统
6	J	净化系统	14	P(Y)	排风兼排烟系统
7	C	除尘系统	15	RS	人防送风系统
8	S	送风系统	16	RP	人防排烟系统

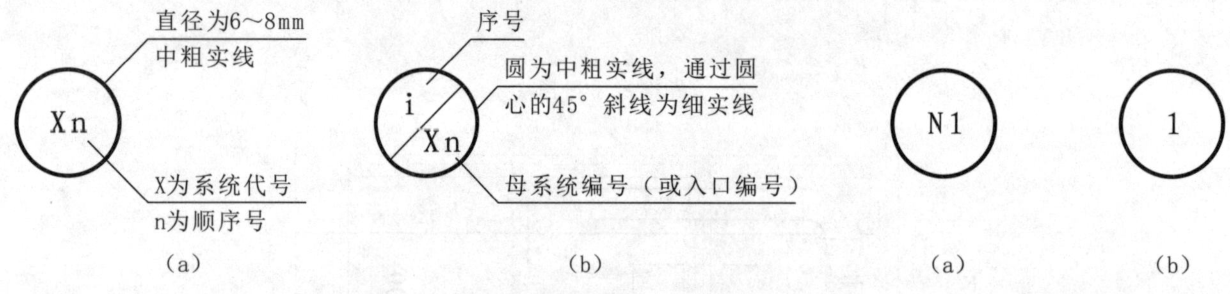

图2-40 系统代号、编号的画法

图2-41 立管号的画法

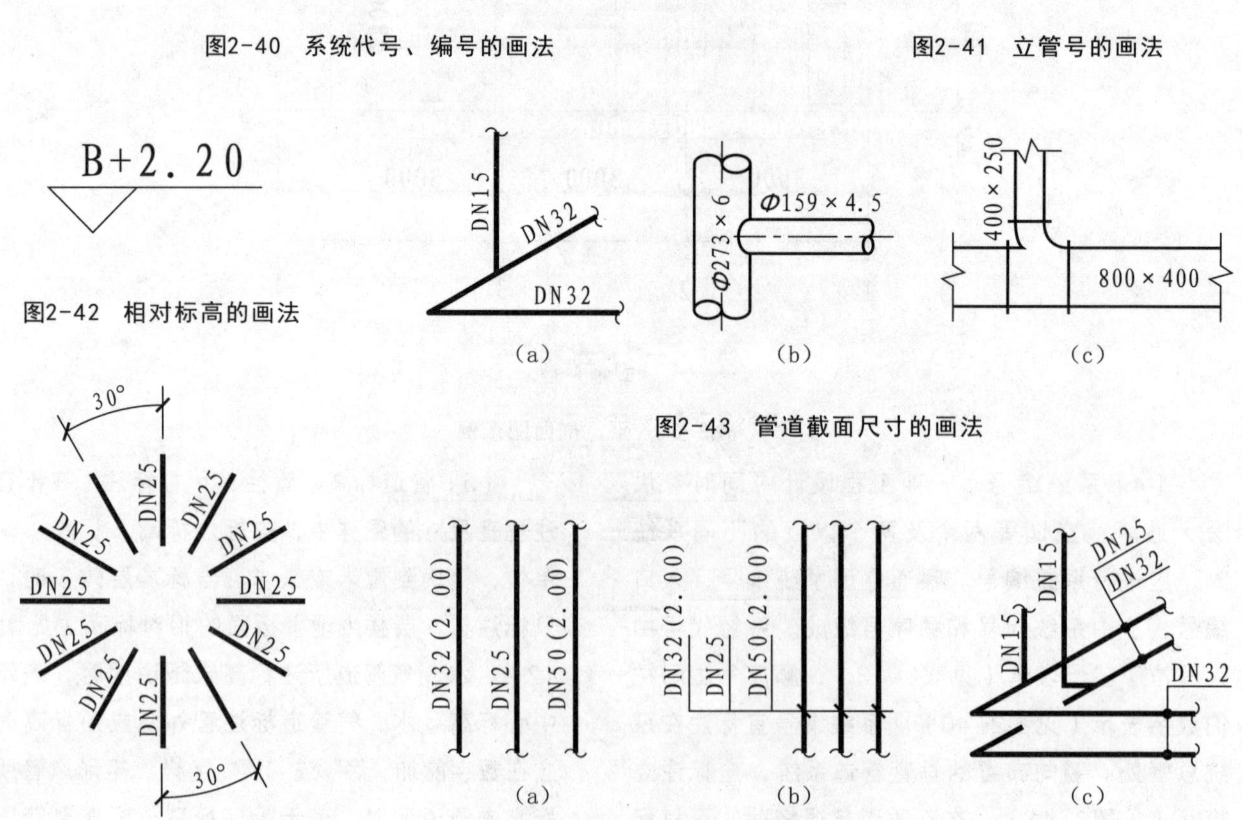

图2-42 相对标高的画法

图2-43 管道截面尺寸的画法

图2-44 管径（压力）的标注位置示例

图2-45 多条管线规格的画法

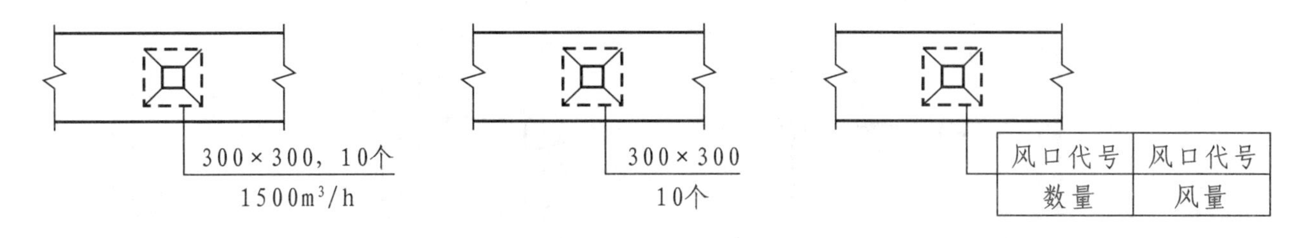

图2-46 风口、散流器的表示方法

图2-47 定位尺寸的表示方法

注：括号内数字应为不保证尺寸，不宜与上排尺寸同时标注。

送用焊接管道规格应标注公称通径或压力。公称通径的标记由字母“DN”后跟一个以毫米表示的数值组成，如DN15、DN32，公称压力的代号为“PN”。输送流体用无缝钢管、螺旋缝或直缝焊接钢管、铜管、不锈钢管，当需要注明外径和壁厚时，应当采用“D或Φ外径×壁厚”来表示，如“D108×4”、“Φ108×4”。在不致引起误解时，也可采用公称通径表示。金属或塑料管应采用“d”表示，如“d10”。圆形风管的截面定型尺寸应以直径符号“Φ”后跟以毫米为单位的数值表示。矩形风管（风道）的截面定型尺寸应当以“A×B”表示。“A”为该视图投影面的边长尺寸，“B”为另一边尺寸，A、B单位均为毫米。对于平面图中无坡度要求的管道标高，可以标注在管道截面尺寸后括号内，如“DN32（2.50）”、“200×200（3.10）”。必要时，应在标高数字前加“底”或“顶”的字样。

水平管道的规格宜标注在管道的上方，竖向管道的规格宜标在管道的左侧。双线表示的管道，其规格可标注在管道轮廓线内部（见图2-43）。当斜管道不在图2-44所示30°范围内时，其管径（压力）、尺寸应平行标注在管道的斜上方。否则，用引出线水平或90°方向标注。多条管线的规格标注且管线密集时采用中间图画法，其中短斜线也可统一用圆点（见图2-45）。风口、散流器的规格、数量及风量的表示方法见图2-46。平面图、剖面图上如需标注连续排列的设备或管道的定位尺寸或标高时，应至少有一个自由段（见图2-47）。挂墙安装的散热器应说明安装高度。

此外，针对管道转向、分支、重叠及密集处，需要详细绘制（见图2-48、图2-49、图2-50、图2-51、图2-52、图2-53、图2-54、图2-55、图2-56、图2-57）。

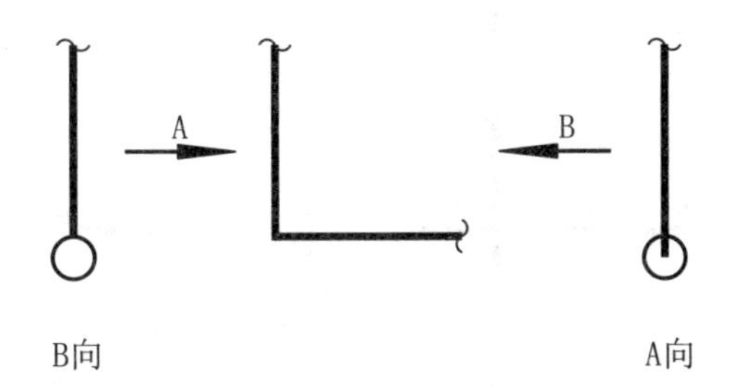

图2-48 单线管道转向的画法

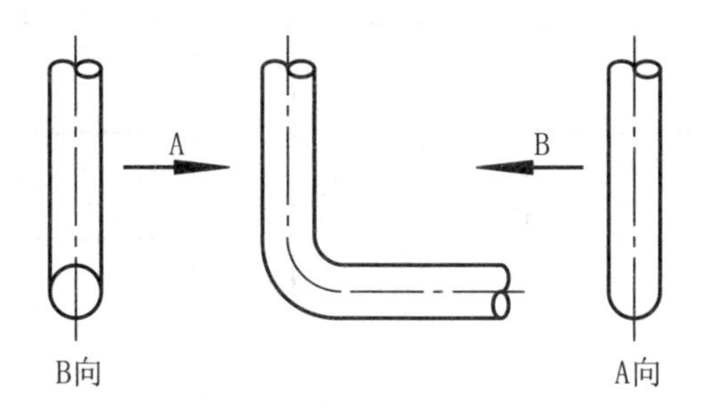

图2-49 双线管道转向的画法

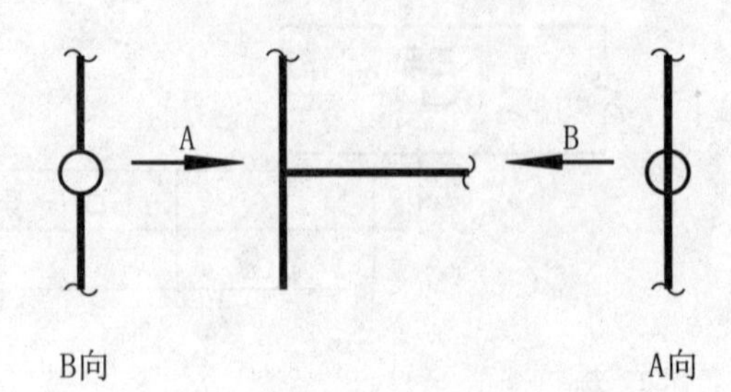

图2-50　单线管道的分支画法

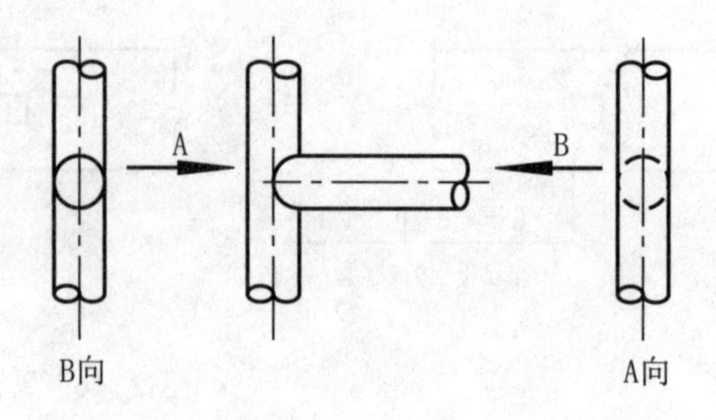

图2-51　双线管道的分支画法

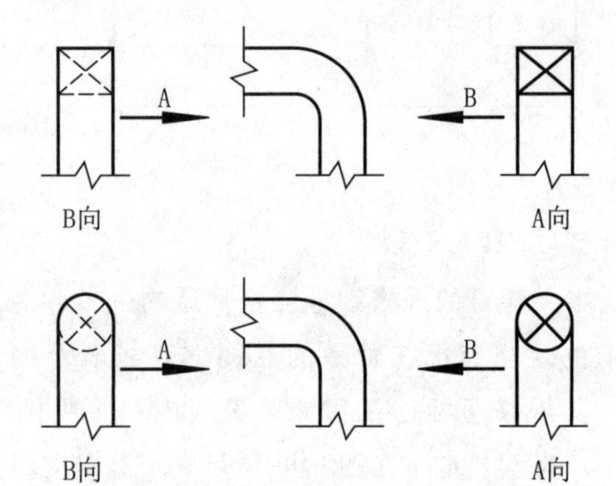

图2-52　送风管转向的画法

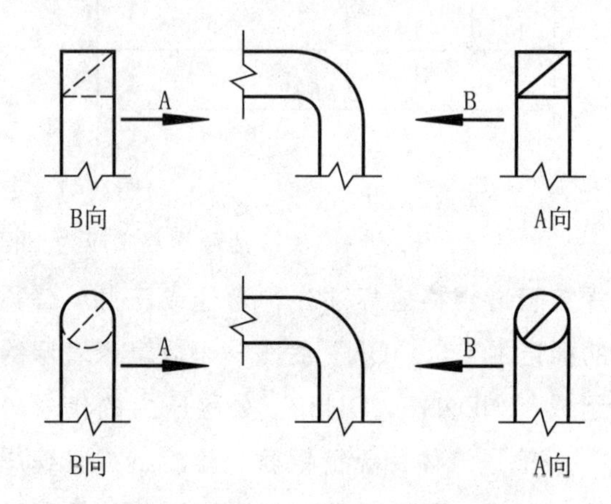

图2-53　回风管转向的画法

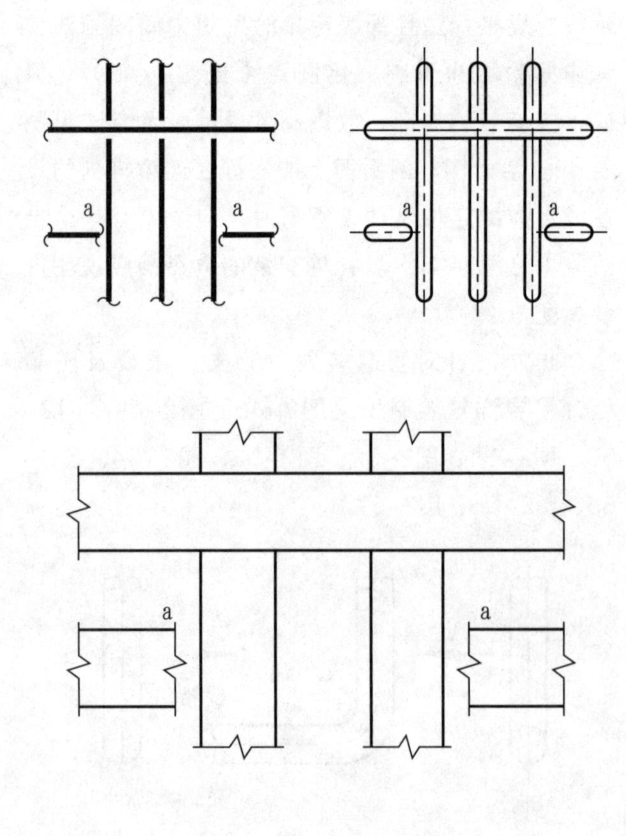

图2-54　管道断开画法

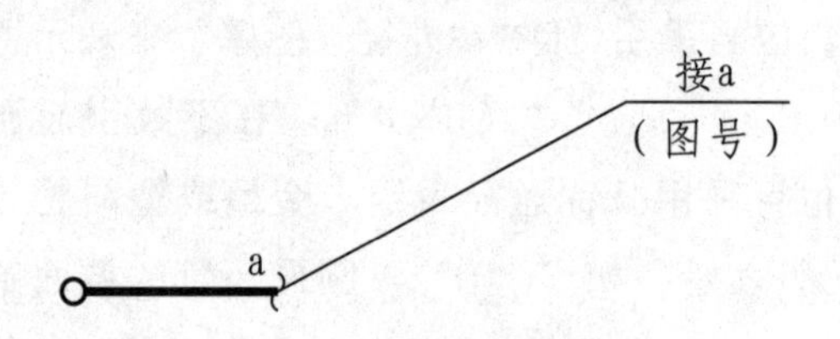

图2-55　管道在本图中断的画法

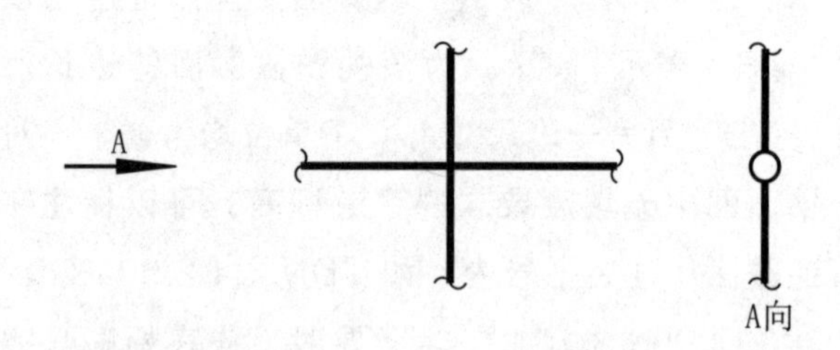

图2-56　管道交叉的画法

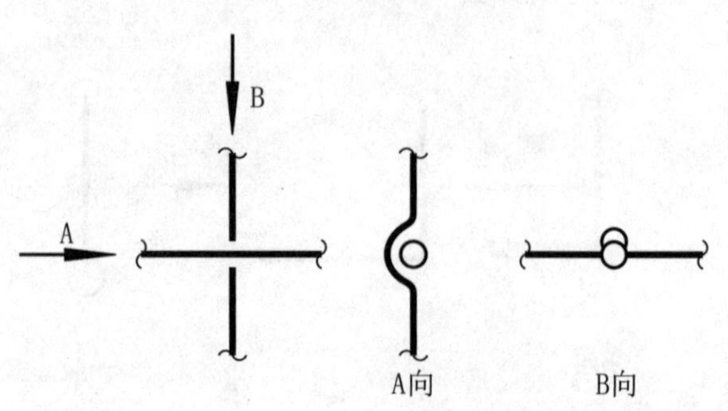

图2-57　管道跨越的画法

二、热水暖通图

1. 热水暖通构造

现代设计项目中，需要绘制热水暖通图的设计方案一般采用集中采暖系统，这类系统是指热源和散热设备分别设置，利用一个热源产生的热能通过输热管道向各个建筑空间供给热量的采暖方式。它具有构造复杂，一次性投入大、采暖效率高、方便洁净的特点。从经济、卫生和供暖效果来看，是目前大型公共空间中常见的采暖系统。集中采暖系统一般都是以供暖锅炉、天然温泉水源、热电厂余热供汽站、太阳能集热器等作为热源，分别以热水、蒸汽、热空气作为热媒，通过供热管网将热水、蒸汽、热空气等热能从热源输送到各种散热设备，散热设备再以对流或辐射方式将热量传递到室内空气中，用来提高室内温度，满足人们的工作和生活需要。其中热水采暖系统是目前广泛采用的一种供热方式，它是由锅炉或热水器将水加热至90℃左右以后，热水通过供热管网输送到各采暖空间，再经由供热干管、立管、支管送至各散热器内，散热后已冷却的凉水回流到回水干管，再返回至锅炉或热水器重新加热，如此循环供热。

热水采暖系统按照供暖立管与散热器的连接形式不同，连接每组散热器的立管有双管均流输送供暖和单管顺流输送供暖两种安装形式。由于供暖干管的位置不同，其热水输送的循环方式也不相同。比较常见的是上供下回式、下供下回式两种形式。

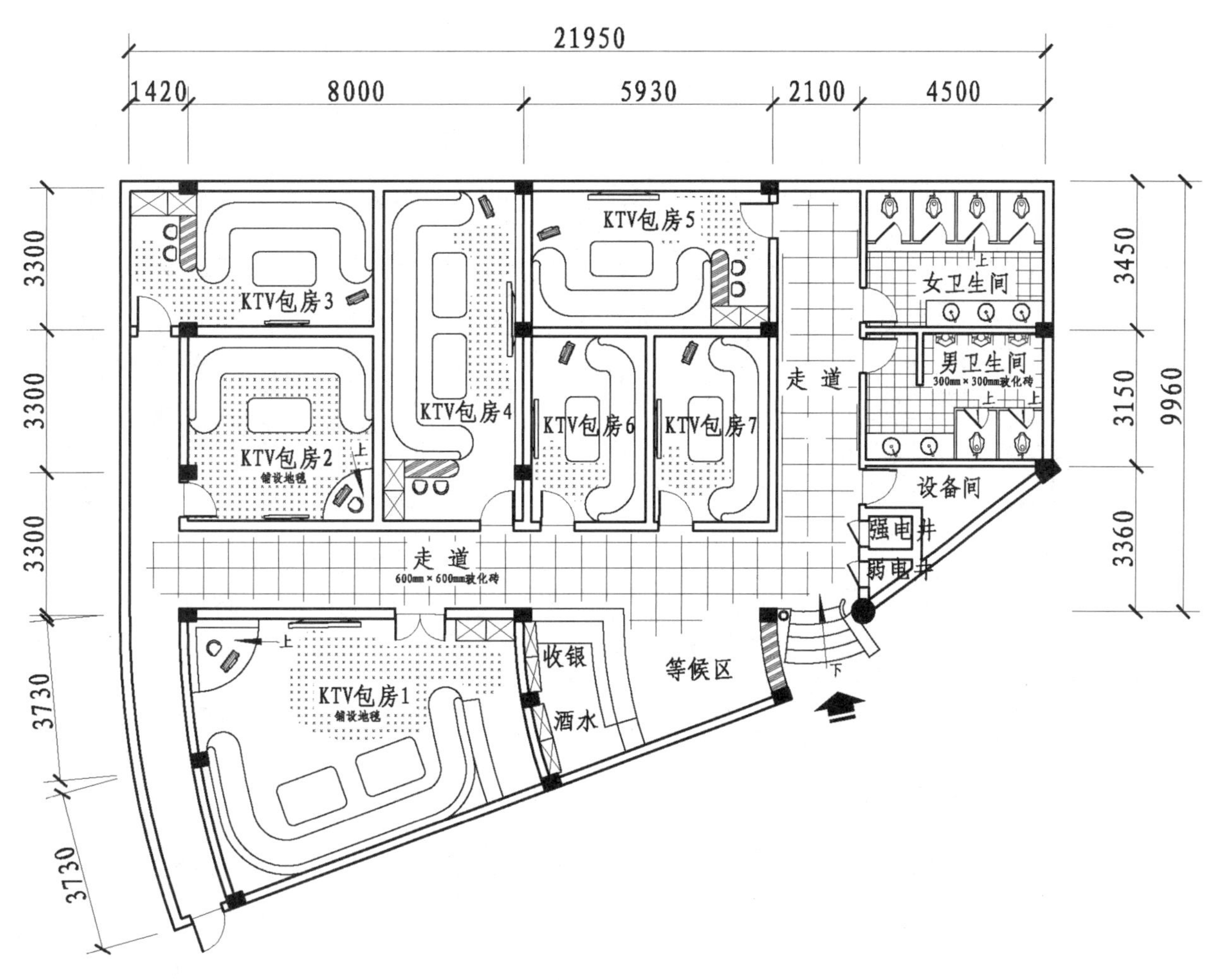

图2-58 娱乐空间平面布置图

（1）上供下回式热水输送循环系统　是指供水干管设在整个采暖系统之上，回水干管则设在采暖系统的最下面。

（2）下供下回式热水输送循环系统　是指热水输送干管和回水干管均设置在采暖系统中所有散热器的下面。供热干管应按水流方向设上升坡度，以便使系统内空气聚集到采暖系统上部设置的空气管，并通过集气罐或自动放风阀门将空气排至系统外的大气中。回水干管则应按水流方向设下降坡度，以便使系统内的水全部排出。一般情况下，采暖系统上面的干管敷设在顶层的天棚处，而下面的干管应敷设在底层地板上。

2. 绘制方法

热水暖通图一般需要参考平面布置图来绘制（见图2-58），经常采用单线表示管路，附有必要的设计施工说明，主要分为热水地暖平面图（见图2-59）、热水采暖平面图（见图2-60）和采暖系统图（见图2-61）等三种，前两种绘制内容有差异，但是绘制方法和连接原理一致，只是形式不同，统称采暖平面图。采暖系统图主要表示从热水（汽）入口至出口的采暖管道、散热器、各种安装附件的空间位置和相互关系的图样，能清楚地表达整个供暖系统的空间情况。采暖系统图以供暖平面图为依据，采用与平面图相

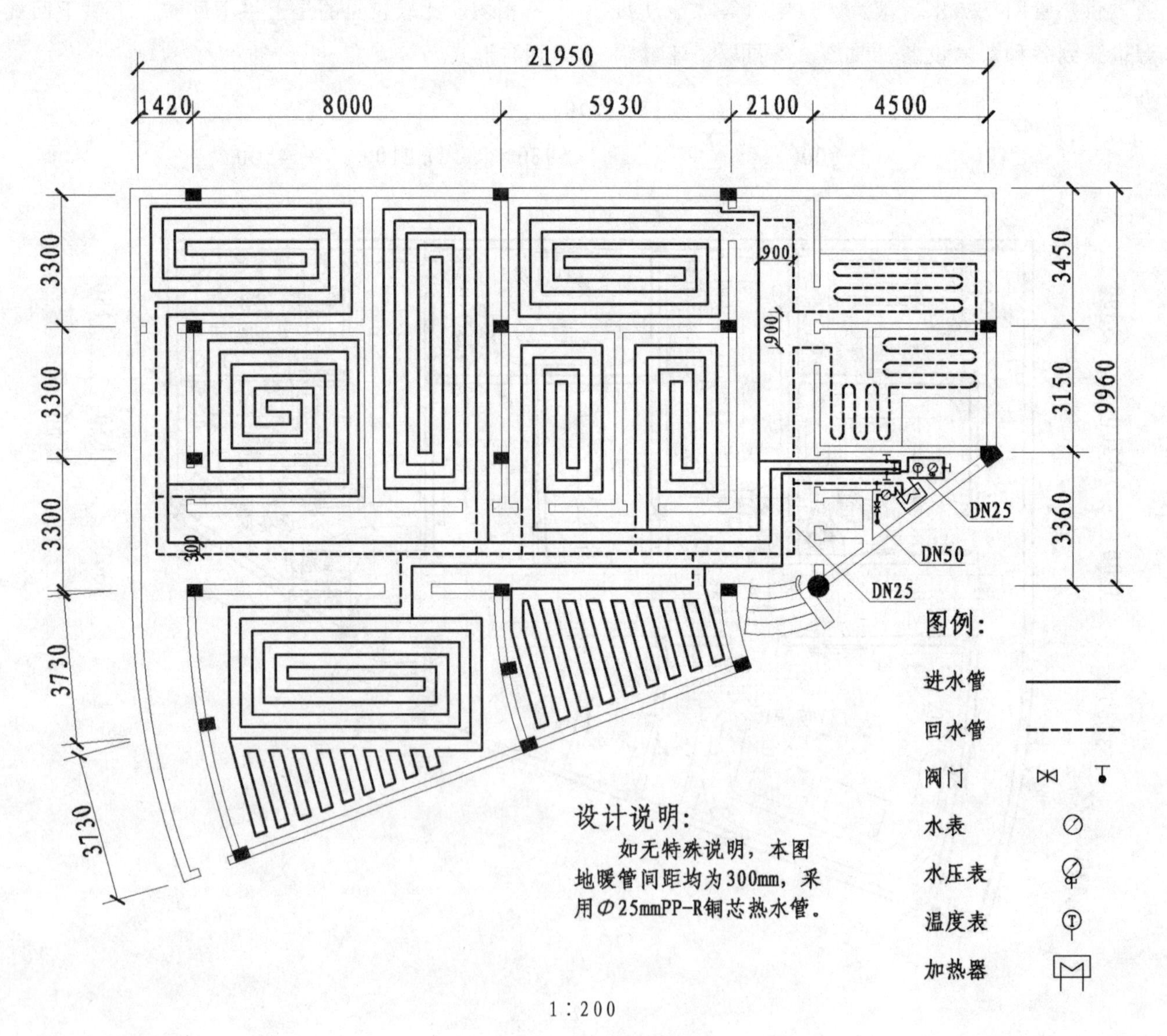

图2-59　热水地暖平面图

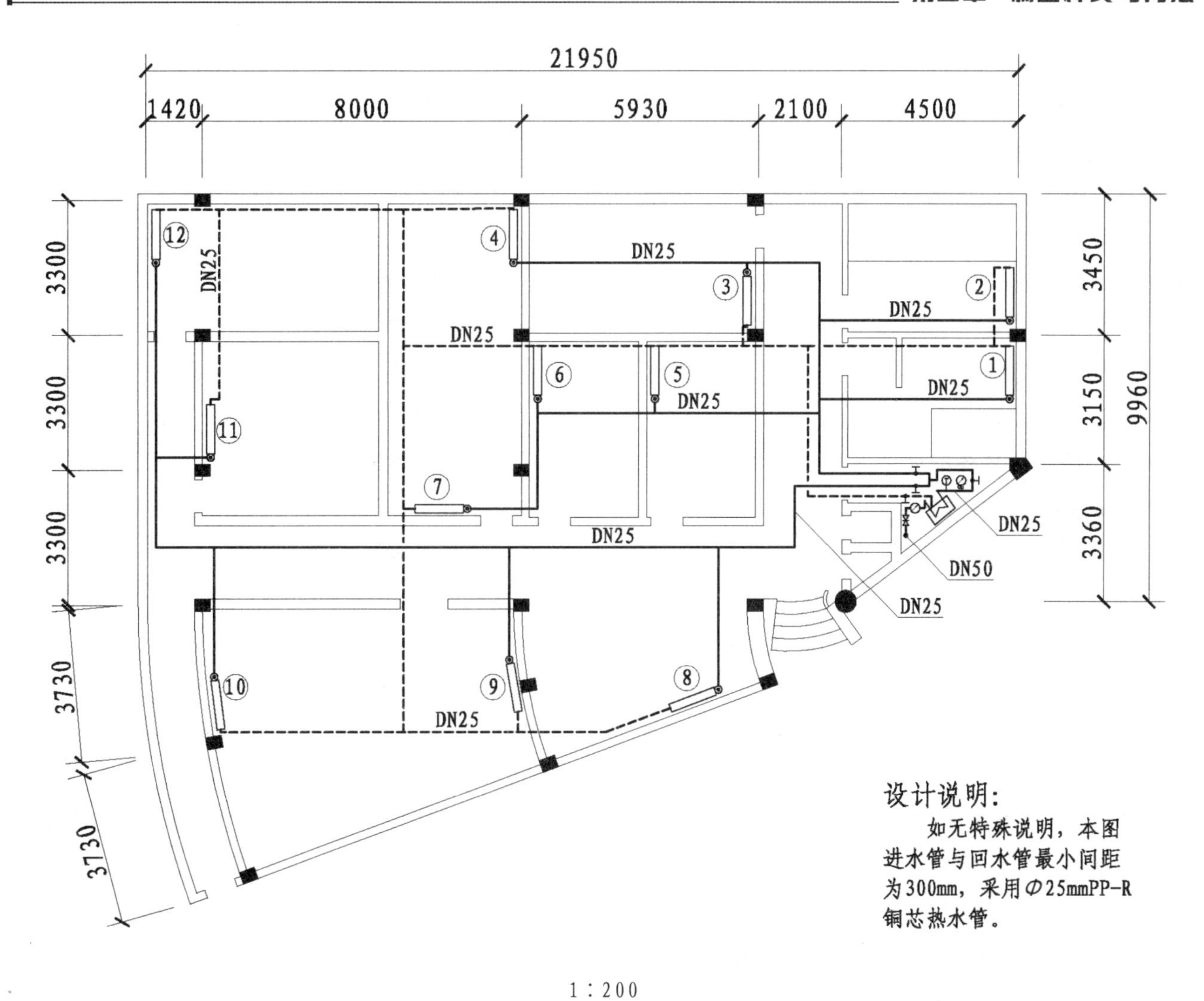

图2-60 热水采暖平面图

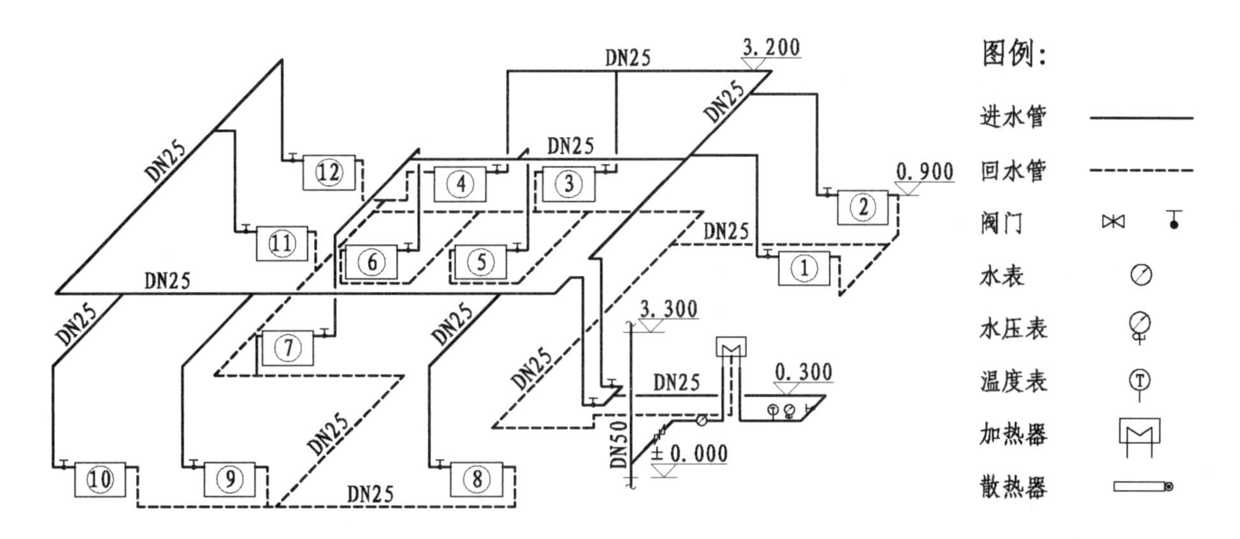

图2-61 热水采暖系统图

同的比例以正面斜轴测投影方法绘制。

（1）采暖平面图　绘制热水暖通图是经常采用与平面布置图相同的比例。图样应表达设计空间的平面轮廓、定位轴线和建筑主要尺寸，如各层楼面标高、房间各部位尺寸等。为突出整个供暖系统，散热器、立管、支管用中实线画出；供热干管用粗实线画出；回水干管用粗虚线画出；回水立管、支管用中虚线画出。表示出采暖系统中各干管支管、散热器位置及其他附属设备的平面布置，每组散热器的近旁应标注片数。标注各主干管的编号，编号应从总立管开始按照①、②、③的顺序标注。为了避免影响图形清晰，编号应标注在建筑物平面图形外侧，同时标注各段管路的安装尺寸、坡度，如3‰，即管路坡度为千分之三，箭头指向下坡方向等，并应示意性表示管路支架的位置。立管的位置，支架和立管的具体间距、距墙的详细尺寸等在施工说明中予以说明，或按照施工规范确定，一般不标注。

（2）采暖系统图　首先要确定地面的标高为±0.000位置及各层楼地面的标高，从引入水（汽）管开始，先绘制总立管和建筑顶层棚下的供暖干管，干管的位置、走向应与采暖平面图一致。根据采暖平面图中各个立管的位置，绘制与供暖干管相连接的各个立管，再绘制出各楼层的散热器及与散热器连接的立管、支管。接着依次绘制回水立管、回水干管，直至回水出口。在管线中需画出每一个固定支架、阀门、补偿器、集气罐等附件和设备的位置。最后标出各立管的编号、各干管相对于各层楼面的主要标高、干管各段的管径尺寸、坡度等，并在散热器的近旁标注片数。

三、中央空调图

1. 中央空调构造

空调系统泛指以各种通风系统、空气加温、冷却与过滤系统共同工作，对室内空气进行加温、冷却、过滤或净化后，采用气体输送管道进行空气调节的系统。实际上包括通风系统，空气加温、冷却与过滤系统两类，在某些特殊空间环境中通风系统往往单独使用。

中央空气调节系统又分为集中式中央空气调节系统和半集中式中央空气调节系统两种。

（1）集中式中央空气调节　是指将各种空气处理设备以及风机都集中设在专用机房内，是各种商场、商住楼、酒店经常采用的空气调节形式，中央空调系统将经过加热、冷却、加湿、净化等处理过的暖风或冷风通过送风管道输送到房间的各个部位，室内空气交换后用排风装置经回风管道排向室外。有空气净化处理装置的，空气经处理后再回送到各个空间，使室内空气循环达到调节室内温度、湿度和净化的目的。

（2）半集中式的中央空气调节　是将各种空气处理设备、风机或空调器都集中设在机房外，通过送风和回风装置将处理后的空气送至各个住宅空间，但是在各个空调房间内还有二次控制处理设备，以便灵活控制空气调节系统。

一般而言，中央空调通风系统通风包括排风和送风两个方面的内容，从室内排出污浊的空气称为排风，向室内补充新鲜空气称为送风，给室内排风和送风所采用的一系列设备、装置构成了通风系统。而空气加温、冷却与过滤系统是对室内外交换的空气进行处理的设备系统，它只是空气调节的一部分，将其单独称之为空调系统是不准确的。但是很多室内空气的加温、循环水冷却、过滤系统往往与通风系统结合在一起，构成一个完善的空气调节体系，即空调系统。

2. 绘制方法

空气调节系统包括通风系统和空气的加温、冷却、过滤系统两个部分。虽然通风系统有单独使用的情况，但在许多空间环境这两个系统是共同工作的，除主要设备外，一些输送气体的风机、管线等设备、附件往往是共用的，因此通风系统与空气的加温、冷却与过滤系统的施工图绘制方法基本上是相同的，统称空调系统施工图。

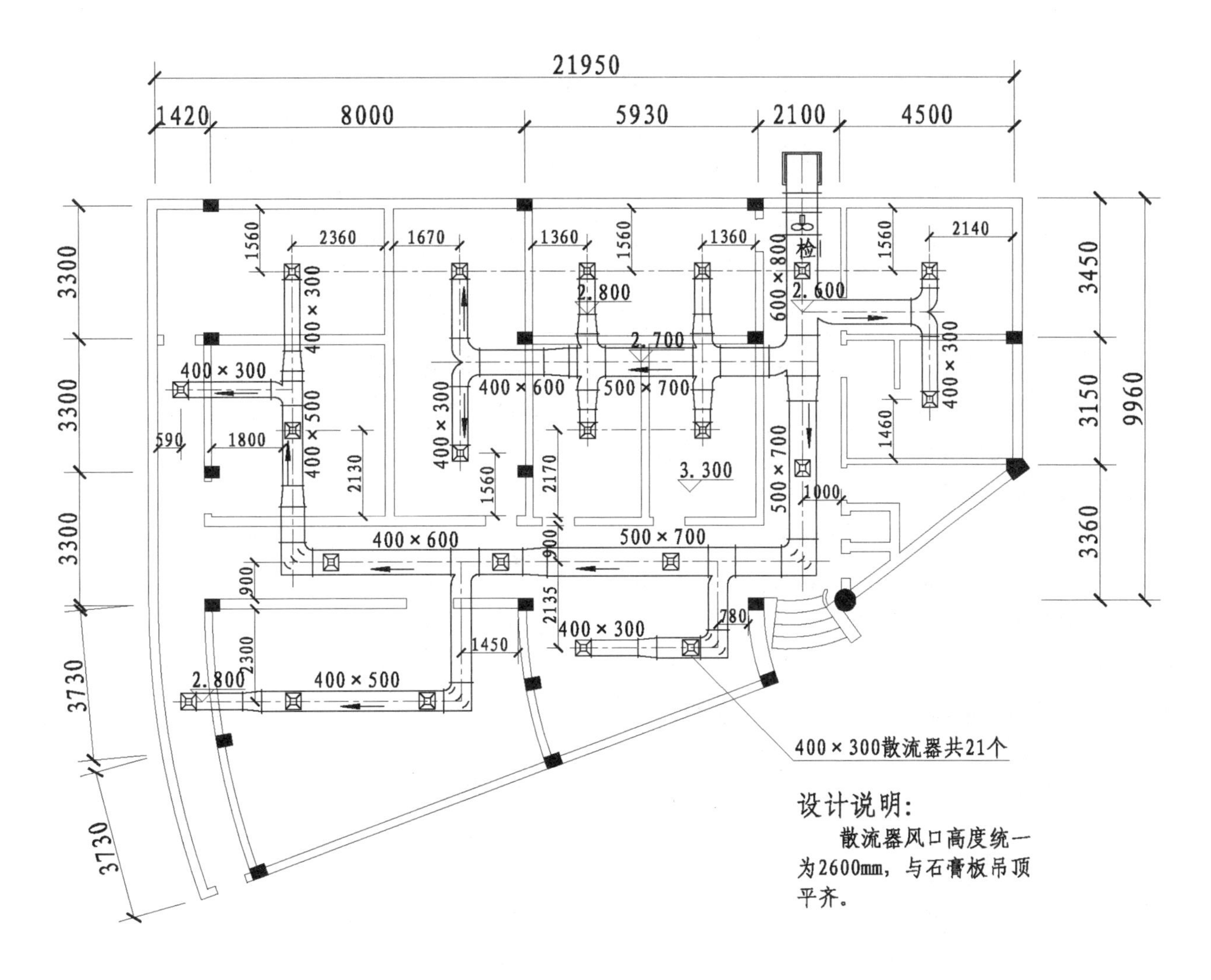

1：200

图2-62 空调送风平面图

它主要包括空调送风平面图（见图2-62）和空调回风平面图。

中央空调图主要是表明空调通风管道和空调设备的平面布置图样。图中一般采用中粗实线绘制墙体轮廓，采用细实线绘制门窗，采用细单点长画线绘制建筑轴线，并标注空间尺寸、楼面标高等。然后根据空调系统中各种管线、风道尺寸大小，由风机箱开始，采用分段绘制的方法，按比例逐段绘制送风管的每一段风管、弯管、分支管的平面位置，并标明各段管路的编号、坡度等。用图例符号绘出主要设备、送风口、回风口、盘管风机、附属设备及各种阀门等附件的平面布置。标明各段风管的长度和截面尺寸及通风管道的通风量、方向等。

图样中应注写相关技术说明，如设计依据、施工和制作的技术要求、材料质地等。空调工程中的风管一般都是根据系统的结构和规格需要，采用镀锌铁板分段制作的矩形风管，安装时将各段风管、风机用法兰连接起来即可。回风平面图的绘制过程与送风平面图相似，只不过是送风口改成了回风口。

暖通空调设计图需要根据具体设计要求和施工情况来确定绘制内容，关键在于标明管线型号和设备位置，及彼此的空间关系。绘图前最好能到相关施工现场参观考察，建立较为直观的印象后再着手绘图就比较快了。

第六节 立面图

立面图是指主要设计构造的垂直投影图，一般用于表现建筑物、构筑物的墙面，尤其是具有装饰效果的背景墙、瓷砖铺贴墙、现场制作家具等立面部位，也可以称为墙面、固定构造体、装饰造型体的正立面投影视图。立面图适用于表现建筑与设计空间中各重要立面的形体构造、相关尺寸、相应位置和基本施工工艺。

立面图要与总平面图、平面布置图相呼应，绘制的视角与施工后站在该设计对象面前要一样（见图2-63），下部轮廓线条为地面，上部轮廓线条为顶面，左右以主要轮廓墙体为界线，在中间绘制所需要的设计构造，尺寸标注要严谨，包括细节尺寸和整体尺寸，外加详细的文字说明。立面图画好后要反复核对，避免遗漏关键的设计造型或含糊表达了重点部位。绘制立面图所用的线型与平面图基本相同，只是周边形体轮廓使用中粗实线，地面线使用粗实线，对于大多数构造不是特别复杂的设计对象，也可以统一绘制为粗实线（见图2-64）。

在复杂设计项目中，立面图可能还涉及原有的装饰构造，如果不准备改变或拆除，这部分可以不用绘制，空白或用阴影斜线表示即可。在一套设计方案中，立面图的数量可能会比较多，这就要在平面图中署名方位或绘制标识符号，与立面图相呼应，方便查找。为了强化平面图与立面图之间的关系，整体建筑物、构筑物的立面表现一般以方位名称标注图名，如正立面图、东立面图等。如果涉及复杂结构，也可以采用剖面图来

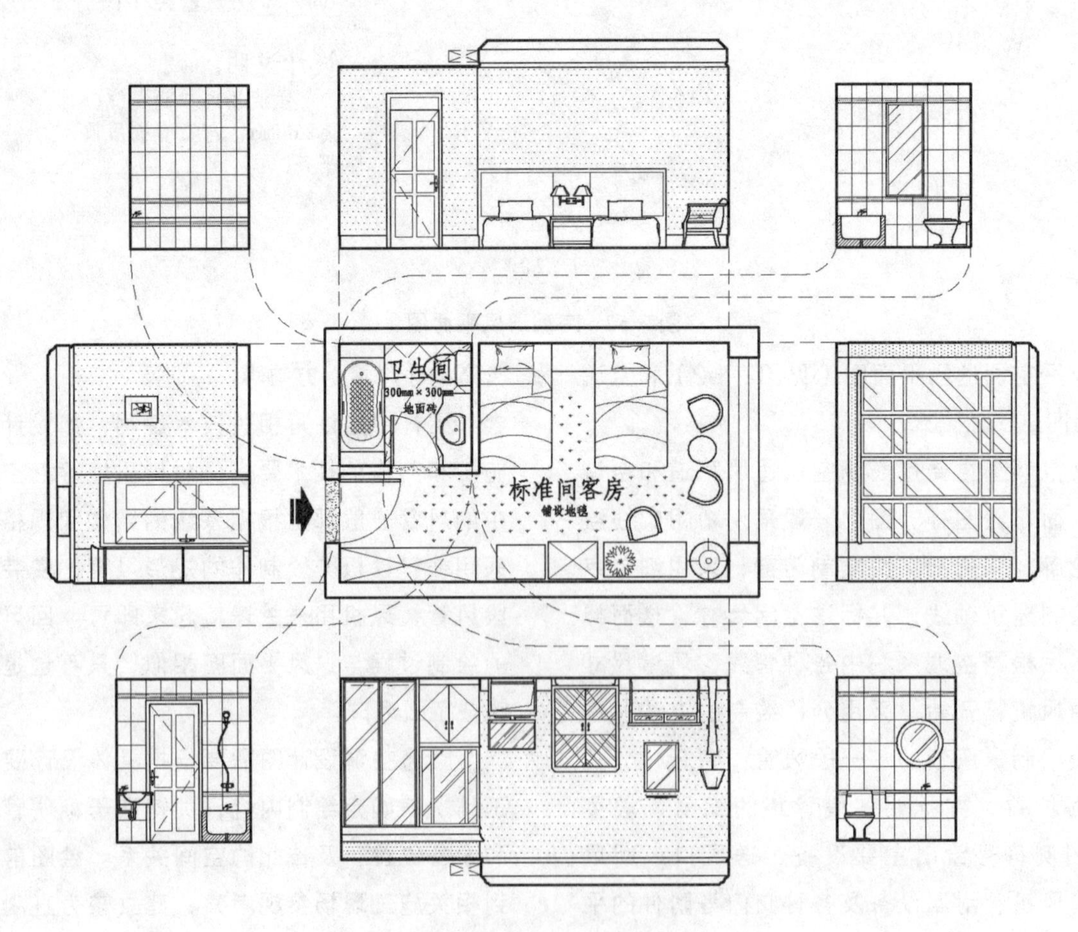

图2-63 平面图与立面图的对应关系

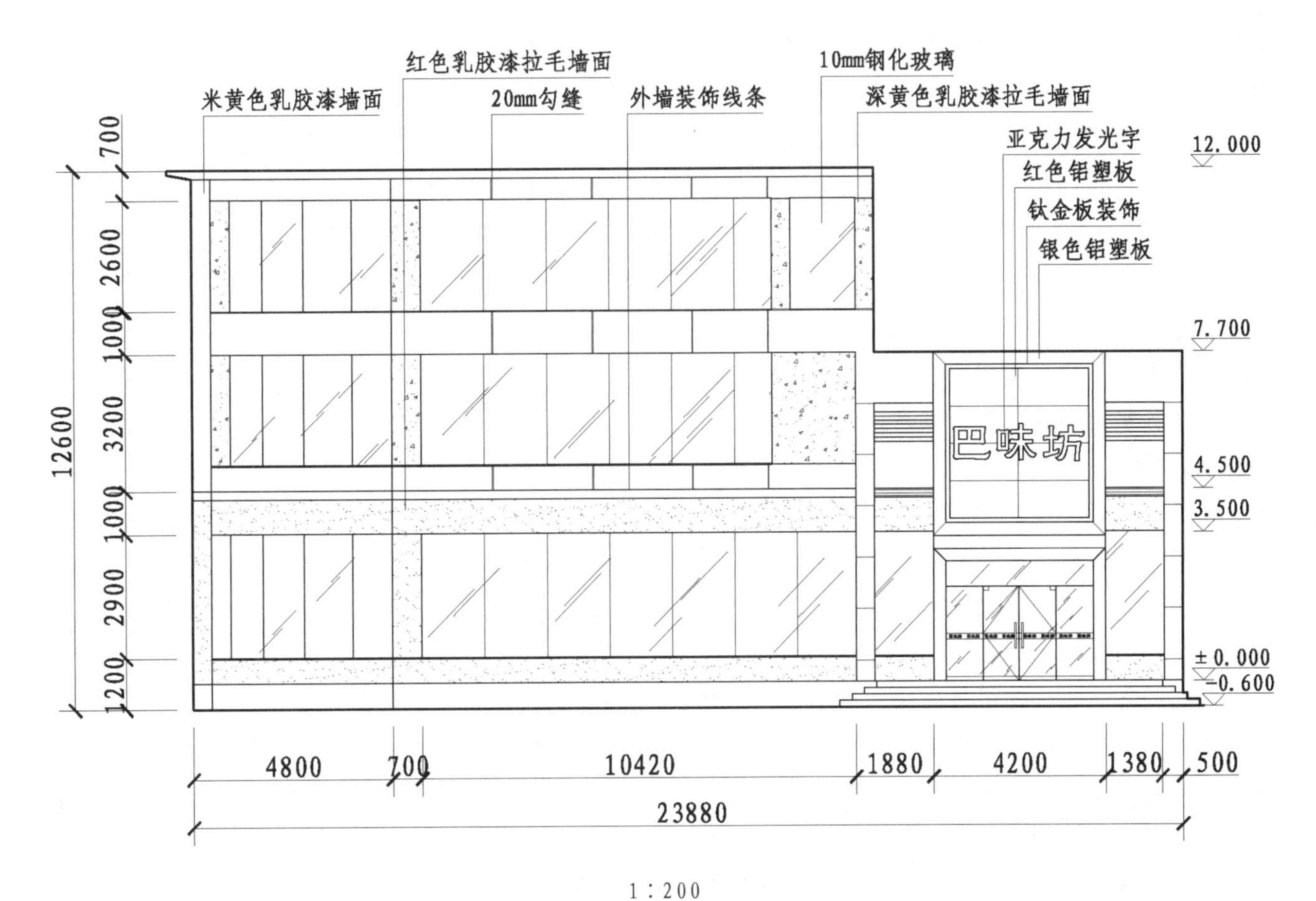

1∶200

图2-64 建筑外墙正立面图

（a）单面内视符号

（b）双面内视符号

（c）四面内视符号

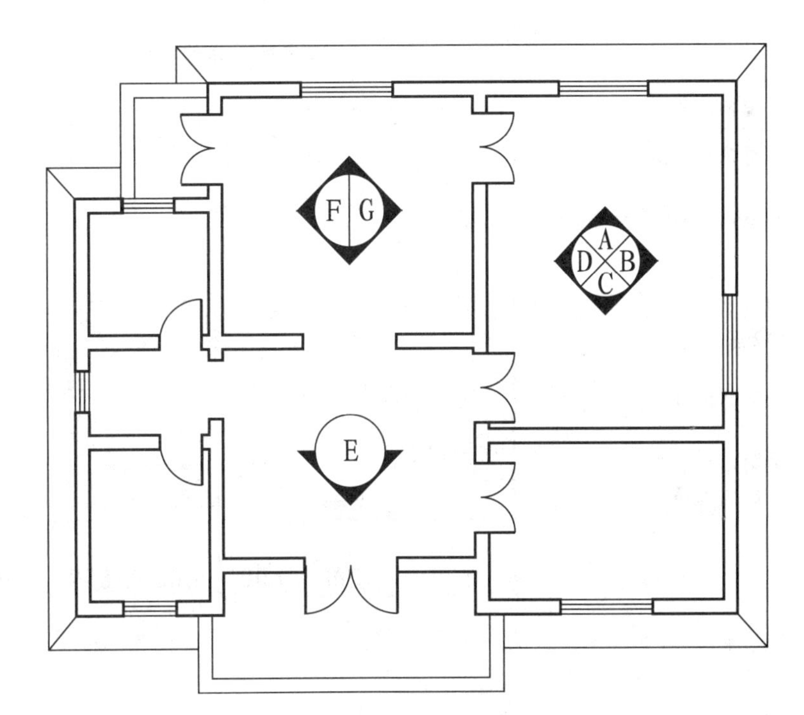

（d）内视符号应用

图2-65 平面图上内视符号应用示例

表示。而表示室内立面在平面图上的位置，应在平面图上用内视符号注明视点位置、方向及立面编号。符号中的圆圈应用细实线绘制，根据图面比例圆圈直径可选择8～12mm，立面编号宜用拉丁字母或阿拉伯数字（见图2-65）。

一、识读要点

立面图须与平面图相配合对照，明确立面图所表示的投影面平面位置及其造型轮廓形状、尺寸和功能特点。明确地面标高、楼面标高、楼地面装修设计起伏高度尺寸，以及工程项目所涉及的楼梯平台和室外台阶等有关部位的标高尺寸。清楚了解每个立面上的装修构造层次及饰面类型，明确其材料要求和施工工艺要求。

立面图上各设计部位与饰面的衔接处理方式较为复杂时，要同时查阅配套的构造节点图、细部大样图等，明确造型分格、图案拼接、收边封口、组装做法与尺寸。绘图者与读图者要熟悉装修构造与主体结构的连接固定要求，明确各种预埋件、后置埋件、紧固件和连接件的种类、布置间距、数量和处理方法等详细的设计规定。配合设计说明，了解有关施工设置或固定设施在墙体上的安装构造，有需要预留的洞口、线槽或要求预埋的线管，明确其位置尺寸关系，并将其纳入施工计划。

二、基本绘制内容

立面图一般采用相对标高，以室内、外地坪为基准进而表明立面有关部位的标高尺寸。其中室内墙面或独立设计构造高度以常规形式标注，室外高层建筑物、构筑物应在主要造型部位标注标高符号及数据。室内立面图要求绘制吊顶高度及其层级造型的构造和尺寸关系。表明墙面设计形体的构造方式、饰面方法，并标明所需材料及施工工艺要求。

详细标注墙、柱等各立面所需设备及其位置尺寸和规格尺寸。在细节部位要对关键设计项目作精确绘制，尤其要表明墙、柱等立面与平顶及

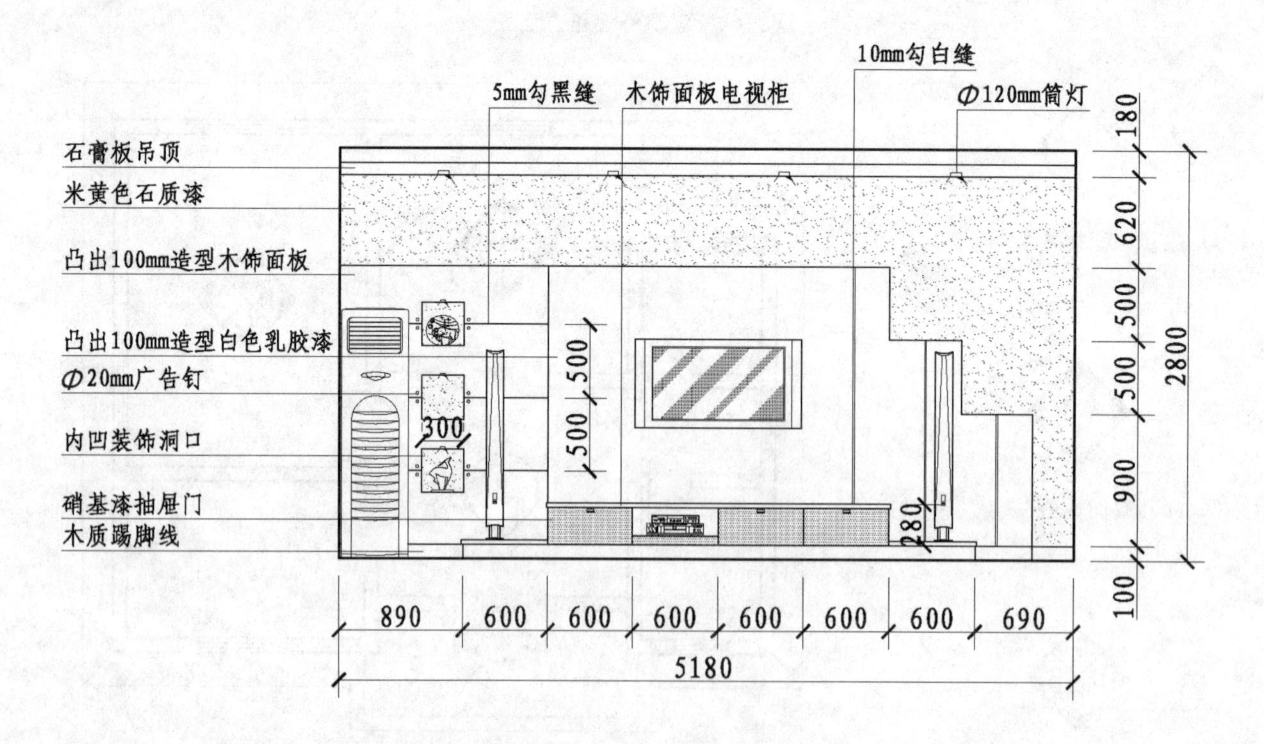

卧室床头背景墙立面图 1:50

图2-66 客厅电视背景墙立面图

吊顶的连接构造和收口形式。标注门、窗、轻质隔墙、装饰隔断等设施的高度尺寸和安装尺寸；标注与立面设计有关的装饰造型及其他艺术造型体的高低错落位置尺寸（见图2-66）。此外，立面图要与后期绘制的剖面图或节点图相配合，表明设计结构连接方法、衔接方式及其相应的尺寸关系。

三、绘制步骤

这里列举某宾馆客房床头背景墙立面图，详细讲解绘制步骤与要点。

1. 建立构架

首先，根据已绘制完成的平面图，引出地面长度尺寸，在适当的图纸幅面中建立墙面构架（见图2-67）。一般而言，立面图的比例可以定在1：50，对于比较复杂的设计构造，可以扩大到

图2-67 立面图绘制步骤一

图2-68 立面图绘制步骤二

1：30或1：20，但是立面图不宜大于后期将要绘制的节点详图，以能清晰、准确反映设计细节来确定图纸幅面。由于一套设计图纸中，立面图的数量较多，可以将全套图纸的幅面规格以立面图为主。墙面构架主要包括确定墙面宽度与高度，并绘制墙面上主要装饰设计结构，如吊顶、墙面造型、踢脚线等，除四周地、墙、顶边缘采用粗实线外，这类构造一般都采用中实线，被遮挡的重要构造可以采用细虚线。

基础构架的尺寸一定要精确，为后期绘制奠定基础。当然，也不宜急于标注尺寸，绘图过程也是设计思考过程，要以最终绘制结果为参照来标注。

2. 调用成品模型

基本构架绘制完毕后，就可以从图集、图库中调用相关的图块和模型，如家具、电器、陈设品等，这些图形要预先经过线型处理，将外围图线改为中实线，内部构造或装饰改为细实线，对于特别复杂的预制图形要作适当处理，简化其间的线条，否则图线过于繁杂，会影响最终打印输出的效果。此外，还要注意成品模型的尺寸和比例，要适合该立面图的图面表现。针对手绘制图，可以适当简化成品模型的构造，例如，将局部弧线改为直线，省略繁琐的内部填充等。不是所有的立面图都可以调入成品模型，要根据设计风格来选择，针对特殊的创意作品，还是需要单独绘制，设计者最好能根据日常学习、工作需求创建自己的模型库，日后用起来会得心应手。

摆放好成品模型后，还需绘制无模型可用的设计构造，尽量深入绘制，使形态和风格与成品模型统一（见图2-68）。

3. 填充与标注

当基本图线都绘制完毕后，就需要对特殊构造作适当填充，以区分彼此间的表现效果，如墙面壁纸、木纹、玻璃镜面等，填充时注意填充密度，小幅面图纸不宜填充面积过大、过饱满，大

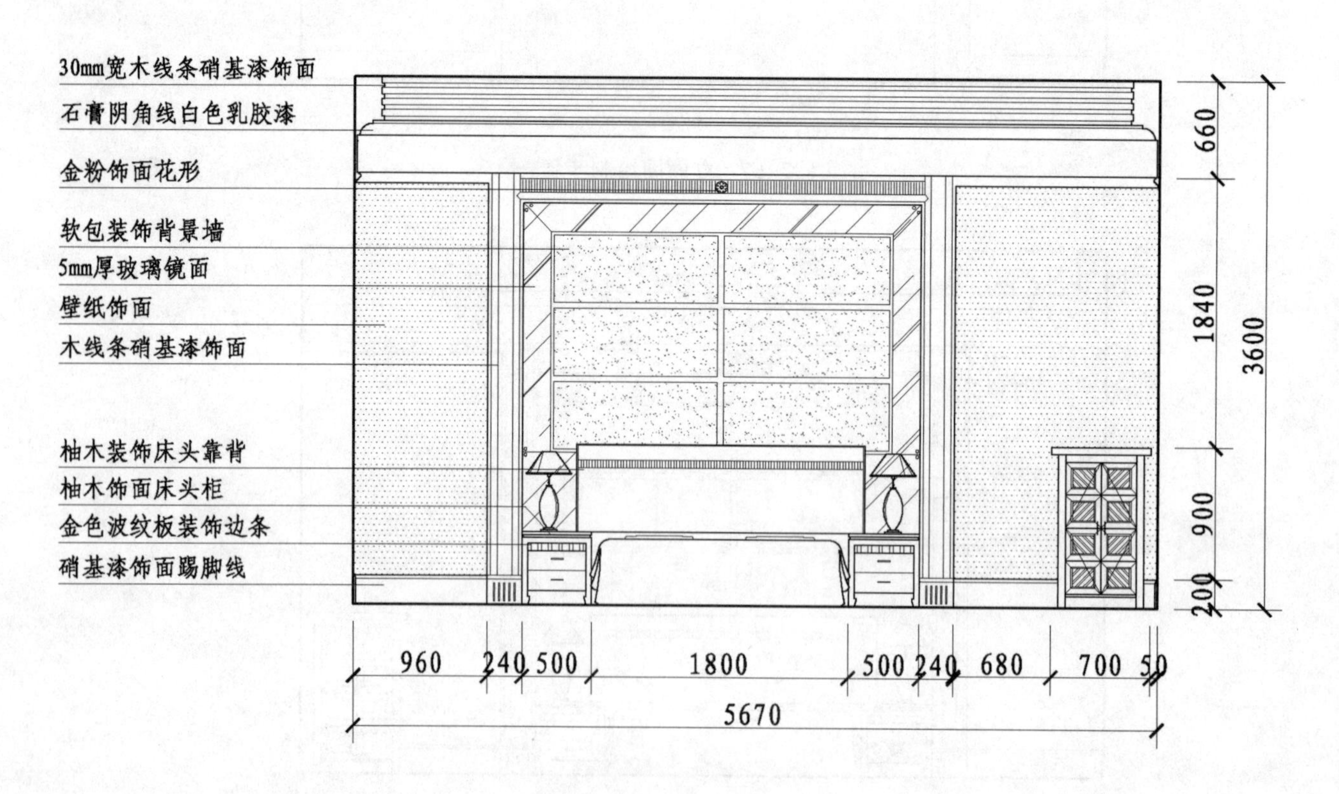

卧室床头背景墙立面图 1：50

图2-69 立面图绘制步骤三

幅面图纸不宜填充面积过小、过稀疏。填充完毕后要能清晰分辨出特殊材料的运用部位和面积，最好形成明确的黑、灰、白图面对比关系，这样会使立面图的表现效果更加丰富。

当立面图中的线条全部绘制完毕后需要作全面检查，及时修改错误，最后对设计构造与材料作详细标注，为了适应阅读习惯，一般宜将尺寸数据标注在图面的右侧和下方，将引出文字标注在图面的左侧和上方，文字表述要求简单、准确，表述方式一般为材料名称＋构造方法。数据与文字要求整齐一致，并标注图名与比例（见图2-69）。

绘制立面图的关键在于把握丰富的细节，既不宜过于繁琐，也不宜过于简单，太繁琐的构造可以通过后期的大样图来深入表现，太简单的构造可以通过多层次填充来弥补。

第七节 构造详图

在环境艺术设计制图中，各类平面图和立面图的比例一般较小，导致很多设计造型、创意细节、材料选用等信息无法表现或表现不清晰，无法满足设计、施工的需求。因此需要放大比例绘制出更加细致的图纸，一般采用1：20、1：10，甚至1：5、1：2的比例绘制。构造详图一般包括剖面图、构造节点图和大样图，绘制时选用的图线应与平面图、立面图一致，只是地面界线与主要剖切轮廓线一般采用粗实线。

一、识读要点

构造详图是将设计对象中的重要部位作整体或局部放大，甚至作必要剖切，用以精确表达在普通投影图上难以表明的内部构造，首先要区分剖面图、构造节点图和大样图的基本概念与识读要点（见图2-70）。

1. 剖面图

剖面图是假想用一个或多个纵、横向剖切面，将设计构造剖开，所得的投影图。剖面图用以表示设计对象的内部构造形式、分层情况、各部位的联系、材料选用、标高尺度等，须与平、立面图［见图2-70（a）］相互配合，是不可缺少的重要图样之一。剖面图的数量要根据具体设计情况和施工实际需要来决定。剖切面一般横向，即平行于侧面，必要时也可纵向，即平行于正面，其位置应选择很重要，要求能反映内部复杂的构造与典型的部位。在大型设计项目中，尤其是针对多层建筑，剖切面应通过门窗洞的位置，选择在楼梯间或层高不同、层数不同的部位。剖面图中的图名应当与平面图上所标注的剖切符号编号保持一致，如1-1剖面图、2-2剖面图等［见图2-70（b）］。

2. 构造节点图

构造节点图是用来表现复杂设计构造的详细图样，又称为详图，它可以是常规平面图、立面图中复杂构造的直接放大图样，也可以是将某构造经过剖切后局部放大的图样，这类图纸一般用于表现设计施工要点，需要针对复杂的设计构造专项绘制，也可以在国家标准图集、图库中查阅并引用。绘制构造节点图需要在图纸中标明相关图号，方便读图者查找［见图2-70（c）］。

3. 大样图

大样图是指针对某一特定图纸区域，进行特殊性放大标注，能较详细地表示局部形体结构的图纸。大样图适用于绘制某些形状特殊、开孔或连接较复杂的零件或节点，在常规平面图、立面图、剖面图或构造节点图中不便表达清楚时，就需要单独绘制大样图。它与构造节点图一样，需要在图纸中标明相关图号，方便读图者查找［见图2-70（d）］。

在环境艺术设计制图中，剖面图是常规平面图、立面图中不可见面域的表现，绘制方法、识读要点都与平面图、立面图基本一致。构造节点图则是对深入设计、施工的局部细节强化表现，

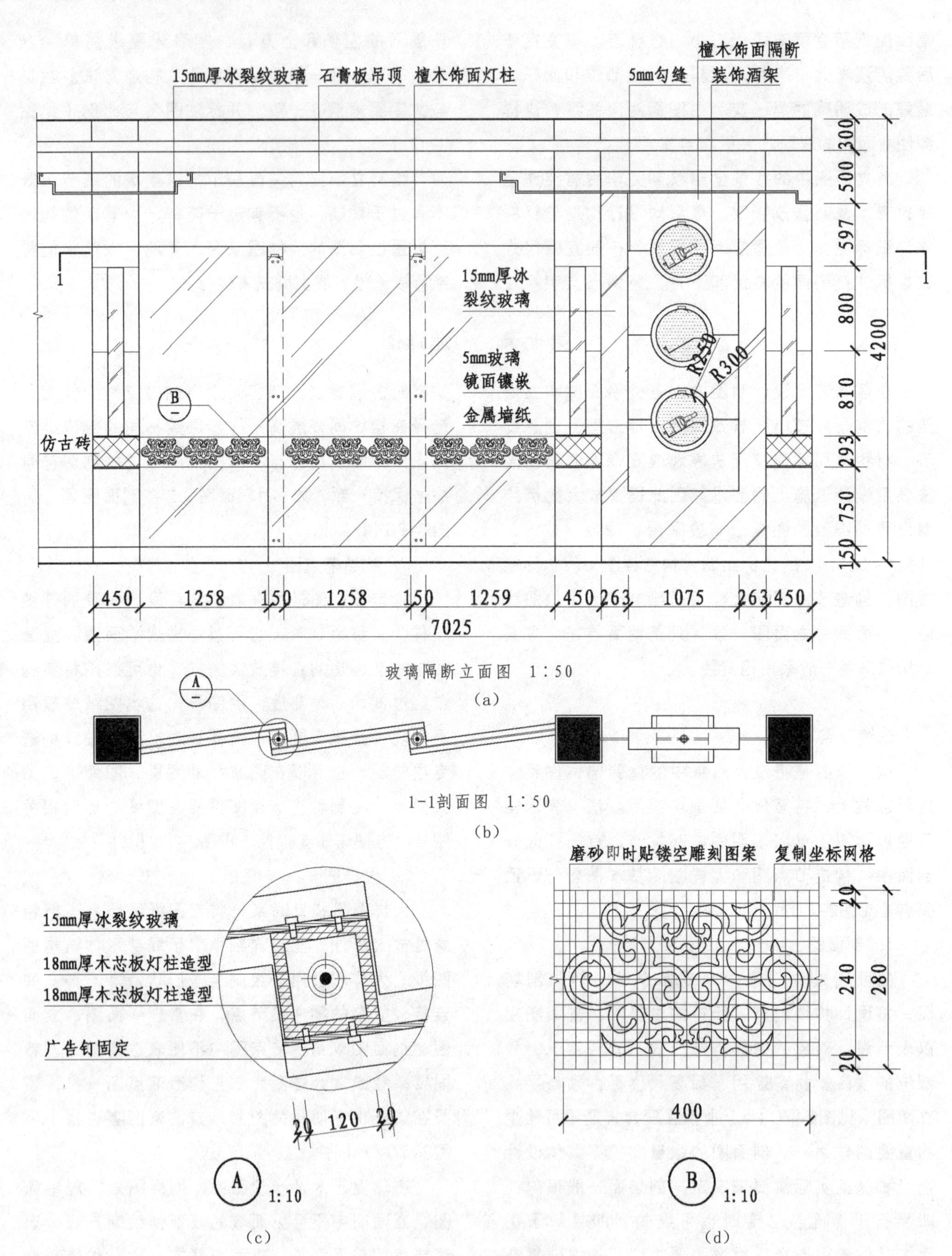

15mm厚冰裂纹玻璃
石膏板吊顶
檀木饰面灯柱
5mm勾缝
檀木饰面隔断
装饰酒架
15mm厚冰裂纹玻璃
5mm玻璃镜面镶嵌
金属墙纸
仿古砖
R250
R300
300
500
597
800
810
293
750
150
4200
450
1258
150
1258
150
1259
450
263
1075
263
450
7025
玻璃隔断立面图 1:50
(a)
1-1剖面图 1:50
(b)
15mm厚冰裂纹玻璃
18mm厚木芯板灯柱造型
18mm厚木芯板灯柱造型
广告钉固定
20
120
20
1:10
(c)
磨砂即时贴镂空雕刻图案
复制坐标网格
20
240
20
280
400
1:10
(d)

图2-70 玻璃隔断构造详图

重点在于表明构造间的逻辑关系，而大样图特指将某一局部单独放大，重点在于标注精确的尺寸数据。绘制这类图纸需要结合预先绘制的平面图与立面图，查找剖面图和构造节点图的来源，辨明与之相对应的剖切符号或节点编号，确认其剖切部位和剖切投影方向。通过对剖面图中所示内容的分析研究，明确设计项目各重要部位或是在其他图纸上难以审明的关键性细部的施工工艺。在复杂设计中，要求熟悉图中所要求的预埋件、后置埋件、紧固件、连接件、粘结材料、衬垫和填充材料，以及防腐、防潮、补强、密封、嵌条等工艺措施规定，明确构配件、零辅件及各种材料的品种、规格和数量，准确地用于施工准备和施工操作。剖面图和构造节点图涉及重要的隐蔽工程及功能性处理措施，必须严格照图施工，明确责任，不得随意更改。

剖面图、构造节点图与大样图主要是表明构造层次、造型方式、材料组成、连接件运用等方式方法，并提出必须采用的构、配件及其详细尺寸、加工装配、工艺做法和具体施工要求，保证使用安全的措施、材料设置、衔接方法等明确要求。此外，还需表明不同构造层以及各构造层之间、饰面与饰面之间的结合或拼接方式，表明收边、封口、盖缝、嵌条等工艺处理的详细做法和尺寸要求等细节。

二、剖面图

在日常设计制图中，大多数剖面图都用于表现平面图或立面图中的不可见构造，要求使用粗实线清晰绘制出剖切部位的投影，在建筑设计图中需标注轴线、轴线编号、轴线尺寸。剖切部位的楼板、梁、墙体等结构部分应该按照原有图纸或实际情况测量绘制，并标注地面、顶棚标高和各层层高。剖面图中的可视内容应该按照平面图和立面图中的内容绘制，标注定位尺寸，注写材料名称和制作工艺。此外，制图过程中要特别注意该剖面图在平面图或立面图中剖切符号的方向，并在剖面图下方注明该剖面图图名和比例。

这里列举某停车位的设计方案，讲解其中剖面图的绘制步骤（见图2-71）。首先，根据设计绘制出停车位的平面图，该平面图也可以从总平面图或建筑设计图中节选一部分，在图面中对具

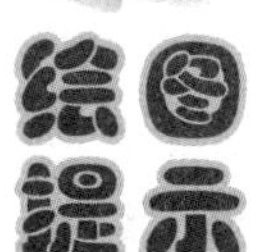

国家建筑标准设计图库

在实际设计工作中，需要绘制的构造详图种类其实并不多，为了提高制图效率，保证制图质量，中国建筑标准设计研究院制作了GB/TK2006《国家建筑标准设计图库》（以下简称《图库》）。《图库》以电子化形式集成了50年来国家建筑标准设计的成果，旨在通过现代化的技术手段，使国标设计能更好地服务于整个设计领域乃至整个建设行业，缩短设计周期、节约设计成本、保证设计质量。《图库》收录了国家建筑标准设计图集、全国民用建筑工程设计技术措施、建筑产品选用技术三大基础技术资源，形成了全方位的信息化产品。

《图库》提供了图集快速查询、图集管理、图集介绍、图集应用方法交流等多项功能，而且可以以图片方式阅览图集全部内容。设计者可以迅速查询、阅读需要的图集，并获得如何使用该图集等相关信息。《图库》充分利用网络技术优势，实现了国标图库动态更新功能。用户可通过互联网与国家建筑标准设计网站服务器链接，获取标准图集最新成果信息、最新废止信息，并可下载最新国标图集。通过动态更新功能，使《图库》中资源与国家建筑标准设计网保持同步，设计者可在第一时间获取国标动态信息。

《图库》采用信息化手段，为国标图集的推广、宣传、使用开辟了新的途径，有效地解决了由于信息传播渠道不畅造成的国标技术资源没有被充分有效的利用，或误用失效图集的问题，使国家建筑标准设计更加及时的服务于工程建设。

体尺寸作重新标注，检查核对后即可在适当部位标注剖切符号。绘制剖切符号的具体位置要根据施工要求来定，一般选择构造最复杂或最具有代表性的部位，该方案中的剖切符号定在停车位中央，作纵向剖切并向右侧观察，这样更具有代表性，能够清晰反映出地面铺装构造。然后，绘制剖切形态，根据剖切符号的标示绘制剖切轮廓，包括轮廓内的各种构造，绘制时应该按施工工序绘制，如从下向上，由里向外等，目的在于分清绘制层次和图面的逻辑关系，然后分别进行材料填充，区分不同构造和材料。最后标注尺寸和文字说明。剖面图绘制完成后要重新检查一遍，避免在构造上出现错误。此外，要注意剖面图与平面图之间的关系，图纸中的构图组合要保持均衡、间距适当。

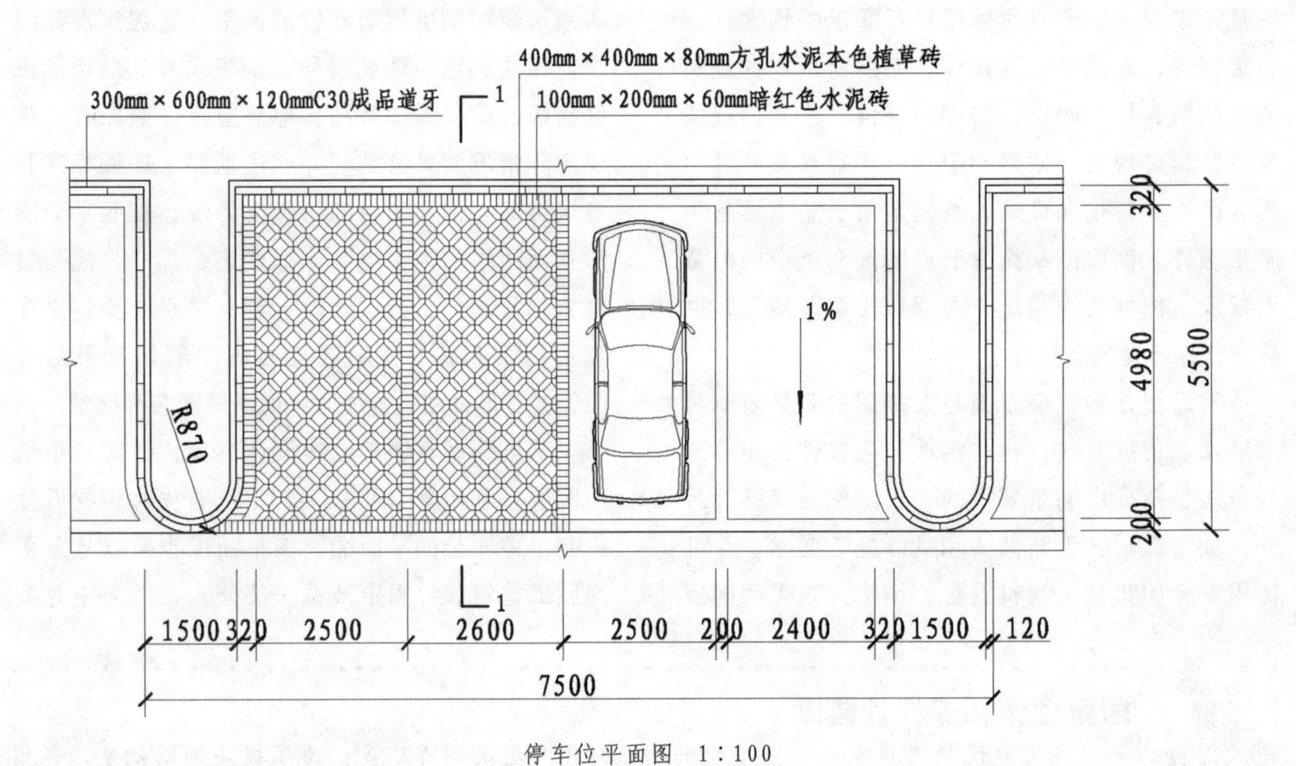

停车位平面图 1∶100

（a）

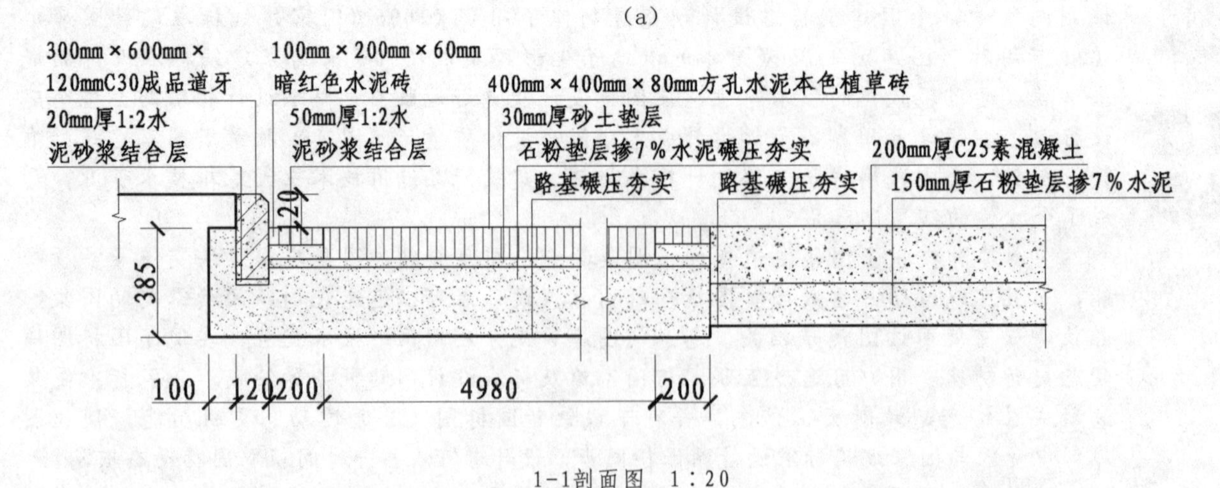

1-1剖面图 1∶20

（b）

图2-71 停车位剖面图

三、构造节点图

构造节点图是环境艺术设计制图中最微观的图样，在大多情况下，它是剖面图与大样图的结合体。构造节点图一般要将设计对象的局部放大后详细表现，它相对于普通剖面图而言，比例会更大些，以表现局部为主，当原始平面图、立面图和剖面图的投影方向不能完整表现构造时，还需对该构造作必要剖切，并绘制引出符号。绘制构造节点图时须详细标注尺寸和文字说明，如果构造繁琐，尺寸多样，可以不断扩大该图的比例，甚至达到2：1、5：1、10：1，最终目的是为了将局部构造说明清楚。构造节点图中的地面构

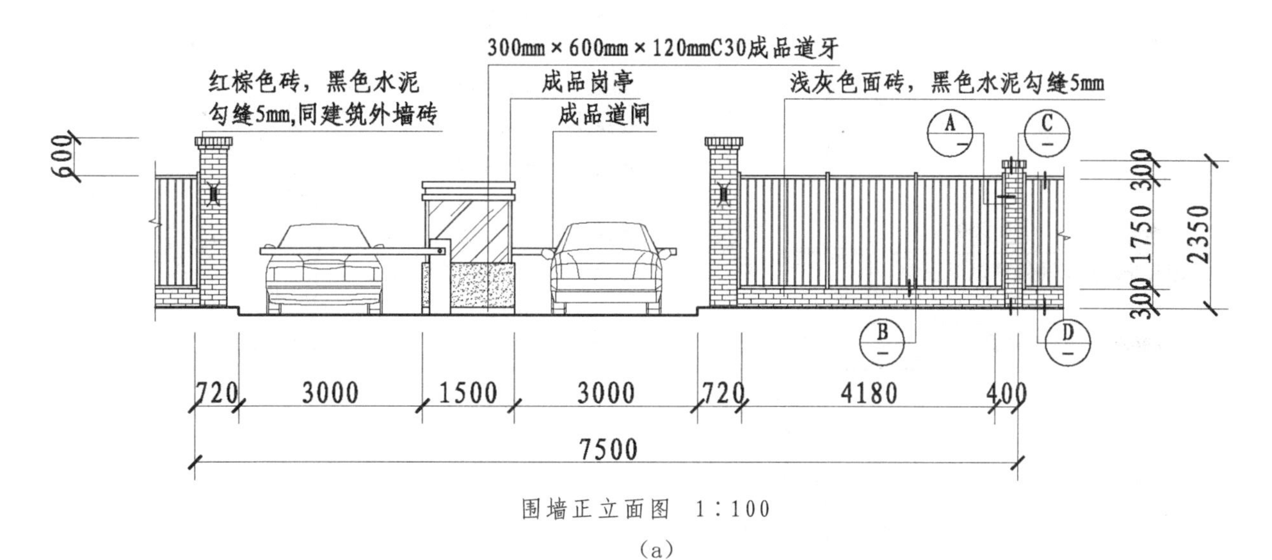

围墙正立面图 1：100

(a)

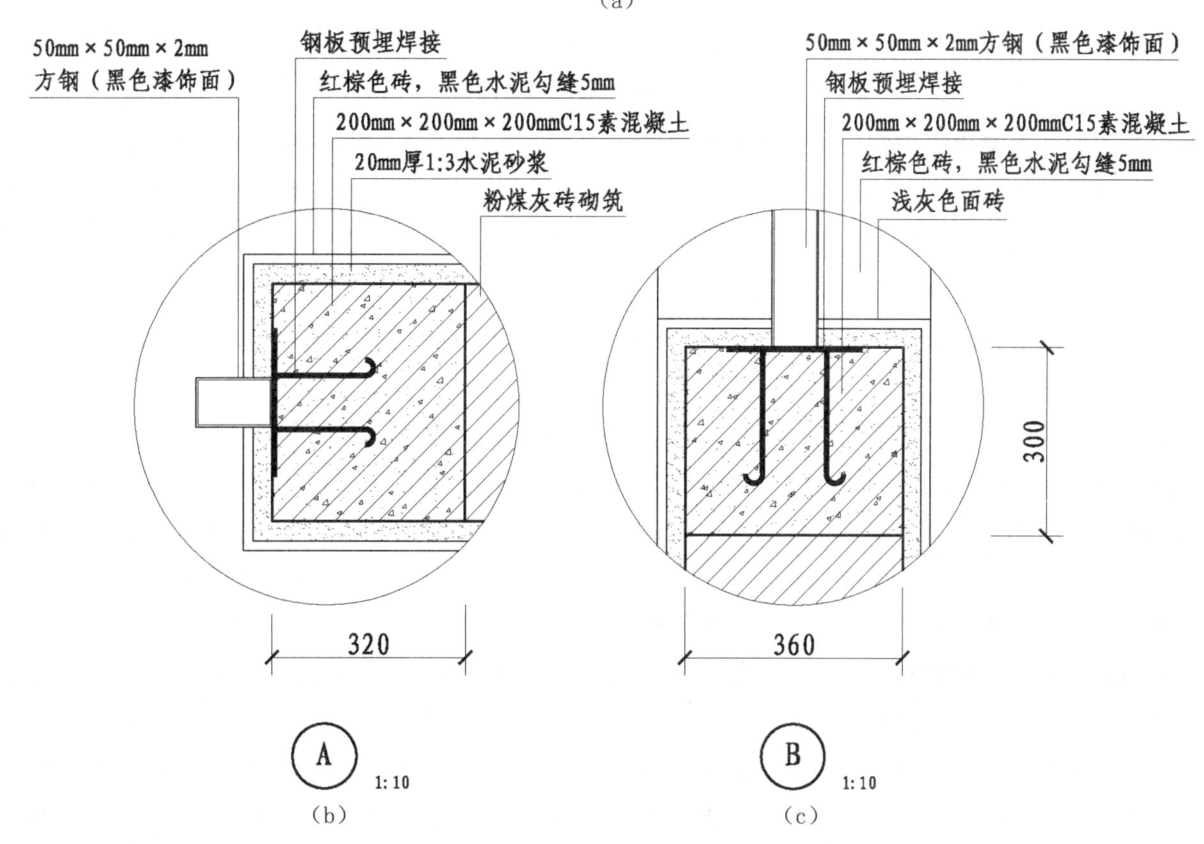

(b)　　(c)

图2-72 围墙构造节点图一

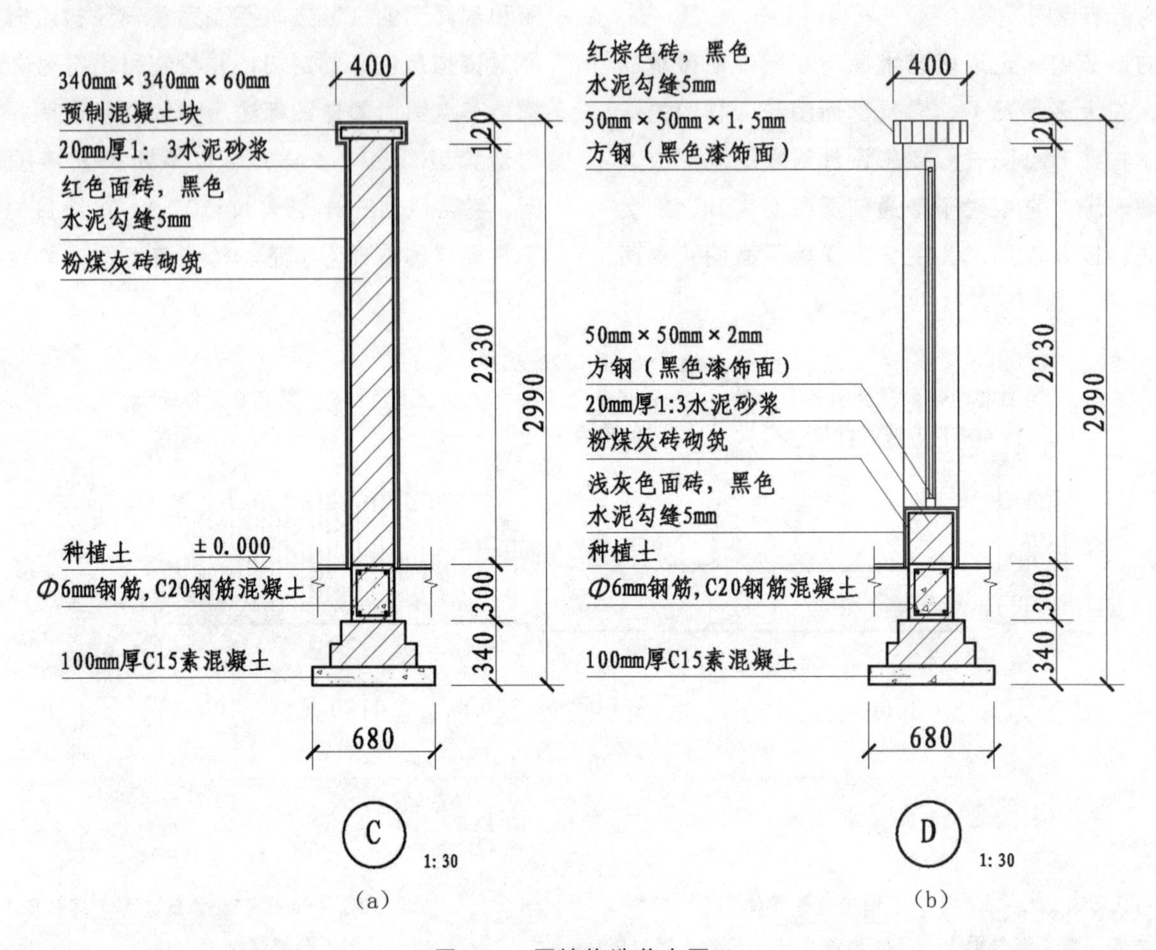

（a）　　（b）

图2-73　围墙构造节点图二

造和主要剖切轮廓采用粗实线绘制，其他轮廓采用中实线绘制，而标注和内部材料填充均采用细实线。构造节点图的绘制方向主要有各类设计构造、家具、门窗、楼地面、小品与陈设等，总之，任何设计细节都可以通过不同形式的构造节点图来表现。

这里列举某围墙的正立面图来讲解构造节点图的绘制步骤（见图2-72、图2-73）。首先，绘制围墙的正立面图，做好必要尺寸标注和文字说明，对需要绘制构造节点图的部位作剖切引出线并标注图号。针对复杂结构，一般需要从纵、横两个方向对该处构造剖切放大。然后，根据表现需要确定合适的比例和图纸幅面，同一处构造的节点图最好安排在同一图面中。接着，依次绘制不同剖切方向的放大投影图，一般先绘制大比例图样，再绘制小比例图样。单个图样的绘制顺序一般从下向上，或从内向外，根据制作工序来绘制，不能有所遗漏，由于图样复杂，可以边绘制边标注尺寸和文字说明。当全部图样绘制完成后再作细致地检查，纠正错误。最后，标注图名、图号和比例等图纸信息。

四、大样图

大样图与构造节点图不同，它主要针对平面图、立面图、剖面图或构造节点图的局部图形作单一性放大，表现目的是该图样的形态和尺寸，而对构造不作深入绘制。适用于表现设计项目中的某种图样或预制品构件，将其放大后一般还需套用坐标网格对形体和尺寸作精确定位。这里列举某围墙上的铜质装饰栏板的大样图（见图2-74），绘制方法比较简单，只需将原图样放大绘制即可，在手绘制图中，原图样也可以保留空白，直接在大样图中绘制明确。如果大样图中曲线繁多，还须绘制坐标网格，每个单元的尺寸宜为1、5、10、20、50、100等整数，方便缩放。大样图中的主要形体采用中实线绘制，坐标网格采用细实线绘制。大样图绘制完成后仍需标注引出符号，但是对表述构造的文字说明不作要求。

绘制剖面图、构造节点图和大样图需要了解相关的施工工艺，这类图样最终仍为施工服务，设计者的思维必须清晰无误，绘图过程实际上是施工预演过程，绘制时要反复检查结构，核对数据，将所绘制的图样熟记在心。经过长期训练，可以建立属于设计者个人的图集、图库，在日后的学习、工作中无需再重复绘图，能大幅度提高制图效率。为了强化训练，这里还列举了某自助餐台的构造设计详图（见图2-75、图2-76），其中包含剖面图［见图2-75（b）］、构造节点图［见图2-76（a）（b）（c）］和大样图［见图2-76（d）］，供进一步学习参考。

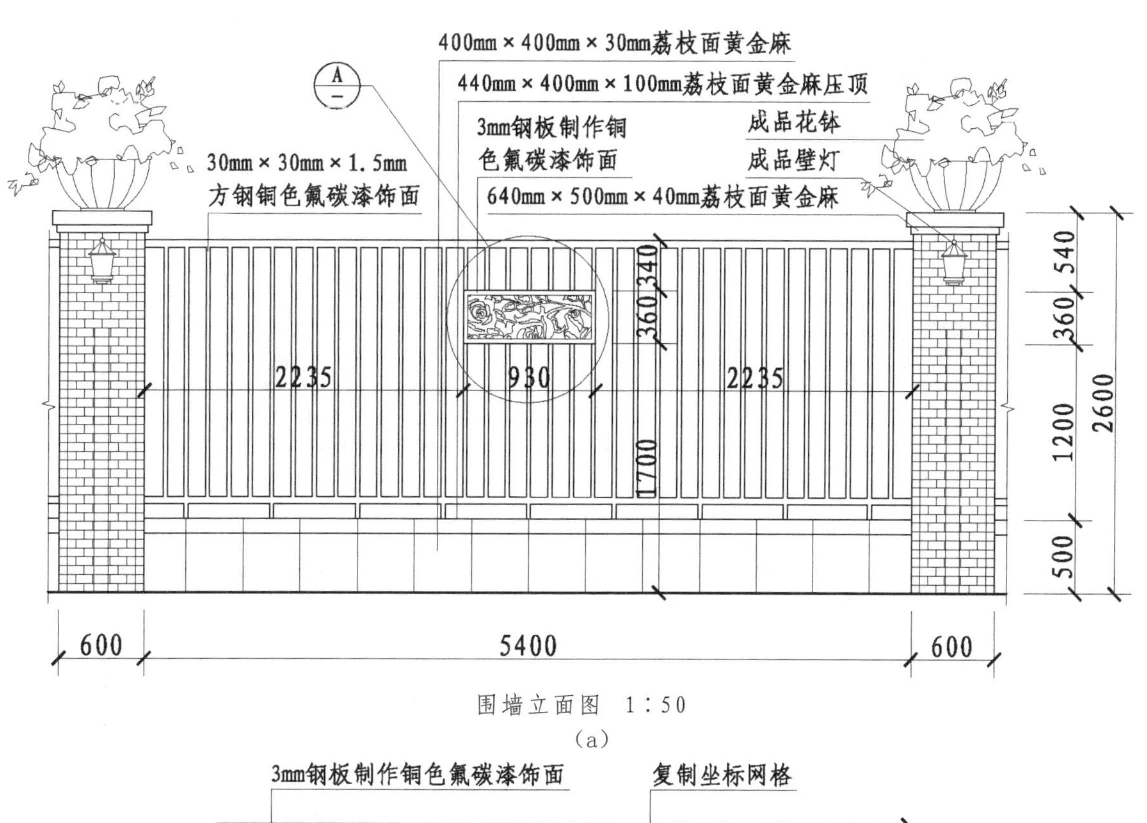

围墙立面图 1∶50

（a）

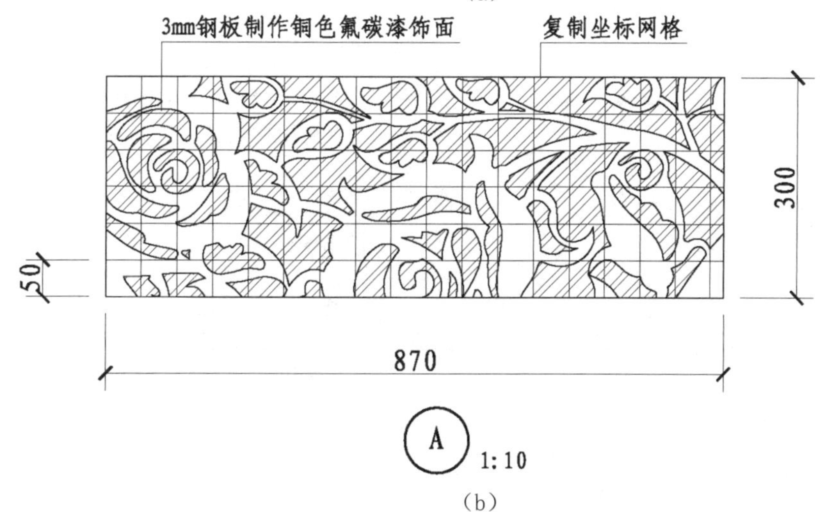

（b）

图2-74 围墙栏板大样图

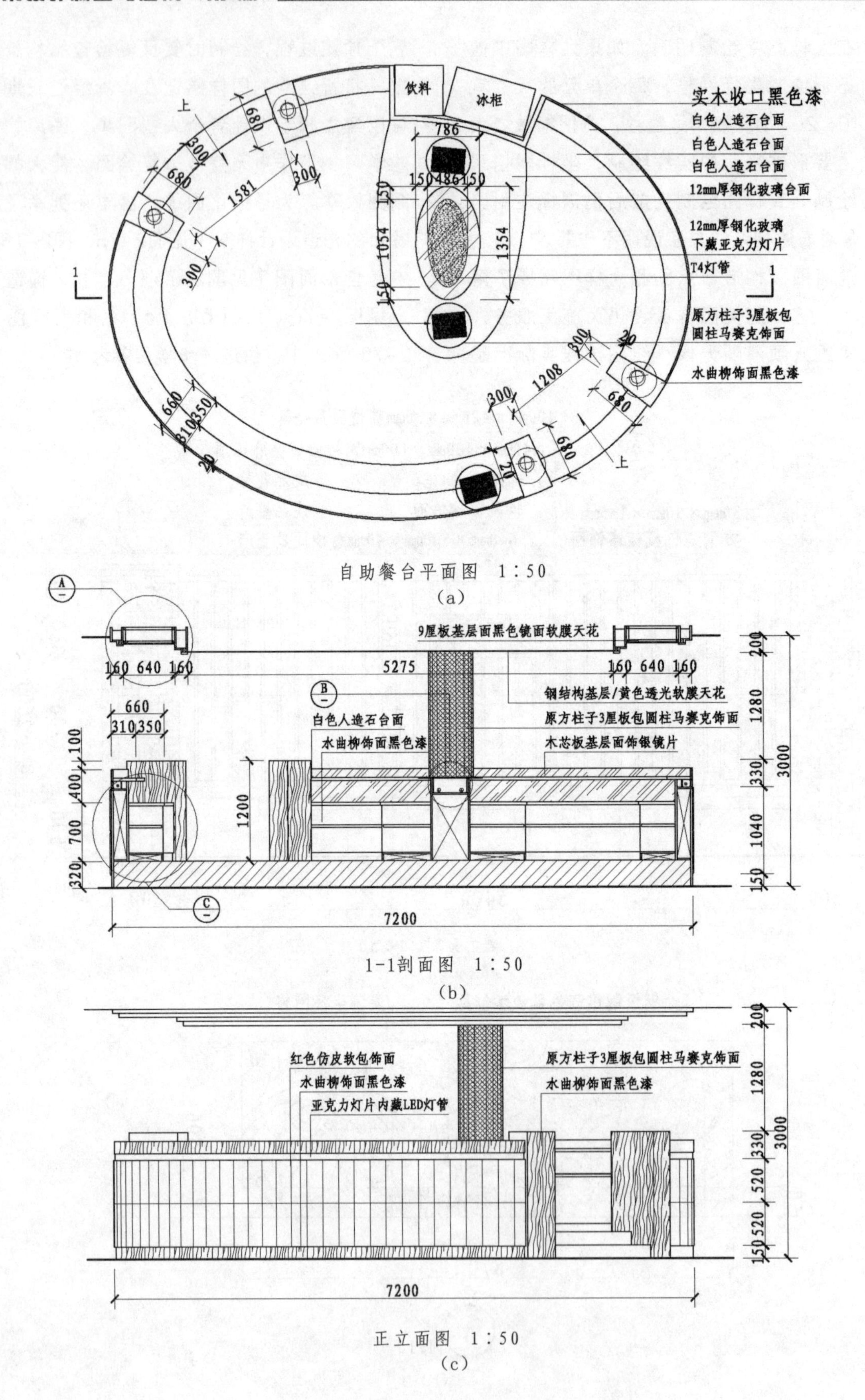

自助餐台平面图 1：50

(a)

1-1剖面图 1：50

(b)

正立面图 1：50

(c)

图2-75 自助餐台构造详图一

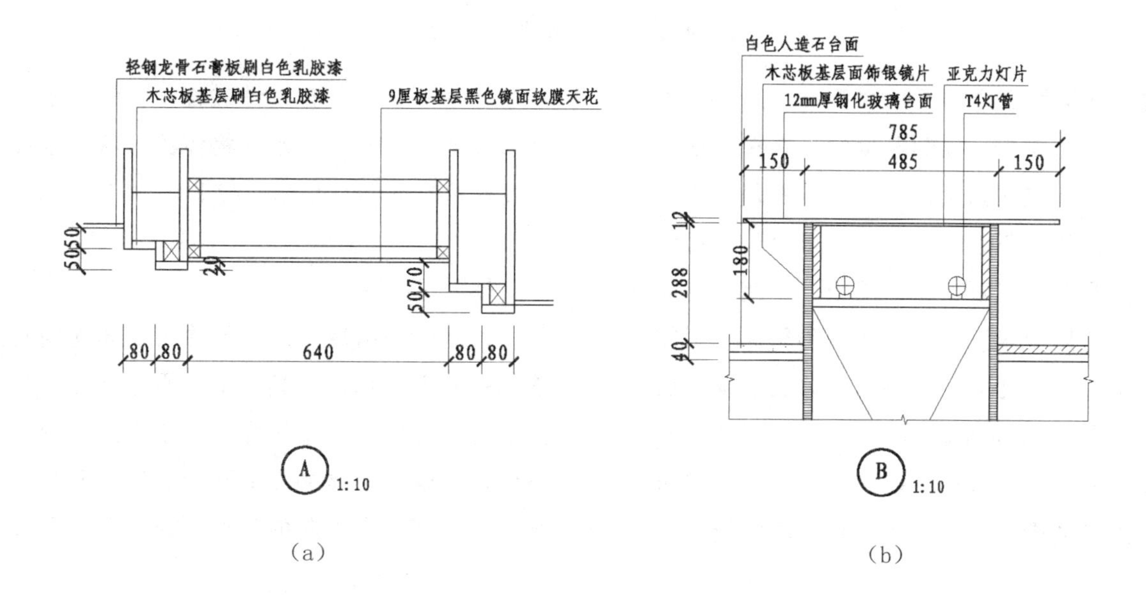

(a) (b)

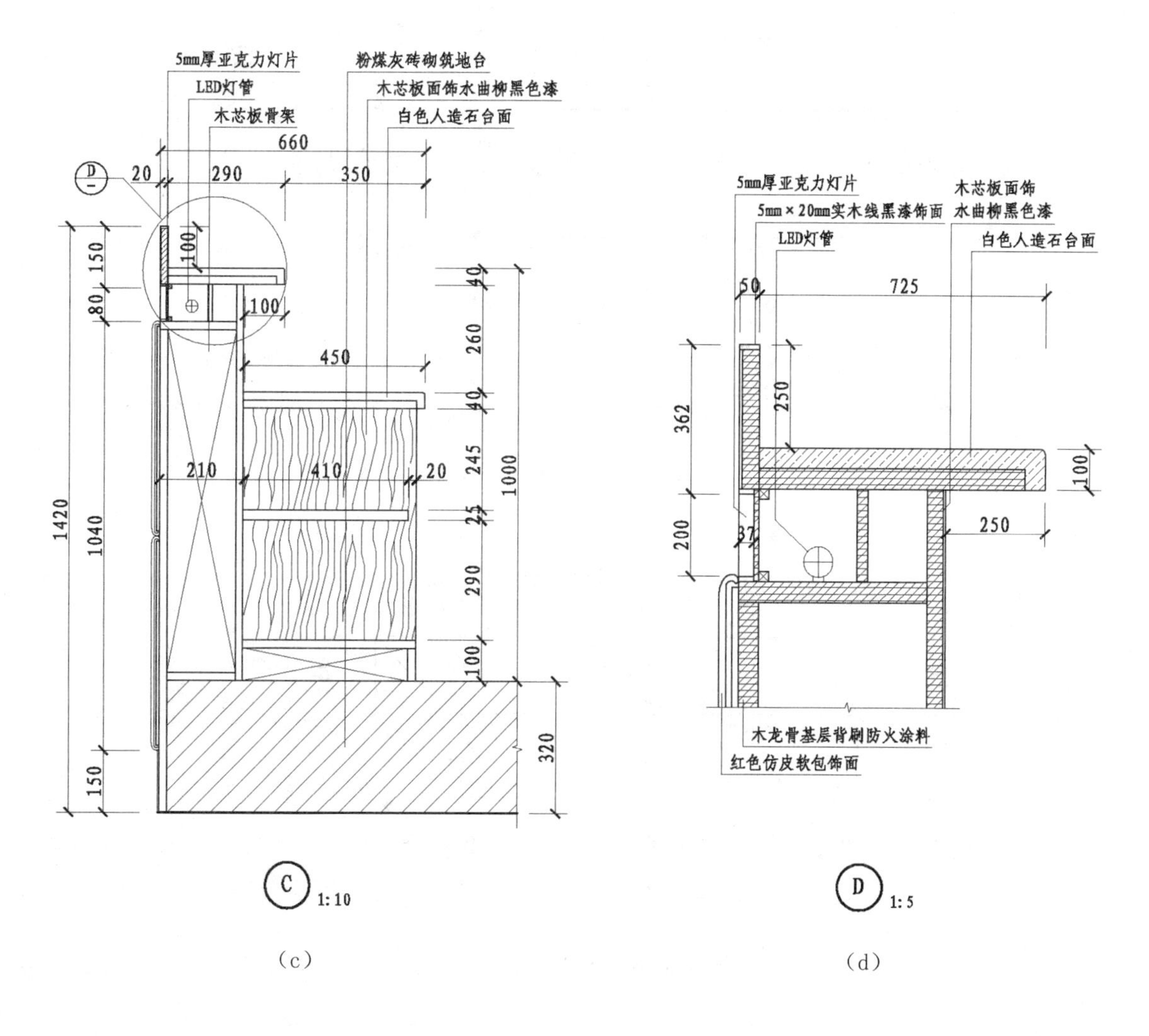

(c) (d)

图2-76 自助餐台构造详图二

第八节 轴测图

常规平面图、立面图一般都在二维空间内完成，绘制方法简单，绘制速度快，掌握起来并不难，但是在环境艺术设计中适用范围较窄，非专业人员和初学者不容易看懂。对于设计项目的投资方更需要阅读直观的设计图纸，轴测图就能满足多方的使用要求。轴测图是一种单面投影图，在一个投影面上能同时反映出物体三个坐标面的形状，并接近于人们的视觉习惯，表现效果形象、逼真并富有立体感。在设计制图中，常将轴测图作为辅助图样，来说明设计对象的结构、安装和使用等情况。在设计过程中，轴测图还能帮助设计者充分构思，想象物体的形状，以弥补常规投影图的不足（见图2-77）。

一、轴测图的概念

轴测图是指用平行投影法将物体连同确定该物体的直角坐标系一起，沿不平行于任一坐标平面的方向投射到一个投影面上所得到的图形。它不仅能反映出形体的立体形状，还能反映出形体长、宽、高三个方向的尺度，因此是一种较为简

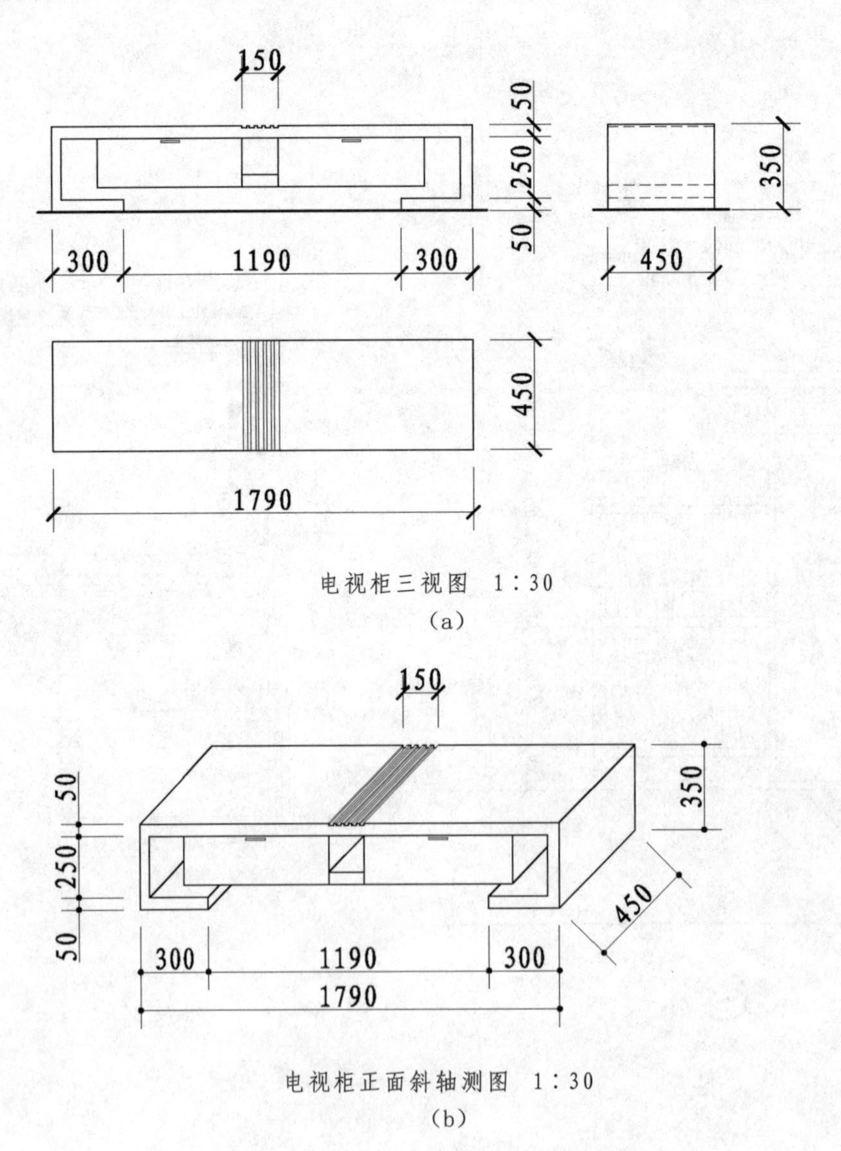

图2-77 电视柜三视图与正面斜轴测图

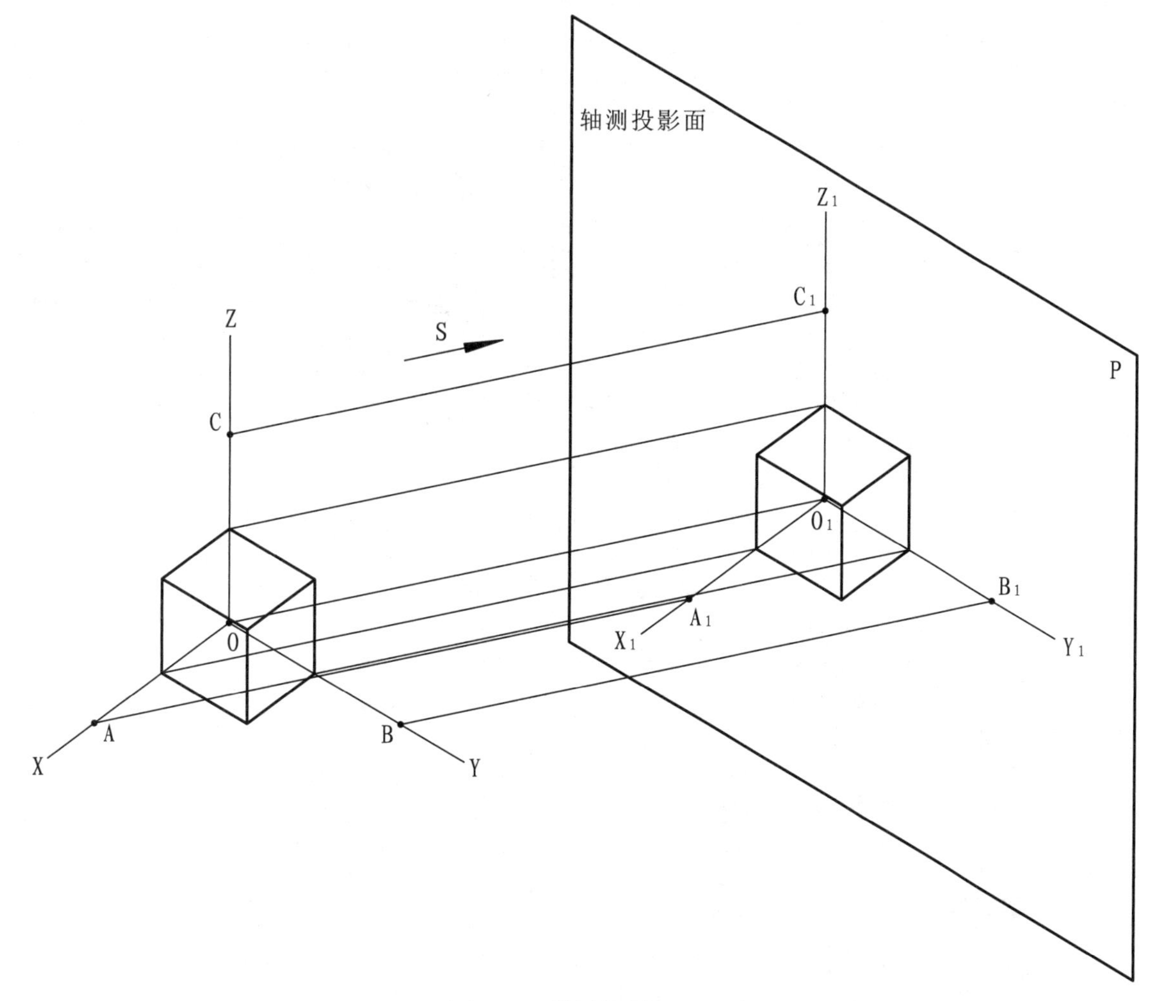

图2-78 轴测投影图的形成

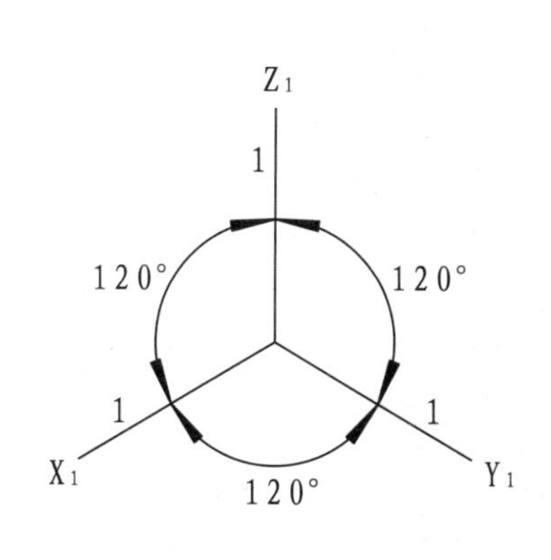

（a）轴测轴和伸缩系数

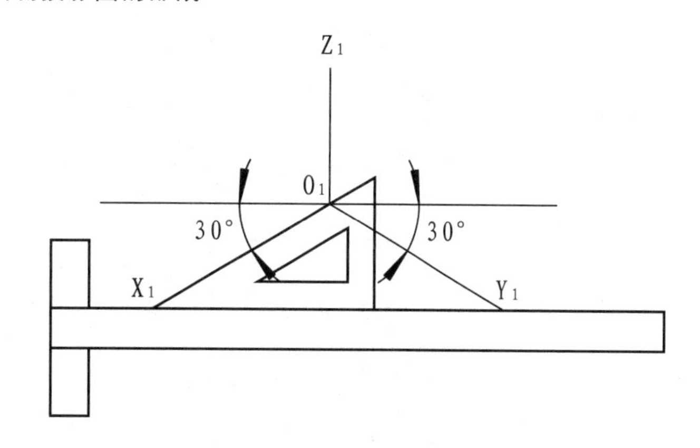

（b）轴测轴的画法

图2-79 正等测轴测图

单的立体图。

1. 轴测图术语

（1）轴测投影面 轴测投影的平面，一般称为轴测投影面，见图2-78的轴测投影面P。

（2）轴测投影轴 空间直角坐标轴OX、OY、OZ在轴测投影面上的投影O_1X_1、O_1Y_1、O_1Z_1称为轴测投影轴，一般简称为轴测轴（见图2-79）。

（3）轴间角 轴测轴之间的夹角$\angle X_1O_1Z_1$、$\angle X_1O_1Y_1$、$\angle Y_1O_1Z_1$，可以称为轴间角［见图2-

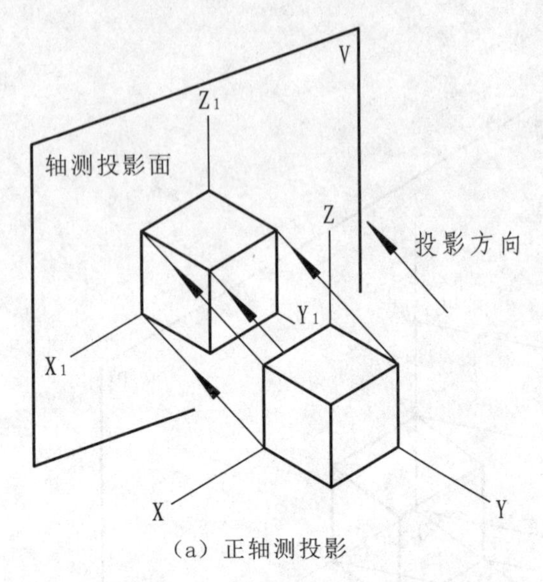

（a）正轴测投影

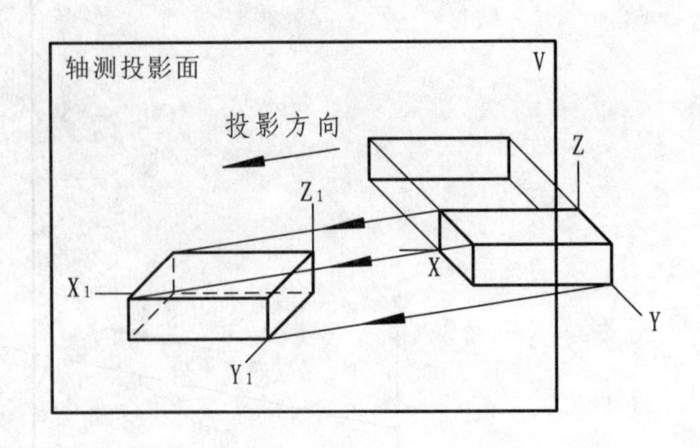

（b）斜轴测投影

图2-80 轴测投影图的分类

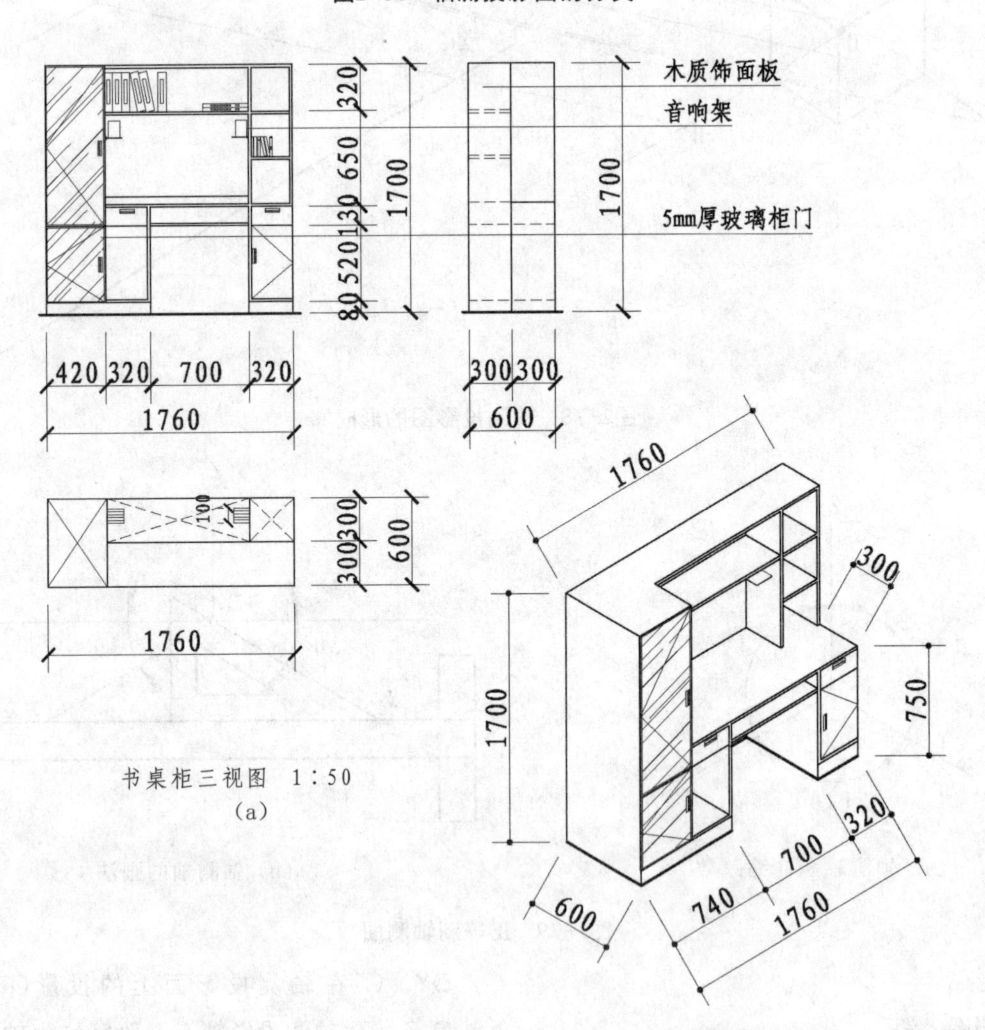

书桌柜三视图 1：50

（a）

书桌柜正轴测图 1：50

（b）

图2-81 书桌柜三视图与正轴测图

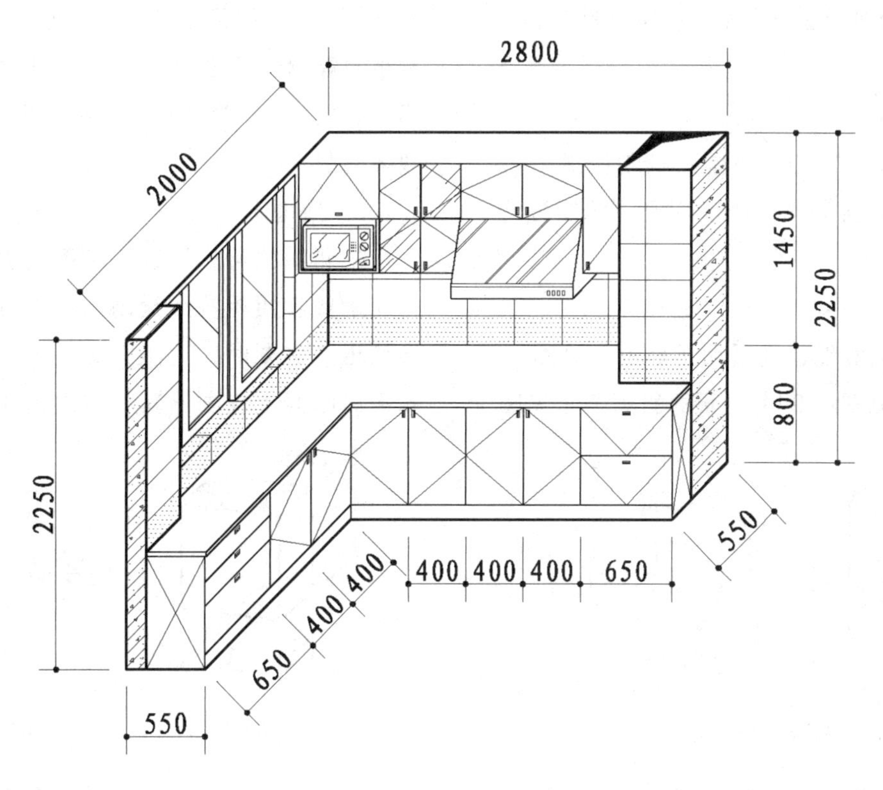

图2-82 橱柜斜轴测图

79（a）]。

（4）轴向伸缩系数 轴测轴与空间直角坐标轴单位长度的比值，称为轴向伸缩系数，简称伸缩系数，图2-79（a）中三个轴向伸缩系数均为0.82。在图中，三个轴的轴向伸缩系数常用*p*、*q*、*r*来表示。

（5）简化系数 为作图方便，常采用简化的轴向伸缩系数来作图，如正等测的轴向伸缩系数由0.82放大到1（即放大了1.22倍），一般将轴向伸缩系数"1"称为简化系数。用简化系数画出的轴测图和用伸缩系数画出的正等测轴测图，其形状是完全一样的，只是用简化系数画出的轴测图在三个轴向上都放大了1.22倍[见图2-79（a）]。

2. 轴测图的特性

轴测图是用平行投影法进行投影所形成的一种单面投影图。因此，它仍然具有平行投影的所有特性，形体上互相平行的线段或平面，在轴测图中仍然互相平行。形体上平行于空间坐标轴的线段，在轴测图中仍与相应的轴测轴平行，并且在同一轴向上的线段，其伸缩系数相同，这种线段在轴测图中可以测量。与空间坐标轴不平行的线段，它的投影会变形（变长或变短），不能在轴测图上测量。形体上平行于轴测投影面的平面，应在轴测图中反映其实际形态。

3. 轴测图的分类

按平行投影线是否垂直于轴测投影面，轴测图可分为两类。

（1）正轴测投影 平行投影线垂直于轴测投影面所形成的轴测投影图，称为正轴测投影图，简称正轴测图[见图2-80（a）、图2-81]。根据轴向伸缩系数和轴间角的不同，又分为正等测和正二测。

（2）斜轴测投影 平行的投影线倾斜于轴测投影面形成的轴测投影图，称为斜轴测投影图，简称斜轴测图[见图2-80（b）、图2-82]。斜轴测又分为正面斜轴测投影和水平斜轴测投影。

二、国家标准规范

GB/T50001—2010《房屋建筑制图统一标准》中对轴测图的绘制作了明确规定，绘制轴测图要严格遵守。

1. 种类

房屋建筑的轴测图，宜采用正等测（见图2-83）、正二测（见图2-84）、正面斜等测［见图2-85（a）］和正面斜二测［见图2-85（b）］、水平斜等测［见图2-86（a）］和水平斜二测［见图2-86（b）］等轴测投影并用简化的轴向伸缩系数来绘制。

2. 线型

轴测图的可见轮廓线宜采用中实线绘制，断面轮廓线宜用粗实线绘制。不可见轮廓线一般不必绘出，必要时，可用细虚线绘出所需部分。轴测图的断面上应画出其材料图例线，图例线应按

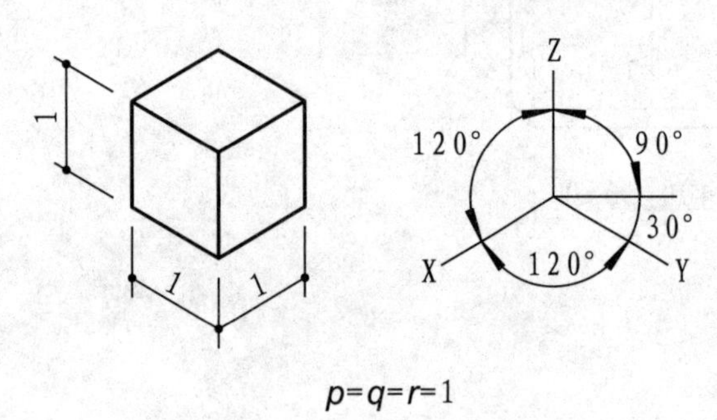

图2-83 正等测的画法

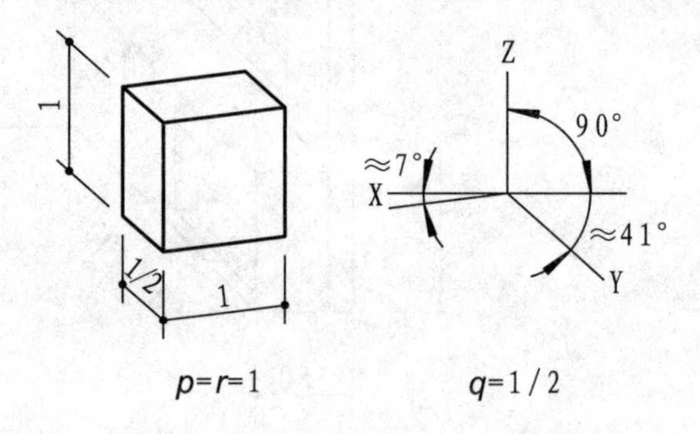

图2-84 正二测的画法

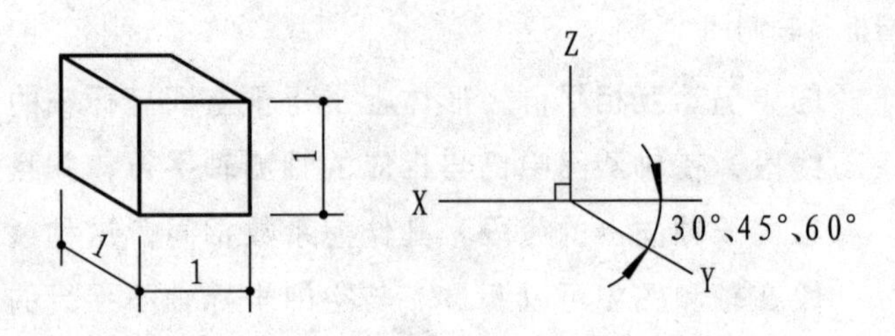

正面斜等测$p=q=r=1$

（a）

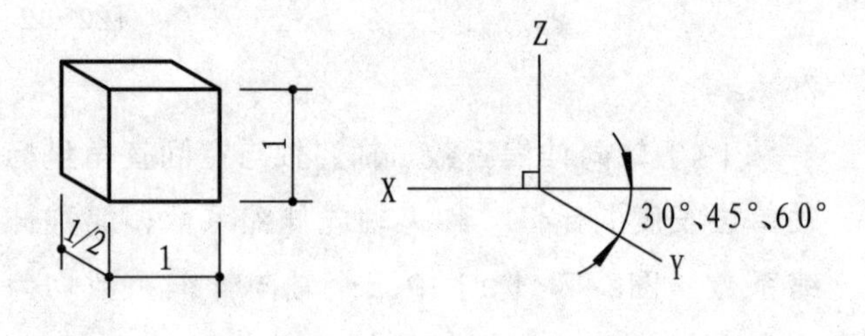

正面斜二测$p=r=1$ $q=1/2$

（b）

图2-85 正面斜轴测投影的画法

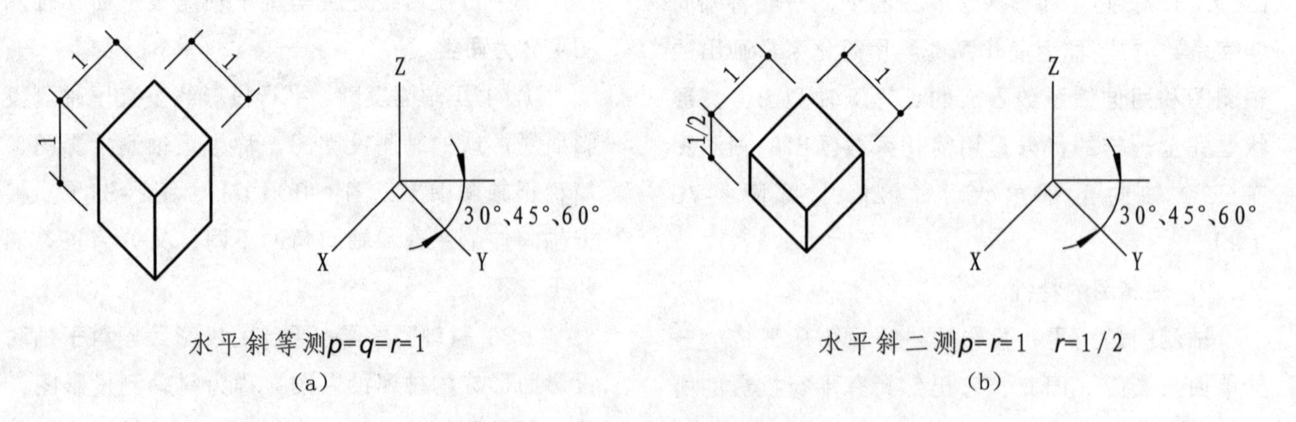

图2-86 水平斜轴测投影的画法

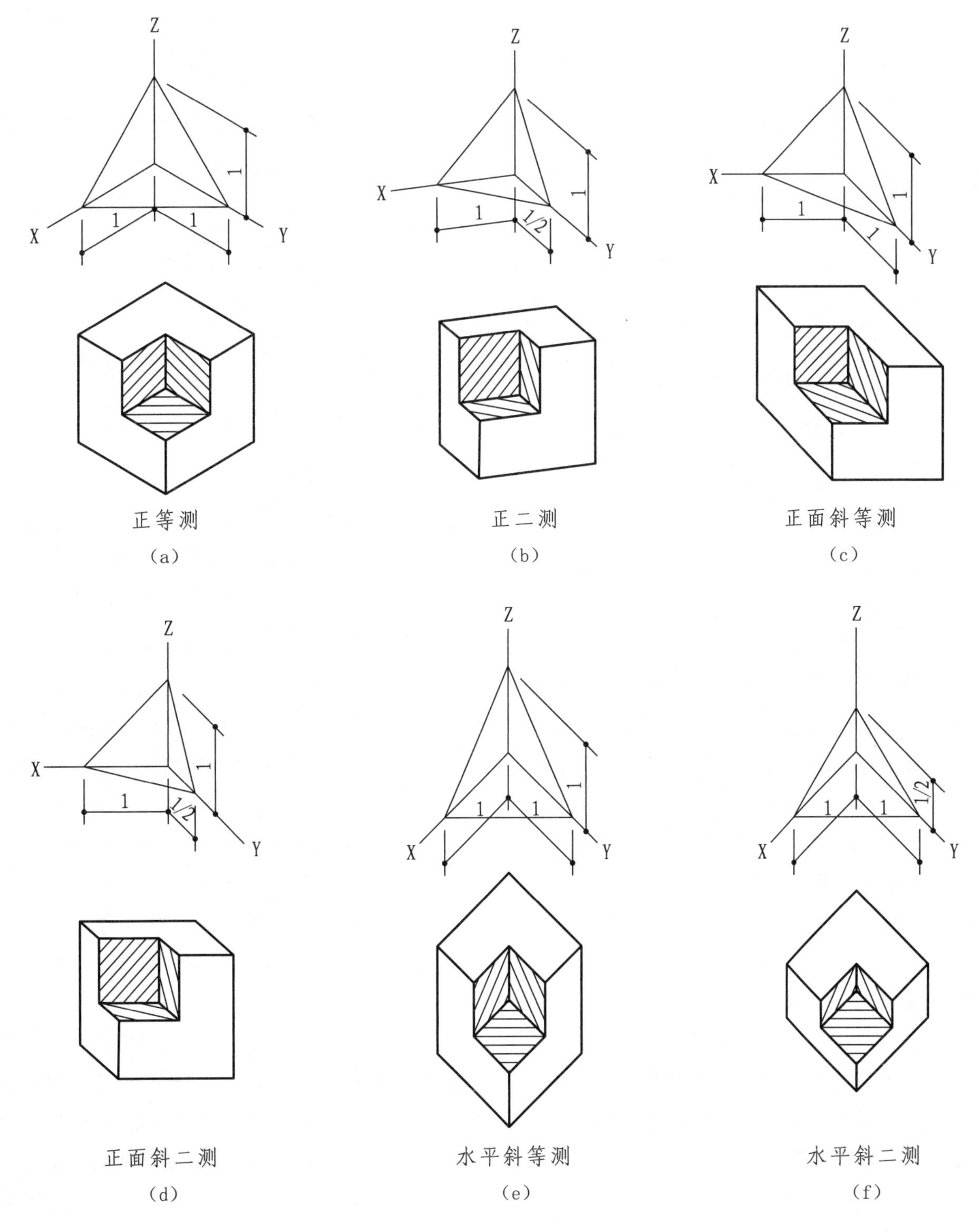

图2-87 轴测图断面图例线画法

其断面所在坐标面的轴测方向绘制。如以45° 斜线绘制材料图例线时，应按图2-87的规定绘制。

3. 尺寸标注

轴测图线性尺寸，应标注在各自所在的坐标面内，尺寸线应与被注长度平行，尺寸界线应平行于相应的轴测轴，尺寸数字的方向应平行于尺寸线，如果出现字头向下倾斜时，应将尺寸线断开，在尺寸线断开处水平方向注写尺寸数字。轴测图的尺寸起止符号宜用小圆点（见图2-88），轴测图中的圆径尺寸，应标注在圆所在的坐标面

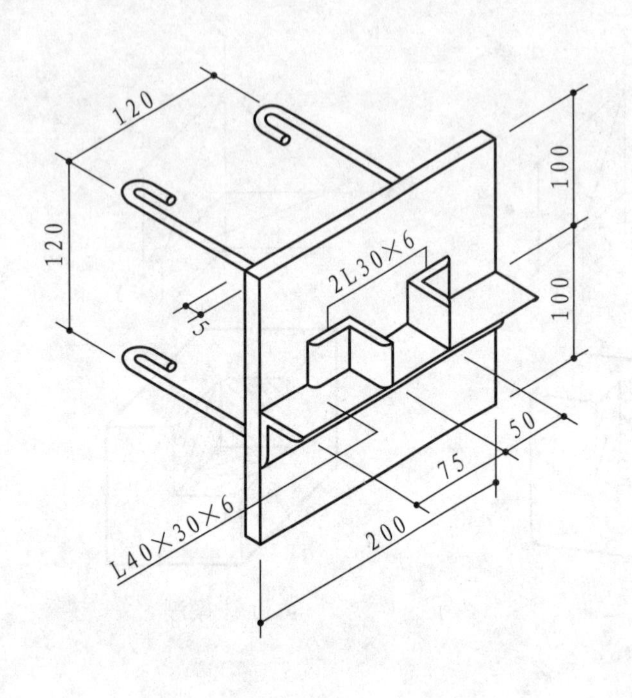

图2-88　轴测图线性尺寸的标注方法

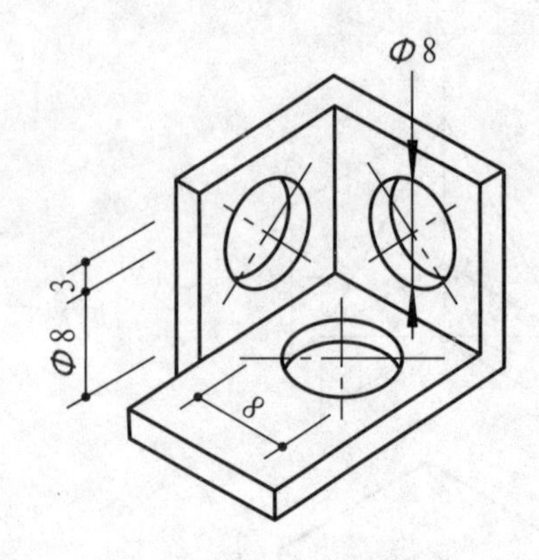

图2-89　轴测图圆直径标注方法

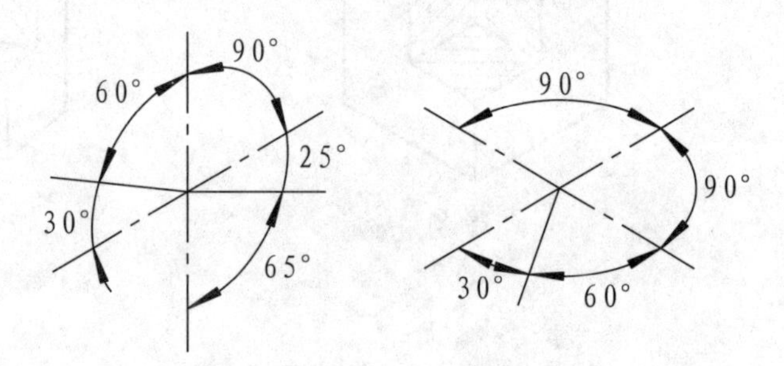

图2-90　轴测图角度的标注方法

内，尺寸线与尺寸界线应分别平行于各自的轴测轴。圆弧半径和小圆直径尺寸也引出标注，但尺寸数字应注写在平行于轴测轴的引出线上（见图2-89）。轴测图的角度尺寸，应标注在该角所在的坐标面内，尺寸线应画成相应的椭圆弧或圆弧。尺寸数字应水平方向注写（见图2-90）。

三、绘制方法

轴测图的表现效果比较直观，大多数人无需其他参考就能读懂，适用范围很广。高层建筑、园林景观、家具构造或饰品陈设等都能很完整、很直观地表现出来。这里列举某厨房中橱柜的设计方案详细讲解轴测图的绘制方法。

1. 绘制完整的三视图

绘制轴测图之前必须绘制完整的投影图，平面图、正立面图、侧立面图是最基本的投影图，又称为三视图，它能为绘制轴测图提供完整的尺寸数据（见图2-91）。此外，绘制三视图还能让绘图者辨明设计对象的空间概念和逻辑关系，是非常有必要的前期准备。厨房的橱柜构造一般比较简单，以矩形体块为主，绘制三视图须完整，连同烟道、窗户、墙地面瓷砖铺设的形态都绘制出来。平面图中要标明内饰符号，并标注尺寸与简要文字说明，尤其要注意三视图的位置关系须彼此对齐，在绘制轴测图时才能方便识别。

2. 正确选用轴测图种类

轴测图的表现效果关键在于选择适当的种类。根据上文所述，轴测图一般分为正轴测图与斜轴测图两类，其中分别又分为等测图、二测图甚至三测图。一般而言，正轴测图适用于表现两个重要面域的设计对象，它能均衡设计对象各部位的特征，但是图中主要结构线都具有一定角度，不与图面保持水平。斜轴测图适用于表现一个重要面域的设计对象，它能完整表现平整面域中的细节内容，阅读更直观，但是立体效果没有正轴测图出色。至于轴测图中等测图、二测图甚至三测图的选择要视具体表现重点而定，等测图适用于纵、横两个方向都是表现重点的设计对象，二测图和三测图等则相应在纵向上作尺寸省略，在一定程度上提高了制图效率。如图2-91，该橱柜的主要表现构造可以定在A立面和B立面上，由于B立面的长度大于A立面，且柜门数量较多，故选用斜等测轴测图来绘制，这样既能着重表现B立面又能兼顾表现A立面。

3. 建立空间构架

绘制斜等测轴测图首先要定制倾斜角度，为了兼顾A立面中的主体构造，可以选择倾斜45°绘制基本空间构架。所有纵向结构全部以右倾45°方向绘制，等测图的尺度应该与实际相符（见图2-92）。橱柜的主体结构采用中实线绘制，地面、墙面、顶棚边缘采用粗实线绘制。为了提高制图效率，可以采用折断线省略次要表现对象或非橱柜构造。

4. 增添细节形态

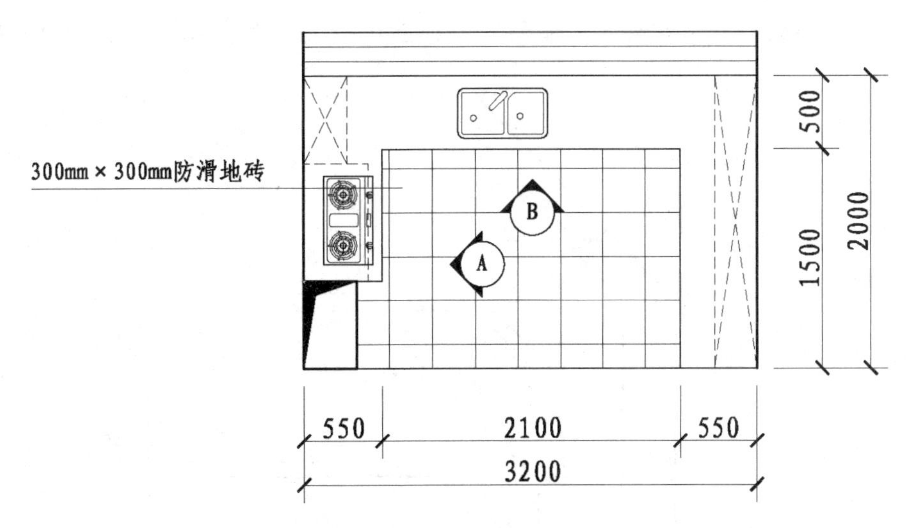

橱柜平面图 1：50

(a)

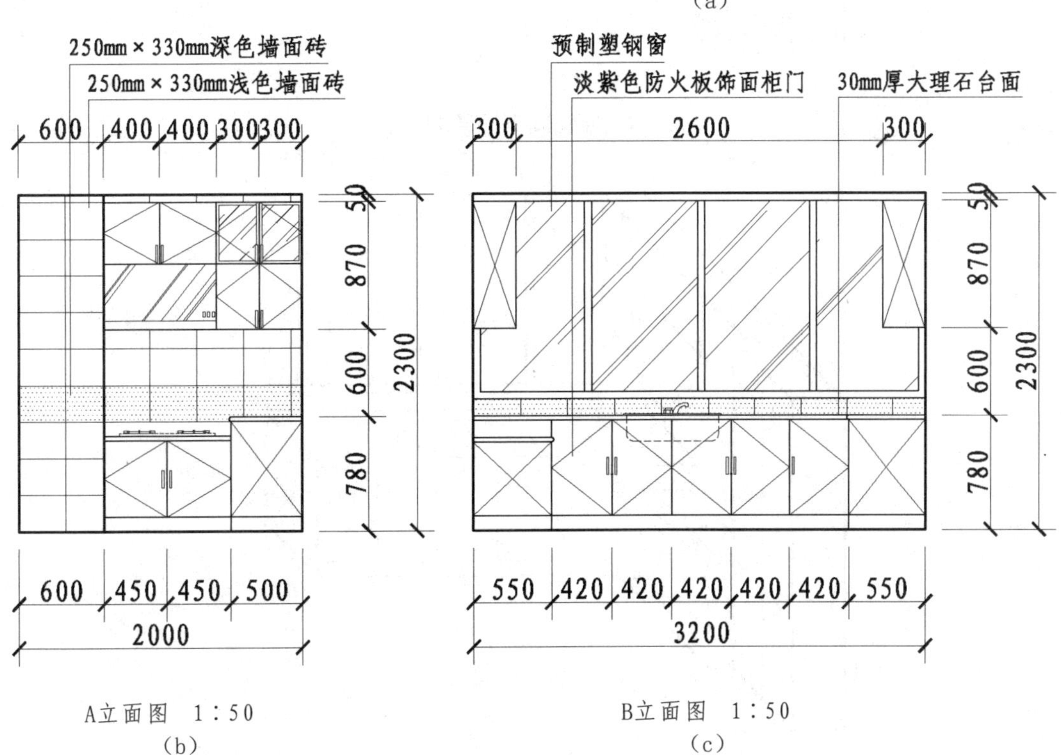

A立面图 1：50

(b)

B立面图 1：50

(c)

图2-91 橱柜三视图

对已经绘制完成的空间构架可以逐一绘制橱柜的细节形态，一般先绘制简单的平行面域，再绘制倾斜面域，或者由远及近绘制，不要遗漏各种细节（见图2-93）。在斜轴测图中，平行面域中的构造可以直接复制或描绘立面图，如该橱柜三视图中的B立面图，只是要注意细节的凸凹。抽油烟机、水槽、炉灶等成品构件只需绘制基本轮廓形态，或指定放置位置即可，当然，也可以调用成品模型库，这样图面效果会更加精美。当全部细节绘制完成后，要仔细检查一遍，尤其是细节构造中的图线倾斜角度是否正确、一致，发现错误要及时更正。

5. 填充与标注

最后，可以根据三视图中的设计构思对轴测图进行填充，材质填充要与三视图一致，着重表现橱柜中的材料区别（见图2-94）。尺寸标注与文字标注可以直接抄绘三视图，但是要注意摆放好位置关系，不宜相互交错，导致图面效果混淆

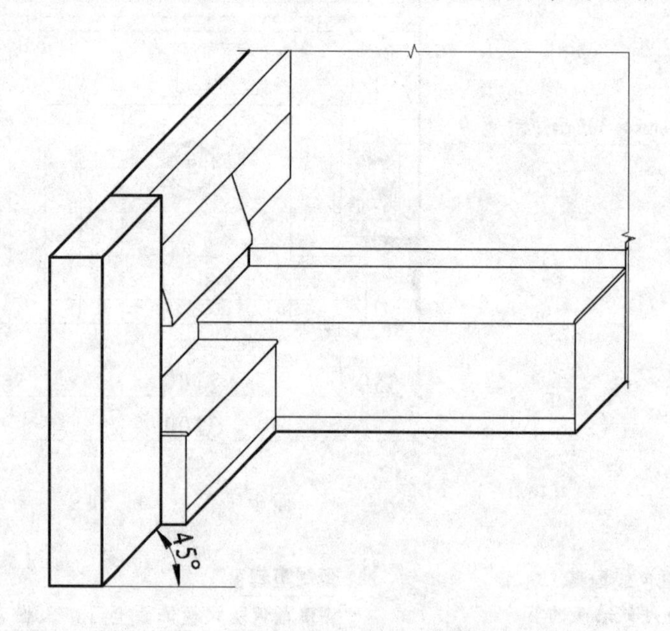

图2-92　橱柜轴测图绘制步骤一

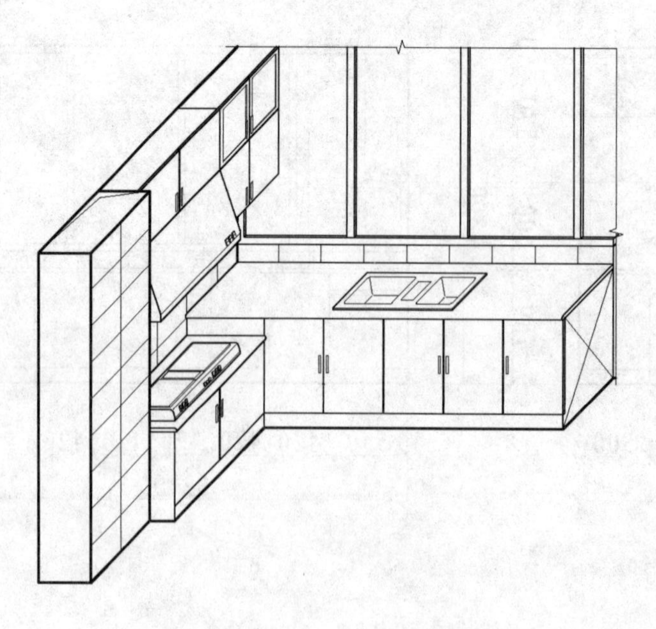

图2-93　橱柜轴测图绘制步骤二

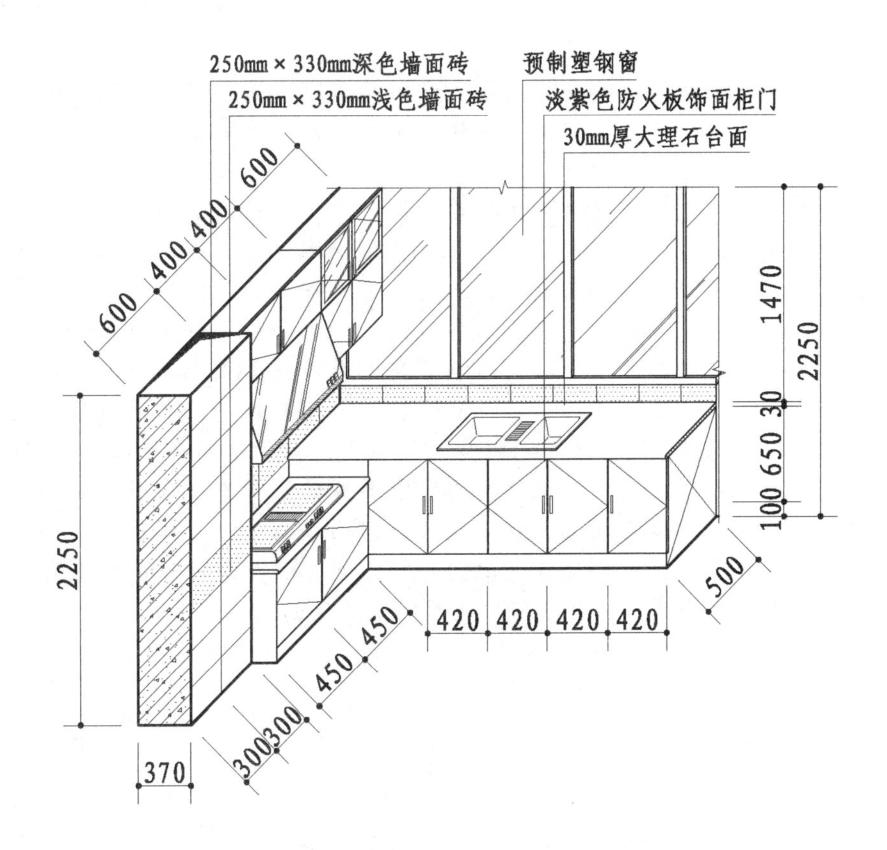

橱柜正面斜等测轴测图 1:50

图2-94 橱柜轴测图绘制步骤三

不清。当轴测图全部绘制完毕后，再作一遍细致地检查，确认无误即可标写图名和比例。轴测图的绘制目的主要在于表现设计对象的空间逻辑关系，如果其他投影图表现完整，可以只绘制形体构造，不用标注尺寸与文字。

绘制轴测图需要具备良好的空间辨析能力和逻辑思维能力，这些也可以在制图学习过程中逐渐培养，关键在于勤学勤练，初学阶段可以针对每个设计项目都绘制相关的轴测图，这对提高空间意识和专业素养会有很大的帮助。

练习题

1. 熟记总平面图常用图例。
2. 通过精确测量，绘制所在教室平面布置图与顶棚平面图。
3. 收集并整理一套适合自己使用的平面图常用图库。
4. 熟读GB/T50106—2010《给水排水制图标准》
5. 经过实地考察，绘制所在教学楼公共卫生间的给水平面图、排水平面图与相关管道轴测图。
6. 经过实地考察，绘制学校图书馆或阅览室电气平面图。
7. 熟读GB/T50114—2010《暖通空调制图标准》并收集完整的热水暖通图与中央空调图各一套。
8. 设计并绘制某住宅内饰立面图，包括客厅电视背景墙、餐厅装饰墙与卧室衣柜墙各一份。
9. 使用A3幅面图纸临摹本章中图2-75与图2-76。
10. 使用A3幅面图纸设计并绘制卧室单人床与书桌各一份。

绘图提示

装配图

装配图是复杂设计构造的安装图样，它与构造节点图相近，因此又称为设计构造施工图或安装图（见图2-95），常用于表现施工方法和工序的设计部位，如家具装配图、门窗装配图等。

装配图是现代环境艺术设计中的重要图样之一，它既能够全面表达设计对象的整体造型和结构，是主体图样，也是绘制其他各种剖面图、断面图、局部详图等图样的效果表现，它一般以轴测图的形式来表现，或者将多个部件的轴测图组合起来，通过引线来连接。装配图的特点是能够清楚地表达各种设计对象的结构特点，零部件之间的装配关系，以及零、部件的基本结构形状。绘制装配图要保证各视图之间投影关系的准确性，各视图表达要简明、清楚，图面上相关的图样布局要合理，其画法应符合国家颁布的制图行业标准。此外，装配图上应当根据需要标注出设计构造的尺寸和文字说明。

装配图中的技术要求标准与机械制图中零部件的技术要求有所不同，它的技术要求主要集中在安装后的整体要求上，如安装后的表面加工精度（平整度、光洁度、安装误差等）质量验收标准，更重要的是装配图中应表达多种材料构造，尤其是设计构造的表面涂饰要求，这些都是机械制图中零部件图所不具备的。

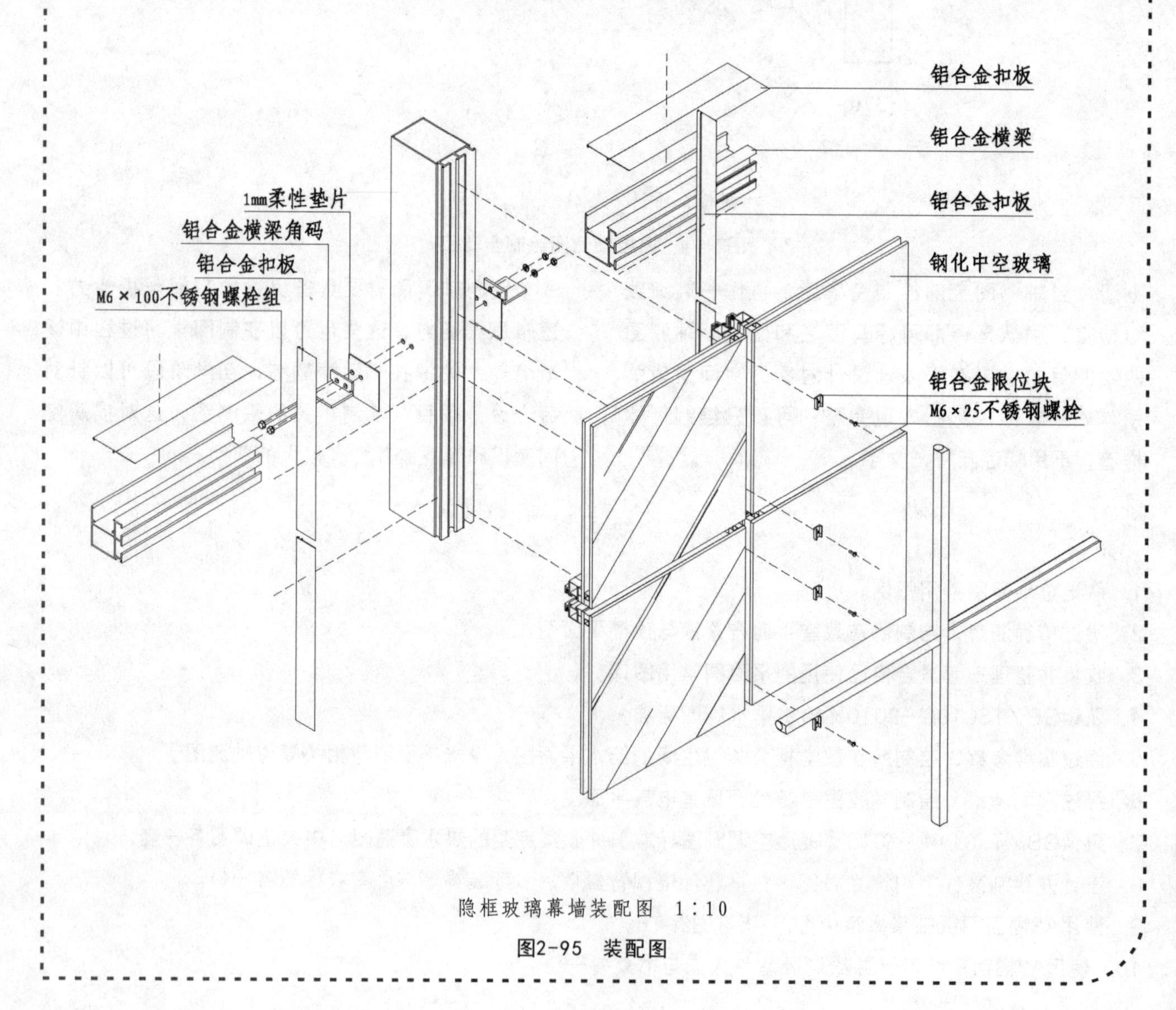

图2-95　装配图

第三章　透视制图原理

关键词：两点透视、视点、灭点、倒影、快速技法

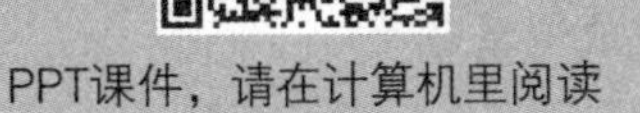

PPT课件，请在计算机里阅读　　本章图纸资料，请用CAD查看

第三章　透视制图原理

透视是一种传统制图学科，在计算机制图普及之前，一直占据设计制图的核心地位。在现实生活中，我们都有这样的体会，同样大小的物体离我们近就显得大，反之就显得小，在中国古代的山水画论中也有这样的叙述“远山无石，远树无枝”。根据这种现象，我们把人眼作为投影中心进行中心投影便可得到物体的透视投影，利用透视投影进行制图称透视制图，用透视制图做出的图形便称透视图。透视图具有立体感强、真实感强的特点，依据透视图还可以绘制更加逼真的效果图。透视制图在环境艺术设计制图中占有重要的地位，也是极为重要的组成部分。

学习透视制图要求设计者保持头脑高度清醒，善于逻辑推理，在制图过程中要多想少画，初学者能根据本章中的案例举一反三，熟悉绘制原理后才能根据创意绘制各种透视图。本章讲述的透视制图方法力求简明，列举的案例具有典型性，目的在于为初学者建立完整的透视思维模式，方便实践工作。

第一节　透视制图的概念

一、透视基本原理

1. 透视图基本概念

在人与被观察物体之间设立一个透明的铅垂面P作为投影面，人的视线（投射线）透过投影面而与投影面相交所得的图形，称为透视图，或称为透视投影，简称透视（见图3-1）。

透视图要根据较为复杂的透视原理来绘制，多用于各类工程技术制图，在环境艺术设计中，为了直观反映设计对象的整体面貌，会大量采用透视图来表现设计方案。在实际绘制过程中，透视图模拟人眼睛观察绘制对象，人的眼睛被称作视点，或视点中心，这样视点将会与人的实际观察中心一致，绘制出来的图像符合近大远小的视觉特征。如果绘制准确，透视图能像照片一样，真实地反映所绘制的设计对象。因为它的绘图原理与照相机、人眼的成像原理是基本一致的。

在环境艺术设计中，透视图主要是施工图的辅助图或参考图，它能帮助施工员或识图水平不高的投资方快速判别、识读各种相关施工图样，还可以用作工程项目的投标方案设计图，作为审评完工后效果的图样来使用。透视图具备绘制方便快捷，不失真、立体感强的特点。作为设计

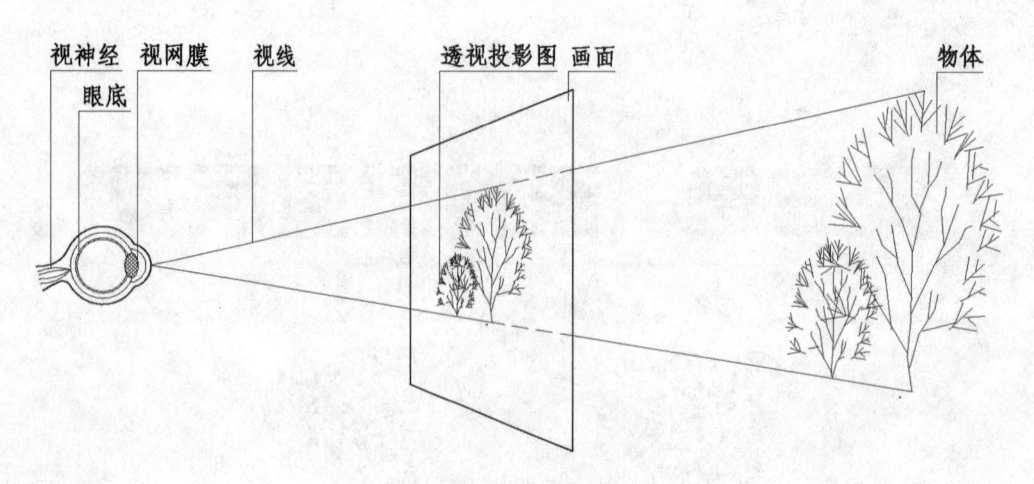

图3-1　透视成像原理

者，能在设计方案的构思中运用这种方法快速地勾勒设计草图进行方案比较，以达到形象构思迅速，判定准确的目的。即使设计方案已经确定，设计者在绘制出各种建筑物、构筑物、室内外空间造型、家具设施的平、立、剖面等施工图以后，往往也要画出该设计方案的透视图，以烘托该设计项目的环境氛围。在制图后期，透视图一般还要求着色渲染，提升观赏价值。因此，透视图的应用十分广泛，是现代环境艺术设计制图中不可缺少的图样之一。

2. 透视图术语

无论是绘制还是识读透视投影图，都要对透视投影图中常用的术语和相关符号有明确的掌握，以方便学习和实践，下面详细讲解透视图中的基本术语。

（1）基面　水平面（H），即地面，也认为是设计空间所在的水平面或室内空间的基础平面。在透视图绘制中，也可以将设计对象的水平投影面视为基面。

（2）画面　即投影图画面（P），或者称为投影铅垂面。

（3）地平线（基线）　是画面与地面（G）的交线，交线符号为p－p。

（4）视位　观察者进行观察的位置。观察者对物体进行观察的位置如果发生前后、左右改变，通常会引起绘制对象大小、立体观察角度的变化，视位以s表示。

（5）视点　观察对象时人眼睛所处的位置，以S来表示。

（6）视平线　过视点位置S作平面平行于水平面H，这个平面与画面P的交线就是视平线h－h。视平线能决定对象的俯仰角度变化。实际上当观察者的视位确定以后，更主要考虑的是眼睛所处的高低位置，这种位置的改变也就是视平线高低的变化。在透视投影图的绘制中，视平线hh能起决定性作用，它是画面上各部分构图是否统一的测定标准。

（7）心点（主点）　过视点作画面P的垂线，其线段在画面上的落点称为心点，用s′表示。

（8）主视线　视点与心点的直线连线Ss′。

（9）视距　就是观察者所处的位置与假想画面之间的距离，即Ss′的实际长度。视距的变化能决定画面上对象形态的大小。

（10）视高　视点到水平面的距离，它决定视点的水平位置，其变化与视平线的变化是同步的，高度为Ss。

（11）灭点　不平行于画面的视线或视面的消失点，通常用s′或F表示。

图3－2是某电视柜的透视状况，观察者的视点S与电视柜棱角之间的连线穿透画面P，并与画

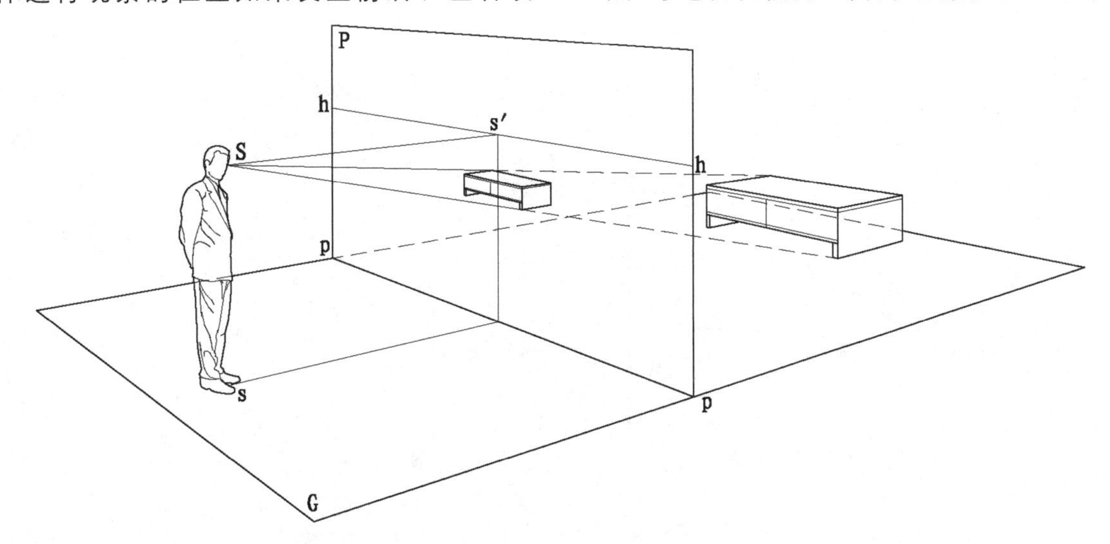

图3-2　透视图术语与符号表达部位

面P形成交点，透视图就是各交点在画面P中相互连接后最终形成的。在设计制图中，所有物体的透视一样，就是将物体的各棱角透视点依次连接起来后完成的。

3. 透视图的特点

（1）近大远小　现实状况中原本体积、大小相同的物体，在透视图中具有近大远小的特点，或者说视距越近，视角就越大，在透视投影图上的尺度越大，这是由于视距和视角发生变化的结果。当观察者的视位与视点固定时，去观察远近不同，但是形状、大小完全相同的物体时，会在视觉上感觉到较近的物体显得较大，而较远的物体则显得较小。这种规律的产生与人眼球观察物体所形成的生理现象有关，即物体在视网膜上的成像原理有关。

（2）近高远低　各种物体本来高度相同，在透视图中有近高远低的特点，即近处显得高大，而远处显得较矮。

（3）平行与相交　物体上互相平行的直线与画面有平行与相交的两种位置。一种是与画面平行的一组平行线，在透视图中依然平行，但是也呈现近大远小的特点；另一种是与画面相交的一组平行线，在透视图中将交汇于一点。在透视图上会出现一点透视、二点透视或三点透视。

（4）点透视　一个点的透视仍为一个点，画面上点的透视即为自身。

（5）直线透视　直线的透视一般仍为直线，直线通过视点，即透视为一点，画面上直线的透视即为自身，无限长直线的透视为有限长。与画面相交的平行直线，在透视图上不再平行，称为相交于同一点的线，平行线的公共交点为该平行线的灭点。

（6）平面透视　画面上平面的透视即为自身，即画面上的平面图形经过透视后仍反映出实形，其透视形态与原型相似。

二、点与直线的透视投影

任何透视图都是由点与直线组合而成的，系统了解点与直线的透视原理，有助于领悟透视制图的规律。

1. 点的透视投影

点的透视投影是通过该点的视线与画面的交点形成的。绘制点的透视投影，先由视点引出一条通过已知点的视线，再求出该视线与画面的交点，又称迹点，这种方法也叫视线迹点法。图3-3所示为常见几种处于不同位置（前、中、后）三个点的透视。其中空间中的点A位于画面之后，上部视线与画面P的交点A′即是点A的透视；而点C位于画面与人眼之间，将该点视线延长后与画面相交即得点C′；点B在画面上，因此它的透视就

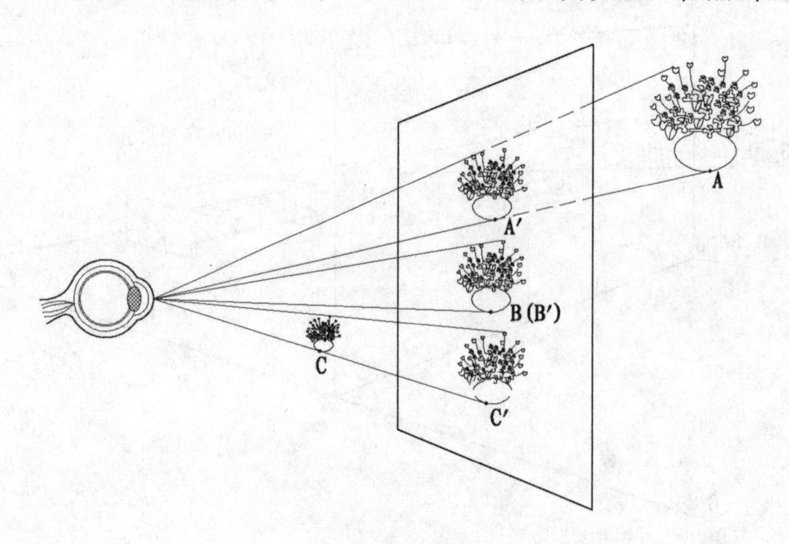

图3-3　不同位置三个点的透视

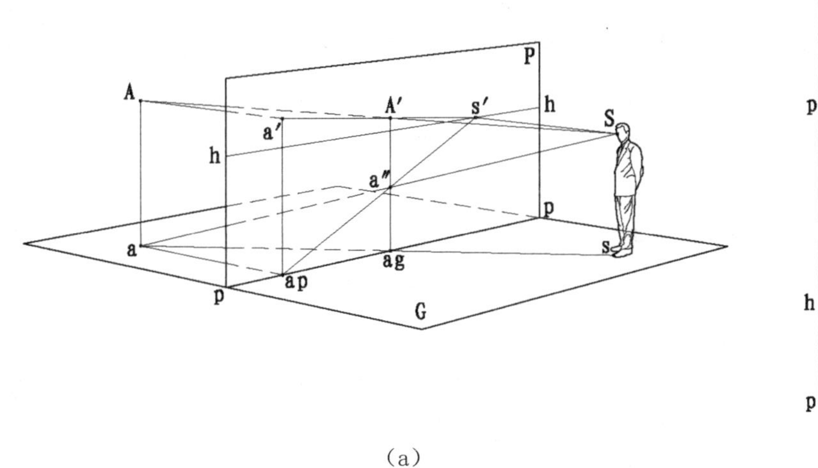

(a)

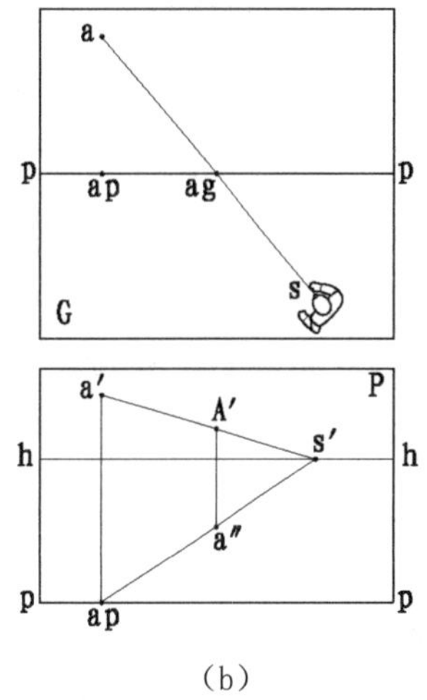

(b)

图3-4 点的透视

是点B（B′）本身。

在投影图上应用视线迹点法作空间点的透视，应该明确点的透视规律之后再作图。见图3-4（a）所示，由于点A在基面上的投影为基点a，它的投影线为铅垂线，过该线的视平面是铅垂面SAa。点的透视及基点的透视是位于同一个铅垂面上，它们与画面P的交点A′ a′ 也是在这个铅垂面上。所以根据这种规律采用两面投影法作图时，画面P就等于视图中的正立投影面，画面上的心点s′ 等于视点的正立投影；基面H上的视位s相当于视点的水平投影；画面与地面的交线p－p，仍称为地平线，也可称为画面的基线，它平行于视平线h－h。

绘制点A透视图的步骤如下。首先，作图时先将基面H画在画面P的正下方，画面中的基线为g－g、视平线为h－h、基面中作为画面的位置基线为p－p、站点用s等符号一一标出。接着，在基面上连接sa，sa与基线p－p的交点为ag；然后在画面P上连接s′ a′ 和s′ ap。最后，从ag向上引垂直线，与s′ a′ 交于点A′，与s′ ap交于点a″，点A′ 和点a″ 即为点A的透视和基面透视［见图3-4（b）］。

2. 直线的透视投影

直线的透视投影是通过该直线的视平面与画面的交线。绘制直线的透视投影就是求出直线上任意两点的透视投影，随后将这两点连接起来，

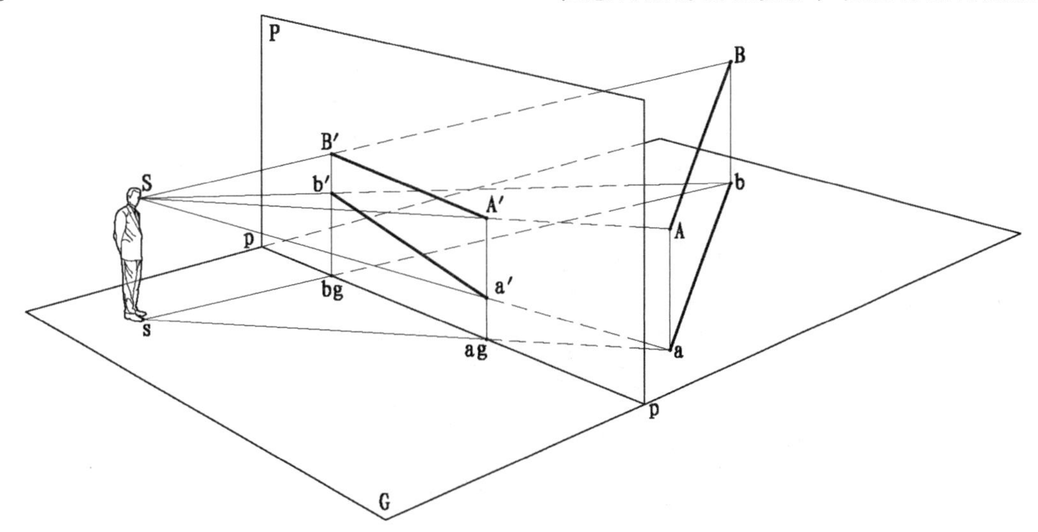

图3-5 直线的透视

得到的就是直线的透视投影。

直线的投影具有规律，一般情况下，直线的透视仍为直线（见图3－5）。只有当直线通过的方向与视线方向一致时，直线的透视才是点，其基面透视仍然是直线（见图3－6）。点在直线上，则点的透视和基面透视投影也在直线的透视和基面透视投影上，点M在直线AB上，点M′则在直线A′B′上，而点m′在直线a′b′上（见图3－7）。

3. 迹点

直线与画面相交的点在透视图中称为直线的迹点。由于迹点是属于画面中的点，所以迹点的透视就是它本身。如图3－8所示，迹点K的透视就是它本身，基面透视是点k。直线的透视必须通过直线的迹点k，直线的基面透视必须通过该迹点基面上的正投影。

4. 灭点

在透视投影中，直线上距离画面无穷远点的透视称为直线的灭点，以点 F 表示。直线的灭点，实际上是一条由直线引出的与无知直线相平行的视线与画面的交点。如图3－9所示，欲求直线AB上无穷远点的透视，要先从视点向无穷远点引视线SF，视线SF必然平行于直线AB。视线SF与画面P的交点F就是直线AB上无穷远点的透视，即

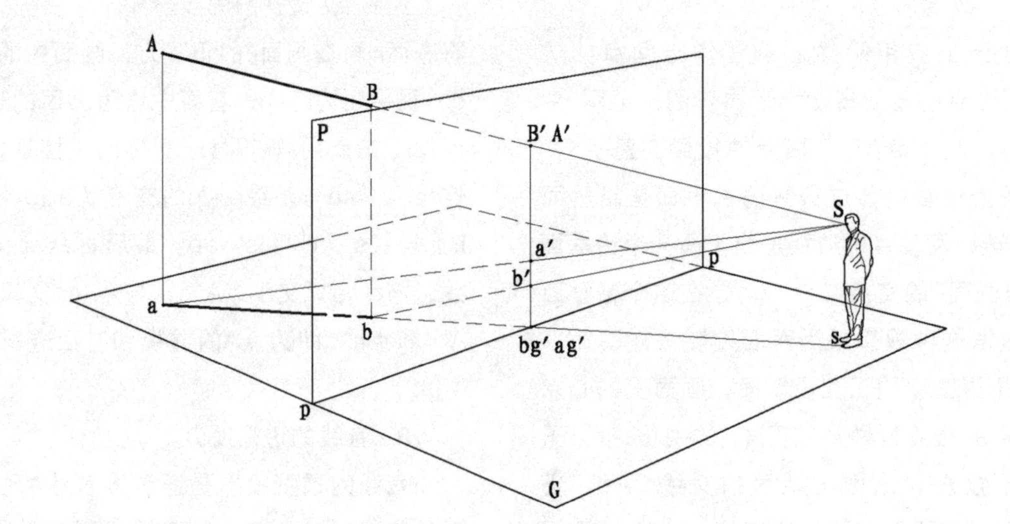

图3-6　直线通过视点

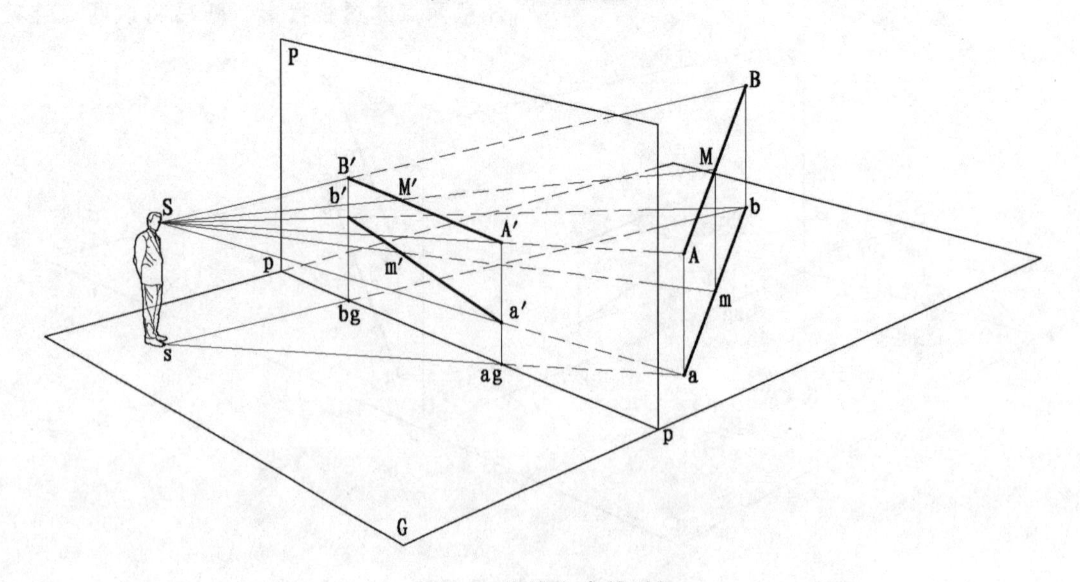

图3-7　直线上点的透视

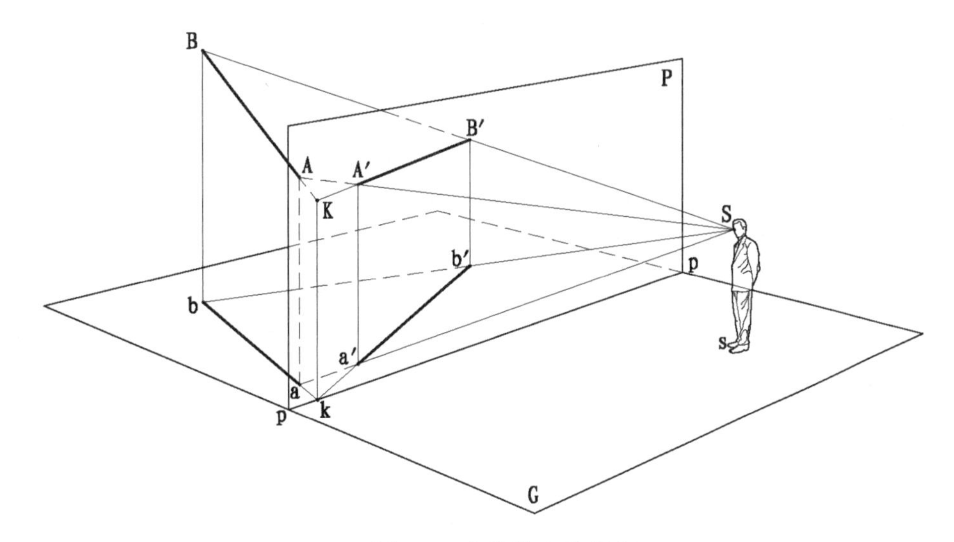

图3-8 直线迹点的透视

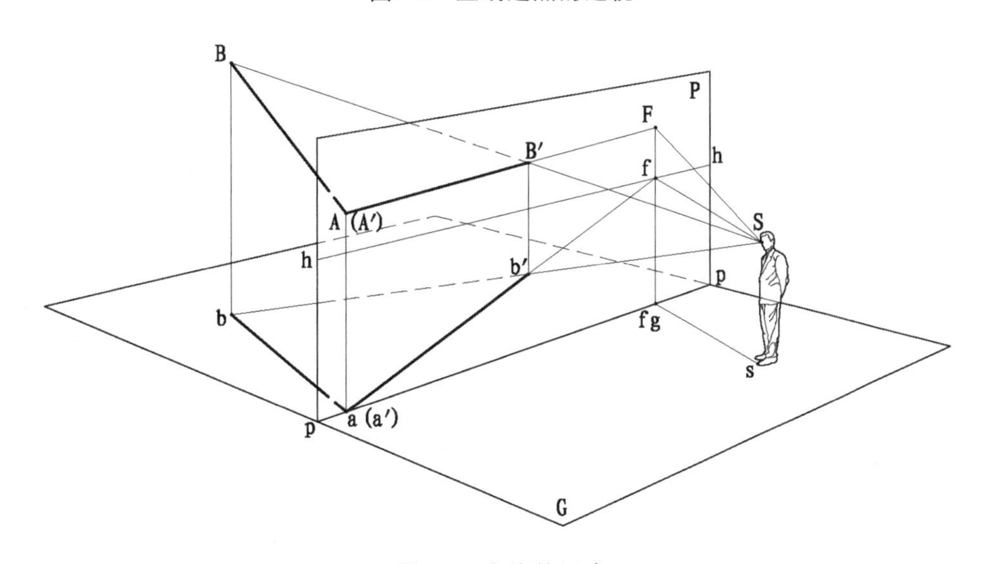

图3-9 直线的灭点

为该直线的灭点，直线AB的透视A′B′延长后一定通过灭点F。同样道理，可以求得直线AB在基面的正投影ab上无穷远点的透视f，称为基面灭点。由于ab在基面上，所以平行于ab的视线只能是水平线，基面灭点f位于视平线h－h上，直线AB的基面透视a′b′延长后必然通过灭点f。基面灭点f与灭点F在同一条铅垂线上。

直线的迹点和灭点的连线，称为直线的全长透视，图3－9中的A′F连线即是如此。直线的透视必然在直线的全长透视上。直线灭点的主要特征是直线的透视都消失于灭点，但是直线的位置不同，灭点也不一样，各种不同位置的直线透视投影都各自消失于自己的灭点。灭点的主要特性有以下几点。

（1）位于画面上的铅垂线反映真实高度 一切位于画面上的铅垂线，它的透视实际上就是该直线本身，即反映直线的真实高度。绘图者可以利用这种特性在画面上确定物体的真实高度，通常称之为真高线。

如图3－10所示，由于四边形A′B′C′D′中的两直线A′C′和B′D′相交于视平线上同一个灭点F，所以这两条空间直线为互相平行的水平线。而A′B′和C′D′是两条铅垂线的透视，故A′B′C′D′是某矩形的透视。因为AB是画面上的直线，A′B′反映了真实高度H，而CD是画面后的直线，其透视C′D′不能直接反映真实高

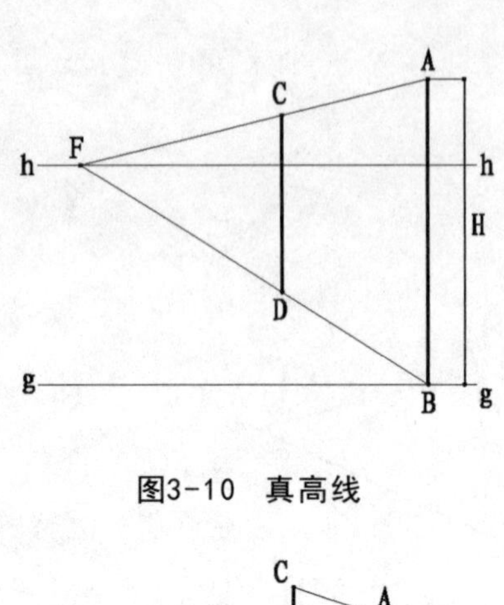

图3-10 真高线

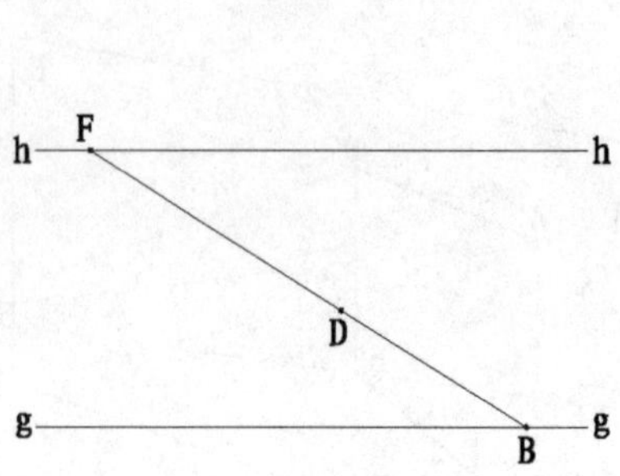

图3-11 作透视高度的步骤一

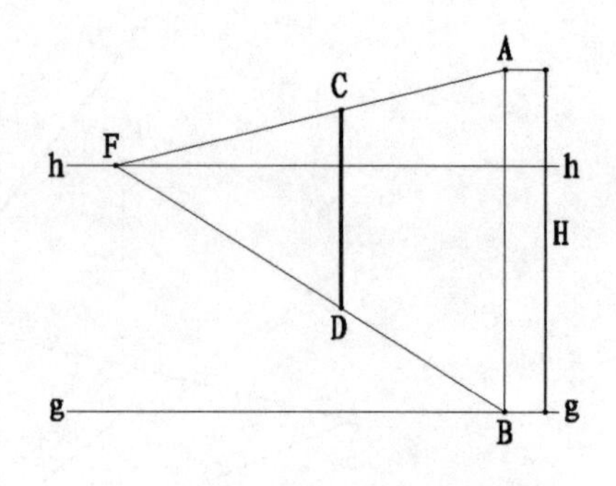

图3-12 作透视高度的步骤二

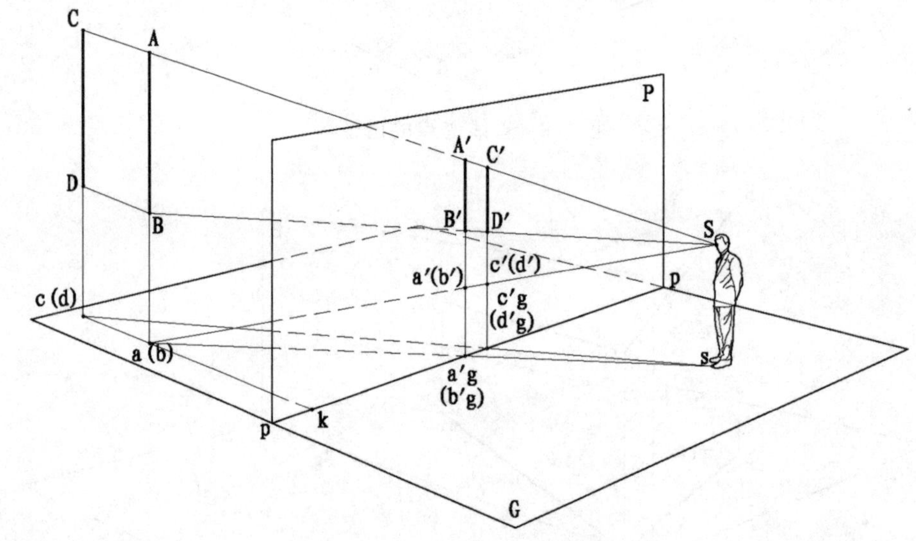

图3-13 与画面平行的铅垂线透视

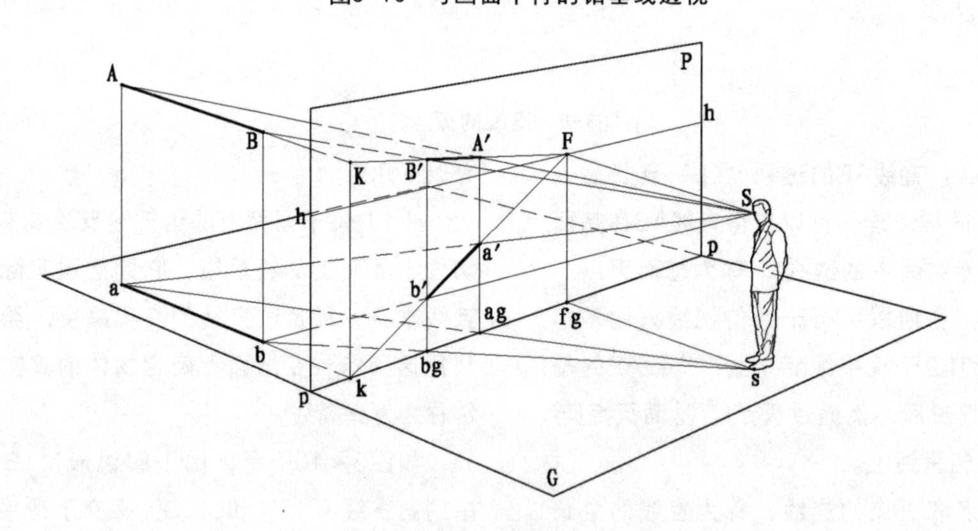

图3-14 与画面相交的水平线透视

度，它需要通过画面上的A′ B′ 来确定其真实高度。因此，画面上的铅垂线可以称为透视图中的真高线。

这里介绍求作直线透视高度的方法。图3-11中给定的条件是过点D作一铅垂线透视，使其高度等于H。作图时首先要在视平线上适当的位置确定一灭点F，连接点F与点D，并延长交于基线于点B。再过点B作铅垂线量取AB等于真高H，再连接

AF，与过D处的铅垂线交于点C，则CD就是过点D且真高为H的铅垂线的透视（见图3－12）。

（2）一切与画面平行的直线没有灭点　这是因为从视点引出的平行视线同样与画面平行，它们之间不能相交所以没有灭点。与画面平行的直线如果同样长短的话，距离画面或者视点越近则长度显得越长，反之距离画面或者视点越远则直线的长度显得越短。如图3－13所示，已知直线AB为铅垂线，则AB必然平行于画面P，其透视A′B′//AB，也就是说AB的透视亦为铅垂线，所以A′B′必然垂直于基线。同样道理，CD也是平行于画面的铅垂线，但与AB相比距离画面较远，所以其铅垂线长度相对较短。

（3）与画面相交的水平线有共同的灭点　一切与画面相交的水平线，它的灭点都在视平线上。如图3－14所示，已知直线AB平行于基面G（即AB为水平线）及其基投影ab。过视点S与AB、ab平行的视线只有一条，且与画面相交在视平线上，这时透视与基透视灭点重合。即平行于基面的画面相交线，其透视和基透视相交于同一个灭点。同样道理，相互平行的水平线，其透视和基面透视有一个共同的灭点。

三、透视图类型与特征

由于设计对象在画面中相对位置不同，且画面上灭点也不同，透视图一般分为三种类型。

1. 一点透视图

一点透视是常用的透视技法，当设计对象的

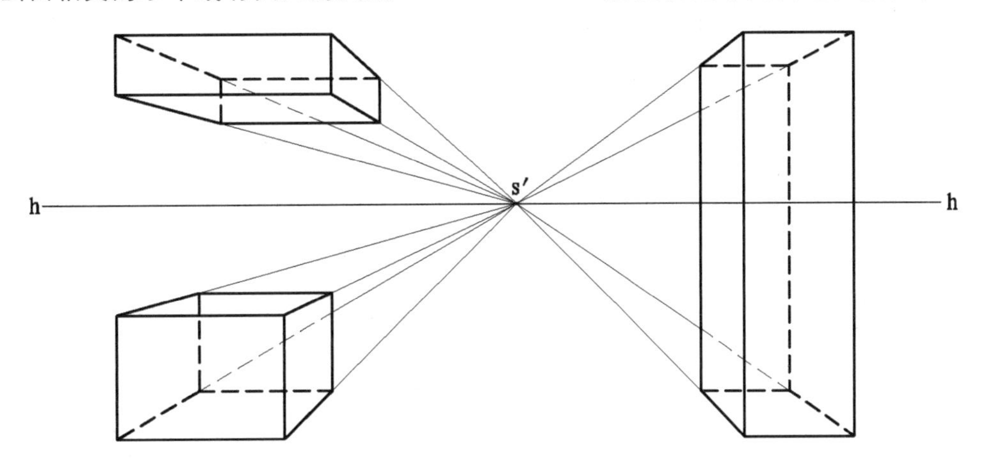

图3-15　一点透视示意

图3-16　室内一点透视图

立面与画面平行时所形成的透视图称为一点透视图，也称为中心透视图或平行透视图。由于这种位置关系，使得设计对象的长度方向、高度方向同时平行于画面，但都没有灭点。设计对象侧面的进深方向，则会向远处延伸形成一个灭点s′。一点透视只有一个灭点，利用这种只有一个消失点的特性做出的投影图就是一点透视图（见图3-15）。

一点透视投影图的主要特点是绘制方便，立体感较强，能够真实反映物体的实际形态。由于采用中心投影的画法，它的高度方向和宽度方向的视线与视平面的投影都平行于画面，这些直线和视平面都没有灭点和灭线。所以除了进深方向的视线或视平面是倾斜于画面以外，其余视线与视平面都与画面平行，但是具有近大远小的变化（见图3-16）。因此，绘制一点透视图比较容易，但是距离视点较近的物体，其侧面的投影形态容易失真。

2. 两点透视图

两点透视是环境艺术设计中运用比较多的一种透视投影技法。在绘制图样时，设计对象仅有高度方向的轮廓线平行于画面，其画面上视线与

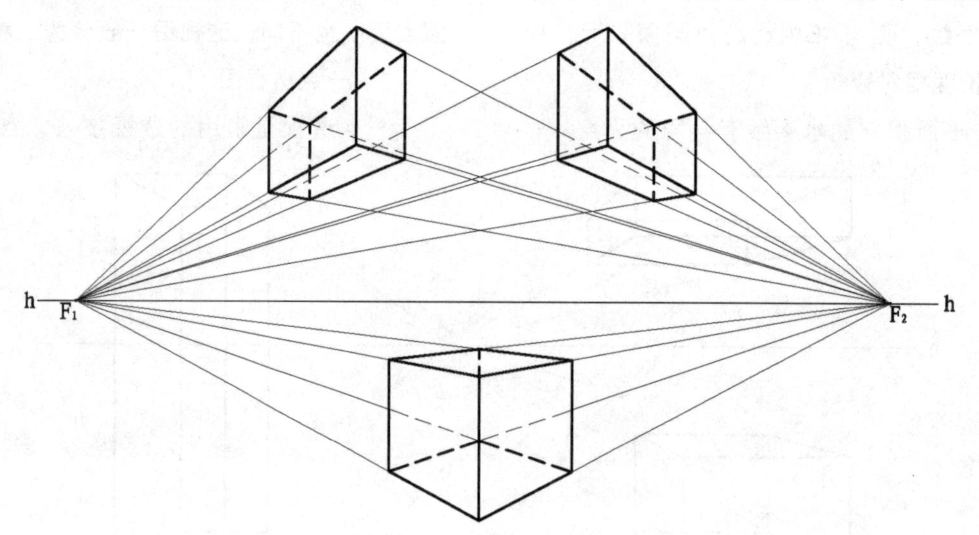

图3-17 两点透视示意

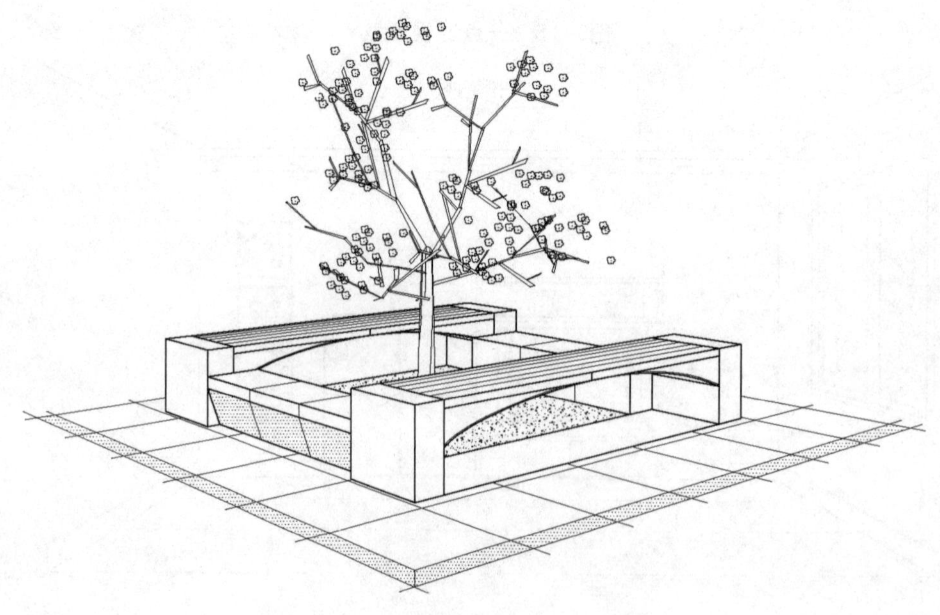

图3-18 庭院景观两点透视图

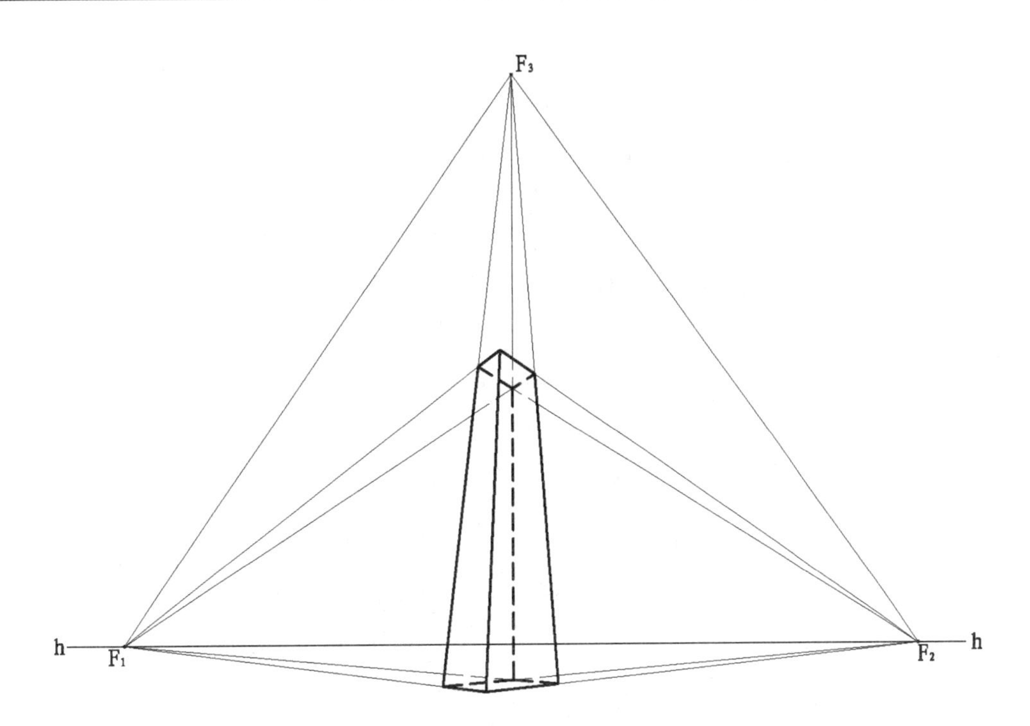

图3-19 三点透视示意

视平面的投影都处于铅垂线的方向，即垂直于水平面。长度方向与宽度方向的视线与视平面都略呈水平状态的与画面相关，并同时消失于视平线的两侧灭点F_1、F_2，所以称为两点透视。由于在这种透视中，物体的两个立面与画面成一定的倾角，因此也叫成角透视图（见图3－17）。

两点透视图比较符合人的正常视觉观察状态，观察视域开阔，绘图时视点的位置选择灵活，立体感强。其缺点是在绘制图样时，如果物体形态较为复杂，一旦选择的视高不合适，则极容易引起设计对象的顶界面或底界面透视失真。两点透视图比较适合绘制环境空间中的某一角或局部场景（见图3－18），也可以用来绘制视点较远或两个透视投影灭点都较远的建筑或构造。

3. 三点透视图

三点透视的投影图样及画面都倾斜于基面，建筑或物体的三个方向的轮廓线均与画面相交，所以画面上有三个灭点F_1、F_2、F_3，这种透视图称为三点透视投影图（见图3－19）。

三点透视投影图样除了在视平线上有两个灭点之外，在垂直方向还有向上消失的灭点，又称为天点或地点，因此用于表现建筑或物体的透视图有一种挺拔、高耸的感觉，宜表现较高大的建筑和环境空间（见图3－20）。

绘图提示

鸟瞰图

鸟瞰图是根据透视原理，采用高视点三点透视法从高处某一点俯视地面绘制而成的透视图。它就像在高空飞行的鸟一样，俯视地面，不仅具备广阔的视野，还能形成平和的透视效果，鸟瞰图比普通平面图更有真实感。

鸟瞰图的视线与水平线有一俯角，图上各要素一般都根据透视投影规则来描绘，其特点为近大远小，近明远暗。例如，在直角坐标网中，东西向横线的平行间隔逐渐缩小，南北向的纵线交会于地平线上一点（灭点），网格中的水系、地貌、地物也按上述规则变化。鸟瞰图可运用各种立体表示手段，表达地理景观等内容，可根据需要选择最理想的俯视角度和适宜比例绘制，它主要用于绘制大面积园林景观、群体建筑等设计项目，绘制工序较复杂。

图3-20 建筑外观三点透视图

四、透视图的选用

学习透视图原理，不仅要熟练掌握各种透视画法，还要掌握合理选用透视图，这包括视点、画面位置、观看角度、透视类型、幅面尺度、配景内容等。当视点、画面和表现对象三者的相对位置不同时，透视图将呈现不同的形状，表现良好的透视图应当符合读图者的视觉审美印象。因此，这三者的相对位置不能随意确定。

1. 选定视角

当视点过偏、视距过近时，视角就会增大，透视易产生失真现象。在实际生活中，我们都可以体会到，若头部不动，以一只眼睛观看前方时，上下、左右能看到的范围构成一个以眼睛为顶点的椭圆形的视锥，其锥顶角称为视锥角。视锥角与画面的交线称为视域，视轴即视锥高，必垂直于画面。为了简便起见，实际应用时将视锥作为正圆锥，这样，视域即为正圆。视角α一般为110° ~130° （见图3－21），清晰可见的视角为60° ，最清晰的在28° ~38° 范围内。绘制室内透视图时，为了表现三面墙上的设计构造，可稍大于60° ，但不宜超过90° ，否则会失真。绘室外透视一般采用α＝30° 。以视中线为对称轴（ssp），将30° 三角板的斜边和所夹30° 角的直角边靠在平面图的最左和最右边角点，这时30° 三角板顶点位置即为理想的站点s位置（见图3－22）。

图3－23说明了视角大小对透视图的影响，图3－23（b）视距近，视角大，表现对象就小，图像发生失真；图3－23（c）视距正常，视角适中，图像就无失真现象。

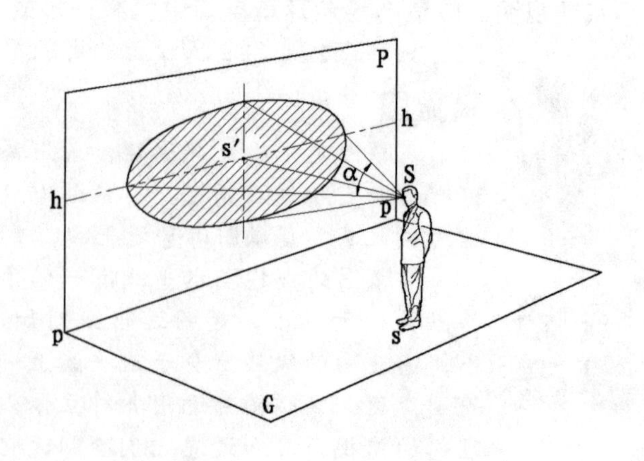

图3-21 人眼视觉范围

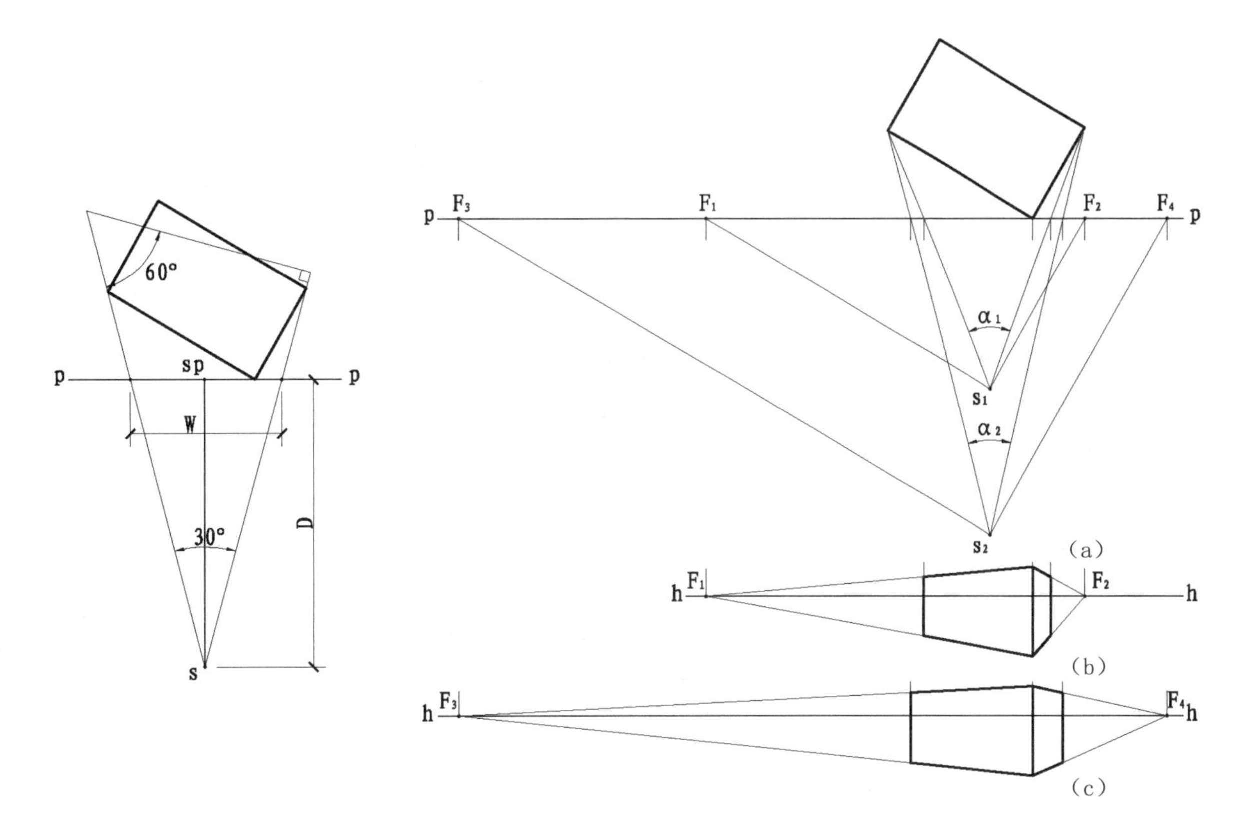

图3-22　视角30°选定站点的方法

图3-23　视角大小对透视图的影响

2. 选定站点位置

选择站点位置应该保证透视图具有一定的立体感，如果形体、画面位置、视角都已经确定，还要考虑站点的左右位置，为了保证能看到一个长方体的两个面，可以通过左右移动站立位置来获得最佳站点。

如图3－24所示，由站点s_1所得透视图的灭点F_2在透视图中，因此，只能见到形体的一个面，完全没有立体感［见图3－24（b）］。由站点s_2所得的透视图的灭点F_4过于靠近右侧面，不能充分表现形体的体量感［见图3－24（c）］。s_3的位置最好，体量感强［见图3－24（d）］。s_4的透视图的站点太偏右，使长面变短，短面变长，严重失真［见图3－24（e）］。

正确的选择应该使视中心线ssp垂直于p－p线，垂足sp以在画面宽度W的中心为最佳位置，也允许在中间1／3W范围内移动，但偏移的范围不宜超出W宽度范围，否则会严重失真。图3－25所示的形体由三个体块组合而成。图3－25（a）中，sp在画面宽度W的中间，使透视图中能看到三个体块。而图3－25（b）中所示的sp在W宽度范围之外，透视图中只能看到两个体块，严重失真，影响表现效果。

3. 选定视高

视高的选择就是指确定视平线的高度，在室外透视中，通常按一般人的眼睛到地面的高度来作为视高，约1.6m左右。图3－26说明了改变视高会影响透视效果。

图3－26（b）的视平线位于立方体底部下方，能看到立方体的底面，一般用于绘制悬挂在空中的设计对象，如吊脚楼，墙面悬挂吊柜等。

图3－26（c）的视平线位于立方体底边上，能表现出立方体稳重、雄伟的感觉，适用于绘制纪念碑、塔楼等。

图3－26（d）的视平线位于立方体高度中央偏下，接近底边，适用于表现室外建筑的立面形体。

图3－26（e）的视平线位于立方体高度正

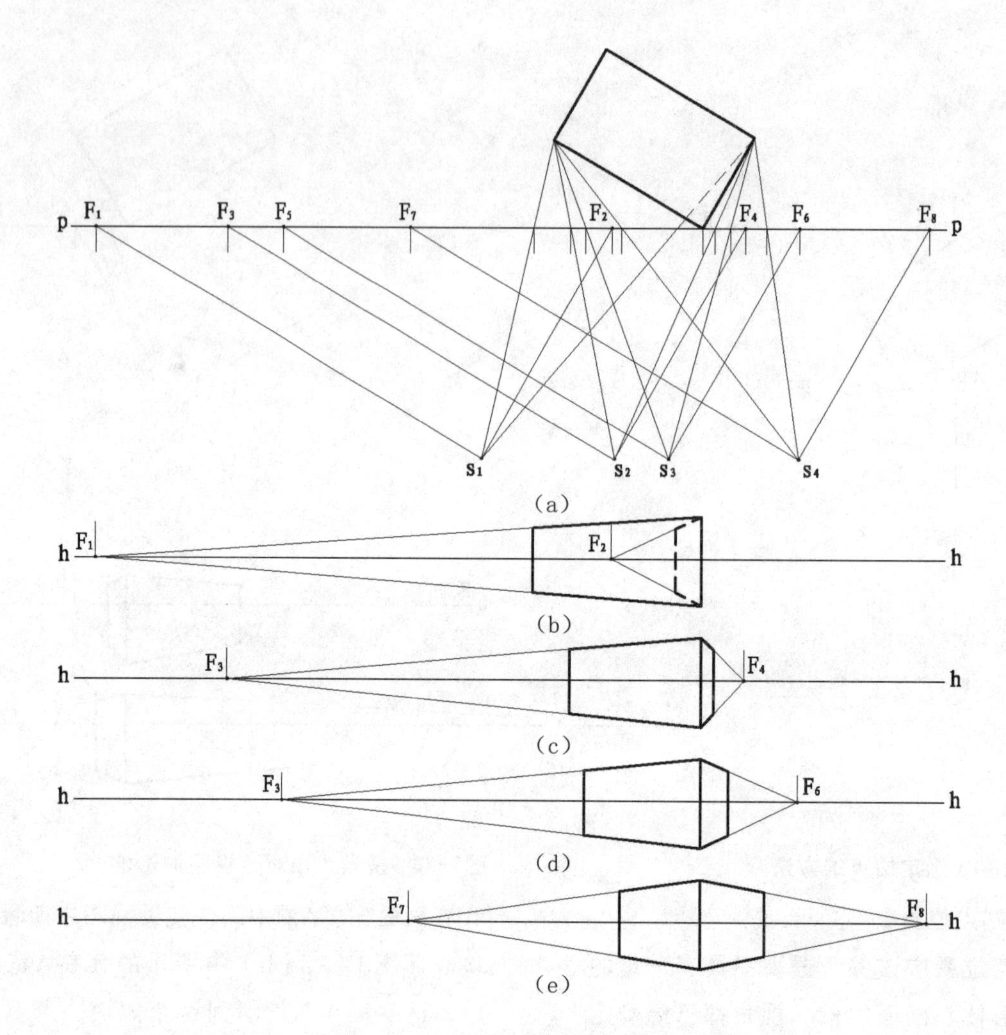

图3-24 视点位置对透视图的影响

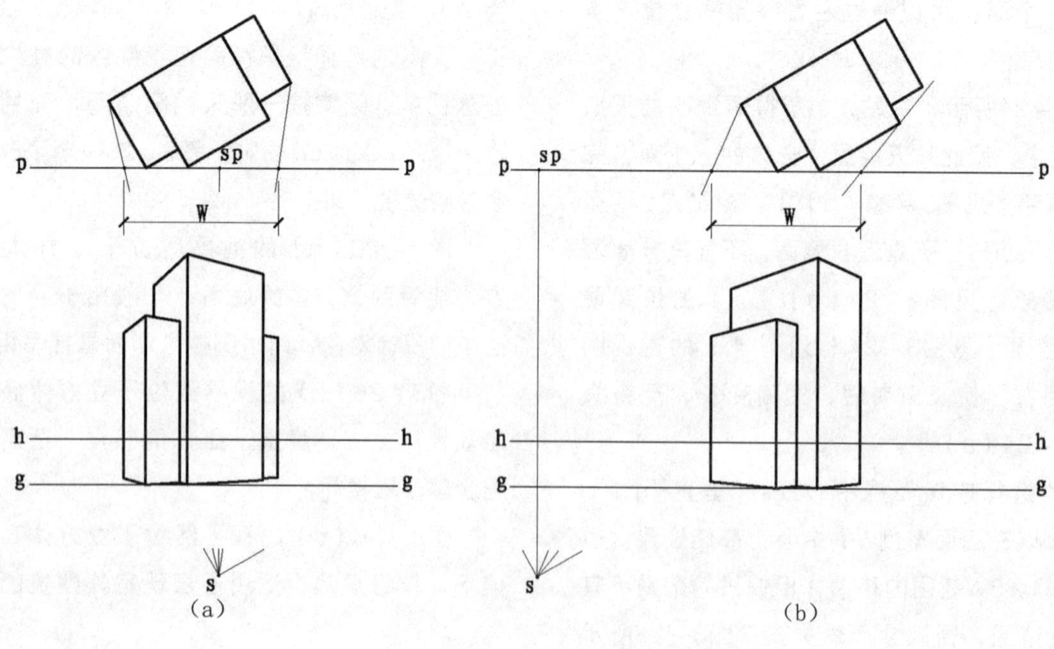

图3-25 视点中心区域的确定

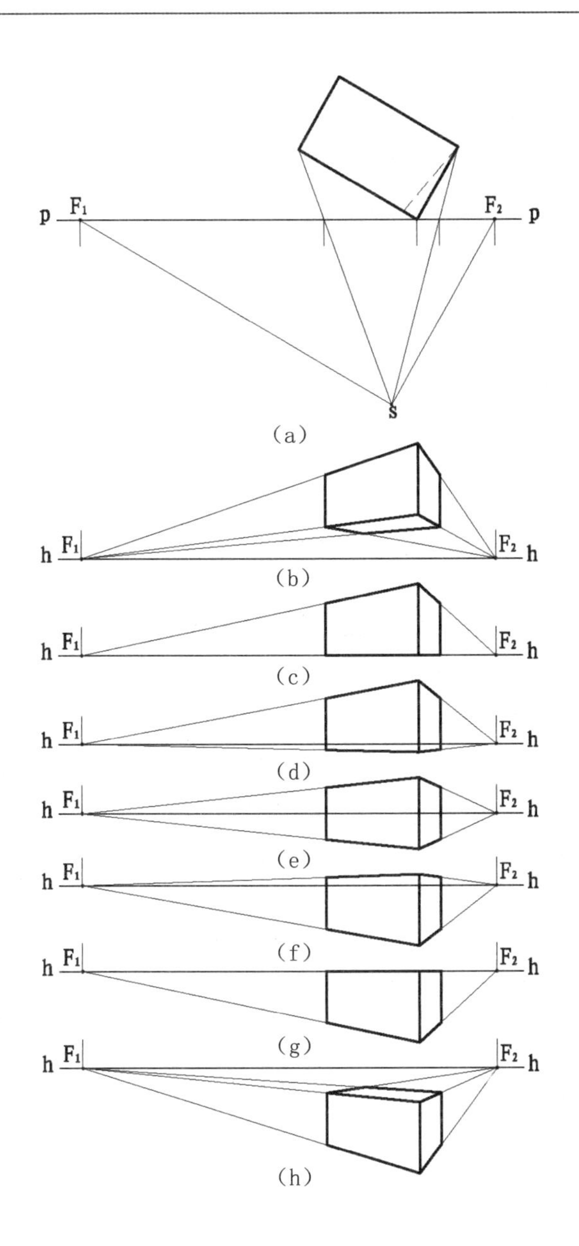

图3-26　视点高度对透视图的影响

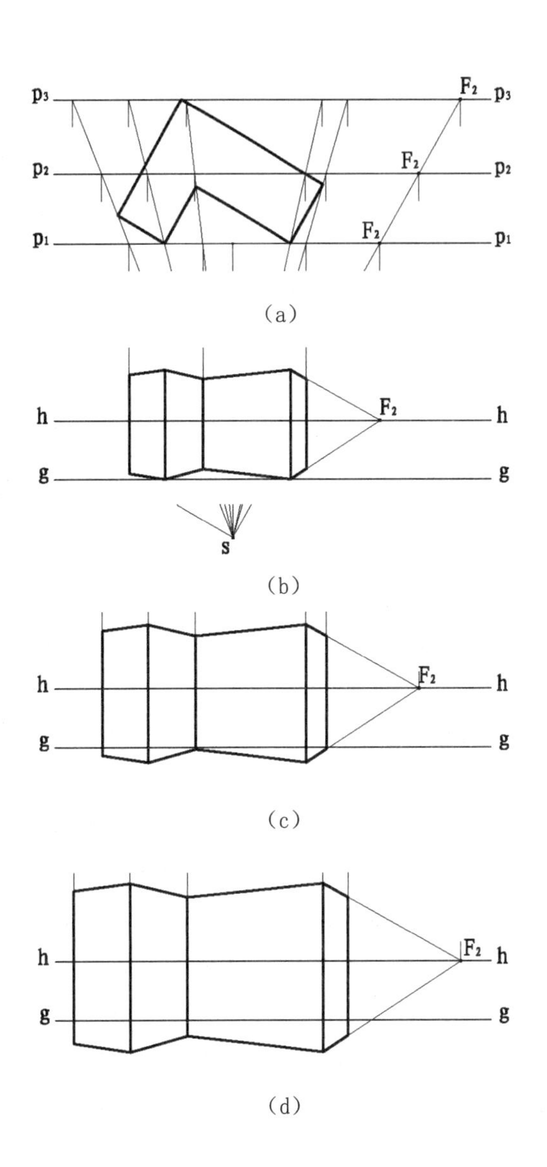

图3-27　画面位置对透视图的影响

中，上下透视感觉相同，表现效果呆板、僵硬，一般不建议选用。

图3－26（f）的视平线位于立方体高度中央偏上，接近顶边，能较全面观看设计对象的全貌，适用于表现室内空间透视图。

图3－26（g）的视平线位于立方体顶边上，适用于表现去除顶棚的室内空间透视图，它的全局包容性会更好。

图3－26（h）的视平线位于立方体顶部上方，能看到立方体的顶面，一般用于绘制建筑场景、园林景观的鸟瞰图，这更有利于表示室外道路、广场及建筑群之间的相互关系。

4. 画面位置

当画面平行移动时，所得透视图将不改变形状，只改变大小（见图3－27）。如果视点与设计对象的相对位置关系不变，将画面前后移动到P_1、P_2、P_3的位置则得出透视图3－27（b）、图3－27（c）和图3－27（d）。画面P_1在形体之前，所得的透视图3－27（b）为缩小透视。画面P_2与形体相交，所得的透视图3－27（c）为图3－27（b）的放大透视。画面P_3在形体之后，所得透视图3－27（d）为图3－27（c）的放大透视。通常取缩小透视［见图3－27（b）］，并且使设计对象一角紧靠画面，能反映出真高线，方便绘制。

5. 表现对象与画面的夹角

设计对象的主要面与画面的夹角通常取较小值，如30°。这时透视现象平缓，符合设计的实际尺度，可使设计对象的主要面、次要面分明。

图3－28（b）、图3－28（c）所示的位置为常用的透视角度，主次分明，主要面长度比例符合实际情况。图3－28（d）一般不用，因为形体的长面与宽面同画面倾角大致相等，透视图上两个方向斜度一致，主次不分明，特别是对平面图为正方形的形体，透视图特别显得呆板。图3－28（e）、图3－28（f）适用于突出画面的空间感，或表现设计对象的雄伟感，主要面与画面夹角较大，使其有急剧的透视现象。

图3－29采用一点透视绘制了室内客厅空间，能清晰表现出三面墙上的主要内容，视点高度约为1.2m，这对于内空2.8m的住宅而言比较合适。图3－30采用两点透视绘制了室内卧室空间，倾斜角度不大，主要表现床头背景墙，兼顾电视墙，视点高度约为0.8m左右，避免增大床面面积而显得单调，既端庄又不拘谨，比较适合卧室空间。

正确、合理选择透视图表现角度有助于提升透视图的品质，能清晰、准确反映设计对象的重点部位。在绘制透视图之前，一定先要认真考虑选择方向，再开始绘图，并运用正确的透视原理，绘制出优质透视图就很容易了。

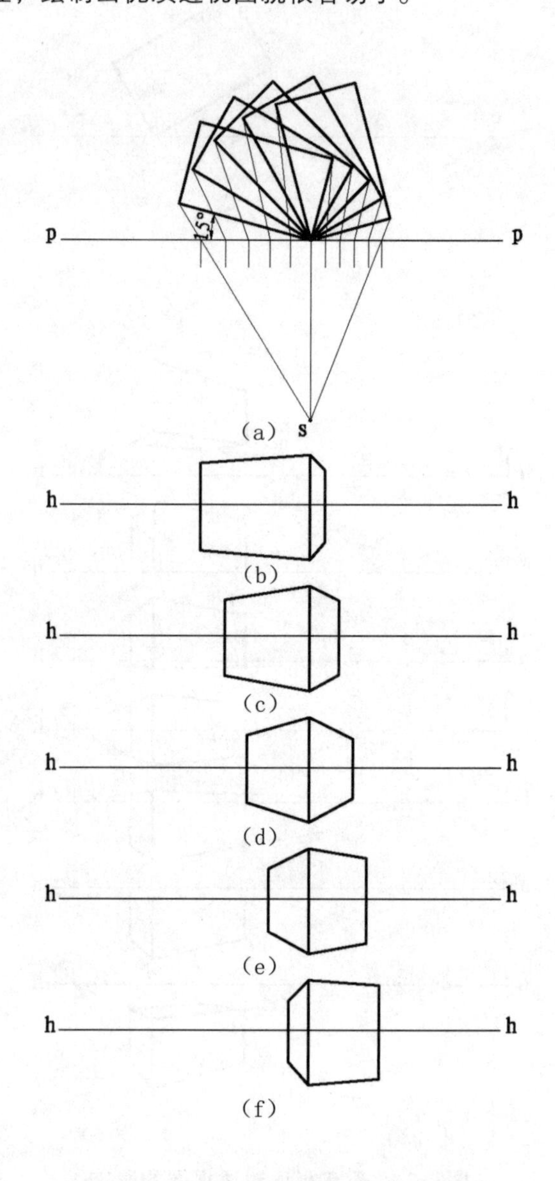

图3-28 表现对象角度对透视图的影响

图3-29 客厅一点透视图

图3-30 卧室两点透视图

第二节 一点透视

在一点透视中，空间物体的主要面平行于画面，因此又称为平行透视，适用于横向面积宽广且需要表现纵深空间的设计对象。由于一点透视只有一个灭点，绘制起来较为简单，前部立面为二维投影视图的绘制方法，可以直接抄绘正立面图，关键在于确定纵深方向的空间距离。常见一点透视图的绘制方法主要有灭点法和距点法两种，这里就以一组几何形体为例，详细讲述一点透视图的基本原理与绘制方法。

一、灭点法作一点透视图

在一点透视图中，灭点法将设计对象平面图中的各点与视点s相连接，连线与画面P形成交点，再将这些交点投射至基面G上形成形体的竖向高度位置线，最后连接灭点s′来完成整个透视图。使用灭点法作一点透视图，要预先绘制设计对象的立面图与平面图，复杂构造更需要绘制多个立面，并标注较详细的尺寸数据。

1. 确定视点与视高

绘制设计对象的平面图与立面图（见图3-31）后，须作详细检查，辨明设计对象的空间关系。

首先，引用平面图，将其抄绘或复制至图稿中央，并通过下部直边GI作画面线p，设视点s于平面图的右下方，具体位置可以根据设计对象的特征和绘制需要来定（见图3-32）。这里将视点s定在距画面线p下方13200mm处，距平面图边缘CK右侧6500mm处，能适宜反映设计对象的全貌。一般而言，视点s距画面线p的直线距离为设计对象平面形体长或宽的2~3倍。然后利用视点s距画面线p之间的空白区域任意绘制基线g与视平线h，两者的间距即为视高，视高尺度也须根据设计对象的特征来定制，这里以能看到左侧立方体的上表面为佳，视高定为3200mm，再作视点s至视平线h的垂直连线ss′交视平线h于点s′，点s′即为该一点透视图中的灭点。

2. 寻求真高线

在基线g上抄绘或复制正立面图，正立面图既

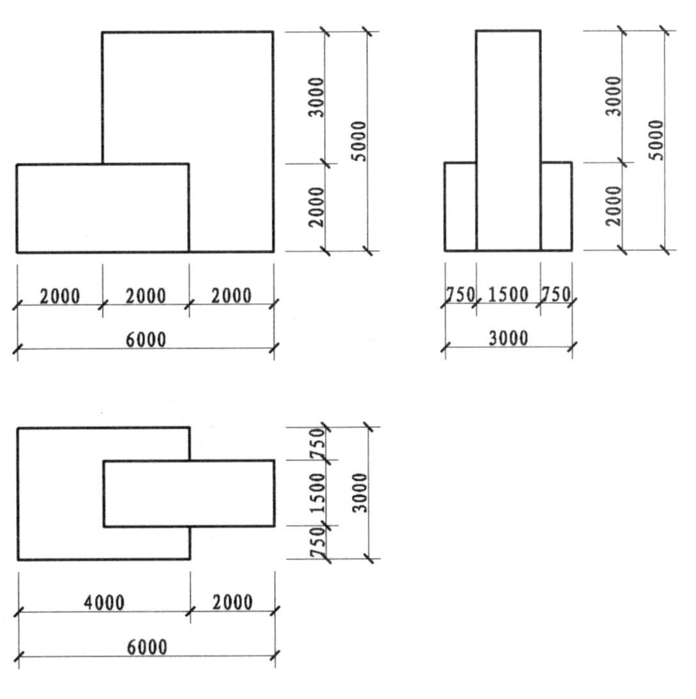

图3-31 几何形体三视图

可以画在左侧，再延伸至平面图下方，也可以直接画在与平面图纵向对齐的位置上。其中由GI投射下来的面域gg° i° i为真实投影面，gg° 与i° i就是设计对象的可见原位真高线，而a′ m与c′ cg为不可见真高线，故采用双点长画线绘制。真高线是求得透视效果的基准参考线，它的存在数量与画面线p的位置相关。因此，一般应将画面线p设定在平面图的下部边缘上，与平面图的直线边重合。这样，真高线就出现在透视图中的最前端，方便后期制图参照。

3. 投射透视图

首先，分别连接Fs、As、Bs、Cs、Ks，交画面线p于点fp、ap、bp、cp、kp。

然后，再将这些交点向下投射到基线g上，分别得出点fg、ag、bg、cg、kg与相关垂直连线。这些垂直连线就是设计对象立方体纵向边角的透视轮廓线，它们与真高线一同形成了一点透视图的纵深轮廓。纵深轮廓线有可见与不可见两类，绘图时一般只需绘制可见线，如fpfg、apag、bpbg、cpcg、kpkg。对于透视图中看不到的角点与轮廓线可以不画，如立方体后方角点E、J的透视轮廓线，但是初学者也可以画出来作为辅助参考。

最后，将真高线上的点g、i、i° 、a′ 、m、c′ 、cg等分别与灭点s′ 相连接，其连线与刚才绘制的纵深轮廓线分别相交，得出点f、b、b° 、a、a° 、c、c° 、k、d° ，这些交点即是设计对象在透视图中的边角点，根据设计对象形体结构，连接这些角点，即得出设计对象的一点透视图。

使用灭点法绘制一点透视图，原理比较简单，只是将平面角点与视点s相连，得出透视图中的纵深轮廓线，即纵线；再通过真高线与灭点s′ 相连，得出透视图中的透视线，即横线。纵、横线相交就得出透视图中的边角点，连接边角点即

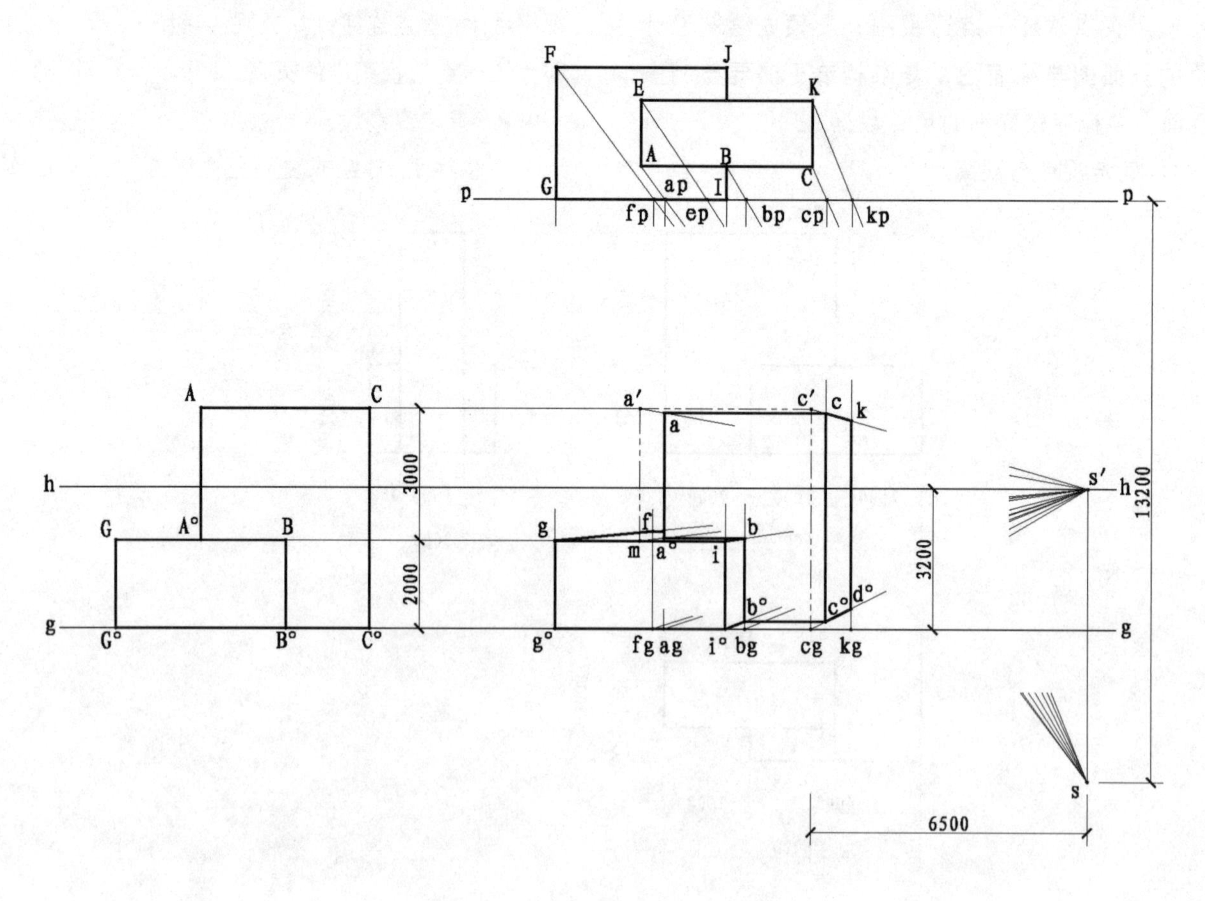

图3-32 灭点法绘制一点透视图

完成一点透视图。

二、距点法作一点透视图

距点是指画面垂直线的量点，距点法也可以称为量点法，用D表示。sD与ss′之间的夹角为45°，点D位于画面线p上。在一点透视图中，通过连接距点D与基线g上的实际纵深尺度，得出设计对象的纵深轮廓位置。因此，距点法是一种较为直观的透视制图方法。这里仍然根据图3-31的构造尺寸来绘制，只是将设计对象变换为左侧观看视点，采用距点法来绘制一点透视图（见图3-33）。

1. 确定视点、视高与距点

首先，引用平面图，将其抄绘或复制至图稿中央，并通过下部直边GI作画面线p，设视点s于平面图的左下方，为了与上述灭点法制图形式有所区别，特将视点s定在距平面图边缘FG左侧6500mm处，距画面线p下方13200mm处，保持视点s距画面线p的直线距离为设计对象平面形体长或宽的2～3倍。

然后，利用视点s距画面线p之间的空白区域任意绘制基线g与视平线h，两者的间距即为视高，视高定为3200mm，仍以看到左侧立方体上表面为佳。再作视点s至视平线h的垂直边线ss′交视平线h于点s′，点s′即该一点透视图中的灭点。

最后，绘制sD与画面线p相交于D，且sD与ss′形成右侧45°角，即点D为该一点透视图中的距点。

2. 绘制真高线与透视线

在基线g上抄绘或复制正立面图，正立面图须与平面图的位置对齐，其中由GI投射下来的面域gg°i°i为真实投影面，gg°与ii°就是设计对象的可见原位真高线，而a′n°与c′cg为不可见真高线，故采用双点长画线绘制。

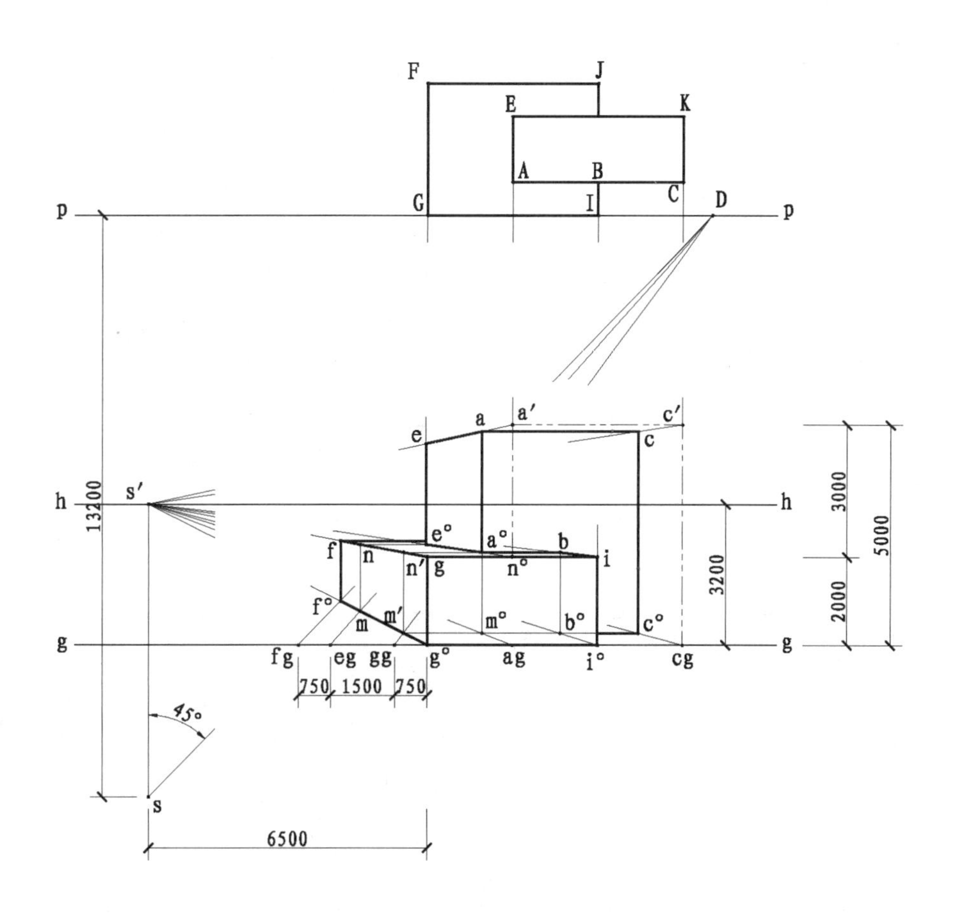

图3-33　距点法绘制一点透视图

然后，将真高线上的点g、g° 、i、i° 、a′ 、n° 、c′ 、cg等分别连接灭点s′，所形成的连线即为设计对象的透视线，它们是一点透视图中主要的轮廓线。

3. 投射透视图

以点g° 为起点，根据图3-31中的尺寸标注，沿基线g向左测量出设计对象的侧面结构宽度，分别得出点gg、eg、fg，其中g° gg = 750mm，ggeg = 1500mm，egfg = 750mm。分别连接点fg、eg、gg至距点D，这3条连线分别交g° s′ 上于点f° 、m、m′ ，过点f° 、m、m′ 向上作垂线交gs′ 于点f、n、n′ ，过点f、n、n′ 作水平线交n° s′，其中得到点e° 与点a° 。同样，过点m′ 作水平线与ags′ 、i° s′ 、cgs′ 相交于点m° 、b° 、c° ，再过点m° 、b° 、c° 作垂线，其中m° a交n° s′ 于点a° ，b° b交is′ 于点b，c° c交c′ s′ 于点c。过点e° 与点a° 向上作垂线交a′ s′ 于点e与点a。这样，就得出设计对象上的全部可见透视角点，分别为点f、f° 、e° 、a° 、e、a、c、c° 、b，根据设计对象形体结构，连接这些角点，即得出设计对象的一点透视图。

使用距点法绘制一点透视图，需要将距点D与实际测量的侧立面尺度相结合，确定设计对象的侧面结构在透视图中的空间位置，从而最终完成透视图。运用距点法来绘制一点透视图的优势在于绘制的辅助线与参考线较少，但是设计对象的侧面结构定位需要通过距点D来中转，要求正确认识该透视图中点的位置及彼此间的逻辑关系。

三、一点透视图实例

为了强化对一点透视图的理解，这里再列举某电梯间室内设计方案，详细讲解一点透视图的实践绘制方法。由于幅面有限，避免角点代号占据过大图面面积，故省略各构造角点的标识。

1. 分析空间关系

首先，根据设计要求完整绘制电梯间的平面布置图、顶棚平面图与两个主要立面图（见图3-34），这些图也可以从施工图中描绘或复制至图稿中央。简化原图的尺寸标注，只保留即将要绘制的尺寸，如电梯间平面空间的长、宽尺寸及立

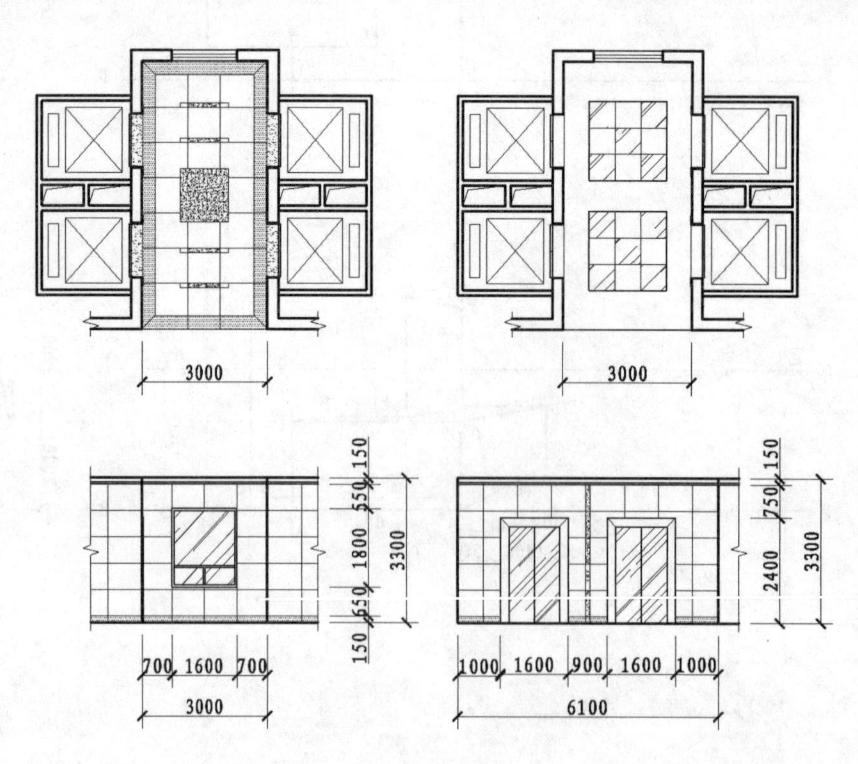

图3-34 电梯间平面图与立面图

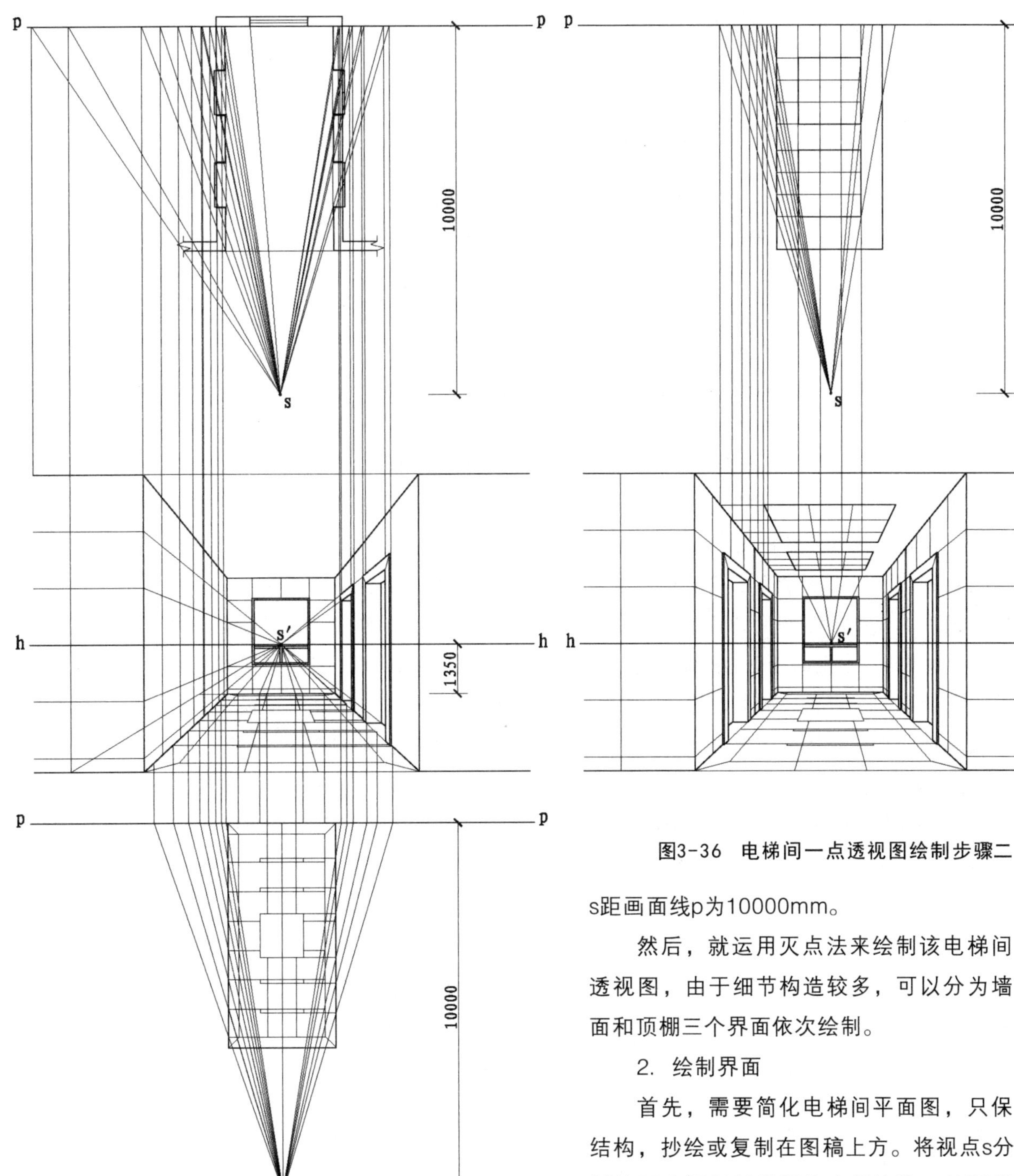

图3-36　电梯间一点透视图绘制步骤二

图3-35　电梯间一点透视图绘制步骤一

面图中主要装饰构造的尺寸。该电梯间纵深较大，需表现左、右墙面上的电梯门，选用一点透视比较适宜，且两侧完全对称，形成稳重的视觉感受。室内设计顶棚高度为3150mm，视高可定为1200mm，画面线p定在远处内墙边缘线上，视点s距画面线p为10000mm。

然后，就运用灭点法来绘制该电梯间的一点透视图，由于细节构造较多，可以分为墙面、地面和顶棚三个界面依次绘制。

2. 绘制界面

首先，需要简化电梯间平面图，只保留墙体结构，抄绘或复制在图稿上方。将视点s分别与左侧墙面上石材铺装网格点相连接，从而投射到下方透视图中，结合真高线上的铺装网格点，纵横交错地绘制出左侧墙面石材铺装透视线（见图3-35）。

然后，运用同样的方法将右侧墙面上电梯门的形态也绘制出来，注意电梯门的门套具有一定厚度，这在透视图中不能有遗漏，需要完整表现。凡是在平面图中有所反映的形体结构，都要

图3-37 电梯间一点透视图绘制步骤三

求投射到透视图中绘制，透视图中的纵向尺度都在远处墙面上测量，并与灭点s′相连，远处墙面高度线即是真高线。当左侧墙面上的石材铺装网格与右侧墙面上的电梯门绘制完成后，即可左右镜像复制，同时得出左右两面墙上的形体结构。

接着，在透视图下方对齐绘制地面铺装图，这里可只绘制地面铺装形体，省略墙体构造。在同样的位置设定点s，将点s与地面石材网格的横向边缘线或延长线相连接，并延伸到画面线p上，在透视图中投射出地面装饰横向网格。在远处墙面上测量出纵向铺装网格点，且与灭点s′相连接，这样就绘制出纵横交错的地面石材铺装网格线了，还可以根据需要在地面上设计绘制拼花图样，使透视效果更丰富（见图3-36）。由于图面复杂，投射辅助线过多。

最后，可以将透视图抄绘或复制一份，继续绘制顶棚构造，具体方法与地面一致。

3. 添加填充装饰

当一点透视图中的结构全部绘制完成后，须作全面检查，发现图线错误或视觉上的不良感受即要再次核对，及时纠正错误。最后可以将图稿描绘或复制至质地较好的绘图纸上，并为踢脚线、窗户玻璃、地面铺装等装饰构造添加必要的填充，使图面形成黑、灰、白三个层次（见图3-37），甚至可以着色渲染。

绘制一点透视图相对简单，方法单一，制图中需要重复绘制大量毫无变化的辅助线，这对初学者的耐心是一项严峻的考验，要求在一点透视图中打好基础，磨炼毅力，这样会使后面的学习更容易（见图3-38）。

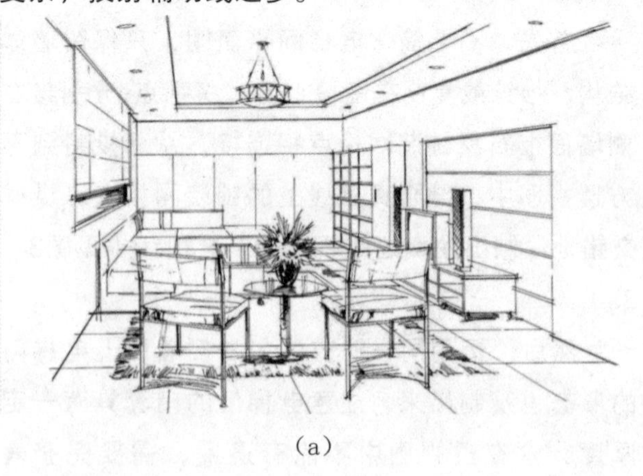

(a)

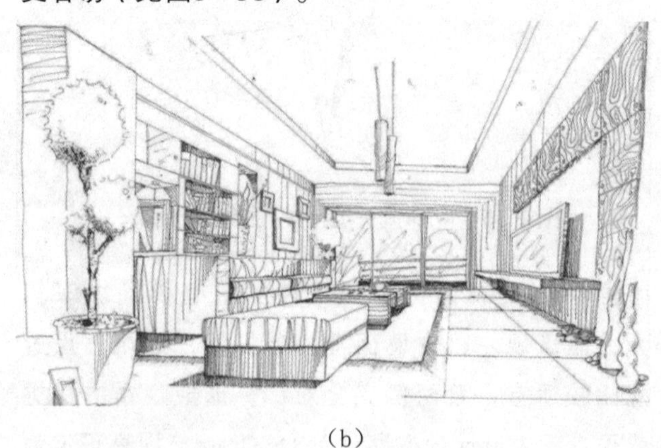

(b)

图3-38 客厅一点透视图

第三节 两点透视

相对于一点透视图而言，两点透视图的表现效果更丰富些，它能着重表现设计对象的两个面，较符合人在日常生活中的观看习惯。因此，在环境艺术设计制图中，两点透视的使用频率会更高些。两点透视图的绘制方法主要有灭点法和距点法两种，这里就列举一组几何形体详细讲解这两种方法的基本原理与绘制方法。

一、灭点法作两点透视图

在两点透视图中，灭点法运用最普及，将设计对象平面图中的各点与视点s相连接，连线与画面P形成交点，再将这些交点投射至基面G上形成形体的竖向高度位置线，最后连接两个灭点f_1与f_2，最终完成整个透视图。

使用灭点法作两点透视图，要预先绘制设计对象的立面图与平面图（见图3－39），复杂的构

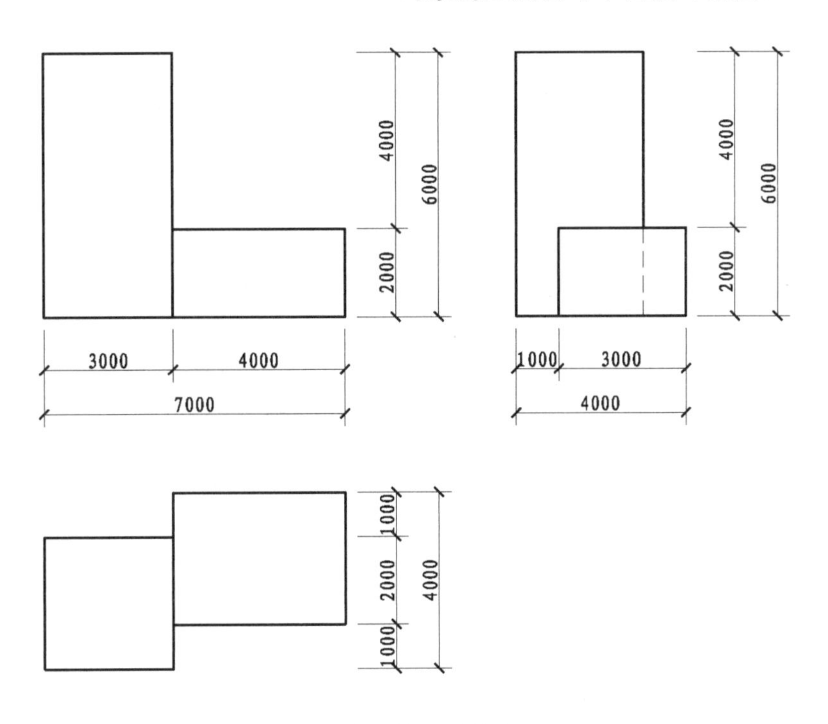

图3-39 几何形体三视图

透视图中角点代号的编制

分析透视图绘制方法与步骤时，一般会在图稿中标注大量角点代号，以区分彼此间的关系，代号运用过多会造成图面效果混乱，也不方便识读。

透视图中角点代号的编制要有规律，平面图或主要立面图上的角点一般选用英文大写字母，按逆时针方向顺序编制，投射后生成的透视图采用相对应的小写字母标注，出现纵向多个角点，可以在字母后增加上标°、′、″来补充。如果同类角点数量过多，也可在字母后增加下标1、2、3…或a、b、c…。编制角点代号时还要注意回避使用特定代号，避免重复，如s表示视点，h表示视平线，p表示画面线，g表示基线，s′、F/f表示灭点，D、M/m表示距点等。如果角点落在视平线h、画面线p、基线g上，也可以采用相关字母与线代号相互组合的形式来编制，如ap、bg等。角点代号应分类标注，同类角点最好指定核心字母，然后依次作变化，如B、B°、b、b°、b′、b°、b_1、b_2、b_3…bp、bg等，此外，在透视图中不可见且无实际用途的角点可以不作编制。

造更需要绘制多个立面，并标注详细的尺寸数据。

1. 确定视点与视高

绘制设计对象的平面图与立面图后，须作详细检查，辨明设计对象的空间关系。

首先，引用平面图，将其抄绘或复制至图稿中央。为了获得良好的两点透视效果，特将平面图原地顺时针旋转30° ，并通过点A作画面线p，设视点s于平面图点A正下方9000mm处，并连接点s与点A为sA。视点s距画面线p的直线距离为设计对象平面形体长或宽的2～3倍。经过旋转后的设计对象须以其中一个角点位于画面线p上，对于视点s而言，这个角点最好是设计对象中距离视点s最近的角点，它必定位于该透视图的真高线上（见图3-40）。

然后，在视点s下方空白区域任意绘制基线g与视平线h，如果视点s与画面线p之间有足够大的区域，也可以放置在其间，或者在平面图上方绘制透视图。总之，要尽量缩短基线g与画面线p之间的距离，方便绘制辅助线与参考线。基线g与视平线h的垂直连线即为视高，视高尺度也须根据设计对象的特征来定制，这里以能看到右侧立方体的上表面为佳，视高定为2500mm。

2. 寻求灭点与真高线

过视点s作sF_1与sF_2，交画面线p于点F_1与点F_2，且sF_1∥AD，sF_2∥AB，点F_1与点F_2即为该两点透视图中的两个灭点，sF_1与sF_2之间的夹角为90° 。灭点F_1与F_2的具体位置与表现对象的旋转角

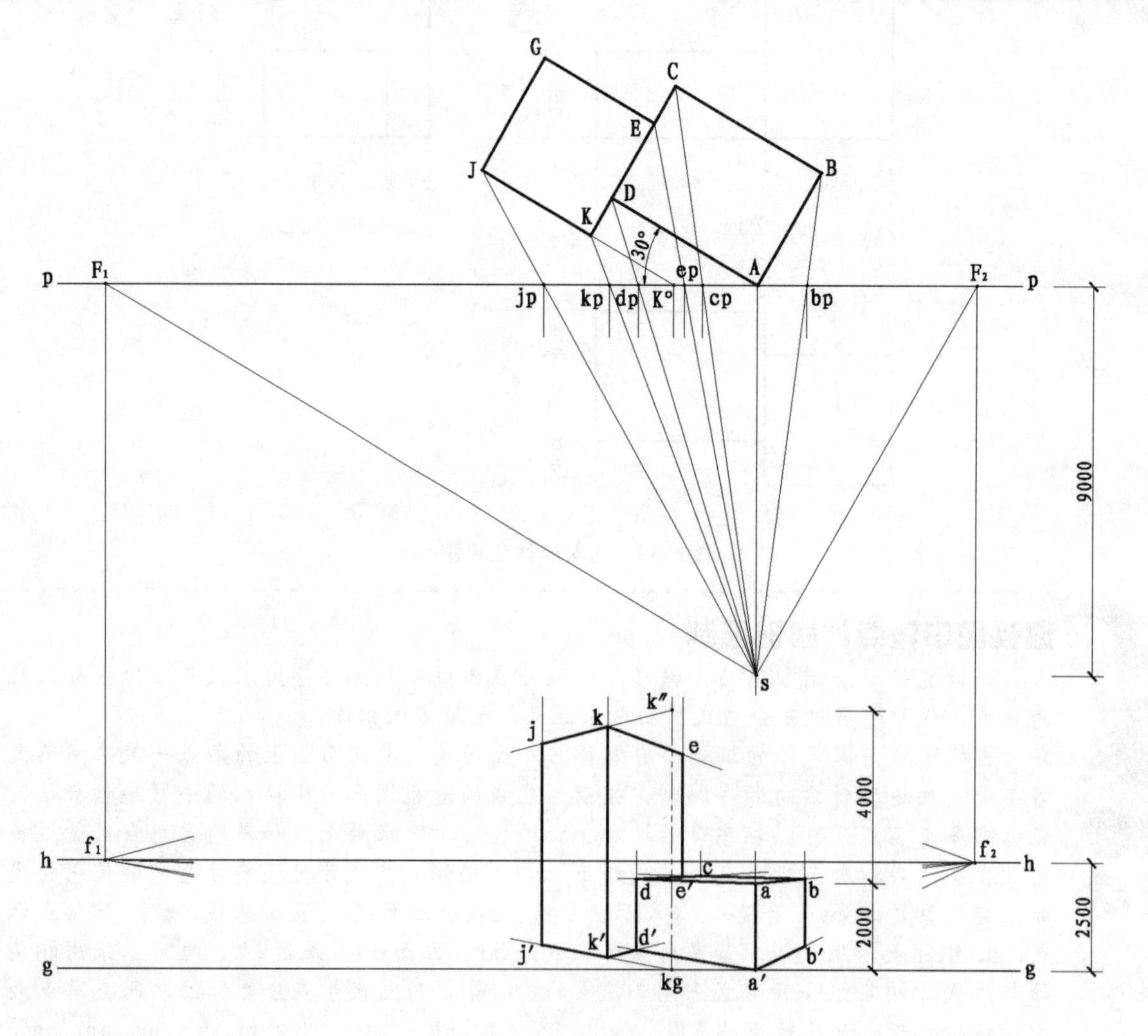

图3-40 灭点法绘制两点透视图

度有关，或者与视点s的具体位置有关，视点s距离设计对象或远或近，偏左偏右，都直接影响最终的透视效果。在画面线p上确定了灭点F_1与F_2后，可以将其垂直引伸至视平线h上，即得出透视图中的灭点f_1与f_2。

由于该设计对象是两个立方体的组合，于是需要求得两条真高线，为后期形成透视图打好基础。先将视线sA向下延伸至基线g上，得出交点a′，过点a′向上作垂线a′a，且a′a的绘制长度为2000mm，与该立方体在立面图中的高度一致，即a′a为右侧立方体的真高线。再将左侧立方体上的前方直边JK延伸至画面线p上，交画面线p于点K°，过点K°向下作垂线至基线g，得出交点kg，过kg向上作垂线至点k″，且kgk″的绘制长度为6000mm，kg k″与该立方体在立面图中的高度一致，即kgk″为左侧立方体的真高线，并采用双点长画线绘制。

真高线是求得透视效果的基准参考线，通常在两点透视图中，每个独立形体都应该寻求至少一条真高线，它的存在与画面线p的位置有关。因此，一般应将画面线p设定在平面图的下部边角点上，这样，真高线就会出现在透视图中的最高端，方便后期制图参照。

3. 投射透视图

首先，分别连接Js、Ks、Ds、Es、Cs、Bs，交画面图p于点jp、kp、dp、ep、cp、bp，再将这些交点向下投射到透视图中，得到jpj、kpk、dpd、epe、cpc、bpb等相关垂线，这些垂线就是设计对象立方体纵向边角的透视轮廓线，它们与真高线一起形成了两点透视图的纵深轮廓。纵深轮廓线有可见与不可见两类，绘图时一般只需绘制可见线与可见角点，对于透视图中看不到的轮廓线与角点可以不画，如左侧立方体后方角点G的透视轮廓线。但是对于初学者，也可以画出来作为辅助参考。

然后，将真高线上的点a、a′、k″、kg等4点分别连接灭点f_1与f_2，这4点与灭点f_1、f_2间的连线会和刚才绘制的纵深轮廓线分别相交，得出点d、d′、b、b′、j、j′、k、k′，其中再将点d与灭点f_2相连，交bf_1于点e′和点c，将点k与灭点f_2相连，交epe于点e，这些交点即是设计对象在透视图中的边角点。

最后，根据设计对象形体结构，连接这些角点，最终得出设计对象的两点透视图。

使用灭点法绘制两点透视图，原理比较简单。只是将平面角点与视点s相连，得出透视图中的纵深轮廓线，即纵线；再通过真高线与灭点f_1、f_2分别相连，得出透视图中的透视线，即横线。纵、横线相交就得出透视图中的主要边角点，其余边角点可以由已知点继续延伸得出，连接这些边角点即得出两点透视图。

二、距点法作两点透视图

在两点透视图中，距点也有两个，分别用M_1/m_1、M_2/m_2表示，寻求距点并引用距点是两点透视图的绘制关键。通过引用距点，能得出设计对象左、右两侧的纵深轮廓位置，因此，距点法是一种较为直观的透视制图方法。这里仍然根据图3－39中的设计对象，采用距点法来绘制两种透视图。

1. 确定视点与视高

由于仍然根据图3－39来绘制两点透视图，确定视点与视高的方法与灭点法作两点透视图一致，由于两点透视比较复杂，这里就不再变换视点s的位置了，方便与灭点法相互对照比较。

2. 寻求灭点、距点与真高线

寻求灭点的方法与灭点法一致，过视点s作sF_1与sF_2交画面线p于点F_1与点F_2，且sF_1∥AD，sF_2∥AB，点F_1与点F_2即为该两点透视图中的两个灭点，sF_1与sF_2之间夹角为90°。分别以点F_1与F_2为圆心，F_1s与F_2s为半径，作两条弧分别交画面线p于点M_1、M_2，点M_1与M_2即为该两点透视图中的两个距点，再将灭点F_1、F_2与距点M_1、M_2垂直引伸至视平线h上，即得出透视图中的灭点f_1、f_2与距点m_1、m_2。距点用来确定透视对象的侧面尺度，它是绘制透视图的中转媒介，具体位置与灭点、视点的位置相关（见图3-41）。

该设计对象由两个立方体组合，其中右侧立方体的角点A位于画面线p上。因此，直接连接As并向下延伸至基线g上，得出交点a′，过点a′向上作垂线a′a，且a′a的绘制长度为2000mm，与该立方体在立面图中的高度一致，即a′a为右侧立方体的真高线。由于左侧立方体没有与画面线p相接，无法直接绘制其原位真高线，可以将a′a向上延伸至点a_1，且a′a_1的绘制长度为6000mm，a′a_1即是等同于左侧立方体的真高线，也可以认为a′a_1是左侧立方体的异位真高线或辅助真高线，故仍采用双点长画线表示。使用距点法绘制两点透视图，最好将画面p放置在设计对象的前方角点上，并以此点为核心，测量出该设计对象中所有形体的辅助真高线，为后期绘制透视图打好基础。

3. 投射透视图

首先，绘制右侧立方体，分别连接点af_1、af_2、a′f_1、a′f_2，形成该立方体的透视体雏形。以点a′为端点，在基线g上向左侧测量可以得出a′kg=1000mm，a′dg=4000mm，dgjg=3000mm，这些尺寸分别是平面图中KD、AD、KJ的实际长度，再在基线g上向右侧测量得出a′ig=2000mm，igbg=1000mm，这些尺寸分别是平面图中DE、EC的实际长度。

然后，分别连接jgm_1、dgm_1、kgm_2、igm_2、

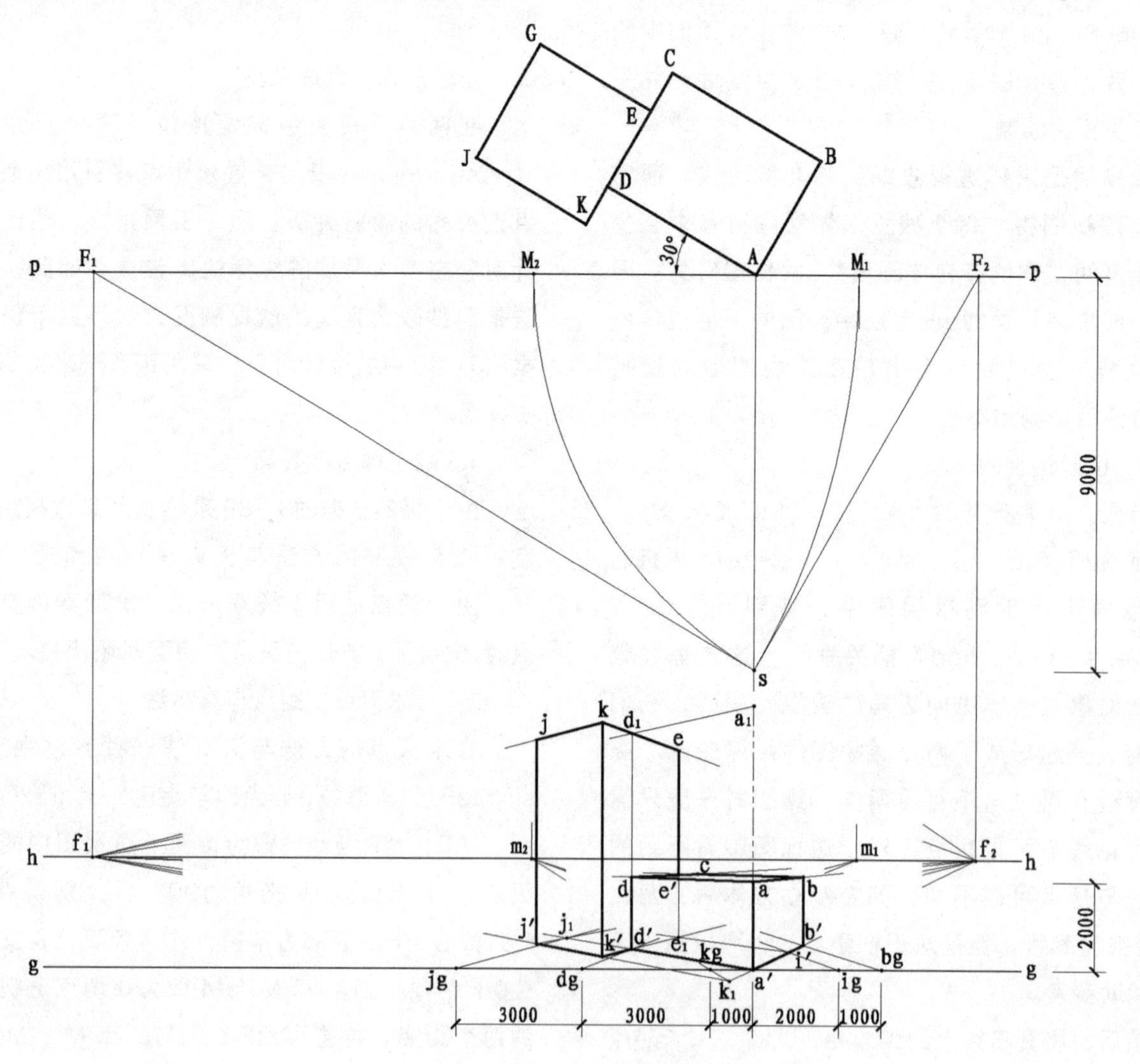

图3-41 距点法绘制两点透视图

bgm_2，连接原则是两点透视图中左侧边长上的测量点连接右侧距点m_1，右侧边长上的测量点连接左侧距点m_2。dgm_1交$a'f_1$于点d'，bgm_2交$a'f_2$于点b'，得到点d'与点b'即是右侧立方体底部角点，由点d'与点b'分别向上作垂线交$a'f_1$于点d，交af_2于点b，得到点d与点b即是右侧立方体顶部角点，连接df_2、bf_2，这两条线交于点c，右侧立方体透视图中可见角点即全部得出，完成该立方体的绘制。

接着，绘制左侧立方体，由于没有原位真高线，该立方体上的各角点都需要依次延伸求得。先连接m_2kg并延长，交f_2a'的延长线于点k_1，连接k_1f_1，交f_2d'的延长线于点k'，点k'为左侧立方体的底部角点。再连接jgm_1交$a'f_1$于点j_1，连接f_2j_1并延长交$k'f_1$于点j'，得出点j'为底部另一角点。同样的方法，连接igm_2交$a'f_2$于点i'，分别连接$i'f_1$、jgm_1、$d'f_2$，得出交点e_1为该立方体底部不可见角点，这样左侧立方体底部4个角点j'、k'、d'、e'都确定了，并分别过这4点向上作垂线。其中$d'd_1$交a_1f_1于点d_1，连接d_1f_2交点e'向上引出的垂线$e'e$于点e，反向延长d_1f_2交点k'向上引出的垂线$k'k$于点k，连接kf_1交点j'向上引出的垂线$j'j$于点j，这样，左侧立方体顶部3个可见角点j、k、e都确定了。

最后，根据形体结构，连接各角点，完成该设计对象的两点透视图。

在两点透视图中，距点法所需要的辅助线与参考线较少，但是透视形体的侧面结构定位需要通过距点m_1与m_2来中转，且左侧面上的尺寸测量点须与右侧距点连接，而右侧面上的尺寸测量点须与左侧距点连接，无原位真高线的形体要设定辅助异位真高线，并将其延伸至形体上，特别注意透视图中点的位置及彼此间的逻辑关系。

三、两点透视图实例

为了强化对两点透视图的理解，这里再列举某报刊亭外观设计方案，详细讲解两点透视图的实践绘制方法。由于幅面有限，避免角点代号占据过大图面面积，故省略各构造角点的标识。

1. 分析空间关系

首先，根据设计要求绘制报刊亭的平面图、正立面图与侧立面图，这些图也可以从施工图中描绘或复制到图稿中来（见图3－42）。简化原图的尺寸标注，只保留即将要绘制的尺寸，如报刊亭中主要形体构造与装饰构造的尺寸。为了获得适宜的观看视角，可以将平面图旋转30°，使其

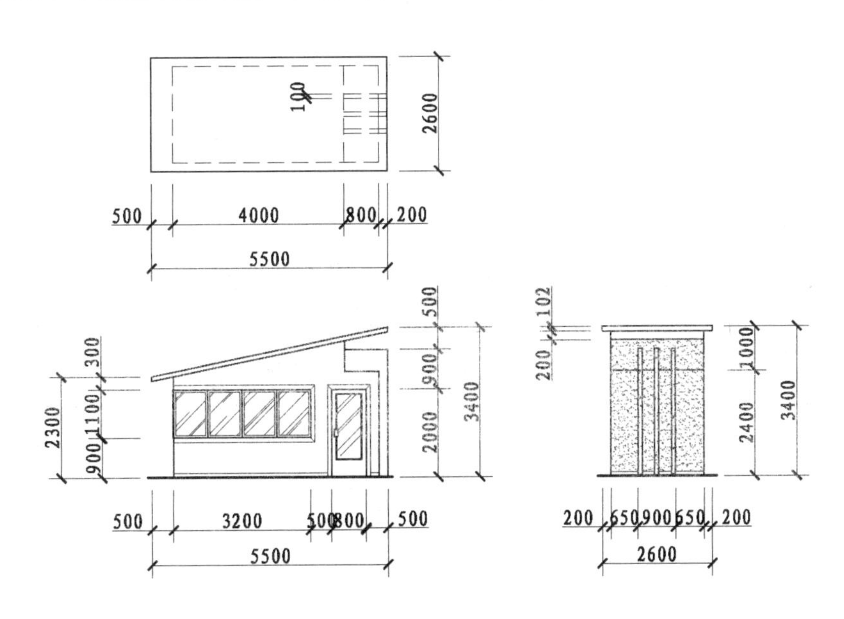

图3-42 报刊亭平面图与立面图

顶棚角点落在画面线p上，设有门窗的正立面为主要观看对象，无门窗的侧立面为次要观看对象。视点s与顶棚角点相连，其连线与画面线p垂直，视距为9000mm，形成较端庄的视角。

然后，分别绘制视平线h与基线g，报刊亭全高3400mm，视高可定为1200mm。过视点s向画面线p引出灭点F_1与F_2，再过点F_1与F_2作垂线延伸至视平线h上得到透视图的灭点f_1与f_2，做好准备工作。这里运用灭点法来绘制该报刊亭的两点透视图，由于细节构造较多，可以分为基础构造与门

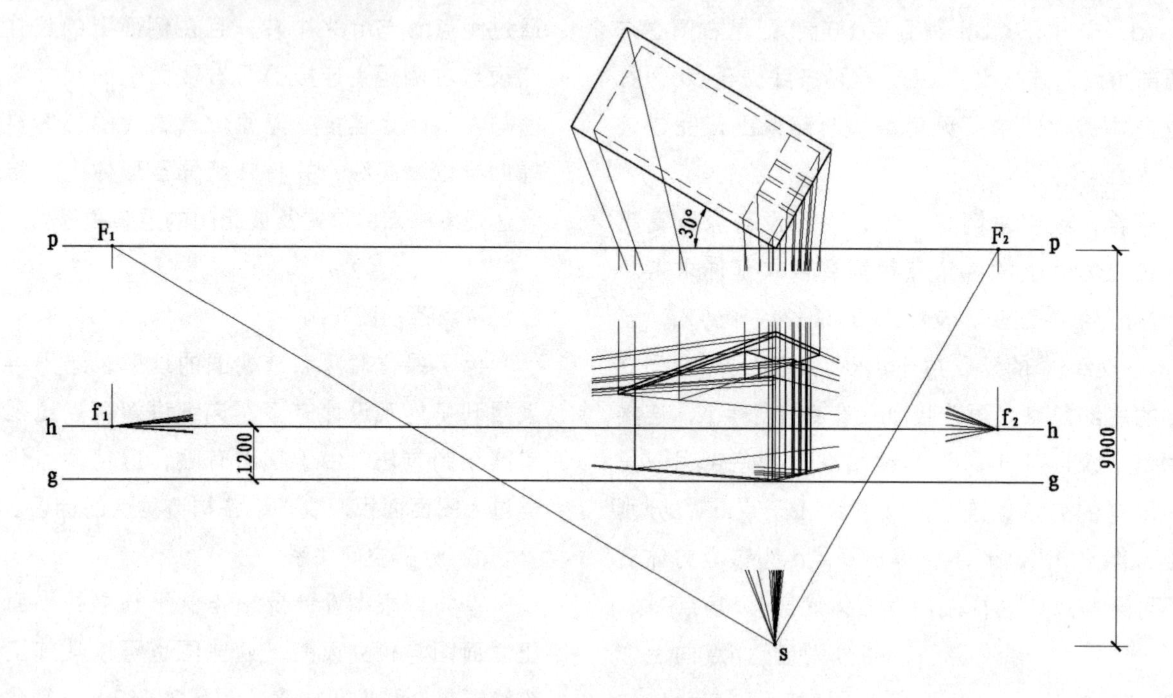

图3-43 报刊亭两点透视图绘制步骤一

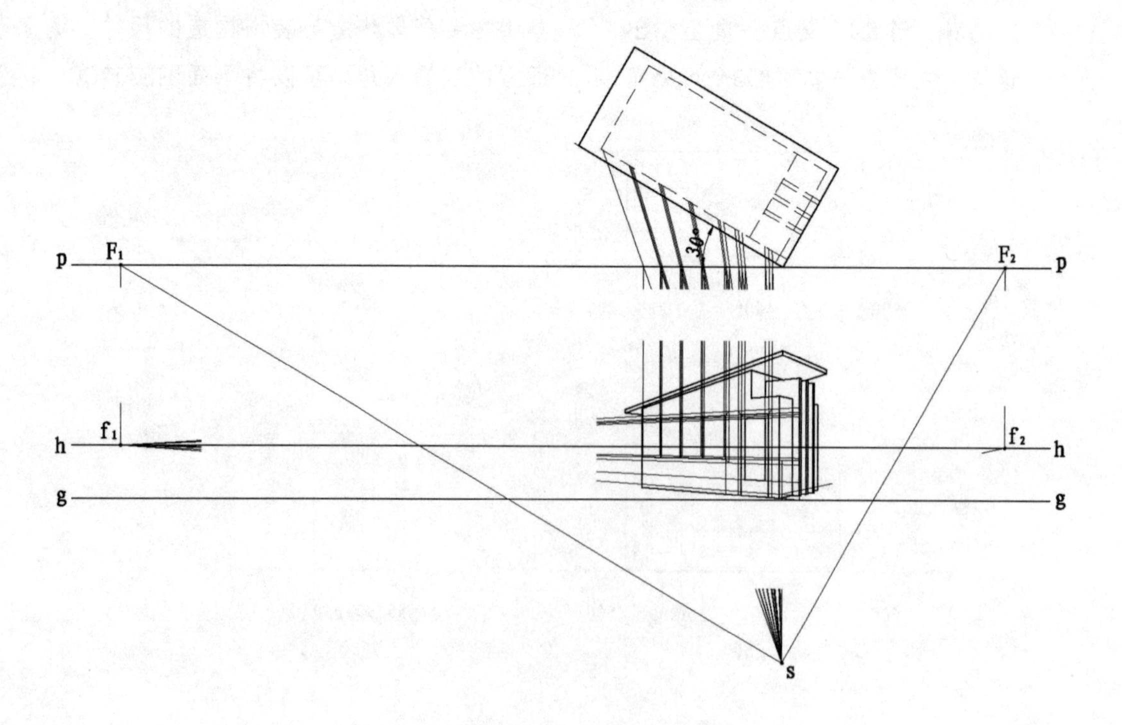

图3-44 报刊亭两点透视图绘制步骤二

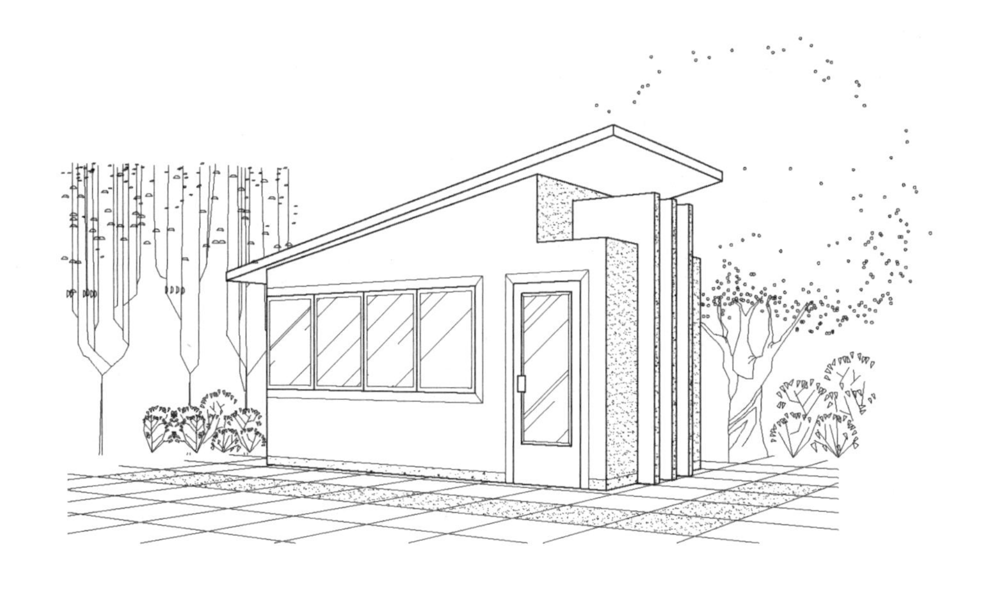

图3-45 报刊亭两点透视图绘制步骤三

窗装饰两个部分先后绘制。

2. 绘制构造

首先，绘制报刊亭的基础构造，将平顶图中各主要角点分别与视点s连接，这些连线与画面线p形成的交点再向下延伸到透视图中。报刊亭的真高线仅为顶棚厚度垂直轮廓线，因此，要以此为参照推引出其他构造的纵向轮廓线。注意右侧立面上的三个立筋装饰构造，它们的边缘与侧面顶棚平齐（见图3－43）。

然后，以最近处顶棚厚度垂直轮廓线的延长线为辅助真高线，分别将主要角点分别与灭点f_1、f_2相连接。对细节特别繁琐的设计对象，也可以同时采用距点法来推引透视结构，虽然操作更复杂，但是能换一种思维来推引透视线，它也可以成为灭点法制图的一种参考方式。

最后，完成基础构造绘制就要仔细检查透视形体，发现图线错误或混淆不清，要及时修改。

以同样的方式，可以投射出门窗等装饰形体。门窗构造是正立面中的主要表现内容，分为玻璃、边框、门窗套等多个层次，应先绘制主要轮廓，再分别向内绘制边框线，向外绘制门窗套线。报刊亭中的主体构造采用中实践绘制，辅助构造与装饰构造采用细实线绘制，明确透视图中的层次（见图3－44）。当构造细节过多时，可以在绘图中分阶段描绘或复制图纸，避免过多参考线干扰思维。

图3-46 卧室两点透视图

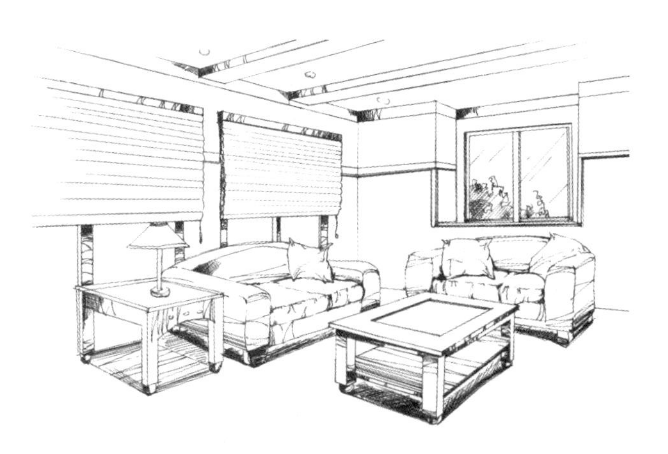

图3-47 客厅两点透视图

3. 添加填充装饰

当报刊亭两点透视图中的结构全部绘制完成后，须作全面检查，发现图线错误或视觉上的不良感受都要再次核对，纠正错误。这时可以将图稿描绘或复制至质地较好的图纸上，并为报刊亭添加相关配景，如树木、花草、地面铺装等，这些形体的透视仍须严谨绘制。最后，为门窗玻璃、墙面材质、地面铺装等装饰构造添加必要的填充，使图面形成黑、灰、白三个层次，甚至可以着色渲染（见图3-45）。

绘制两点透视图比较复杂，需要严密的逻辑思维能力作保障，灭点法与距点法可以相互穿插使用，使用一种方法检校另一种方法，保证两点透视图的准确性（见图3-46、图3-47）。

第四节　三点透视

三点透视的表现效果更符合人的视觉观察习惯，适用于体量大且高耸的表现对象。当画面P与基面G倾斜成一定角度时，设计对象投射到倾斜画面上的透视图就称为三点透视或斜透视。相对于两点透视而言，三点透视增加了一个灭点f_3，在制图中寻求这个灭点与其相关的距点m_3成为绘制三点透视图的关键。三点透视主要是在一点透视和两点透视的基础上引入了纵向灭点，使较高的设计对象显得更具真实感（见图3-48）。三点透视图的绘制方法主要有灭点法与距点法两种，这里

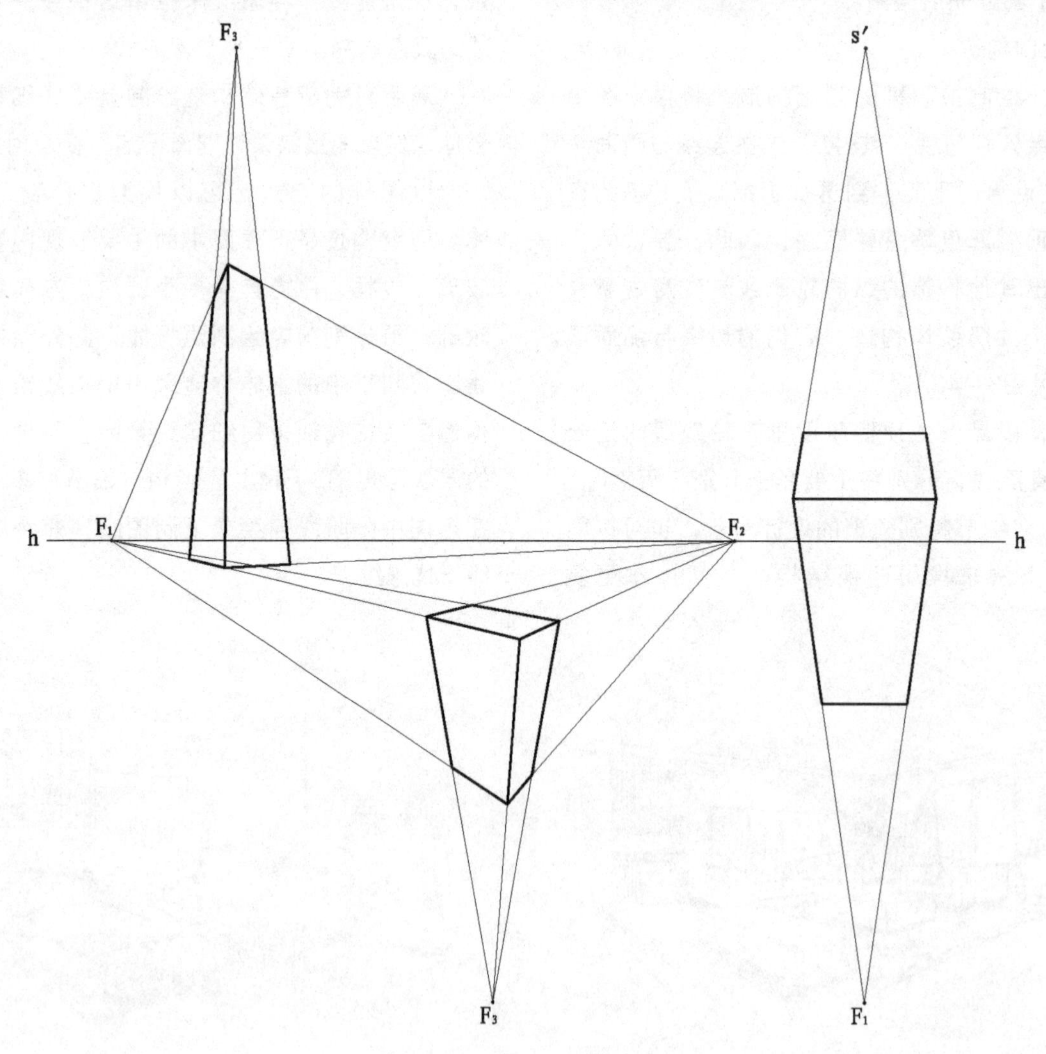

图3-48　三点透视的形态

三点透视的种类

三点透视的画面是倾斜的，但透视图仍要表示在铅垂画面（图纸）V上，因此要将p面上交得的各点绕基线旋到与V面重合，然后连接重合后的各点，才得三点透视。主要形式有以下三种。

1. 仰望三点透视：画面倾斜角θ<90°，即画面向视点所在方向倾斜，其特点是铅垂线向上消失于灭点F_3［见图3－49（a）］。

2. 鸟瞰三点透视：画面倾斜角θ>90°，即画面向视点对立方向倾斜，其特点是铅垂线向下消失于灭点F_3［见图3－49（b）］。

3. 平行三点透视：倾斜画面又平行于物体的一个水平主向，使此主向的水平线没有灭点，或者灭点在无限远处［见图3－49（c）］。

为了使三点透视更富有真实感，一般要使视点位于设计对象的一条主要垂棱线上，并垂直于画面。那么这条垂棱线在所求得的三点透视图中仍为垂线。灭点F_3亦在此铅垂线的延长线上，使所绘制的三点透视图给人以稳定、庄重的感觉。

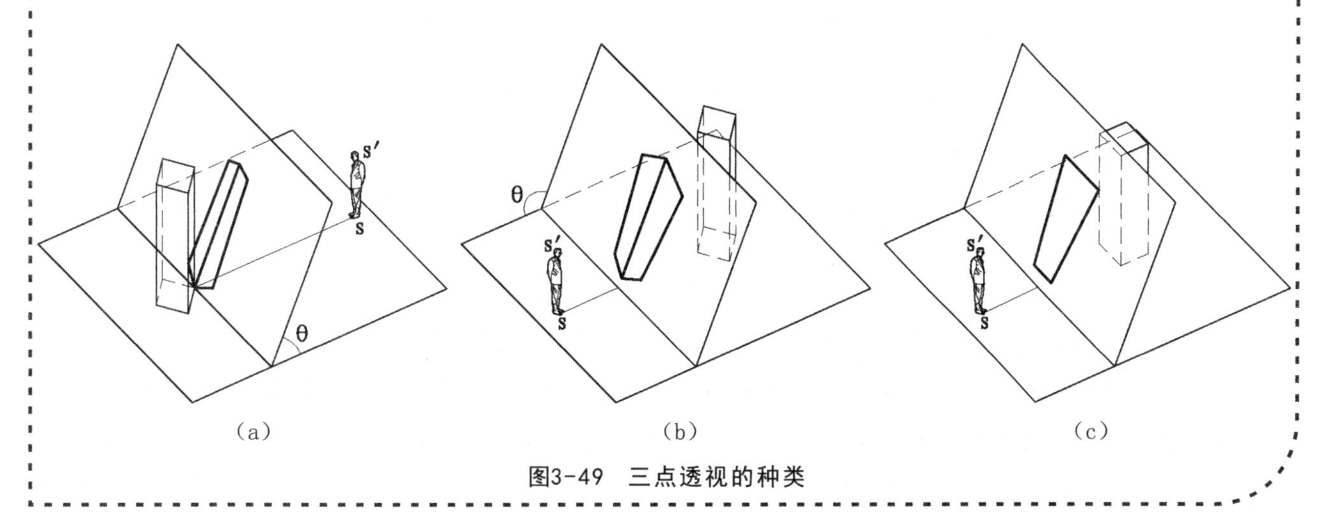

图3-49 三点透视的种类

就列举一组几何形体详细讲解这两种方法的基本原理与绘制步骤。

一、灭点法作三点透视图

在三点透视图中，需要求得高度上的灭点f_3与透视标高点，这样才能引出设计对象上的各透视角点，从而完成整个透视图。使用灭点法作三点透视图，要预先绘制设计对象的立面图与平面图，复杂构造更需要绘制多个立面图，并标注详细的尺寸数据（见图3－50）。

1. 确定视点与视高

绘制设计对象的平面图与立面图后，须作详细检查，辨明设计对象的空间关系。

首先，引用平面图，将其抄绘或复制至图稿中央，这里计划表现该几何形体的平行三点透视（见图3－51）。过边AB作画面线p，设视点s于平面图边BC右侧3000mm处，过点s向画面线p作垂线，交画面线p于sp，使ssp＝8000mm。视点s距画面线p的直线距离为设计对象平面形体长或宽的2～3倍。

然后，过视点向左侧作一条较长的水平线，末端交斜线x于点s″，斜线x角度为45°，它是一条转向基准线，ss″通过斜线x后即向上发生转向，使视点s与平面图之间的关系延伸至图稿上方空白区域，方便后期绘制透视图。

接着，在平面图上方任意空白区域绘制基线g，并将平面图中的DC、KJ、EI、AB等4条横边延伸至斜线x上，通过斜线x向基线g上投射出该设计

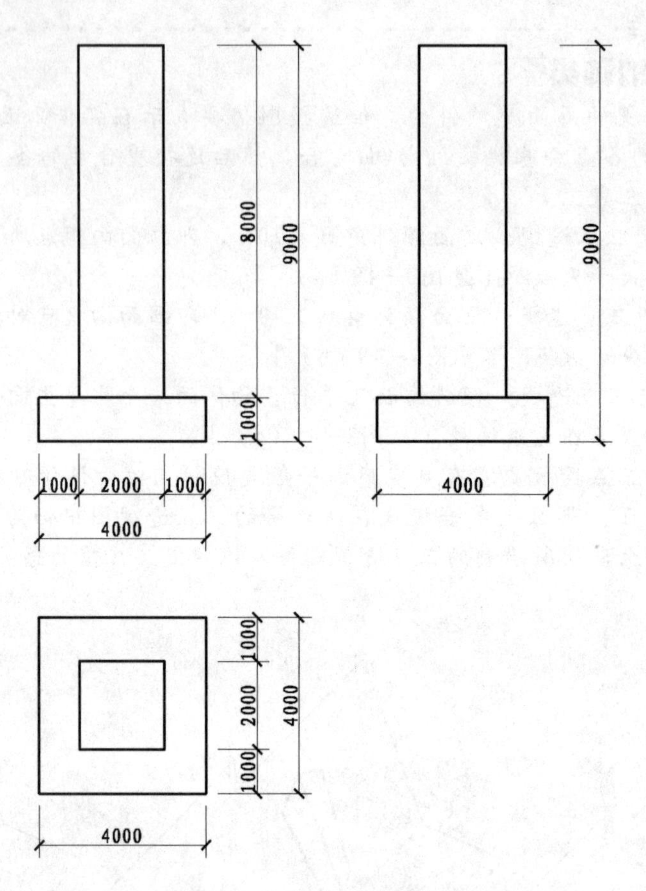

图3-50 几何形体三视图

对象的立面图。立面图的高度为真实尺寸，所在底边位置应对齐基线g，该立面图用于确定透视图中结构的高度位置。过立面图顶部边缘J″ I″ 作水平线g′，过立面图右侧边缘B° B′ 作垂线v，使水平线g′ 与垂线v交点O，再过点O向右下方作斜线p′，∠p′ Ov＝30°，斜线p′ 就是三点透视图中的竖向画面线，由于该透视图设计视角为向下俯视，故将实际基线g′ 定于立面图顶部，竖向画面线p′ 向右下方倾斜，具体角度根据实际需要来确定，一般以20° ~70° 之间为宜。

最后，在顶部基线g′ 上方作视平线h，使h//g′，间距设定为6000mm，保证该透视图的俯视效果。视平线h与垂线v相交于点h′，且Oh′=6000mm。以点O为圆心，Oh′ 为半径作弧交实际画面线p′ 于点sp′。过点sp′ 向右侧作水平线交ss″ 的转向延伸线于点s′，则点s′ 即是该三点透视中的竖向视点。这样，该三点透视图中的平面视点s、竖向视点s′ 与视平线h就确定下来了。

2. 寻求灭点

该三点透视图设计为平行视角，因此，在图面中只需确定底灭点F_1与顶灭点F_2即可。延长ssp交视平线h于点F_2，点F_2即为该透视图中的顶灭点。通过点O向右下方延引竖向画面线p′，交s″ s′ 于点f″，以点O为圆心，Of″ 为半径作弧交垂线v于点f′，再过点f′ 作水平线交sF_2于点F_1，即点F_1为该透视图中的底灭点。顶灭点F_2位于视平线h上，纵向位置与视点s一致，而底灭点F_1则需要利用实际画面线p′ 来中转引出，这需要缜密思考才能正确求得。

3. 投射透视图

首先，分别连接平面图上的点E、I、C至视点s，Es交画面线p于点E°，Is交画面线p于点I°，Cs交画面线p于点C°，过画面线上的点A、E°、I°、B、C° 向上作垂线，与实际基线g′ 相交，分别得到交点ag′、eg′、ig′、bg′、cg′，再将这5点与灭点F_1相连接，其连线即为该透视图中的纵向位置线。

然后，分别连接立面图上的点J″、I″、C′、J′、I′、B′、B° 至竖向视点s′，J″ s′交p′于点pj′，I″ s交p′于点pi′，C′ s′交p′于点pc，J′ s′交p′于点pj，I′ s′交p′于点pi，B′ s′交p′于点pb，B° s′交p′于点pb′。再以点O为圆心，Opj′为半径作弧交v于点vj′，其后以同样的方法在垂线v上得出点vi′、vc、vj、vi、vb和vb′，其后过点vb′作水平线交F_1ag′于点a′，交F_1bg′于点b′，连接点a′与

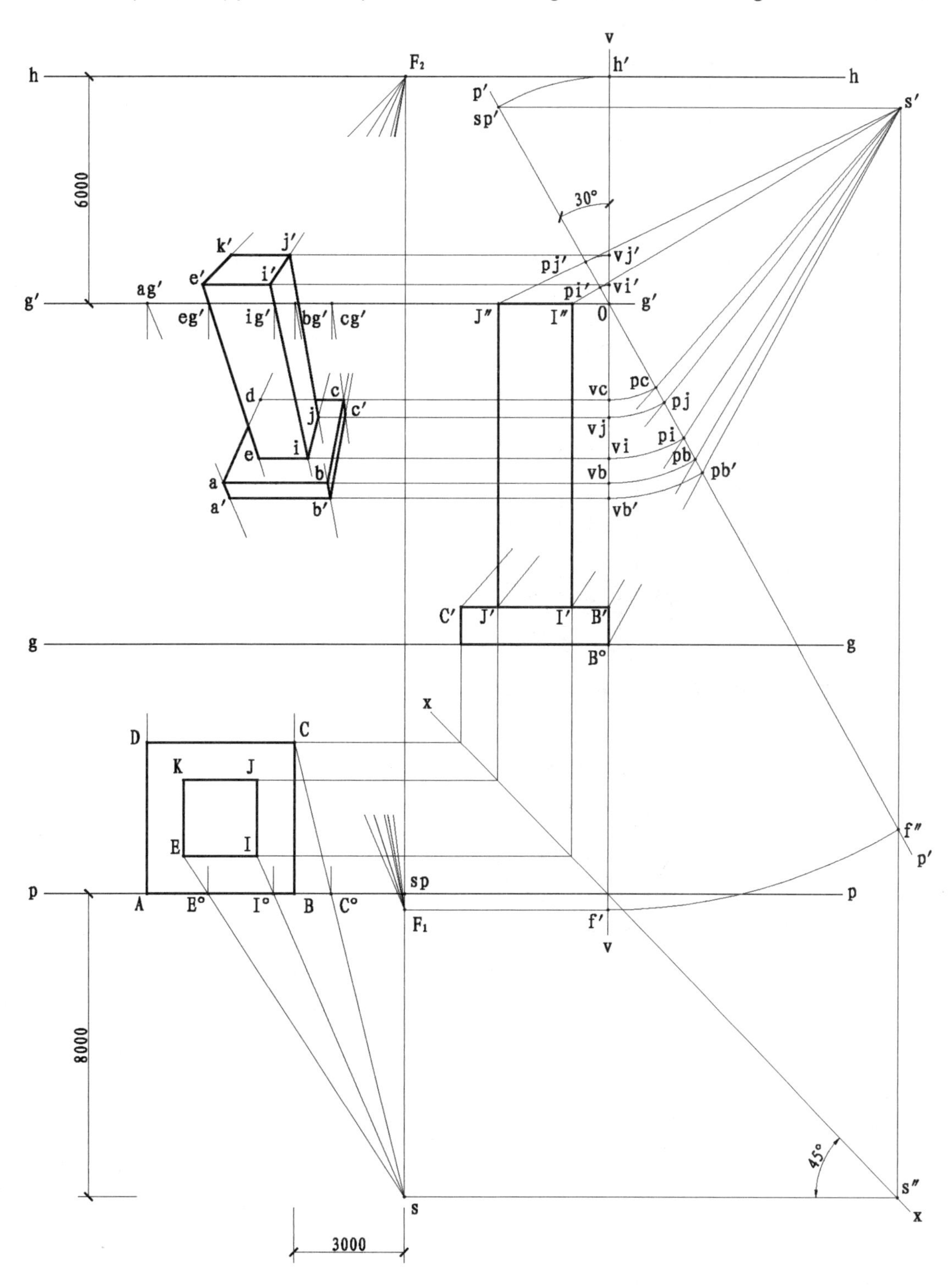

图3-51 灭点法绘制三点透视图

点b′即得出该设计对象底面前方边线a′b′。以同样的方法过点vb作水平线交F_1ag′于点a，交F_1bg′于点b，过vi作水平线交F_1eg′于点e，交F_1ig′于点i，过点vi′作水平线交F_1e的延长线于点e′，交F_1i的延长线于点i。

接着，连接F_2e′、F_2i′，同时过点vj作水平线交F_2e′于点k′，交F_2i′于点j′。连接F_2b与F_2b′。同时，过点vc作水平线交F_2b于点c，连接F_1c交F_2b′于点c′，延长vcc交F_2a于点d。过点vj作水平线交F_2i于点j。经过上述绘制，该设计对

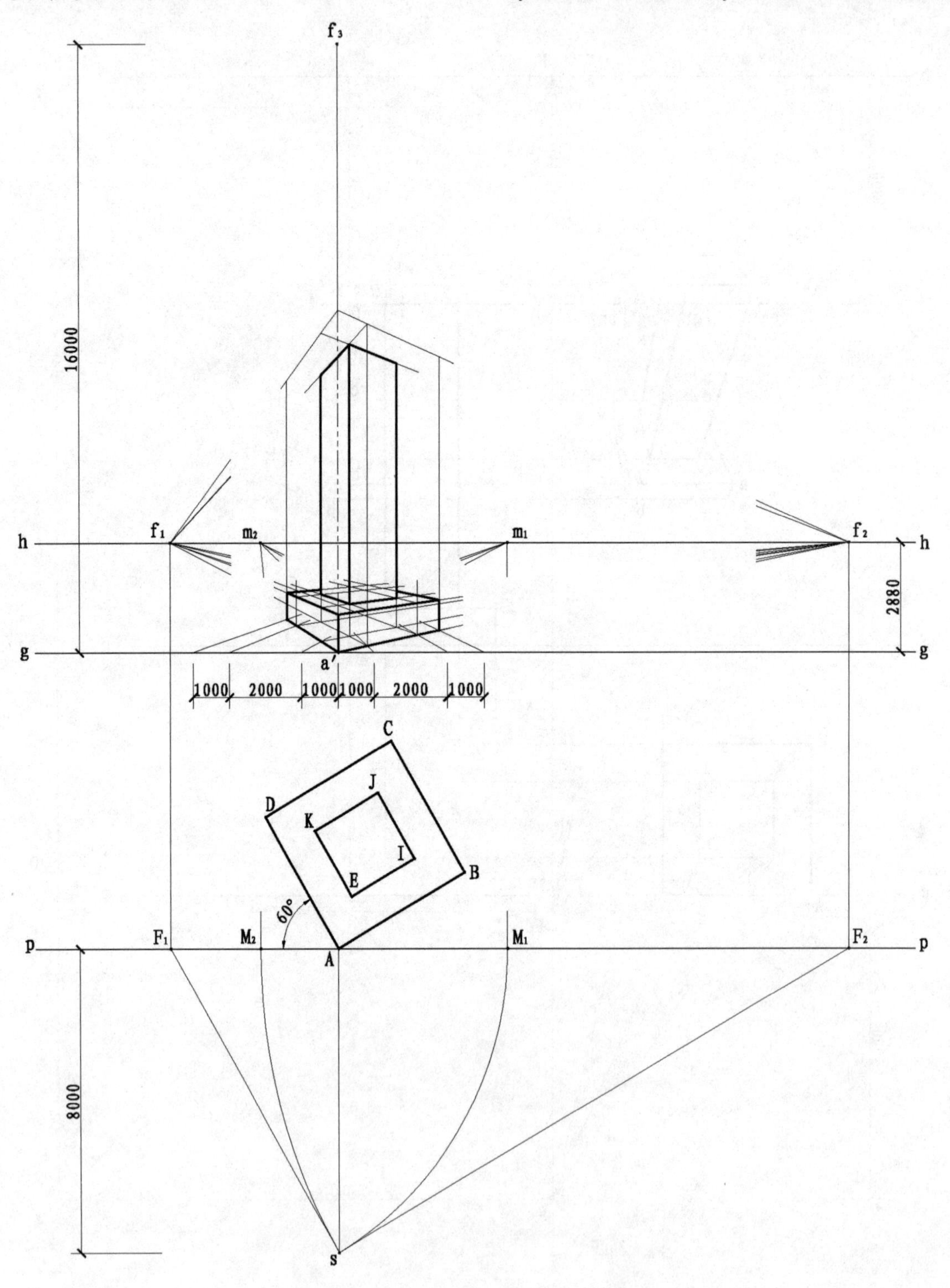

图3-52 距点法绘制三点透视图步骤一

象的全部可见角点都确定到位。

最后，根据形体结构相互连接即可得出该设计对象的三点透视图。

使用灭点法绘制三点透视图比较复杂，前期要做好准备工作，确定视点s并延伸至图稿竖向位置，利用45°斜线将平面图与立面图之间的位置关系确定正确，设定并控制好竖向画面线的位置与角度，这些都直接影响透视图的最终效果。在制图后期，透视图中的高度位置线需要从竖向画面线p′上投射出来，注意理清各点的空间关系。而纵向位置线则可以按照一点透视或两点透视中的作图方法，从平面图中投射出来，当纵、横线相交即得出三点透视图中的主要角点。绘制三点透视图的基础仍是一点透视与两点透视，因此，需要时常巩固前章节相关内容。

二、距点法作三点透视图

距点法在三点透视图的绘制过程中属于一种实用方法，它通过引用距点M_3／m_3能较便捷地绘制出透视图。

1. 绘制两点透视图

根据设计对象的形体特征采用距点法绘制出两点透视图，具体方法见前章节相关内容。其中，视点s的位置、视高尺寸、平面图旋转角度都要安排妥当，注意保留真高线与相关辅助线，为后期形成三点透视打好基础（见图3－52）。

2. 寻求灭点与距点

绘好两点透视图后，可另起图稿，保留或沿用原稿中的视平线h，基线g和灭点f_1、f_2。过点a′向上作垂线a′ f_3，使a′ f_3＝16000mm，点f_3的位置位于真高线上。一般而言，灭点f_3的高度与灭点f_1、f_2之间的距离相当即可。灭点f_3位置设定过高，透视效果不明显，设定过低，透视效果会失真。这种定制方法属于一种制图经验，并不十分精确。但是，这样可以大幅度简化三点透视的作图步骤，提高作图效率（见图3－53）。

以f_1f_2为直径，过灭点f_1与f_2向视平线g上方作半圆弧。以f_3a′ 为直径，过灭点f_3与点a′ 向右侧

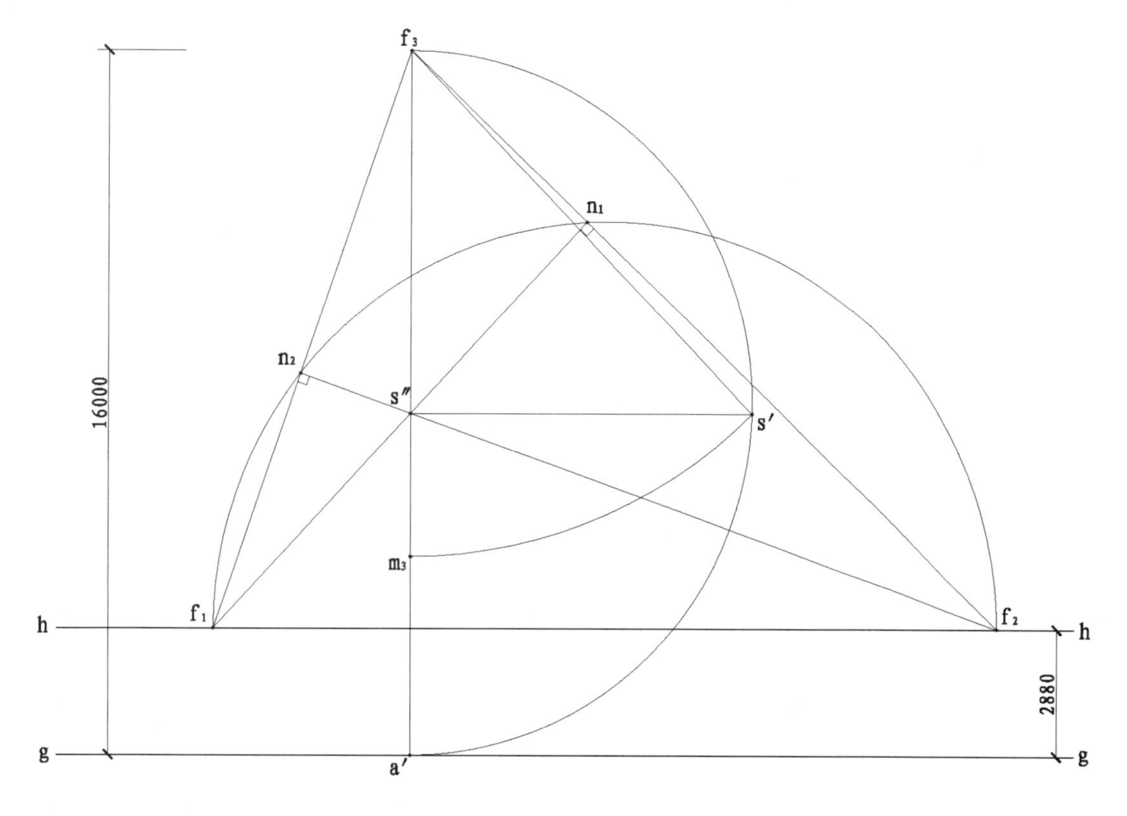

图3-53 距点法绘制三点透视图步骤二

作半圆弧。连接灭点f_1与f_3，过灭点f_2作f_1f_3的垂线，垂足为点n_2；连接灭点f_2与f_3，过灭点f_1作f_2f_3的垂线，垂足为点n_1。点n_1与点n_2必定位于横向半圆弧上。f_1n_1与f_2n_2相交于点s″，过点s″向右侧作水平线s″ s′，交纵向半圆弧于点s′。以灭点f_3为圆心，f_3s'为半径作弧交f_3a'于点m_3，点m_3即为该三点透视图中的第三个距点。

3. 投射透视图

将刚才求得的灭点f_3与距点m_3抄绘或复制至已绘制完成的两点透视图中（见图3-54）。

首先，分别将形体底面上的各角点与灭点f_3连接，可以得到f_3d'、f_3a'、f_3b'、f_3k'、f_3e'和f_3i'，f_3a'上的Aa′为真高线。再分别连接Km_3、Em_3、Im_3，其中Km_3交f_3k'于点k°，Em_3交f_3e'于点e°，Im_3交f_3i'于点i°，点k°、e°、i°为该形体顶部3个可见角点。

然后，再求得底部形体上的角点，aa′在真高线上，根据图3-50和图3-51，aa′=1000mm。连接f_1a交f_3d'于点d，连接f_2a交f_3b'于点b。分别连接f_1b''、f_2d''，两线交点c″。分别连接f_1b、f_2d，两线交点c，连接ac″，则点c必在ac″上，ac″与f_3e'相交于点e。连接灭点f_1与点e，使f_1e交f_3k'于点k；连接灭点f_2与点e，使f_2e交f_3i'于点i。这样，底部几何形体的可见角点就全部求得。

最后，根据形体结构相互连接即可。

使用距点法绘制三点透视图，优势在于直观便捷，无需绘制倾斜的实际画面线，更不用延伸设计对象中繁琐的纵、横向位置线，只需求得距点m_3，即可将使用距点法绘制的两点透视图改为三点透视图。当然，这种便捷方法一般只适用于对透视精度要求不高的手绘图。最终一切以灭点法为准。

三、三点透视图实例

为了强化对三点透视图的理解，这里再列举某建筑外观设计方案，详细讲解三点透视图的实践绘制方法。由于幅面有限，避免角点代号占据

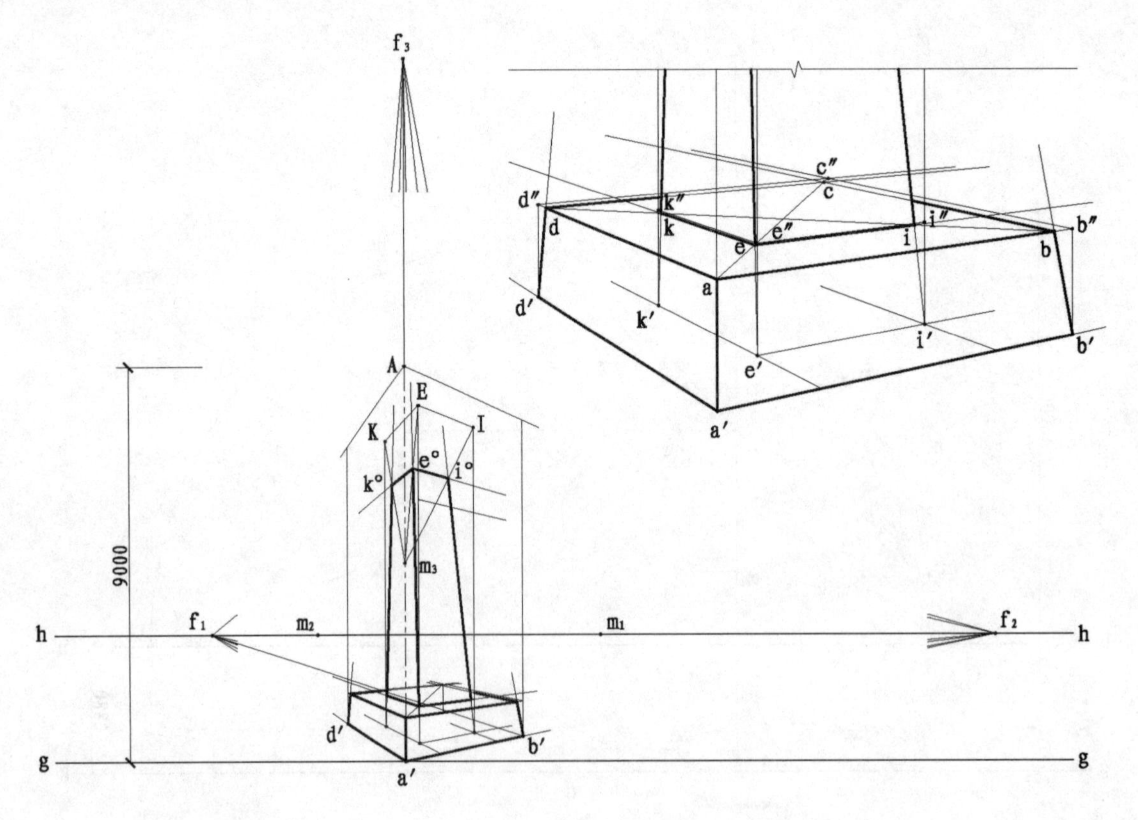

图3-54 距点法绘制三点透视图步骤三

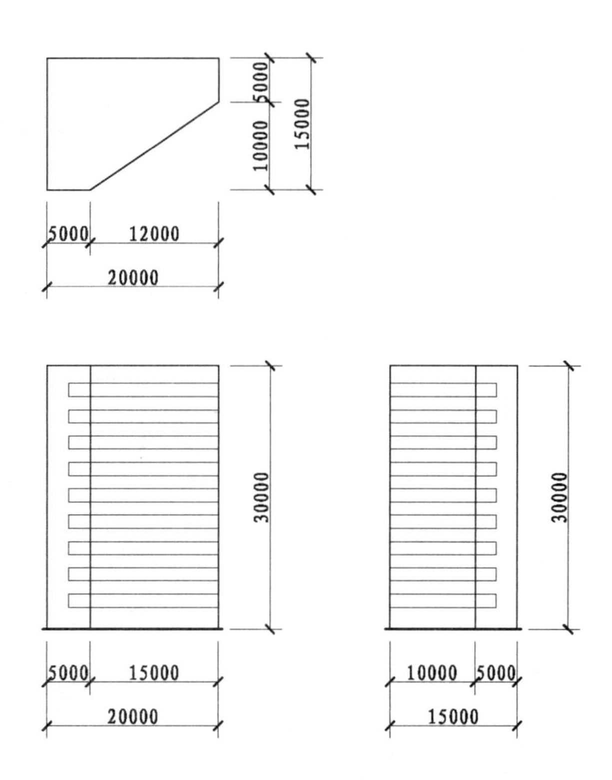

图3-55 建筑平面图与立面图

过大图面面积，故省略各构造角点的标识。

1. 分析空间关系

首先，根据设计要求绘制建筑外观的平面图、正立面图与侧立面图，这些图也可以从施工图中描绘或复制到图稿中来。简化原图的尺寸标注，只保留主要尺寸标注（见图3－55）。为了获得适宜的观看视角，现将平面图旋转50°，将平面上的视点s定在建筑前方，距离点A° 26000mm，过角点B° 作画面线p，在高处画面线p下方作低处画面线p° ，两线间距定为17800mm，这两条画面线连同建筑中各角点的引出平行线被中转斜线x引至图稿上方，投射出该建筑的侧立面图。

然后过基线g与垂线v的交点O作斜线p′ f″ ，该斜线即为三点透视中的俯视倾斜画面线，p′ f″ 与v之间夹角定为21° ，这样俯视效果会比较适宜，设定透视图中的视平线h高度为50000mm，这对于高度为30000mm的建筑而言，能较好表现建筑全貌。

最后，以点O为圆心，Oh′ 为半径作弧，交p′ f″ 于点p′ ，接着过点p′ 作水平线交es′ 于点s′ ，则点s′ 即是立面图中的视点。再以点O为圆心，Of″ 为半径作弧交垂线v于点f′ ，过点f′ 作水平线交sA° 于点f_3，则点f_3即是透视图中的第三个灭点（见图3－56）。

使用灭点法作三点透视图，关键在于建立好基础空间，包括平、立面图中的视点s、视平线h、画面线p等制图要素的位置，它们有的需要根据建筑特征和表现方式来设定，如视平线h，视点s等，有的需要根据现有条件来引出，如立面上的视点s′ ，灭点f_3等，一定要理清它们之间的逻辑关系。

2. 绘制构造

在图稿中建立好基础画面关系后，就可以将建筑上的角点投射出来，这主要分为两个部分，一部分从平面图中引出来，分别将平面图中各角点与视点s相连，其连线都与底画面线p° 相交，将交点向上垂直引至基线g上，与基线g形成交点，再将这些交点与灭点f_3连接并继续向上延长，成为透视图中建筑结构的纵向位置线。另一部分

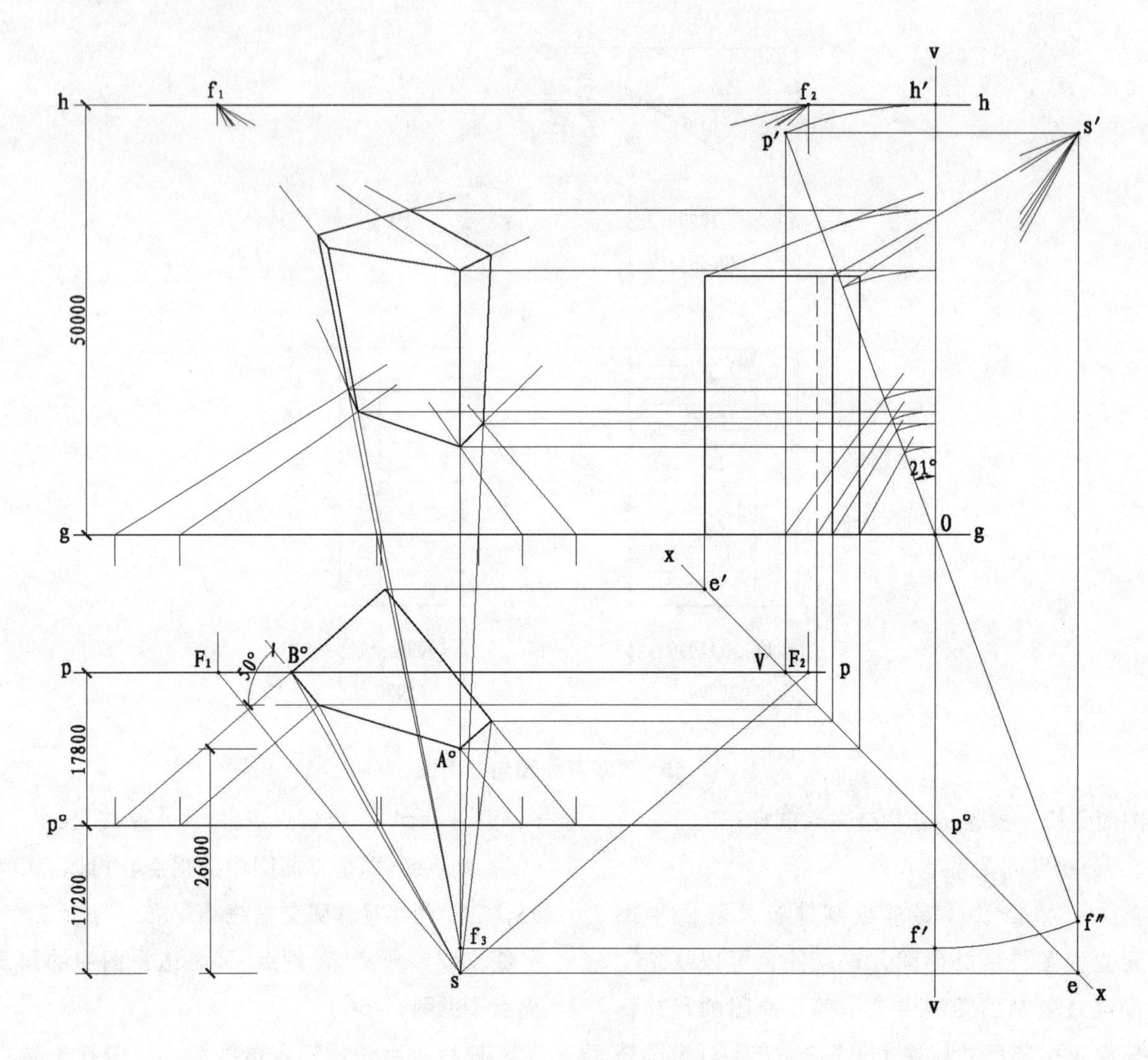

图3-56 建筑三点透视图绘制步骤一

从立面图中引出来，分别将立面图中各角点与竖向视点s′相连，其连线都与斜画面线p′f″相交。再以点O为圆心，点O至这些交点的连线为半径分别作弧与竖向画面线v相交，过这些交点分别作水平线向左侧延伸，成为透视图中建筑结构的横向位置线。这样，纵、横两组线相交，其交点即为建筑透视图中的主要轮廓角点。最后，根据建筑结构连接这些角点即可完成三点透视图。

3. 添加填充装饰

当建筑的基本结构绘制成形后，须作全面检查，发现图线错误或视觉上的不良感受都要再次核对，纠正错误。这些可以将图稿描绘或复制至质地较好的图纸上，并为建筑添加窗户。

过建筑角点A作基线g°，在建筑构造线AB左侧绘制垂线段IL，交基线g°于点I，垂线段IL即是AB的真高线，在IL上测量并标出各层窗户的高度位置点。连接点L与点B并延长交基线g°于点N，再将点N分别与LI上的窗户位置点相连，其诸多连线与AB形成交点。这样，各层窗户的高度位置就从真高线上投射到了AB上。连接建筑侧面的对角线AC与BD，其交点E与灭点f_3相连，则f_3E即为侧面窗户的纵向边界线，最后将AB上的窗户位置点分别与灭点f_2相连，诸多连线与f_3E相交，建筑侧面窗户的透视形体就完成了。使用同样的方法将全部窗户绘制出来，这种方法称为量线法（见图3-57）。

完成建筑形体中构造的三点透视图后，再运用两点透视法为建筑添加相关配景，如地面道

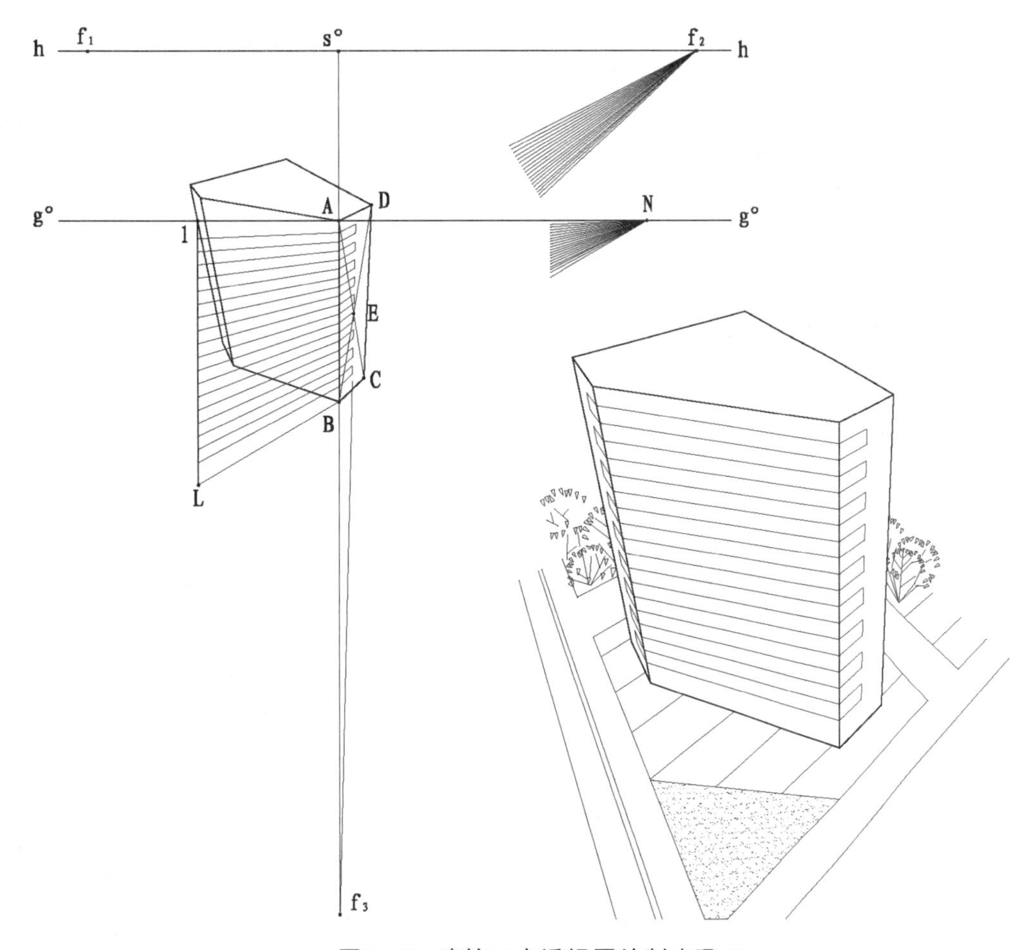

图3-57 建筑三点透视图绘制步骤二

路、广场、树木等，并作适当填充。

绘制三点透视特别复杂，灭点法是现今最权威的方法，为了提高制图效率，也有不少专家、学者提出其他便捷的方法，但是都建立在长期制图经验之上，初学者还是须从基础做起，规范到位且一丝不苟地练习，才能提高制图水平（见图3-58）。

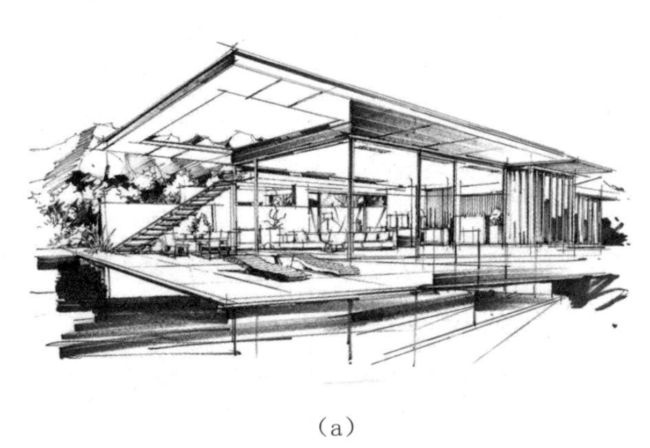

(a)

(b)

图3-58 建筑三点透视图

第五节　曲面体透视

在现代环境艺术设计制图中，曲面造形越来越多，它与直线造型相互配合，能使设计对象更加新颖独特。曲面体透视图的绘制比较繁琐，但是严谨的透视结构能让图面效果更加完美。本节详细讲述圆、圆柱、圆锥、圆球的透视绘制方法，并附有两个实例，能让初学者深入领会曲面体的透视原则与绘制方法。

一、圆的透视

圆是一种二维图形，一般作为形体结构的组成部分出现在透视图中，根据它与画面P之间的关系，可以分为平行于画面的圆和不平行于画面的圆。

1. 平行于画面的圆

当圆的平面与画面P平行时，其透视仍是一个圆，只是圆与视点s的距离不同会导致经透视后圆的半径不同，即圆的大小不同。近处的圆大，远处的圆小，这也是透视图中的普遍规律。

现在作与视点s距离不同的3个圆（见图3-59），圆O、O_1、O_2的直径相等，它们的圆心连线垂直于画面线p，其中圆O与画面线p重合，$OO_1=3000mm$，$O_1O_2=3000mm$。设定视点s于画面线下方7000mm处，向左侧偏移4000mm，在平面图下方任意空白区域绘制视平线h，灭点s′位于视平线h上。

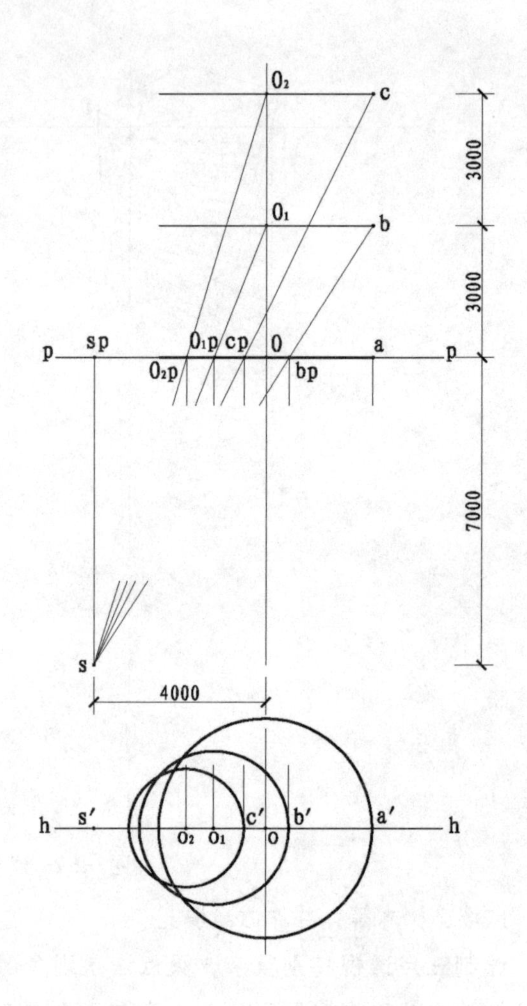

图3-59　平行于画面的圆的透视

首先，连接sO_2交画面线p于点O_2p，将点

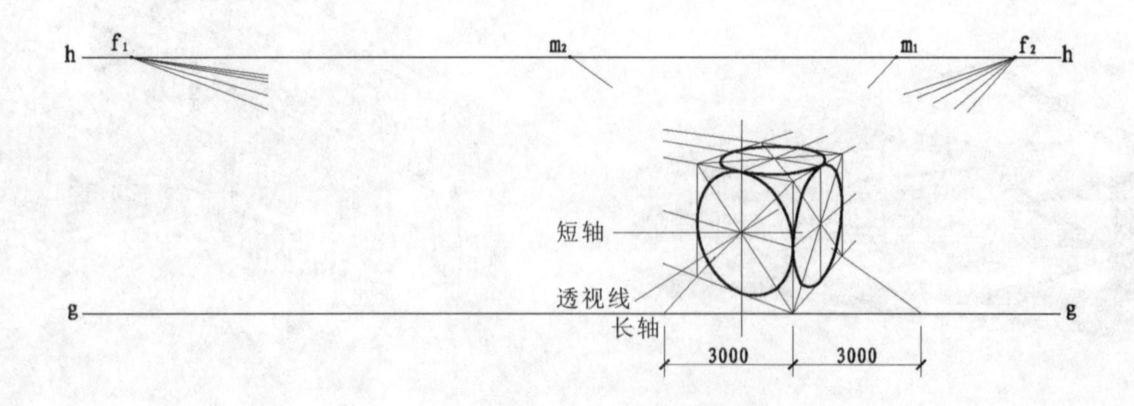

图3-60　不平行于画面的圆的透视

O_2p垂直向下引至视平线h上，交视平线h于点o_2，即得出圆o_2在透视图中的圆心o_2。

然后，再将视点s与圆O_2的直径边缘点C相连，使sC交画面线p于点cp，将点cp垂直向下引至视平线h上，交视平线h于点c，则o_2c即为透视图中圆o_2的半径，以点o_2为圆心，o_2c为半径作图即得出圆O_2的透视图圆o_2。采用同样的方法绘制出圆o_1。

最后，圆o可以直接由平面图投射下来。圆o、o_1、o_2即为圆O、O_1、O_2的透视图，这3个圆在透视图中的位置关系很有规律，这与它们在平面图中的间距相等有关。绘制出平行于画面线p的圆比较简单，但是在实际制图中切不能轻视，它是曲面体透视的基础。

2. 不平行于画面的圆

当圆所在平面不平行于画面线p时，其透视一

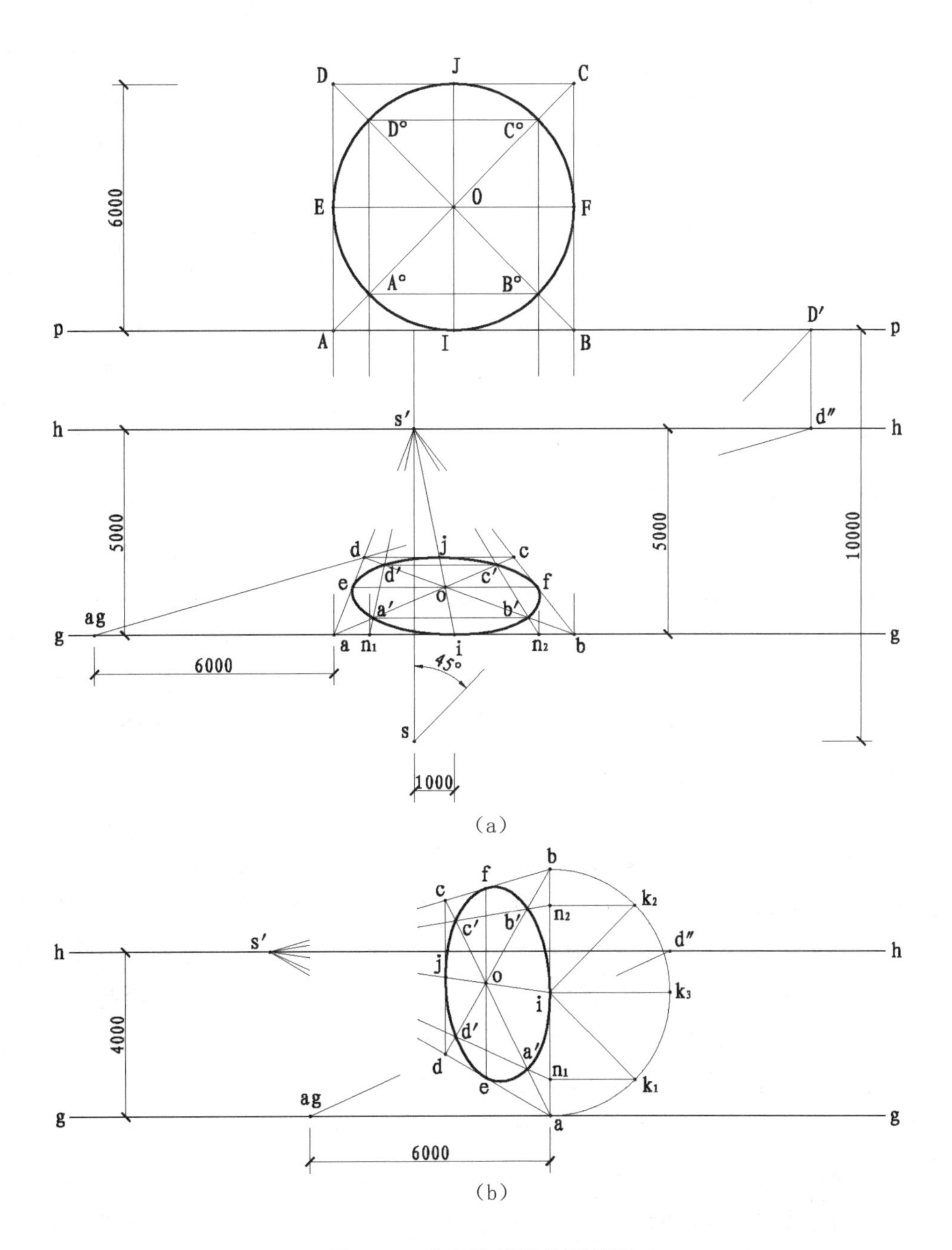

图3-61 八点法作圆的透视图

般为具有透视性质的椭圆，尤其是处于不同位置的水平圆与铅垂圆，它们的透视形态各不相同。在透视图中绘制不平行画面的圆，一般采用圆的外切正方形4边的中点（切点）与正方形对角线与圆周的4个交点来求得，这种制图方法称为八点法。圆心与外切正方形对角线交点一致，圆周与外切正方形各边中点相交，同时也与该正方形对角线相交，连接交点后即得圆的内接正方形。八点法是比较科学且比较严谨的制图方法。透视图中的圆有长轴与短轴，透视正方形外切于圆，短轴通过透视圆的中心，同时也是透视正方形的中心。短轴是与圆弧正交的最短直径，长轴通过透视椭圆中心，但不通过透视正方形的中心，它是垂直于短轴的最长直径（见图3-60）。

现在采用八点法分别绘制水平圆与铅垂圆的透视图（见图3-61）。

1. 水平圆的绘制方法

首先，作圆o的水平透视图，绘制圆O的平面图并增加该圆的外切正方形ABCD，连接正方形对角线AC、BD，分别交圆O于点A°、B°、C°、D°，再分别纵向和横向连接这4点，得出圆O内接正方形A° B° C° D°，并延长该正方形的边交外切正方形。过圆心O作水平线交外切正方形于点E、F，作铅垂线交外切正方形于点I、J。过AB作画面线p，且画面线p与AB重合，将视点s设定在画面线下方10000mm处并偏圆心O左侧1000mm。这样，基本制图环境就创建好了。

然后，在画面线p下方任意空白区域绘制基线g与视平线h，两线间距为5000mm。过视点s向视平线h上作垂线，交视平线h于点s′，点s′即是透视图中的灭点。采用前章节中关于距点法绘制一点透视图的方式，在视平线h上求得距点D。

接着，将点A、I、B分别向下引垂线至基线g上，交基线g于点a、i、b，连接as′交agd″于点d，过点d作水平线交bs′于点c，则点a、b、c、d即是外切正方形在透视图中的4个角点。再将D° A°、C° B°分别向下延伸至基线g上，交基线g于点n_1、n_2，再连接n_1s'、n_2s'，交ac于点a′、c′，交bd于点b′、d′，这4点即是内接正方形在透视图中的4个角点。过点o作水平线ef交ad于点e，交bc于点f，连接is′交cd于点j。这样，透视圆中的点a′、b′、c′、d′与点e、i、f、j共8点全部求得。

最后，使用平滑曲线按圆周顺序连接这8个点即得不平行画面的圆透视图［见图3-61（a）］。

2. 铅垂圆的绘制方法

采取上述方法也可以绘制出铅垂圆的透视图，当然也可以简化绘制，省略圆的平面图。

首先，采用距点法绘制圆的外切正方形abcd。连接对角线ac、bd交于点o，连接os′交cd于点j，反向延长os′交ab于点i。接着过点o作垂线交cb于点f，交ad于点e。

然后，以点i为圆心，真高线ab为直径绘制半圆弧，过点i作该半圆弧的半径交半圆弧于点k_3，再以ik_3为参照，分别作+45°半径和-45°半径分别交半圆弧于点k_1、k_2，分别过点k_1、k_2作水平线交真高线ab于点n_1、n_2。

最后，连接n_1s'交ac于点a′，同时交bd于点d′，连接n_2s'交bd于点b′，交ac于点c′。这样，透视圆中的点a′、b′、c′、d′与点e、i、f、j共8点全部求得。使用平滑曲线按圆周顺序连接这8个点即得不平行画面的圆的透视图［见图3-61（b）］。

使用八点法绘制透视图难度不大，只须注意圆的外切正方形与内接正方形的定位，然后将其主要角点投射至透视图中即可按常规透视方法绘制出圆的透视图。平时须对平滑曲线多作练习，尺寸较小的圆可直接徒手绘制，尺寸较大的圆需要曲线板来拼接绘制，切不可过于草率，要保证图面效果。

二、圆柱的透视

圆柱的首、两个面均为圆，绘制方法与圆的透视相当。

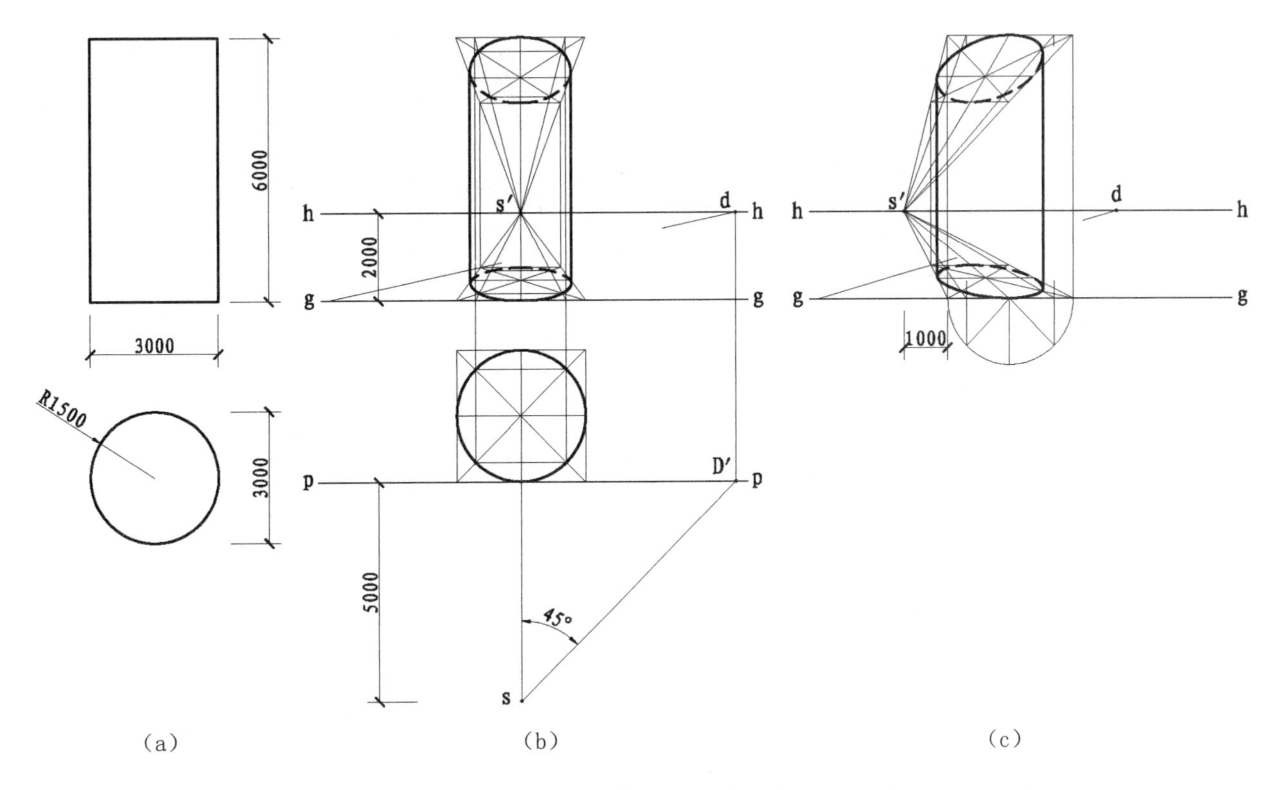

图3-62 圆柱透视图的画法

首先，根据设计要求绘制圆柱的立面图与平面图并标注尺寸［见图3-62（a）］，将平面图抄绘或复制至图稿中并创建制图环境。

然后，根据形体尺寸分别绘制圆柱首、尾两个圆面上的外切正方形与内接正方形。

最后，根据八点法分别连接各角点。

图3-62（b）为圆柱一点透视图，灭点s′位于圆柱垂直轴线上，图3-62（c）中灭点s′位于圆柱垂直轴线左侧1000mm处，这都是通过距点法来绘制圆的透视图，只是图3-62（c）中省略了原始平面图，采用半圆弧来引出圆内接正方形的角点。这两种视角的透视图区别就在于八点法中8个点的位置关系有所不同。

圆柱透视实际上就是立方体透视的一种深化，能得出立方体透视图即不难得出圆柱体的透视图。

三、圆锥的透视

圆锥透视图与圆柱透视图的绘制方法一致，只不过需要求得圆锥的透视高度。

首先，根据设计要求绘制圆锥的立面图与平面图并标注尺寸［见图3-63（a）］，将平面图抄绘或复制至图稿中并创建制图环境。

然后，根据形体尺寸绘制圆锥底面圆上的外切正方形与内接正方形，根据八点法分别连接各角点就完成了圆锥底面上圆的透视图。

确定圆锥顶点的透视位置有灭点法与距点法两种方式，灭点法是将圆锥当作立方体来绘制，既要画出底面圆的外切正方形，还要相应引出顶点上的正方形，正方形对角线交点s′即为圆锥的顶点。距点法相对简便［见图3-63（b）］，先求得距点d，然后在底面外切正方形左侧向上垂直作圆锥的真高线nng，且nng=6000mm，连接nd，交圆锥纵向中轴线os°于点s°，则点s°即为圆锥的顶点。

最后，过点s°作透视圆的切线，即得出圆锥的腰线，从而完成圆锥的透视图。

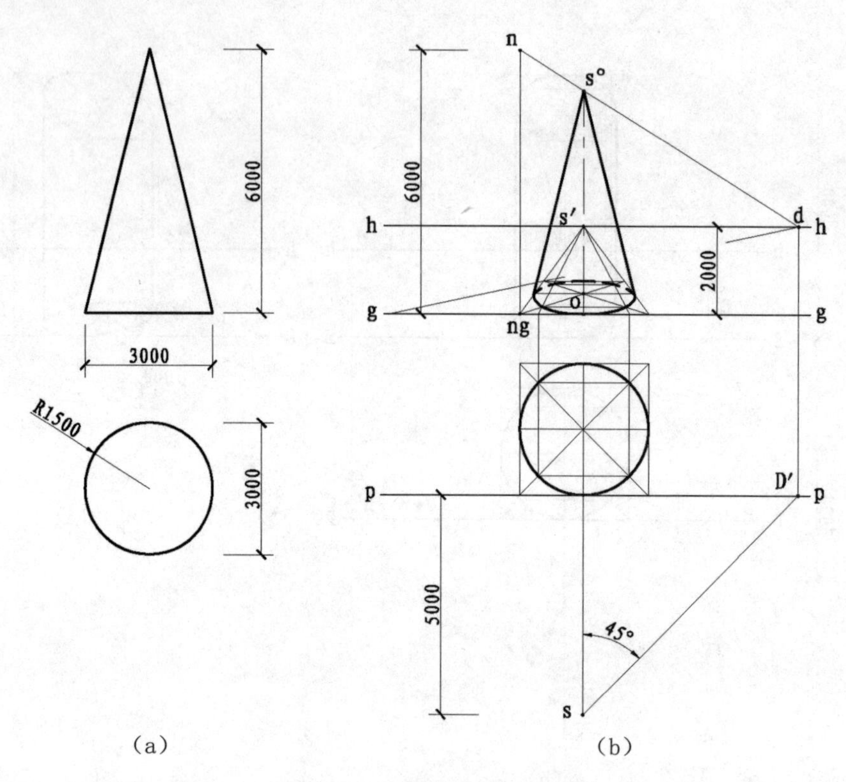

图3-63　圆锥透视图的画法

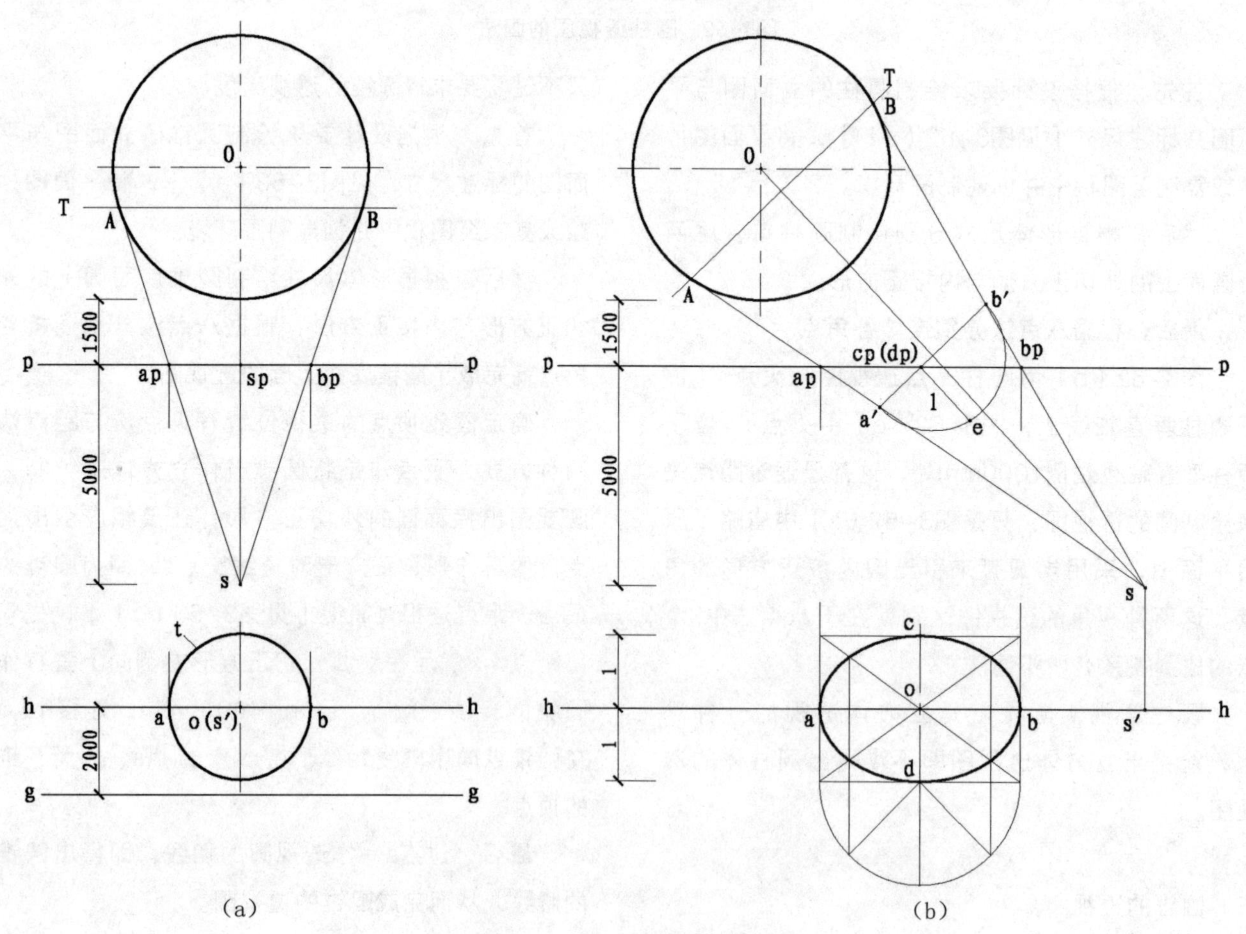

图3-64　圆球透视图的画法

四、圆球的透视

当圆从二维平面沿着轴发生旋转就形成了圆球，在环境艺术制图中，圆球的透视形体并不多见，但是仍需了解其透视原理。过视点s作视线与球相切，构成一个切于球面的视锥面，视锥面与画面P的截交线，即为球的透视，圆球的透视在多数情况下为椭圆（见图3-64）。

当球心O与视点s的连线垂直于画面时，球的透视是一个圆，现在采用一点透视绘制球的透视图[见图3-64（a）]。

首先，绘制球的平面图，设定视点s与画面线p的位置，圆球边缘与画面线p之间的距离为1500mm，视点s与画面线p之间的距离为5000mm。

然后，连接sO垂直于画面线p于点sp，sA、sB切于球的平面圆，即赤道圆的H投影。因此，AB弦平行于画面线，视锥面与球的切线是平行于画面的圆T，AB是圆T的基面投影，所以球的透视也是圆T的透视，它仍是一个圆。由于球心O与视点s的连线sO垂直于画面，所以在透视图中的圆心o即为该透视图的灭点s′。圆的直径ab与apbp相等。

最后，以o＝s′为圆心，ab为直径作圆，即为球的透视。

当球心O和视点s等高，视点s和球心O连线倾斜于画面时，球的透视为一椭圆，此椭圆的长轴位于视平线上[见图3-64（b）]。过平面图中视点s作赤道圆（球的基面投影）的切线。sA、sB即为切于球的视锥的投影，AB为圆O的基面投影T，球的透视就是倾斜于画面的圆T的透视，也就是视锥与画面的截交线椭圆。因视线sA、sB是水平的，所以AB的透视ab位于视平线h上，ab为椭圆的长轴，长轴的长度ab＝apbp。过apbp的中心点cp（dp）作直线垂直于sO，并与sA、sB分别交点a′、b′，a′b′线段就是视锥面上垂直于视锥轴线sO的基面投影。以a′b′为直径作半圆，线段a′b′的垂直线与半圆交于点e，cp（dp）e＝l，l即为透视椭圆的短轴长度的1／2，即cd＝2l。最后，可以根据已经确定的长、短轴的长度，采用八点法作出圆球的透视图。

绘制以圆球为主体造型的透视图，可以参照上述方法。平时要多加练习，如果圆球的形体只是整体透视图的补充，也可以先绘制圆球的水平圆和铅垂圆，根据两圆交错的形态，根据经验徒手绘制圆球的透视轮廓。

五、曲面体透视图实例

为了强化对曲面体透视图的理解，这里再列举两项设计方案，详细讲解曲面体透视图的实践绘制方法，由于幅面有限，避免角点代号占据过大图面面积，故省略各构造角点的标识。

1. 圆形鱼池一点透视图

首先，根据设计要求绘制出圆形鱼池的平面图与立面图（见图3-65），这些图也可以从施工图中描绘或复制到图稿中来。简化原图的尺寸标注，只保留即将绘制的尺寸，如鱼池中不同圆形的直径和整体构造的长、宽尺寸。由于该鱼池平层面积较大，高度较低，要绘制出上表面的纵深空间，选用一点透视比较适宜，且两侧完全对称，视平线可以定为1200mm，能形成稳重的视觉

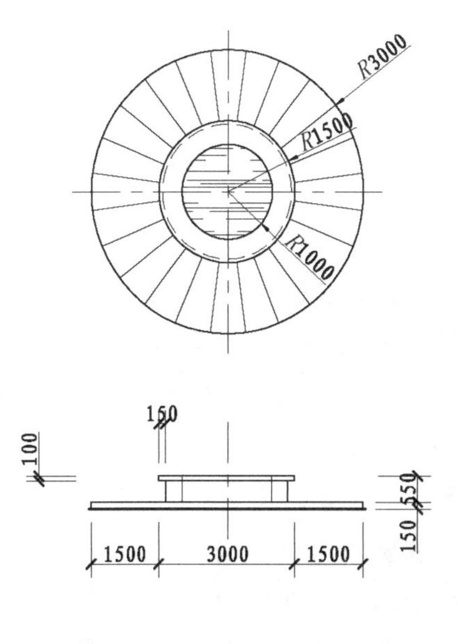

图3-65　鱼池平面图与立面图

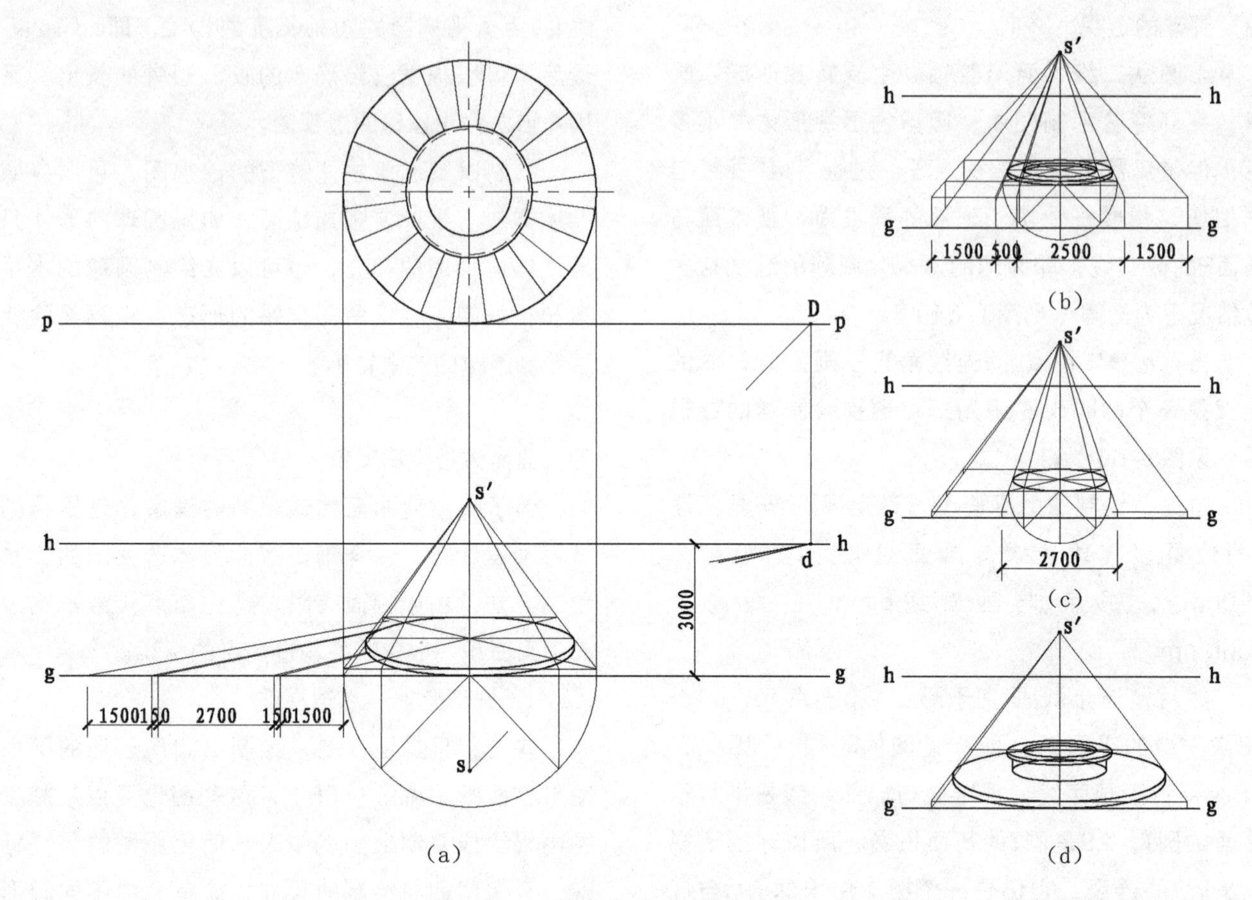

图3-66 鱼池透视图绘制步骤一

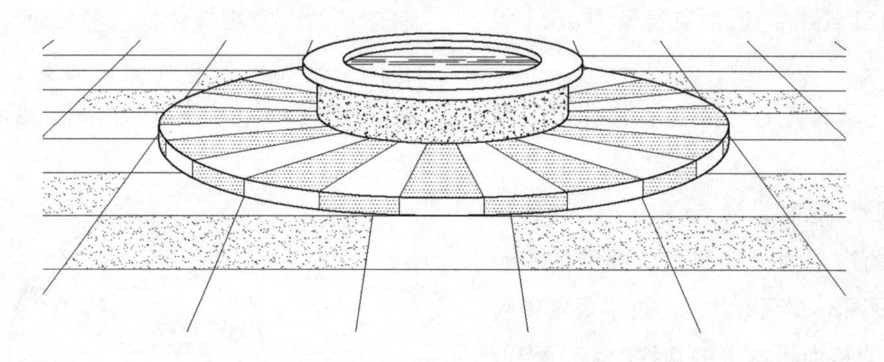

图3-67 鱼池透视图绘制步骤二

感受。画面线p定在圆形平台底部的边缘上，视点s距画面线p为3000mm。根据视点s的位置投射出距点D，运用距点法来作该鱼池的一点透视图［见图3-66（a）］。

然后，在透视图中，先绘制地台的透视圆，用于确定位置。再从高到低分别绘制鱼池的台面、池体边缘等4个透视圆的外切正方形［见图3-66（b）（c）］，这4个透视正方形都位于不同的高度上，需要运用真高线测量求得，根据标高绘制出不同高度上的正方形透视图。

接着，采用八点法在这些正方形透视图中的角点，用平滑曲线将这些角点按顺序连接起来。鱼池基本轮廓的透视图就绘制完成了［见图3-66（d）］。

最后，可以根据需要添加地板、地砖的铺设形态，并作适宜装饰填充，让图面形式清晰的黑、灰、白关系，甚至可以渲染着色，提升透视图的品质（见图3-67）。在对称的圆形一点透视图中，难点就在于控制好平滑曲线的曲度。为了保证图面效果，可以先绘制中轴ss′左侧半圆弧，因为大多数人都是右手执笔，从左向右绘图比较顺手，圆弧的平滑效果相对较好，再运用硫

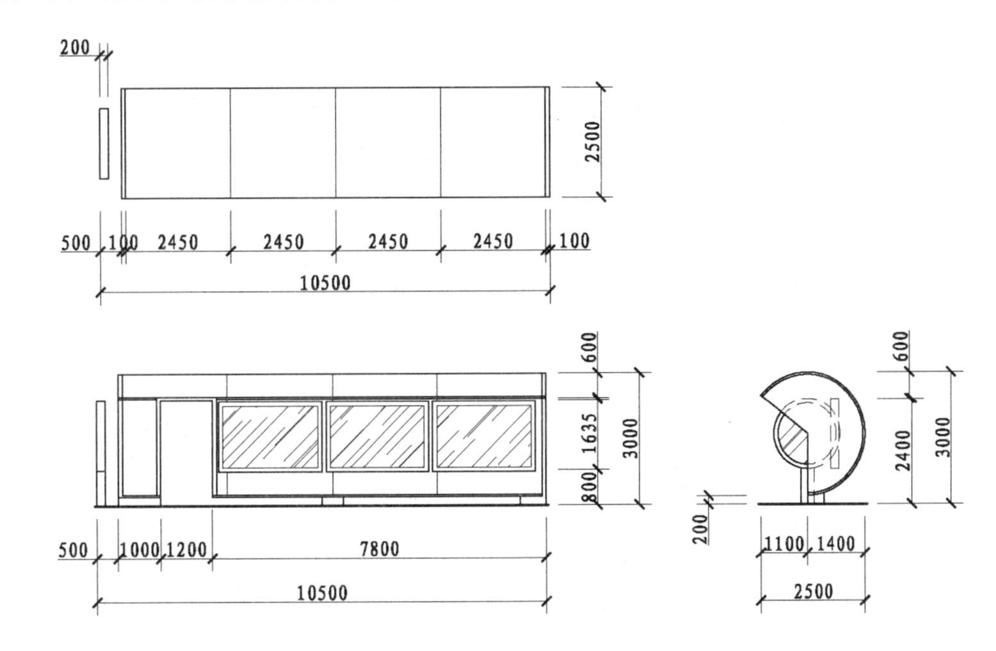

图3-68 汽车站平面图与立面图

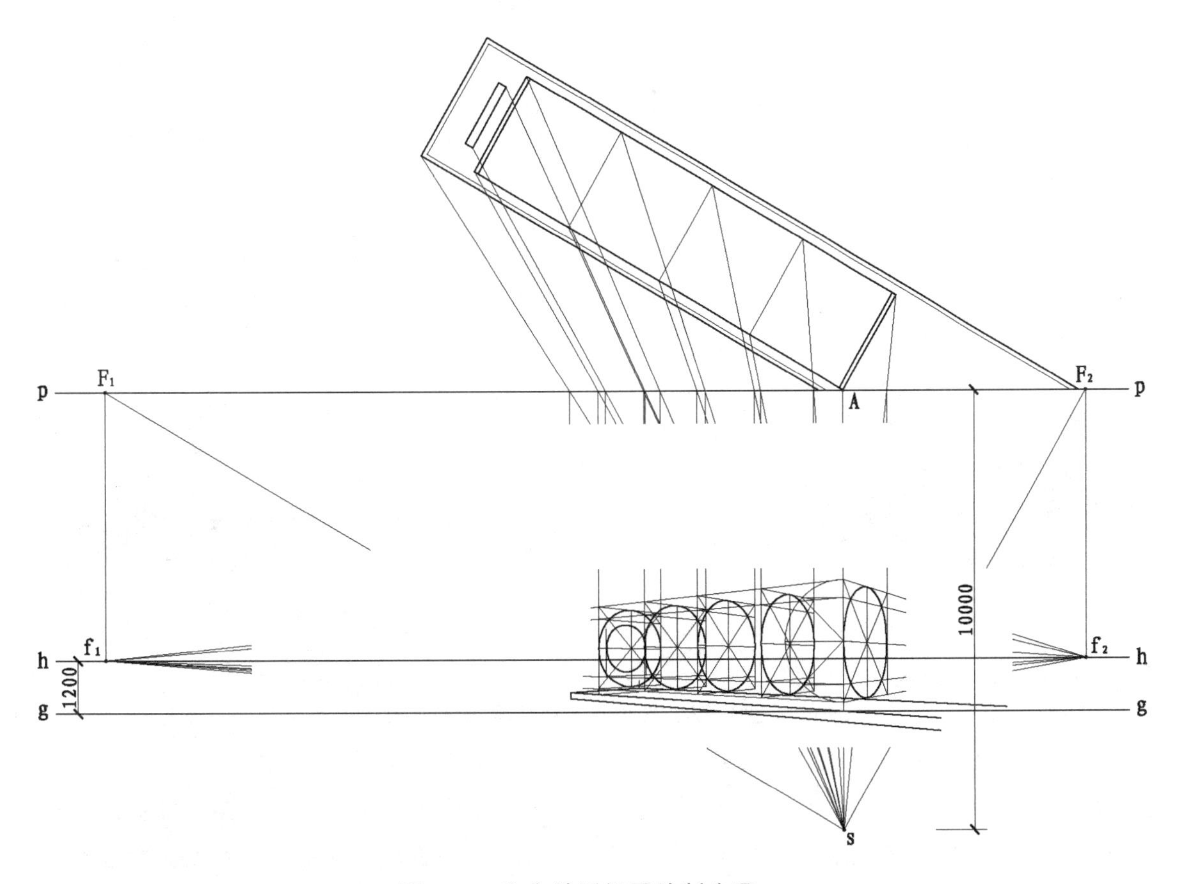

图3-69 汽车站透视图绘制步骤一

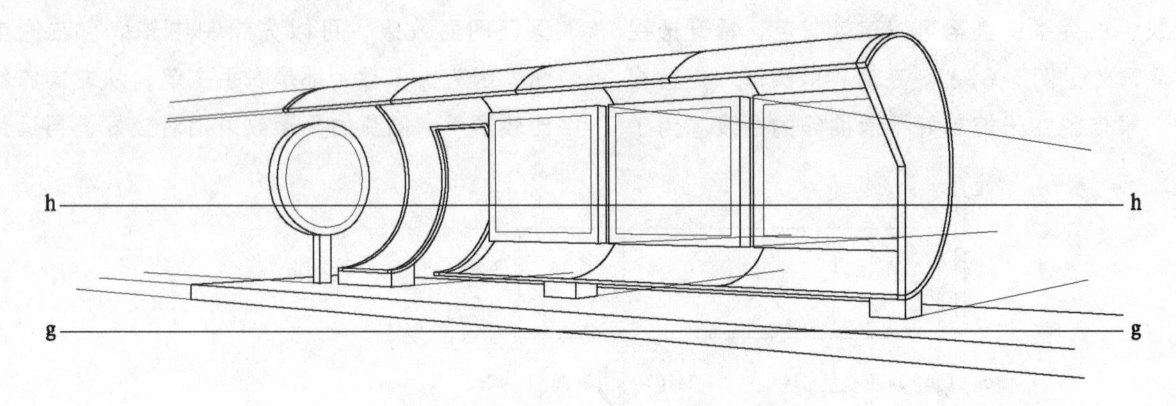

图3-70　汽车站透视图绘制步骤二

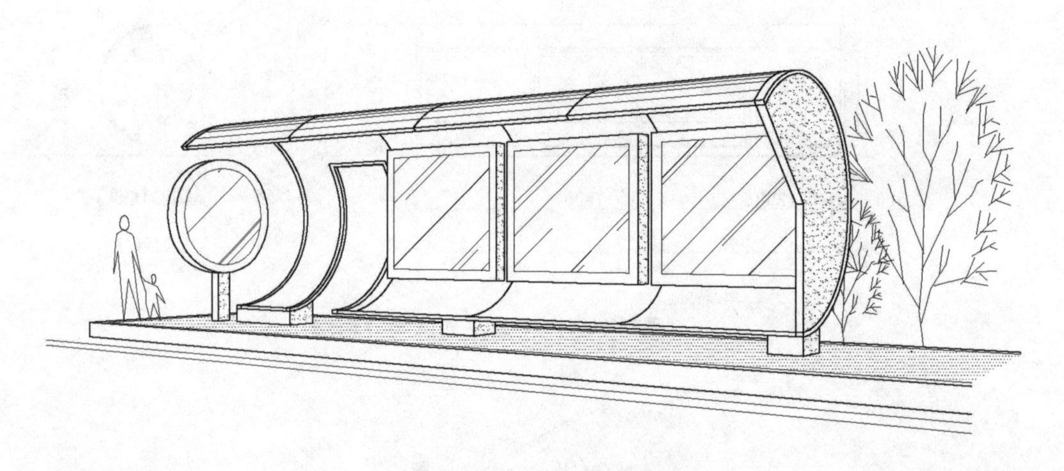

图3-71　汽车站透视图绘制步骤三

(a)　　(b)

图3-72　曲面体景观与建筑透视图

酸纸将镜像复制到右侧来，这样对称效果较好，也便于检查是否存在误差。

2. 圆拱形汽车站两点透视图

首先，根据设计要求绘制出圆拱形汽车站的平面图、正立面图与侧立面图（见图3-68），这些图也可以从施工图中描绘或复制到图稿中来。简化原图的尺寸标注，只保留即将绘制的尺寸，如汽车站中圆拱顶棚的半径和整体构造的长、宽尺寸。由于该汽车站的横向尺度较大，要着重表现出圆拱顶棚的形态，选用两点透视比较适宜，将平面图旋转30°，视平线高度可定为1200mm，形成较真实的视觉感受。画面线p穿过平面图前方角点A，视点s设在点A的正下方10000mm处，且sA垂直于画面线p。

然后，运用灭点法来作该汽车站的两点透视图（见图3-69）。汽车站左右两端的圆拱形需要运用八点法来绘制，在正方形透视的基础上，确定用于绘图的8个点，使用平滑曲线连接时要完整，将整圆描绘出来后再根据实际形态截取有效弧，除了左右两端的圆拱形，还要绘制门洞和站牌。注意透视图中的圆弧彼此间的形态并不相同，除了有大小区别，弧度与形态上都有区别，绘制第二个圆弧时不能继续沿用第一个圆弧的弧度特征（见图3-70）。在手绘图中，要先画圆弧，再画直线，使直线顺应圆弧，保证圆弧形的完整性。

最后，可以根据需要添加站台、道路、树木、行人等配景，并作适当装饰填充，让图面形成清晰的黑、灰、白关系，甚至可以渲染着色，提升透视图的品质（见图3-71）。

绘制曲面体透视图切不可急于求成，需要按部就班画好基础透视形体，找准直线形透视构造才能使曲面体透视显得严谨（见图3-72）。

第六节 倒影与虚像

在日常生活中，我们常看到平静的水面或光滑的地砖上呈现出对称于水平面的图像。如果在环境空间中挂有镜子，则在镜子里又可以看到物体的形象。水面、镜子等反射媒介统称为反射平面R，当反射平面R为水平时，将物体对称于反射平面R的图像称为倒影；当反射平面R为非水平的镜面时，镜子里的图像称为虚像。倒影与虚像的成像原理相同，它们都属于物理学中光的镜面成像原理，物体在平面镜中的形象与物体自身大小相等，相互对称。对称点的连线垂直于对称面，如水面、地面、镜面等，且对称点到对称面的距离相等。

在环境艺术透视制图中，绘制设计对象的倒影与虚像，实际上就是绘制该设计对象对称于反射平面R的对称图形的透视。

一、倒影

1. 倒影的原理

空间中的构造轮廓点与其在水中倒影的连线是一条垂直于水平面的铅垂线（见图3-73）。当画面是铅垂面时，构造轮廓点与其倒影对水面的垂足的距离在透视图中保持相等。构造轮廓点与其倒影的连线是一条铅垂线，并平行于画面。

当人站在水岸边观看岸对侧的设计构造时，既能看到构造轮廓点A与点B，又能看到它在水中的倒影点A° 与点B° 。连接视点S与倒影点A° ，则SA° 与水平面交于点O，过点O作垂线V，则垂线V就是水平面的法线。AO为入射线，AO与法线V的夹角为入射角α_1；SO为反射线，SO与法线V的夹角为反射角α_2，而且$\angle\alpha_1=\angle\alpha_2$，Aa＝A° a。相应的其他构造轮廓点也对应呈现，如点B与点B° ，Bb＝B° b。可见设计对象中的构造轮廓点都能在水平面中找到倒影，它们之间的关系都以水平面为对称。

2. 倒影的绘制方法

现已经运用一点透视绘制了3个立方体为设计对象，设基线g为倒影水平面，即基线g以上为实际构造，基线g以下为倒影（见图3-74）。

首先，测量Aa、Bb、Kk、Ll的实际长度，分别过点a、b、k、l向下绘制垂线，使A° a＝Aa，B° b＝Bb，K° k＝Kk，L° l＝Ll，连接点A° 与点B° ，连接点K° 与点L° ，连接点B° 与灭点s′，使B° s交Cc的延长线于点C° ，连接点K° 与灭点s′，使K° s′ 交Jj的延长线于点J° ，则得出左右

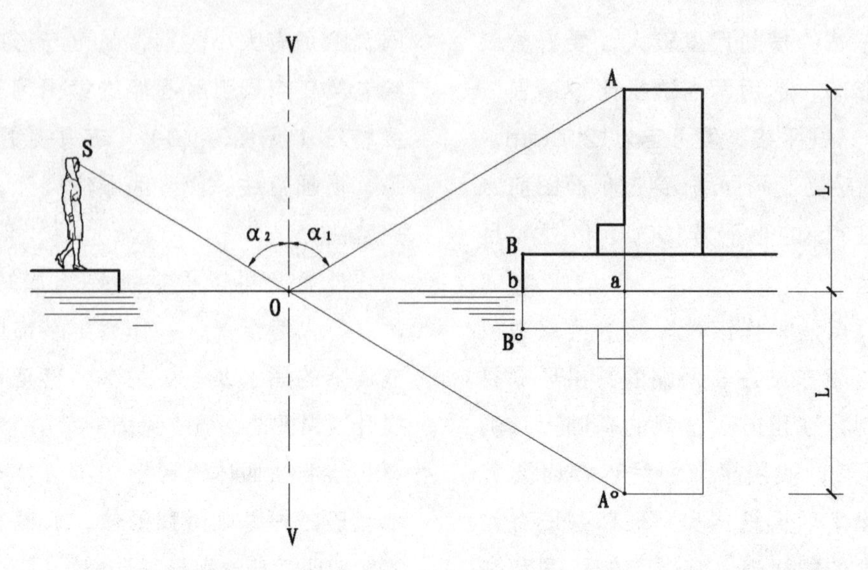

图3-73 水中倒影原理

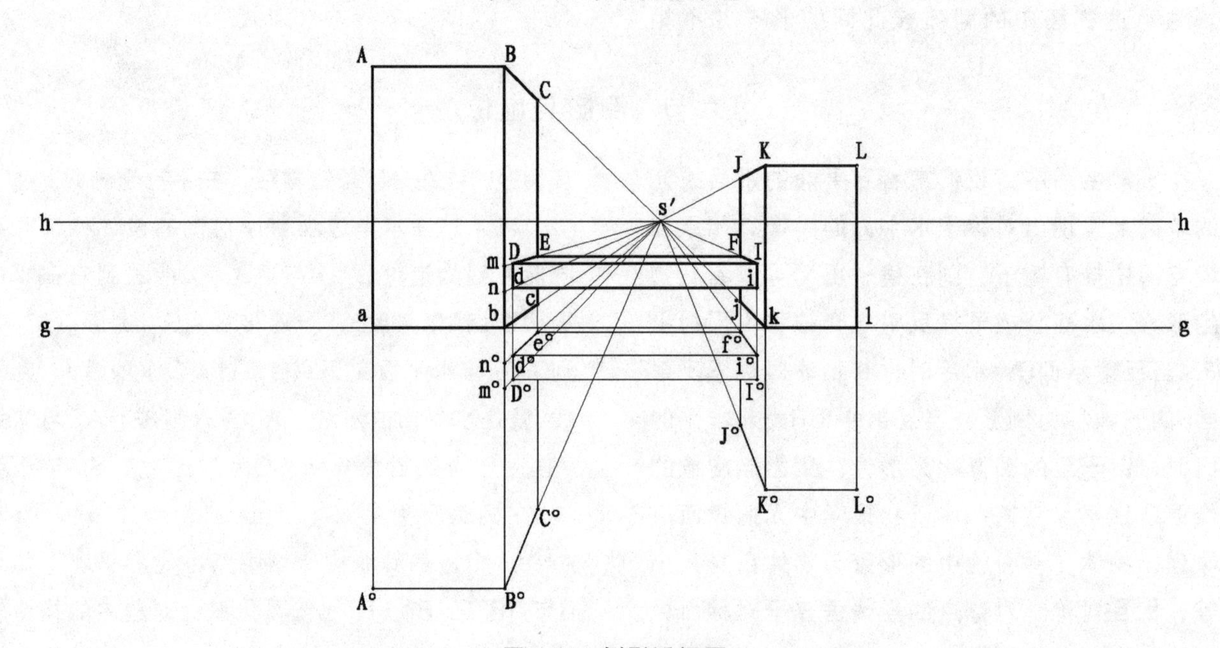

图3-74 倒影透视图

两个垂直立方体在基线g以下的倒影轮廓。

然后，延长ED交Bb于点m，延长s′ d交Bb于点n，测量mn、nb的实际长度，在B° b上标绘出点m° 与点n° ，连接n° s′ 交Dd延长线于点d° ，连接m° s′ 交Dd延长线于点D° ，延长Ec可以交n° s′ 于点e° 。这样就得出了中央横向立方体左侧的倒影轮廓点。

接着，分别过点D° 、d° 向右侧作水平线交Ii的延长线于点I° 、i° ，过点e° 向右侧作水平线交Jj的延长线于点f° 。

最后，连接经过上述绘制所得到的轮廓点，即得出该设计对象在基线g以下的倒影轮廓形体。

3. 倒影绘制实例

为了强化了解倒影的绘制方法，这里列举一项水岸边建筑小品的倒影绘制实例。

首先，分析设计对象，这个小品构造设立在水岸台阶上，根据上述倒影成像原理，这个台阶的厚度也需要计入绘制尺度。分别延长da、ea至水岸台阶上交于点J与点I，分别过点J与点I向下作垂线至水面，得到交点j与交点i。分别连接jf_1、if_2，使jf_1与if_2相交于点o，则点o必定在Aa的延长线上（见图3-75）。

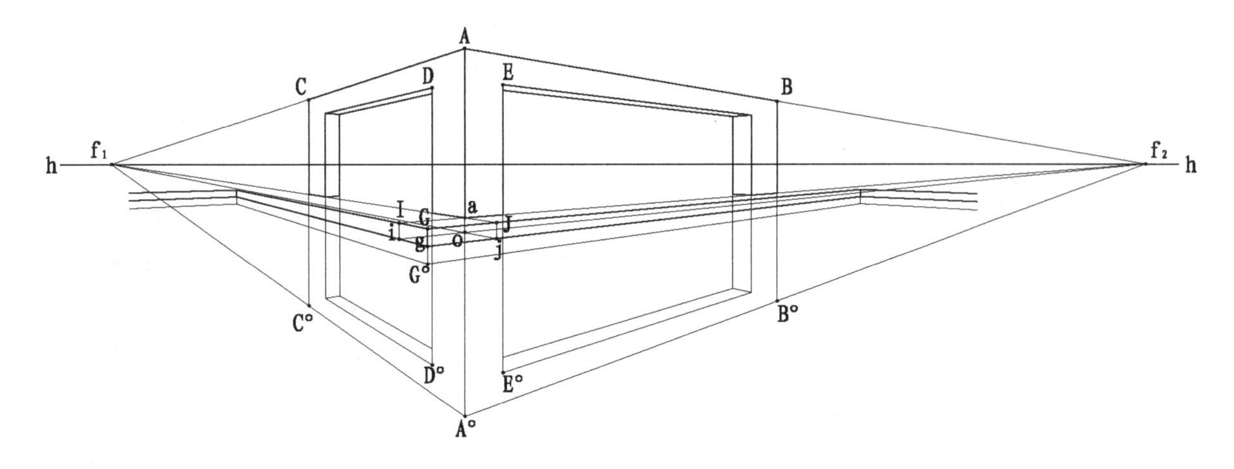

图3-75 倒影透视图绘制步骤一

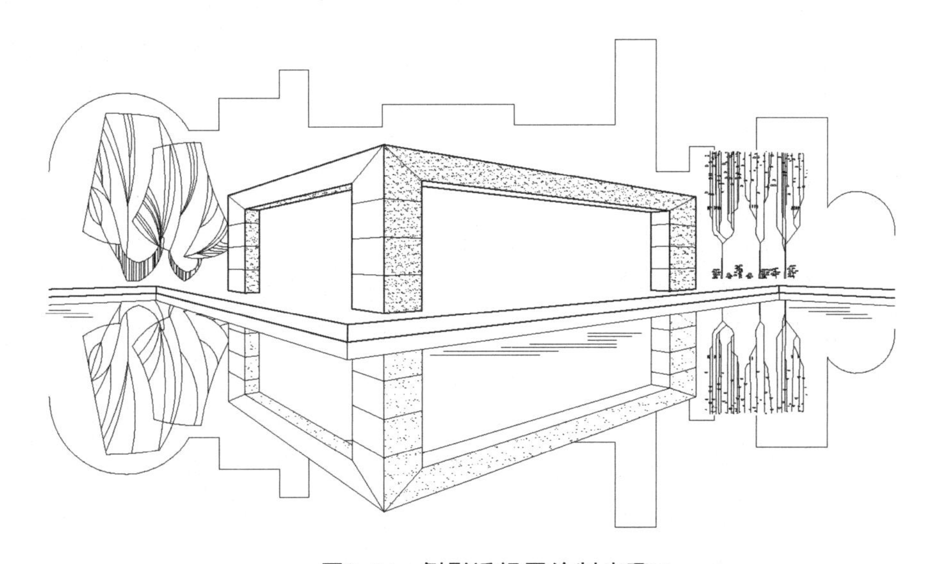

图3-76 倒影透视图绘制步骤二

然后，绘制Ao的延长线至点A°，测量并得出Ao＝A° o，即A° o为Ao在水中的倒影，采用相同的方法得出点B°、C°、D°、E°、G°，从而得出建筑小品在水中的倒影轮廓点。求得点o是标绘倒影轮廓点的前提，点o位于真实的水面线中，在绘制侧影时一定要排除水岸台阶的干扰，准确标绘侧影轮廓点，所得到的轮廓点也可以通过连接灭点f_1与f_2来检验。

最后，以同样的方法绘制出装饰细节与周边环境（见图3-76）。一切物像都要以透视中的水平面为反射基面，最终形成倒影的灭点与实际物像相同。一般而言，倒影的高度要比实际物像短，短出的那段倒影其实是被水岸构造（如台阶）的高度或宽度所遮挡，且最终灭点相同。

二、虚像

1. 虚像的原理

由于虚像形成于非水平面上，一般称反射面为镜面，会以以下4种形式出现。

（1）镜面既垂直于画面又垂直于地面　根据光的镜面成像原理（见图3-77），铅垂线Aa在镜面R中的虚像A° a°，可过a作平行于画面的直线（平行于视平线h），与镜面R和基面G的交线ng′交于a_1，过a_1作铅垂线，此铅垂线为镜面上的对称轴线，在aa_1的延长上测量截取$aa_1＝a_1a°$，得出点a°，最后，过a°向上作铅垂线，使a° A°＝Aa° Aaa° A°为矩形，由于镜面R垂直于画面，Aaa° A°又垂直于镜面R，所以矩形平面Aaa°

A° 平行于画面，在透视图中仍为矩形，即AA° ∥aa° ∥视平线h。

（2）镜面倾斜于地面而垂直于画面　镜面R垂直于画面（见图3-78），倾斜于地面，倾角为θ，现求铅垂线Aa在镜面R中的虚像A° a° 。由于过铅垂线Aa和虚像的平面仍平行于画面，故A与A° 到对称轴的距离相等，并在透视图中保持不变。现过a作水平线，与镜面和基面交线ng′ 交于点ag，过点ag作与aga成θ角的直线agB，即为镜面上的对称轴。延长aA，与对称轴交于点B，aA与agB夹角为β角，再过B点在对称轴的另一侧作与agB夹角为β的直线，过a作直线垂直于agB轴，且与agB交于点a_1，取$aa_1 = a° a_1$。过A作直线垂直于agB，与agB交于A_1，取$AA_1 = A_1A°$，得A° 。因此，即得Aa的虚像A° a° 。由于△Baa° 平行于画面P，△Baa° 与镜面R的交线agB，必平行于R面在画面上的迹线Nn（两平行平面被第三平面相交，交线必互相平行）。平行于画面的平面在透视图中与原形相似，故反映θ、β角的实形。在透视图中$A_1A = A_1A°$，$a_1a = a_1a°$。

（3）镜面平行于画面　镜面R平行于画面（见图3-79），这样，空间直线Aa与虚像A° a°

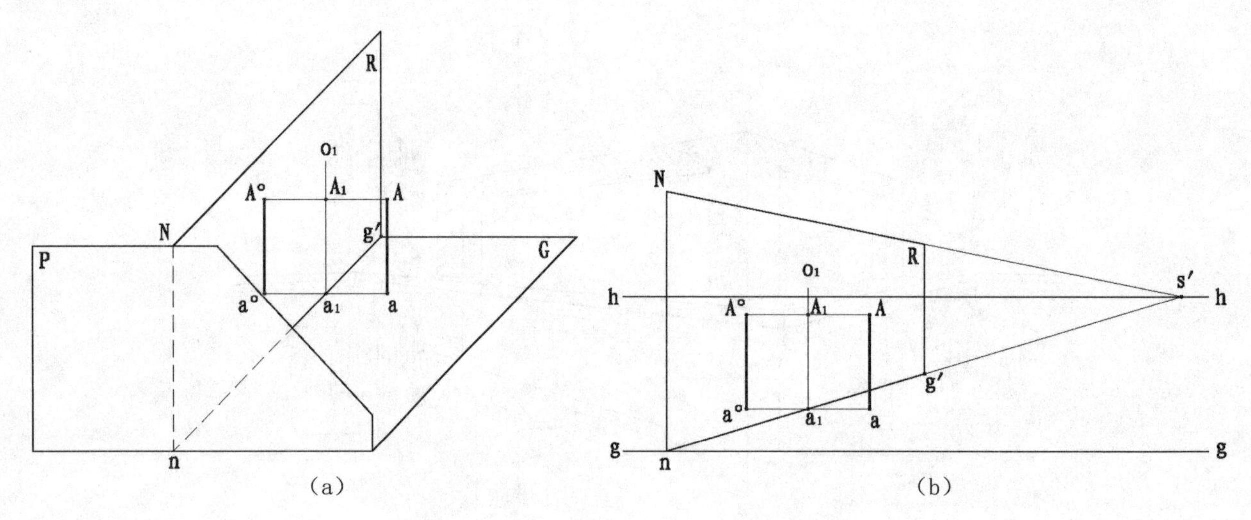

（a）　（b）

图3-77　镜面既垂直于画面又垂直于地面

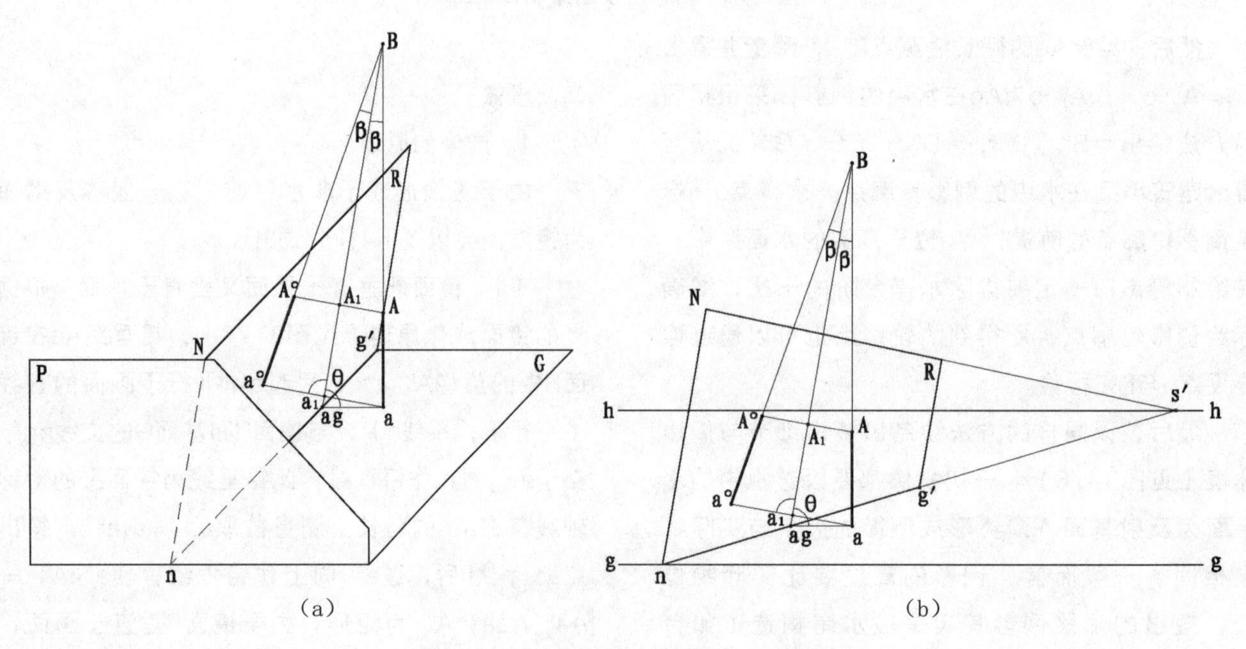

（a）　（b）

图3-78　镜面倾斜于地面而垂直于画面

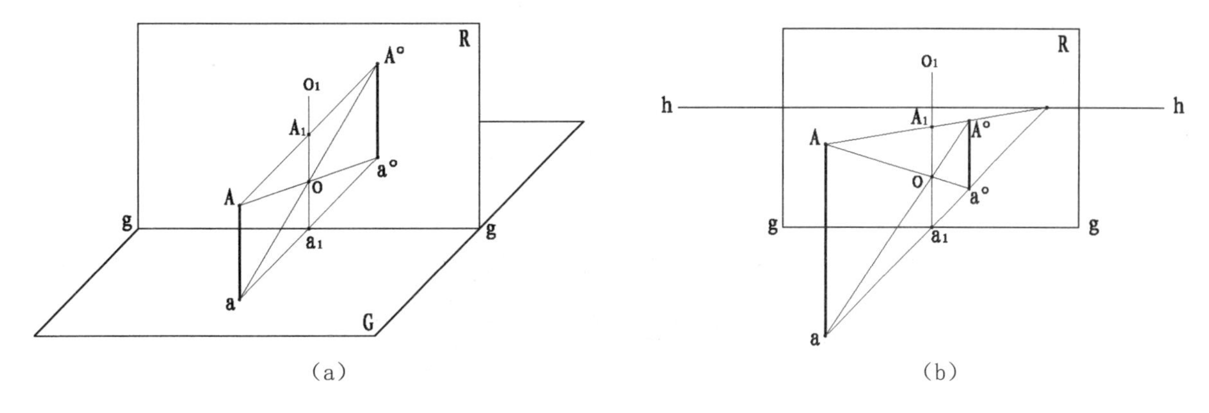

(a) (b)

图3-79 镜面平行于画面

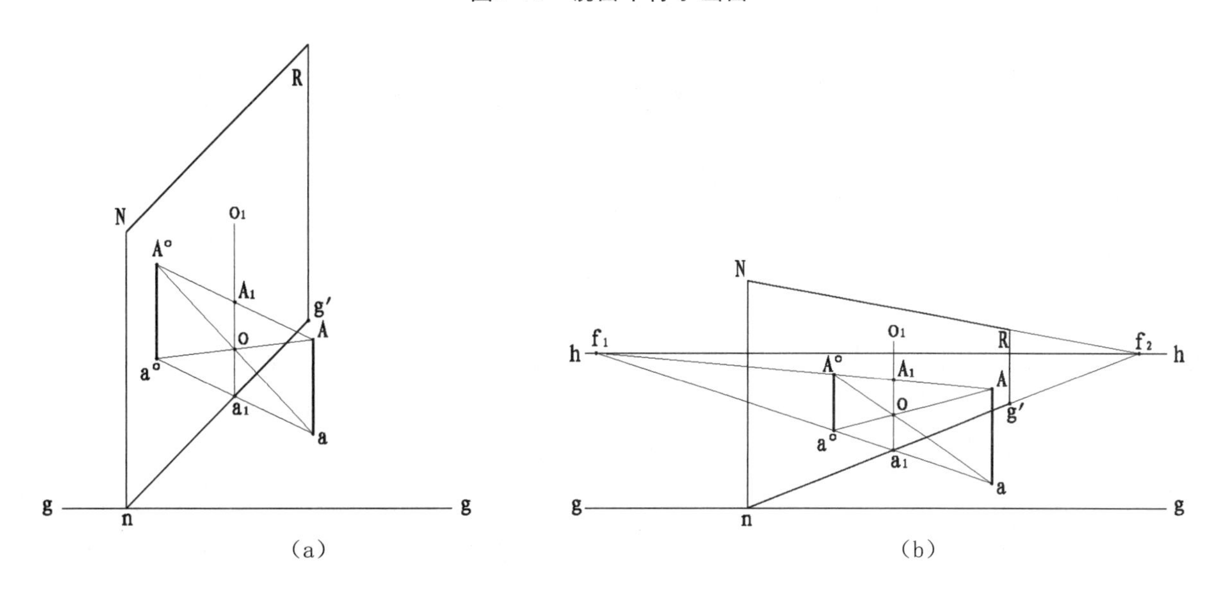

(a) (b)

图3-80 镜面倾斜于画面而垂直于地面

组成的平面，垂直于画面，而且AA°、aa°都灭于点s′。但在透视中，aa_1不等于$a_1a°$了。现利用矩形的透视特性，连接点s′与点a，s′a与镜面和地面的交线交于点a_1，过点a_1作铅垂轴线，即为对称轴a_1o_1。连点A与点s′，As′与a_1o_1交于点A_1，取a_1A_1中点o°，连点A与点o°，延长Ao°与s′a交于点a°，过点a°作铅垂线，与s′A交于点A°，A°a即为所求的虚像。

（4）镜面倾斜于画面而垂直于地面　镜面R为铅垂面（见图3-80），其上下边为水平线，灭点在视平线上，铅垂线Aa与其虚像A°a°组成的平面垂直于镜面，但倾斜于画面，AA°与aa°的灭点也在视平线上，镜面上的对称轴线a_1o_1为铅垂线。在透视图中镜面上下边的灭点是F_2，AA°、aa°的灭点是F_1。根据矩形对角线交点仍然为透视矩形对象线交点的特性求作A°a°，即连灭点F_1与点a，F_1a与镜面和地面交线ng′交于点a_1，过点a_1作铅垂线，与F_1A相交于点A_1，取A_1a_1的中点o，连点A与点o，Ao与aa_1延长线交于点a°，过点a°作垂线与F_1A相交于点A°，A°a°即为铅垂线Aa的虚像。

2. 虚像的绘制方法

现已经运用一点透视绘制了一个室内空间，其中左侧墙面R为垂直状态，右侧墙面R′为向内倾斜20°，空间中央放置大小两个立方体，现在根据实际物体分别在左、右墙面上绘制出虚像（见图3-81）。

首先，分别过小立方体的底边角点a、b向左

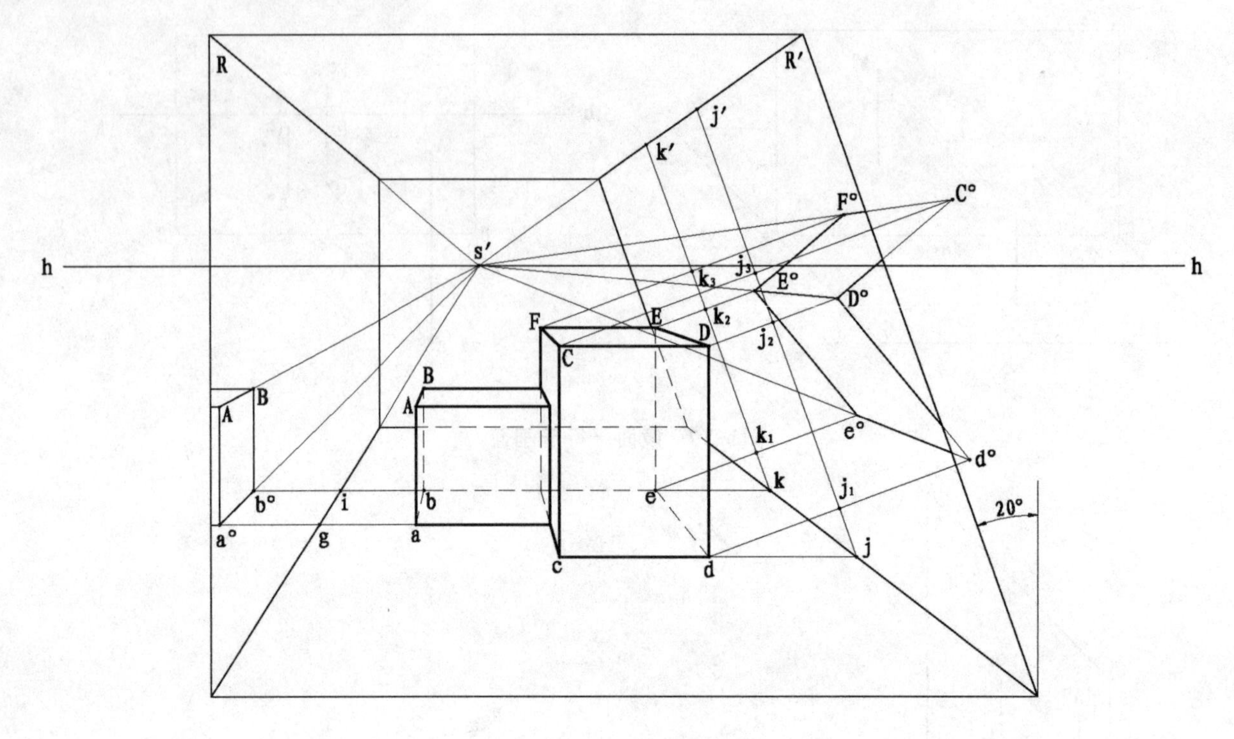

图3-81 虚像透视图

侧墙根线作水平线，得到交点g与交点i，并继续延长至点a° 与点b° ，经过测量使ag＝a° g，bi＝b° i，再分别过a° 与点b° 向上作垂线，经过测量标绘a° A° ＝aA，b° B° ＝bB，连接点A° 与点B° ，连接点a° 与点b° ，且A° B° 与a° b° 都必定能灭于点s′ ，则左侧小立方体在墙面R中的虚像即绘制完成。

然后，过大立方体的底边角点d向右侧墙根线作水平线，得到交点j，过点j向上作20° 斜线交墙顶线于点j′ ，则jj′ 即为墙面R′ 上的镜像轴线。分别过点d与点D向jj′ 作垂线，交jj′ 于点j_1与点j_2，并分别延长dj_1与Dj_2至点d° 与点e° ，经过测量使dj_1＝d° j_1，Dj_2＝D° j_2。采用同样的方法可以得出点e° 、E° 、F° 、c° 。

最后，根据结构连接各求得的轮廓点，即得出右侧大立方体在墙面R′ 中的虚像，其中，C° F° 、D° E° 、d° e° 的延长线必定灭于点s′ 。

3. 虚像绘制实例

为了强化了解虚像的绘制方法，这里列举一项公园景观小品的虚像绘制实例。

首先，分析设计对象，这个小品为两点透视，休闲座凳位于玻璃装饰墙旁的地台上，需要

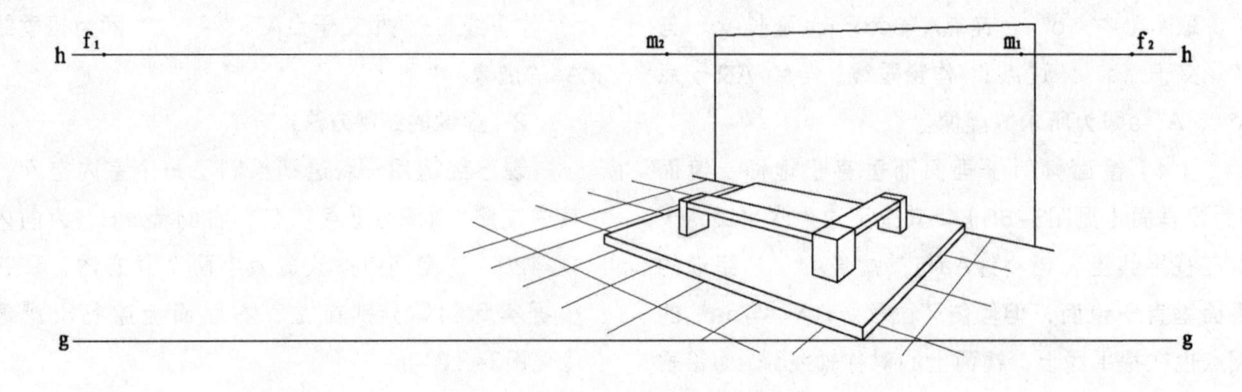

图3-82 虚像透视图绘制步骤一

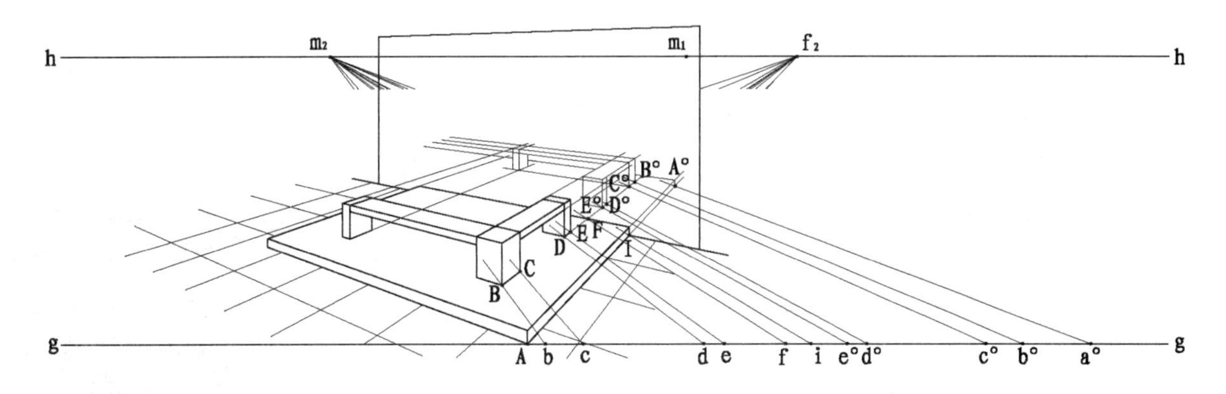

图3-83 虚像透视图绘制步骤二

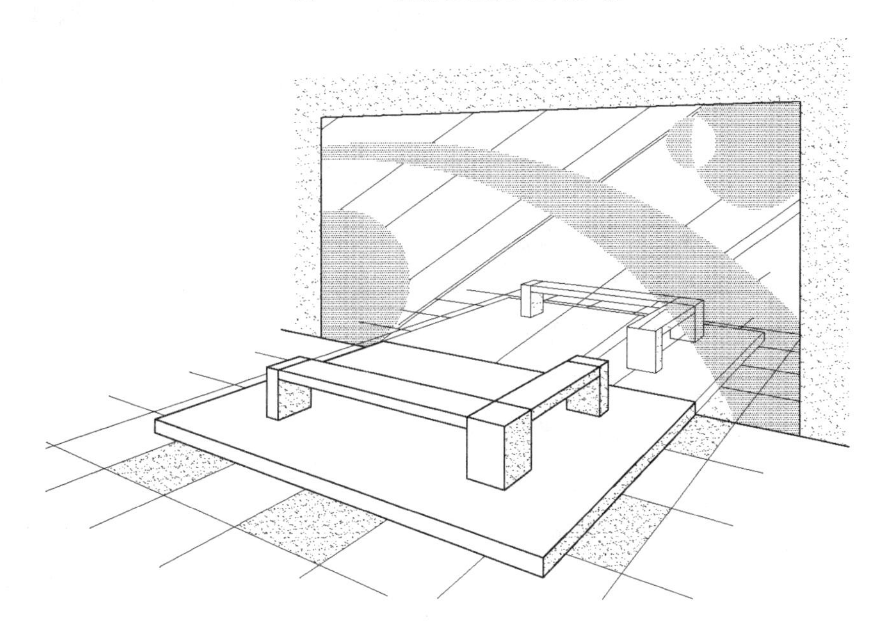

图3-84 虚像透视图绘制步骤三

在玻璃装饰墙上绘制休闲座凳与地台的虚像（见图3-82）。由于原图采用的是距点法来绘制，保留了距点m_1与m_2，因此可以继续沿用距点来绘制虚像。

然后，连接距点m_2与点I，点I是地台于镜面墙的底边交点，m_2I延长后交基线g于点i，测量Ai并标绘出点a°，使Ai＝a° i，连接距点m_2与点a°，使m_2a°交AI的延长线于点A°，则点A°即为地台上点A在镜面中的虚像轮廓点，由此可以绘制出地台的虚像。以同样的方法，将距点m_2与实物中的点B、C、D、E、F相连，投射至基线g上，测量得出点b°、c°、d°、e°，从而得出虚像中的轮廓点B°、C°、D°、E°，这样就确定了虚像中休闲座凳在地台上的位置，这些轮廓点最终仍与灭点f_1、f_2相连，可以描绘出整个虚像轮廓（见图3-83）。

最后，根据图面表现需要，在玻璃装饰墙上绘制出地面铺装的虚像轮廓，并对墙面作必要装饰点缀（见图3-84）。

倒影与虚像的原理相同，但实际应用却常将其分开，认为它们是两个概念。其实在绘制时只需注意两个要点：其一是找准对称面的位置，排除遮挡物的干扰，其二是倒影与虚像的灭点仍为实物的灭点，不会由此产生其他灭点。此外，平时多作倒影与虚像的练习，辨清它们与实物之间的逻辑关系，即能轻松完成绘制图稿（见图3-85、图3-86）。

图3-85　室内场景透视虚像

图3-86　室外场景透视虚像

第七节　快速透视技法

前面章节关于透视制图的方法已经讲述得比较详细了，总结起来主要分为灭点法与距点法两大类，这两种方法的绘制原理非常科学，有效解决各类制图问题，能满足绝大多数环境艺术设计，但是灭点法与距点法的绘制效率较低，需要绘制大量辅助线，要求绘图者保持清晰的逻辑思维。这里就介绍几种快速透视技法，供实践参考，希望能提高绘图效率。

一、视平线比例法

在环境艺术设计制图中，大多数情况下都是为了绘制单一室内、外空间，用于表现住宅、店铺、办公室、餐厅、户外景观中某一局部空间，这类空间的形体结构比较独立，长宽比一般为3∶2或4∶3左右。很多绘图者在长期制图实践中总结出一系列规律用于快速起稿定位。视平线比例法就是其中一种。

绘制一点透视时可以先绘制视平线h、灭点s′与基线g，视平线h与基线g之间距离即为视高。在基线g上测量确定空间的宽度K并垂直测量确定空间的高度Aa，即Aa为空间的真高线（见图3-87）。在灭点s′任意一侧确定距点D，使K>Ds′>1／2K。Ds′的长度越大，则视距就越远，空间纵深L就越小（不明显）；Ds′的长度越小，则视距就越近，空间纵深L就越大（很明显）。然后连接距点D与对侧角点b，Db交as′于点d，则点d为空间的纵深角点，过点d作水平线和垂线即可得出整个空间的轮廓形体。

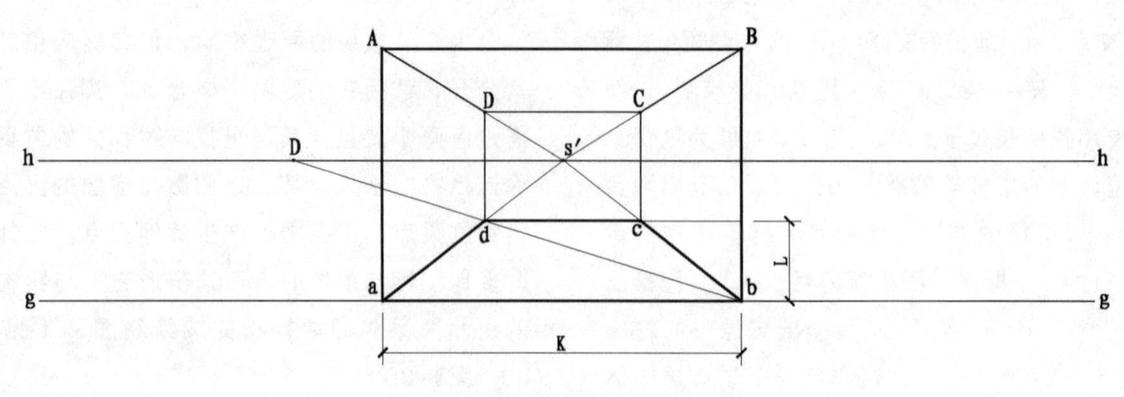

图3-87　一点透视视平线比例法

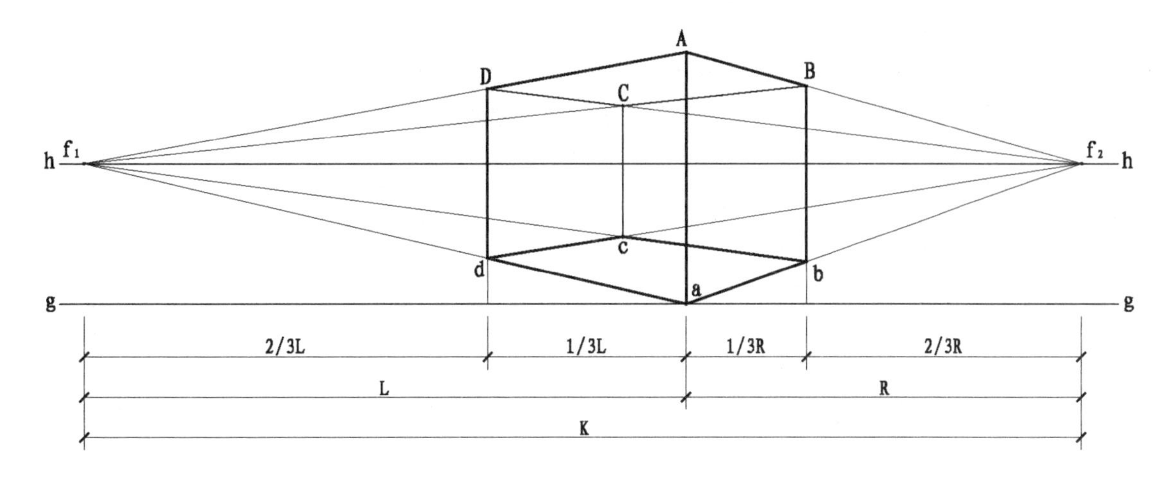

图3-88 两点透视视平线比例法

绘制两点透视图时可以先绘制视平线h、灭点f_1、灭点f_2与基线g，视平线h与基线g之间的距离即为视高（见图3-88）。然后在视平线h上测量确定灭点f_1与f_2，$f_1f_2\approx3\sim4Aa$，即两灭点的间距为3～4倍真高线的长度，且真高线定在f_1f_2中约6：4的位置，即L：R≈6：4。一般而言，6为长边AD方向，4为短边AB方向。接着将真高线上的点A与点a分别连接灭点f_1、f_2，在长边Af_1与af_1上测量标绘Dd使$AD\approx1/3Af_1$，$ac\approx1/3af_1$。运用同样的方法在短边Af_2与af_2上测量标绘Bb，使$AB\approx1/3Af_2$，$ab\approx1/3af_2$。最后，将点B、b、D、d分别连接灭点f_1、f_2，得到交点C与点c，即完成整个空间的轮廓形体。

视平线比例法仅用于快速创建透视空间，而且是比较标准的矩形空间，至于内部细节还需通过真高线与矩点来获取，这种方法可以省略平面图、立面图而直接进入透视图，但是这种方法不具备科学性，只是经验规律的总结。

二、网格定位法

当设计对象的平面形态比较复杂时，或者空间中需要绘制的构造比较多时，可以采用网格定位法来确定设计对象的具体位置。这种方法虽然须绘制很多纵、横向透视引线，但是在绘制过程中无需经过太多思考，绘制过程简单机械，也有其可取之处。

在一点透视图中，可以先采用距点法确定基本空间构造，再根据具体情况在基线g与真高线上测量标绘网格点（见图3-89）。这里用于表现其卧室空间，设定每个网格的间距为200mm，卧室宽度ab＝3600mm，分为18格。深度ad由点dg根据距点法投射出来，即adg＝4200mm，分为21

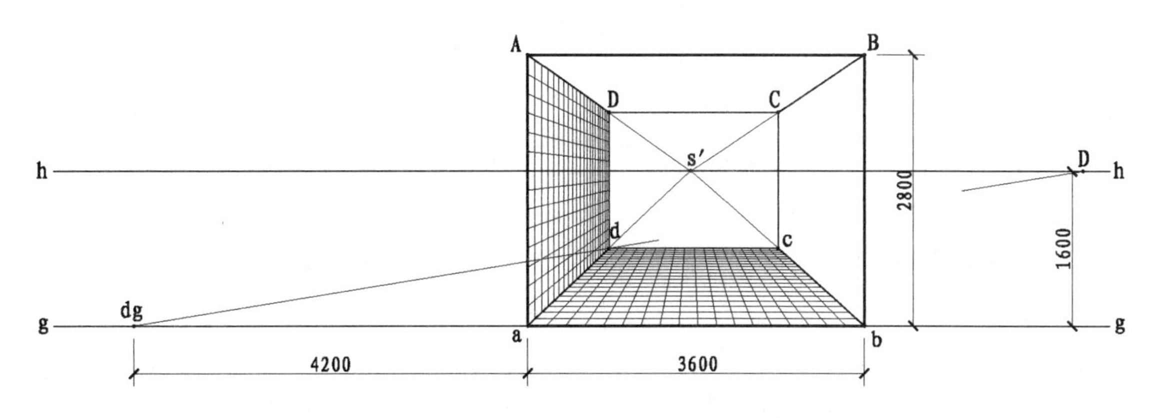

图3-89 一点透视网格定位法绘制步骤一

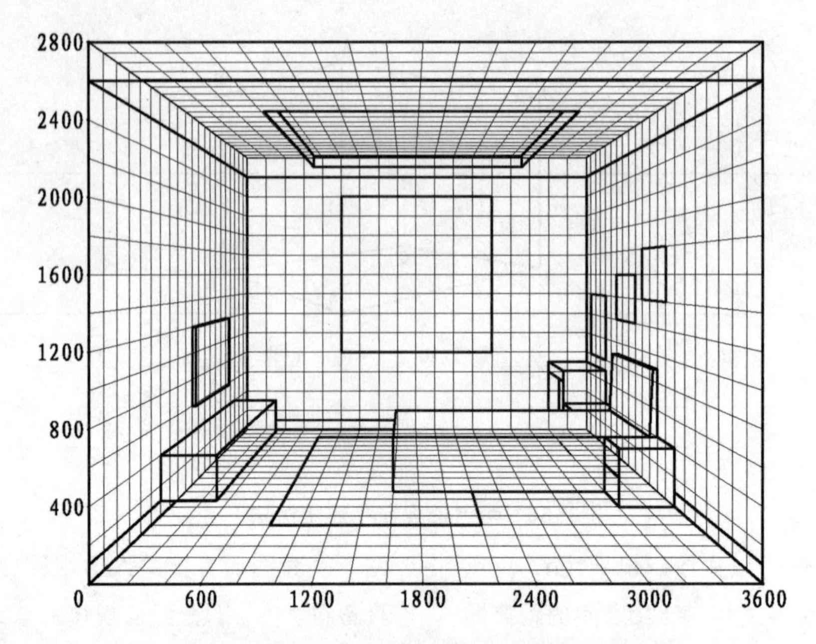

图3-90　一点透视网格定位法绘制步骤二

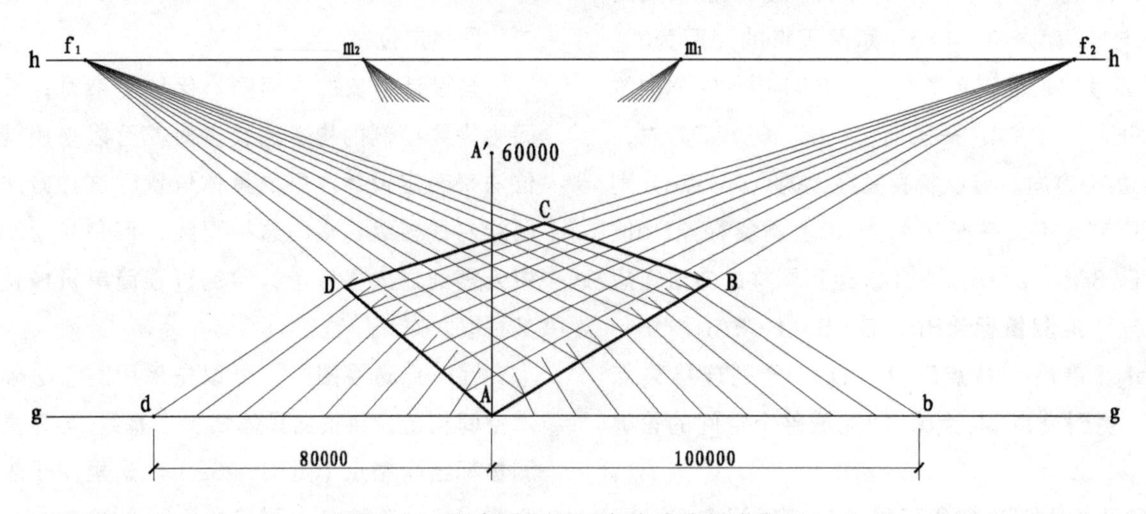

图3-91　两点透视网格定位法绘制步骤一

格。高度Aa＝2800mm，分为14格。然后将网格标绘点分别连接灭点s′，这样就可以在网格空间中边计格数边绘制设计对象了。为了方便观察，可以在纵、横向上标注数字，以便随时核对（见图3-90）。

两点透视图中采用网格法与一点透视相似，真高线AA′确定后仍须向灭点f_1与灭点f_2投射，只不过室外场景可以根据需要来取定高度数字（见图3-91、图3-92）。

网格法定位法能机械、方便地创建透视空间，绘制速度不一定很快，但是不易出错，也无须绘制平面图，总体而言，相对简便些，适用于表现对细节要求不高的室外景观或建筑鸟瞰透视图。

三、直线等分法

在透视图绘制中，很多地方都需要对纵深空间作线段等分处理，在这些线段上不能直接测量标绘，就需要通过其他等分线段来投射中转。根据平面几何原理，运用一组平行线可以将任意两条直线分割成比例相等的线段（见图3-93）。在透视制图中，当直线As′不平行于画面时，直线上各线段长度就会发生变形，与实际分段产生了差异（见图3-94）。可以先在基线g上从点A开始

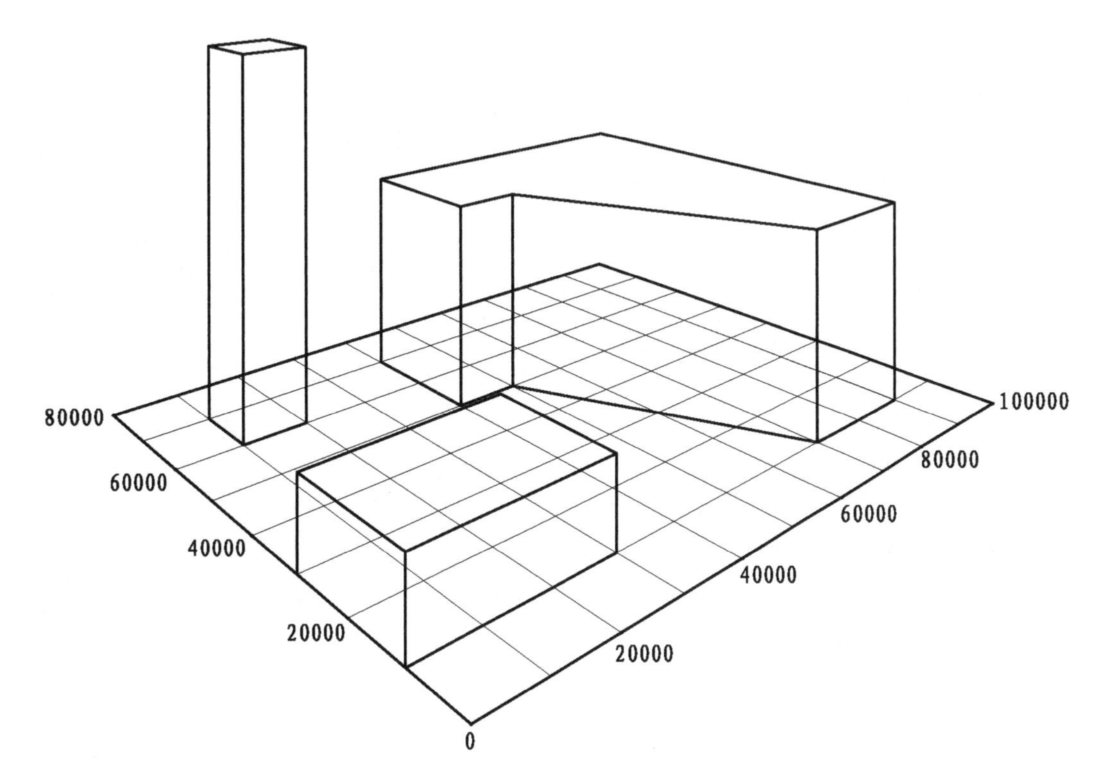

图3-92 两点透视网格定位法绘制步骤二

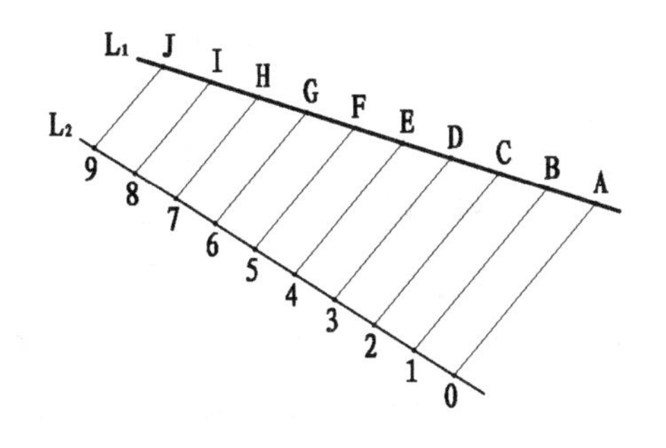

图3-93 线段的分割

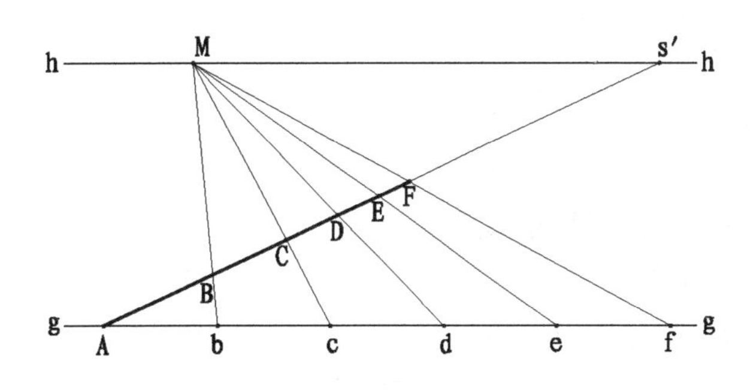

图3-94 直线等分透视

向右侧测量标绘出等大线段，使Ab＝bc＝cd＝de＝ef，再将点b、c、d、e、f分别连接距点M，各连线在As′上就形成了交点B、C、D、E、F，这些所得到的交点即将As′划分为具有透视效果的等分线段。

四、透视图缩放法

当透视图需要根据实际情况作缩放或重复绘制某一局部构造时，可以采用缩放法来绘制。

1. 透视形体等分缩放

现在已经根据透视原理绘制出垂直透视矩形AabB（见图3-95），需要将其等分放大3倍，可以先将Aa的中点O_1与灭点连接，其连线交Bb于点O_2，连接aO_2并延长交AB的延长线于点c，过点c向下作垂线交ab的延长线于点c，则面域AacC就是原有矩形AabB的2倍透视矩形。再连接点b与Cc的中点O_3并延长交AC的延长线于点D，过点D向下作垂线交ac的延长线于点d，则面域AadD就是原有矩形AabB的3倍透视矩形。采用这种方法还可以作水平面域的等分放大（见图3-96），并对立方体作等分放大（见图3-97），其原理相同，都是运用形体的角点连接对边中点并延长，从而得出等倍大小的透视形体。

此外，还可以根据设计需要将透视形体等分

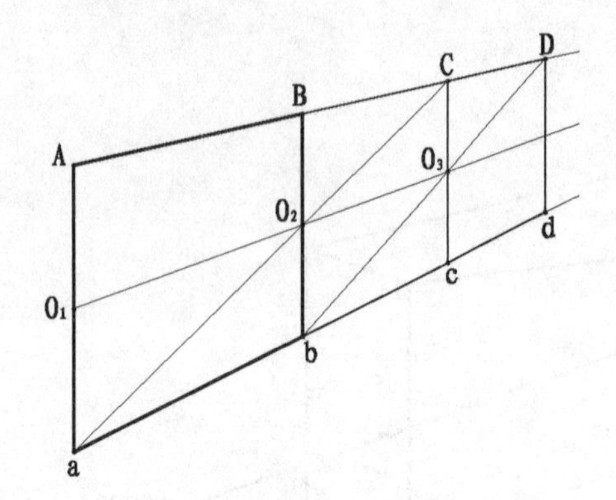

图3-95　垂直矩形透视等倍放大

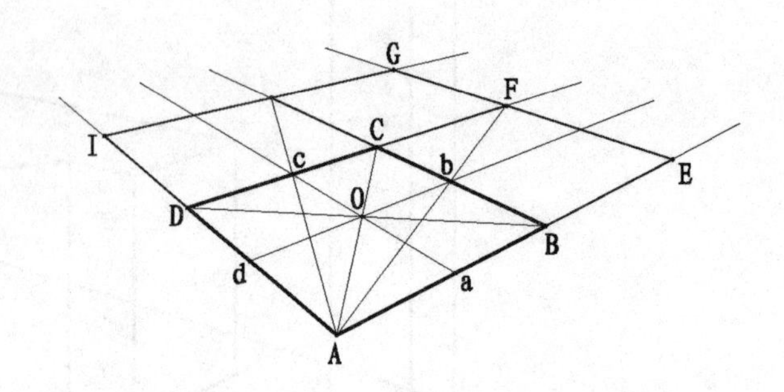

图3-96　水平矩形透视等倍放大

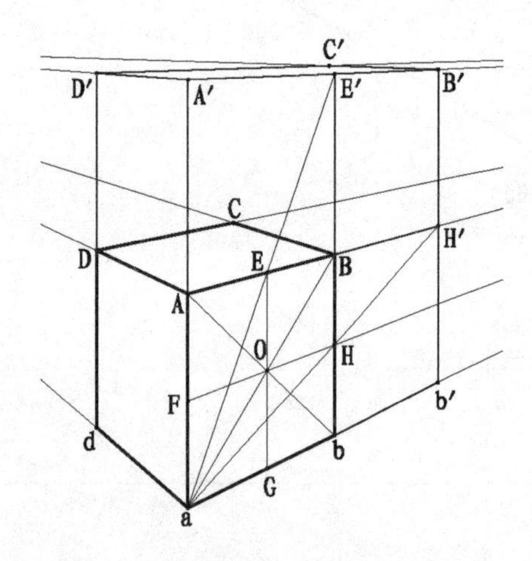

图3-97　立方体透视等倍放大

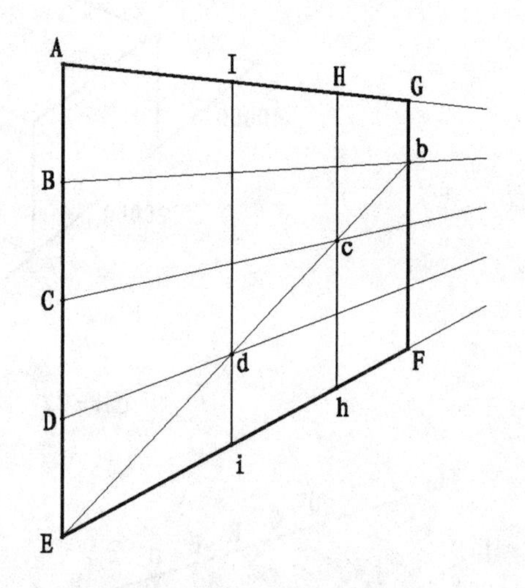

图3-98　矩形透视等倍缩小

缩小，现已经根据透视原理绘制出垂直透视矩形AEFG（见图3-98），要将其横向缩小至1/3或2/3，可以将AE当作真高线，在AE上测量等分4段，即AB=BC=CD=DE，分别将点B、C、D与灭点连接，点B与灭点的连线交GF于点b，连接点E与点b，则Eb交点c与灭点的连线于点c，Eb交点D与灭点的连线于点d，分别过点c与点d作垂线交AG于点I、H，交EF于点i、h。最后，所得到的面域AeiI为原有矩形AEFG的1/3倍透视矩形，面域AehH为原有矩形AEFG的2/3倍透视矩形。

透视形体的等分缩放方法很多，但基本原理相同，除上述举例外还能绘制出更多图样的变化，这里就不再重复表述了。

2. 透视形体非等分缩放

现在已经根据透视原理绘制出垂直透视矩形AabB（见图3-99），需要将其左右对称放大。

首先，连接对角线，使Ab与Ba相交于点O。再根据设计测量要求，过点O向任意方向作斜线，如向左上方作斜线交BA的延长线于点A′，则A′A即为AB的放大透视长度，接着过点A′向下作垂线交ba的延长线于点a′，连接a′O并延长交A′B的延长线于点B′，过点B′向下作垂线交a′b的延长线于点b′。最后，所得到的面域A′a′b′B′为原有矩形AabB的非等分透视矩形。其中A′A的长度要根据实际情况与需要来标绘或投射，而非随意绘制。

此外，还可以将结构不同的非等分透视形体连接绘制，现已根据透视原理绘制出垂直透视矩形AabB与BbcC，两者之间无等分关系，需要对其连续放大（见图3-100）。首先，将这两个矩形的对角线各自相连，得出点O_1与点O_2并相连，则O_1O_2的延长线必定交于灭点。连接点a与点O_2并延

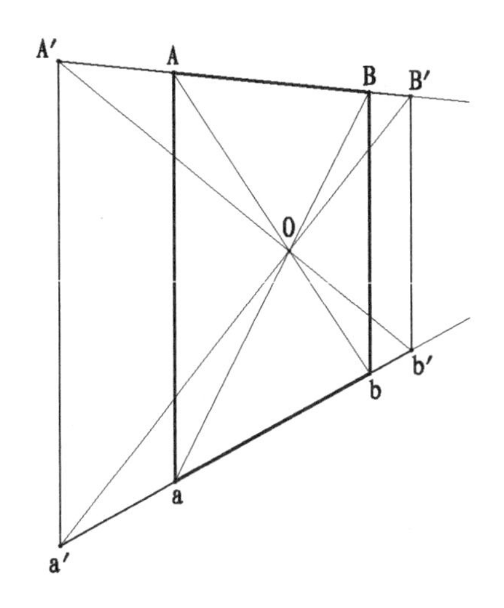

图3-99 矩形透视非等倍放大

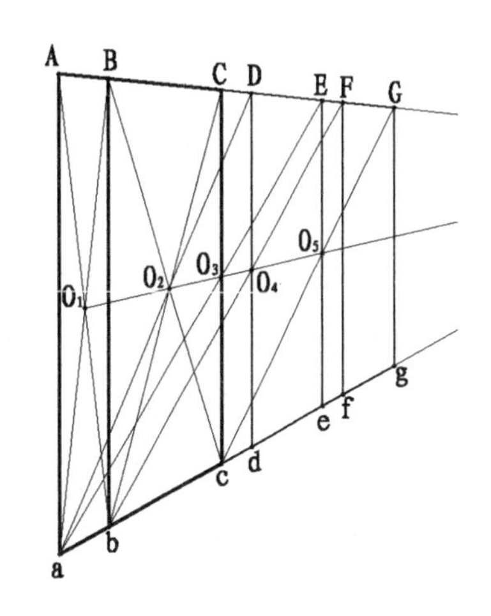

图3-100 非等分组合矩形透视连续绘制

长交AC的延长线于点D，过点D向下作垂线交ac的延长线于点d。然后，延长O_1O_2交Cc于点O_3，连接点a与点O_3并延长交AD的延长线于点E，过点E向下作垂线交ad的延长线于点e，这样就得出面域CcdD为原有矩形AabB的连续透视矩形，面域DdeE为原有矩形BbcC的连续透视矩形。最后，根据同样的方法可以继续绘制，以得到更多符合设计需求的透视形体。

透视形体非等分缩放相对复杂，运用同样的原理既可以放大增多，也可以缩小减少。注意随时变换思维，不宜按部就班影响制图效率。其时，任何快速透视技法都是建立在熟练掌握灭点法与距点法之后所形成的，只要打好基础，自主制造适宜的快速技法并不难，透视制图效率也会随之提高。总之，强化练习多想少画才是学习透视制图的根本方法（见图3-101）。

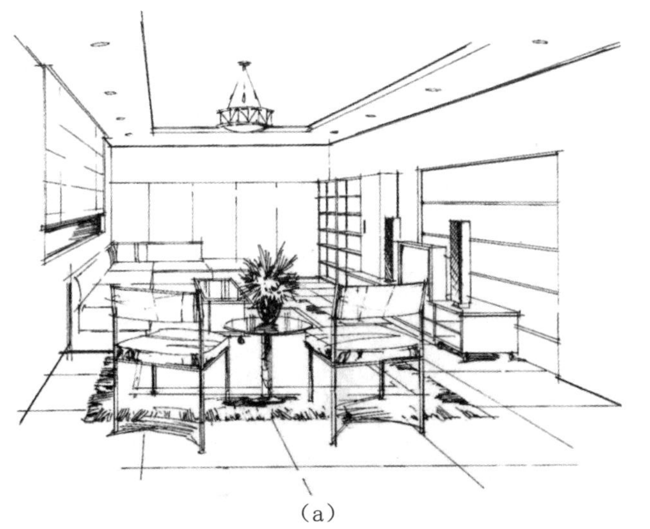

(a)

(b)

图3-101 室内场景透视图

练习题

1. 背诵透视图中主要术语的概念。
2. 详细讲述透视图的特点。
3. 比较灭点法与距点法之间的区别。
4. 使用A3幅面图纸绘制住宅卧室一点透视图。
5. 使用A3幅面图纸绘制商店或办公室两点透视图。
6. 使用A3幅面图纸绘制建筑外观三点透视图。
7. 设计绘制户外景观透视图并增加倒影或虚像。
8. 详细解释鸟瞰图。
9. 详细讲述透视图的类型与特征。
10. 详细讲述三点透视的种类。
11. 临摹图3-72（b），理解曲面体建筑透视图。
12. 详细讲述透视图中角点代号编制的特点。

第四章 阴影制图原理

关键词：光线、投射、承影面、转折

PPT课件，请在计算机里阅读

本章图纸资料，请用CAD查看

第四章　阴影制图原理

阴影制图是继基础设计制图之后又一重要组成部分，给完成的平面图、立面图与透视图增添阴影，能使设计对象的构造、层次更加醒目，让读图者一目了然，同时也提升了环境艺术设计制图的品质。阴影有严谨且科学的绘制方法，阴影的面积与投射方向由设计对象所处的位置、环境状况及光线投射角度等因素决定。因此，在绘制阴影时要预先了解已知条件，根据已知条件来推断绘制方法，对于不确定的图面形体要能根据绘图经验来创造条件，使阴影制图有据可依。

学习阴影制图关键在于了解阴影的生成原理，不能将个人习惯当作经验，武断决定绘制方法。此外，还须仔细观察日常生活中的阴影生成与变化，为阴影制图提供参考。

第一节　阴影制图基础

阴影源于光线对设计对象的照射，在严谨的设计制图中，阴影的边缘轮廓一般采用明确的界线来表现，以求得精确的位置。此外，阴影制图是设计制图的辅助，它能帮助读图者辨清设计构造与空间关系，不宜以虚影、重影等方式来表现。为了方便学习，本章中就针对设计对象的单层阴影来讲解绘制方法。

一、阴影形成的原理

在环境艺术设计制图中，准确绘制出阴影能使设计对象的形体结构更加明确，深入表现形体构造的凸凹、转角等结构变化，区分构造的材质、明暗等外观特征，从而使图面效果生动形象，富有立体感。阴影还能帮助设计者检查设计对象中构造的逻辑关系，对于研究形体是否具有美感很有帮助。

现在给某一立方体照射光线L（见图4-1），光线L的入射角度定为45°，被光线直接照亮的表面称为明面，如BB′C′C、ABCD、AA′B′B，没有被光线照亮的表面称为暗面，如AA′D′D、DD′C′C、A′B′C′D′。明面与暗面的交线CDAA′B′C′C称为明暗交界线，明暗交界线的阴影称为影线，即aa′d′c′cda，影线上的点为影点。因此，表现阴影需要具备光线、物体和承影面三个要素。

二、投射光线

形成阴影的光源主要有点光源与线光源两种，点光源由发光点向四周散发光线，如灯光等，线光源的光线散发成平行状态，如太阳光对地面的照射，在设计制图中绘制阴影通常采用线光源对设计对象进行照射。

现在，以V、H、W三个面围合成一个空间（见图4-2），分别与这三个面平行作一个立方体，其对角线AO作为光线L的方向，即从右、前、上方向左、后、下方照射，光线L对V、H、W面的倾斜角即约为35°，光线L在V、H、W上的投影l_1、l_2、l_3与相应的面域夹角为45°，这类光线就是常用的投射光线（见图4-3）。在绘制阴影时，常用投射光线能方便制图，能较清晰地反映出设计

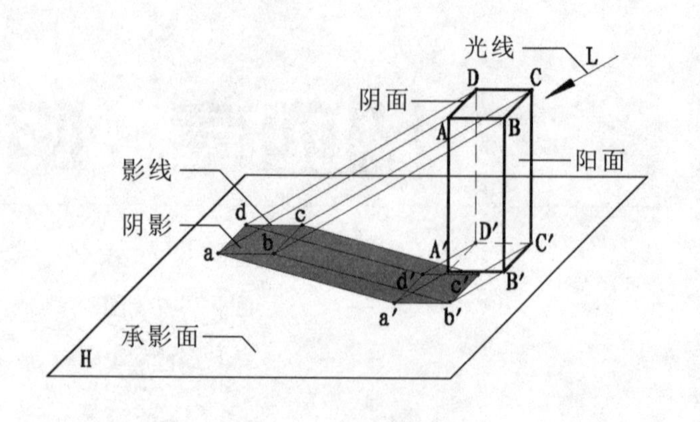

图4-1　阴影形成原理

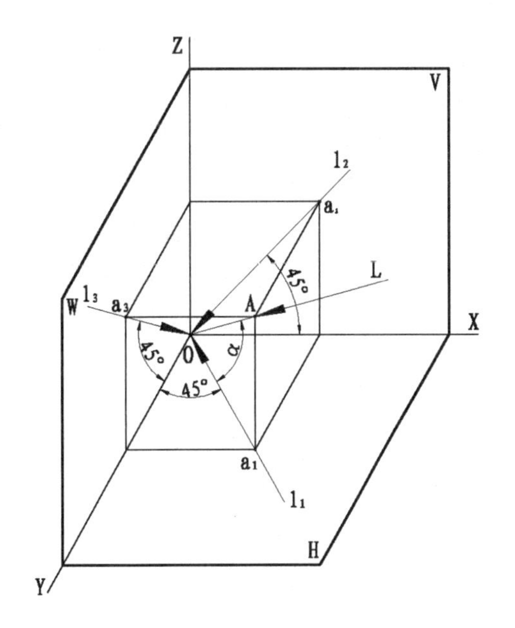

图4-2　投射光线立体图

图4-3　投射光线投影图

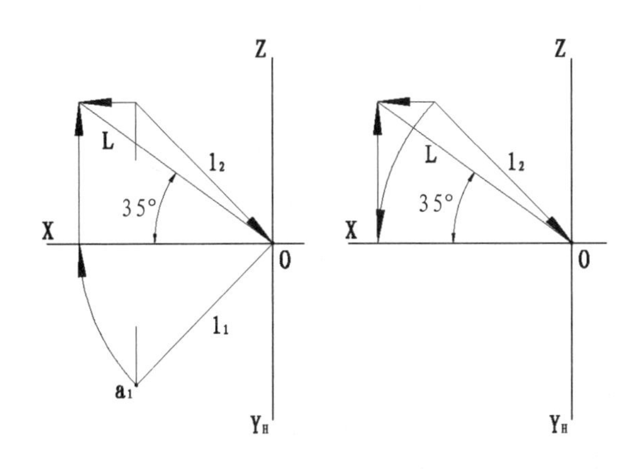

图4-4　确定光线倾斜角

对象的阴影轮廓。在阴影绘制过程中，如果要得到投射光线对投影面的真实倾斜角，可以参照图4-4所示的旋转法来求得，也可以利用光线L的一个投影得出常用投射光线的倾斜角，倾斜角约为35°。

三、点的阴影

点在承影面上的阴影实际上是过该点的光线延长后，与承影面的交点。当承影面为投射面时，绘制点的阴影也就是绘制过该点的光线与承影面的交点，这称为线面交点法。

如果点位于承影面H上，则其阴影与该点自身重合（见图4-5）。点B与其阴影点B′、B″相重合，点B′在H面上，点B″在P面上。如果有两个或两个以上的承影面，则过该点的光线与其中某一承影面先交得的点才是真正的阴影，又称为真影，再与其他承影面交得的点称为虚影。真影一

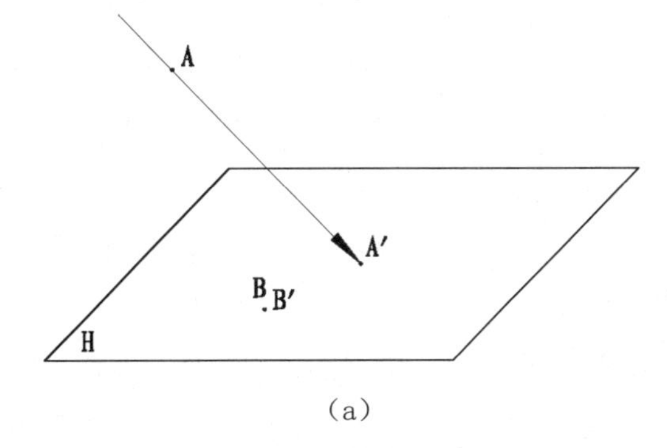

(a)

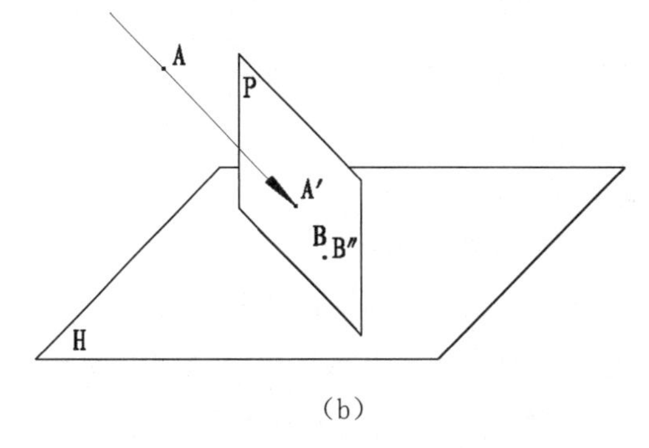

(b)

图4-5　点的阴影

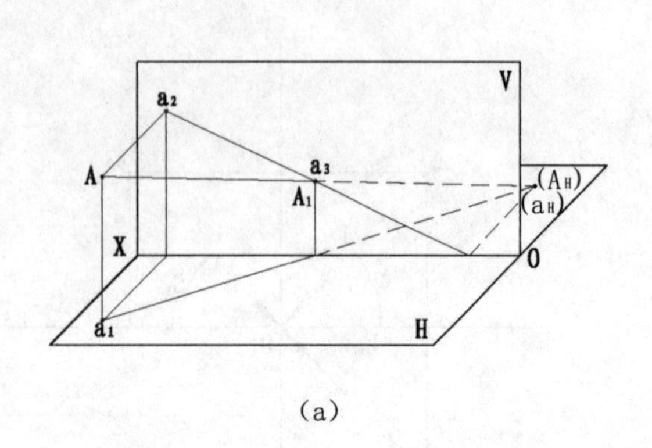

（a）

（b）

图4-6 点在投影面上的阴影

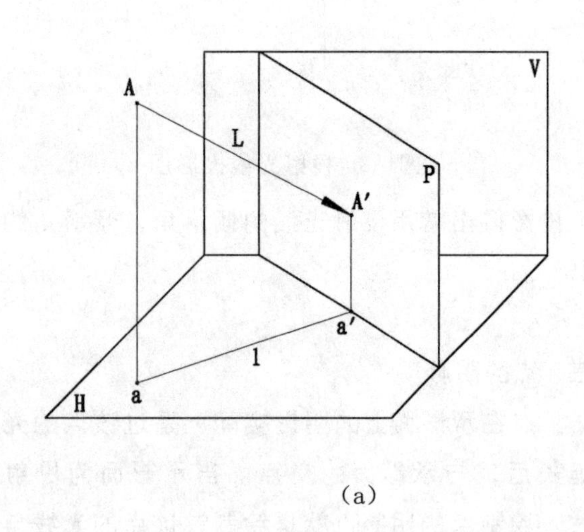

（a）

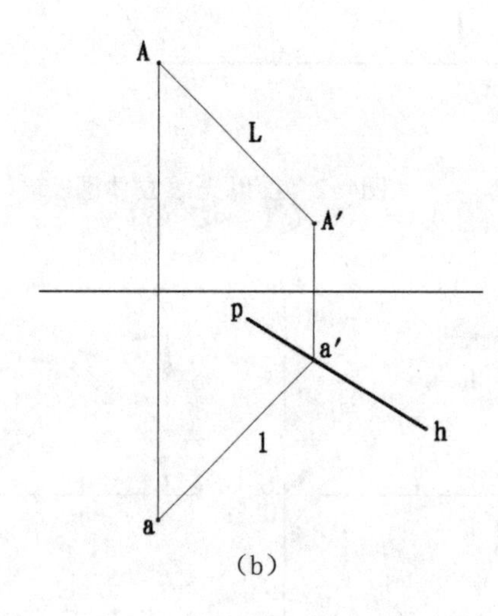

（b）

图4-7 点在投影面上的阴影

般标为A_1、a_3等，虚影一般应当加括弧来区分，如（A_H）、（a_h）等（见图4-6）。

此外，可以采用线面交点法来求得点在投影面上的阴影（见图4-7）。点在投影面上的落影可以先过点A′作L，过点a作l与ph相交于点a′，即为点A在P面上的落影的H投影，再过a′向上作垂线，交L于点A′，即为点A在P面上的落影的V投影，点A′与点a′即为点A的落影。

四、直线的阴影

1. 自由直线的阴影

在投影面上作直线的阴影时，可以分别绘制直线两端点的阴影，然后连接两端点在同一承影面上的阴影即可［见图4-8（a）］。

如果自由直线的阴影分布在两个承影面上，如同时分布在H面与V面上，则需要将该直线的阴影在H面与V面的交线XO上中转，并要求得中转点X_O［见图4-8（b）］。

首先，在直线AC上任意取一点定为点B，这里将点B定为AC的中点，根据点的阴影绘制方法将直线AC上的点A、B、C的阴影绘制出来，其中点A的阴影点A′在H面上，点B与点C的阴影点B′、C′在V面上，连接点C′与点B′并延长交XO于点X_O，则得出直线AC的阴影中转点。然后，连接点A′与点X_O，就得到直线AC在H面与V面上的阴影A′X_OC′。当直线AC与V面平行时，则V面上的阴影与直线AC平行，也可以过点C′作直线AC的平行线交XO于点X_O，同样能得出中转点X_O。

总之，如果自由直线的阴影同时分布在H面与V面上，就需要通过求得中转点来完成阴影绘制。

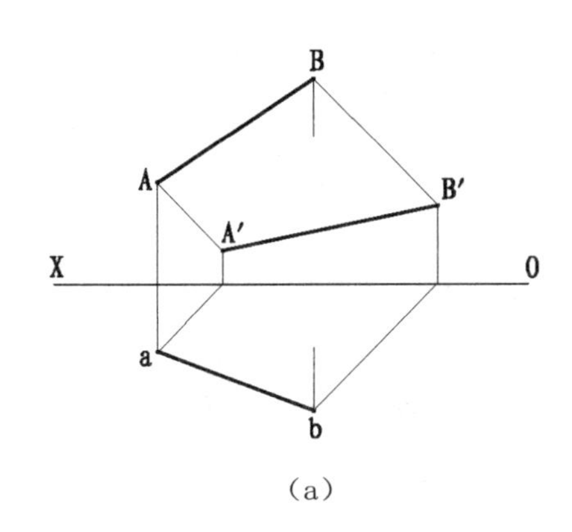

(a)

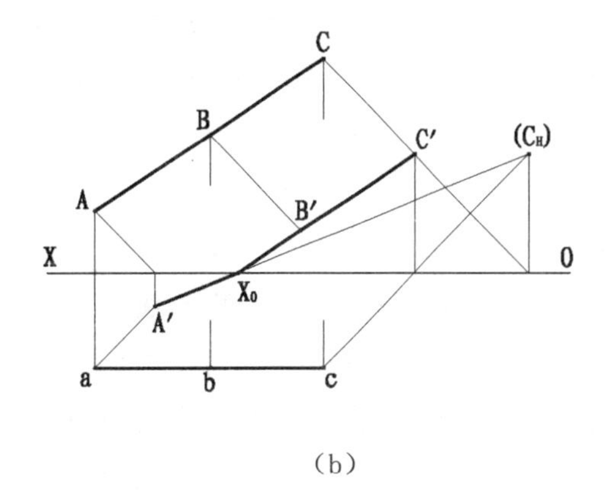

(b)

图4-8 自由直线的阴影

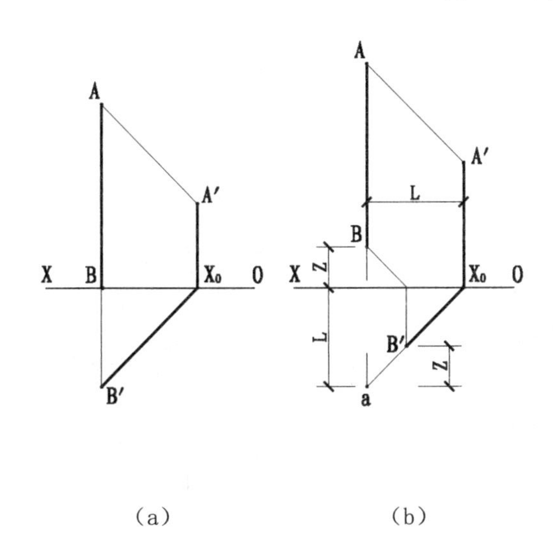

(a) (b)

图4-9 铅垂线的阴影

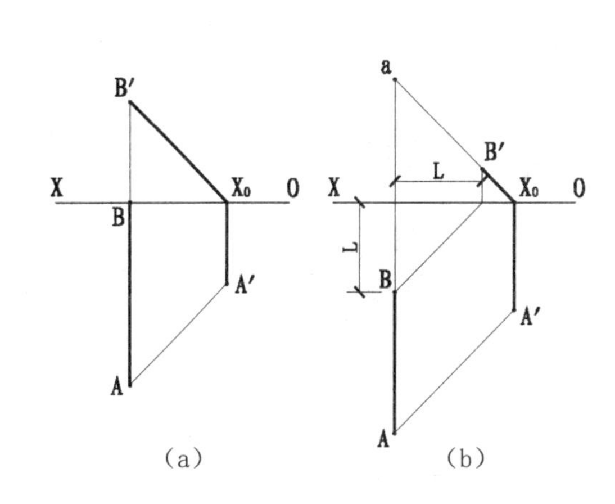

(a) (b)

图4-10 正垂线的阴影

2. 垂线的阴影

垂线在阴影制图中一般可以分为铅垂线、正垂线和侧垂线三种。

（1）铅垂线的阴影 铅垂线在H面上的阴影与光线L的H投影平行，即与XO轴成45° 直线，而在V面上的阴影与铅垂线的V阴影平行，即与XO轴垂直。如果点B在H面上，点B的阴影在H面上，为点B′，阴影就以点B′开始倾斜45° 交XO与点X_O，过点X_O向上作垂线交过点A向V面作45° 斜线于点A′，则阴影A′X_OB′就是铅垂线AB的阴影［见图4-9（a）］。如果点B不在H面上，并与H面相距为Z，则铅垂线的阴影端点B′就离开了AB的垂直投影点a，点B′与点a不重合，且这两点之间的垂直距离也为Z。当然，铅垂线AB与其阴影A′X_O的水平距离同点a至XO轴的垂直距离相等，均为L［见图4-9（b）］。

（2）正垂线的阴影 正垂线在V面上的阴影与光线L的V投影平行，即与XO轴成45° 直线，而在H面上的阴影与正垂线的H阴影平行，即与XO轴垂直。正垂线在H面上的阴影与正垂线的H投影的距离等于直线与H面的距离。如果点B在V面上时，点B′即为直线AB在V面上的垂直阴影，阴影从点B′开始向XO轴倾斜45° 交XO于点X_O，点X_O即为阴影的中转点，过点X_O向下作垂线与过点A向X_O轴作45° 斜相交于点A′，求得垂线AB的阴影A′X_OB′［见图4-10（a）］。如果点B不在V面上，并与V面相距为L，则正垂线的阴影端点B′就离开了AB的垂直投影点a，点B′与点a不重合，且这两点之间的水平距离也为L［见图4-10（b）］。

（3）侧垂线的阴影 侧垂线AB在V面上的阴

影，与直线AB的V投影平行且长度相等，直线AB与阴影A′B′的间距等于AB与V面的间距（见图4-11）。

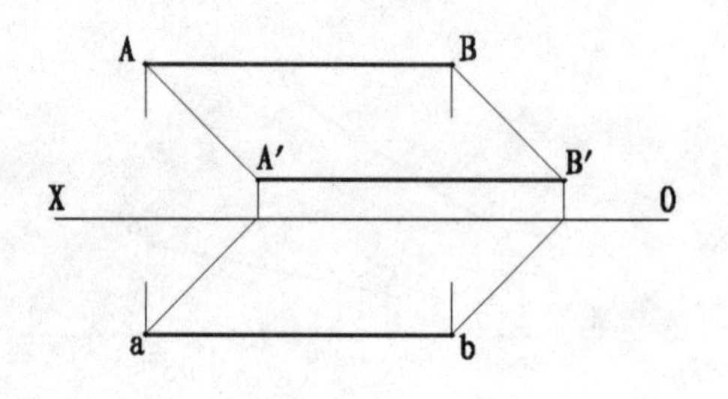

图4-11　侧垂线的阴影

五、平面的阴影

平面上各角点的阴影在同一个投影面上，如V面（见图4-12），平面图形在投影面上的阴影则由组成平面图形各角点与边线的阴影围合而成。平面图形为多边形或不规则形时，只须求得多边形或不规则形的各角点的阴影，连接这些角点阴影就能得到阴影轮廓。

如果平面图形的各角点阴影分散分布在H、V面上时，就必须求得XO轴上的中转点，具体方法同直线的阴影一致，仍旧要连接这些角点来完成阴影轮廓（见图4-13）。

六、圆的阴影

如果圆的平面平行于某一投影面时，如V面，

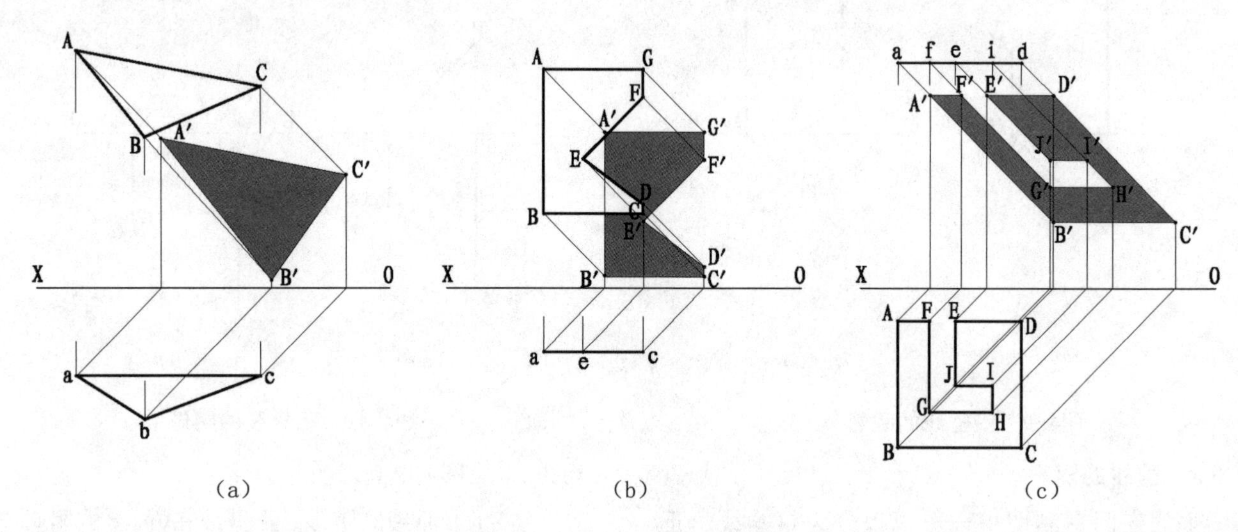

图4-12　平面在V面上的阴影

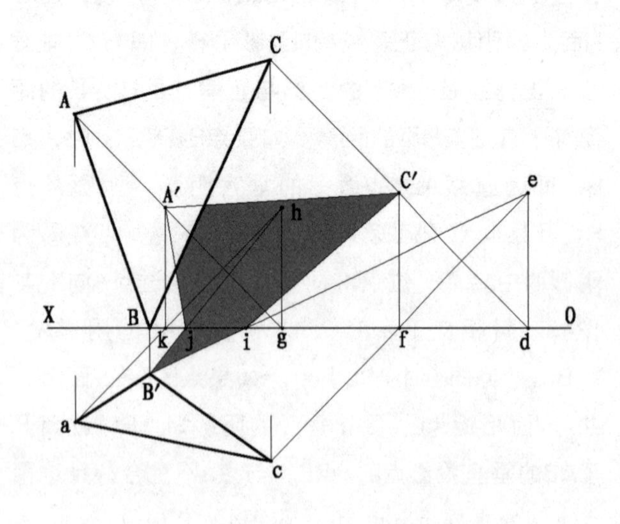

图4-13　平面在V、H面上的阴影

在该投影面上的阴影仍为圆。以圆心O为端点向V面作45°倾斜线，再过圆心o向V面作45°倾斜线交XO轴后继续向上作垂线，交OO′于点O′，则得出圆心O在V面上的阴影点O′，以点O′为圆心，相同半径作圆，得出圆O的阴影圆O′［见图4-14（a）］。以同样的方法也可以在投影面上作出与圆相关的其他平面阴影［见图4-14（b）］。

如果圆在某一投影面上的阴影为椭圆时，则圆心O的阴影O′也是椭圆的中心［见图4-15（a）］。

首先，在投影面上求得圆O外接正方形ABCD角点的阴影，得出平行四边形A′B′C′

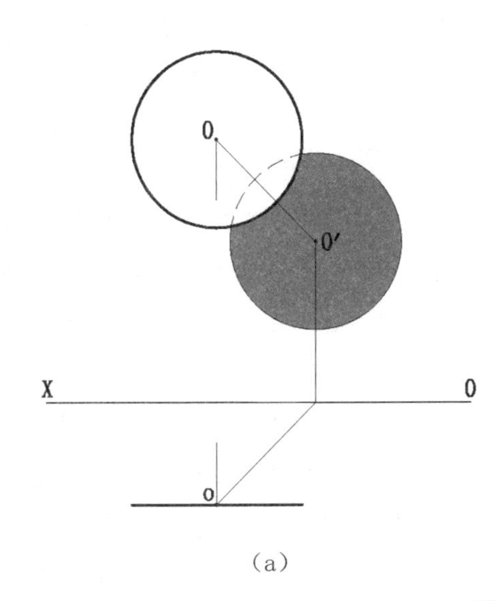

(a)

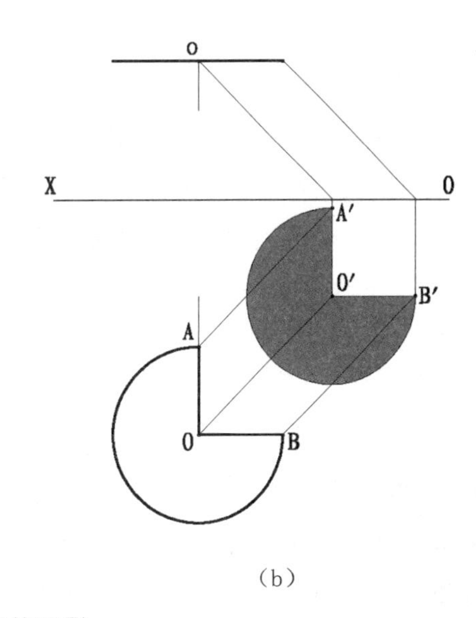

(b)

图4-14　圆的阴影

D′ 。

然后，连接对角线A′ C′ 、B′ D′ ，两线均交于点O′ ，过点O′ 作水平线分别交A′ B′ 于点I′ ，交D′ C′ 于点M′ 。连接点o与点O′ 并延长，分别交A′ D′ 于点H′ ，交B′ C′ 于点L′ ，这样就得出该平行四边形四边上的中点H′ 、I′ 、L′ 、M′ 。

接着，以点O′ 为圆心，O′ D′ 为半径作弧交O′ H′ 于点F′ ，过点F′ 作水平线分别交O′ A′ 于点G′ ，交O′ D′ 于点E′ ，以同样的方法

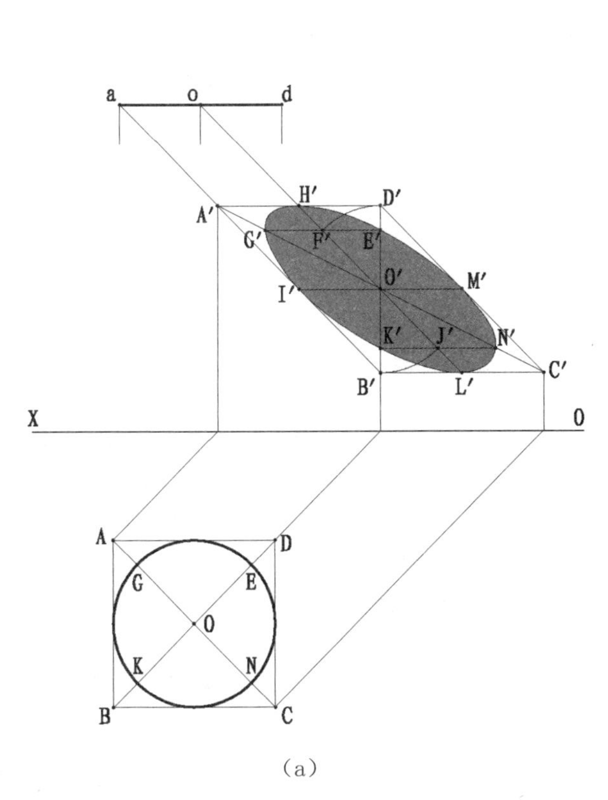

(a)

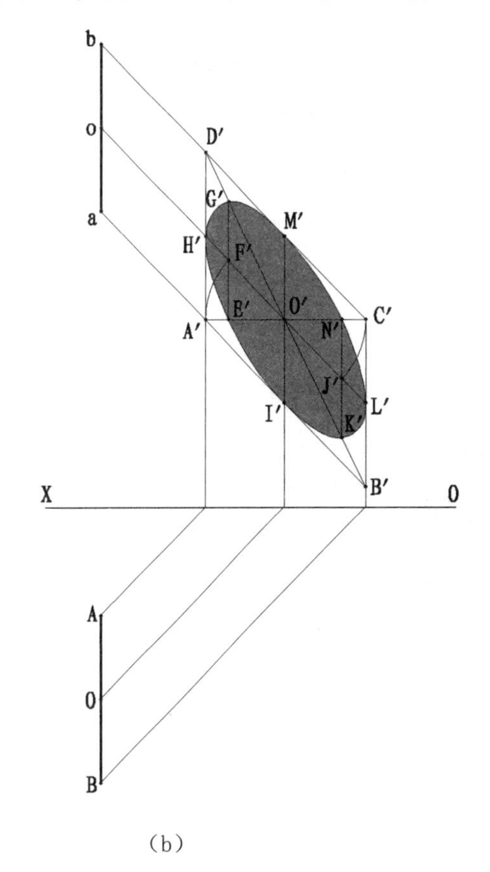

(b)

图4-15　圆在V面上的阴影

得出点K′、N′。

最后，采用平滑曲线依次连接点H′、G′、I′、K′、L′、N′、M′、E′就得出圆O的阴影。除水平圆外，还可以采用这种方法作出侧平圆在V面上的阴影［见图4-15（b）］。绘制平面圆的阴影与点、线、面的阴影相同，只是要采用平滑曲线来完成角点阴影的连接。

七、形体的阴影

形体是由点、线、面围合组成的，因此，阴影的绘制方法与上述内容基本相同，但是要注意，须在绘制阴影时表现出全部已知角点的位置。

针对一个长方体，一般须预先绘制出平面图与立面图（见图4-16）。矩形ABCD为该立方体的平面图，矩形A′B′C′D′为该立方体的正立面图。如果阴影投射在H面上，就将正立面图上的角点分别倾斜投射至XO轴上，再向下垂直延伸，分别与平面图上的角点投射出来的倾斜线相交，得到交点a、b、c、d、e、f，最后依次相连即可得出阴影［见图4-16（a）］。

如果阴影投射在V面上，则方法相反，将平面图中的角点向XO轴倾斜投射，中转后向上垂直延伸，分别与立面图上的角点投射出来的倾斜线相交，最终得出阴影轮廓［见图4-16（b）］。如果阴影同时分布在V面与H面上，就要先求得中转

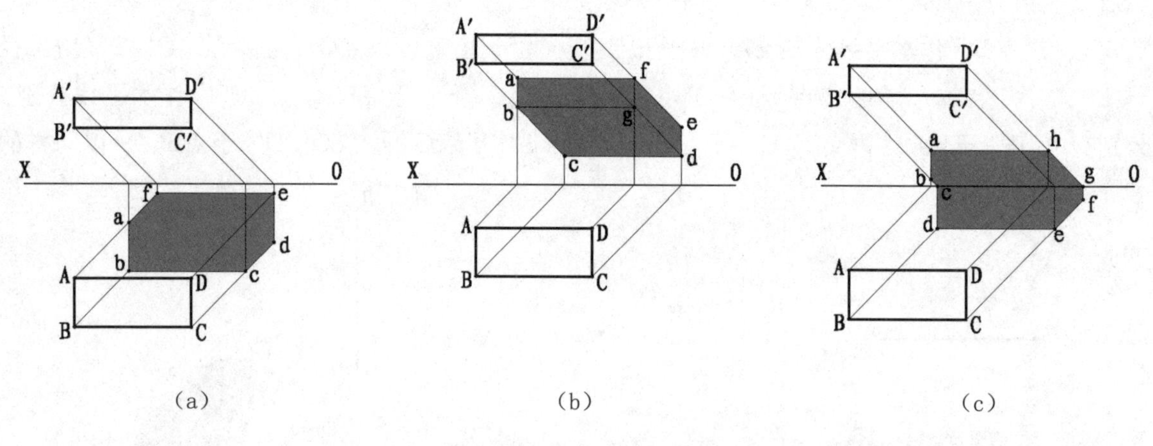

图4-16 长方体的阴影

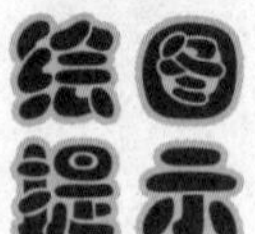

阴影的特性

由于采用平行光线照射，所得的阴影都具备平行特性。直线是大多数设计构造中常见的元素，这里就针对直线来分析阴影的基本特性。

1. 直线的阴影仍为直线：光线L对直线AB上各点照射后，到达H面上的各点阴影相互连接后仍为直线A′B′［见图4-17（a）］。如果直线CD平行于光线L，直线在H面上的阴影为一个点，如点D′［见图4-17（b）］。图4-17（c）为图4-17（a）与图4-17（b）的投影图，由于直线CD平行于光线L，因此其阴影都聚为点d。

2. 直线与承影面平行，则与阴影平行且相等：直线AB与H面平行，则AB与其阴影A′B′之间的关系不仅是平行，而且长度相等（见图4-18）。

3. 平行直线的阴影仍平行：直线AB与CD相互平行，且它们的阴影都投射在H面上，则阴影A′B′∥C′D′（见图4-19）。

4. 相交直线的阴影仍相交：直线AB与CD相交于点M，且它们的阴影都投射在H面上，则阴影A′B′与C′D′仍相交，交点为M′，点M′是点M在H面上的阴影（见图4-20）。

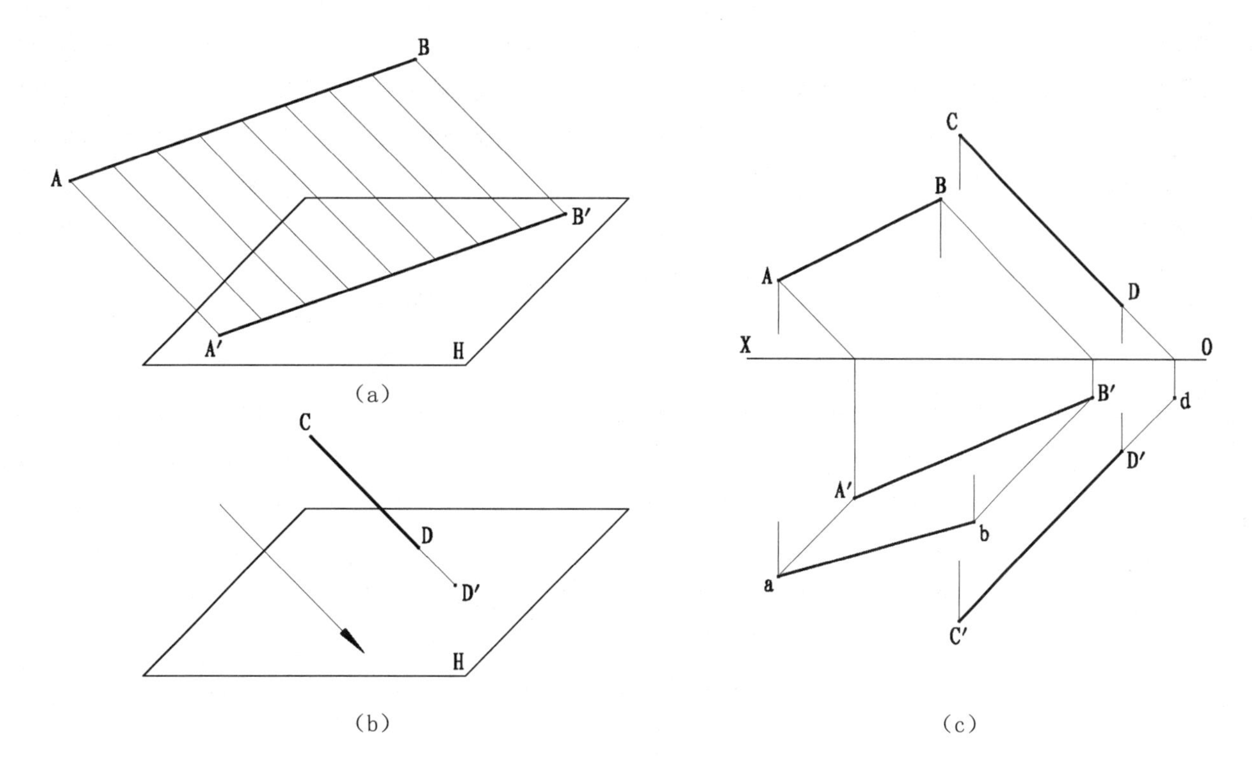

图4-17 直线的阴影

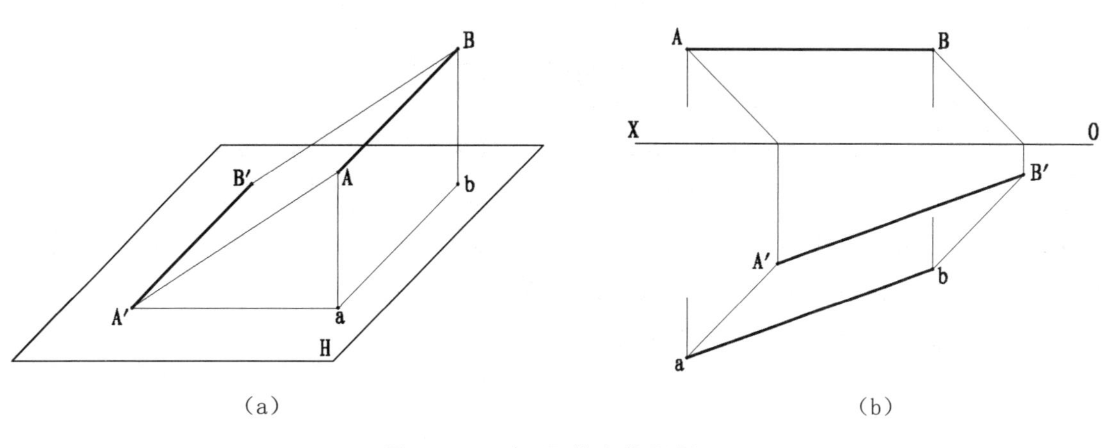

图4-18 平行H面的直线阴影

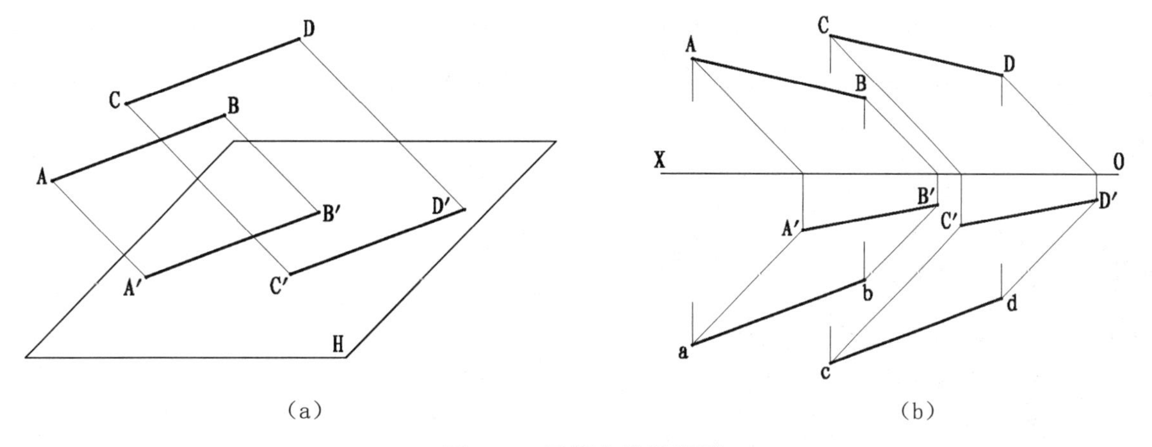

图4-19 平行直线的阴影

点，如点c、g，然后以相同的方法分别在V面与H面求得阴影的角点，最后依次相连即可［见图4-16（c）］。

绘制形体的阴影关键在于找准平面图与立面图的位置关系与尺度，根据实际情况确定阴影在所在的承影面。绘制形体的阴影在环境艺术设计制图中较为常用。

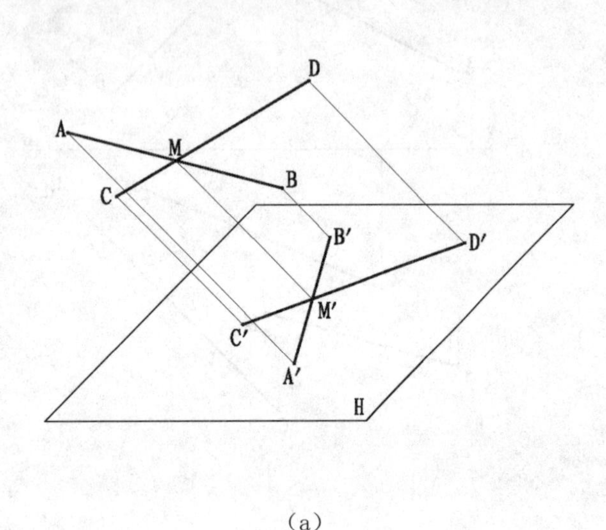

(a)

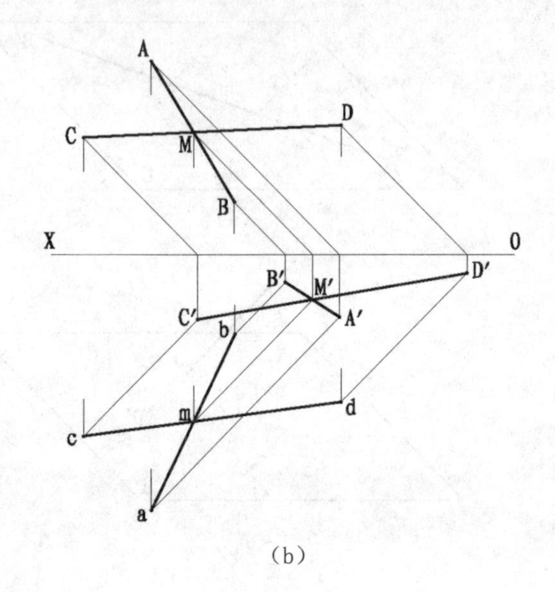

(b)

图4-20 相交直线的阴影

第二节 平面阴影

在二维投影图中，绘制设计对象的阴影比较容易，关键要注意合理选择光线照射方向；对齐平、立面图的位置；确定承影面之间的中转点等三个方面的问题。在实际制图中，设计对象的形体结构有直线形和曲线形两种，这里就列举两组几何形分别详细介绍。

一、直线形体阴影

绘制直线形体阴影不仅要注意多个几何形体之间的位置关系，还要注意形体与承影面之间的空间距离。这里列举一组几何体来讲述直线形体的阴影绘制方法（见图4-21）。

首先，分析这组直线几何形体，它是由左侧较高长方体与右侧较低斜边长方体组成，现在要求在正立面图与平面图上绘制阴影。为了详细表现形体结构，特将侧立面图也绘制出来并标上尺寸。左、右两长方体在平面图中的位置关系是横向中轴对称，右侧长方体背后紧贴垂直墙面，而左侧长方体背后与墙面保持1000mm间距。设定光线从左上（前）方照射至形体上，照射角度为45°，因此，左侧立方体的阴影会分布在地面、墙面和右侧长方体上，其中在右侧长方体上还会出现中转，这些都是该形体在阴影制图中须注意的要点。

然后，根据上述分析开始绘制，正立面图与平面图上的阴影可以同时绘制。分别过点A与点B向右下方作45°斜线，过点a与点b向右上方作45°斜线交墙线g于点c与点d，再分别过点c与点d向上作垂线与点A、B引出的斜线相交，得到交点C、D。连接点C与点D，CD交BE于点B′。过点e向右上方作45°斜线交e′i于点f，过点f向上作垂线交E′I于点F，延长BD交E′I于点H。过点H向下作垂线，正好与ef的延长线相交于点h，Hh又与墙线g相交于点h′。这样，在立面图中得到阴影面域B′EFHD，在平面图中得到阴影面域abefhh′c，它们都是左侧较高长方体的阴影。

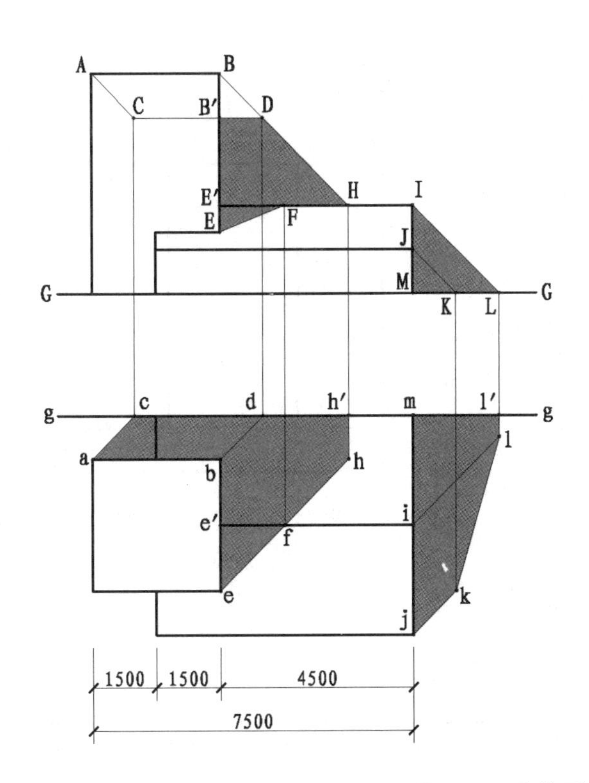

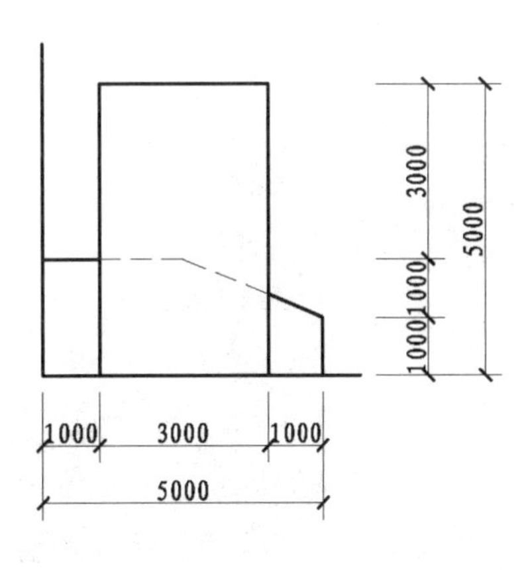

图4-21 直线形体阴影

最后，参照上述方法求得右侧较低斜边长方体的阴影。分别过点I与点J向右下方作45° 斜线，交墙线G于点L与点K。分别过点L与点K向下作垂线。同时，分别过点j与点i向右上方作45° 斜线，使其与垂线相交，得到交点K与l。其中点k是点j在地面上的阴影，点l是点i在地面上的阴影，连接点k与点l，kl即为斜边ji在地面上的阴影。Ll与墙线相交于点l′ 。这样，在立面图中得到阴影面域IML，在平面图中得到阴影面域mjkll′ ，它们都是右侧较低斜边长方体的阴影。

根据上述方法，最终得到整个几何形体的阴影面域。绘制直线形体阴影要特别注意阴影在不规则结构上的转折，正确绘制阴影的转折点是完成全局制图的关键。

二、曲线形体阴影

绘制曲线形体阴影要注意对曲线的归纳，在设计对象中最好采用圆弧来拼接表现曲线，不宜随意绘制自由曲线，这样会给阴影制图带来困难。这里列举一组几何形体来讲述曲线形体的阴影绘制方法（见图4-22）。

首先，分析这组曲线几何形体。它是由上、中、下三个几何形体组合而成的，上、中形体为圆柱体，下部形体为长方体，三个形体在平、立面图中的位置关系都是中轴对称。为了详细表现形体结构，特将侧立面图也绘制出来并标上尺寸。上部圆柱体背部边缘与墙面保持1000mm间距，中间圆柱体背部边缘与墙面保持2000mm间距。设定光线从左上（前）方照射至形体上，照射角度为45° 。因此，上部圆柱体的阴影会投射至墙面和中间圆柱体上，中间圆柱体的阴影会投射至墙面、地面和下部长方体上，且两个圆柱体都会在自身上形成阴暗面，这样还须确定两个圆柱体上的明暗交界线的位置。这些都是该形体在阴影制图中须注意的要点。

然后，根据上述分析开始绘制，正立面图与平面图上的阴影可以同时绘制。在平面图中，过点o向左下方作45° 斜线交上部圆柱轮廓于点f，of交中间圆柱轮廓于点m；过点o向下作垂线交上部圆柱轮廓于点j，交中间圆柱轮廓于点h′ ；过点

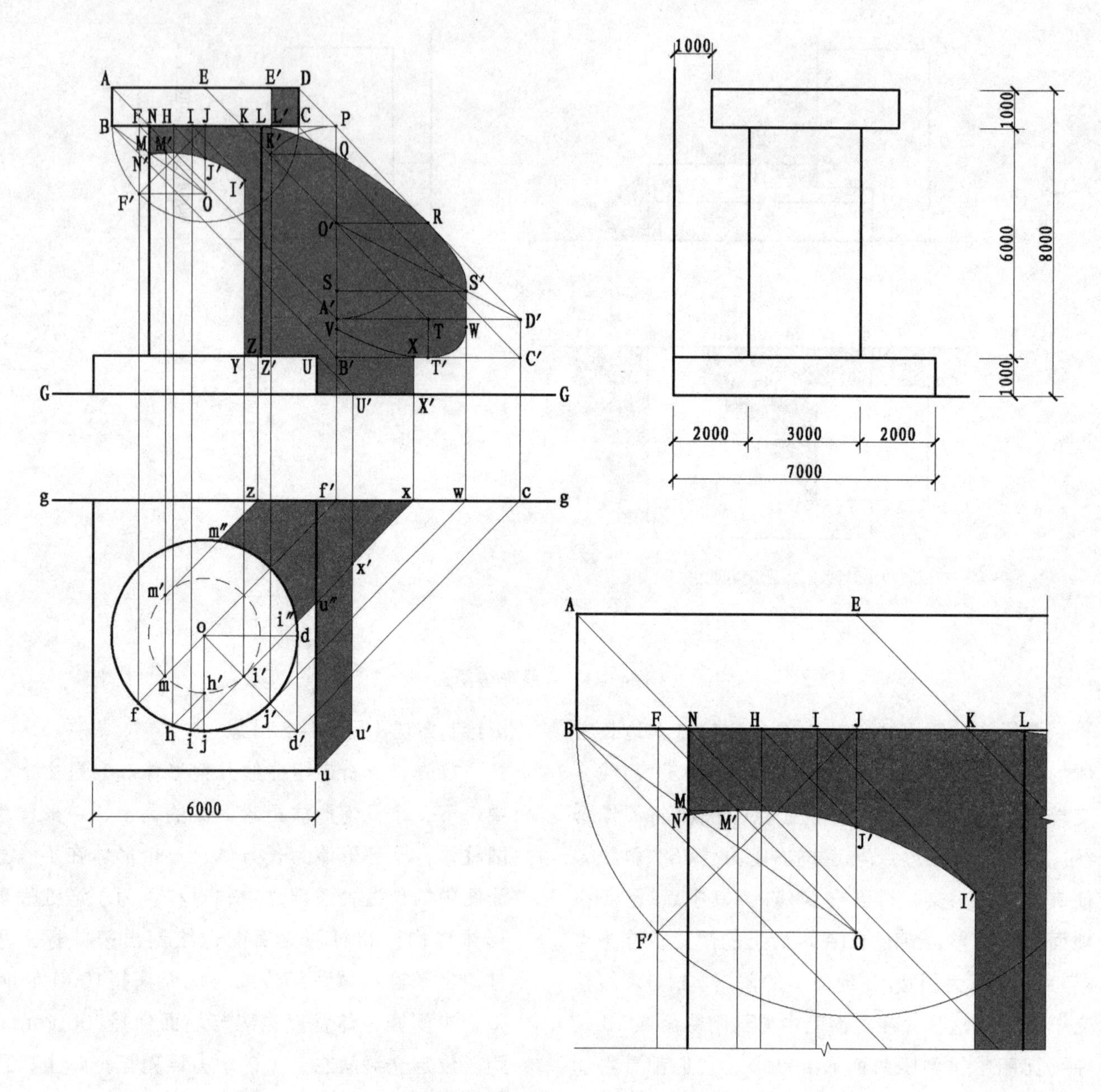

图4-22　曲线形体阴影

o向右下方作45°斜线交上述两圆柱轮廓于点i′与点j′，并延长，与过点j作水平线相交于点d′；过点o向左作水平线交上部圆柱轮廓于点d，并连接点d与点d′。由平面图中圆心o引出的上述各点都是正立面图绘制阴影的基础投射点。再分别过点f、h、i、i′、m向上作垂线引至正立面图中，得到点F、H、I、L′、E′，这5个点都在正立面图的上部圆柱体边缘轮廓上，因为它们都是由平面图中上部圆柱轮廓点投射而来的。而点Y在正立面图的中间圆柱体边缘轮廓上，因为它是由平面图中中间圆柱轮廓点投射而来的。在正立面图中，以BC的中点J为圆心，BJ为半径向下作半圆弧，过点J向左下方作45°斜线交半圆弧于点F′，分别过点J与点F′作垂线与水平线，彼此相交于点O。连接点B与点O、BO交中间圆柱左侧边缘于点M，过点M向右侧作水平线，与FO连线相交于点M′，点M′正好也在由点m投射上来的垂线上。分别过点H与点I向右下方作45°斜线，分别与JO、i′Y的延长线相交，得到点J′与点I′。这样就在正立面图中间立柱上得到点M′、J′、I′，过这三点作圆弧并向左侧延长至中间圆柱的边缘上，得到交点N′。最终形成了阴影面域N N′ M′ J′ I′ YZ′ L为上部圆柱在中间圆柱上的投射阴影。阴影面域E′ L′ CD为上部圆柱自身的暗部面域。

接着，根据上述投射原理继续绘制该曲线形体在墙面上的阴影。在平面图中，分别过点d′、j′、i′、o、m′向右上方作45°斜线，分别与墙线g相交，得到交点c、w、x、f′、z，并向上作垂线投射至正立面图中。在正立面图中，分别过点A、B、C、D、E向右下方作45°斜线，与上述垂线分别对应相交，得到点A′、B′、C′、D′。A′ D′与点E的投射斜线相交于点T，过点T向下作垂线交B′ C′于点T′，ET交BC于点K，ET交点f′向上引出的垂线于点O′，点O′即是上部圆柱体上表面投射至墙面阴影中的圆心。延长f′ O′交DD′于点P，则点P正好也在BC的延长线上。过点O′向右作水平线交DD′于点R。以点O′为圆心，O′ P为半径作弧交ET于点K′，过点K′向右侧作水平线交PO′于点Q，再以相同的方法求得点S，过点S向右侧作水平线交O′ D′于点S′。以TT′的长度为基准，分别过点S与点S′向下测量标绘出点V与点W。使用平滑曲线依次连接点K、Q、R、S′与点W、T′、V，这两段曲线按圆的阴影方法来绘制。曲线WT′ V与点x投射上来的垂线相交于点X，xX交墙线G于点X′。这样，由两段曲线与两段直线组合而成的轮廓X′ XT′ WS′ RQK即为该几何体在墙面上的阴影轮廓线。此外，发现由点z向上投射的垂线交YU于点Z，Zz位于圆柱轮廓LZ′的左侧，可以认定该几何形体阴影的左侧轮廓被遮挡，因此无须再继续绘制。轮廓X′ XT′ WS′ RQL与几何形体之间的面域全部为该形体在墙面上的阴影。

最后，在正立面图中，过点U向右下方作45°斜线交墙线G于点U′，过点U′向下作垂线，同样，过点u向右上方作45°斜线，与至上而下的垂线相交于点u′。U′ u′与ix相交于点x′，这样就得到该几何形体在平面图中的全部阴影轮廓角点，它们分别是u、u′、x′、x、z、m″、i″、u″，依次连接即得出平面图中的阴影轮廓。

绘制曲线形体阴影要把握好曲线的边框轮廓，先给曲线绘制直线边框，将边框上的角点投射至墙、地面上，再使用平滑曲线来表现其阴影轮廓。总之，曲线的阴影一般都要通过直线来中转，这样才能严格控制曲线的正确性。

三、阴影制图实例

为了加深对阴影制图原理的认识，这里再列举一项实例详细讲解书桌柜的阴影绘制方法（见图4-23）。

首先，分析这件书桌柜，它由左侧书柜、右侧书桌与挂置隔板组成。现在要求在正立面图与平面图上绘制阴影。为了详细表现形体结构，特将侧立面图也绘制出来并标上尺寸。书桌柜全部靠墙放置，设定光线从左上（前）方照射至设计

绘图提示

阴影阳面与阴面的判别

如果平面形体是不透明的，在光线的照射下，就会产生阳面与阴面。受光的面称阳面，背光的面称阴面，平面投影的可见面就有可能是阳面的投影或阴面的投影，因此，在绘制正投影图中的阴影时，需要判别图形的各个投影是阳面投影，还是阴面投影。

当平面垂直于投影面时，可在有积聚性的那个投影中，直接利用光线的同名投影来加以检验。当平面处于一般位置时，如果平面的两投影各顶点的旋转方向相同，这时两投影同是阳面或是阴面的投影。如果一面为阳面的投影，一面为阴面的投影，可以先求出平面的落影。当平面的某一投影各顶点与其同面落影各顶点字母旋转方向相同，则说明这个投影是阳面投影；当旋转方向相反，则这个投影是阴面投影。然后再用前述方法判别另一个投影是阳面或是阴面的投影。

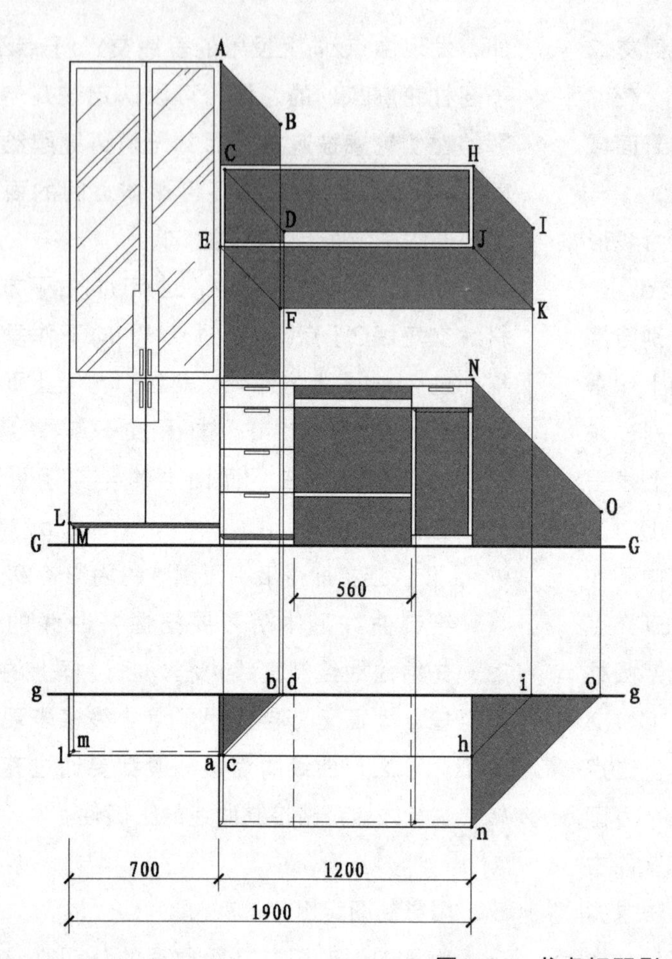

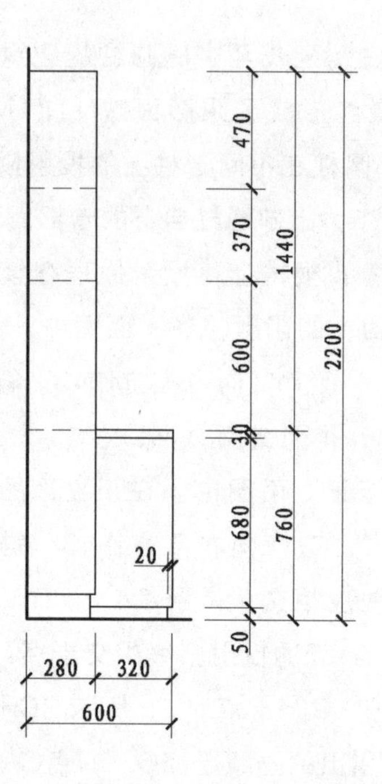

图4-23 书桌柜阴影

对象上，照射角度为45°，因此，该书桌柜的大部分阴影都分布在墙面上。此外，还须表现书桌的阴影通过墙线G中转至地面上，以及柜门与抽屉的阴影分布在踢脚板上。这些都是不可忽视的细节。

然后，根据上述分析开始绘制，正立面图与平面图上的阴影可以同时绘制。在正立面图中分别过点A、C、E、H、J向右下方作45°斜线。在平面图中，分别过点a、c、h、n向右上方作45°斜线，与墙线g相交，得到交点b、d、i、o，再由这4个点向上引垂线至正立面中，与上述对应斜线相交，得到交点B、D、F、I、K、O。这样就得到了正立面中墙面上阴影的主要轮廓角点，依次连接即可得出该书桌柜在墙面上的阴影。

接着，绘制左侧书柜下方柜门的阴影，从侧立面图中可以看出，书柜柜门要凸出柜体踢脚板20mm，则柜门下部即会产生阴影并投射至踢脚板上。仍然参照上述方法，分别过点L、l作45°斜线，由点l引出的斜线交踢脚板轮廓于点m，再过点m向上作垂线至正立面图中与点L引出的斜线相交，得到交点M，过点M作水平线即得出柜门的阴影。以同样的方法绘制出右侧书桌抽屉下部的阴影，具体绘制步骤与角点标注就不再重复。

最后，结合正立面图与平面图分析书桌内部的阴影，由于书桌深度为600mm，阴影区域的高度与宽度均小于600mm，以45°光照无法呈现出阴影轮廓。因此，在正立面图中，书桌内的构造全部为阴影区域。

绘制设计制图中的平面阴影相对容易，只要理清设计对象的空间构造，经过细心分析，通过缜密的逻辑推理，就不难操作。日常作图要适当练习阴影绘制，方能使平淡的图面提升档次，增添审美效果。

第三节 透视阴影

在环境艺术设计透视制图中增加阴影，能使设计对象的表现效果更富有真实感，能充分体现设计者的创意思想，帮助识读者理解构造层次。透视阴影是在透视图中加绘阴影，也可称为在透视图中作阴影的透视，学习透视阴影的前提是熟练掌握透视图基本绘制方法，在正确透视制图的引导下才能顺利完成阴影的绘制。

一、光线的种类

在日常生活中，我们所见到的阳光为平行光线，光线则可以认为是平行的直线，光线的透视具有平行直线的透视特性。设光线为L，当光线L与画面P平行时，光线的透视也互相平行；当光线L与画面P相交时，光线的透视会在画面P中灭于一点，且又会出现光线L照向画面P正面与光线L照向画面P背面两种情况。

1. 光线L与画面P平行

一组平行光线的透视仍为平行线，光线的次透视（光线的基面投影的透视）l与视平线h平行，空间光线L与次透视l的夹角反映光线与基面倾角α的实形，这又称为平行光［见图4-24（a）］。在实际制图中，一般设定α＝45°。过空间点的透视A作光线L，过次透视α作光线次透视l，两线的交点即为点A°。aA°即为铅垂线Aa的透视阴影，由此可见，铅垂线Aa在画面平行光线照射下落在基面G上的影子与光线的次透视l平行［见图4-24（b）］。

2. 光线L照向画面P的正面

光线自观察者的左后上方（或右后上）射向画面。这时，平行光线具有灭点F_l（光线次透视l的

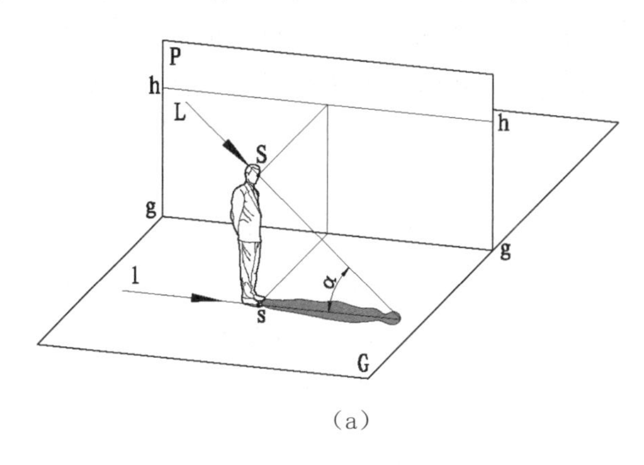

(a)

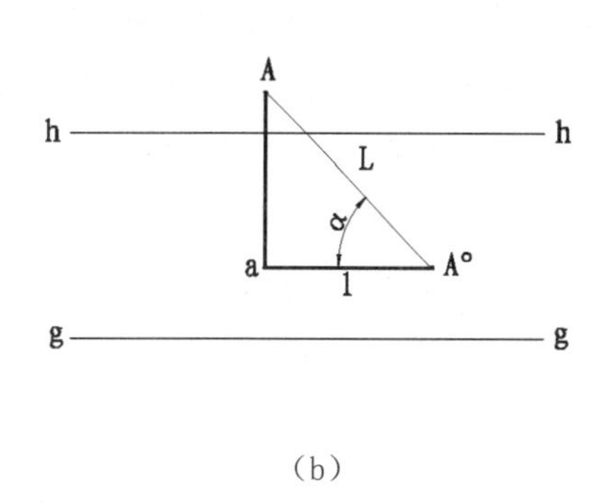

(b)

图4-24 光线L与画面P平行

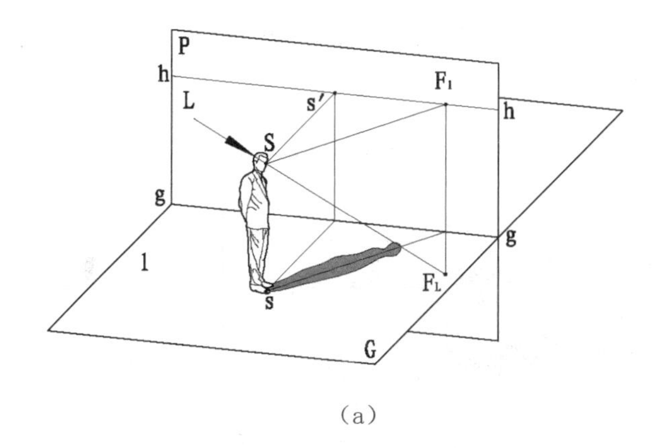

(a)

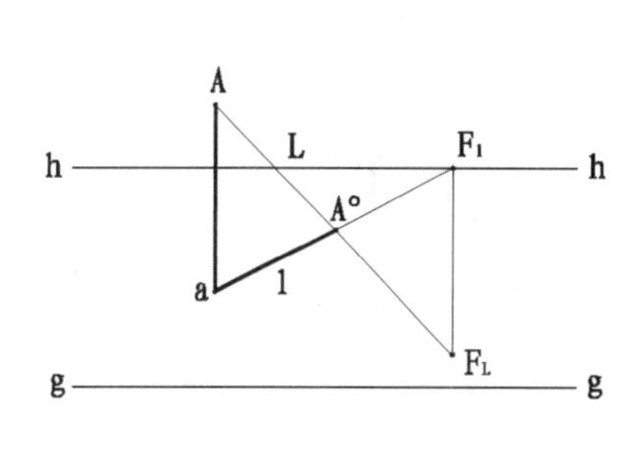

(b)

图4-25 光线L照向画面P的正面

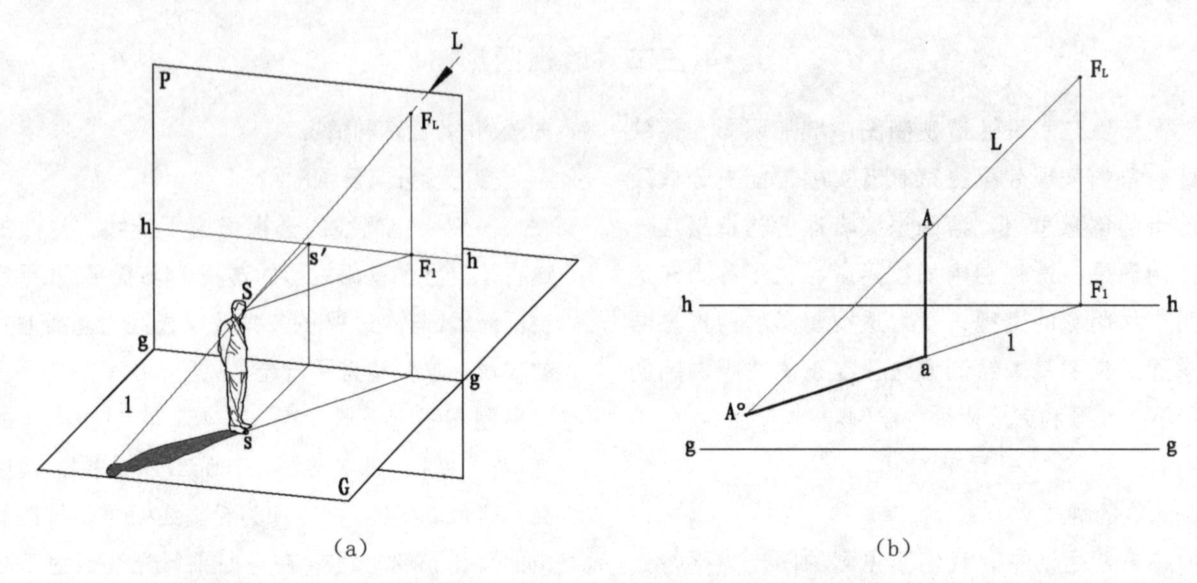

图4-26　光线L照向画面P的背面

灭点）、F_L（空间光线L的灭点）。灭点F_L在视平线h之下，光线的基面投影l（水平线）的灭点F_l在视平线h上，又称为正光。F_L与F_l的连线是一条垂直于视平线h的铅垂线［见图4-25（a）］。将点A与点F_L相连，连线AF_L即为点A的光线的透视，将次透视点a与点F_l相连，连线aF_l即为过A点光线的次透视。AF_L与aF_l的交点，也就是点A的透视阴影点A°。由于过形体上各点的光线在空间互相平行，当它们与画面相交时，都应灭于点F_L，次透视灭于点F_l，所以各点与点F_L相连，即得过各点的光线的透视。各点的次透视与点F_l相连，即为过各点的光线的次透视。铅垂线在基面上的落影必灭于点F_l，aA°即为铅垂线Aa在基面上的透视阴影［见图4-25（b）］。

3. 光线L照向画面P的背面

光线自观察者的前右上（或前左上）方向射来，光线的灭点F_L在视平线h的上方，次透视的灭点Fl在视平线h上，$F_LF_l \perp h$，又称为背光［见图4-26（a）］。连点A与点F_L、点a与点F_l，将F_LA、F_la的延长线相交，交点也就是点A的透视阴影点A°。aA°即为铅垂线Aa在基面上的透视阴影，它必灭于点F_l［见图4-26（b）］。

二、一点透视阴影

一点透视图中的灭点只有一个，即点s′，绘制方法比较简单，这里按照上述光线L的三种情况分别讲解透视阴影的绘制方法。

1. 平行光的透视阴影

首先，分析已经绘制完成的一点透视图，灭点s′位于设计对象左侧，两个立方体交错后左侧

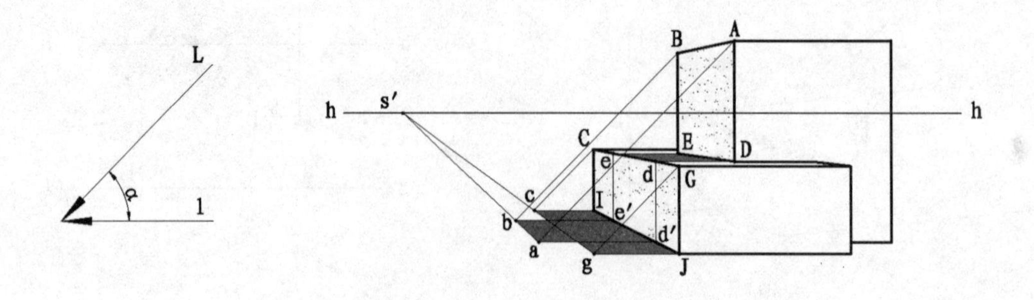

图4-27　一点透视平行光阴影

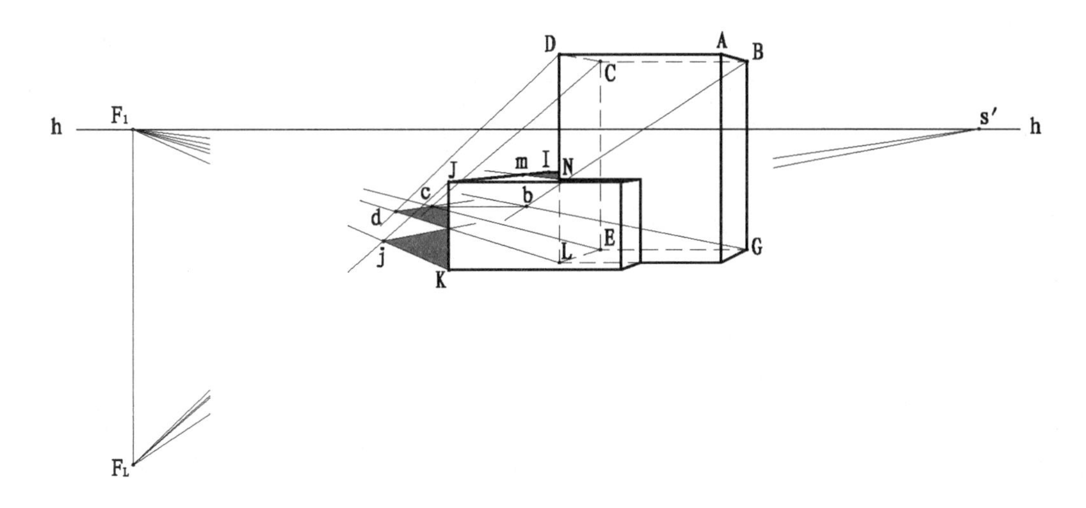

图4-28 一点透视正光阴影

结构复杂，适宜绘制阴影。可以将光线L的投影方向定在右侧。光线的次透视l与画面p平行，沿水平方向从右向左照射。设光线L与次透视l的夹角α＝45°。

然后，开始绘制光线，分别过点D、E向左侧作水平线Dd与Ee交CG于点d与点e，则阴影面域dDEe为右侧较高立方体投射在左侧较低立方体的阴影。再分别过点d、e向下作垂线dd′与ee′，交IJ于点d′与点e′，分别过点d′、e′向左作水平线，与过点A、B向左下方作45°斜线相交于点a、b。以同样的方法得出点c与点g。

最后，连接点I、c、g、J即得出左侧较低立方体投射在基面G上的阴影，连接点e′、b、a、d′即得出右侧较高立方体投射在基面G上的阴影，其中ab与gc延长线都能交于灭点s′（见图4-27）。

2. 正光的透视阴影

光线L与画面p相交，且光线L射向画面P正面时称为正光，在正光照射的条件下，光线灭点F_L位于视平线h下方，且灭点F_l与F_L都位于阴影的同侧方向。

首先，分析已经绘制完成的一点透视图，设定光线灭点F_l与F_L位于设计对象的左侧，具体距离根据实际情况来定，不宜过远或过近。绘制出右侧较高立方体中被遮挡的轮廓线并作标注。

然后，连接点N与F_l交JI于点m，则面域NmI为右侧较高立方体投射在左侧较低立方体上的阴影。连接点J与F_L，连接点K与F_l，两线相交于点j，点j即为立方体投射在基面G上的阴影轮廓角点。以同样的方法得出点d、c、b。

最后，将点j、d、c、b相互连接并与灭点s′相连，彼此间围合形成的面域即为立方体在基面G上的阴影。绘制正光透视阴影要将被遮挡阴影的轮廓角点逐一表现出来，连接时才能明确其彼此间的关系（见图4-28）。

3. 背光的透视阴影

光线L与画面P相交，且光线L射向画面P背面时称为背光，在背光照射的条件下，光线灭点F_L位于视平线h上方，且灭点F_l与F_L都位于阴影的反侧方向。

首先，分析已经绘制完成的一点透视图，设定光线灭点与F_l与F_L位于设计对象左侧，灭点FL的高度根据实际情况来定，高度大则阴影面积小，高度小则阴影面积大。

然后，连接灭点F_l与点N并延长交JI于点n，则面域NnIG为右侧较高立方体投射到左侧较低立方体上的阴影。连接灭点F_L与点B并延长交灭点F_l与点D相连的延长线于点b，则点b即为立方体投射在基面G上的阴影轮廓角点。以同样的方法得出点a、c、l、j，其中对于点l也可以先求出点j，再过点j作水平线交Lc于点l。

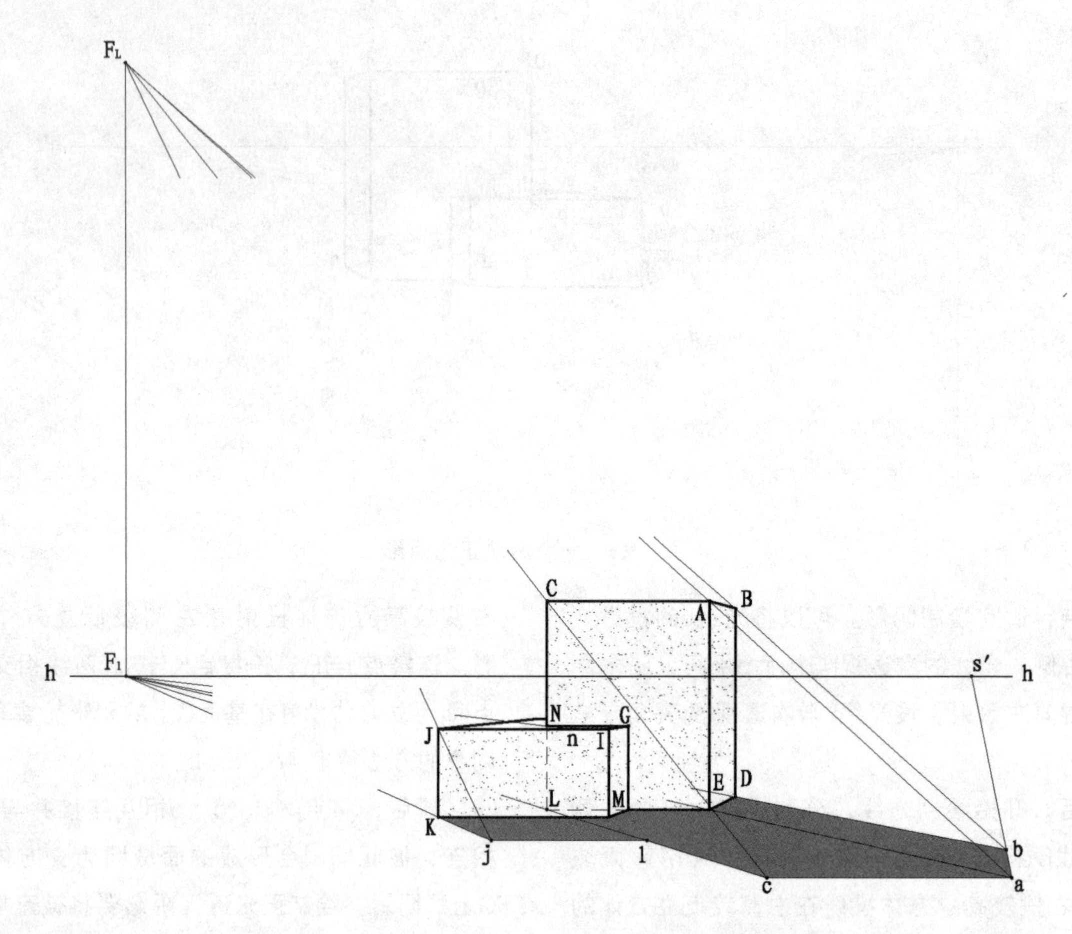

图4-29　一点透视背光阴影

最后，将点j、l、c、a、b相互连接，彼此间围合形成的面域即为立方体在基面G上的投影。绘制背光透视阴影要明确设计对象的背光面，针对背光面的角点依次投射出阴影轮廓角点即可，水平线轮廓边投射出的阴影边即为水平，倾斜轮廓边投射出的阴影边即为倾斜，多个设计对象的重叠阴影只须绘制整体轮廓（见图4-29）。

一点透视图中的阴影要把握透视的逻辑关系，设计对象中的轮廓如果具有透视形态，其阴影也具有透视形态，设计对象中的轮廓具有平行形态，其阴影也具有平行形态。

三、两点透视阴影

两点透视图中的灭点有两个，透视阴影的轮廓既要灭于点f_1、f_2，还要灭于点F_L、点F_l，这里按照上述光线L的三种情况分别讲解透视阴影的绘制方法。

1. 平行光的透视阴影

首先，分析已经绘制完成的两点透视图，两个立方体相接后左侧结构复杂，适宜绘制阴影。可以将光线L的投射方向定在右侧，光线的次透视l与画面P平行，沿水平方向从右向左照射。设光线L与次透视l的夹角$\alpha=45°$。

然后，开始绘制光线，过点G向左侧作45°斜线交AD于点g，形成面域GgD即为右侧较低立方体投射至左侧较高立方体上的阴影。接着过点I向左侧作45°斜线与过点J向左侧作水平线相交于点i，则点i即是点I投射在基面G上的阴影轮廓角点，连接灭点f_1与点i，则f_1i必定过点D，得出的面域GgDiJI为右侧立方体的阴影。以同样的方法得出点a、c、b，连接ac并延长必灭于点f_1，连接cb并延长必灭于点f_2，过点b作水平线交CE于点e。

最后，连接点e、b、c、a、D即得出右侧较高立方体投射在基面G上的阴影（见图4-30）。

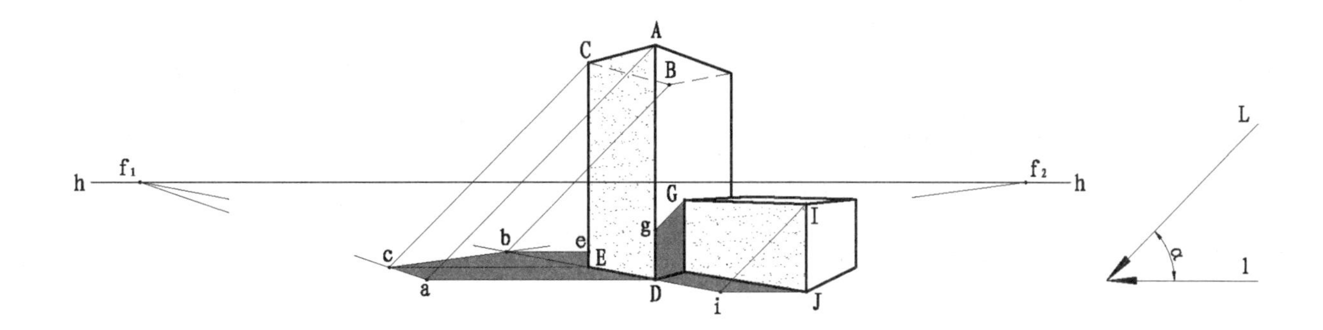

图4-30 两点透视平行光阴影

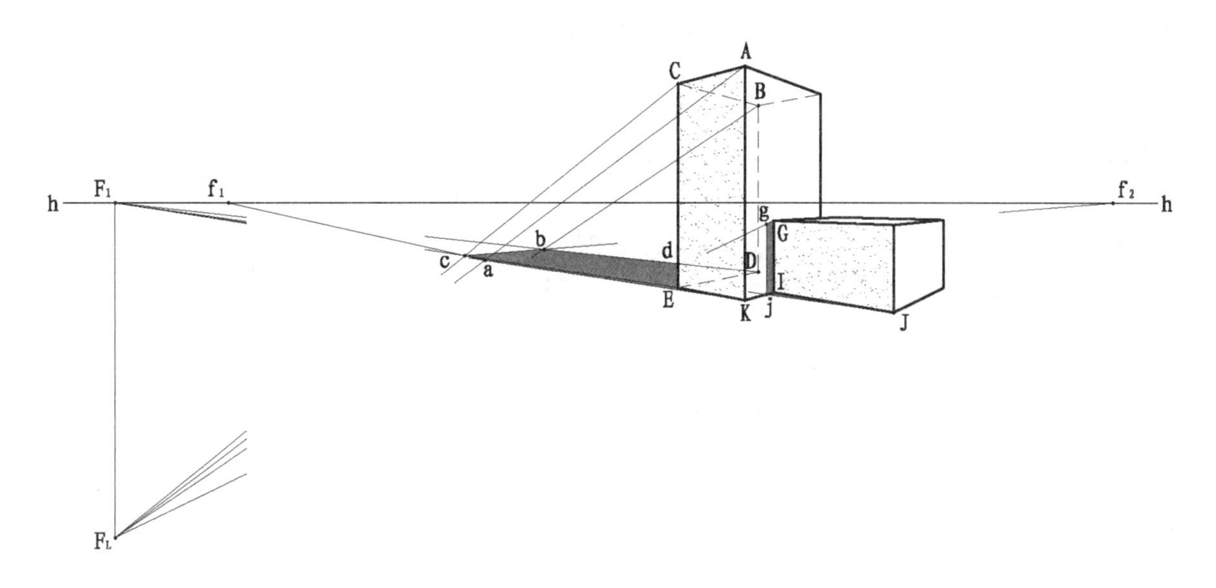

图4-31 两点透视正光阴影

2. 正光的透视阴影

在正光照射的条件下，光线F_L位于视平线h下方，且灭点F_l与F_L都位于阴影的同侧方向。

首先，分析已经绘制完成的透视图，设定光线灭点F_l与F_L位于设计对象左侧，具体距离根据实际情况来定，不宜过远或过近。绘制出左侧较高立方体被遮挡的轮廓线并作标注。

然后，连接点J与灭点F_l交KI于点j，过点j向上作垂线交F_LG于点g，则面域GgjI即为右侧较低立方体投射到左侧较高立方体上的阴影。分别连接F_LA、F_LB、F_LC、F_lK、F_lD、F_lE，其中F_lA与F_lK交于点a，F_LB与F_lD交于点b，F_LC与F_lE交于点c。

最后，接着连接ac、cb，其中ac的延长线必定灭于点f_1，cb的延长线必定灭于点f_2，得出面域dbcaE为左侧较高立方体投射在基面G上的阴影（见图4-31）。

3. 背光的透视阴影

在背光照射的条件下，光线灭点F_L位于视平线h上方，且灭点F_l与F_L都位于阴影的反侧方向。

首先，分析已经绘制完成的两点透视图，设定光线灭点F_l与F_L位于设计对象左侧，灭点F_L的高度根据实际情况来定，高度大则阴影面积小，高度小则阴影面积大。

然后，连接灭点F_L与点G并延长交AE于点g，则面域GgEK为右侧较低立方体投射到左侧较高立方体上的阴影，接着分别连接F_LI与F_lJ并延长交于点i，以同样的方法得出点a、b、c，其中连接ac并延长必定灭于点f_1。

最后，连接f_2a、f_1i交于点e，连接f_2b交CD于点d，则面域dbcaeiJKED即为两个立方体在基面

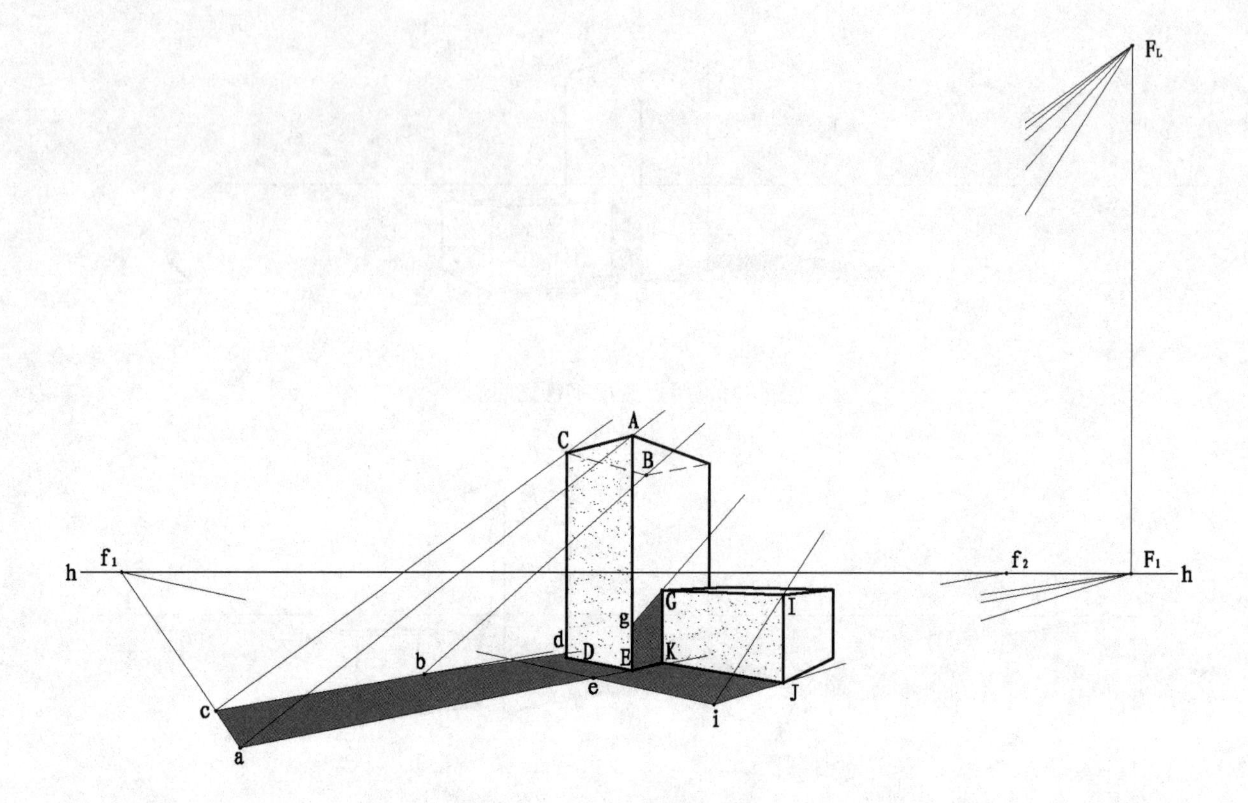

图4-32　两点透视背光阴影

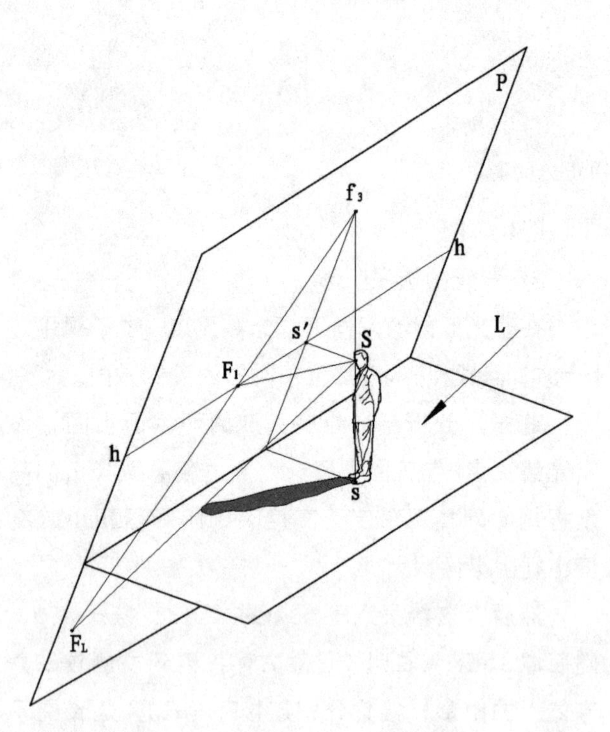

图4-33　光线L与倾斜画面P相交

G上的阴影（见图4-32）。

两点透视中的阴影绘制方法与一点透视相同，仍然要注意透视的逻辑关系，设计对象中的轮廓如果具有透视形态，且向灭点f_1、f_2延伸，其阴影也具有透视形态，且也向灭点f_1、f_2延伸。

四、三点透视阴影

在三点透视图作透视阴影，其原理和方法与前两种透视完全相同，但是三点透视图中的画面P是倾斜的，因此要分为三种形式。下面就分别讲解它们的绘制原理与方法。

1. 光线L与倾斜画面P相交

光线L和次透视l分别灭于点F_L、F_l，由于画面P是倾斜的，灭点F_L、F_l的连线不垂直于视平线h，而是通过灭点f_3，f_3F_L实际上就是光平面的灭线，它们与视平线h相交于点F_l（见图4-33）。

首先，根据实际情况设定灭点F_L于设计对象的左下方，距离设计对象越远，则阴影面积越大。连接灭点f_3与F_L交视平线h于点F_l，将立方体中被遮挡的轮廓结构增绘出来并作标注。

然后，分别连接F_LA、F_LB、F_LC、F_lD、F_lE、F_lG，从而得到交点a、b、c。

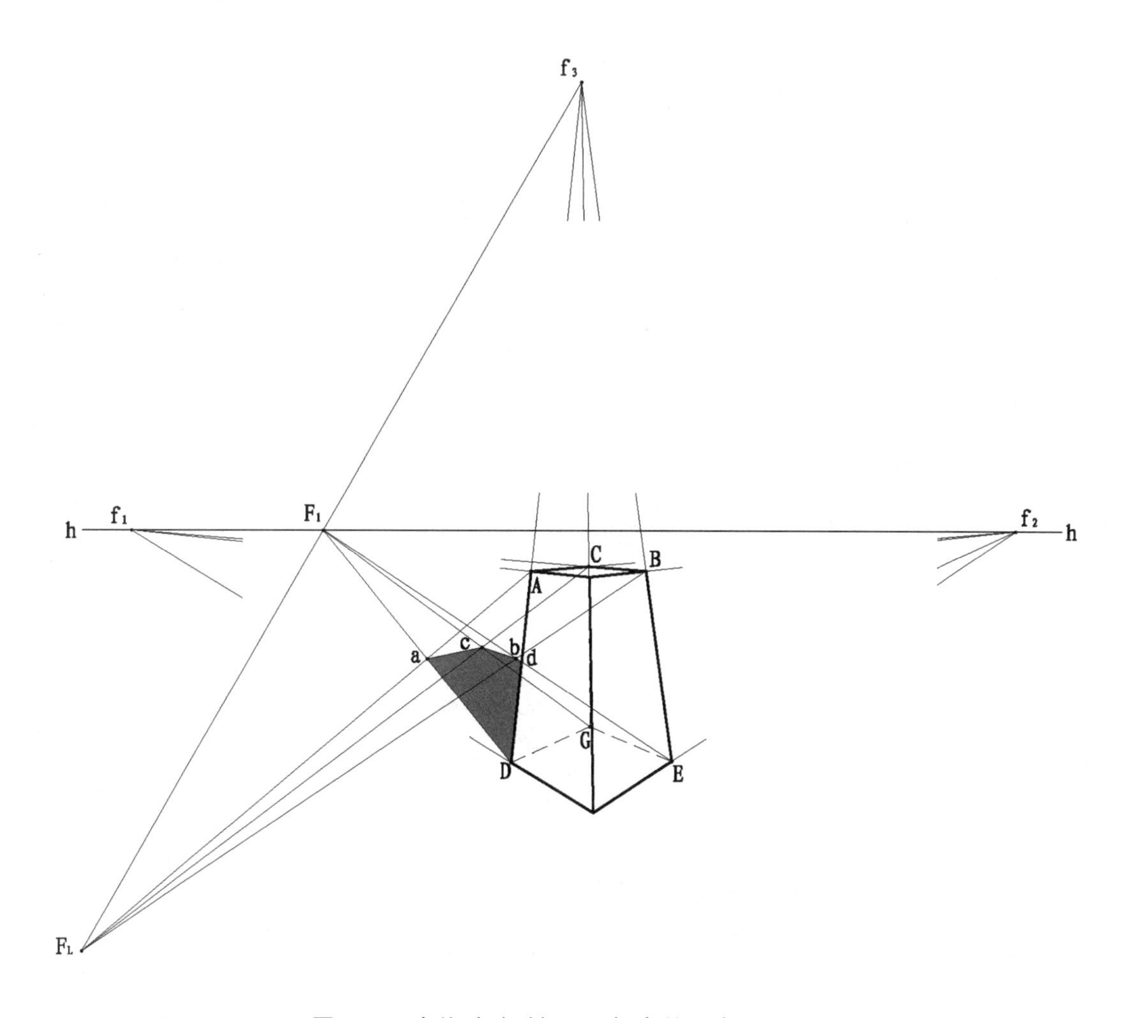

图4-34 光线L与倾斜画面P相交的三点透视阴影

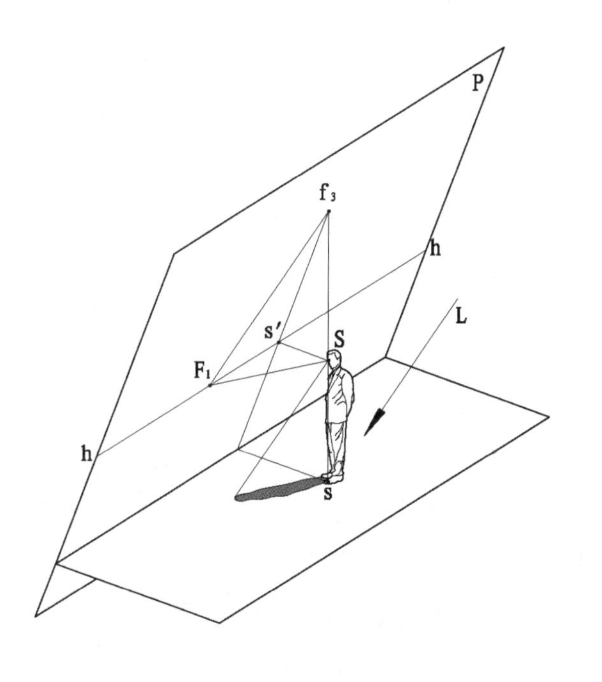

图4-35 光线L与倾斜画面P平行

最后，连接ac、cb即得出面域acbdD为该立方体的阴影（见图4-34）。

2. 光线L与倾斜画面P平行

光线与倾斜画面P平行即光线不产生灭点，但是过灭点f_3作光线自射的平行线与视平线h相交，就得出交点F_l（见图4-35）。

首先，根据实际情况设定光线L从左向右照射，设定灭点F_l于设计对象右侧，并位于视平线h上，距离设计对象越远则阴影面积越大，连接灭点f_3与F_l，将立方体中被遮挡的轮廓结构增绘出来并作标注。

然后，分别连接F_lD、F_lE、F_lG，接着再分别过点A、B、C向右下方作斜线，且斜线与f_3F_l平行，与F_lD、F_lE、F_lG交于点a、b、c。

最后，连接ab、bc即得出面域abcdED为该立

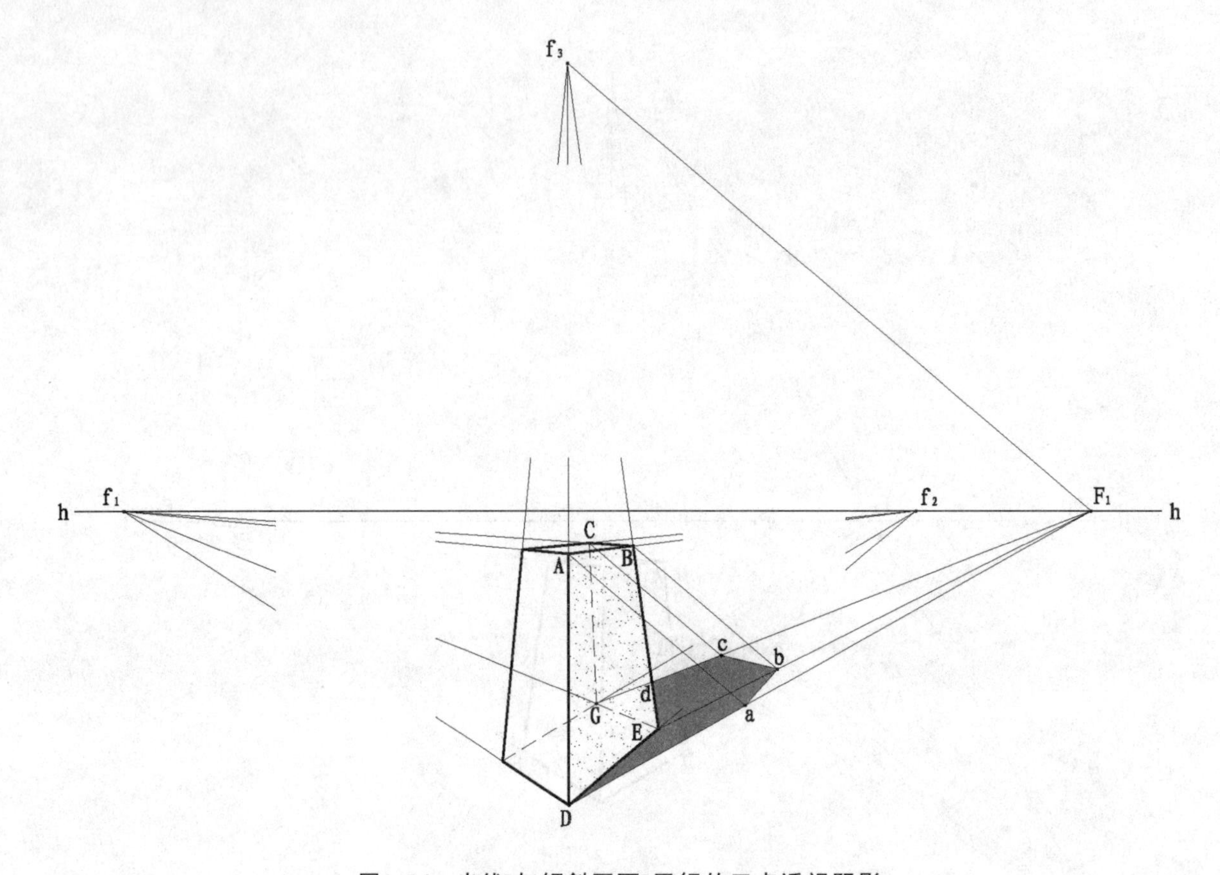

图4-36　光线L与倾斜画面P平行的三点透视阴影

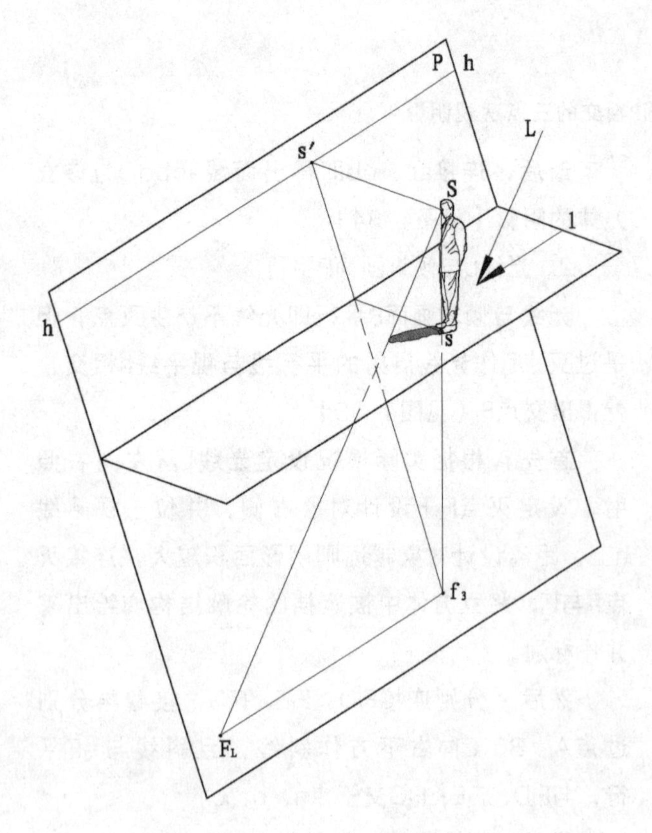

图4-37　光线L与垂直画面平行

方体的阴影（见图4-36）。

3. 光线L与垂直画面平行

光线与垂直画面平行时，光线的次透视就平行于视平线h，且无灭点F_l。但是光线与倾斜画面P产生交点F_L，这时F_Lf_3平行于视平线h（见图4-37）。

首先，根据实际情况设定灭点F_L位于灭点f_3左侧，光线从右向左照射，距离设计对象越远则阴影面积越大。

然后，分别连接F_LA、F_LB，再分别过点C、D向左侧作水平线Ca、Db，其中Ca交F_LA于点a，Db交F_LB于点b。

最后，连接点b与f_2交BD于点d，连接点a与点b，其延长线必定灭于点f_1，从而得出面域dbaCD为该立方体的阴影（见图4-38）。

三点透视中的光线灭点F_l与F_L要根据需要来设点，自由性较高，但是要求具备一定制图经验，并且要与画面P之间保持对应关系。

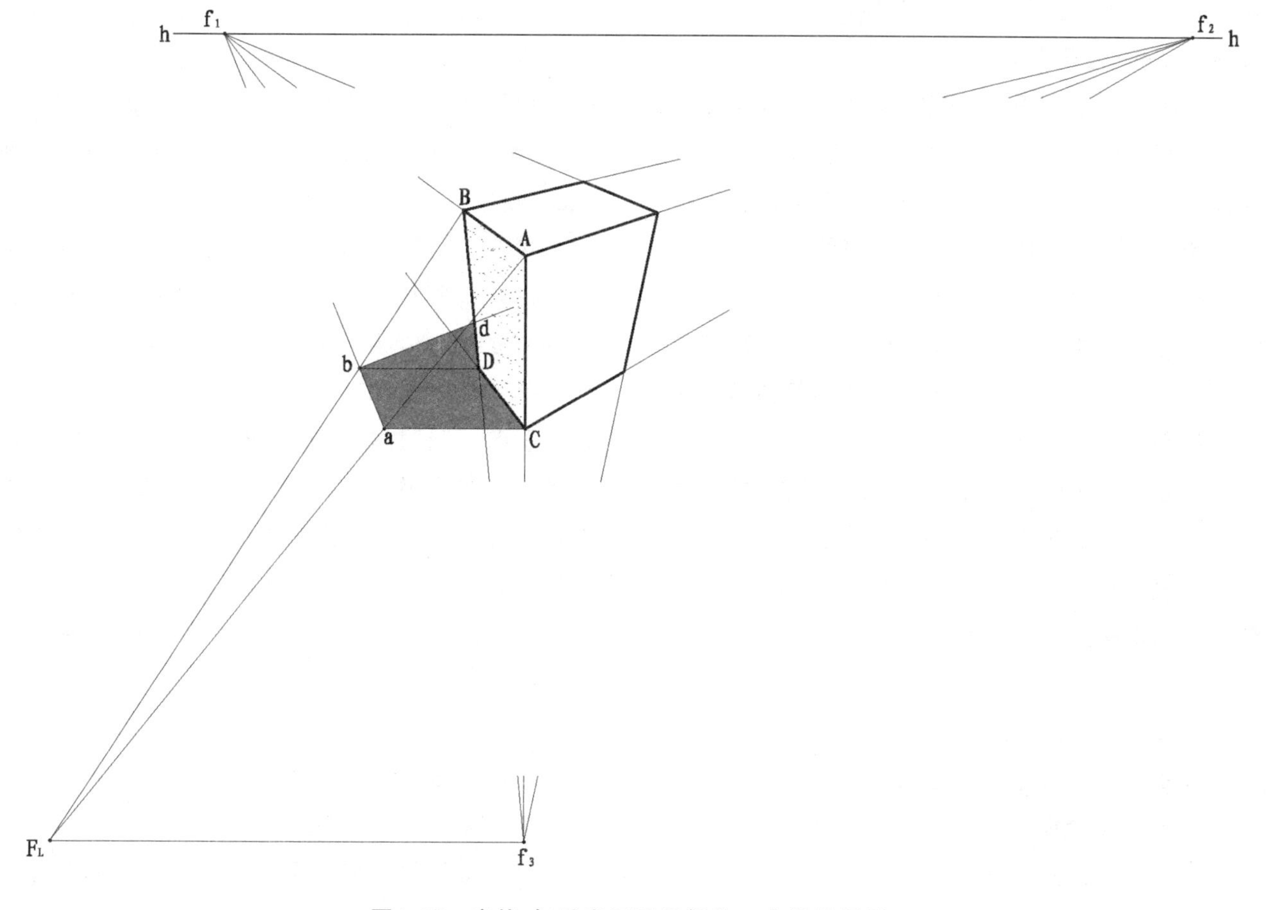

图4-38　光线L与垂直画面平行的三点透视阴影

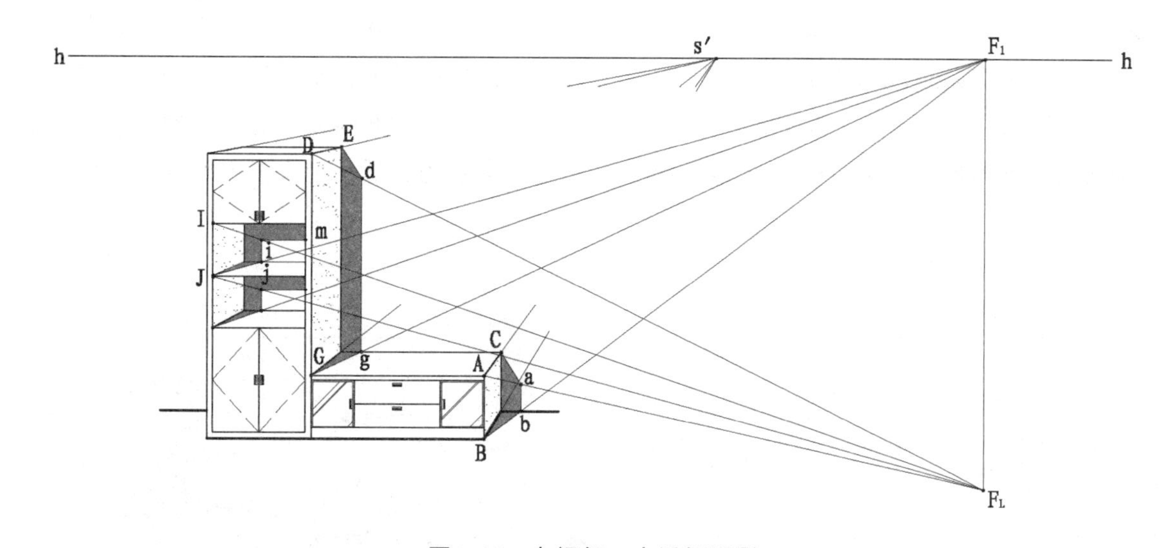

图4-39　电视柜一点透视阴影

五、透视阴影实例

为了深入理解透视阴影的原理与绘制方法，这里列举两项设计方案的透视图来绘制透视阴影。

1. 电视柜一点透视阴影

首先，分析电视柜透视图的位置与透视角度（见图4-39），为了充分表现柜体中隔板的阴影，可以选用光线L与画面P相交且形成正光的照射效果，这样会与常见的室内灯光照射效果一致。于是将光线的灭点F_L与次透视F_l设定在电视柜右侧，灭点F_L位于下方。

然后，绘制电视柜外部的阴影，分别连接点A与灭点F_L，点B与灭点F_l，BF_l交墙角线于点b，过点b向上作垂线交AF_L于点a，连接点C与点a，即得出右侧低柜的外部阴影。再以同样的方法绘制出左侧高柜的外部阴影。

最后，绘制电视柜内部的阴影，分别连接点I与灭点F_L，点J与灭点F_l，JF_l交柜体内的墙角线于点j，过点j向上作垂线交IF_L于点i，过点i向右侧作水平线交柜体边框于点m，即得出高柜内部上隔板的阴影。再以同样的方法绘制出下隔板的阴影。

这个案例的着重表现电视柜在墙面上的阴影，模拟真实家具的投影状况，具有一定的代表性。

2. 鞋柜两点透视阴影

首先，分析鞋柜透视图的位置与透视角度，为了充分表现阶梯形柜体的阴影，可以选用光线L与画面P平行，从左向右呈45° 方向对鞋柜作照射。阴影一部分投射到地面上，另一部分投射到与鞋柜紧靠的墙面上（见图4-40）。

然后，开始绘制顶部灯箱的阴影，过点M作水平线交墙角线于点n，过点n向上作垂线，与过点A、D分别向右下方绘制45° 斜线相交于点a、d，点a、d即是顶部灯箱角点投射到在墙面上阴影的轮廓角点。连接灭点f_1与点d，过点E向右下方绘制45° 斜线与f_1d相交于点e。连接点C与点e，连接点B与点a，则面域CedaB即为顶部灯箱投射到墙面上的阴影。

接着，绘制阶梯形鞋柜的阴影，过点L向右下方绘制45° 斜线，与过点M作水平线相交于点l，以同样的方法得到点k′，连接灭点f_2与点l，则f_2l与kk′ 相交于点l′。连接灭点f_2与点k′，交墙角线于点m。这样就得出了鞋柜在地面上的阴影轮廓角点。过点j作水平线交墙根线于点m′，过点m′ 向上作垂线，与过点J向右下方绘制45° 斜线相交于点j′，连接点m与点 j′。再过点I向右下方绘制45° 斜线交m′ j′ 的延长线于点i，并连接点G与点i。点i、j′、m即为鞋柜在墙面上的阴影轮廓角点。

最后，依次连接点M、l、l′、k′、m、j′、i、G得出鞋柜的全部阴影。

这个案例的重点在于分清地面与墙面阴影的关系，墙面上的阴影是由地面阴影延伸出来的，即使设计对象在地面上没有阴影，也要绘制延伸线将其模拟出来，从而得到正确的墙面阴影。切不可将两者分开绘制。此外还要注意阴影在墙角线上发生的转折，绝大多数情况下，转折点并不

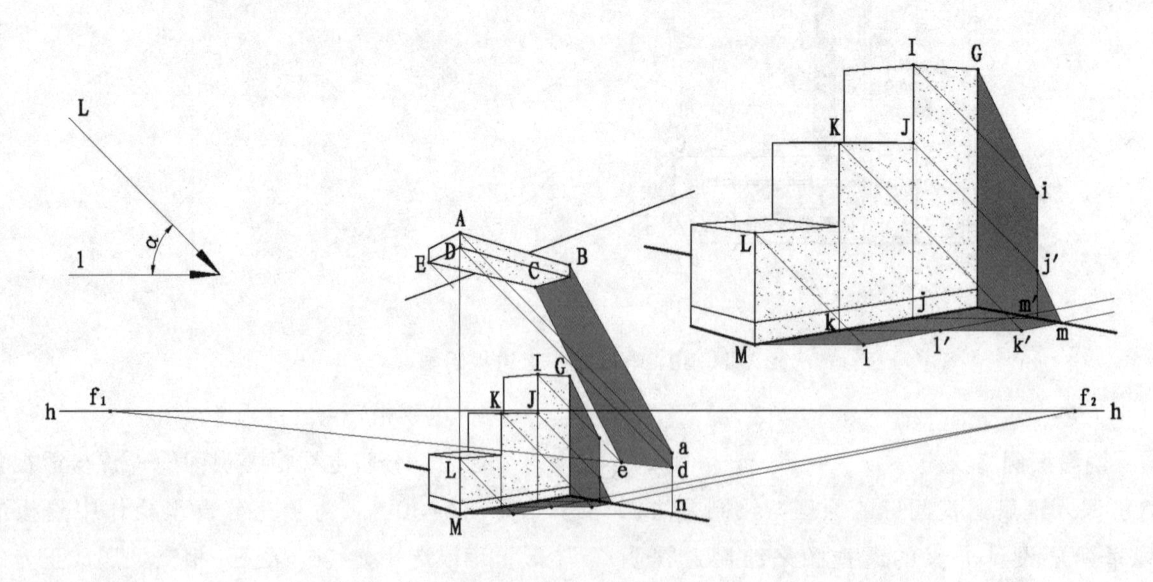

图4-40 鞋柜两点透视阴影

图4-41 室内场景透视阴影

图4-42 室外场景透视阴影

是实际物体上角点的阴影轮廓点，它只是阴影轮廓上的一点。

绘制透视阴影并不困难，关键在于正确绘制设计对象的基本透视形体，正确认识原有灭点和透视关系，对已知绘图条件多方比较，并且能按逻辑准确推断出透视阴影的轮廓。在日常生活中还需注意观察透视阴影的形态和变化规律，经常对光照强烈的设计构造作写生（见图4-41、图4-42）、摄影练习（见图4-43），甚至使用计算机来模拟光照阴影效果（见图4-44），这些都会对阴影制图产生很大帮助。

图4-43 室外空间摄影

图4-44 模拟光照阴影效果图

练习题

1. 详细讲述投射光线与阴影形成的关系。
2. 描绘本章节中关于直线阴影的绘制图例。
3. 使用A3幅面图纸绘制教室课桌正立面图与平面图的阴影。
4. 使用A3幅面图纸绘制讲台透视图的阴影。
5. 使用A3幅面图纸绘制建筑外观三点透视图的阴影。
6. 详细解释阴影阳面与阴面的判别。
7. 详细讲述阴影在设计制图中的作用。
8. 根据自己的理解，解释阴影的特性。
9. 使用A3幅面图纸绘制室内场景透视阴影图。
10. 使用A3幅面图纸绘制室外场景透视阴影图。
11. 拍摄一张光照强烈的空间场景照片。
12. 尝试用计算机软件作模拟光照阴影效果图。

第五章 图面配景与版式设计

关键词：陈设品、树木、构图、排版

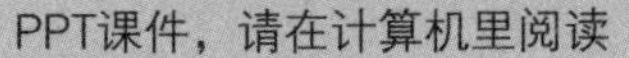

PPT课件，请在计算机里阅读　　本章图纸资料，请用CAD查看

第五章　图面配景与版式设计

在环境艺术设计制图的后期需要对图面添加配景，或者在制图过程中就应当保留适当的空白用于表现配景。无论是计算机制图还是手绘制图，配景都是不可或缺的重要组成部分。现代设计追求唯美，设计形体要美，图面表现要更美。学习配景表现要注重对自然生活的归纳，要求将复杂的构造简化处理，使图面中心仍以设计对象为主，配景构造要求造型简洁，结构正确。

版式设计是现代设计艺术的重要组成部分，是视觉传达的重要手段，对制图者的素质有全面要求，需要加强其他相关专业知识的学习、积累，如计算机辅助设计、平面设计等，把握当今社会的审美时尚，将环境艺术设计制图推向一个新的阶段。

第一节　配景概述

现代设计制图是工程技术与绘画的有机综合体，工程技术是表现设计思想的科学方法，绘画是表现设计思想的艺术手段，图面配景表现能将两者有机结合在一起，给设计制图带来新的视觉感受。

一、表现目的

配景的表现目的在于衬托主体设计对象。在设计制图中，读图者的视线最容易集中在对比强烈的地方，如设计对象的前端转角处、空间中心点、明暗交界线条部位。配景表现可以在其他部位弱化对比，从而让上述部位显得格外突出（见图5-1）。配景的表现还能量化设计对象的空间尺度，通过树木、车辆、人物的形体大小与数量能较准确地反映主体构造的空间尺度（见图5-2）。此外，配景还能使画面富有生机感，营造出真实的环境氛围，给读图者以身临其境的感受（见图5-3）。可见，配景表现的重要性、目的性非同一般，需要专项训练。

二、表现原则

1. 与图面效果保持一致

在整个幅面中，为了达到视觉和美感上的高度一致，配景的绘制手法需要和主体表现对象的绘制手法相统一（见图5-4）。如果图中的主体对象比较高耸，则配景应表现得相对低矮，以烘托出主体对象。不论是透视方向还是构图形式，配景都应以主体表现对象为主。

图5-1　景观植物配景表现

图5-2　人物景观配景表现

图5-3 建筑配景表现

(a)

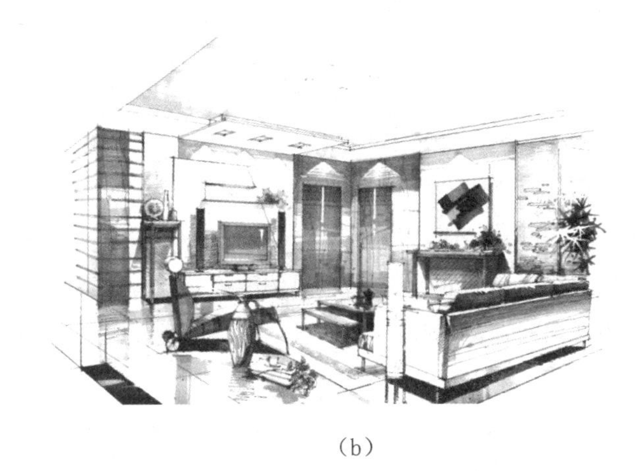

(b)

图5-4 配景与图面效果保持一致

2. 与设计意图保持一致

主体设计对象的风格、形态也会制约配景的表现（见图5-5）。如果图中的设计对象为古典主义风格，则配景也应该以古典人文物件为主。如果图中表现的视角很开阔，呈鸟瞰全局的状态，则配景也应该更为简洁，以抽象的山水风景为主。

3. 与自然规律保持一致

尤其是花草树木等配景，其枝叶的生长状态、茎秆的高度、花果的数量与大小都要严格参照自然实物，最好能根据照片或写生作品来表现。此外，配景还要符合地理状况与季节气候条件，如果将南方树木配置在北方庭院中就非常虚假。如果在图面中绘制的人物服装有的是短袖，有的是棉袄则会令人啼笑皆非。这些自然规律要经过简单且必要的思考，再动笔绘制。

图5-5　配景与设计意图保持一致

4. 与时代文明保持一致

现代设计制图追求时尚性，除了主体设计对象的形体构造要求新颖外，还要注重人物衣着、造型、家具与陈设品的样式等细节，要让读图者感到这是设计的最前沿（见图5-6），所以需要绘图者平时多阅读国内外杂志，与国际接轨。

5. 与构图方式保持一致

在制图中设计对象始终是表现主体，配景始终是辅助。配景的形象、空间位置、明暗对比等方面的表现只能起到从属与衬托的作用，在构图中不宜将其设置在图面中心，只是起到均衡图面效果的作用。

6. 与严谨画风保持一致

任何配景只要增添到图面中就应该严谨对待，绝不能马马虎虎、敷衍了事，因为无论哪种类型的制图，图面中的配景只是辅体，表现数量

图5-6　配景与时代文明保持一致

图5-7　配景与画风保持一致

图5-8　徒手线条练习

并不多，草率绘制起不到衬托主体的作用，反而会令人感到画足添足、有碍观瞻。严谨的画风也是对绘图者的一种锻炼，连配景都画不好就更谈不上画好主体设计对象了（见图5-7）。

三、学习方法

在环境艺术设计制图中，绘制配景主要是徒手表现，即使是计算机制图，也会用到一定徒手表现技法。手绘配景要求绘图者有良好的笔感，手法运用细腻、结构清晰，布局完整。在正式绘制配景之前要作必要的线条练习，熟悉脱离尺规后的操作感受（见图5-8）。当然，熟练掌握表现技法并非一日之功，需要注意以下几个方面。

1. 以绘图笔或中性笔为主

绘图笔或中性笔的线条比较均匀，如果图面比较小，可以选用0.05mm或0.1mm绘图笔，图面较大可以选用0.35mm或0.5mm中性笔，这样能降低绘图成本。下笔时要稳，不要涂涂改改，影响整个幅面的美感。最好使用优质高档、好评度较高的中性笔，绘图时会更流畅。至于其他工具，如美工钢笔已很难满足现代制图的要求了。

2. 从写实技法入手

图5-9　写实技法

图5-10　植物的表现

图5-11　配景的风格表现

初学者练习配景最好从写实技法入手，多以生活中的事物作为绘画素材，这样才能磨炼绘图者的耐心，待掌握了一定的基础后，再过渡到其他表现形式或者提高速度。写实技法能忠实于原物，刻画能细致深入，具有很强的观赏性（见图5-9）。

3. 重视植物与人物的表现

植物千姿百态的不规则形体时常令初学者头疼，关键在于了解其自然形态，明白其生长规律，尤其是表现树叶时要不断重复描绘需要耐心。自然和谐的植物描绘能与现代设计形体之间形成对比，使画面相映成趣，浑然有序（见图5-10）。绘制人物一般不宜表现五官，尤其是人物的表情，只是准确表达人物的形体尺度即可。树木与人物的配置能启示设计对象的性格，映衬设计对象的尺度和比例，突出画面重点，增加画面生机。

4. 搜集建筑设计资料

经常外出写生，也可以临摹照片，从现实生活中收集素材。平时还可以作些默画练习，逐步提高手、眼、脑的协调能力。经常实践，即可熟能生巧。多观摹、多临摹、多揣摩，临摹不是盲目的抄袭，而是揣摩别人的构图特点和线条、颜色的运用技巧，这也是掌握配景表现技巧的重要捷径。

5. 适当营造风格

由于每个绘图者的兴趣爱好不同，会自然或不自然地创造出某种“风格”。如色调淡雅的图面感觉，对比强烈的光影效果，庄重严谨的构图，飘逸自由的线条等，这些情绪是非常实在和必要的。经过学习之后，可以在临摹中加入自己的想法，充分发挥自己的创造力，尝试用不同风格来表现同一事物，从而不断有所突破，形成自己的风格特点。例如，表现商业设计空间的繁华可以采用飘逸洒脱的线条；表现居民住宅的宁静安适可以采用细腻写实的手法（见图5-11）。

第二节 配景绘制方法

现代环境艺术设计制图中除了准确地表现设计对象，还要真实地表现设计对象所处的环境气氛。这就要求制图者要善于表现环境中的配景。对配景的考虑不够，会使读图者感到枯燥乏味，失去真实感，从而感到厌烦。但是也不能过分地强调配景而喧宾夺主。设计制图不同于一般的风景画，在任何情况下都应当突出设计对象。

一、花草

花草的形象虽然比较丰富，但是具有较明显的规律（见图5-12），在配景表现中要全面练习。

花草的主要绘制内容在于花瓣与叶片，花瓣与叶片形体需要细致表现，每一片形体和生长方向都有自身特点，不能简单且机械地重复。花叶的轮廓线大致可分为两类不同的线条：一种是叶片和花瓣转折时产生的折面线和花叶的主筋；另一种是叶片、花瓣的边缘线要用顿挫、起伏、有粗细、连断等多种变化的笔触，以表现花叶曲折丰富的变化。这两种线条既有对比，又要统一，既表现了花叶转折变化的多姿，又要有线条本身的节奏和韵律。单片花瓣与叶片可以使用2～3条线来描绘。起笔要重，肯定线条的绘制方向，落笔要轻，避免产生末端积水，同时也能表现出花瓣与叶片轻快的自然生长姿态。当花草的结构特别复杂时，可以简化部分花草周边的形体轮廓与主体设计对象构造重叠的部位，但其形体构造仍需保持正确性。

表现室内陈设花草时，主体形态绘制到位后还需增加花盆、花坛等支撑容器，这些构造能稳定构图，其坚硬的几何形体能与花草的自然形态形成对比，构成配景中的亮点。对于图面中心的主体花草配景，还可以增加投影或适当的填充，与整体图面效果形成一个色调的呼应。表现户外花草时要注意归纳，将成面域的花草形体作为一个整体来表现，统一明面、暗面和投影，这样不仅能提高绘制速度，还能弱化配景的存在，保证主体对象的唯一性。

二、树木

树木的装饰画法，采用抽象图案式线条和色块，表现了夸张的造型，具有一种变形、简练、程式画的趣味，在配景中，特别是在立面图上应用很广（见图5-13）。

绘图提示

绘制配景的要点

设计制图中的配景所涉及的内容很多，如云、水、树、山、石、草地、路面、人物、车辆等都可以用来作为配景，达到丰富图面的效果。但是具体到一张图上，则不可罗列得太多。

配景的画法上也和一般的风景画有所不同，它要求图案性比较强，层次较少，有些东西，如树或人物等可以只是一个轮廓剪影就够了。这不仅是因为画起来简便省事，而且更主要的是为了防止喧宾夺主。如果将这些东西画得过于精细生动，则必然当作主体设计对象，从而冲淡主体甚至将主体变成背景，这就是本末倒置了。

配景的设置要与设计对象的功能性质相一致。例如，住宅街坊，要有宁静的气氛；工业生产性建筑应有紧张、热烈和欣欣向荣的气氛；园林建筑则应有美好的自然风景。绘制配景要充分利用配景来衬托设计对象的外轮廓，以突出主体。

总之，就是对于周围环境影响较大的一切景物都要作比较真实地描绘，使其尽量符合施工完成后的真实效果。

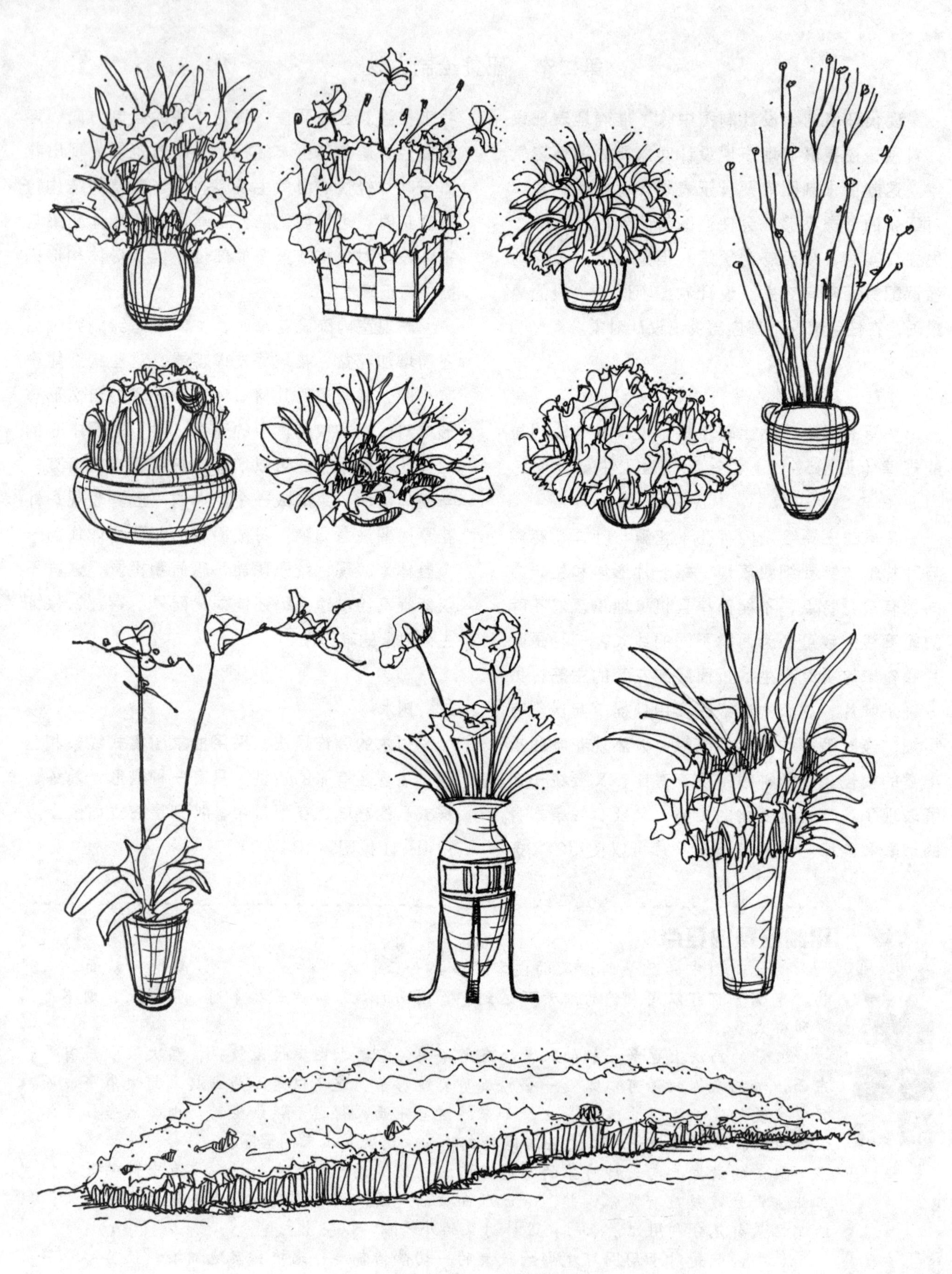

图5-12　花草绘制方法

图5-13 树木绘制方法

绘图提示

树的阴影

树在阳光的照射下会产生影子，这种影子可能落在地面上，也可能落在设计对象上。树影的形成，可以用物理学中小孔成像的原理来解释。按照小孔成像的原理，太阳光透过树叶的缝隙，犹如透过一个小孔，就会在地面上或墙面上产生一个圆形的影像。正是许多个这种透光的圆形的影像叠摞在一起，才使树影产生稀疏斑驳的效果。由于太阳的光线一般都是倾斜的，所以落在地面上圆形的光点就变成了椭圆。椭圆长轴的方向应该和树影的方向一致。如果地面有起伏或转折，则树影也应该随着地面一同起伏转折。落在墙面上的树影和落在地面上的情况一样，只是椭圆的方向有所改变。除此之外，还要处理好树影的外轮廓。一般落在地面上的树影多呈水平状态，因光线和透视的角度不同而略有倾斜，落在墙面上的树影则是斜的。

树的类型很多，不胜枚举，但就其枝、干的结构变化来说，可以把它归纳为以下几种基本类型。

1. 支干呈辐射状

这种类型的树，主干比较粗大突出，但高度并不大，出杈的地方形成一个结状物。

2. 主干相对或交替出杈

这种类型的树沿着主干垂直的方向相对或交替出杈，主干一般既高又直，常给人挺拔、高耸的感觉。

3. 树枝、树干逐渐分杈

越是向上出杈越多，树叶也越茂盛，整个树呈伞状。这种类型的树看起来很丰满，轮廓也很优美。

4. 枝、干相切出杈

出杈形状如同倒“人”字。这种类型的树，枝、干多呈弯曲状态，苍劲有力。

对树木的基本结构有所理解后，绘制树木就比较容易了，因为树的形状在很大程度上取决于树的枝、干结构。作为配景的树，层次不宜太多，但是仍应当把树看成是一种空间立体的东西，并且在一般情况下要表现出必要的体积感和层次来。

在有树叶的情况下，树有明暗变化规律，因为树是有体积感的东西，它的体积就是由繁盛的树枝和茂密的树叶组成的。一棵枝叶繁盛的树在阳光的照射下，迎光的一面看起来很亮，而背光的一面则很暗。至于内层的枝叶，由于完全处于阴影之中，受光最弱。按照这样的明暗关系来绘制树木就可以比较概括地分出层次，从而表现出一定的体积感，以适应图面的绘制要求。

在设计制图中，树可以作为远景、中景或近景。作为远景的树，一般处于设计对象的后面，可以起到衬托的作用。这种树只需画出其轮廓，一般有一至两个层次就够了。树的深浅程度以能衬托建筑物为准。例如，当设计对象为受光的亮面时，树可以表现得深一些；反之则可以表现得浅一些。当然，远树一般不宜画得太深。作为中景的树有时和设计对象处于同一个层次，有时也可以绘制在设计对象的前面，画中景树时要抓住树形的轮廓。作为近景的树，无疑应在设计对象的前面。凡是绘制在设计对象前面的树，只要处理得好，都可以使图面增加空间感和层次感。作为近景的树，不应遮挡设计对象的主要部分，这就涉及到树型的选择和位置的安排，一般以选择树干较高，枝叶较稀疏的树为宜。在位置安排上，则应偏一些或处于图面的一角。在设计制图中不宜绘制过近、过大的树，因为这样的树必然在画面中占有非常突出的地位，从而和设计对象争夺重点，使设计主体得不到应有的突出。

三、陈设品

陈设品的内容较多，一般是指用于室内设计制图中的静物和装饰品，用来美化或强化环境视

图5-14 陈设品绘制方法

觉效果的、具有观赏价值或文化意义，绘制时没有任何规律可遵循。绘制陈设品关键在于归纳线条，一般只需绘制陈设品的主要轮廓线，而辅助或装饰线条可以轻描淡写，象征性表示，可以适当增加投影，强化明暗关系。

在室内设计制图中，常见的陈设品为图书、相框、餐具、食品、日用品和窗帘布艺等。前面几种陈设品只需抓住表现对象的主体轮廓稍加装饰即可，如果想继续深入表现可以增加投影，使轮廓立体化，陈设品中的细节一般不作深入表现，但是对于大面积的书画作品，可以适当仿制。窗帘布艺的表现形式比较多，一般采用直线来绘制窗帘垂挂的形态，中间的皱褶不宜表现过多，以均匀的纵向线条为主。窗帘布艺上的图案一般不作表现或简化表现（见图5-14）。

在日常生活中，陈设品的种类和式样较多，要经常收集时尚、前卫的产品，但是不能以绘图者的爱好来选择，设计图纸要保证各类读图者都能看懂，要满足大众审美。

图5-15 交通工具绘制方法

四、交通工具

交通工具是设计制图中的重要配景之一，特别是在街景、广场或大型公共建筑等图纸中更是常见（见图5-15）。其中，汽车是主要绘制对象，汽车对环境气氛的烘托效果要大于树木，能大幅度增强设计图的时尚效果。因此，汽车的款式要考虑到设计对象的功能性质。例如，在火车站广场上，可以绘制一些出租汽车和公共汽车；在会堂、宾馆前应多画一些高档商务轿车；在工矿企业的建筑前应多画一些载重卡车。绘制汽车时要结合科技和时代的发展,随着我国汽车工业的不断发展，各种节能的新型汽车相继出现，绘制时需要绘图者多观察、多了解各种汽车的外观形态，并随时作一些速写或写生，作为素材积累，在实际设计图中能够得到充分的反映。绘制汽车也要考虑到与设计对象的比例关系，过大或过小都会影响图面的协调性。

另外，在透视关系上也应与设计对象一致。车辆的尺寸（高×宽×长）一般为：小轿车1500mm×1700mm×4500mm；面包车2000mm×1800mm×480mm；卡车2600mm×2400mm×6500mm；大客车3200mm×2800mm×10000mm；自行车1500mm×500mm×1700mm。此外，还有列车、飞机、游艇等交通工具需要增加到图纸中来。

交通工具的构造相对硬朗，绘制线条不能过于拘谨，可以相对放松，交通工具中的门窗构造是必备结构，一般不能简化表现，绘制时可以适当增加反光或阴影。

五、人物

在设计图纸中适当绘制一些人物，不仅可以通过人与设计对象的比例关系来显示尺度，同时还可以使图面生动活泼。但是，人物毕竟是建筑物的陪衬，不宜过分突出。图面中的人物，大多画成背影，即面向主体设计对象，背向画面，并

绘图提示

配景与构图

图纸是否完整统一，在很大程度上取决于构图。所谓构图就是如何组织好画面。制图虽然和写生有所不同，但在作图之前也应根据所要表现设计对象的特点来考虑图面的构图问题。

如果设计对象过大，图面太小就容纳不下主题，会给人局促的感觉。反之，图面太大，设计对象过小就会使画面显得空旷而不紧凑。其次，还要考虑到设计对象在画面中的位置，过于居中可能会使人感到呆板，但是也不宜太偏，一般应略偏即可。关于地平线的高度，则应根据视点的高度来定。视点定得高一些，地面则应看得多一些；视点定得低一些，地面则应看得少一些。在一般情况下，地面不宜过大，因为过大的地面不仅不容易处理，而且还会显得空旷、单调。当然，配景设计也会影响到整体构图。如果在图面的中央绘制一棵树，将会将图面等分为两块，从而破坏了图面的完整性和统一性。在不对称构图的图面上，如果在图面的两端画上两棵同样大小的树，也会使人感到过于对称且呆板，从而影响到图面的统一。

在设计配景的时候，还要考虑到整个画面的平衡。例如，一般的透视图基本上都是近处大、远处小，图面的两端并不完全平衡。在这种情况下，如果再在主体设计对象近端一侧的上方绘制一株大树，则会使图面的轻重更加悬殊，从而失去了平衡。另外，还应使配景的轮廓线富有变化，以避免与设计对象的外轮廓相一致，否则，将会使读图者感到单调。

总之，切不可机械地理解构图，具体到不同的设计对象上，还要根据各自特点来作分析，而不能千篇一律。构图也是千变万化的，在作图之前，应当就图面内容多作几种方案进行比较。

适当地图案化，这主要还是从突出主体和有利于画面统一来考虑的。但是应注意人物的动作不宜太大，身体各部分要合乎比例，姿态要端庄稳重（见图5-16）。

人体比例非常重要，一般是以头部的高度与人体总高度作比较，我国大多数人比例为1：7。腰部以上约等于三倍头的高度，腰部以下约等于四倍头的高度。在透视图中绘制人物还要考虑到

图5-16　人物绘制方法

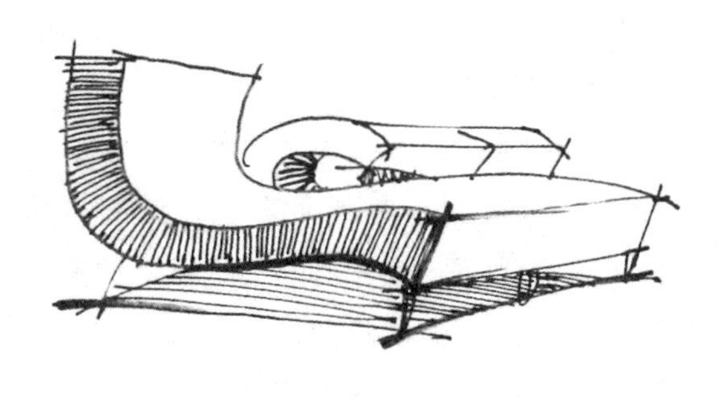

图5-17 家具绘制方法

图5-18 街景绘制方法

透视关系的变化。对于近处的人物，细节部分要绘画得细致一些，对比要强烈些，反之对于远处的人物，绘画处理手法上则相反。贴近墙面等构造的人，其大小要合乎比例。

关于人的透视高度的确定，可以分以下三种情况来设定。

1. 设定视平线的高度为人的高度

视平线的高度一般定为1.7m，这也是最符合于真实的情况的高度。在这种情况下，可以先用自动铅笔在图纸上轻绘视平线，然后把人的头部紧挨着这条线来绘制即可。在这种情况下，人的大小可以自由处理而不受任何限制，形体越大的人就意味所处的位置与视点越近，形体越小的人则意味所处的位置与视点越远。

2. 设定视平线的高度低于人的高度

一般的仰视图均属于这种情况，小于1.7m。这时可以在设计对象的近处一角，严格按比例标出人的真实高度，然后再从视平线上取任意一点向这个高度的上下两个端点连线，并向外延长，这样只需在这两条连线之间画人，其高度均符合于人的透视高度。

3. 设定视平线的高度高于人的高度

一般的鸟瞰图均属于这种情况，大于1.7m。这时，确定人的透视高度的方法与上述第二种情况相同。

除了上述配景外，在设计图纸中还包括家具（见图5-17）、街景（见图5-18）、山水、天空等内容，这些都需要认真对待，绘制配景的关键在于细心与归纳，细心能绘制出端庄的形体，深入表现构造细节，归纳能简化配景，烘托主体设计对象，避免喧宾夺主（见图5-19）。

(a)

(b)

图5-19 室内配景绘制

六、配景绘制步骤

设计对象与配景在图面中的位置要安排适宜。配景大、主体小或配景小、主体大，都能表达某种特定情感。当设计对象只需表达一部分时，常用树或次要构造来过渡。若主体造型以水平线为主，则可配以垂直感较强的树型，反之亦然。绘制配景要预先考虑，当主体绘制对象确定下来后即可布置配景，绘制草图时可以将配景与主体构造同步进行。

1. 选定配景样式和表现方法

选定配景要根据不同图纸类型和表现方法综合考虑，当然还要顾及绘图者的喜好和熟练程度，更要想到如何较好地表现景物，进而达到陪衬主体设计对象的目的。例如，如果主体对象为简洁明快的块状几何体造型，则可采用由纤细、柔和的曲折线条组成的景物。在图面中，配景的内容不超过8种，室外建筑一般配置树木、交通工具、其他建筑、道路设施、人物等。室内场景一般配置陈设品、软装布艺等。

2. 绘制底稿

绘制底稿时要注意处理整体和局部的关系，下笔前，明确景物和主体设计对象的构图关系。当配景与主体设计对象重叠交错时，一般以设计对象为主，其线条可以相对粗重，使用尺规绘制出横平竖直的形体。配景线条可以较轻，使用细实线绘制，线条曲直结合，可以徒手绘制，但是细部要表达清楚。在手绘制图中，配景底稿可以采用自动铅笔绘制，计算机制图可以直接调用图集、图库。

3. 绘制正稿

正式制图要注意遵循先主体构造后配景；先淡后重（对水彩、色笔画而言）；先大体后局部；先天空后地面；先左后右的原则。绘制主体构造时应回避复杂的配景形体，当主体构造绘制完毕后再来绘制配景。线条要近粗远细、近清晰远稍模糊；构图要记得留白透气。如果配景比较简单也可以与主体构造同步绘制，配景的明暗对比不宜过于强烈，线条结构相对简约。其中，层次是表达画面空间感的一个重要因素。通过层次，在图面中能感受到前后上下远近的分别，也可以是亮暗的分别，有层次感的图面给人生动真实的感觉，没有层次感则感觉图面灰，不突出。如果主体对象位于中景，则前景的树木、次要建筑、人物必须适当减弱，以突出主体对象，如同照相机的“景深”原理。最后对于刻画的细部、光影、质感作统一整理（见图5-20）。

（a）

（b）

图5-20　建筑配景绘制

第三节 图面表现形式

一、现代制图的受众对象

目前，经常接触并应用环境艺术设计制图的可分为大中专院校设计专业教师及学生、设计公司设计师、施工员、有设计需求的消费者、相关行业图书出版社等五类，这些对象都直接与设计制图相关联。

1. 设计专业在校师生

沿袭传统的教学模式，教师在授课时着重讲解制图方法和技巧，向学生灌输国家制图标准规范。学生按部就班地作大量练习，包括采用计算机辅助设计软件，但是对设计制图历史了解较少，在设计制图上缺乏创新精神，绘制的图纸细腻规范，同时也很容易遗忘。现代设计制图应该方便学习，操作逻辑简单，满足专业与非专业人士使用。

2. 设计公司设计师

刚毕业的助理设计师，能熟练应用国家设计制图规范，根据上级设计师的设计意图绘制设计图纸，很少独自设计，缺乏创作热情，图纸详细严谨。有数年工作经验的高级设计师一般很少绘图，凭借自己的经验在施工现场与客户交流，以墙代纸，边讲边画，装订成册的标准图纸就形同摆设，制图没有发挥其自身的作用。现代制图的绘制应该快速，能够提高设计师的工作效率，将更多的精力投入到设计创意中去。

3. 施工员

由于设计项目施工的承包特点，施工员一般都听从项目经理，而设计师很少驻留施工现场，所以设计师与施工员及客户三方之间很少通过图纸来达成一致。施工员文化水平高低不齐，对二维黑白线型图难以接受，图纸就成了摆设。现代设计制图应该超越传统的黑白概念，突出标注尺度和材料构造，使人一目了然。

4. 有设计需求的消费者

目前，国内中西部城市的环境艺术设计均采取免费的营销方式，即承包施工后消费者可获取免费设计图纸，免费图纸一般以黑白线型图的形式出现，很少包括彩色空间透视效果图，而消费者感兴趣的正是后者，并且希望获得多角度、多空间的透视图，而对前者会不屑一顾，免费图纸就成了鸡肋。现代设计制图应该满足大多数普通消费者的审美需求，能让人一目了然地了解设计构造。消费者希望能将设计费全部投入到设计创意中去，获得相应的设计品质。

5. 相关行业部门

近年来，国内针对环境艺术设计的书籍越来越多，内容丰富价格低廉，倾向于图片为主，文字为辅，图文并茂。书中所登载的图片又以彩色实景照片和效果图为主，施工图一般以插图的形式出现，在制版印刷上存在不清晰、不规范的弊

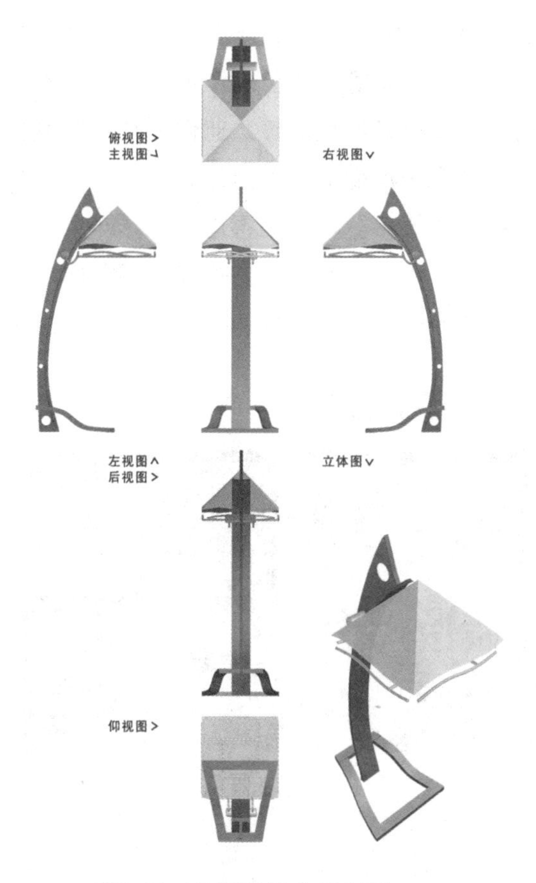

图5-21 外观设计专利制图

病。也有少数出版社专业出版图册图集类书籍，本册厚实，不同作者所编著的制图标准在细节上仍有不同，线型框架繁琐的标注仍不能打动读者。此外，申报环境艺术设计作品的外观专利也逐年增多，外观设计图的表现方式要接受相关申报部门的监督、指导（见图5-21）。

现代设计制图应该提出统一的图示模板，定入到国家制图规范中，并定期更新，以符合经济发展的需求。

二、全彩化制图

在设计制图中添加色彩并不是新鲜事物，彩色制图的难度就在于绘制效率低下、绘图员素质参差不齐。中国古代界画的表现融入了工笔和写意的色彩应用，在一定程度上区分了描绘对象的色彩质地，但并不是所有的设计构造都需要使用界画来表现设计方案。

现代环境艺术设计行业突飞猛进，对图纸的量化提出了新的要求，所有设计工程都需要以设计图纸为蓝本进行施工。彩色施工图一直以来被施工员和项目经理看好，他们能从中获取标注文字和尺度所不能够提供的信息。例如，装饰材料的品种和质感。色彩不再用来表示对象本色，而是区别部件、构造的重要手段，不同的色彩和质地能区分不同类别的装饰构造和材料应用（见图5-22）。全彩化制图应该被当作一项国家标准规范提放到桌面上。

制作彩色施工图有一定的难度。首先，设计师和施工员对色彩的认知态度都不同，例如：木材的颜色，设计师想通过丰富的木纹来衬托设计的古朴性，在表现图上施加相应的纹理质地，而施工员却要照图施工，很难甚至根本不可能找到类似木纹的木材，这样一来施工的质量就有所下降；其次，每个人在生活环境上的差异，造成了他们对色彩的不同认知，例如：设计师认为红色和白色相互搭配体现的设计风格清新亮丽，而且不失传统，而设计作品的受众（客户）又会因此联想到炙热的环境、火爆的心情、苍白的人生等不良氛围。这些矛盾如果通过色彩和质地的表现，堆积在设计制图上，那么这就与初衷相悖。

全彩化制图所包含的色彩应该是中性化的，不宜反映出极端的设计倾向，尤其是公共空间的环境艺术设计，过于鲜明的个性在任何环境下都会激发设计矛盾。目前，国内不少设计公司已经对内明文规定，所有设计图纸无论何种类别何种用途，一律全彩化表现，哪怕是用于设计师之间相互沟通交流的设计草图，都要添加简单的彩色铅笔或马克笔。在成品商业图上更是如此，使用比较多的即是Coreldraw制图软件，它能在很大程度上改变现有黑白图的状况，表现出丰富的色彩

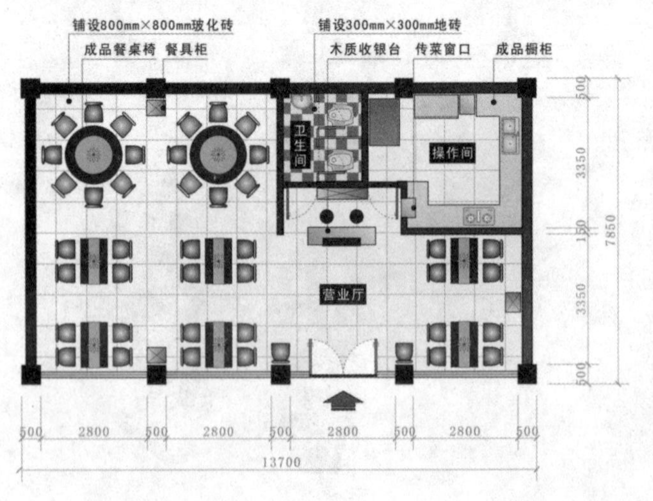

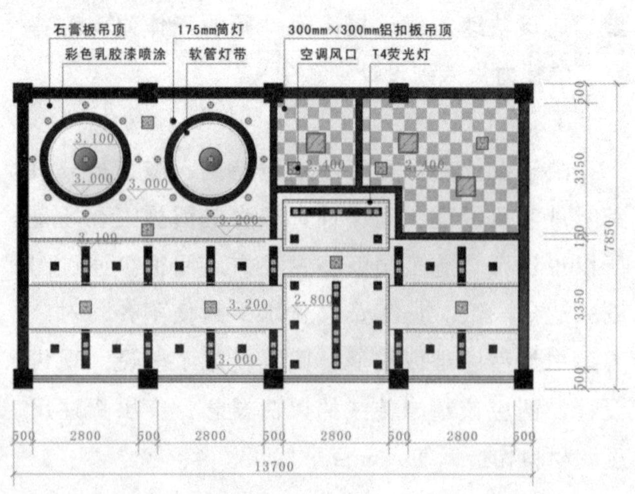

图5-22　彩色设计制图

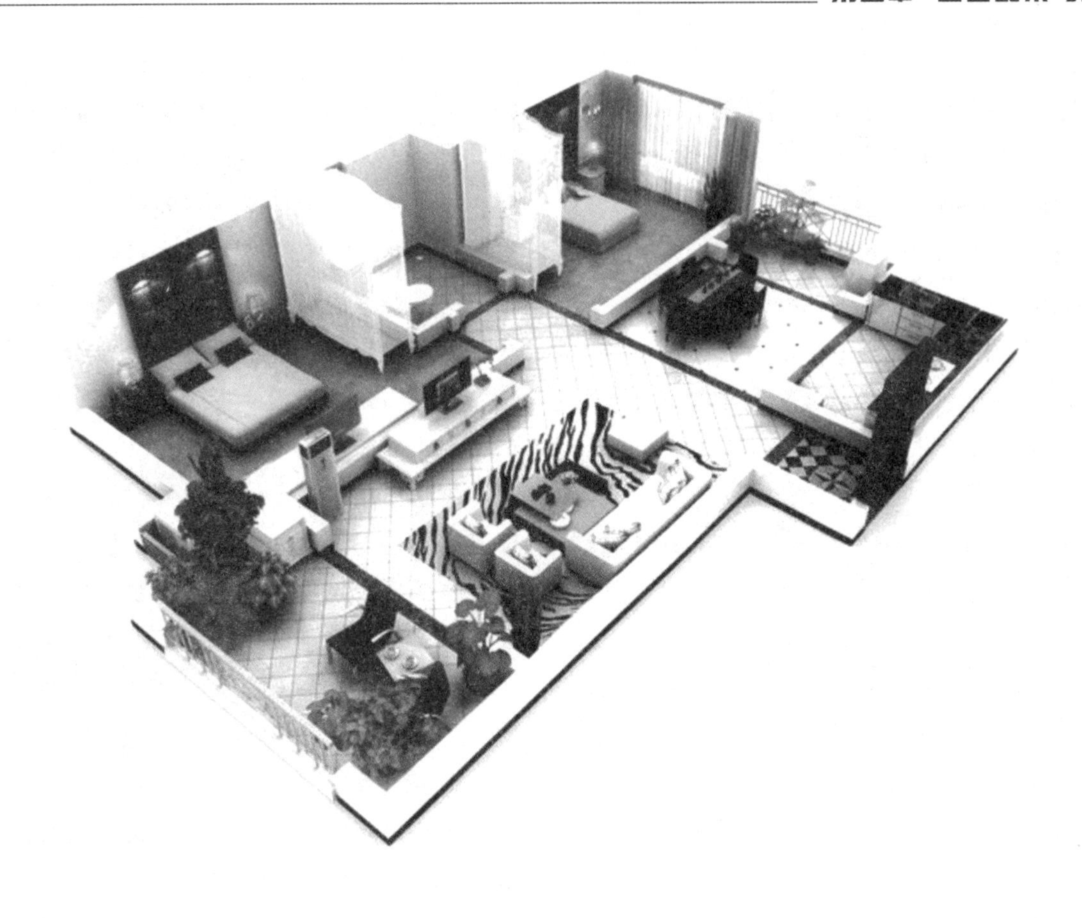

图5-23 立体设计制图

和质地，操作熟练后，效率不低于AutoCAD。

三、立体化表现

立体化制图一直是设计师所追求的效果。在传统制图中，界画就一直以轴测图和透视图相互结合来表现设计构造，但是直到清代末期，在制图方法上还没有作出完善的规定。

轴测图立体效果很好，但倾斜的线条容易失真。透视图效果逼真，但又不能明确反映设计构造的尺度和比例。立体化表现图应该是今后设计制图的主要发展方向。浅义上的立体化表现是以三维效果即全方位，各个角度来传达设计创意，正如目前行业内流行的装配图和彩色透视效果图。而深层意义的立体化表现，是需要横向来比较，在现有的立体图周边加入局部陈设配件的构造形态。例如，某客厅的室内设计图可以表达为彩色轴测图，在图纸的周边需要加上客厅的家具轴测图、灯具轴测图、水电路布局轴测图、陈设品轴测图等，这也是对设计师提出的更高要求。

现代设计不再是单纯的施工设计，而是全案设计。这种深层次的立体化表现在国内目前还是一项空白，即使是用到了商业领域，也仅仅是局部推广，时效很短，更没有哪一款制图软件能全部包容下来（见图5-23）。

四、图式化标注

图式化标注可以改进传统设计制图的生硬感和机械感，传统的符号和文字说明表达单一、形体孤立，对同一个图形会有多种认识。例如，一个圆形，它的大小和位置变化都会造成不同含义，在复杂的设计制图中容易出现误差，或者让人难以理解。

图式化标注就是将现有的符号和文字加以总结，尤其是对几何形体的归纳，经过统一分类后重新部署。

在制图中还可以根据使用类别来配置不同的色彩。例如，●可以表示固定点的标注内容；←可以表示线的标注内容；□可以表示面的标注内容；=可以表示体的标注内容等。无论是标注文字还是标注尺寸都套用以上图示符号，这样一来，再复杂的图纸也能尽收眼底。在国家标准中，可以将图示符号做硬性规定，目的是区分机械制图和建筑制图，让更多的人能够认可这一应用学科。

图式化标注可以加入多项数字单位，在《营造法式》中图纸的说明都以丈、尺、寸、分、厘等多种单位做数据的后缀，使图面效果更完善、更丰富。我国目前的通用长度单位有毫米、厘米、分米、米和千米等几种。在传统的设计制图中，只有规划图才单独使用米为计量单位，其他一律标注为毫米，这对形态差距很大的设计构造而言是不科学的。

图式化标注的目的就是为了简化制图，让图面通俗易懂，让所有的受众人群都能得益。

五、快速化操作

目前，国内的装修市场逐渐转冷，高价位的房产在一定程度上占领了后期装修的资金，一直高呼“设计收费”口号的设计师并没有从中受益。因此，要想长期挺立在这个行业里，必须提高制图速度，降低制作成本。

一直以来，学习专业的设计制图需要花费大量的时间，学生或设计师先要了解基础制图理论，再加强练习，在短期内是不可能有所突破的。近年来虽然使用了计算机辅助制图，工作效率有所提高，但是还没有革新性的创举。以大样图为例，现有的环境艺术设计制图套用了国家标准图集，但仍有不少构造需要单独绘制，现有的计算机制图软件还没有提供由正投影图推出局部节点大样图的功能。

快速化操作不是傻瓜化操作，具体的结构内容还是需要人工输入的，但输入后要能生成多个角度的结构效果，并且可以自由选择轴测或透视效果，这是解决制图效率低下的首要问题。国家标准图集图库虽然提供了dwg格式的文件，但是并不能直接运用到计算机制图软件中，需要对线型、图层、色彩等多个项目进行调节，在大多情况下还不如从头画起。因此，快速化操作是设计制图必须革新的一项重要内容。

任何制图软件都在不断地提高制图速度，但基本上都是建立在改进预制化模块的基础上来提高速度的，线条、色彩、图库等制图元素的种类有限，在一定程度上制约了设计制图的个性化发展。相对而言，SketchUp是当今国内绘制速度最快的制图软件，它能满足大多数设计师和消费者的基本商业需求（见图5-24、图5-25），如果要求获得细致的表现效果，仍然要花费大量时间。

图5-24　室内设计制图

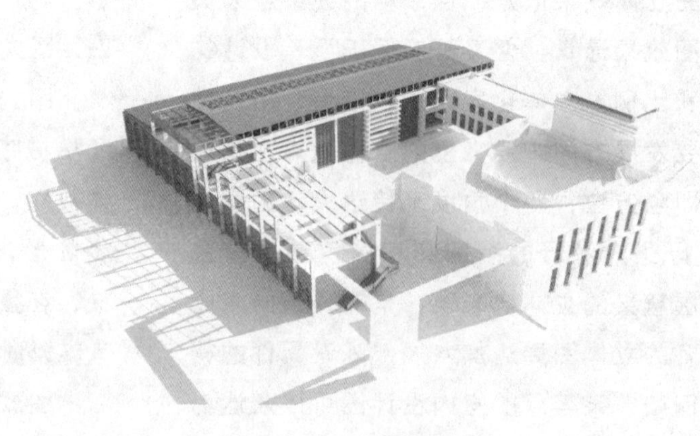

图5-25　建筑设计制图

第四节　图面版式设计

版式设计从表面上看是一种关于编排的学问，实际上，它不仅是一种技能，更实现了技术与艺术的高度统一。它是根据设计主题和视觉需求，在预先设定好的有限版面内，运用造型要素和形式原则，根据特定主题与内容的需要，将文字、图片（图形）及色彩等视觉传达信息要素进行有组织、有目的的组合排列的设计行为与过程。

一、版式设计原则

1. 功能性原则

设计制图区别于艺术绘画之处主要在于它的功能性，功能性是版式设计的首要原则。在环境艺术设计制图的版式设计中，虽然针对的设计对象不同，但是图面版式的功能是一致的，主要包括图纸内容、调节版面面积和美化装饰元素。优秀的图纸版式设计应该保持使用功能和艺术功能相平衡，片面放大单一功能的图面设计是不可取的。因为版式设计的最终目的是使图面产生清晰的条理性，用合理悦目的结构更好地突出主题，达到最佳诉求效果，读图者能从图面中得到各种信息，引起不同的认知。追求功能性的同时要体现一定的创新原则。

2. 整体性原则

版式设计需要遵循整体性原则，这是版式设计的表现基础。只讲表现形式而忽略图面的整体性，或只求图面表现完整而缺乏对主体对象的细致描述，这种设计都是不成功的。只有把表现形式与内容合理地统一，强化整体布局，才能解决设计应说什么、对谁说和怎样说的问题。强调图面的整体性原则，也就是强化版面各种编排要素在版面中的结构以及色彩上的关联性。通过版面的文、图间的整体组合与协调性的编排，使版面具有秩序美、条理美，从而获得更好的视觉效果。

3. 审美性原则

版式设计运用视觉元素形成视觉语言来传达信息，从而沟通绘图者和读图者的联系。每个时代的审美特征均有不同。怎样达到意新、形美、变化而又统一，并具有审美情趣，这就要取决于设计者的文化涵养。审美性是版式设计的一个主要功能之一，要获得公众的认可，就必须融合时代特色，用文字、图形、色彩等重新组装设计制图，并生动、形象地表现视觉效果。

4. 独创性原则

独创性原则实质上是突出个性化特征的原则。鲜明的个性，是版式设计的创意灵魂。因此，要敢于思考，敢于别出心裁，敢于独树一帜，在版式设计中多一点个性而少一些共性，多一点独创性而少一点一般性，才能赢得消费者的青睐。

绘图提示

版式设计的意义

在我们赖以生存的生活空间中，随处可见版式设计。优秀的版式设计，既能引导并左右人们的视线，又能让人在接受它所递信息的同时，受到情趣的感染或创意的启迪。如果说设计是社会文化发展中人类意识的一种实现过程.那么版式设计就是人们在这种频繁的信息传递过程中体现出来的一种艺术行为和文化行为。版式设计既是科学又是艺术，版式既是传达内容的视觉叙述组织，又是借用组织结构传达和表述情感的载体。

当代社会在要求美的同时.也要求速度。生活节奏和经济发展的加快，使各种信息能够最快地通过精美的印刷传递出去，于是版式设计就成为不容忽视的重要媒介。

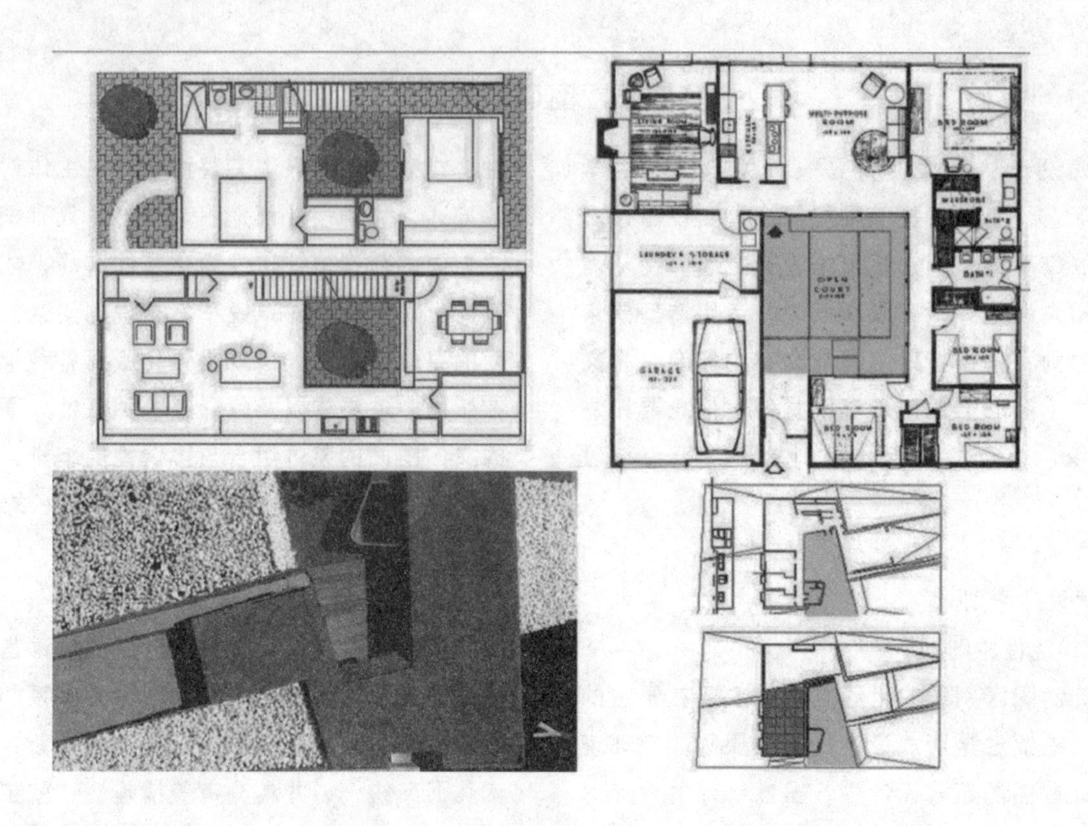

图5-26 制图版式设计（一）

二、版式设计的形式原理

版式设计离不开艺术表现。美的形式原理是规范形式美感的基本法则。它是通过重复与交错、节奏与韵律、对称与均衡、对比与调和、比例与适度、变异与秩序、虚实与留白、力场与网格、变化与统一等形式美构成法则来规划版面，把抽象美的观点及涵养诉诸观者，并从中获得美的教育和感受。它们之间是相辅相成、互为因果的，统一地共存于一个版面之中。版式设计的内容决定了其设计形式，而形式不仅能表达主题主旨，更重要的是能彰显主题内容。这也是版式设计的目的之一，通过处理文字、图形与色彩相辅相成的关系，使主题内容突出、视觉层次分明、结构关系协调、布局简洁明快（见图5-26）。

1. 重复与交错

在版式设计中，不断重复使用相同的基本形或线，它们的形状、大小方向都是相同的。重复使设计产生安定、整齐、规律的统一。

但重复构成后的视觉感受有时容易显得呆板、平淡、缺乏趣味性的变化。故此，我们在版面中可安排一些交错与重叠，打破版面呆板、平淡的格局。

2. 节奏与韵律

节奏与韵律来自于音乐概念，正如歌德所言："美丽属于韵律。"韵律被现代版式设计所吸收。节奏是按照一定的条理、秩序、重复连续地排列，形成一种律动形式。它有等距离的连续，也有渐变、大小、长短、明暗、形状、高低等的排列构成。在节奏中注入美的个性化，就有了韵律。韵律就好比是音乐中的旋律，不但有节奏更有情调，它能增强版面的感染力，开阔艺术的表现力。

3. 对称与均衡

两个同一形的并列与均齐，实际上就是最简单的对称形式。对称是同等同量的平衡。对称的形式有以中轴线为轴心的左右对称；以水平线为基准的上下对称和以对称点为源的放射对称；还有以对称面出发的反转形式。其特点是稳定严、整齐、秩序、安宁、沉静。

均衡是一种有变化的平衡。它运用等量不等形的方式来表现矛盾的统一性，揭示内在的，含蓄的铁序和平衡，达到一种静中有动成动中有静的条理美和动态美。均衡的形式富于变化、趣味，具有灵巧、生动、活泼、轻快的特点。

4. 对比与调和

对比是差异性的强调。对比的因素存在于相同或相异的性质之间。也就是把相对的两要素互相比较之下，产生大小、明暗、黑白、强弱、粗细、疏密、高低、远近、硬软、直曲、浓淡、动静、锐钝、轻重的对比。对比的最基本要素是显示主从关系和统一变化的效果。

调和是指适合、舒适、安定、统一，是近似性的强调，使两者或两者以上的要素相互具有共性。对比与调和是相辅相成的。在版式设计中，一般事例版面宜调和，局部版面宜对比。

5. 比例与适度

比例是形的整体与部分以及部分与部分之间数量的一种比率。比例又是一种用几何语言和数学词汇表现现代生活和现代科学技术的抽象艺术形式。成功的版式设计，首先取决于良好的比例。比例常常表现出一定的数列：等差数列、等比数列、黄金比等。黄金比能求得最大限度的和谐，使版面被分割的不同部分产生相互联系。

适度是版面的整体与局部与人的生理或习性的某些特定标准之间的大小关系，也就是版式设计要从视觉上适合读者的视觉心理。比例与适度，通常具有秩序、明朗的特性，予人一种清新、自然的新感觉（见图5-27）。

6. 变异与秩序

变异是规律的突破，是一种在整体效果中的局部突变。这一突变之异，往往就是整个版面最具动感、最引人关注的焦点，也是其含义延伸或转折的始端。变异的形式有规律的转移、规律的变异，可依据大小、方向、形状的不同来构成特异效果。

秩序美是构成版面的灵魂。它是一种组织美的编排，能体现版面的科学性和条理性。由于版面是由文字、图形、线条等组成，尤其要求版面具有清晰明了的视觉秩序美。构成秩序美的原理有对称、均衡、比例、韵律、多样统一等。在秩序美中融入变异之构成，可使版面获得一种活泼动情的效果。

7. 虚实与留白

中国传统美学上有“计白守黑”这一说法。就是指编排的内容是“黑”，也就是实体，斤斤计较的却是虚实的“白”，也可为细弱的文字、图形或色彩。这要根据内容而定。画册设计留白则是版面未放置任何图的空间，它是“虚”的特殊表现手法。其形式、大小、比例，决定着版面的质量。

留白的感觉是一种轻松，最大的作用是引人

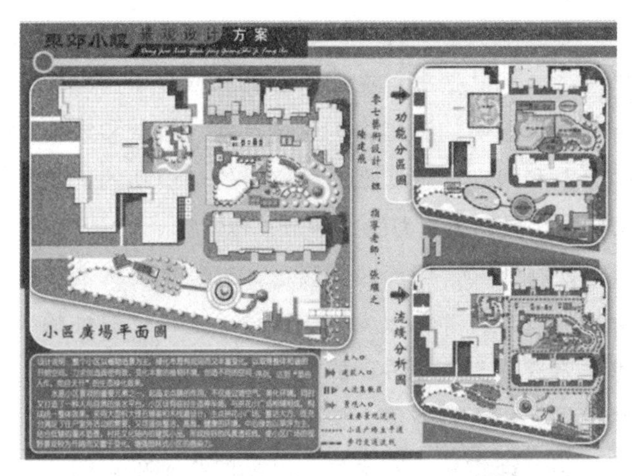

图5-27 制图版式设计（二）

版面设计中的色彩表现

各种色彩都意味着其特定的语言，包含一定的象征意义。通过色彩刺激，引起情感作用，它往往同观念、情绪、想象与意境等联系，形成一种特定的知觉，这便是色彩心理。所以认识色彩的象征性，通过色彩心理，传递设计内涵，是版面设计色彩选择与取舍的关键。

色彩能增强版面的感染力，根据色彩的语言特征，版面设计中色彩的构成表现分为：（1）直接表现，即根据版面的传递对象随类赋彩，以象征性的色彩语言和简单的图案标识加以引用，成为版面的主要色彩，这是版面设计中最基本的表现形式；（2）间接表现，即创造信息的情调，运用色彩心理，以象征性的色彩语言，加上图案标识来渲染设计气氛，从而给人一种很强烈的创新欲望。

版面设计和版面色彩渗透着设计者的艺术修养和文化品味，计算机的开发极大地丰富了组版设计手段，拓展了版面的设计空间。在这里，面对复杂的色彩现象及必须解决的实践问题，科学的认识，理性的判断与方法的掌握是必要的。

注意。在版面设计中，巧妙地留白，讲究空白之美，是为了更好地衬托主题，集中视线和造成版面的空间层次。

8. “力场”与网格

“力场”是一种在人们心理的感应下虚拟的空间。在版面的范围内，通过点状、线状和块面的分割和限定，使版面充满空灵的、流动的、并形成一个具有生命力的“场"。

网格，20世纪起源于瑞士，也是平面构成中骨架的概念，并得以发展与延伸。这种逻辑性的思维方式，为版式设计的科学性、严谨性、高效性提供了极大的方便。使视觉上产生空间的“力场”和装饰作用，网格分为可见的和不可见的。可见的网格清晰，具有条理性，但一味机械地使用，会使人产生呆板的感觉。如果设计师在统一网格的风格中，进行一些破格或变异的设计，运用网格作为版面编排的程序，而并不一定要把网格明显地表现出来，形成不可见的网格，相信会收到意想不到的效果。这种自由方式的构造，能使版面更丰富、更创新、更活泼。网格不同的处理方式，也会给版面带来不同的“力场”。

9. 变化与统一

变化与统一是形式美的总法则，是对立统一规律在版式设计上的应用。两者完美结合，是版式设计最根本的要求，也是艺术表现力的因素之一。

变化是一种智慧、想象的表现，是强调种种因素中的差异性方面，造成视觉上的跳跃。变化主要借助对比的形式法则。

统一是强调物质和形式中种种因素的一致性方面，最能使版面达到统一的方法是保持版面的简洁。也就是说版面的构成要素要少一些，而组合的形式却要丰富些。统一手法可借助均衡、调和、秩序等形式法则。

三、版式设计的基本类型

版式设计分为骨格型、满版型、上下分割型、左右分割型、中轴型、曲线型、倾斜型、对称型、重心型、三角型、并置型、自由型和四角型等13种。

1. 骨格型

规范的、理性的分割方法常见的骨格有–竖向通栏、双栏、三栏和四栏等。一般以竖向分栏为多。图片和文字的编排上，严格按照骨格比例进行编排配置，给人以严谨、和谐、理性的美。骨格经过相互混合后的版式，既理性有条理，又活泼而具有弹性。

2. 满版型

版面以图像充满整版，主要以图像为诉求，视觉传达直观而强烈。文字配置压置在上下、左右或中部（边部和中心）的图像上。满版型，给人大方、舒展的感觉（见图5-28）。

3. 上下分割型

整个版面分成上下两部分，在上半部或下半部配置图片（可以是单幅或多幅），另一部分则配置文字。图片部分感性而有活力，而文字则理性而静止（见图5-29）。

4. 左右分割型

整个版面分割为左右两部分，分别配置文字和图片。左右两部分形成强弱对比时，造成视觉心理的不平衡。这仅是视觉习惯(左右对称)上的问题，不如上下分割型的视觉流程自然。

如果将分割线虚化处理，或用文字左右重复穿插，左右图与文字会变得自然和谐（见图5-30）。

5. 中轴型

将图形作水平方向或垂直方向排列，文字配置在上下或左右。水平排列的版面，给人稳定、安静、平和与含蓄之感。垂直排列的版面，给人强烈的动感。

6. 曲线型

图片和文字，排列成曲线，产生韵律与节奏的感觉。

7. 倾斜型

版面主体形象或多幅图像作倾斜编排，造成版面强烈的动感和不稳定因素，引人注目。

8. 对称型

对称的版式，给人稳定、理性、秩序的感受。对称分为-绝对对称和相对对称。一般多采用相对对称手法，以避免过于严谨。对称一般以左右对称居多。

9. 重心型

重心型版式产生视觉焦点，使其更加突出。有三种类型直接以独立而轮廓分明的形象占据版面中心。向心，让视觉元素向版面中心聚拢的运动。离心，犹如石子投入水中，产生一圈一圈向外扩散的弧线的运动。

10. 三角型

在圆形、矩形、三角形等基本图形中，正三角形（金字塔形）最具有安全稳定因素。

11. 并置型

将相同或不同的图片作大小相同而位置不同的重复排列。并置构成的版面有比较、解说的意味，给予原本复杂喧闹的版面以秩序、安静、调和与节奏感。

12. 自由型

无规律的、随意的编排构成。有活泼、轻快的感觉。

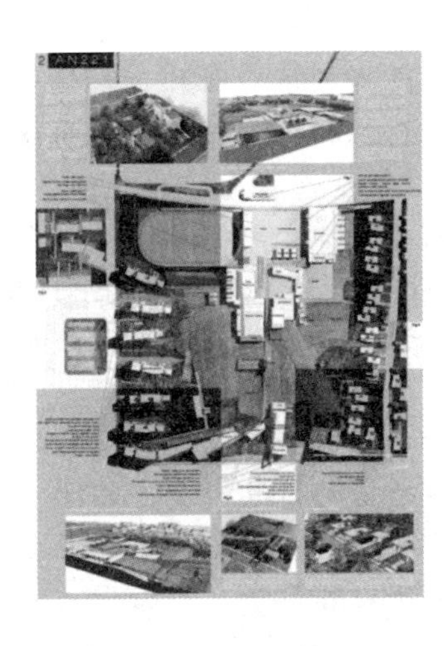

图5-28 满版型

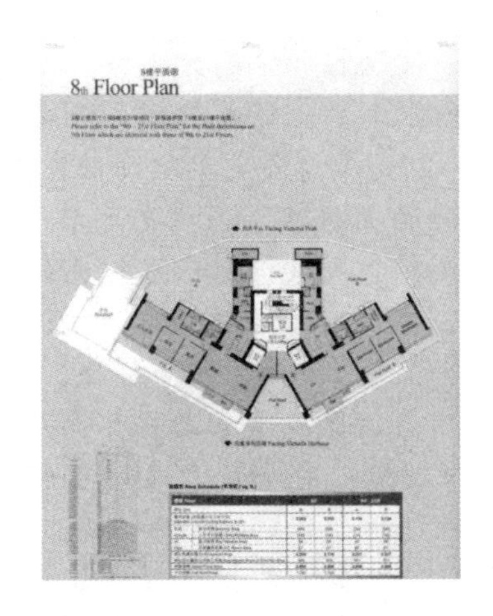

图5-29 上下分割型

图5-30 左右分割型

13. 四角型

版面四角以及连接四角的对角线结构上编排图形。给人严谨、规范的感觉。

四、版式设计的基本元素

点、线、面是构成视觉的空间的基本元素，也是版式设计上的主要语言。版式设计实际上就是如何经营好点、线、面。不管版面的内容与形式如何复杂，但最终可以简化到点、线、面上来。它们相互依存，相互作用，组合出各种各样的形态，构建成一个个千变万化的全新版面。

1. 点在版面

点的感觉是相对的，它是由形状，方向、大小、位置等形式构成的。这种聚散的排列与组合，带给人们不同的心理感应。点可以成为画龙点睛之"点"，和其他视觉设计要素相比，形成画面的中心，也可以和其他形态组合，起着平衡画面轻重，填补一定的空间，点缀和活跃画面气氛的作用;还可以组合起来，成为一种肌理或其他要素，衬托画面主体。

2. 线在版面

线游离于点与形之间，具有位置、长度、宽度、方向、形状和性格。直线和曲线是决定版面形象的基本要素。每一种线都有它自己独特的个性与情感存在着。将各种不同的线运用到版面设计中去，就会获得各种不同的效果。所以说，设计者能善于运用它，就等于拥有一个最得力的工具。

线从理论上讲，是点的发展和延伸。线的性质在版式设计中是多样性的。在许多应用性的设计中，文字构成的线，往往占据着画面的主要位置，成为设计者处理的主要对象。线也可以构成各种装饰要素，以及各种形态的外轮廓，它们起着界定、分隔画面各种形象的作用。作为设计要素，线在设计中的影响力大于点。线要求在视觉上占有更大的空间，它们的延伸带来了一种动势。线可以串联各种视觉要素，可以分割画面和图像文字，可以使画面充满动感，也可以在最大程度上稳定画面。

3. 面在版面

面在空间上占有的面积最多，因而在视觉上要比点、线来得强烈、实在，具有鲜明的个性特征。面可分成几何形和自由形两大类。因此，在版式设计时要把握相互间整体的和谐，才能产生

绘图提示

版式设计与编排设计的区别

虽然平时有人会将两者混为一谈，但版面设计和排版不是一回事。简单地说，可以认为排版就是版面设计程序中的正稿的编排，即在完整的版面设计工作中包括了排版。排版更侧重技术性的工作，仅仅在指定的方案中，运用技术手段将文字、图片、表格等内容进行组织。如果是制作印刷品，还要按照印刷要求进行分页。相对于排版，版面设计更具有创造性和艺术性，需要考虑各要素编排的方案，是一项创造性的工作。

所谓版式设计，即在版面上将有限的视觉元素进行有机的排列组合，将理性思维个性化地表现出来，是一种具有个人风格和艺术特色的视觉传达方式，它在传达信息的同时，也产生感观上的美感。版式设计的范围可涉及报纸、杂志、书籍、画册、产品样本、挂历、招贴、唱片封套等平面设计的各个领域。

编排设计是依照视觉信息的既有要素与媒体介质要素进行的一种组织构造性设计，是根据文字、图像、图形、符号、色彩、尺度、空间等元素和特定的信息需要，按照美感原则和人的视认阅读特性进行组织、构成和排版，使版面具有一定的视觉美感，适合阅读习惯，引起人的阅读兴趣。版面编排设计的最终目的在于使内容清晰、有条理、主次分明，具有一定的逻辑性，以促使视觉信息得到快速、准确、清晰地表达和传播。

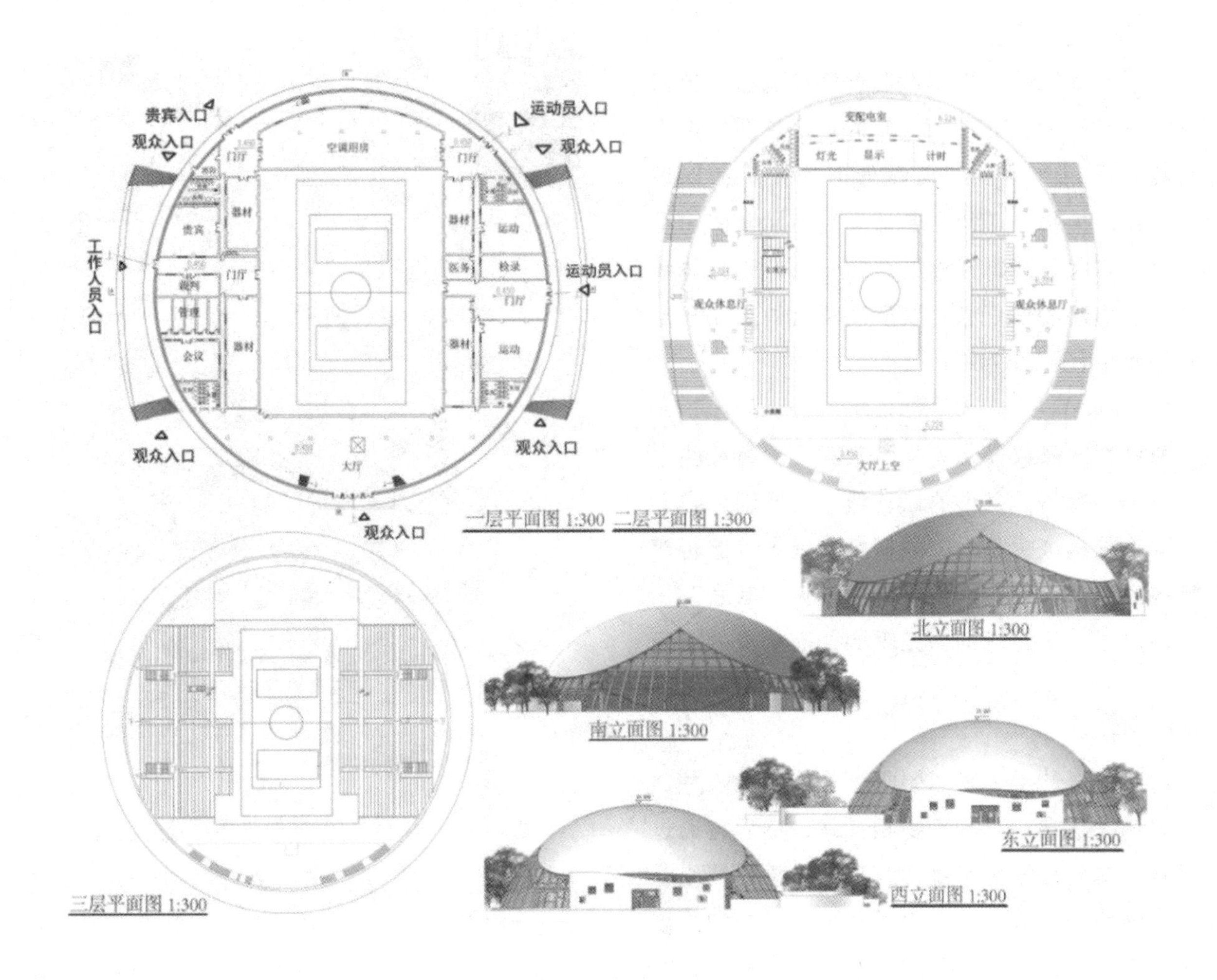

图5-31　图形与版式设计

具有美感的视觉形式。在现实的版式设计中，面的表现也包容了各种色彩、肌理等方面的变化，同时面的形状和边缘对面的性质也有着很大的影响，在不同的情况下会使面的形象产生极多的变化。在整个基本视觉要素中，面的视觉影响力最大，它们在画面上往往是举足轻重的。

五、图形与版式

图形可以理解为除摄影以外的一切图和形。图形以其独特的想象力、创造力及超现实的自由构造，在版式设计中展示着独特的视觉魅力。在国外，图形设计师已成为一种专门的职业。图形设计师的社会地位已伴随图形表达形式所起的社会作用，日益被人们所认同。今天，图形设计师已不再满足或停留在手绘的技巧上，电脑新科技为图形设计师们提供了广阔的表演舞台，促使图形的视觉语言变得更加丰富多彩。图形主要具有以下特征:图形的简洁性、夸张性、具象性、抽象性、符号性、文字性。

1. 简洁性

图形在版式设计中最直接的效果就是简洁明了，主题突出（见图5-31）。

2. 夸张性

夸张是设计师最常借用的一种表现手法，它将对象中的特殊和个性中美的方面进行明显的夸大，并凭借于想象，充分扩大事物的特征，造成新奇变幻的版面情趣，以此来加强版面的艺术感染力，从而加速信息传达的时效。

3. 具象性

具象性图形最大的特点在于真实地反映自然形态的美。人物、动物、植物的具象性图形最大的特点在于真实地反映自然形态的美。在以人物、动物、植物、矿物或自然环境为元素的造型中，以写实性与装饰性相结合，令人产生具体清晰、亲切生动和信任感、以反映事物的内涵和自身的艺术性（见图5-32）。

4. 抽象性

抽象性图形以简洁单纯而又鲜明的特征为主要特色。它运用几何形的点、线、面及圆、方、三角等形来构成，是规律的概括与提炼。这种简练精美的图形为现代人们所喜闻乐见，其表现的前景是广阔的、深远的、无限的，而构成的版面更具有时代特色。

5. 符号性

在版式设计中，图形的符号性最具代表性，它是人们把信息与某种事物相关联，然后再通过视觉感知其代表一定事物。当这种对象被公众认同时，便成为代表这个事物的图形符号。如国徽是一种符号，它是一个国家的象征。图形符号在版式设计中是最简洁，且变化多端的视觉体验。

图形符号的内涵有象征性与形象性：象征性是运用感性、含蓄、隐喻的符号，暗示和启发人们产生联想，揭示着情感内容和思想观念；形象性是以具体清晰的符号去表现版面内容，图形符号与内容的传达往往是相一致的，也就是说它与事物的本质联为一体。

6. 指示性

顾名思义，这是一种命令、传达、指示性的符号。在版式设计中，经常采用此种形式，以此引领、诱导读者的视线，沿着设计师的视线流程进行阅读。

7. 文字性

文字的图形化特征，历来是设计师们乐此不疲的创作素材。中国历来讲究书画同源。其文字本身就具有图形之美而达到艺术境界。以图造字早在上古时期的甲骨文就开始了。至今其文字结构依然符合图形审美的构成原则。世界上的文字也不外乎象形和符号等形式。所以说，要从文字中发现可组成图形的因素实在是一件轻而易举之事。它包含有图形文字和文字图形的双层意义。

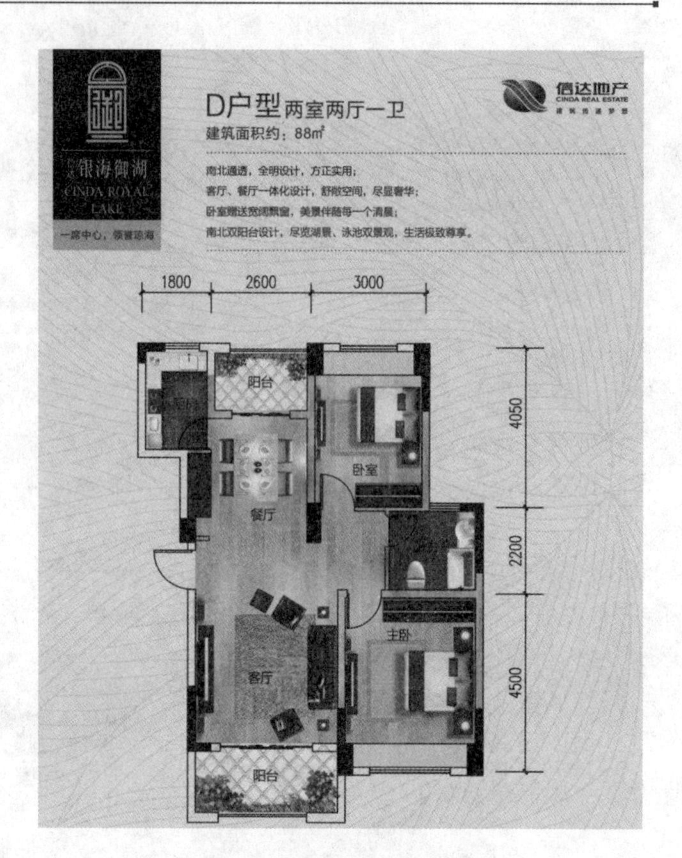

图5-32 图形与版式设计

（1）图形文字 是指将文字用图形的形式来处理,运用重叠、放射、变形等形式在视觉上产生特殊效果，给图形文字开辟了一个新的设计领域。

（2）文字图形 是将文字作为最基本单位的点、线、面出现在设计中，使其成为版式设计的一部分，甚至整体达到图文并茂、别具一格的版面构成形式。这是一种极具趣味的构成方式，往往能起到活跃人们视线、产生生动妙趣的效果。

第五节 设计制图的发展趋势

设计制图所传达的信息应该能被绘图者和读图者接受，保证信息传达无误。这样就需要统一的规范。2000多年来，中国制图学的进步就在于将图形不断精确化，线型不断丰富化，标准不断规范化。

一、融入传统元素

中国古代匠师通过制图来表达设计思想，传统图学思想可以总结为以下两点。

1. 指导工程

工程制图的目的是用以表达事物的形象和作为制造的重要依据。宋代《营造法式》是中国古代一部最完善的建筑技术专著，该书内容丰富，章节完整，附带了详细的图样（见图5-33），为当时的建筑工程活动作出了明确指导。清代《工程做法则例》再次使用图样的方式对建筑工程重新整合，起到了明确的指导作用。现代制图可以融入全彩制图的表现特点，在现代制图中着重表现施工图上的色彩和材质。

2. 传承历史

我国古代建筑的使用寿命有限，宏伟瑰丽的建筑要得到保存，主要是通过绘制图样。《历代名画记》采取了唐代以前有关的画论并加以整理，论述了自己的见解，提出建筑图保存的意义。而《清明上河图》是以界画的形式描绘北宋京城汴梁和汴河两岸建筑及人文风光，后人竞相摹画，传承着中华民族的悠久文化。

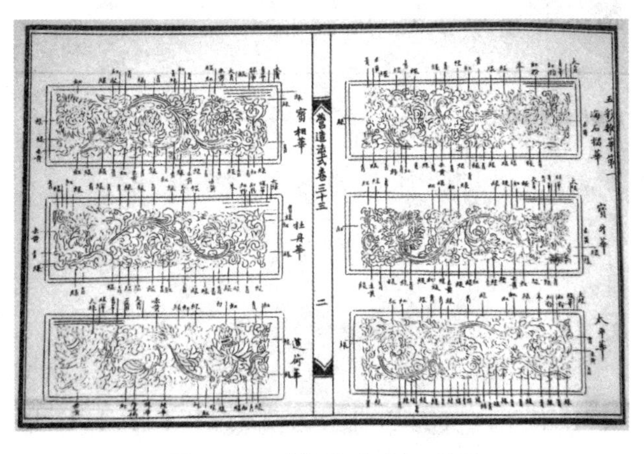

图5-33 《营造法式》附图

在现代设计制图中融入传统元素可以丰富图面效果，完善现有建筑制图和机械制图的不足，加入丰富化的图示可以提高图纸的审美，更加清晰的表达图面信息。走民族特色是当前我国国家文化发展的中心。欧美国家的制图形式一直延续文艺复兴时期的表现方式，在设计制图中所表达的家具、构造都带有古典元素。图集、图库的灵活使用，能够让社会各阶层的受众接受（见图5-34）。

在工业文明不发达的时代仍然不忘在设计图中使用彩色表现技法，丰富了创意工匠的思维，融汇了民族精神。我国的设计制度如果要独立，所寻求的首要特征应该从中国古代图学文化中挖掘。

二、向全方位表现发展

环境艺术设计制图的全面发展在于功能上的完善，全方面表现制图的特征就是容量大、图纸

图5-34 住宅户型平面图

全，以单图放大，多图示表现为核心。在一张大面积图纸范围内，表现主要对象，在四周扩展该设计对象的各个构造细节、大样，并且以轴测图和彩色透视效果图的形式来分类表现，同时配置文字说明。全方位的视觉传达可以提升制图品质，提高图纸的传播效率。

在国内很多设计公司里，求大求全的表现方式已经开始走向高潮，尤其是反映在室内设计和园林景观设计上，提出"全案设计"理念。以风格设计为主，配置构造设计、色彩设计、材料设计、陈设设计、文脉设计、使用设计等各方面内容，这种设计形式就需要全方位表现图纸所传达的信息。装订成册的图纸所包含的信息容量很大，设计构造可以通过全方位图纸来作诠释，提高了图纸的亲和力。三维动态表现也是全方位制图的重要发展方向，使用专业的计算机辅助软件获取模拟数码空间来表达创意思维，这种形态在今后的发展中会逐渐普及，特别是在设计过程中能随时修改。三维空间的视觉传达力远高于二维图纸（见图5-35、图5-36）。

很多设计师在制作彩色透视效果图时经常会习惯性的保留三维模型供客户参考，待客户提出意见后再作修改，最后才输出图片文件。这种工作流程可以通过3ds max等辅助软件来完成，但是三维动态不清晰，效果不明显。这就需要开发出全新的表现软件来弥补空白。

三、简化并美化现有制图

简化不代表简单，是指将传统制图中的多张图纸汇集到一张或几张图纸中，在图纸上做引线连接，并增加图解说明，图纸幅面增大，全彩色制图，清晰明朗，方便客户修改指正。其实，目前的制图技术水平完全能达到这一点，但是长期以来受传统建筑制图规范的影响，图纸还是按册装订，显得厚实，在商业运作上显得可行性很高。

以图解说明的形式来制图，会方便读图、识图，对设计消费者来说，更容易参与到设计和施工中来，是当前迫切的需求，设计的最终目的还是为了满足客户的认可。说明书式的图纸能让甲、乙双方产生共鸣（见图5-37）。

彩色制图对设计师提出了更高的要求，这种要求会逐渐转变。目前，已经有少数设计企业开始全彩制图，凭借着自身的独特优势，提高了绘图效率，但是这种高效是建立在个别操作熟练的绘图员或设计师身上，一旦有人员变动，则很快失去了这种效率。

简化并美化现有制图规范是环境艺术设计制

图5-35　住宅三维立体图

图5-36　住宅鸟瞰图

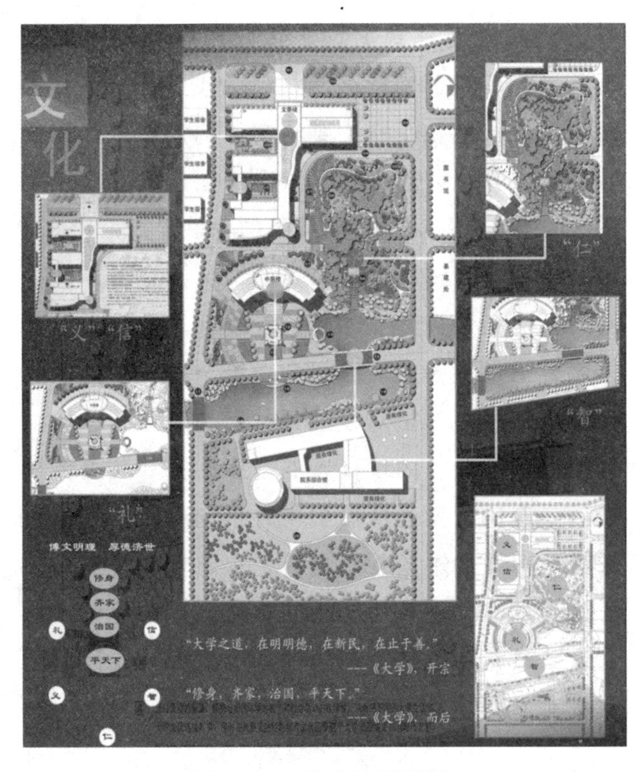

图5-37 景观设计图解

图独立的根本，设计的目的就是美化生活、提出创新，提升制图质量可以提高该行业的独立性。在实际操作上可以重新以国家标准的行式订制简明、唯美的图式图标，并且制作成各种格式的电子文件出版发行，让所有的接触人群都能分享这一独立成果，从而被更多设计师掌握。

四、开发模块化全案制图软件

开发具有模块化的全案制图软件非常有必要。这可以提高国产软件的知名度，在经济上为该行业节约创收，软件的开发模式应该走非商业化运作道路，由政府和行业协会出资开发，推广方式由设计的高端市场逐渐扩展到全局市场。这相对于商业盈利性软件有很大的竞争力。

替代现在流行的多种绘图软件，使用一套制图软件全部完成，有方案构思表现、图解文字创意、彩色方案图、彩色施工图、表现效果图、预算编制、施工进度编制、竣工说明、竣工图等全套流程的制作功能，该软件全部自主产权，不外挂其他国外商业软件，由行业协会和政府出资，全民免费使用。

目前，不少软件公司已经开发使用状况很好的设计软件，制图简单、快捷，图面质量优异，但是走的是商业化道路，需要付费使用、付费升级。这对于目前的国内市场而言，存在很大差距。首先，设计师由大专院校培养，自筹学费，没有必要额外为某一种制图软件付出高额的费用。其次，部分企业虽然有能力购买，但又没有能力长期保留这些经过培训的设计师。因此，走商业化道路会使制图软件的效应永远无法提升，大多数设计师还停留在传统制图效率与效果中。

绘图提示

调整设计消费市场

在现今阶段，设计制图在普通百姓心中属于一个较高的技术阶层，很多有设计需求的消费者不愿涉足这一行业，完全被动地跟随设计师的想法走。设计的成果最终还是被消费者使用，这样的设计矛盾屡见不鲜。今后的设计制图应该是全民制图，所有阶层的人都可以来接触这一行业。近年来很多企业推出了一系列个性化住宅设计软件，以模块化和傻瓜化的操作界面投入市场，但因为是有偿使用，因此效率不高。要提高全民的制图观念，在初期可以定为针对高端消费市场，将环境艺术设计制图软件和图纸仍然以高技术含量行业推向各消费阶层，通过高端消费来普及全国的制图观念，产生宣传效应后再对新开发的制图软件进行结构调整，由政府和行业协会出资统一，推向全社会。这种运作模式在我国经济发展中各个行业都有反映，并取得了良好的成效。

高端市场的暂时盈利不能脱离全民的消费观念，需要正确引导、积极宣传。设计制图的发展不应该作为一种产业，而是应该作为一种事业，这在很大程度上可以提高全民素质，提高民族自尊心、自信心。

目前，开发一款制图软件的费用的确很高，但是可以先走商业化道路，待产生影响后再由政府或行业协会接收，不断更新升级，不断推广。软件开发的人才会越来越多，以后升级的成本就很低了。目前，国内很多企业都在从事环境艺术设计制图免费软件的开发，在现有制图软件的基础上加入更全面的功能，如可以调用各种格式的三维模型，整合起来后能大幅度提高制图速度。这项尝试可以解决目前效果图制作成本高，修改复杂等关键问题。

五、培养具有传统艺术修养的设计师

我国现有的设计教育模式一般结合了建筑学（理科）与艺术学（文科）两种教育结构，在文、理科结合的教育背景下能够比较全面地培养新一代设计师，但是应该着重灌输传统艺术修养，尤其是对建筑史论、传统绘画等课程的创新。具有传统艺术修养的设计师才具备可持续发展的潜力，能在工作中结合前人的创新规律来提升自身的素质，这相对于只会制图操作、模块化设计的“匠人”来说具有很强的竞争实力。

培养具有传统艺术修养的设计师任重道远。例如，提高设计专业学生的录取标准，加大培养力度，提供更多的实践机会，给予毕业生更多的社会认知度。注重对设计师的二次培训和考核，贯彻执行注册室内设计师的行业认证。注重传统设计史论的积累，从历史中寻求创新方法和创新规律。科学的本质就是创新，创造性的改变制图形式更加有助于表达图纸的本意。了解传统才能创造未来，中国传统图学的内蕴是现代设计制图发展的源动力。

练习题

1. 详细讲述配景的绘制原则。
2. 根据自己的理解讲述绘制配景的要点。
3. 根据自己的理解讲述版式设计和编排设计的区别。
4. 详细讲述版式设计中的色彩表现。
5. 详细讲述版式设计的几种类型。
6. 收集各种花草、树木、陈设品、交通工具、人物等图片并对照绘制成线形图。
7. 使用A3幅面图纸绘制整体住宅彩色平面图。
8. 临摹图5-11，深刻理解配景的风格表现。
9. 设计并绘制一套小型店面设计方案并将图纸作排版设计。
10. 解释版式设计的形式原理。
11. 临摹图5-19。
12. 详细描述图形在版式设计中的特征。
13. 认真总结本课程内容，规划未来一段时间内关于设计制图的学习计划。

第六章　优秀图纸解析

关键词：商业图纸、表现目的、唯美、图面元素

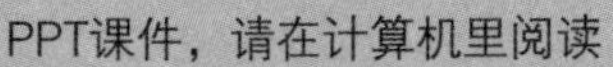

PPT课件，请在计算机里阅读

本章图纸资料，请用CAD查看

第六章 优秀图纸解析

收集优秀的设计图纸是一种独特的学习方法，不仅能领略制图方法，还能紧跟时尚潮流，占据设计市场前沿。优秀的设计图纸无处不在，书籍、杂志、网络等都是来源。对于图面信息丰富、制图手法规范、视觉效果良好的设计图纸应该及时保存下来，复印、扫描、拍摄均可。关键在于日常养成良好的收集习惯，将设计制图由专业学习转变为兴趣爱好。

收集到图纸后需作进一步阅读，分析其中的内容要点，如图线使用、比例选择、构图版式、装饰配饰、色彩搭配、文字说明、整体策划等图面信息。在学习、工作中应该适当模仿应用并不断改进，这对提高设计师个人制图水平有很大帮助。

第一节 黑白线型图

黑白线型图是最传统的设计制图，白纸黑线的记录方式简洁、方便，绘制效率高，识读明确，能被大多数人接受。黑白线型图要求绘制规范，具有严格的国家标准约束，因此能成为目前国内最普及的设计表现方式。

图6-1、图6-2为住宅装饰设计中常见的施工立面图。图中详细记录了家具、墙面、形体构造、尺寸数据、文字说明等信息。其中，正立面图与侧立面横向对齐，底部绘制粗实线表示落地放置。为了提升图面的审美效果，还加入了各种陈设品，并对不同材质的构造作图案填充处理，这些都是现代设计制图所必备的信息元素。在全套图纸中，立面图的数量最多，表现的设计部位最全，在日常学习、工作中，尽量多识读、临摹施工立面图，了解尺寸分配与构造逻辑是重点。

图6-3为服装货架三视图与立面图。三视图一般用于表现放置在空间中央的设计构造，需要绘制多个投影面才能完整表达设计创意。立面图一般用于表现放置在空间内墙体边的设计构造，其侧立面图能概括纵深尺寸。此外，这类货架一般较高，为了在一张图纸中最大化凸显设计构造，这就很难再获得空白图面空间来增添平面图或俯视图。服装货架的穿插构造较复杂，应该不厌其烦地作逻辑推理，才能准确无误的完成制图。对局部构造则需要添加大样图来辅助说明，构图既要完整、饱和，又不能过于繁琐，必要的文字说明不能省略。

图6-4为银行办公空间平、顶面布置图。空间功能完善，结构划分合理，具有很强的商业适用性。隔墙柱体、家具构造、装饰细节的线宽搭配适当，形成清晰、明朗的图面效果。内部交通流线清晰、地面铺设材料填充严谨，可以看出设计师具备很高的设计修养和丰富的工作经验。设计绘制此类特殊行业的办公空间需要进行大量实践考察，并认真听取客户意见才能找准设计方向，避免反复修改图纸。

图6-5、图6-6、图6-7、图6-8为办公空间平面布置图与各主要立面图。这是一套较完整的图纸，全面表现室内空间的装饰设计构造，平面图与立面图严谨对照，指引、标注方式整齐，详细记录装饰材料与施工工艺，能顺利指导工程施工。这类图面形式与表现效果能满足大多数室内设计、施工的需求。

图6-9、图6-10为围墙景观设计详图。针对体积较大且构造复杂的设计对象，需要绘制剖面图、大样图来补充平、立面图的不足。详图不仅要求构造详细，而且还要配置相应的尺寸数据和文字说明，正确的指引符号也是提升图面效果的重要因素。

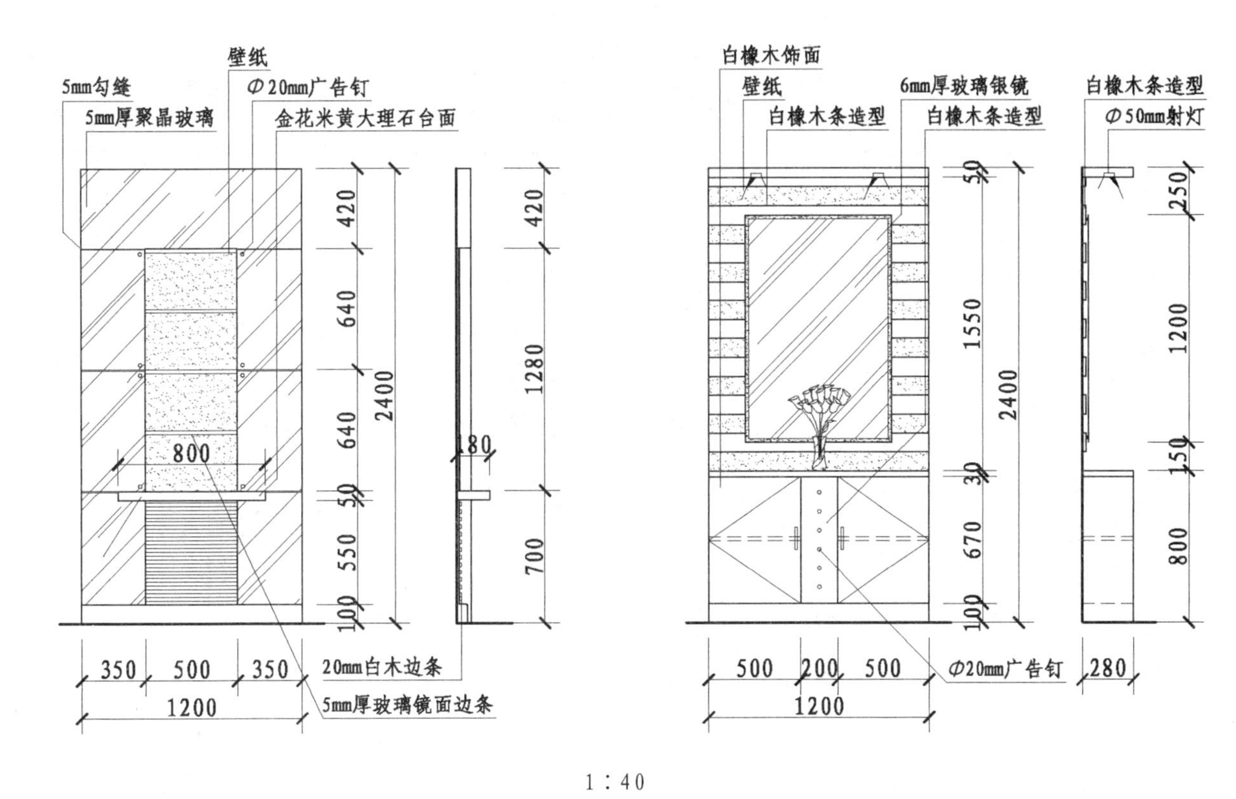

1∶40

(a)

(b)

5mm厚压花玻璃
木质饰面边框
壁纸饰面
木质饰面边框

Φ50mm射灯
白漆饰面百页柜门
6mm厚玻璃隔板
木质饰面板
5mm厚压花玻璃

40 350 350 360 450 180 520 150 2400 1600 800

150 400 400 150 400 1500 150 340

150 100 350 50 350 50 350 200 700 100 2400 1600 800

40 360 380 380 40 1200 60 300

1∶40

(c)

(d)

图6-1 装饰柜立面图

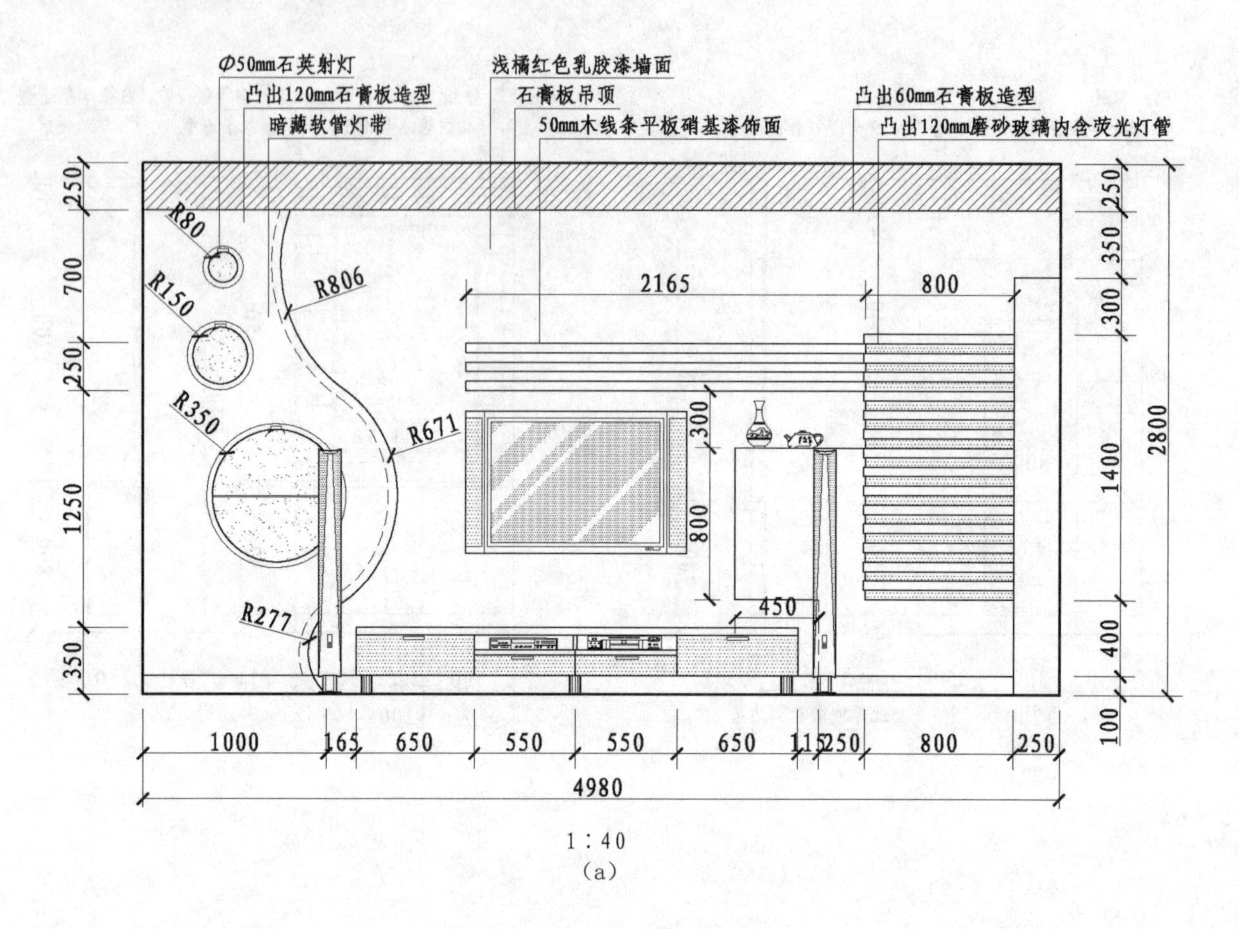

1：40

(a)

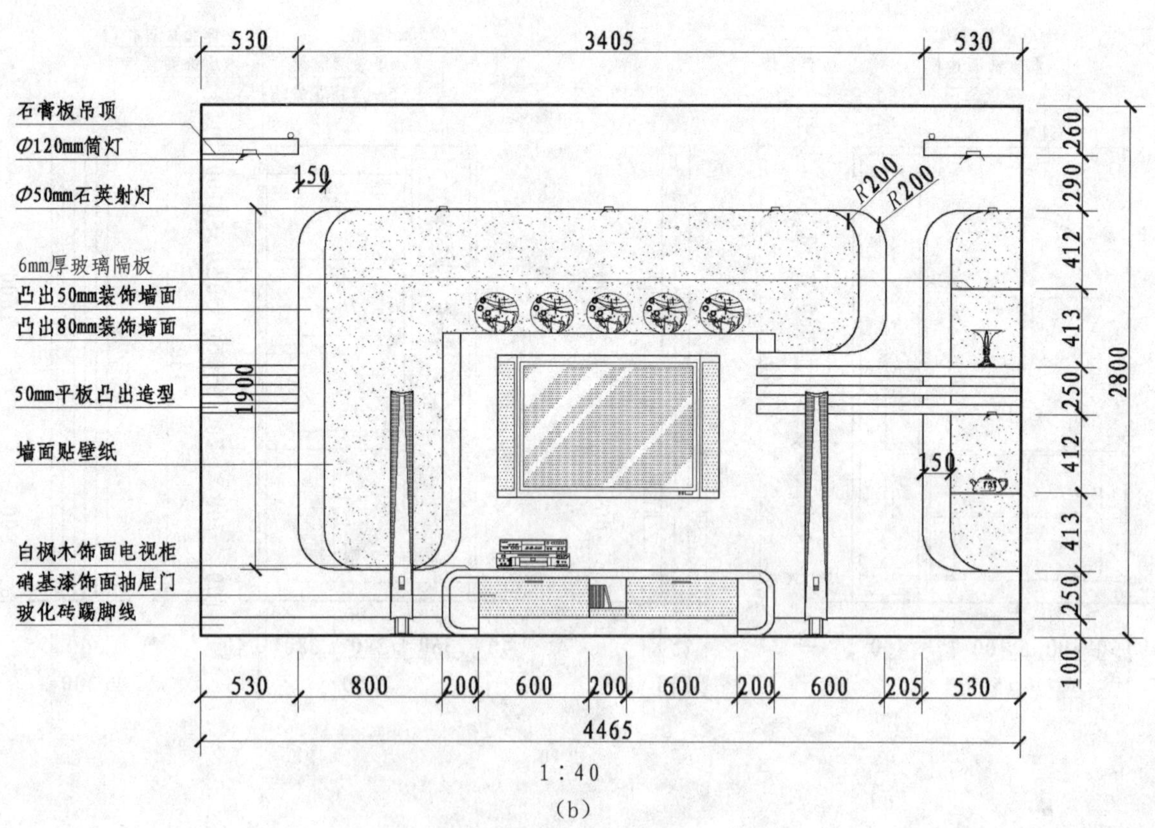

1：40

(b)

图6-2 电视背景墙立面图

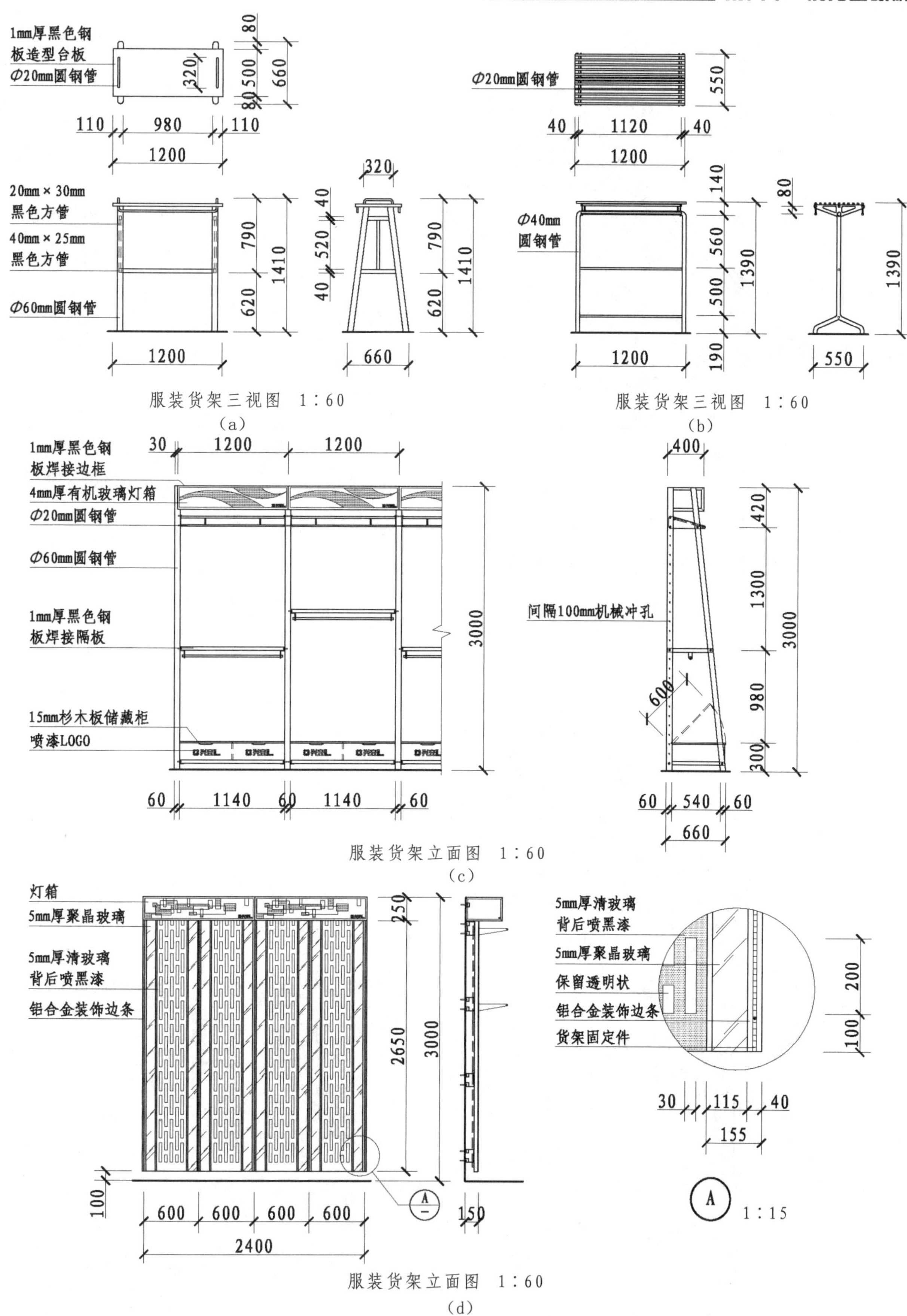
1mm厚黑色钢板造型台板
Φ20mm圆钢管
20mm×30mm黑色方管
40mm×25mm黑色方管
Φ60mm圆钢管
服装货架三视图 1:60
(a)
Φ20mm圆钢管
Φ40mm圆钢管
服装货架三视图 1:60
(b)
1mm厚黑色钢板焊接边框
4mm厚有机玻璃灯箱
Φ20mm圆钢管
Φ60mm圆钢管
1mm厚黑色钢板焊接隔板
15mm杉木板储藏柜
喷漆LOGO
间隔100mm机械冲孔
服装货架立面图 1:60
(c)
灯箱
5mm厚聚晶玻璃
5mm厚清玻璃背后喷黑漆
铝合金装饰边条
5mm厚清玻璃背后喷黑漆
5mm厚聚晶玻璃
保留透明状
铝合金装饰边条
货架固定件
服装货架立面图 1:60
(d)
A 1:15

图6-3 服装货架三视图与立面图

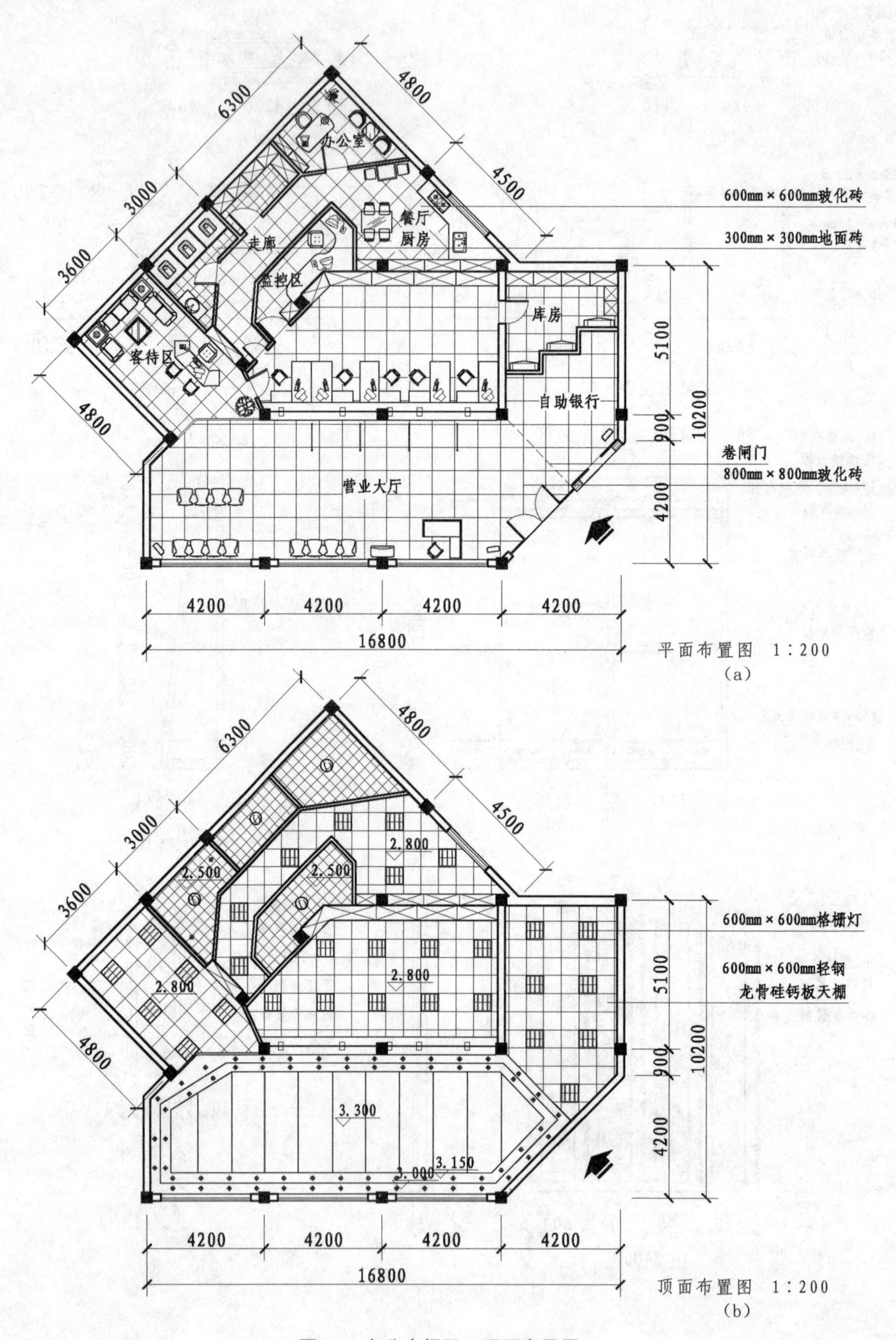

图6-4 办公空间平、顶面布置图

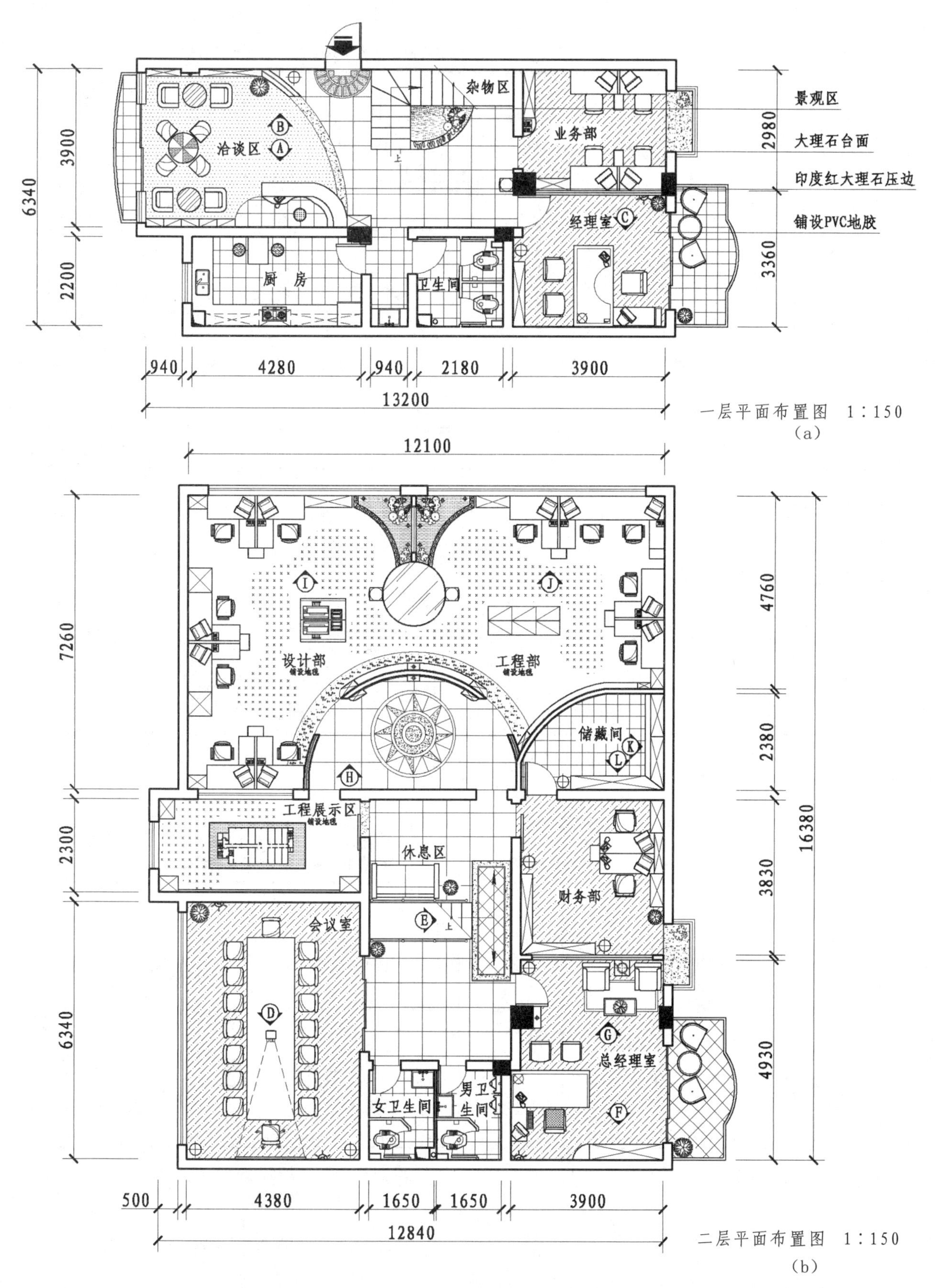

图6-5 办公空间平面布置图

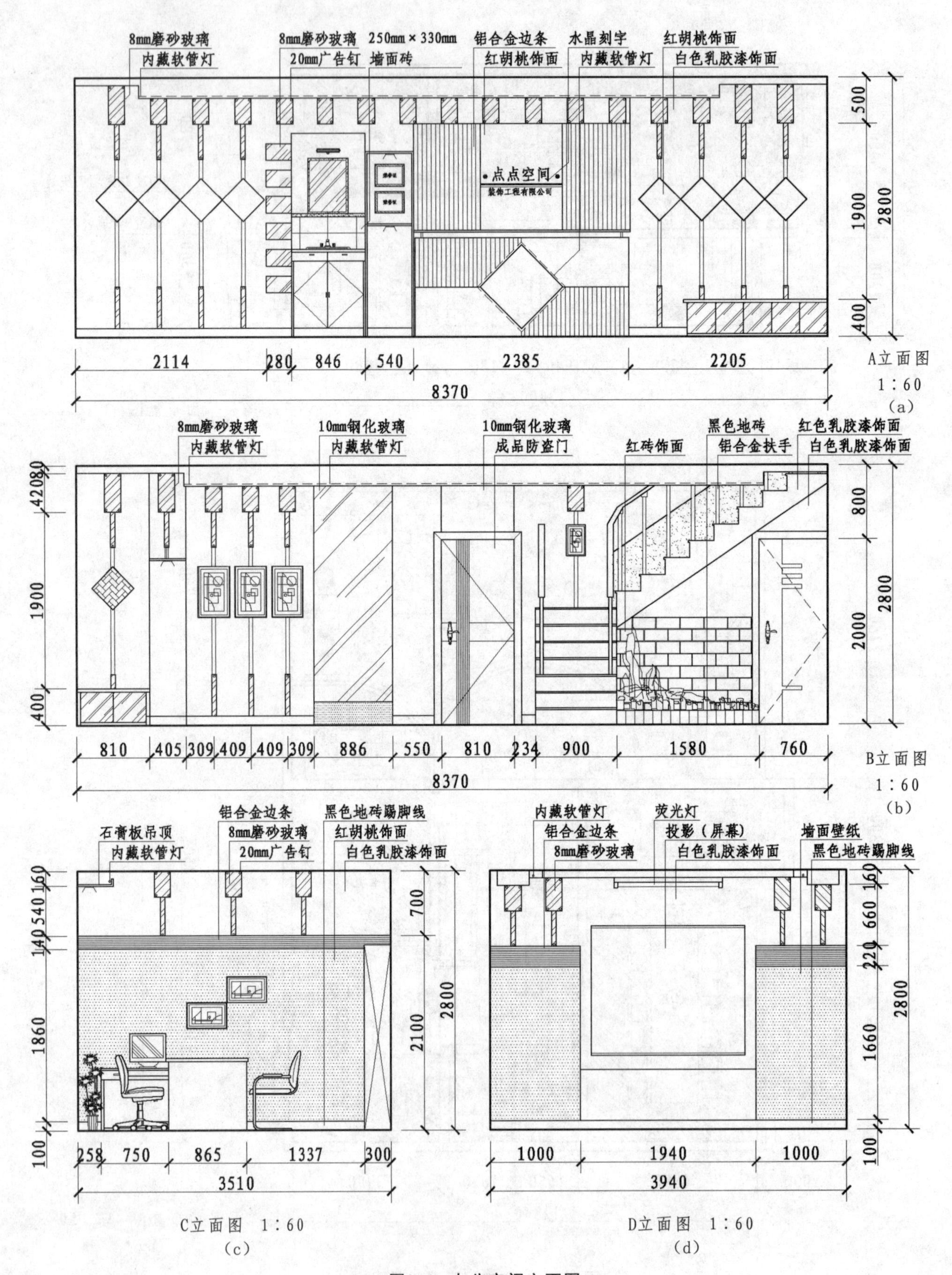
8mm磨砂玻璃
内藏软管灯
8mm磨砂玻璃
20mm广告钉
250mm×330mm
墙面砖
铝合金边条
红胡桃饰面
水晶刻字
内藏软管灯
红胡桃饰面
白色乳胶漆饰面
点点空间
装饰工程有限公司
500
1900
2800
400
2114
280
846
540
2385
2205
8370
A立面图
1：60
(a)
8mm磨砂玻璃
内藏软管灯
10mm钢化玻璃
内藏软管灯
10mm钢化玻璃
成品防盗门
红砖饰面
黑色地砖
铝合金扶手
红色乳胶漆饰面
白色乳胶漆饰面
420
80
1900
400
800
2000
2800
810
405
309
409
409
309
886
550
810
234
900
1580
760
8370
B立面图
1：60
(b)
石膏板吊顶
内藏软管灯
铝合金边条
8mm磨砂玻璃
20mm广告钉
黑色地砖踢脚线
红胡桃饰面
白色乳胶漆饰面
160
540
140
1860
100
700
2100
2800
258
750
865
1337
300
3510
C立面图 1：60
(c)
内藏软管灯
铝合金边条
8mm磨砂玻璃
荧光灯
投影（屏幕）
白色乳胶漆饰面
墙面壁纸
黑色地砖踢脚线
160
660
220
1660
100
2800
1000
1940
1000
3940
D立面图 1：60
(d)

图6-6 办公空间立面图一

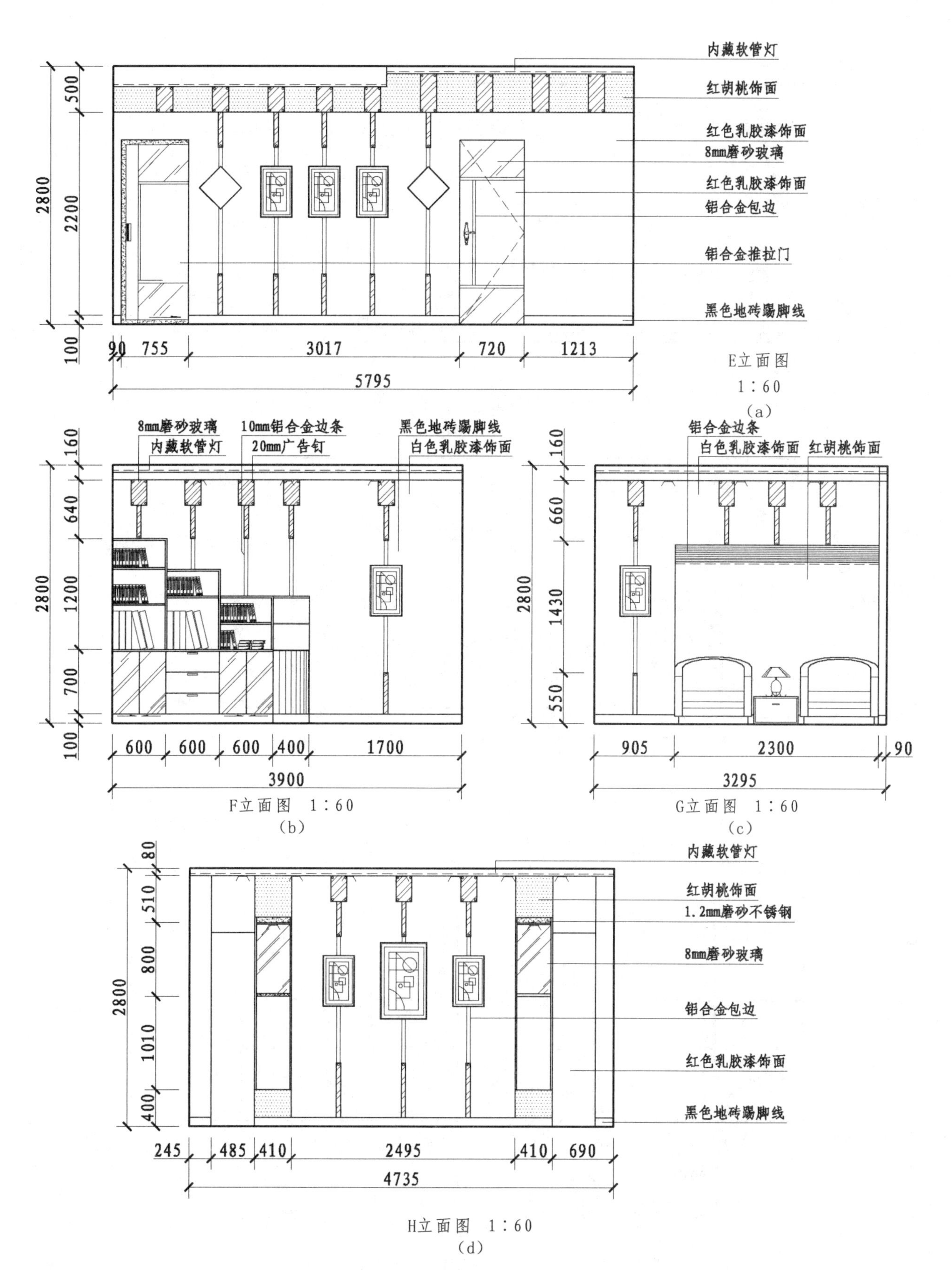

E立面图
1：60
(a)

F立面图 1：60
(b)

G立面图 1：60
(c)

H立面图 1：60
(d)

图6-7 办公空间立面图二

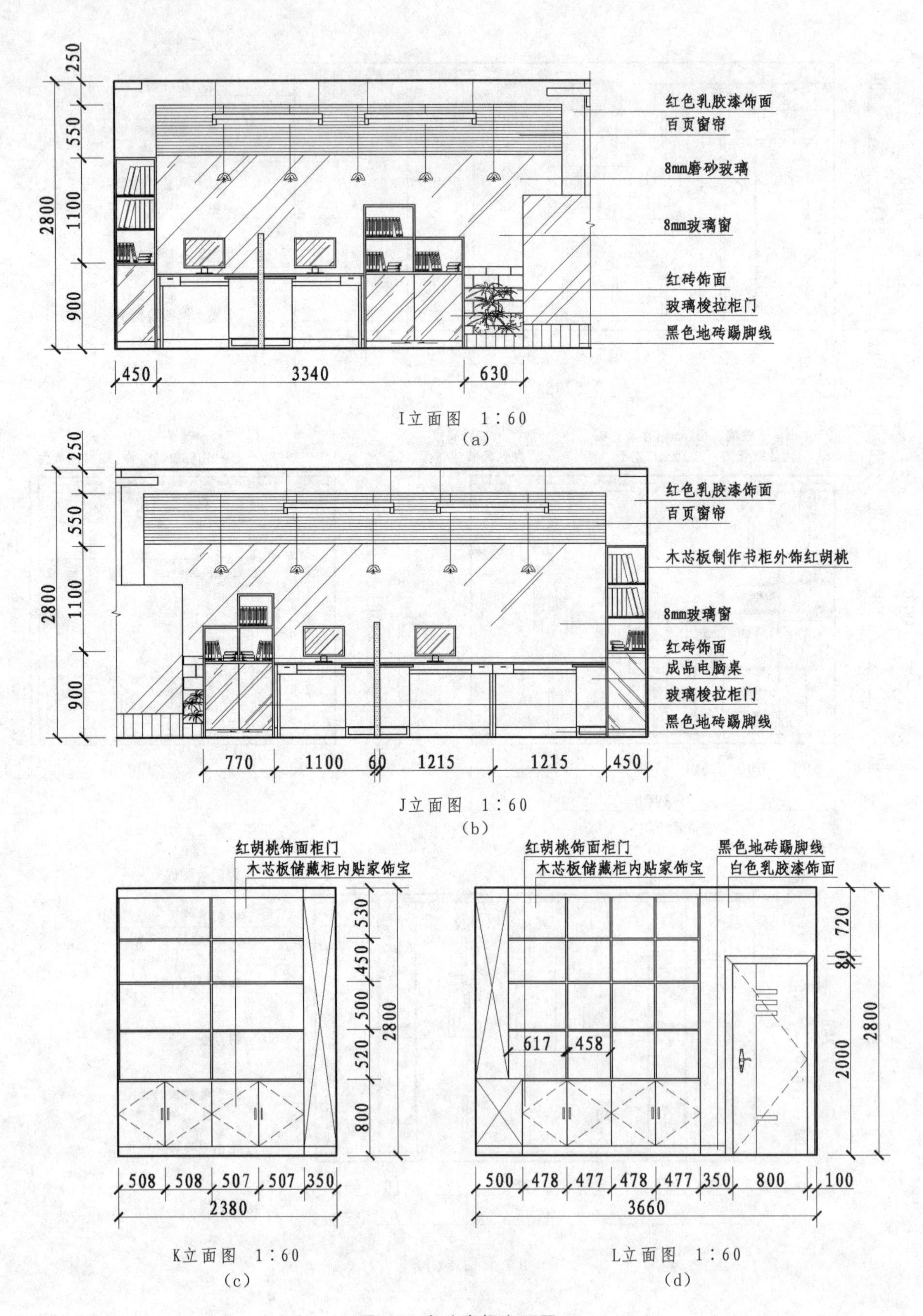

图6-8 办公空间立面图三

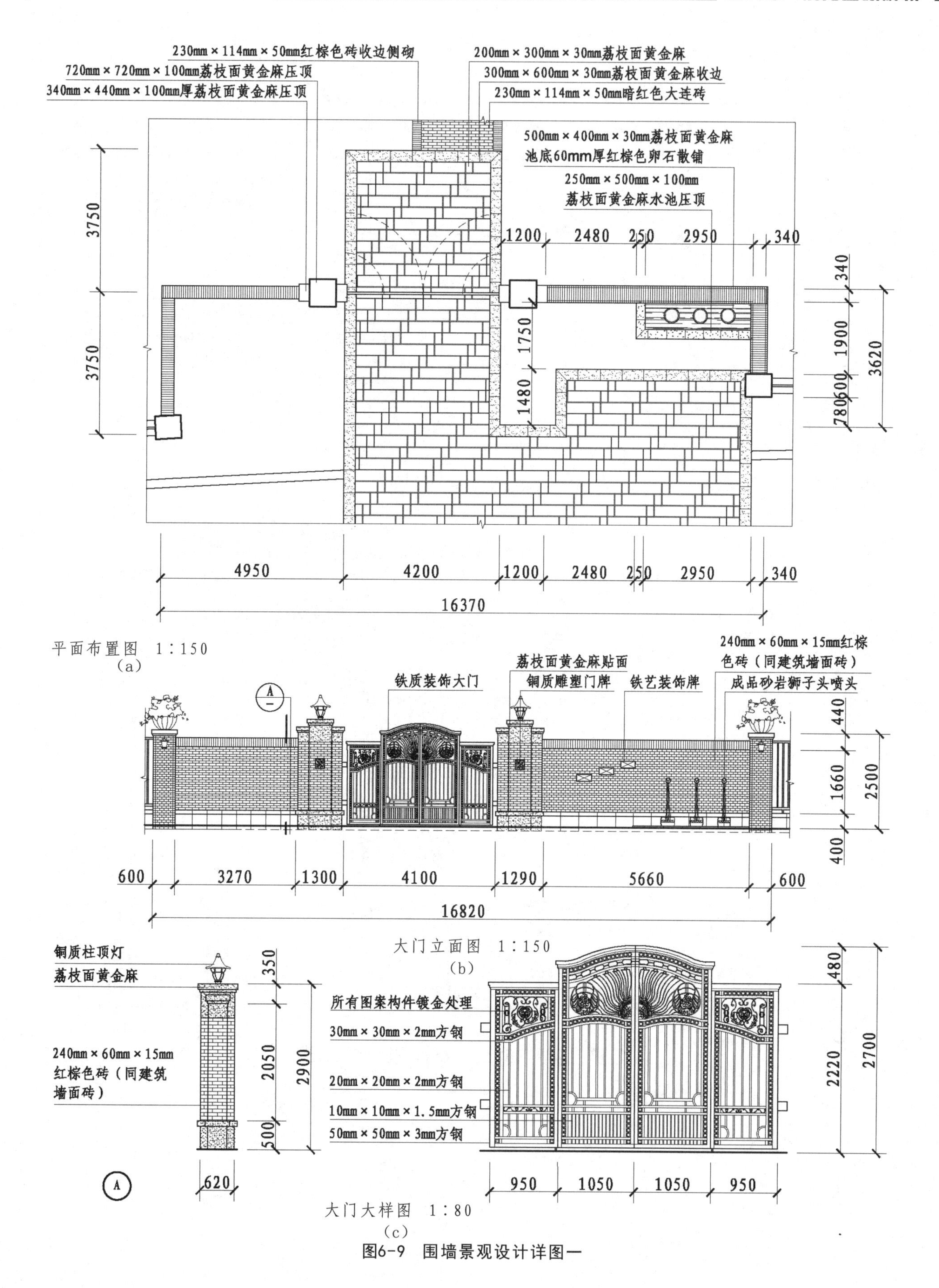

230mm×114mm×50mm红棕色砖收边侧砌
720mm×720mm×100mm荔枝面黄金麻压顶
340mm×440mm×100mm厚荔枝面黄金麻压顶
200mm×300mm×30mm荔枝面黄金麻
300mm×600mm×30mm荔枝面黄金麻收边
230mm×114mm×50mm暗红色大连砖
500mm×400mm×30mm荔枝面黄金麻
池底60mm厚红棕色卵石散铺
250mm×500mm×100mm
荔枝面黄金麻水池压顶
3750
3750
1200
2480
250
2950
340
1750
1480
340
1900
600
780
3620
4950
4200
16370
平面布置图　1：150
(a)
荔枝面黄金麻贴面
240mm×60mm×15mm红棕色砖（同建筑墙面砖）
铁质装饰大门
铜质雕塑门牌
铁艺装饰牌
成品砂岩狮子头喷头
440
1660
400
2500
600
3270
1300
4100
1290
5660
16820
大门立面图　1：150
(b)
铜质柱顶灯
荔枝面黄金麻
240mm×60mm×15mm
红棕色砖（同建筑墙面砖）
350
2050
500
2900
620
所有图案构件镀金处理
30mm×30mm×2mm方钢
20mm×20mm×2mm方钢
10mm×10mm×1.5mm方钢
50mm×50mm×3mm方钢
480
2220
2700
950
1050
1050
950
大门大样图　1：80
(c)

图6-9　围墙景观设计详图一

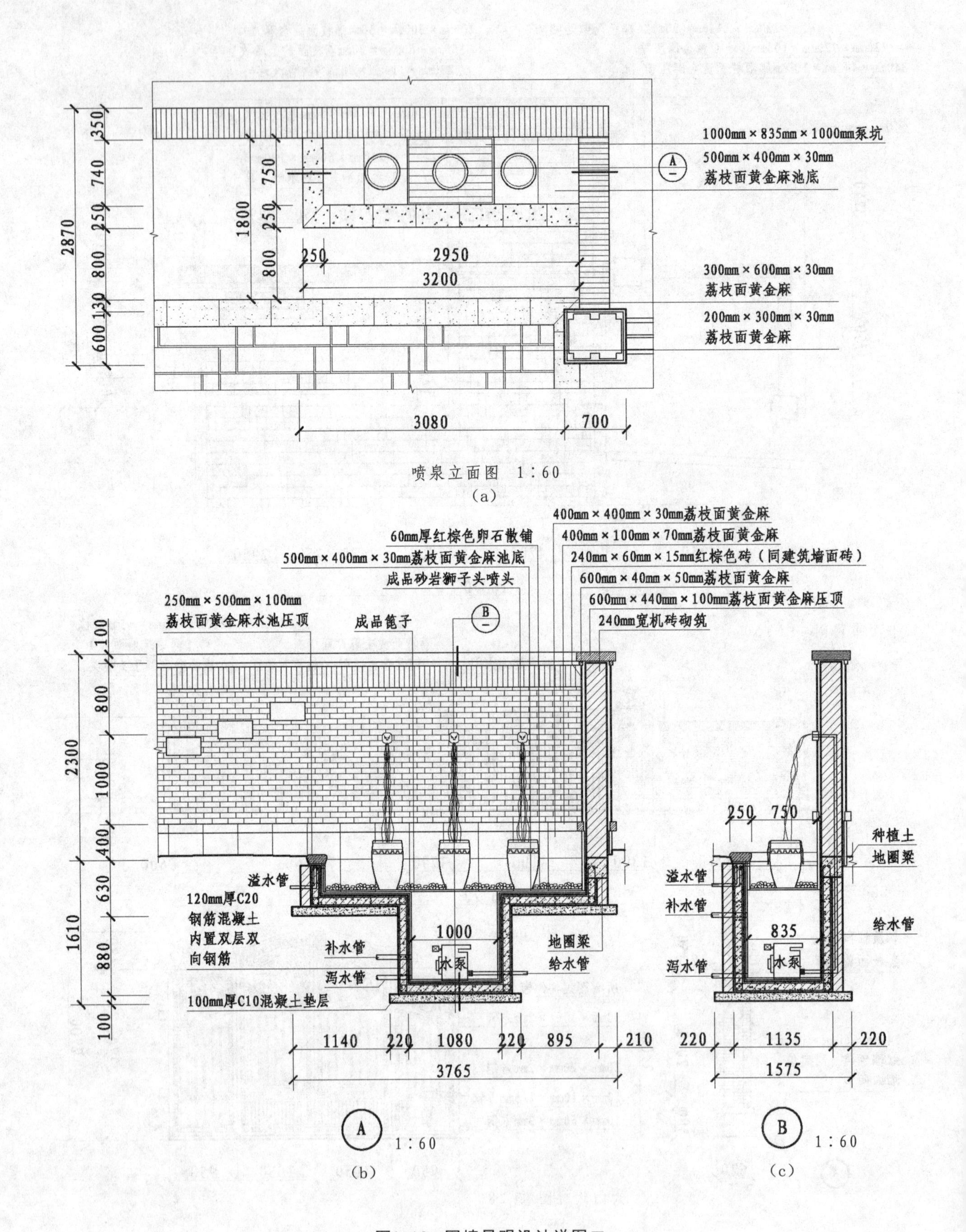

图6-10　围墙景观设计详图二

第二节　彩色渲染图

彩色渲染图是在传统黑白线型图的基础上添加了色彩，使图面效果更华丽、唯美，提升了设计制图的观赏价值。同时，丰富的色彩材质也能使读图者准确辨认设计构造，领悟设计者的创意思想。

图6-11为居住区绿化总平面图。这类图纸又称为规划图，识读对象是设计消费者或使用者，为了提升图面的认知性，在原有黑白线型图的基础上增加了彩色渲染，使图面层次更加丰富，建筑与绿化之间的位置关系显得更加明确。

图6-12为住宅平面布置图。用于家居装饰装修的图纸开始逐渐进入全彩表现时代，要求将地面、构造、家具、陈设都清晰明朗地表现出来，使设计图纸不仅具备指导施工的作用，还兼顾材料选购的参考功能。精美的彩色图纸可作长期收藏。

图6-13、图6-14为墙体构造立面图。这是在平面布置图的基础上继续扩展得来的，不仅增添了色彩与材质，还附有构造之间的阴影，生动表现空间形体。

图6-15、图6-16、图6-17为商业店面平面布置图与立面图。目前，小面积商业店面设计项目较多，全彩化制图成本并不高，但是却能激发读图者的兴趣。商业品牌、标准用材、指定色彩都能通过这种全彩制图完美解决，使设计者与消费者之间保持无障碍沟通。

图6-18为商业店面货架透视效果图。目前，这是传统平、立面图的进一步扩展，在基础图纸的支持下增加透视效果图能使设计表意更全面。这类单一货架的透视效果图无须绘制空间背景、界面形态，灯光、材质、视角都呈模式化布置，绘制效率很高，对于局部细节还可以任意放大渲染。此外，基础模型还能保存下来供后期制作场景效果图使用。

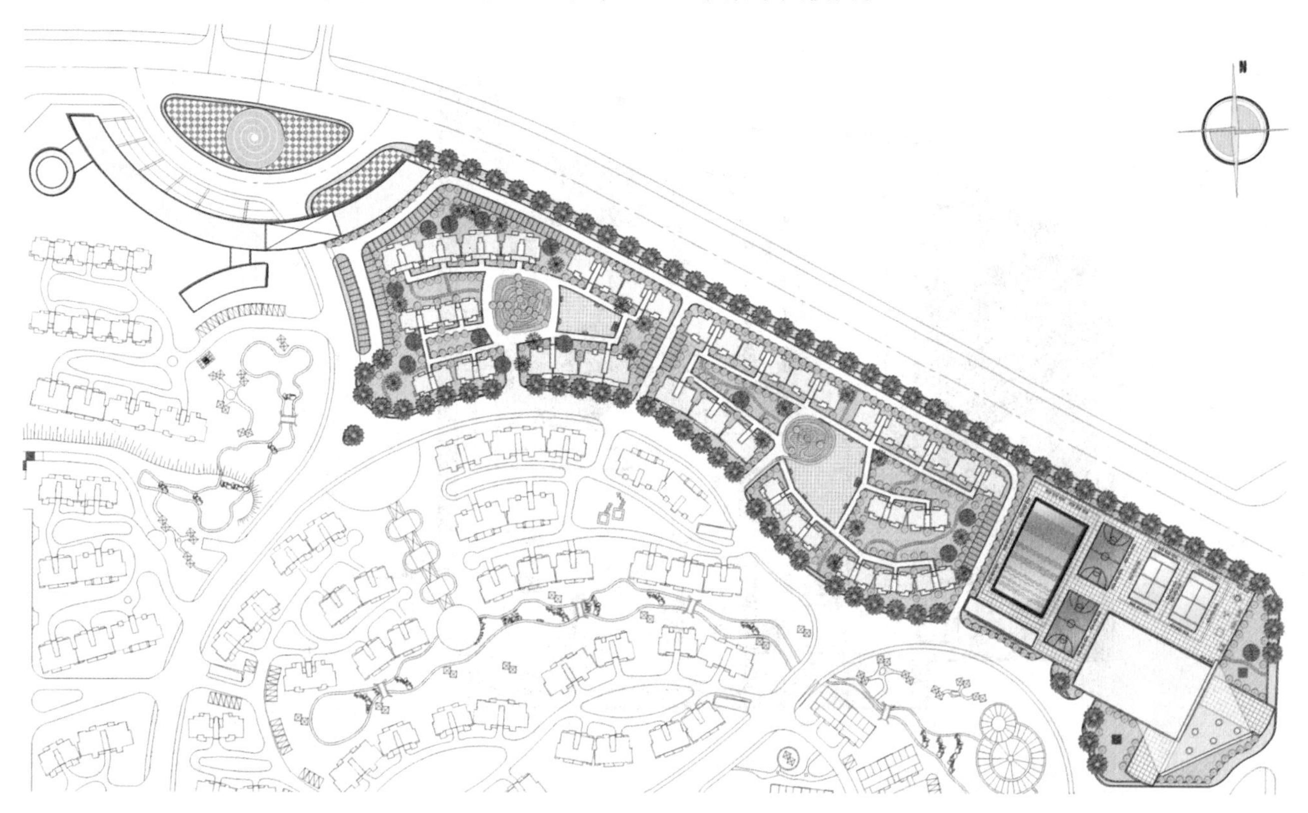

图6-11　居住区绿化总平面图

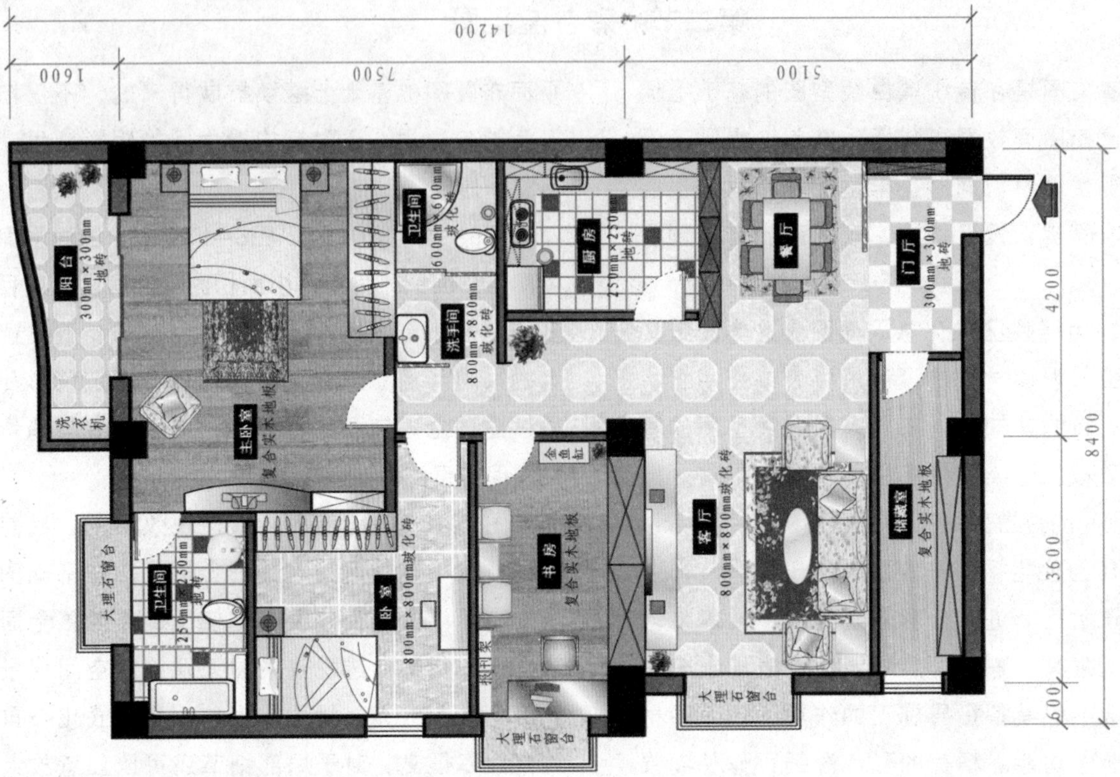
14200
1600
7500
5100
4200
8400
3600
600
阳台
主卧室
卫生间
洗手间
厨房
餐厅
门厅
客厅
书房
卧室
储藏室
大理石窗台

1:100
（b）

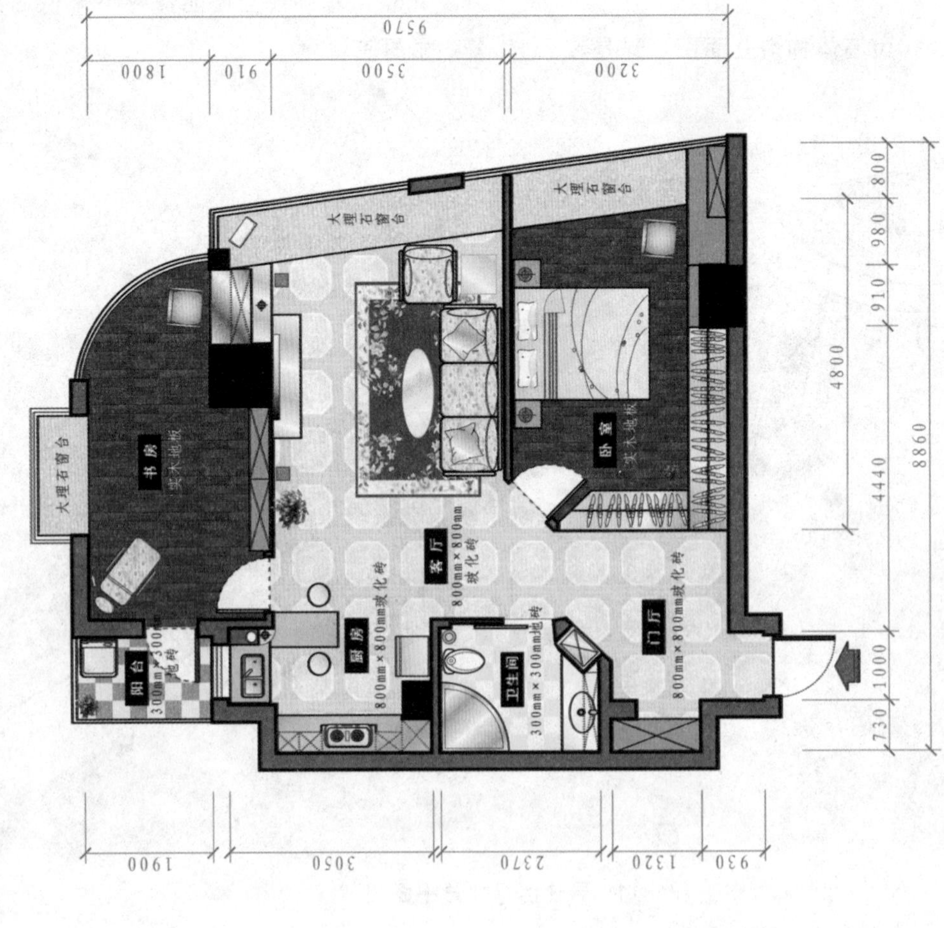
9570
1800
910
3500
3200
800
980
910
4800
4440
8860
1000
730
1900
3050
2370
1320
930
书房
客厅
卧室
厨房
卫生间
门厅
阳台
大理石窗台

1:100
（a）

图6-12　住宅平面布置图

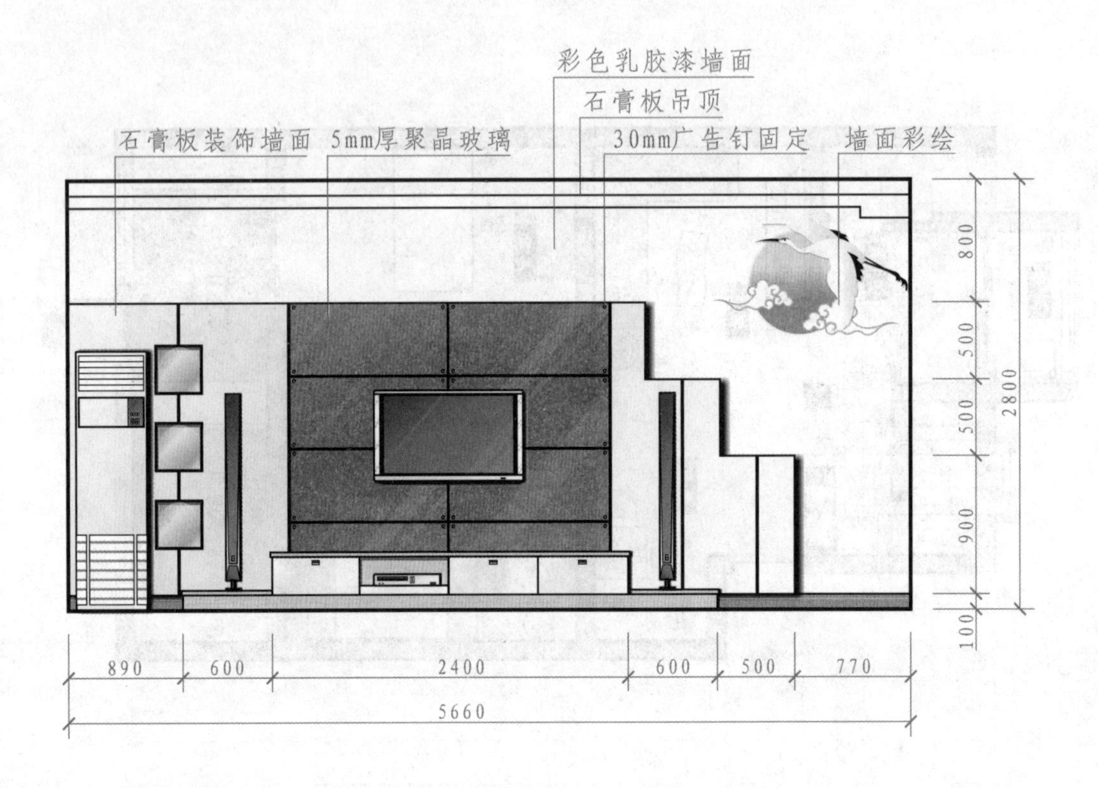

1：100

图6-13 电视背景墙立面图

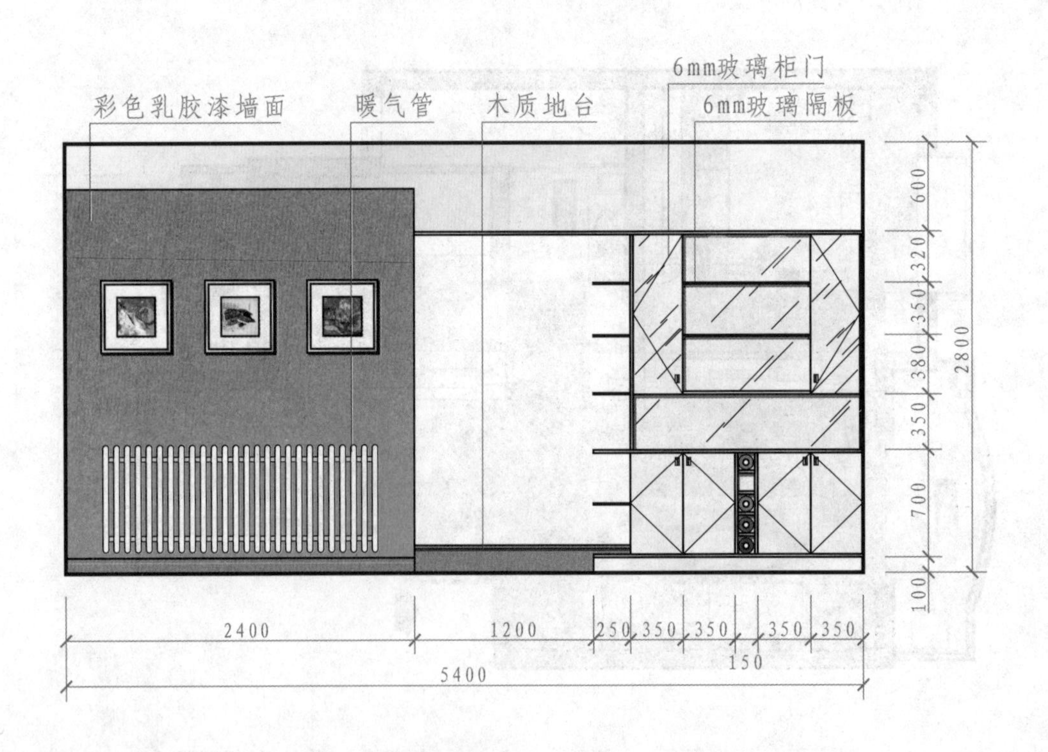

1：100

图6-14 装饰酒柜立面图

员工办公间
储存间
卫生间
皮包区
内衣区
600mm×600mm
浅色玻化砖
靠墙展柜
男装展区
中心展柜
木质方形收银台
通道休息区
女装精品区
300mm×300mm
浅绿玻化砖
300mm×300mm
暗红玻化砖
试衣间
台阶
打折特价区
靠墙可调节展架
精品展区
装饰立柱
2500
4500
8000
23500
2000
2000
4500
7200

1∶80

图6-15 商业店面平面布置图

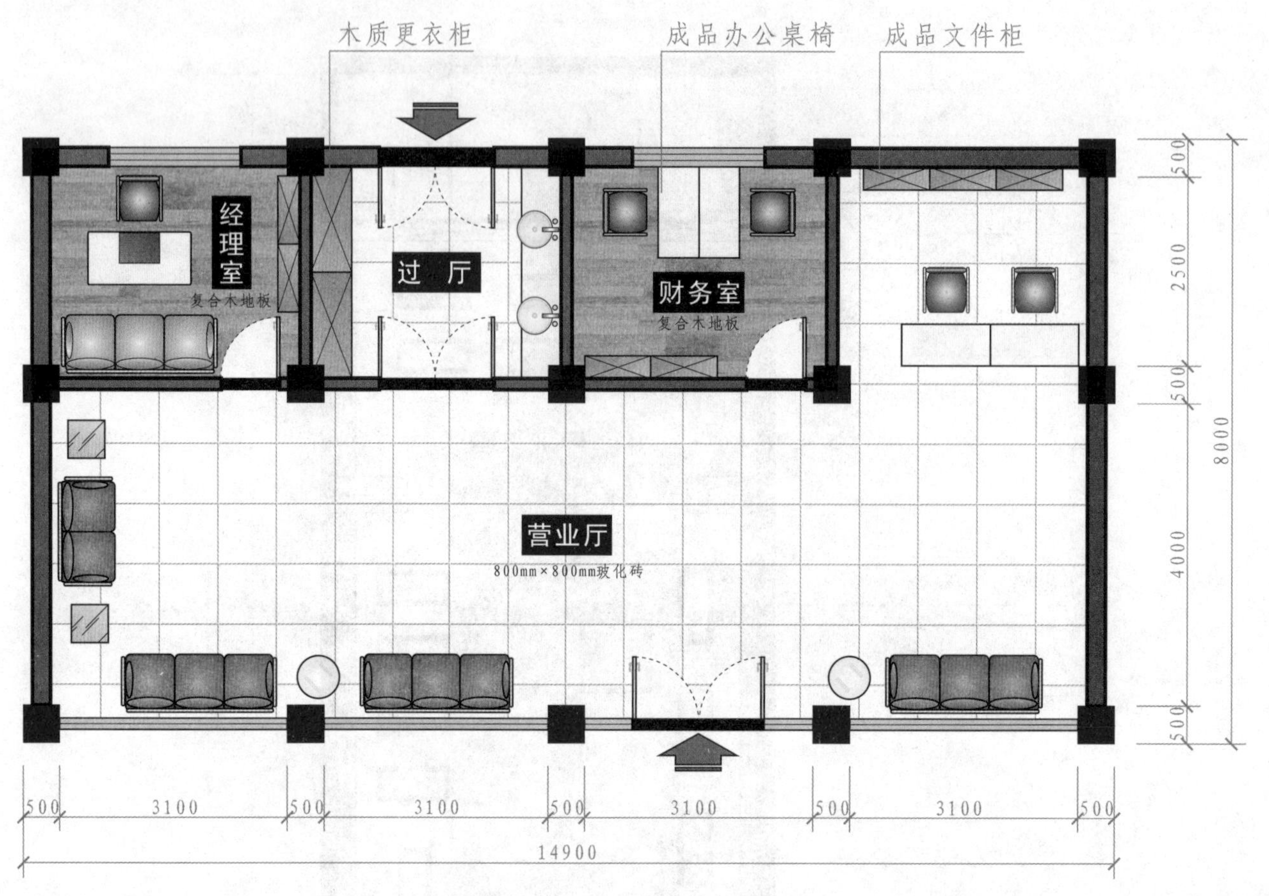

商业店面平面布置图 1:100

(a)

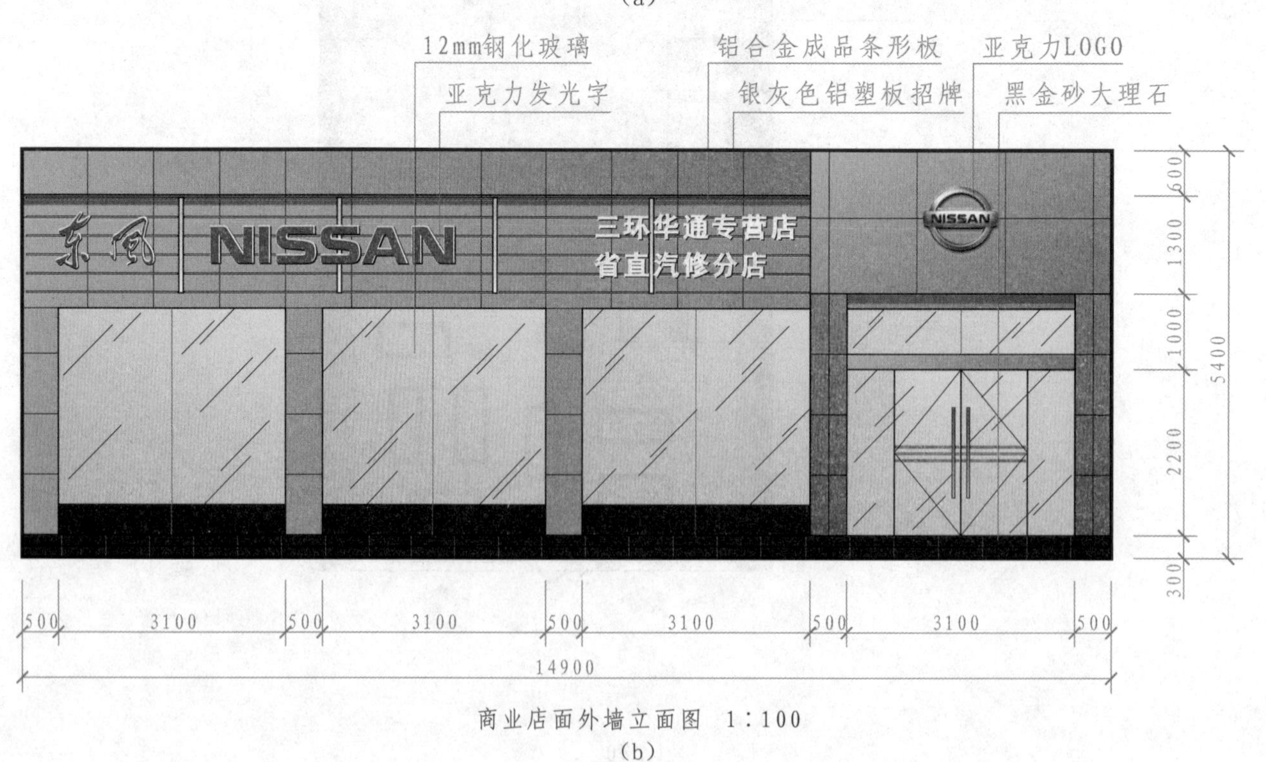

商业店面外墙立面图 1:100

(b)

图6-16 商业店面平面布置图与外墙立面图一

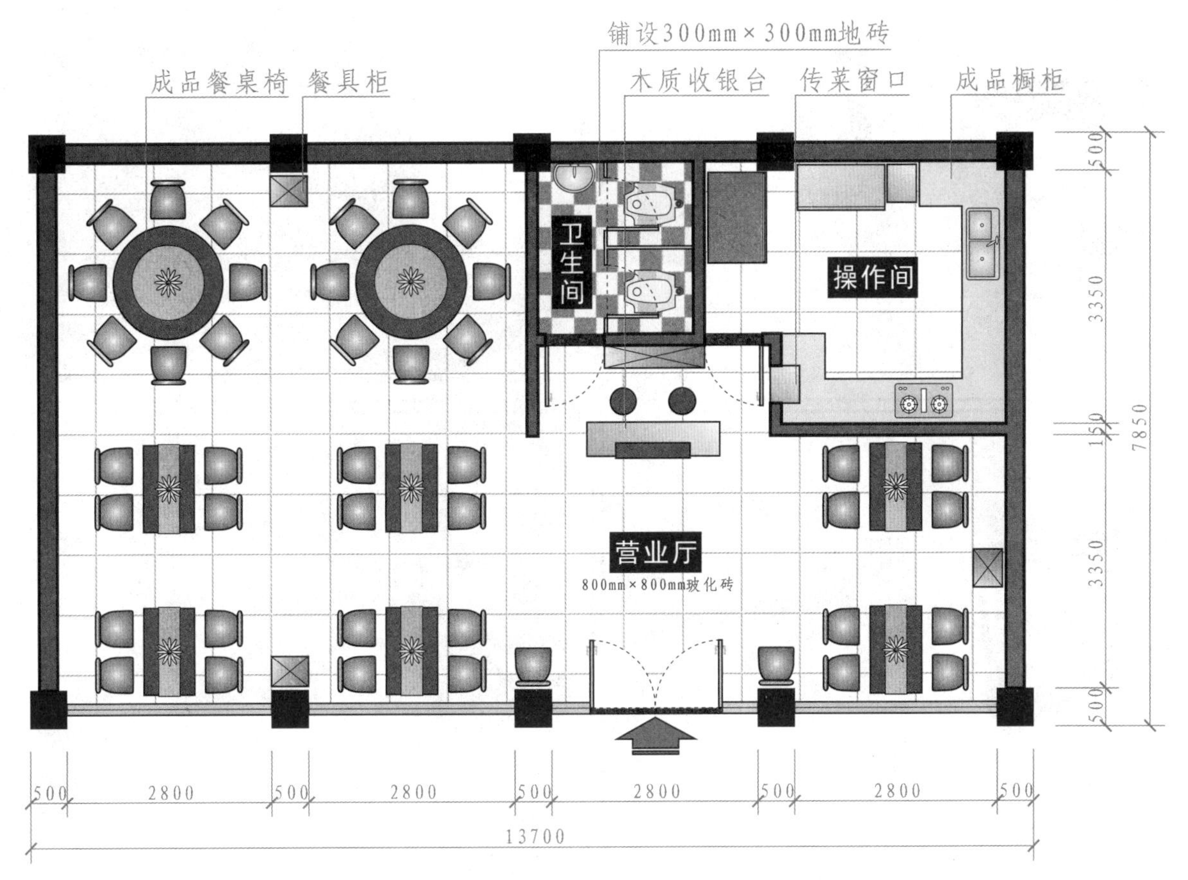

商业店面平面布置图　1∶100
(a)

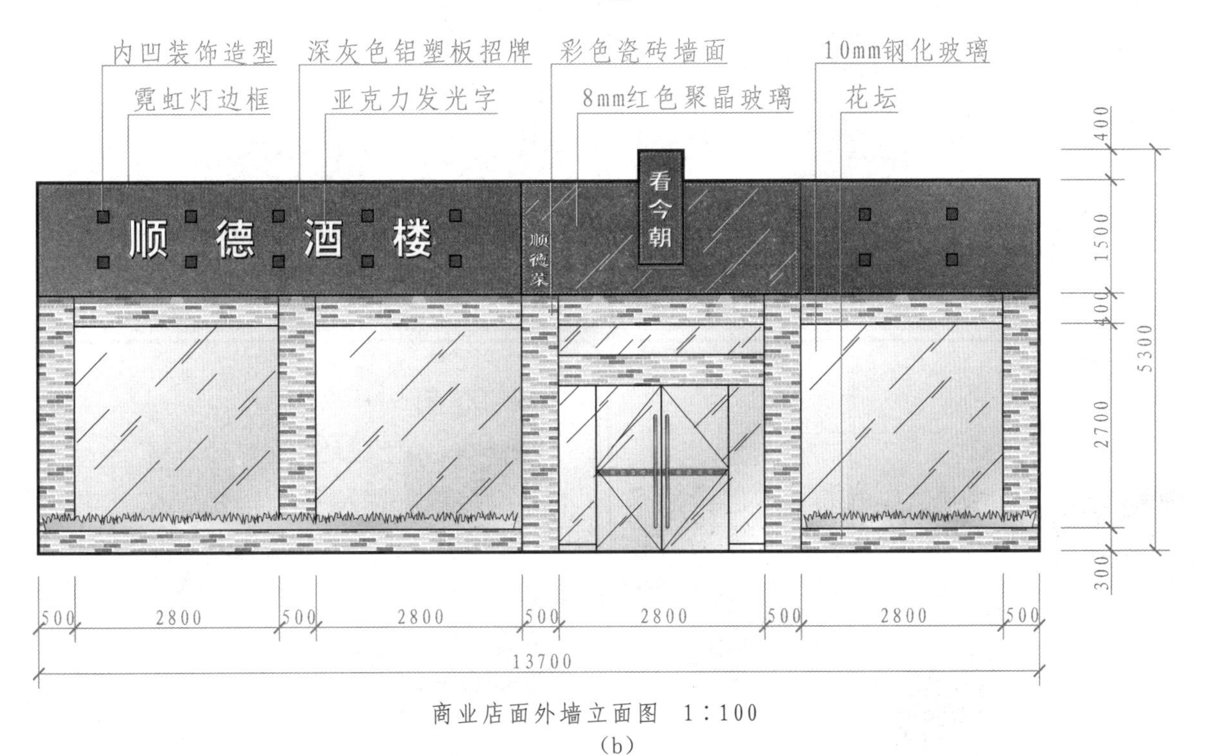

商业店面外墙立面图　1∶100
(b)

图6-17　商业店面平面布置图与外墙立面图二

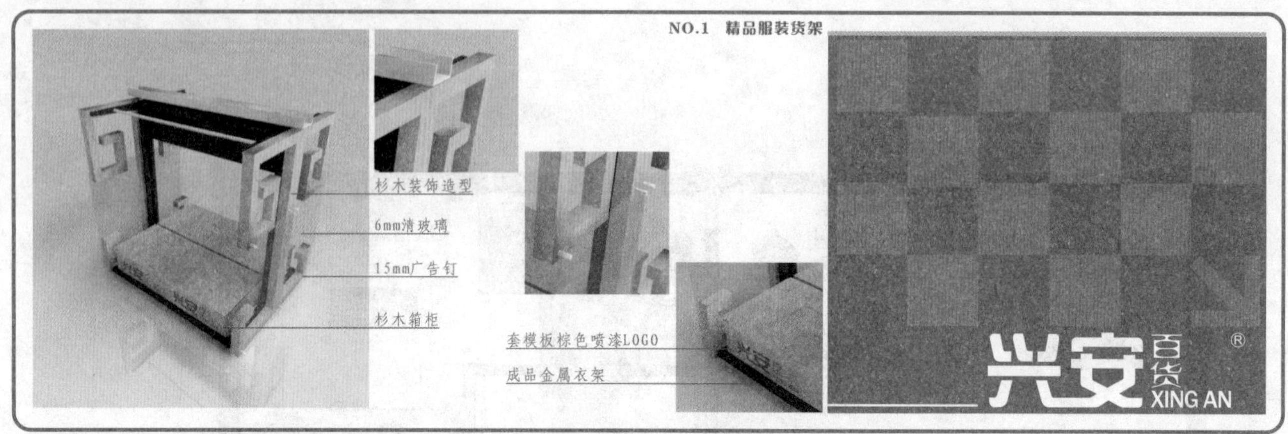
NO.1 精品服装货架
杉木装饰造型
6mm清玻璃
15mm广告钉
杉木箱柜
套模板棕色喷漆LOGO
成品金属衣架
兴安百货
XING AN

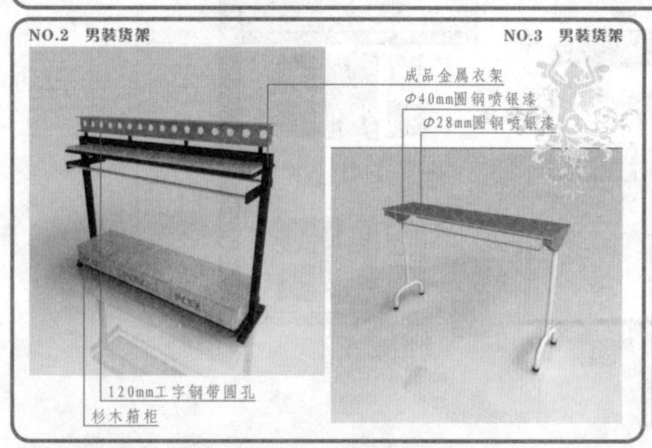
NO.2 男装货架
NO.3 男装货架
成品金属衣架
Φ40mm圆钢喷银漆
Φ28mm圆钢喷银漆
120mm工字钢带圆孔
杉木箱柜

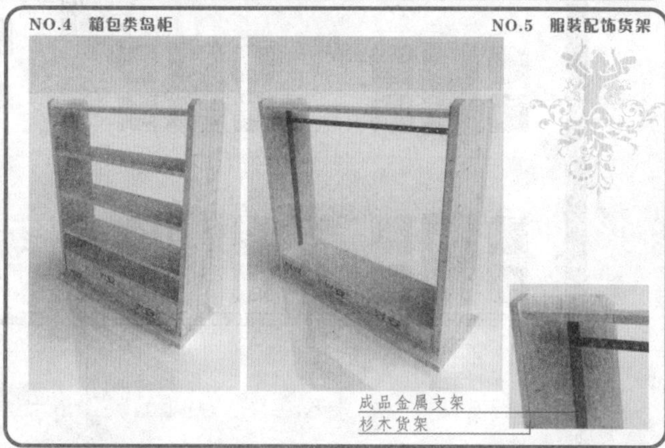
NO.4 箱包类岛柜
NO.5 服装配饰货架
成品金属支架
杉木货架

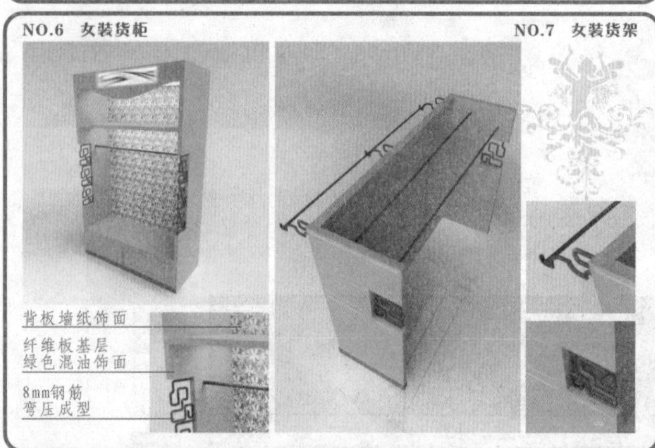
NO.6 女装货柜
NO.7 女装货架
背板墙纸饰面
纤维板基层
绿色混油饰面
8mm钢筋
弯压成型

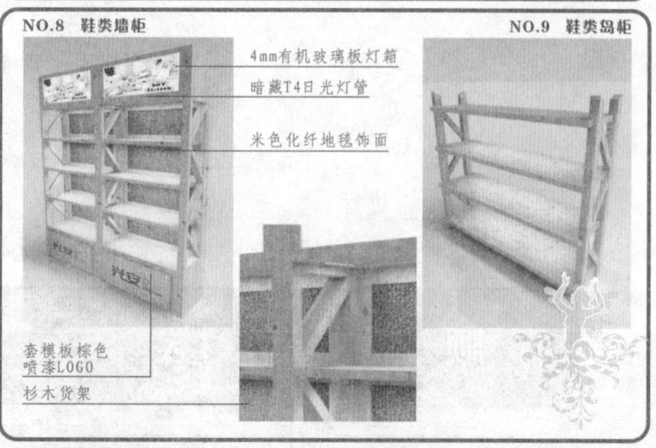
NO.8 鞋类墙柜
NO.9 鞋类岛柜
4mm有机玻璃板灯箱
暗藏T4日光灯管
米色化纤地毯饰面
套模板棕色
喷漆LOGO
杉木货架

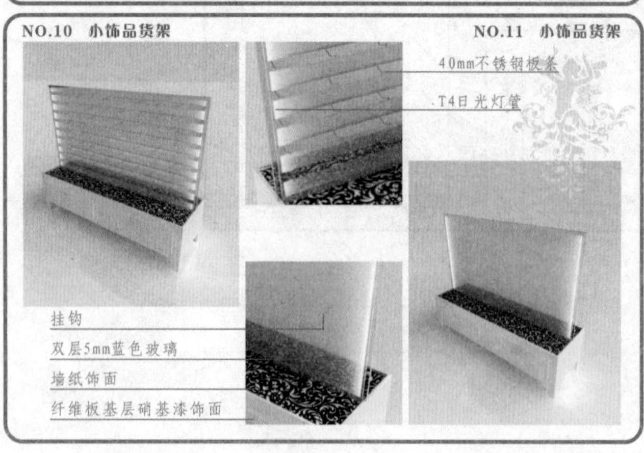
NO.10 小饰品货架
NO.11 小饰品货架
40mm不锈钢板条
T4日光灯管
挂钩
双层5mm蓝色玻璃
墙纸饰面
纤维板基层硝基漆饰面

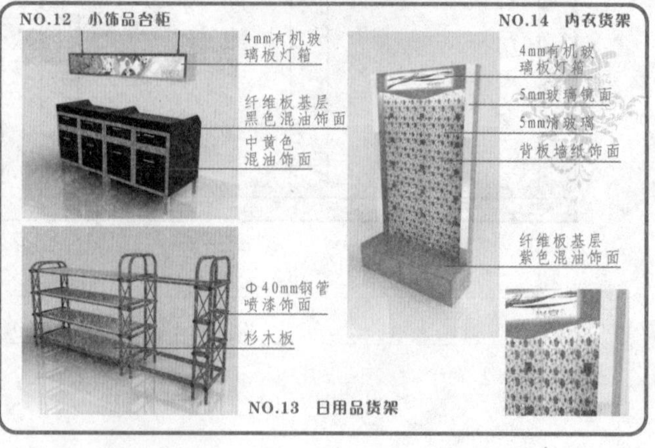
NO.12 小饰品台柜
NO.14 内衣货架
4mm有机玻
璃板灯箱
纤维板基层
黑色混油饰面
中黄色
混油饰面
5mm玻璃镜面
5mm清玻璃
背板墙纸饰面
纤维板基层
紫色混油饰面
Φ40mm钢管
喷漆饰面
杉木板
NO.13 日用品货架

图6-18 商业店面货架透视效果图

第三节　设计制图版面

版面设计是顺应时代潮流的产物，严谨、精确的图纸需要包装才能获得读图者的认知。现在设计制图都向全彩化方向发展，这为版面设计奠定了良好基础。

图6-19（a）为住宅设计制图。住宅装饰装修设计图纸要求雅俗共赏，图纸商业化程度高，版面色彩对比强烈，适用于人流量大的公共场所张贴展示，或作为促销样宣来使用。图面包容内容广泛，线型图、效果图、文字说明一应俱全，是商业图纸运用的典范。

图6-19（b）为展示设计制图。版面包含平面图、手绘效果图、计算机渲染效果图与摄影图片，目的在于传达设计创意和平面功能区划分。版面以蓝色基调为主，凸显设计品牌的科技感，适用于任何公共空间设计。左侧与下方的矩形元素能有效贯通版面全局，将多张效果图有机联系在一起。

图6-20（a）~（e）为社区公园规划设计制图。基调以浅灰色为主，着重表现空间概念，对区域功能、绿化配置、行走方式作了详细分类，运用大量彩色透视效果图来诠释设计师的创意。左侧与下方的几何图形是版面均衡效果的元素，此外，在基调一致的基础上还给每块版面定制了主题色，力求统一中有变化。

图6-21（a）~（e）为住宅建筑设计制图。这5张版面在均在上方增加了题头装饰，给每个版面的内容做了图示化归纳，如同标题一般醒目，既丰富了版面效果，又辅助标题引出了版面传达

（a）

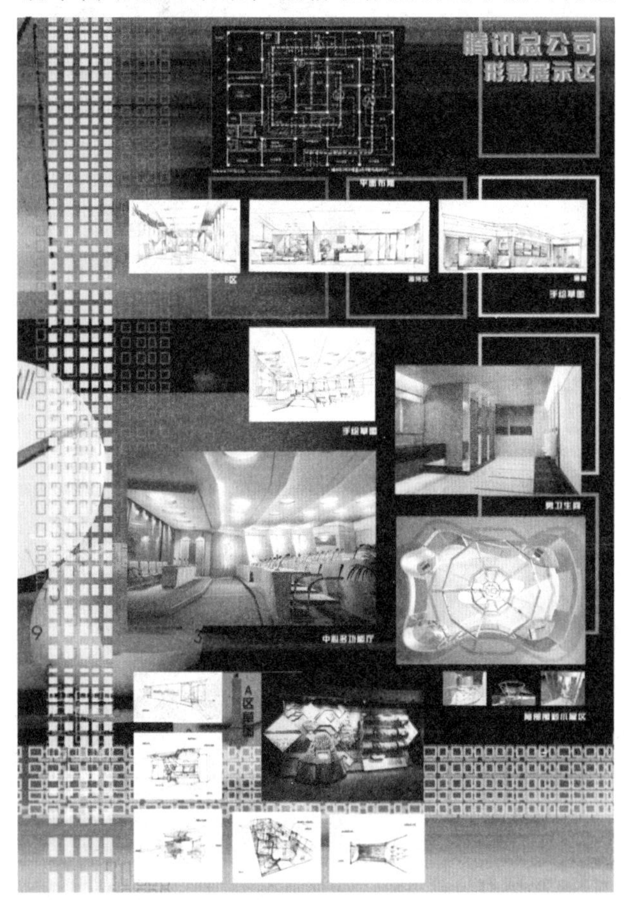

（b）

图6-19　住宅与展示制图版面设计

的中心思想。设计作品从建筑的地理环境开始步入正题，分析功能空间，最后表现细节，逻辑思维清晰明朗，这一切都通过版面来划分、编排，方便读图者接受方案的核心内容。

图6-22（a）～（c）为城市公园规划设计制图。设计构思引入我国传统装饰图案，在传统中求创新，版面色彩朴质。文字与图片相互穿插，利用直线迂回分隔，使主体内容有条不紊地传达给读图者。设计流程从整体到局部，从宏观到微观，逐层深入，引导读图者不由自主地展开联想。

图6-23（a）～（c）为学校建筑设计制图。版面清新明快，与设计主题一致，白色是现代文明的主流，它能给设计带来无限思考空间。版面强调设计过程，经过严密分析后，追求设计中所获取的经验。建筑呈多角度，全方位展示，将线型图的表现效果发挥得淋漓尽致。

优秀的设计作品需要凭借敏锐的思维来不断发掘，收集并学习这些作品能快速提高个人设计能力和制图水平。

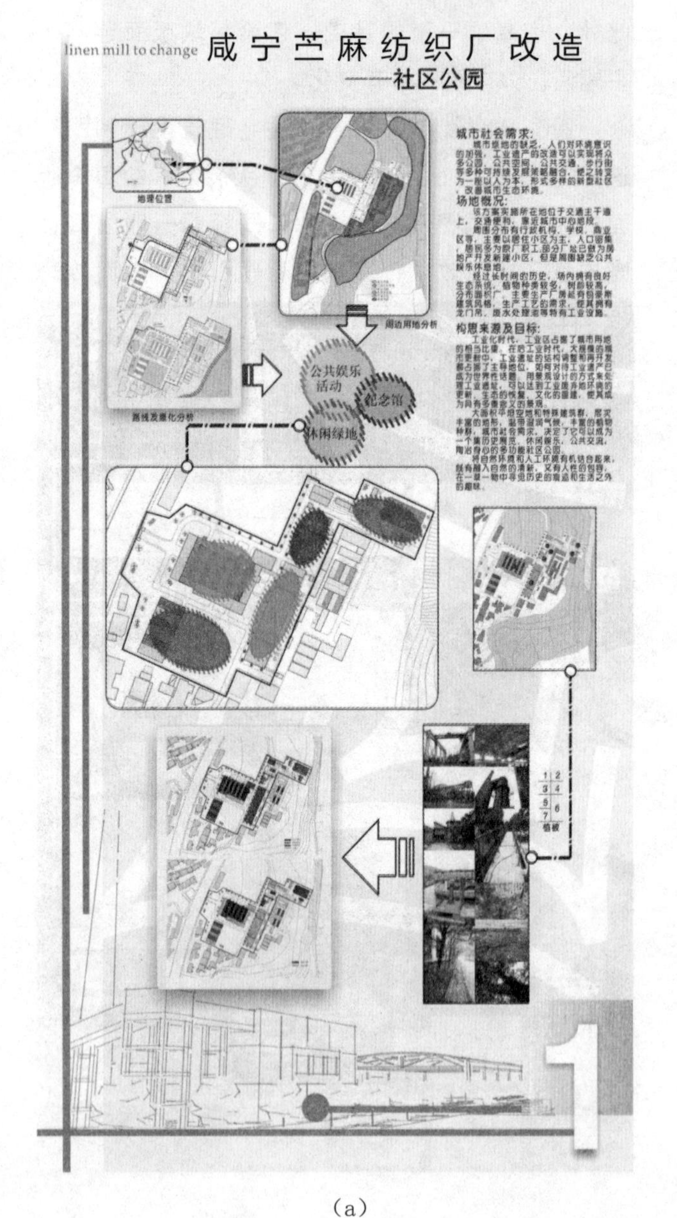

(a)

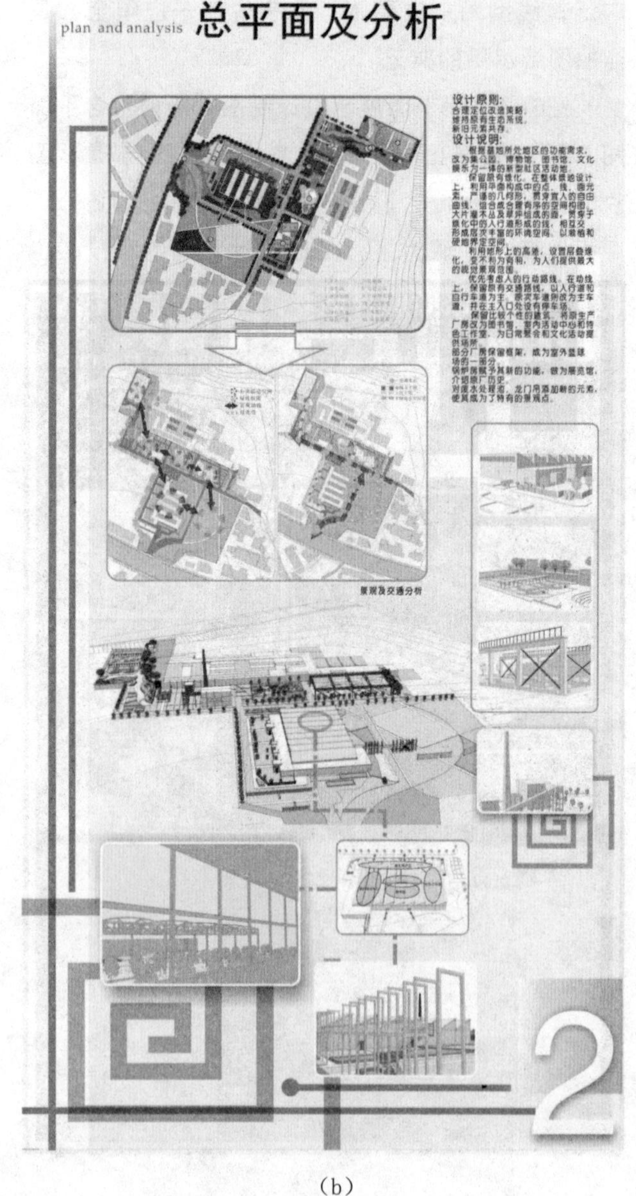

(b)

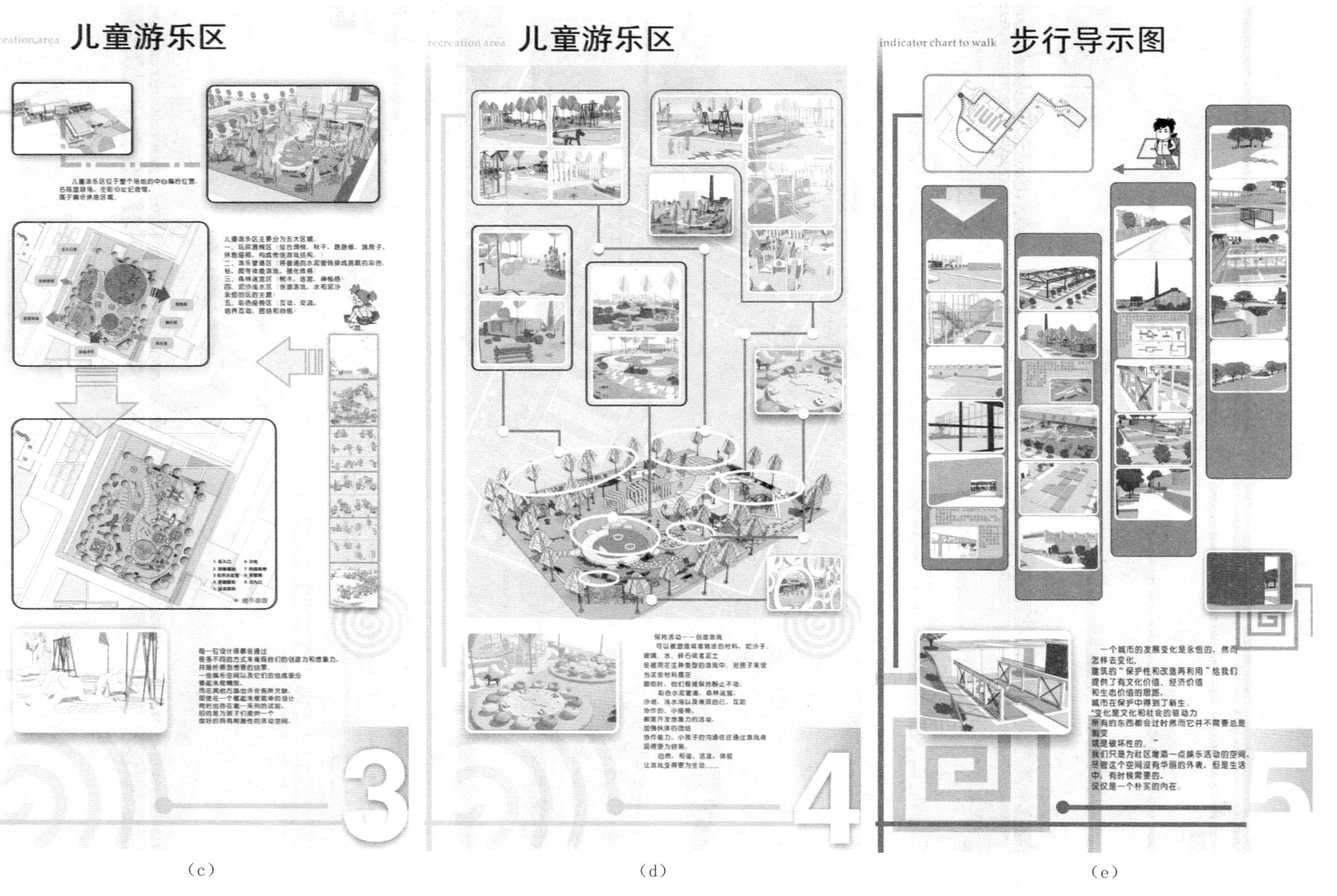

图6-20　社区公园规划制图版面设计

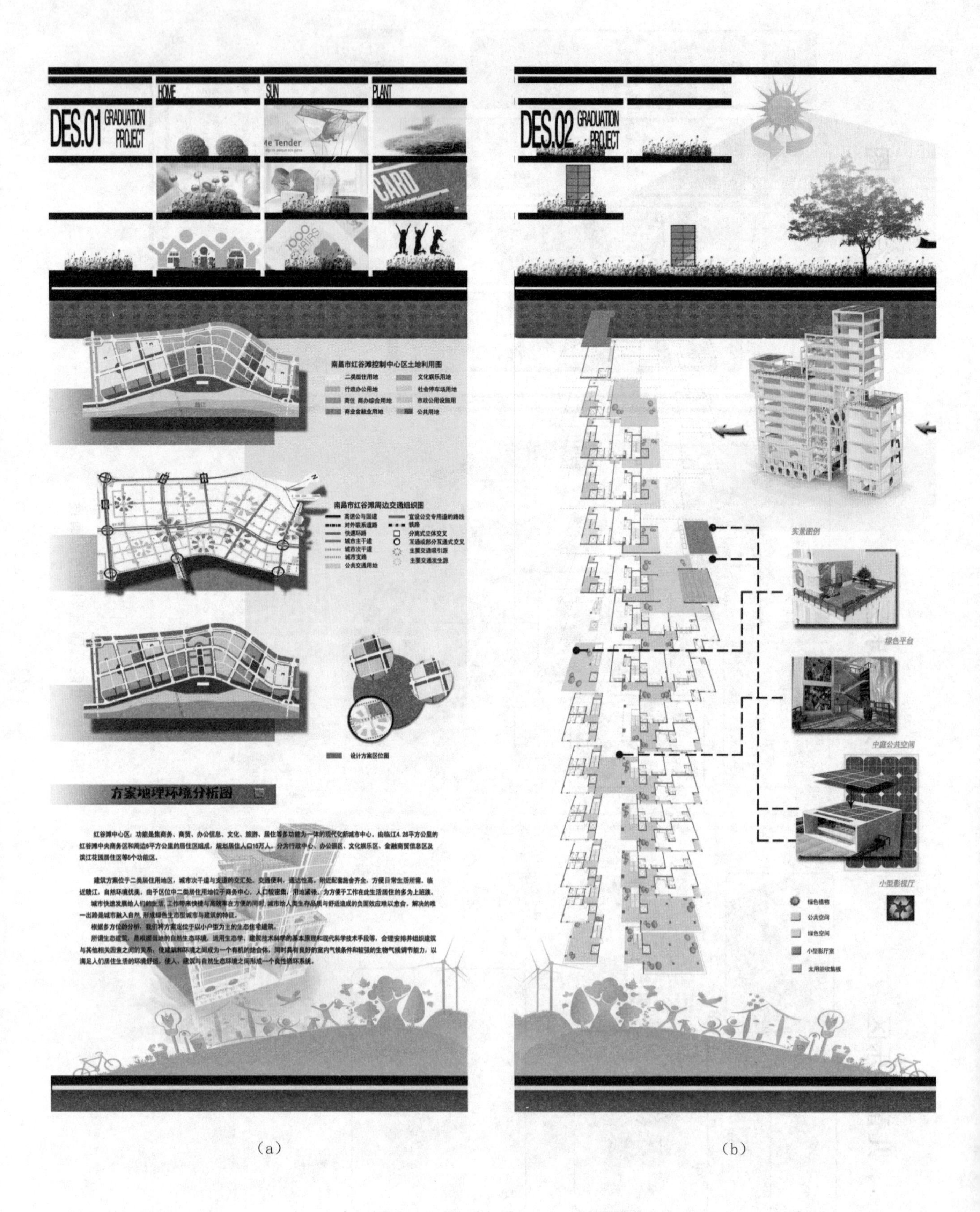
HOME
SUN
PLANT
DES.01 GRADUATION PROJECT
南昌市红谷滩控制中心区土地利用图
二类居住用地
文化娱乐用地
行政办公用地
社会停车场用地
商住 商办综合用地
市政公用设施用
商业金融业用地
公共用地
南昌市红谷滩周边交通组织图
高速公与国道
宜设公交专用道的路线
对外联系道路
铁路
快速环路
分离式立体交叉
城市主干道
互通或部分互通式交叉
城市次干道
主要交通吸引源
城市支路
主要交通发生源
公共交通用地
设计方案区位图
方案地理环境分析图
红谷滩中心区：功能是集商务、商贸、办公信息、文化、旅游、居住等多功能为一体的现代化新城市中心，由临江4.28平方公里的红谷滩中央商务区和周边8平方公里的居住区组成，规划居住人口15万人，分为行政中心、办公园区、文化娱乐区、金融商贸信息区及滨江花园居住区等5个功能区。
建筑方案位于二类居住用地区，城市次干道与支道的交汇处，交通便利，通达性高，附近配套融合齐全，方便日常生活所需，临近赣江，自然环境优美。由于区位中二类居住用地位于商务中心，人口较密集，用地紧张，为方便于工作在此生活居住的多为上班族。
城市快速发展给人们的生活、工作带来快捷与高效率方便的同时，城市给人类生存品质与舒适造成的负面效应难以愈合，解决的唯一出路是城市融入自然，形成绿色生态型城市与建筑的特征。
根据多方位的分析，我们将方案定位于以小户型为主的生态住宅建筑。
所谓生态建筑，是根据当地的自然生态环境，运用生态学、建筑技术科学的基本原理和现代科学技术手段等，合理安排并组织建筑与其他相关因素之间的关系，使建筑和环境之间成为一个有机的结合体，同时具有良好的室内气候条件和较强的生物气候调节能力，以满足人们居住生活的环境舒适，使人、建筑与自然生态环境之间形成一个良性循环系统。
DES.02 GRADUATION PROJECT
实景图例
绿色平台
中庭公共空间
小型影视厅
绿色植物
公共空间
绿色空间
小型影厅室
太用能收集板

（a）　　　　　　　　　　（b）

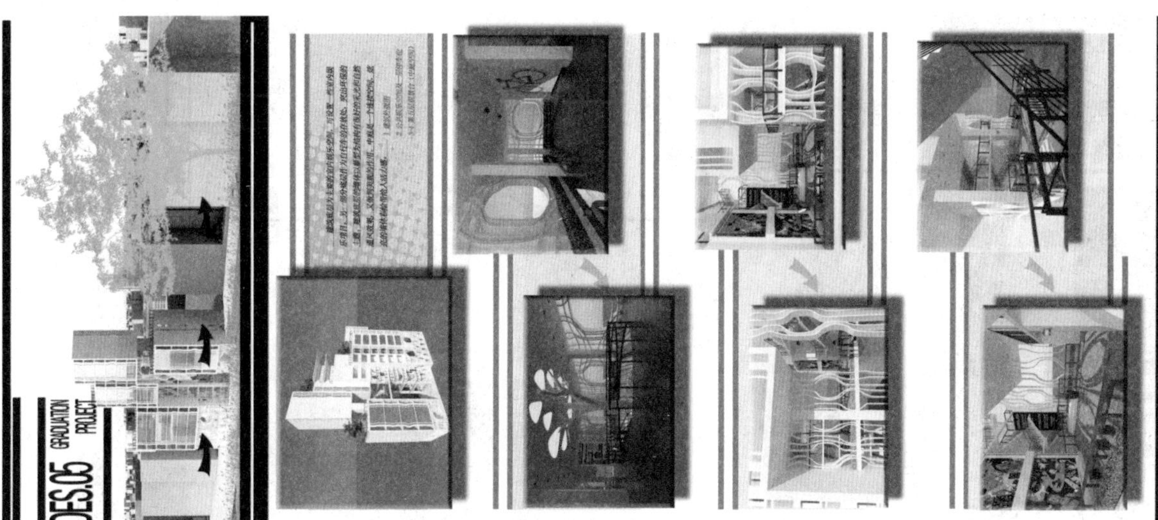

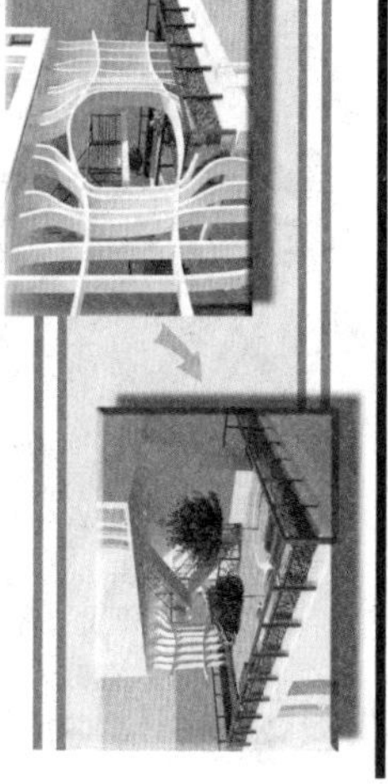

(e)

(d)

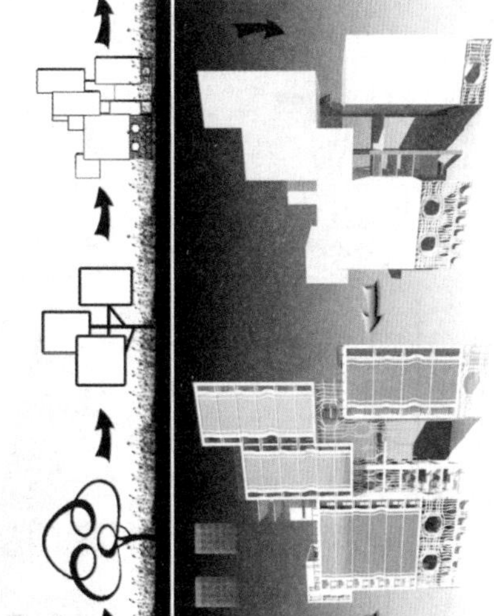

(c)

图6-21 住宅建筑制图版面设计

张库大道起点公园

地理位置

自然条件及现状

大境门段长城地势险要，该案基地处在元宝山和西太平山间，地处内蒙古高原与华北平原交汇处。大境门现在是河北省文物保护单位，但由于历史上长期的战乱和北方风化严重等原因，破坏严重，同时由于缺少长期的规划，与环境很不协调，要昔日繁华的大境门面目全非。

文化背景

历史背景

1919　1939　1948　1998　2018　?

本案规划总面积约为：87384平方米
道路及广场面积约为：26356平方米
绿化面积约为：61028平方米
绿化率为：69.8%

1.公园东入口广场
2.张库大道起点广场
3.骆驼石雕广场
4.融合小品雕塑
5.文化长廊
6.蒙文化广场
7.张垣广场
8.奔马广场
9.民族纹路广场
10.公园正门入口
11.大境门广场
12.亲水平台
13.蔚州剪艺广场
14.水榭观景台
15.字文化广场
16.公园西北入口广场

公园总平面图

ZHANGKU ROAD ORIGIN PARK

设计说明

功能系统分析

交通系统分析

景观系统分析

（a）

（b）

（c）

图6-22　城市公园规划制图版面设计

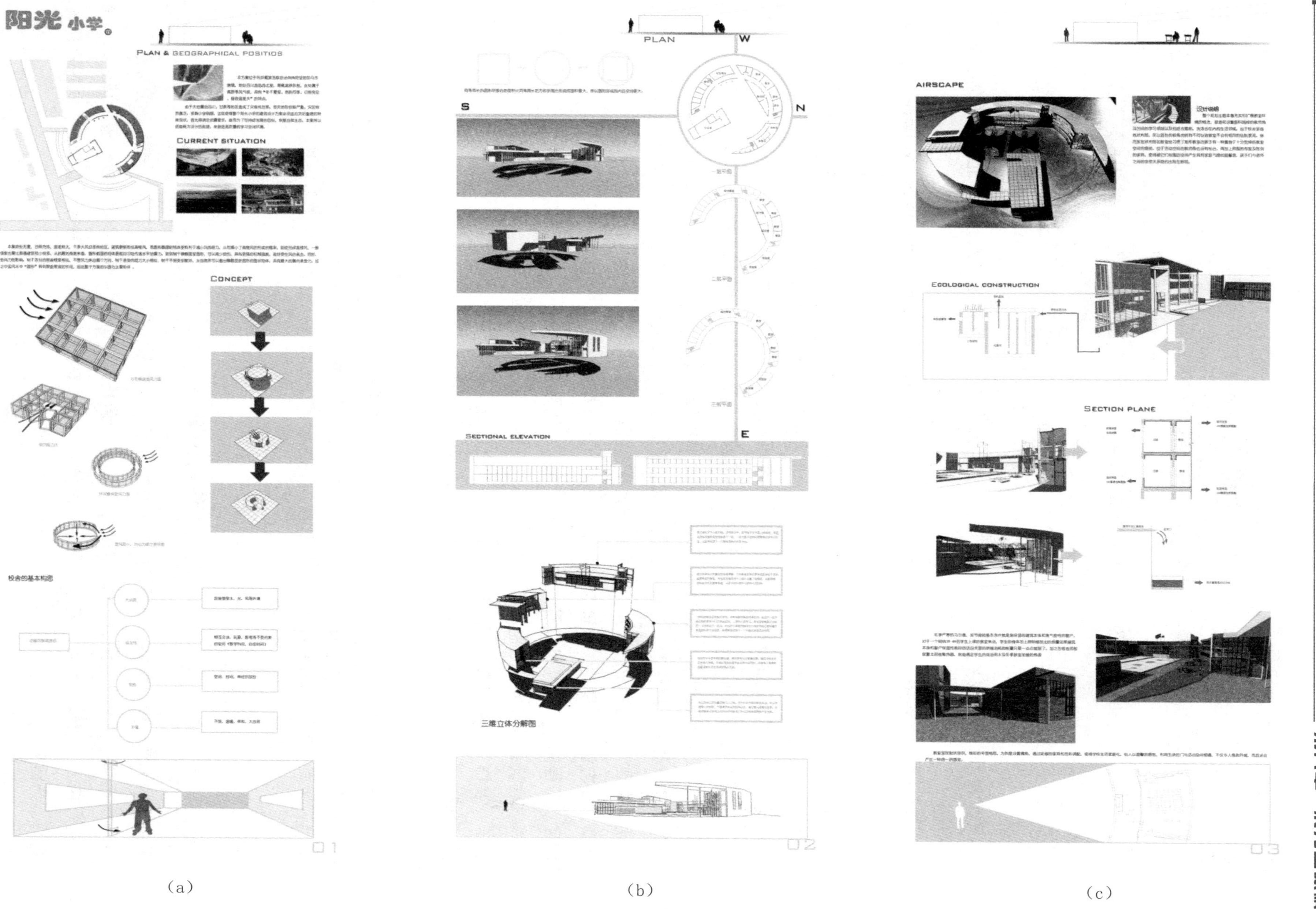

（a）

（b）

（c）

图6-23　学校建筑制图版面设计

参考文献

1. 中华人民共和国住房和城乡建设部. GB/T 50001-2010房屋建筑制图统一标准. 北京：中国计划出版社，2011.
2. 中华人民共和国住房和城乡建设部. GB/T 50104-2010建筑制图标准. 北京：中国建筑工业出版社，2011.
3. 中华人民共和国住房和城乡建设部. GB/T 50103-2010总图制图标准. 北京：中国建筑工业出版社，2010.
4. 中华人民共和国住房和城乡建设部. GB/T 50106-2010建筑给水排水制图标准. 北京：中国建筑工业出版社，2010.
5. 中华人民共和国住房和城乡建设部. GB/T 50114-2010暖通空调制图标准. 北京：中国建筑工业出版社，2011.
6. 中华人民共和国国家发展和改革委员会. DL/T 5350-2006水电水利工程电气制图标准. 北京：中国电力出版社，2007.
7. 乐荷卿，陈美华. 建筑透视阴影. 长沙：湖南大学出版社，2003.
8. 黄元庆，朱瑾. 建筑风景钢笔画技法. 上海：中国纺织大学出版社，2003.
9. 彭一刚. 建筑绘画及表现图. 北京：中国建筑工业出版社，1999.
10. 杨天佑. 建筑装饰工程施工. 北京：中国建筑工业出版社，2003.
11. 刘克明. 中国工程图学史. 武汉：华中科技大学出版社，2003.
12. 何铭新，郎宝敏，陈星铭. 建筑工程制图. 北京：高等教育出版社，2004.
13. 施岳定. 工程制图及计算机绘图. 杭州：浙江大学出版社，1999.
14. 沈百禄. 建筑装饰装修工程制图与识图. 北京：机械工业出版社，2007.
15. 徐长玉. 装饰工程制图与识图. 北京：机械工业出版社，2005.
16. 高远. 建筑装饰制图与识图. 北京：机械工业出版社，2003.
17. 张宪，张大鹏. 电气制图与识图. 北京：化学工业出版社，2009.
18. 刘锋，谭英杰. 室内装饰识图与房构. 上海：上海科学技术出版社，2004.
19. 刘志杰，朱丽. 装饰装修工程制图与识图. 北京：中国建材工业出版社，2005.
20. 刘长飞，王劲，赵飞鹤. AUTOCAD2010室内装饰装潢技法精讲. 北京：科学出版社，2010.

参编人员

本书采用的大部分设计作品、图纸、文字主要由以下同仁提供，在此表示感谢！（排名不分先后）
黄溜、李平、毛婵、陈全、刘涛、刘峻、万阳、刘忍方、董豪鹏、向江伟、孙春艳、姚丹丽、黄登峰、肖亚丽、刘星、唐云、袁倩、王欣、张颢、张达、仇梦蝶、张泽安、彭尚刚、刘慧芳、曾令杰、向芷君、杨清、张慧娟、汤留泉